普通高等教育"十一五"国家级规划教材

2011年度普通高等教育精品教材

植物营养研究方法

第3版

申建波　毛达如　主编

资源环境科学专业(本科生)
植物营养学专业(研究生)用

中国农业大学出版社
·北京·

内容简介

《植物营养研究方法》(第 3 版)是全国高等农业院校的教材和普通高等教育"十一五"国家级规划教材。

植物营养研究方法属于植物营养学和肥料科学与统计学的交叉领域。新编的第 3 版《植物营养研究方法》共六章,涵盖了植物室内培养方法、田间试验方法、生物统计方法、施肥模型方法、模拟模型方法和根际研究方法等内容,形成了植物营养科学完整的、系统的方法论。这些方法不仅适合于资源环境科学专业,也适用于农学、园艺、生物、林学和生态类有关专业。

图书在版编目(CIP)数据

植物营养研究方法/申建波,毛达如主编.—3 版.—北京:中国农业大学出版社,2011.1(2025.2 重印)

ISBN 978-7-5655-0163-0

Ⅰ.①植… Ⅱ.①申… ②毛… Ⅲ.①植物营养-研究方法 Ⅳ.①Q945.1

中国版本图书馆 CIP 数据核字(2010)第 244795 号

书　　名　植物营养研究方法(第 3 版)

作　　者　申建波　毛达如　主编

策划编辑	张秀环	**责任编辑**	王艳欣
封面设计	郑　川	**责任校对**	王晓凤　陈莹
出版发行	中国农业大学出版社		
社　　址	北京市海淀区圆明园西路 2 号	**邮政编码**	100193
电　　话	发行部 010-62818525,8625	**读者服务部**	010-62732336
	编辑部 010-62732617,2618	**出　版　部**	010-62733440
网　　址	http://www.cau.edu.cn/caup	**e-mail**	cbsszs@cau.edu.cn
经　　销	新华书店		
印　　刷	天津鑫丰华印务有限公司		
版　　次	2011 年 5 月第 3 版　　2025 年 2 月第 5 次印刷		
规　　格	787×1092　　16 开本　　30 印张　　739 千字		
定　　价	69.00 元		

第 3 版编写人员

主　　编　申建波　毛达如

编写人员　（按章节先后顺序）

毛达如　绪论（中国农业大学）

毛达如　吴良欢　第一章（中国农业大学、浙江大学）

王兴仁　第二章（中国农业大学）

肖俊璋　田霄鸿　高亚军　王朝辉　第三章（西北农林科技大学）

刘小虎　申建波　第四章（沈阳农业大学、中国农业大学）

韩晓日　第五章（沈阳农业大学）

申建波　第六章（中国农业大学）

第 2 版编写人员

主　　编　毛达如

副 主 编　申建波

编写人员　（按章节先后顺序）

毛达如　第 2 版前言、绪论、第一章（中国农业大学）

王兴仁　第二章（中国农业大学）

肖俊璋　田霄鸿　高亚军　第三章（西北农林科技大学）

邱忠祥　申建波　第四章（沈阳农业大学、中国农业大学）

韩晓日　第五章（沈阳农业大学）

申建波　第六章（中国农业大学）

第1版编写人员

主　　编　毛达如（北京农业大学）

副 主 编　杨志福（北京农业大学）

编写人员　（按章节先后顺序）

毛达如　绪论、第一章、第四章（北京农业大学）

王兴仁　第二章、第四章（北京农业大学）

吴毅文　第三章、第四章（南京农业大学）

邱忠祥　第四章、第五章、第七章（沈阳农业大学）

肖俊璋　第六章（西北农业大学）

杨志福　第七章（北京农业大学）

主　　审　李昌纬（西北农业大学）

连兆煌（华南农业大学）

第3版前言

《植物营养研究方法》是全国高等农业院校的教材，经全国高等农业院校教材指导委员会审定于1994年3月出版第1版，2005年7月修订并出版了第2版，随后入选普通高等教育“十一五”国家级规划教材。本书已在全国高等农业院校的土壤与植物营养专业及资源环境科学专业或农学、园艺、生物、林学和生态类有关专业的本科生或研究生的教学科研中发挥了重要作用。

植物营养研究方法属于植物营养学和肥料科学与统计学的交叉领域。本书所论述的植物培养方法、田间试验方法、生物统计方法、施肥模型方法、模拟模型方法以及根和根际研究方法不仅适合于资源环境科学专业，也适用于农学、园艺、生物、林学和生态类有关专业。近年来，随着生物技术和信息技术的不断发展，植物营养科学及其研究方法在以下三个方面取得了快速发展。一是计算机统计分析方法日益得到普及，为复杂试验设计的数据统计和分析提供了快速、简便和准确的方法，计算机图形处理技术使数理统计的图示表达更为精确和生动。二是植物营养科学从宏观的定性研究走向微观的定量研究。从植物营养施肥经验模型，进入了以过程定量化为主的植物营养模拟模型研究的时代，已开始应用模拟过程的机理模型，如植物对养分的吸收模型、养分吸收动力学模型、田间土壤溶液中溶质运移和作物生长模型等。这些模拟模型与科学方法的建立，对于深入研究“土壤 - 植物”环境中营养元素的行为，进而理解植物矿质营养的过程并揭示其机理具有重要的意义。三是植物根和根际研究方法取得新进展，特别是植物“根际”、“根际环境”、“根际对话”、“根际管理”、“根际调控”和“菌根际”等概念和方法的建立推动了植物根际营养理论与实践研究的创新和发展。上述这些内容都是第3版修订的重点。

第3版修订中对第2版的部分章节作了如下调整：第2版的第一章植物营养的培养研究方法，更新了灭菌培养方法部分，并修订了部分营养液配方。第二章植物营养的田间研究方法增加了试验数据缺区估计方法与测土配方施肥“3414”试验方案的统计分析方法。第三章植物营养研究的生物统计方法和第四章植物营养的施肥模型研究方法中的内容和结构顺序做了较大调整，使其系统性更强。第五章植物营养的模拟模型研究方法内容进行了精炼和简化，以更适合于专业学习。第六章植物营养的根和根际研究方法更新了根际原位研究方法的内容，并修订了部分根系与根际研究方法。

新编的第3版《植物营养研究方法》共六章，涵盖了植物室内培养方法、田间试验方法、生物统计方法、施肥模型方法、模拟模型方法和根际研究方法等内容，形成了植物营养科学完整的、系统的方法论，对进展、内容和课程的要求在绪论中做了简要叙述和说明。

本书第六章第四节丛枝菌根真菌的一些研究方法由李晓林教授、冯固教授提供资料和方法，袁会敏博士、张立祯副教授对有关章节进行了校对，在此一并致谢！

主编　申建波　毛达如

2011年4月10日

第 2 版前言

植物营养研究方法是全国高等农业院校的教材，经全国高等农业院校教材指导委员会审定出版，已有 10 年了。本书已在全国高等农业院校的土壤与植物营养专业及农业资源与环境专业或农学、园艺、生物、林学类有关专业的本科生或研究生的教学科研中发挥了重要的作用。

近 10 年来植物营养科学及其研究方法在以下三个方面已发生了较大的变化。一是计算机及软件的普及，对复杂试验设计的数据统计和平面、曲面的图示技术提供了多视角、简便、准确、全新的方法。二是植物营养科学从宏观的定性研究走向微观的定量研究。从植物营养施肥（经验）模型，进入了植物营养模拟（机理）模型，已开始应用的模拟（机理）模型有养分（营养元素）在土壤溶液中的迁移模型（包括扩散、质流，其他方式迁移模型），植物对养分的吸收模型，养分吸收动力学模型，养分在植物体内运转分配模型，田间土壤－根系溶液中溶质运移和作物生长模型等。这些模拟（机理）模型、科学方法的建立，对深入研究"土壤－植物"环境中营养元素的行为，进而揭示植物矿质营养的实质有着重要的意义。三是植物根和根际研究方法的新进展，特别是植物"根际"、"根际环境"、"根际对话"、"根际管理"和"菌根际"等概念和方法的建立对植物根际营养的理论、应用有一个新的推动和发展。上述这些都是第 2 版修订的重点。

第 2 版修订中对第 1 版的部分章节做了如下调整：第 1 版的第四章植物营养物理化学及其他研究方法，将调入其他有关专业课程中。第五章植物营养的生物数学统计方法，调入第 2 版第四章植物营养的施肥（经验）模型方法。第七章植物营养的核技术研究方法，由于不少院校核技术实验条件的限制，以及环境保护日益加强和核实验室从分散到集中管理并严格的监控，防止核实验材料、废料的泄漏、扩散、污染，再加上今后本科大学生就业的去向主要是基层生产、农业推广、企业、行政管理等部门，不需要掌握复杂的核技术理论和方法，因此在教学大纲的修订中取消了本科大学生对核技术的选修要求。建议在有条件的个别院校中对科研课题有需要的少数博士研究生对核技术方法作一些基本训练。第 1 版的第七章仍可作为参考用书，为此第 2 版教材中全部取消了第 1 版第七章的内容和方法。

新编的第 2 版植物营养研究方法共六章。对进展、内容和课程的要求在绪论中做了概要的叙述和说明。

书稿的文字、图幅的计算机处理由项小菊同志负责完成，也得到了刘全清老师的帮助，丛枝菌根的一些研究方法由李晓林、冯固教授提供资料和方法，在此一并致谢！

谨以本书献给 2005 年中国农业大学诞辰 100 周年及 15 届国际植物营养科学大会首次在中国北京召开！

主编　毛达如

2004 年 12 月 25 日

目　　录

绪　论

一、植物营养研究方法的进展

植物营养科学的发展与植物营养研究方法的进展密切相关。植物营养学是研究植物与环境之间营养物质和能量交换过程，即营养物质的吸收、运输、代谢和能量的转化过程的科学。植物营养的研究从农业生产中施用草木灰、石灰、厩肥等开始，已有 2 000 余年历史，但是人们最初并不知道植物的正常生长发育需要哪些必需的营养元素。1840 年，德国农业化学家李比希(Justus von Liebig)应用化学方法研究了植物与环境之间营养物质和能量的交换过程，首次提出了植物的矿质营养学说。李比希认为，氮(N)、磷(P)、钾(K)、钙(Ca)、镁(Mg)、硅(Si)、钠(Na)、铁(Fe)等元素是植物营养的必需元素，开创了近代植物营养科学的新纪元。尽管李比希的矿质营养学说是从植物分析和生物学观察中推测出来的，但当时还缺乏可靠的科学试验数据支持。李比希矿质营养学说提出以后，在 19 世纪末和 20 世纪初，世界各国的植物生理学家和植物营养学家，应用砂培和溶液培养等生物模拟研究方法进一步确定了 16 种矿质元素和它们在植物生长和代谢中的作用，从而确定了该 16 种矿质元素是植物营养的必需元素。这是通过严格的科学试验证实了李比希矿质营养学说的正确性与科学性。至今我们仍把李比希矿质营养学说的创立作为近代植物营养科学的起点。由此可见，植物营养科学的创建与近代植物营养研究方法的进展是分不开的。

与李比希同时代即 19 世纪中叶，法国植物营养学家布森高(J. Boussingault)，在人工控制条件下，进行了植物营养田间研究、砂培模拟试验和化学分析。1841 年布森高明确指出豆科植物能固定空气中的氮，从而增加土壤中的氮素含量，而非豆科的植物只能吸收土壤中的氮，布森高的研究开创了田间—温室模拟—化学分析相结合的近代植物营养研究方法。劳斯(Lawes)从 1843 年开始，在英国洛桑试验站(Rothamsted experiment station)Broadbalk 试验地首次开展古典肥料长期定位试验，至今已延续了 160 多年。在劳斯的倡导下，世界各国为了植物营养与施肥科学的建立，继英国之后，美国、芬兰、挪威、丹麦、德国、法国、波兰、捷克、荷兰、奥地利、比利时、俄罗斯、日本等 50 个国家，均布置长达半世纪以上的田间肥料试验，国际上称为非常长期肥料试验(very long-term fertilizer experiment)，这是近代植物营养田间研究的开端。近代数理统计方法的应用又使植物营养的田间研究进入现代科学方法的新阶段。在这方面影响较大的有 20 世纪 20 年代的费休(R. Fisher)的方差分析和随机区组设计，叶茨(Yates)的混杂设计和复因素试验，以及 20 世纪五六十年代的回归正交设计、回归旋转设计、回归最优设计、配方试验设计等等，这些现代研究方法的渗透和应用，使植物营养的研究又进入了定量化统计分析研究的新阶段。

近代植物营养科学的进展表明，只有植物营养的田间研究，还难以揭示植物营养的理论问题，必须在人为控制的模拟条件下，通过严格控制的模拟试验才能进一步揭示植物营养的过程。近代植物营养模拟研究包括各种培养试验、短期幼苗试验、盆栽试验等等。1629 年万·海利门特(von Hellement)的柳条试验，尽管结论是错误的，但人们还是公认他开创了植物营养土壤培养研究方法的先河，以后 1699 年乌特渥尔特(Woodward)，1804 年索秀尔(Saussure),1857年萨克斯(Sacks)和克诺普(Knop),以及格里利格尔(Hellerigel)、瓦格涅尔(Wagner)等,均为近代植物营养模拟试验——各种砂培和溶液培养研究方法奠定了基础。现代的植物营养模拟试验,不仅可以实现研究过程的自动化,而且管理效率高,控制准确,精度高。

随着科学的发展,测试手段的改进,植物必需的微量元素被一一发现。现代自动化测试分析仪器的应用,为微量元素、痕量元素的研究提供了先进的测试手段,例如原子吸收分光光度计(AAS)、等离子体发射光谱仪(IPC)和质谱仪(MS)等等。借助这些植物营养研究方法的改进,人们不仅了解了植物必需的大量元素的功能和代谢机理,而且还了解了植物必需的微量元素及其功能,以及它们与酶反应的关系。以往的研究结果大多是在实验室模拟条件下用离体组织试验获得,目前植物营养研究方法已从离体组织转向整株植物的系统研究。

尽管植物营养元素的必需性在19世纪末已被人们所认识,但有半个世纪的时间,植物营养的研究进展不大,直到20世纪50年代借助于同位素示踪技术,植物营养的研究才有较大的进展,这些研究方法有放射性同位素和稳定性同位素示踪技术以及核辐射技术等。特别是放射性同位素示踪技术的应用,促进了离子吸收和运输机理的研究,同时应用酶动力学和载体理论,还阐明了离子吸收的选择性。20世纪60年代美国植物营养学家巴波(Barber)等人应用此方法,阐明土壤中离子向根表移动的机理,大大推动了植物根际微区养分动态的研究。20世纪70年代以来,电子探针、微电极、电子显微镜等新技术的应用,使植物根际微区养分动态的研究向更微观方向深入,研究范围也更广。

植物营养的土壤物理化学方法的研究进展,对土壤养分的供应,促使人们用热力学平衡方法来研究土壤固相离子的吸附和解吸、固定和释放。土壤养分位如石灰位、磷位、钾位等研究,又使人们用能量的概念来论述土壤养分的有效性。众所周知,土壤中不同形态养分总是处在动态平衡之中,因此,近年来更多的植物营养学家,从动力学的观点来研究土壤养分的有效性,并将土壤养分的释放量和释放速率作为研究土壤养分有效性的重要参数。

植物对矿质营养元素的吸收和利用受植物种类、品种的影响,这主要归因于植物营养基因型的差异。因此,可以应用植物生理生化的方法,来研究植物矿质营养基因型差异的机理,增强植物耐低土壤养分的能力,即在施用少量矿质肥料条件下获得高效种质资源,为农作物高产优质高效育种服务,以便在中低产土壤上获得高产、优质的作物新品种。

综上所述,植物营养科学是多学科交叉的科学,它需要土壤学、植物生理学、微生物学、作物科学、分子生物学和环境科学、化学、物理、数学的研究方法进行综合研究。从一定意义上讲,近代植物营养科学的发展史,也是近代植物营养研究方法的发展史,二者是密切联系、相互促进、相互发展的。

二、植物营养研究方法的内容和课程要求

先进而严密、科学的研究方法能推动科学技术的不断发展。只有掌握了相应的研究方法才能保证在最短的时间内,以最高的精确度和可靠性来实现预期的研究任务。植物营养科学的研究方法有生物、化学、物理、数学的研究方法,这些方法相互配合、相辅相成,才使得研究工作不断深入,本书介绍了植物营养学研究方法中最基本的6种方法。

(一)植物营养的培养研究方法

它是在人工控制水分、光照、温度等条件下,采用特殊容器,给予特定营养环境进行植物营养科学的研究。根据模拟的植物生长载体的条件,又可分成土壤模拟培养、砂砾模拟培养、溶

液模拟培养以及其他各种特殊条件的模拟培养，总称为模拟培养试验或培养试验。培养试验的任务是进一步揭示植物营养的实质和机理，确定植物对肥料的反应和肥料中营养元素的功能和作用，它是植物营养研究的基本方法和田间研究的必需补充。

（二）植物营养的田间研究方法

它是在田间自然的土壤、气候条件下进行的生物试验。它的任务是在田间条件下研究植物营养的过程，阐明各种肥料的效应，农作物对肥料的反应，肥料的相互配合，土壤—植物—肥料之间的相互作用机制，不同农作物经济有效的施肥技术，为不同土壤、气候、农业技术条件下选择最佳施肥方案，为合理施肥提供科学依据。植物营养的田间研究以田间试验为主，包括对作物、土壤、气候等试验因素的调查、观察与测试。植物营养科学研究的成果在应用于生产以前，均必须通过田间研究的校验，所以它也是植物营养研究的基本方法。

（三）植物营养研究的生物统计方法

这是植物营养研究中不可缺少的基本方法之一。我们应用误差理论来研究和判别植物营养研究中获得的各种数据，应用方差分析方法来判别植物营养研究中两个数据之间差异的可靠性。方差分析方法可以帮助我们去伪存真，揭示肥料效应的实质。相关分析和回归分析方法是研究两个变量所必备的基本研究方法，它可以帮助我们从定性进入定量的研究，进一步揭示营养元素之间、肥料与产量之间相互变化的数量关系和实质，为植物营养研究和施肥决策提供科学依据。

（四）植物营养的施肥（经验）模型研究方法

科学的施肥是调节植物与环境之间营养物质和能量交换过程的重要手段，也是提高农作物产量、改进品质、保持生态平衡的重要措施。据文献记载，西汉是我国古代施肥技术发展的全盛时期。古代的施肥都是经验施肥，它只强调供给农作物生长和培肥土壤的充足肥料即“肥大水勤”的传统概念，没有认识到施肥的数量化概念和施肥的经济效益。显然这种经验施肥的概念和方法在今天已不再适用了。

近代的科学施肥是以高产、优质、环保、低成本为目标，应用数学方法建立施肥模型、确定获得最大利润的施肥量和不同营养元素的比例才能实现上述目标。因此，近代施肥是高产、品质、环境和经济效益相结合的数量化施肥方法。

植物营养的近代施肥技术从 1909 年德国土壤学家米切里希（E. A. Mitscherlich）提出的米氏方程建立的施肥模型开始，1927 年尼克莱（Niklas）、米勒（Miller）应用一元二次肥料效应函数，通过农作物对肥料的反应建立二次施肥模型来确定最优的施肥量，从而达到高产、优质、环保、低成本的最大经济效益与社会效益。这些研究都给近代施肥技术提供了科学的理论和方法技术。20 世纪 70 年代英国植物营养学家库克（G. W. Cooke）首次提出了近代施肥的 4 种施肥模型：(a)直线施肥模型；(b)指数递增型施肥模型；(c)一元二次抛物线施肥模型；(d)二元二次反应曲面施肥模型。

植物营养的施肥模型从 20 世纪 60 年代开始已经向实际应用发展，并与计算机技术相结合，建立适合于不同土壤、气候和生态条件下的农作物施肥系统。由于这些施肥系统都是在一定的土壤、气候、生态条件下经过多年的生物试验所建立的生物统计模型，统称为施肥模型，为了区别以后发展的理论模型或机理模型，故称为经验模型。20 世纪 90 年代以来一些国家发展的精确（或精准）农业的施肥系统，都是以生物统计模型为主的施肥（经验）模型，因此学习掌握科学施肥常用的几种模型和建模的理论与方法是本学科重要的研究方法之一，也是本专业大学生和研究生必须选读的内容之一。

(五)植物营养的模拟(机理)模型研究方法

模拟(simulation)研究是应用数学方法对自然界各种规律进行模仿与拟合的动态数量化的研究，由于自然过程的复杂性，早期的模拟研究一直停留在简单的动态过程。德国农业化学家李比希(Justus von Liebig)是植物营养科学中第一个应用一元回归方程 $y=b_0+b_1x$ 来模拟氮肥(x)与农作物产量(y)之间动态过程的开创者。长期以来植物营养施肥的模拟研究一直停留在实验室基础上，美国普渡大学的 Barber 建立的养分吸收模型，Michaelis-Menten 的养分吸收动力学模型，Epstein 离子运输的动力学模型等，成功推动了植物营养科学理论研究的发展。遗憾的是，这些研究没有与现代计算机技术相结合。近 30 年以来，随着植物营养科学与现代计算机技术的发展，植物营养模拟研究有了较快的发展，代表性成果为：M. Mchron 和 K. K. Tanji 的氮素在土壤中转化的计算机模拟，R. D. Harter 和 B. B. Foster 的土壤中磷移动的计算机模拟，M. A. Scaif 的作物对营养的吸收及其生长的计算机模拟，荷兰瓦格宁根大学(Wageningen)H. Kenten 和 J. van Wolf 编著的计算机模拟研究的重要参考书《农业生产模型——气候、土壤和作物》(系统介绍了植物营养与施肥技术计算机模拟研究的理论与应用)。

植物营养的模拟(机理)研究方法重点介绍养分在土壤中的迁移模型，植物根系生长与养分吸收模型，养分吸收动力学和主要养分元素吸收动力学模型，养分在植物体内运输与分配模型，田间土壤溶质运移与作物生长模型等。学习和掌握这些方法，使植物营养的研究从形态、定性的研究深入到数量化模拟(机理)模型研究的新阶段。

(六)植物营养的根和根际研究方法

这是植物营养科学研究的重要领域，它的重要性在于，植物的营养物质和能量交换过程主要通过根系和根土界面进行，因此植物营养的过程，实质上就是植物的根际营养过程。尽管近代的科学研究已揭示出植物根外营养的可能性，特别是叶部也可吸收营养元素，但叶部的吸收量明显少于根部的吸收量。在近代植物根际营养研究中，VA 菌根(即内生菌根)的研究是一个十分活跃的领域，借助于各种微区冰冻切片法、微电极法、电子探针法和电子显微镜法等先进的测试技术，已进一步揭示了 VA 菌根与植物的共生机理，VA 菌根的菌丝对土壤中磷、锌等养分的吸收与运输，VA 菌根可提高植物的抗旱性等等。应用放射性同位素自显影法，可以研究植物根际养分的亏缺；借助于化学分析方法，可以研究植物根质外体的自由空间；应用各种特异性荧光探针和显色方法，可以原位直观精细观察植物根系诱导的根际过程的变化，并通过计算机影像分析系统定量化根际动态变化的参数。这些均是关于根际研究的基本方法，也是本课程的重要内容。

尽管植物营养研究方法很多，本课程中只要求大学生掌握植物营养科学研究的一些基本方法，即第一章、第二章、第三章的全部方法以及第四章、第五章、第六章的部分方法。其他方法作为大学生、硕士、博士研究生和科研工作者的参考或选修内容，可拓宽视野，了解新的近代研究方法，有利于掌握和促进植物营养科学的发展。本课程是一门科学的方法论，是一门操作技术很严格、规范化很强的技术性课程，因此要求学习本课程时，既要弄通理论，更要掌握操作、运算方法，具备熟练的动手能力。为了实现这个目标，要求每个大学生、研究生能通过课程设计、实验、实习、习题等教学辅助环节，树立辩证唯物主义方法论和理论联系实际的学风，树立实事求是的科学态度和献身科学的良好风尚，为丰富与发展植物营养科学及其方法论而努力。

第一章　植物营养的培养研究方法

第一节　培养研究的特点、种类及发展概况

培养研究又叫培养试验或盆栽（钵）试验，它是在人为控制的条件下，用特制的容器（如盆钵、玻璃缸、塑料桶、水泥池等）栽培农作物，并进行各种科学试验的方法。因此，培养试验泛指采用人工模拟、人工控制进行的各类农作物栽培试验。培养试验可以严格地控制各种环境条件，如土壤、肥料、光照、水分、温度等，有利于开展各种析因试验，进而弄清植物营养与施肥中各个因子的作用。如果说田间试验是在大田条件下估计作物对肥料的反应，那么，培养试验即在于进一步揭示作物对肥料反应的实质和阐明各个因子的意义。培养试验是在特别修建的培养室或人工气候室中进行，这样可以根据试验的目的与农作物的要求，创造对农作物生长最适宜的环境条件，来研究各种因素对农作物生长发育的影响。

培养试验实质上是一个模拟试验，与肥料的田间试验方法显然有较大的区别，表现在以下几个方面：

第一，局限性。培养试验的土壤一般只取自耕作层，农作物只能从耕层土壤中吸收养分。田间试验农作物可以从土壤的全层即表层、中层、甚至底层以及根系能生长到的地方吸收养分，二者是有明显区别的。

第二，可控性。培养试验通过不同营养液来控制营养元素的有与无，进行不同营养元素机理的研究。这在田间试验中难以实现。

第三，模拟性。培养试验可以采用营养液分根隔离技术，模拟养分在植物体内的移动，进行更深入的机理研究。

第四，最大性。培养试验的施肥量最大，特别是土培试验都大于田间施肥量的一倍至数倍，以每千克土壤施 N 0.15～0.3 g 计算，每 0.07 hm^2（1 亩）施硫酸铵 112.5～225 kg。

第五，复现性。培养试验装盆前要调整空盆的重量一致，再装入等量的土壤，或营养液，每天称重补充失去的水分，保持试验结果的复现性。

第六，差异性。培养试验几乎没有氮肥中 N 的淋失，因此对氮肥的形态、肥料利用率与测试研究，显然与田间试验的评价是有差异的。

基于以上的特点，培养试验也有一定的局限性。它必须与田间试验相互配合，才能得出正确的结论。

培养试验的种类，由于盆钵、环境、材料和研究目的不同而各有不同，一般可以分成以下三类。

一、盆钵培养研究方法

它是利用各种特制的盆钵进行农作物的栽培试验，由于农作物在盆钵中生长的介质不同，又可分成土培试验、砂培试验、溶液培养试验和从以上 3 种培养试验演变而来的隔离培养试验、流动培养试验、更换培养试验、灭菌培养试验等。

二、植物短期培养研究方法

植物短期模拟培养试验又叫幼苗试验。它根据农作物生长发育初期(通常只生长几片叶)对土壤中养分形态的反应和利用情况做出评价。由于指示作物的不同,幼苗试验又可分成黑麦幼苗试验、番茄幼苗试验和油菜幼苗试验等几种。幼苗试验是介于实验室与盆栽试验之间的研究方法。

三、控制培养条件的其他生物研究方法

本法的特点是利用特制的木框、水泥池、塑料板框为容器控制植物生长的土壤、水分、养分等进行农作物栽培试验,也称框栽试验。一般框的面积均小于 1 m^2。框栽试验可以固定在培养室的网室中进行,20 世纪 30 年代发展起来的渗滤水研究,所采用的土壤溶液渗滤研究系统(lysimeter)也是框栽试验的一种。框栽试验是介于盆栽试验与大田试验之间的研究方法。

培养试验是在植物营养科学发展过程中逐步形成与完善的。早期(19 世纪前)对植物营养与施肥问题的研究,大都借助于培养试验与实验室的化学分析方法,它比田间试验的历史更为悠久。西欧早在 300 多年以前已开始应用盆栽方法对植物营养的机理进行探索研究,通常认为第一个培养试验是比利时的万·海利门特(von Hellement)1629 年进行的柳条试验。他在装满土壤的盆钵中插上柳树枝条,只供给水分,经过 5 年之后,柳树得到茂盛生长,生长量几乎增大 34 倍。因此他认为植物营养最重要的因素是水,柳条只靠水就能生长。显然这个结论是错误的,但他开创了植物营养的盆栽研究方法。1699 年乌特渥尔特(Woodward)用溶液培养试验方法证实了海利门特试验的错误,他是溶液培养试验方法的奠基人。以后,1804 年索秀尔(Saussure)、1857 年萨克斯(Sacks)和克诺普(Knop)将溶液培养试验应用于植物营养研究,1837 年法国布森高 (J. Boussingault)第一个应用砂培试验进行植物吸收氮素的研究。虽然海利门特、乌特渥尔特、索秀尔、萨克斯、克诺普、布森高都应用了培养试验方法来研究植物营养问题,但当时的培养技术是简单的,培养室的设备也是不完善的,试验的精度仍是较低的。

近代的培养试验方法与技术是在 19 世纪中叶后期由萨克斯、克诺普、格里利格尔(Hellerigel)、瓦格涅尔(Wagner)奠定的基础。1859 年萨克斯、1865 年克诺普拟定了溶液培养营养混合液,并共同制定了溶液培养试验方法。19 世纪 60 年代格里利格尔系统地完善了砂培试验方法,并提出了适用于砂培研究用的营养混合液,他应用这个方法成功地进行了灭菌培养,并证实了根瘤菌的固氮作用。

近代的土培试验是在 19 世纪 70 年代开始应用,当时采用框栽试验,用无底的水泥框栽培农作物,由于底土的差异和干扰,对农作物的产量有一定影响。瓦格涅尔是采用隔离底土进行土培试验的第一个人,1880 年他设计了 25 cm×30 cm 的盆钵进行土培试验,通常人们称之为瓦格涅尔盆,它已广泛应用于植物营养研究。

现代的培养试验采用电子计算机控制的自动化装置,培养室可以自动移动,盆钵的灌水全部自动化,不仅管理工效高,而且准确、精确度高。例如日本的无影温室,德国 BASF 公司林伯格霍夫(Limberghof)农业试验站的全自动化温室,美国 TVA 的全自动化土壤溶液渗滤研究系统(lysimeter),均是 20 世纪 70 年代以来建立的现代化模拟培养试验室。

我国应用培养试验方法研究植物营养问题,开始于 20 世纪 30 年代上海植物生理研究所罗宗洛教授。他应用溶液培养试验方法对农作物根系吸收硝态氮或铵态氮的研究做出了卓越

的贡献。但盆栽技术在我国已有悠久的历史，居世界领先地位。据考证，早在公元317—420年的东晋时期，我国已开始将盆栽技术应用于花卉栽培，以后在唐、宋两代又得到进一步发展，明朝(1400—1644年)已有盆栽技术的专门文献记载，1708年我国已开始了温室栽培。如果能把我国的传统经验与西欧现代培养试验技术相结合，一定可使培养试验方法发展到更高水平。

第二节　土壤培养研究方法

一、土培试验的任务

土培试验以土壤为栽培植物的介质，它是盆栽试验中应用较广泛的一种方法。土培试验是一种更接近于自然条件的生物试验方法。一般在溶液培养或砂培研究中取得的初步结果，在转向田间研究之前，常常先用土培方法设置预备试验或检验。土培试验也不能代替溶液培养或砂培试验，因为在土培条件下很难单独研究某个对植物生长发育起作用的因子，例如我国南方的红壤，降低土壤的pH，会减小其中磷的有效性，土培试验中则很难控制好这些条件。在植物营养研究中，土培试验的主要任务是研究农作物对土壤中有效养分的吸收利用问题，不同土壤中化肥效果的初步评价，环境条件(特别是土壤水分)对农作物根系吸收养分的影响，农作物对肥料(包括化肥与有机肥料)的利用率等。以上这些研究课题若在田间则无法排除外界环境条件的差异和干扰，导致研究结果的复杂化。对于各种新型化肥，往往先在土培试验中进行探索性的研究，以取得初步结果，再扩大到田间研究，可以少走弯路。总之，土培试验的应用范围是很广泛的，但若环境条件控制不严，试验的精度就很低，也难以得到理想的结果。

二、土培试验的技术

(一)土壤的准备

(1)土壤的采集和整理　土壤的选择是土培试验成败的关键之一。通常根据试验要求，选择有代表性的土壤，例如对钾肥肥效比较试验，必须选择缺钾土壤，否则就不能得到预期的结果。在取土之前，必须开展土壤调查和农化分析，并确定土类的名称、性质、耕作历史等等。为了使所采土壤符合科学研究的需要，也可以在专门取土的地段上，采取消耗某种土壤养分的措施，例如：欲消耗土壤中的磷，可以在施用氮钾肥的基础上，播种喜磷作物(豆科作物)等，连续种植几年；欲消耗土壤中的氮，可以在施用磷钾肥的基础上，播种谷类作物；欲消耗土壤中的钾，可以在施用氮磷肥的基础上，播种薯类作物或甜菜。经过农作物的吸收消耗，以达到耗竭土壤中某种养分的目的。当确定取土地点后，一般只采耕作层土壤，特殊要求可以例外。取土、装土、运土的工具要干净，防止肥料和其他养分污染而影响试验结果的准确性；取土的数量应比实际数量多50%。若远距离采土，应在当地过筛后再装箱运输，取土量应比需要量多10%～20%。取回的土壤通常用3 mm孔径的筛子过筛，并挑出石子、根茬残体以及各种杂物。过筛剩下的大土块，必须捣碎后全部过筛，不能扔掉。

(2)土壤的贮存　过筛的土壤应充分混匀，贮存备用。一般植物营养培养室应建立专门的土壤贮存库，存放从各地采集供试验用的土壤，并标明土壤名称、采集地点、采集时间、采集人姓名、含水量(即吸湿水)及主要农业化学性状，如pH、有机质、$CaCO_3$、*CEC*、主要养分含量等。一次贮存的土壤数量应保证供应全部培养室研究工作一年至数年的需用量，不能随取随用，以致前后有土壤差异而影响试验的复现性。

(二)盆钵的选择和准备

1. 盆钵的种类

(1)按盆钵的原料分类

玻璃盆:其规格一般是 20 cm×20 cm(前者为盆内径,后者为盆高,下同),用 4～5 mm 厚质玻璃制成,可用于土培及砂培试验。玻璃盆的优点是容易洗净,试验过程中容易观察根系生长状况和土壤湿度状况;一般玻璃不易受腐蚀,也不会影响营养液的成分及改变 pH。但由于玻璃组成复杂,玻璃盆不能用于微量元素试验。玻璃盆的缺点是价格昂贵,容易损坏;试验过程中必须加套,防止阳光对作物根系的不良影响,从而给试验工作增添麻烦,目前已不常使用。

搪瓷铁盆:用厚铁皮(或白铁皮)制成,盆里盆外均烧上一层搪瓷釉,以保护盆壁不被土壤溶液侵蚀。此盆的优点是经久耐用,重量较轻,使用方便,容易洗净,目前为国外某些大型自动化培养室所喜用,如能大批工业生产,价格并不昂贵。此盆一般只用于土培试验,在国内可以推广应用。

陶瓷盆:用白陶土或瓷土烧制而成,盆里盆外均涂釉子。此盆坚固耐用。目前国内土培均用此盆,但价格昂贵,笨重,不易称重灌溉,在国际上已有淘汰趋势。

陶土盆:用陶土制成,盆里盆外涂上一层釉子。此盆价格低廉,适用于各种微量元素研究。

塑料盆:国外主要用于砂培和溶液培养,土培试验使用不多。由于塑料盆结构简单,不适用于水分调控,一般只在水稻的土培试验中才使用。

(2)按盆钵的构造分类

瓦氏盆:又叫瓦格涅尔盆,1880 年德国农业化学家瓦格涅尔设计。盆钵的规格是 25 cm×30 cm,小型瓦氏盆的规格是 20 cm×20 cm,其构造如图 1-1 所示。

瓦氏盆模拟大田土壤水分的自然运动方向,使盆栽试验的土壤水分条件更加符合自然状况。瓦氏盆的一侧外壁有浇水管,管的底部有一洞孔通入盆内,与此进水孔对称的另一侧有一排水孔。使用前将锯齿状排水片放入盆底,其两端对准进水孔和排水孔,其四周铺放洗净的小砾石、河沙或石英砂,再装土,并塞住排水孔。使用时灌溉水由浇水管、进水孔流入盆内,透过砂砾进入底部土中,然后沿毛管上升。当水分过多时,可打开排水孔。用瓦氏盆必须称重浇水,此种盆在国外已少使用,国内仍很普遍。

米氏盆:又叫米切里希盆,1909 年德国土壤学家米切里希(E. A. Mitscherlich)设计,1930 年正式用于土壤有效性养分与农作物生长的相关性研究工作中,米切里希还提出一整套技术规范,称之为米氏盆栽技术。此盆在西欧、东欧均广泛应用于植物营养的土培研究中。米氏盆的构造如图 1-2 所示。米氏盆的下部有一底座,可以平稳地放置在盆架或盆车(一种特制的能活动的小车)上,盆底呈锥形,底座中央有一圆孔,以使盆内土壤的非毛管水渗入底盆中。每次灌水时,用灌溉水冲洗底盆,使渗入其中的营养物质回到米氏盆内,防止由于灌溉渗滤而产生土壤中养分的流失。米氏盆的优点是,每次浇水可以不称重量,浇到盆底刚渗出水即可,这时已达土壤的最大持水量。米氏盆可以保持各盆之间土壤水分的一致性。我国在 20 世纪 50 年代后才开始使用米氏盆。常用的有两种规格,一是 20 cm×20 cm,二是 25 cm×30 cm,以前者居多。

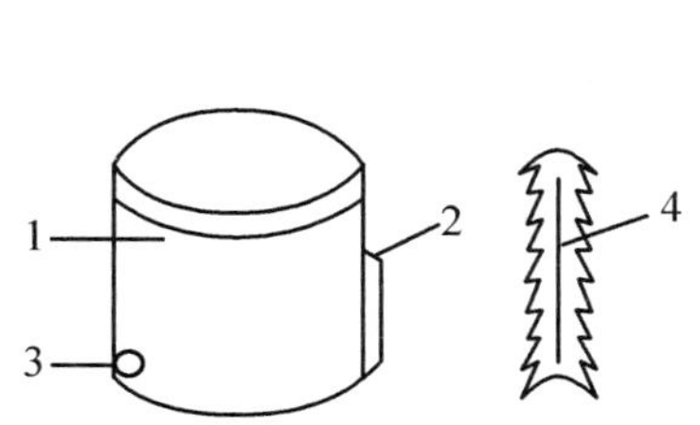

图 1-1　瓦格涅尔盆及其排水装置

1. 瓦格涅尔盆　2. 浇水管　3. 排水孔　4. 锯齿状排水片

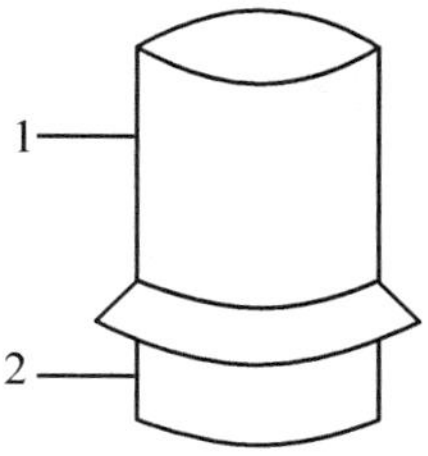

图 1-2　米切里希盆及其底盆

1. 米切里希盆　2. 底盆

阿尔(Ahr)盆:阿尔盆是用铁皮制成的方形盆。盆内涂锌,盆外涂油漆。此盆长 25 cm,宽 20 cm,高 20 cm。盆两侧有两个支架,可以固定在盆车上,便于手工称重浇水,可提高工效。阿尔盆每盆装土 10～21 kg,盆的两侧插入两根塑料管,灌水时可把水分引入盆底,使土壤水从盆下部向上部运动。20 世纪 40 年代以来,西欧已广泛使用。

普通盆:原是我国古代栽培花卉的盆钵,其规格不一,盆底设排水孔或不设排水孔,一般盆内外均涂上彩色釉子。土培试验装盆时,常在盆底一侧放入小砾石、玻璃碎片等作为排水物(图1-3)。排水物应盖住盆底 2/3,呈 30°角。在小砾石中再插入一支供浇水用的玻璃管或塑料管,浇水管直径 1.2～1.7 cm,管高出盆沿 2～4 cm,浇水管下端呈斜面,上端呈平面。在排水物上盖一块尼龙纱布或盖一层石英砂,防止土壤混入小砾石中堵塞浇水管。也可用搪瓷烧成圆锥体,做固定排水物。

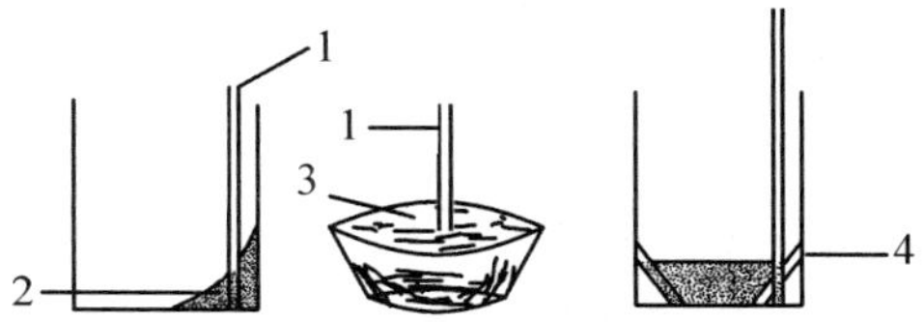

图 1-3　碎玻璃及圆锥体的排水装置

1. 浇水管　2. 碎玻璃　3. 圆锥体排水器
4. 圆锥体排水装置

2. 盆钵的准备

选择盆钵首先应考虑供试作物的种类、试验期限的长短。一般来讲,禾谷类与豆科作物可以采用 20 cm×20 cm 盆,玉米或棉花可以选用 25 cm×30 cm 或 30 cm×30 cm 盆,马铃薯可以选用 25 cm×30 cm 或 30 cm×35 cm 盆。短期试验可以选择小型盆钵,全生育期试验可以选择大型盆钵。选择的盆钵大小要一致,其间的高度与直径相差不应大于 0.5 cm,每个盆的重量相差不应超过 100 g。装盆前把浇水管、小砾石、尼龙纱布等全部放入盆内,以确定“皮重”。若各盆重量不相等,可用小砾石调整“皮重”,使各盆重量相等,这样可以保证各盆的毛重完全一致,便于生长过程中称重计算灌水量。

(三)肥料的准备

在土培试验中,为了保证植物的正常生长,除了所研究的肥料外,还应配合其他肥料的施用,如研究氮肥时必须要配合施用磷钾肥,并保证磷钾肥料的充足供应。氮肥可以施用尿素、硝酸铵,在酸性土壤上最好施用 2/3 硝酸铵与 1/3 硝酸钙的混合物。氮钾肥可以选用硝酸铵和硝酸钾的混合物。硝酸钾的用量按钾素计算,不足的氮素再用硝酸铵补充。在石灰性土壤上,氮磷肥可以施用硝酸铵、磷酸二氢铵和磷酸氢二铵的混合物。在酸性土壤上,最好施用硝酸钙和磷酸二氢铵的混合物。磷钾肥可以施用磷酸二氢钾和磷酸氢二钾的混合物。如钾量不足,可以用硫酸钾或氯化钾补充。如磷量不足,可以补加磷酸一钙或磷酸二钙。磷肥可以施用磷酸一钙和磷酸二钙的混合物,或者选用其中的一种。

土培试验的施肥量,一般都高于大田2～3倍。不同作物的施肥量可以参照表1-1。盆栽的肥料可以用粉状、粒状或溶液施入土壤中。目前国外土壤都采用机械搅拌,肥料都配成溶液施用。固体化肥事先称好并用不同颜色纸包好,标明化肥种类。

表1-1 几种主要作物土培试验三要素一般施用量 g/kg

作物种类	N	P_2O_5	K_2O
禾谷类作物	0.15	0.10	0.15～0.30
豆科作物	0.02～0.04	0.15～0.19	0.10～0.15
棉花	0.15～0.20	0.15～0.20	0.15～0.20

(四)装盆、播种、定植

正式装盆前应试装1～2盆,以确定每盆装土的数量,同时根据试验计划表,把肥料包对号放入盆中,经核对无误再开始称土混肥,一般称好后的土壤放入大塑料盆(或大瓷盆)中,再加入肥料,充分混匀。若施用肥料溶液,在对照盆应补加等量的水,保持各处理间土壤湿度完全相同。

瓦氏盆在装盆前应先把盆中排水物装好,米氏盆用瓷碟把盆底的孔盖好,上面加盖细砾石和粗砂。砂砾上覆一层尼龙纱布,以防止土粒塞满砂砾空隙,然后装土。装土时要注意分层压紧,并使各盆的紧实度保持一致。土壤紧实度不能太大也不能太小,土面距盆口应留2～4 cm,以便铺沙和浇水。装盆至出苗前,要保持盆内有足够的水分。水稻土培试验应把盆底的孔都封上,装好土壤后,一次灌足水分,让其沉实再移栽。

土培试验播种前应对供试种子进行精选,提前催芽,当种子刚萌动时即可播种。不催芽直接播种,由于种子发芽势、出苗率都可能不一致,容易造成每盆苗数不一致,因而产生盆间的误差。土培的播种方式一般有两种,一是用播种板进行,二是直接把催芽的种子点放在土面,然后再盖干土,以上两种方式可以根据不同条件和习惯灵活选用。播种深度,通常大粒种子为1.5～2 cm深,小粒种子为0.5 cm深。播种后每盆在土面铺盖一层500 g左右的石英砂。播种后一般不再浇水,当出苗1～2周后开始间苗,一般小麦每盆留苗10～15株,豆类23株,水稻12～15株,玉米、棉花1株,番茄1～2株。

水稻土培试验根据习惯采用直播或移栽两种方式均可。

(五)试验期间的管理和收获

土培试验的盆钵一般放在特制的盆车上,白天从培养室中推到室外,以接受正常的光照和通风。晚上或遇不良气候时,随时转移到培养室中,以保护幼苗的正常生长。

盆钵在盆车上应采用区组排列,以达到局部控制的目的。区组内各盆必须随机排列,并定期调换。

土培试验的灌溉是试验成败的关键之一,在农作物生长期间,必须保持各盆之间土壤水分的一致性。灌水方式有以下两种。

一是米切里希法,即使用米氏盆,以容器灌水,当盆底开始流出水时,即停止灌水,以保持土壤水分在最大田间持水量上。近来国外使用渗灌计(德国商品名叫Blumat)灌水,也是使土壤保持最大田间持水量的水分。

二是重量法,即每次灌水时都进行称重,使土壤湿度达到田间持水量的60%～70%。在应用上，称重工作可用人工称重、自动磅秤人工称重和电脑控制的自动灌水车、自动传送台等措施。其中第二种尚需人推，第三种是全自动装置，每台104盆，已开始在西欧使用。

两种方法各有优缺点。米切里希法简便易行，但它对土壤湿度的控制能力较差，对有些作物（如玉米）的缺肥处理，会因作物耗水极少而致水多淹苗。重量法比较麻烦，但可以根据植株的长势估计植株重量，调整灌水量，虽然这种方法还是很粗的，但还能起些作用。

用重量法时，应先测定土壤最大吸湿水量、土壤最大持水量和装盆前的土壤水分含量，假定试验中要求土壤湿度保持在有效持水量的60%，灌水时的计算公式为

$$\text{灌水后的土壤湿度}=\frac{[\text{最大持水量}-1.5\times(\text{最大吸湿水量})]\times 60}{100}+1.5\times(\text{最大吸湿水量})$$

$$=0.6\times(\text{最大持水量}+\text{最大吸湿水量})$$

式中：1.5×（最大吸湿水量）＝凋萎系数，即土壤水分达到此值时，植物即开始凋萎；最大持水量－1.5×（最大吸湿水量）＝有效持水量。

假定土壤最大持水量为55%，最大吸湿水量为8.2%，试验中要求土壤湿度保持在有效持水量的60%，当用（土壤含水量÷湿土重）×100%表示土壤湿度，每盆装湿度为15.2%的土5 000 g，盆钵皮重为2 100 g，附属物（如支架等）重300 g时，每次加水后应达到的总重量计算方法如下：

$$\text{灌水后的土壤湿度}=(55\%+8.2\%)\times 0.6=37.9\%$$

$$\text{每盆装入的干土重}=5\,000-(5\,000\times 15.2\%)=4\,240(\text{g})$$

保持盆内土壤湿度为有效持水量的60%时，

$$\text{每盆第一次的需加水量}=4\,240\times 37.9\%=1\,607(\text{g})$$

$$\text{灌水后每盆的总毛重}=4\,240+2\,100+300+1\,607=8\,247\approx 8\,300(\text{g})$$

用自动台秤根据每盆差减的水分，加水保持盆重8 300 g。

当然，这只是一种简便的计算方式。如果用（土壤含水量÷湿土重）×100%表示土壤湿度，每盆装土量为5 000 g烘干土，则计算的具体结果将不同。

水稻试验通常保持4～6 cm厚水层，各盆的水层厚度应一致。为了模拟稻田水分移动的特性，可设置特定的排水装置。如图1-4所示，在盆钵一侧装上带活塞的玻璃管，上端管口高度与水面相同，每日定量浇水以保持恒定的水层，多余的水可以渗出，旋转活塞可按试验要求调节渗水速度，使各盆渗水量一致。

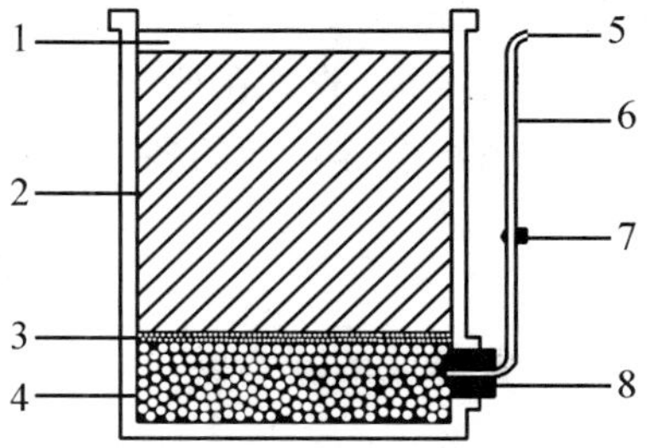

图1-4　水稻盆栽排水装置示意图

1. 水层　2. 土壤　3. 细砾石　4. 粗砾石　5. 溢水口　6. 玻璃管　7. 活塞　8. 橡皮塞

当农作物成长后，盆上应设有专用的支架，防止幼苗倒伏和损伤。生育期可采用定株调查。调查内容与方法与田间调查相同。生育期的其他管理按一般常规进行。

土培试验的收获在农作物黄熟时立即进行，防止过度成熟而落粒。收获时用剪刀贴近土面收割，分别包装编号，称鲜重考种脱粒后放在60℃下烘干，测定收获物的烘干重（茎秆与籽粒）。收获物可根据试验要求取分析样品，粉碎过筛备用。

第三节 溶液培养研究方法

溶液培养是指在某种营养液中进行生物试验,通过控制营养液的养分组成和浓度,研究生物效应的方法。由于营养液通常是水溶液,溶液培养试验也叫水培试验。近代的溶液培养已发展成无土培养或无土栽培,它是泛指利用除土壤以外的各种植物生长介质进行的生物试验,例如溶液、砂砾、泥炭、空气、塑料颗粒等。国外设施园艺中的雾培或气培也是从溶液培养发展起来的一种新的无土栽培技术。

一、溶液培养研究的特点与任务

溶液培养研究有以下几个特点:

第一,植物生长的环境是液相的,植物生长所需的全部营养物质都靠人工供给,营养液中养分的形态、种类、浓度、供应时间均由人工控制,这在土培试验或田间试验中是难以做到的。

第二,盆钵中养分分布是均匀的。由于水溶液中盐类离子扩散平衡,使得盆内养分能均匀分布。

第三,液相环境缺乏空气,必须定期向溶液中补充空气。

第四,营养液的浓度是变化的。营养液中有些可溶性盐类的浓度随溶液 pH 而改变,其中某些盐类会因溶解度降低而沉淀在盆底。随着植物生长过程中对养分的吸收利用,沉在盆底的难溶性养分也可能又逐渐溶解,使植物能全部吸收利用,所以在溶液培养试验中植物可以充分利用环境中的养分。但铁盐例外,它的再溶解度较低,故须经常补充铁,以预防植物缺铁症。欲保持植物生长过程中营养液具有稳定的浓度,可采用流动营养液。

第五,营养液缓冲性能小。由于植物对溶液中养分的不平衡吸收,溶液 pH 会发生剧烈的变化,因此溶液培养试验必须每天测定并调整溶液的 pH。

溶液培养试验的主要任务是研究植物的矿质营养问题,例如根对养分的吸收,营养元素丰缺的形态特征(包括潜在缺乏症状),各种大量元素与微量元素对农作物生长发育的作用,离子间的相助与拮抗,养分在植物体内的运输,农作物的产量生理学等等。目前溶液培养试验已广泛应用于植物营养科学的各个领域,成为进一步揭露植物营养规律的重要手段。

二、配制营养液的原则与依据

(一)营养液的基本要求

营养液必须满足以下 4 个要求:(a)含有植物生长必需的全部营养元素;(b)营养物质应是有效养分,而且养分的数量与比例均能满足植物生长的需要;(c)在植物生育期内能维持适于植物生长的 pH;(d)营养液应是生理平衡溶液。

世界各国溶液培养试验的营养液都应满足以上 4 个要求。目前所采用不同种类的营养液,是在植物营养科学发展的不同历史时期内,根据不同研究目的拟定出来的,每种营养液都有它一定的适用范围,使用时不能任意改变其成分,否则就不能保持应有的生理平衡性,若研究工作需要修改时,可以通过试验验证后改变。

(二)配制营养液的原则与依据

确定各种营养液时,应以植物的需要为依据,模拟土壤溶液浓度或植物体内营养物质的组成设计而成。目前采用的营养液有以下 3 种。

第一，选用 3 种或 4 种可溶性盐类组成混合溶液，在一定的全盐浓度下，改变各种盐类浓度比例，从而组成生理平衡的营养液。例如，克诺普(1865)、茨(Shive，1915)、木村(1931)等营养液都是采用这个方法制定的。

第二，以农作物收获物组成中的营养元素成分为依据，确定营养液组成。例如，史托明(Stohmann，1862)、春日井(1939)分别制成玉米营养液和水稻营养液。

第三，模拟植物根际土壤溶液浓度配制成不同种类营养液。例如，霍格兰(Hoagland，1919)根据肥沃土壤溶液的组成，配制成两种不同浓度的营养液，分别用于大麦溶液培养试验的生育前期与生育后期，均获得良好的效果，营养液的组成见表 1-2。

表 1-2　以土壤溶液为基准而配成的霍格兰营养液

(Hoagland，1919)

使用时期	用量(mg/L)						气压(atm)	pH
	NO_3^-	PO_4^{3-}	K^+	Ca^{2+}	Mg^{2+}	SO_4^{2-}		
生育前期	700	136	284	200	99	368	0.78	6.8
生育后期	80	10.6	20.3	22.9	9.4	31.6	0.1	6.5

注：1 atm=101.325 kPa。

在不同营养液的组成中，氮、磷形态有较大的差别。通常氮素有两种盐类，一是硝酸盐，二是铵盐。硝酸盐呈生理碱性反应，使营养液 pH 值升高。铵盐呈生理酸性反应，使营养液 pH 值下降，因此适当调节 NH_4^+-N/NO_3^--N 的比率，可以保持 pH 的稳定性。当然，水稻适宜 NH_4^+-N，而旱作又适宜 NO_3^--N，一般旱作在营养生长期以 NH_4^+-N 较好，生殖生长期则以 NO_3^--N 为好，所以营养液中 NH_4^+-N/NO_3^--N 的比率，可以根据植物营养的特点适当调节，如水稻 100/0～50/50，麦类 30/70～0/100。

营养液中磷酸盐不仅是植物生长的主要营养元素之一，而且还可以缓冲营养液的酸碱反应，一般常用一代磷酸盐与二代磷酸盐配合调节，也可以添加 $Ca_3(PO_4)_2$、$Fe_3(PO_4)_2$ 等难溶性盐类提高营养液的缓冲性。

不同农作物对营养液有不同的适应性。水稻长期栽培在水田环境中，能适应稀薄的土壤溶液浓度，应用高浓度营养液对水稻生长不利，尤其是磷酸盐浓度过高，将会妨碍水稻生长，严重时可以发生营养失调症，因为水稻对一磷酸吸收力强，对铁吸收力弱，在高浓度磷酸溶液中易多吸收磷酸，在体内与活性铁形成磷酸铁，产生缺铁黄叶病。当营养液中钙、镁浓度较高时，水稻对铁的吸收受到限制，高浓度磷酸的危害更加严重。反之，麦类可以生长在高浓度营养液中，若磷酸浓度较高，对植株生长更加有利，因为麦类对铁的吸收力强，体内活性铁较多，若磷酸浓度低，麦类吸收量少，进入体内的磷酸又与铁结合而形成磷酸铁，会使植株表现出缺磷症，严重时可以阻碍植株正常生长(图 1-5)。

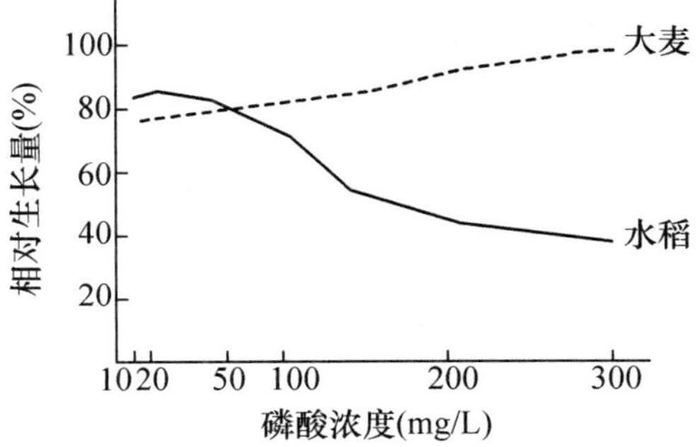

图 1-5　磷酸浓度对水稻、大麦生长的影响

(冈岛秀夫，1962)

据木村等研究，水稻溶液培养，每升营养液中磷酸含量在 20 mg 左右，水稻生长良好，若超过 50 mg，则生长受到阻碍。而大麦则对高磷忍耐力较大，当每升营养液中磷酸含量高达 300 mg 时，大麦仍然生长良好，如图 1-5 所示。这两种作物对铁的要求也不一样，营养液中铁的浓度较高时，对水稻生长有利，当铁浓度达到 50 mg/L 时，水稻仍然生长很好。但大麦则不然，如营养液中铁的浓度超过 10 mg/L 时，生长量开始下降。

由此可见，水稻适于低磷和铁浓度较高的营养液，而大麦适于高磷和铁浓度较低的营养液，应用某些旱作营养液培育水稻，常不能获得正常的生长。

此外，作物不同生育时期对营养液浓度的要求也不一致。如稻麦等谷类作物，除了苗期需用低浓度营养液外，一般在生育前期浓度要高些，而生育后期浓度要低些。

三、常用营养液的种类

(一)水稻营养液

1. 埃斯彼诺营养液

1920 年埃斯彼诺(Espino)对水稻营养液的组成进行了研究，确定水稻幼苗生长最适宜的浓度(全盐量)约 0.002 mol/L，KH_2PO_4、$(NH_4)_2SO_4$、$Ca(NO_3)_2$、$MgSO_4$ 的物质的量之比为 1∶1.5∶1.5∶4，其成分如表 1-3 所示。

表 1-3　埃斯彼诺营养液的成分

盐　类	盐类用量
$Ca(NO_3)_2 \cdot 4H_2O$	0.089 g/L
KH_2PO_4	0.034 g/L
$MgSO_4 \cdot 7H_2O$	0.25 g/L
$(NH_4)_2SO_4$	0.019 g/L
5%$FeCl_2$	0.15 mL/L

埃斯彼诺营养液的浓度较低，尤其是磷酸盐的浓度更低，同时还以铵盐作为水稻的一部分氮源，其起始 pH 值为 4～5，适于水稻苗期的生长。

崔微等研究指出，埃斯彼诺营养液中不加微量元素，植株出现第七新叶以后生长就停止，呈现缺锰和缺硼的症状。为使水稻正常生长和发育，必须补充锰、硼及其他微量元素。

2. 木村营养液

木村(1931—1932 年)对埃斯彼诺营养液作进一步的研究，明确了高浓度磷酸对水稻为害的实质，并提出适于水稻溶液培养试验用的营养液 36 种，其组成差别不大，都能适于水稻的完全生育，表 1-4 给出的是其中常用的一种。

表 1-4　木村营养液的成分

成　分	成分含量(mg/L)	盐　类	盐类用量(g/L)
NH_4^+-N	10.2	$(NH_4)_2SO_4$	0.048 2
NO_3^--N	12.8	$MgSO_4$	0.065 9
K_2O	13.0	KNO_3	0.018 5
P_2O_5	17.2	KH_2PO_4	0.024 8
CaO	20.5	$Ca(NO_3)_2$	0.059 9
MgO	22.1	柠檬酸铁	0.002～0.050 5

注：柠檬酸铁的用量以 Fe_2O_3 计。

木村营养液的 pH 值为 5.0～5.5，其组成成分与埃斯彼诺营养液颇为接近。为使水稻得到健全生育，还必须加入少量微量元素及硅酸钠。

在水稻的不同生育时期，必须改变营养液的浓度。水稻移植时可用 1/8～1/4 浓度的营养液，分蘖期可用 1～2 倍浓度的营养液，有效分蘖期后可用 1/2～3/4 浓度的营养液，出穗期前后可用 1/4～1/2 浓度的营养液，出穗 2 周后即可用正常溶液培养（马场，1942）。

3. 春日井营养液

1939 年春日井以生产 100 g 水稻干物质所需的水分及干物质中所含养分溶解后的溶液浓度为标准，设计出为 1/10～2 倍浓度的营养液，其成分如表 1-5 所示。

表 1-5　春日井营养液的成分

mg/L

成分	成分含量	使用盐类	盐类用量
N	4～40	$(NH_4)_2SO_4$	18.9～188.7
P_2O_5	2～20	Na_2HPO_4	4.0～40.0
K_2O	3～30	KCl	4.8～47.5
CaO	0.4～4	$CaCl_2$	0.8～7.9
MgO	0.6～6	$MgCl_2$	1.4～14.2
Fe_2O_3	0.1～5	$FeCl_3$	0.2～10.0

春日井营养液用 HCl 调节 pH 为 4～7，其主要特点是，用硫酸铵作为氮源，如因研究需要，也可用一部分 $NaNO_3$ 代替。春日井营养液浓度变幅较大，随水稻生育时期而有所不同，以每升营养液氮素成分为例，从幼苗期到成熟期分别采用 6、20、10、4 mg 氮素。

4. 国际水稻研究所常规营养液

1972 年菲律宾国际水稻研究所推荐的溶液培养常规方法所用营养液的成分如表 1-6 所示。

表 1-6　国际水稻研究所常规营养液的成分

（吉田昌一等，1957）

mg/L

元素	营养液中元素含量	使用盐类	盐类用量
大量元素			
N	40	NH_4NO_3	114.3
P	10	$NaH_2PO_4 \cdot 2H_2O$	50.4
K	40	K_2SO_4	89.3
Ca	40	$CaCl_2$	110.8
Mg	40	$MgSO_4 \cdot 7H_2O$	405.0
微量元素贮备液			
Mn	0.5	$MnCl_2 \cdot 4H_2O$	1 500
Mo	0.05	$(NH_4)_6Mo_7O_{24} \cdot 2H_2O$	74
B	0.2	H_3BO_3	934
Zn	0.01	$ZnSO_4 \cdot 7H_2O$	35
Cu	0.01	$CuSO_4 \cdot 5H_2O$	31
Fe	2.0	$FeCl_2 \cdot 6H_2O$	7 700
		柠檬酸（一水合物）	11 990

注：制备铁和微量元素贮备液时，各种盐类分别溶解，再与 50 mL 硫酸混匀，加蒸馏水稀释至 1 L。使用时，每 4 L 营养液添加微量元素贮备液 5 mL。

应用这种营养液时,用1 mol/L NaOH溶液调节pH值为5。水稻各个生育期供氮水平也有不同:移栽后3周为40 mg/L,分蘖盛期为80 mg/L,开花后2周为40 mg/L,到成熟期则可停止供氮。

(二)旱作营养液

1. 克诺普营养液

1865年克诺普(Knop)为溶液培养试验提出的,其成分如表1-7所示。

克诺普营养液以4种盐类为基础配制而成。为了供应植物的铁素营养,另加少量难溶性$FePO_4$。它的最初pH值为5.7。以不耐酸植物进行试验时,可用K_2HPO_4代替KH_2PO_4。

表1-7 克诺普营养液的成分 g/L

盐 类	用 量
KNO_3	0.2
$Ca(NO_3)_2$	0.8
KH_2PO_4	0.2
$MgSO_4 \cdot 7H_2O$	0.2
$FePO_4$	0.1

表1-8 普良尼施尼柯夫营养液的成分 g/L

盐 类	用 量
NH_4NO_3	0.24
$CaHPO_4 \cdot 2H_2O$	0.172
$MgSO_4$	0.06
KCl	0.16
$FeCl_3$	0.025
$CaSO_4 \cdot 2H_2O$	0.344

2. 普良尼施尼柯夫营养液

20世纪初期普良尼施尼柯夫(Прянищников)为砂培试验提出,其成分如表1-8所示。

普良尼施尼柯夫营养液的主要特点是用NH_4NO_3和$CaHPO_4$作为氮、磷的来源。它的最初pH值为6.5,由于NH_4NO_3的生理酸性,在植物栽培过程中会使环境反应变酸,在砂培条件下pH降低到5.5～5.0,在溶液培养试验中变酸作用更强。这是因为溶液培养营养液中,一部分$CaHPO_4$沉积在盆底,不能发挥缓冲酸性的作用,而砂培试验则不然,水不溶性的$CaHPO_4$同石英砂拌混,分布比较均匀,对酸的缓冲作用较强。栽培对酸性敏感的作物时,可用缓冲作用较大的$Ca_3(PO_4)_2$代替营养液成分的$CaHPO_4$。

3. 霍格兰营养液

霍格兰在不同历史时期曾提出多种营养液的配方,主要有两种,如表1-9所示。

霍格兰营养液pH值较为稳定,对大多数植物都很适合,是目前应用较广泛的一种。

表1-9 霍格兰营养液的成分

盐类	营养液(一)		营养液(二)	
	g/L	mol/L	g/L	mol/L
$Ca(NO_3)_2 \cdot 4H_2O$	1.18	0.005	0.95	0.004
KNO_3	0.51	0.005	0.61	0.005
$MgSO_4 \cdot 7H_2O$	0.49	0.002	0.49	0.002
KH_2PO_4	0.14	0.001	—	—
$NH_4H_2PO_4$	—	—	0.12	0.001
酒石酸铁	0.005	—	0.005	—

4. 休伊特营养液

1963年由休伊特(Hewitt)提出,其成分见表1-10。

表 1-10 休伊特营养液的成分

盐 类	盐类用量(mg/L)	元素	营养液元素含量	
			mg/L	mmol/L
KNO_3	505	K	195	5.0
		N	70	5.0
$Ca(NO_3)_2$	820	Ca	200	5.0
		N	140	5.0
$NaH_2PO_4 \cdot 2H_2O$	208	P	41	1.33
$MgSO_4 \cdot 7H_2O$	369	Mg	24	3.0
柠檬酸铁	24.5	Fe	5.6	0.1
$MnSO_4$	2.230	Mn	0.550	0.01
$CuSO_4 \cdot 5H_2O$	0.240	Cu	0.064	0.001
$ZnSO_4 \cdot 7H_2O$	0.290	Zn	0.065	0.001
H_3BO_3	1.860	B	0.370	0.033
$(NH_4)_6Mo_7O_{24} \cdot 4H_2O$	0.035	Mo	0.019	0.000 2
$CoSO_4 \cdot 7H_2O$	0.028	Co	0.006	0.000 1
NaCl	5.850	Cl	3.550	0.1

早期提出的各种营养液配方中,多数只有 7 种常量元素,微量元素也不包括在内,取用纯净的盐类时,对不含微量元素的各种营养液,都必须另行补充。所需微量元素的种类与浓度,可参考休伊特营养液的微量元素成分,也可用阿农(Arnon)的微量元素混合液(表 1-11)。

表 1-11 阿农微量元素混合液的成分

(Arnon, 1938) g/L

盐 类	用 量
H_3BO_3	2.86
$MnCl_2 \cdot 4H_2O$	1.81
$ZnSO_4 \cdot 7H_2O$	0.22
$CuSO_4 \cdot 5H_2O$	0.08
$H_2MoO_4 \cdot 4H_2O$(85%Mo_2O)	0.09

禾本科植物体中硅酸含量较高,硅是植物营养的有益元素,禾谷类作物缺硅不能健壮生长。如不供给硅酸,水稻易得稻瘟病和胡麻叶斑病,麦类硅酸不足易得白粉病。常用的硅酸是硅酸钠(即水玻璃),先配成 15%硅酸钠溶液,用 1 mol/L 盐酸(或硫酸)中和其碱性,以此原液加入营养液中。其适宜浓度,水稻以 SiO_2 100~150 mg/L、麦类以 SiO_2 50~100 g/L 为宜。

(三)不完全营养液

在溶液培养和砂培试验中,除了采用上述完全营养液之外,有时为了研究某种营养元素对植物的生理效应,往往必须采用不完全营养液。在这种情况下,必须改变完全营养液的成分,欠缺元素可用非必需元素的化合物代替,除去必需元素化合物。一般欠缺阳离子元素时,常用钠盐代替;欠缺阴离子元素时,常用氯化物代替,如氯化物浓度过高、对植物生长不利时,可用一部分硫酸盐代替。例如:缺钾营养液把 KH_2PO_4 改为 NaH_2PO_4,KNO_3 改为 $NaNO_3$;缺磷营养液,把 KH_2PO_4 改为 KCl 等。下面列举克劳聂和霍格兰不完全营养液(表 1-12 和表

1-13),以供参考。

表1-12 不完全的克劳聂营养液 g/L

完全液		缺氮		缺磷		缺钾		缺钙	
盐类	用量	盐类	用量	盐类	用量	盐类	用量	盐类	用量
KNO_3	1.0	KCl	0.75	KNO_3	1.0	$NaNO_3$	1.0	KNO_3	1.0
$MgSO_4$	0.5	$MgSO_4$	0.5	$MgSO_4$	0.5	$MgSO_4$	0.5	$MgSO_4$	0.7
$CaSO_4$	0.5	$CaSO_4$	0.5	$CaSO_4$	0.5	$CaSO_4$	0.5	K_2SO_4	0.4
$Ca_3(PO_4)_2$	0.25	$Ca_3(PO_4)_2$	0.25	$CaCl_2$	0.35	$Ca_2(PO_4)_2$	0.25	KH_2PO_4	0.5
$Fe_3(PO_4)_2$	0.25	$Fe_3(PO_4)_2$	0.25	$FeSO_4$	0.04	$Fe_3(PO_4)_2$	0.25	$Fe_3(PO_4)_2$	0.25

表1-13 不完全的霍格兰营养液 mL/L

母液	完全	缺氮	缺磷	缺钾	缺铁	缺硫	缺钙
1 mol /L KNO_3	5	—	6	—	6	6	5
1 mol/L $Ca(NO_3)_2$	5	—	4	5	4	4	—
1 mol/L $MgSO_4$	2	2	2	2	—	—	2
1 mol/L KH_2PO_4	1	—	—	—	1	1	1
0.5 mol/L K_2SO_4	—	5	—	—	3	—	—
0.5 mol/L $Ca(H_2PO_4)_2$	—	10	—	10	—	—	—
0.01 mol/L $CaSO_4$	—	20	—	—	—	—	—
1 mol/L $Mg(NO_3)_2$	—	—	—	—	—	2	—

应用上述不完全营养液时,也应该加铁和微量元素,其用量同上。为了探明某种元素在各个时期对植物生长发育的作用,就必须在某个时期内采用不完全营养液以便同完全营养液作比较。当研究某种废弃物中磷的有效性时,就用这种废弃物施入缺磷营养液中,作为磷营养的来源,进而研究对植物生育的影响。

(四)其他常用营养液

除上述几种典型的营养液外,再介绍几种常用的营养液以供植物营养研究中选用。

1. 洛桑试验站(英国)营养液 a、b、c(表1-14)

表1-14 洛桑试验站(英国)营养液 g/L

项目	a	b	c
KNO_3	1.0	1.0	1.0
$MgSO_4 \cdot 7H_2O$	0.5	0.5	0.5
KH_2PO_4	0.45	0.4	0.3
K_2HPO_4	0.067 5	0.135	0.27
$CaSO_4 \cdot 2H_2O$	0.5	0.5	0.5
$Ca_3(PO_4)_2$	—	—	—
$Fe_3(PO_4)_2 \cdot 8H_2O$	—	—	—
$FeCl_3$	0.04	0.04	0.04
H_3BO_3	0.01	0.001	0.001
$MnSO_4 \cdot 4H_2O$	0.001	0.001	0.001
pH	4.5	5.5	6.2

2. Arnon 和 Hoagland 营养液(1940)

KNO_3	1.02 g/L
$Ca(NO_3)_2$	0.492 g/L
$NH_4H_2PO_4$	0.230 g/L
$MgSO_4 \cdot 7H_2O$	0.49 g/L
Fe 和微量元素	同表 1 - 11

3. Arnon 营养液(1938)

KNO_3	0.656 g/L
$Ca(NO_3)_2$	0.656 g/L
$NH_4H_2PO_4$	0.115 g/L
$MgSO_4 \cdot 7H_2O$	0.49 g/L
0.5%$FeSO_4 \cdot 7H_2O$	0.6 mL
0.4%酒石酸	
微量元素	同表 1 - 11

4. Shive 和 Robbins 营养液Ⅰ(1942)

$Ca(NO_3)_2$	0.938 g/L
$(NH_4)_2SO_4$	0.092 4 g/L
KH_2PO_4	0.313 g/L
$MgSO_4 \cdot 7H_2O$	0.567 g/L
$FeSO_4 \cdot 7H_2O$	5.5 mg/L
H_3BO_3	0.57 mg/L
$MnSO_4 \cdot 4H_2O$	0.57 mg/L
$ZnSO_4 \cdot 7H_2O$	0.57 mg/L

5. Shive 和 Robbins 营养液Ⅱ(1942)

$NaNO_3$	0.34 g/L
$CaCl_2$	0.166 5 g/L
KH_2PO_4	0.214 g/L
$MgSO_4 \cdot 7H_2O$	0.514 g/L
Fe 和微量元素	同 Shive 和 Robbins 营养液Ⅰ

6. Piper 营养液(1942)

KNO_3	1.5 g/L
KH_2PO_4	0.5 g/L
NaCl	0.1 g/L
$CaSO_4 \cdot 2H_2O$	0.5 g/L
$MgSO_4 \cdot 7H_2O$	0.5 g/L
Fe	0.02 g/L
H_3BO_3	0.5 mg/L
$Mn(MnSO_4)$	0.5 mg/L
$Zn(ZnSO_4)$	0.2 mg/L

$Mo(Na_2MoO_4)$	0.1 mg/L
$Cu(CuSO_4)$	0.03 mg/L

7. Robbins 营养液(1946)

KNO_3	0.408 g/L
$Ca(NO_3)_2$	0.820 g/L
KH_2PO_4	0.136 g/L
$MgSO_4 \cdot 7H_2O$	0.493 g/L
Fe	0.5 mg/L
B	0.25 mg/L
Mn	0.25 mg/L
Zn	0.25 mg/L
Cu	0.02 mg/L
Mo	0.01 mg/L

8. E. G. Bollard 变动营养液 见表 1-15。

表 1-15 E. G. Bollard 变动营养液 mg/L

盐类	标准液	−N	$\frac{1}{2}$N	2N	−P	$\frac{1}{2}$P	2P	−K	$\frac{1}{2}$K	2K
$(NH_4)_2HPO_4$	—	—	—	—	—	—	—	0.01	—	—
$Mg(NO_3)_2$	—	—	—	—	—	—	—	0.001	—	—
KNO_3	0.002	—	—	—	0.004	0.003	—	—	—	—
K_2HPO_4	0.001	0.001	0.001	0.001	—	0.005	—	—	0.001	0.001
KH_2PO_4	—	—	—	—	—	—	0.002	—	—	—
NH_4NO_3	0.002	—	—	0.012	—	0.001	0.004	0.002	0.004	0.004
$(NH_4)_2SO_4$	0.003	—	0.002	0.002	0.004	0.003 5	0.002	0.002	0.002	0.002
K_2SO_4	—	0.001	0.001	0.001	—	—	0.001	—	—	0.003
$MgSO_4$	0.002	0.002	0.002	0.002	0.002	0.002	0.002	0.001	0.002	0.002
$CaSO_4$	—	0.002	—	—	—	—	—	—	—	—
$Ca(NO_3)_2$	0.002	—	0.002	0.002	0.002	0.002	0.002	0.002	0.002	0.002

注:N、P、K、Mg、Ca、S 的标准水平分别为 224、31、156、48、80、160 mg/L,养分浓度变幅为 5.96～224 mg/L。

9. 国内外无土栽培营养液选集

本教材介绍的 8 类常用营养液都可用在无土栽培中,有不少是古典营养液的配方,如 Knop,Hoagland, Arnon, Rothamsted a、b、c, Прянищников 营养液等和一些近代营养液配方,这里收录的是来自专业无土栽培工厂的营养液配方(表 1-16),均可供参考。

以上各种营养液配方中的铁源,均是有机酸铁或无机铁盐,其效果均不理想、不稳定,以致培养过程中仍有缺铁症发生。当今世界各国已用 EDTA-Fe 代替,取得了较好的效果。

四、营养液的配制

配制营养液首先应考虑水源的问题。蒸馏水是溶液培养试验中最纯净的水源。对常量营养的研究,应用蒸馏水即可获得满意的结果。对微量营养的研究,不能用金属蒸馏器取得蒸馏

表 1-16　无土栽培中常用营养液配方选集
(刘士哲,现代实用无土栽培技术,2003)

营养液配方名称	化合物(mg/L)											元素(mmol/L)							备注
	四水硝酸钙	硝酸钾	硝酸铵	磷酸二氢钾	磷酸氢二钾	磷酸氢二铵	硫酸铵	硫酸钾	七水硫酸镁	二水硫酸钠	总盐量	N		P	K	Ca	Mg	S	
												NH_4^+-N	NO_3^--N						
荷兰作物灌溉配方	886	303	—	204	—	—	33	218	247	—	1 891	0.5	10.5	1.5	7.0	3.75	1.0	2.5	通用,番茄为主
荷兰花卉灌溉配方Ⅰ	660	378	64	204	—	—	—	—	148	—	1 394	0.8	8.94	1.5	5.24	2.2	0.6	0.6	通用,非洲菊
荷兰花卉灌溉配方Ⅱ	786	341	20	204	—	—	—	—	185	—	1 536	0.25	10.3	1.5	4.87	3.33	0.75	0.75	通用,玫瑰
日本园试配方(1966)	945	809	—	—	—	153	—	—	493	—	2 400	1.33	16.0	1.33	8.0	4.0	2.0	2.0	通用,以$\frac{1}{2}$量为宜
山崎甜瓜配方(1978)	826	607	—	—	—	153	—	—	370	—	1 956	1.33	13.0	1.33	6.0	3.5	1.5	1.5	山崎配方按吸水吸肥同步规律 n/w 值确定,性质稳定
山崎番茄配方(1978)	354	404	—	—	—	77	—	—	246	—	1 081	0.67	7.0	0.67	4.0	1.5	1.0	1.0	
山崎甜椒配方(1978)	354	607	—	—	—	96	—	—	185	—	1 242	0.83	9.0	0.83	6.0	1.5	0.75	0.75	
山崎茄子配方(1978)	354	708	—	—	—	115	—	—	246	—	1 423	1.0	10.0	1.0	7.0	1.5	1.0	1.0	
山崎草莓配方(1978)	236	303	—	—	—	57	—	—	123	—	719	0.5	7.0	0.5	3.0	1.0	0.5	0.5	
华南农大番茄配方	590	904	—	136	—	—	—	—	246	—	1 376	—	9.0	1.0	5.0	2.5	1.0	1.0	通用,pH 6.2～7.8
华南农大叶菜配方 A	472	267	53	100	—	—	—	116	264	—	1 254	0.67	7.33	0.74	4.74	2.0	1.0	1.67	通用,pH 6.4～7.2
华南农大叶菜配方 B	472	202	80	100	—	—	—	174	246	—	1 274	1.0	7.0	0.74	4.74	2.0	1.0	2.0	通用,pH 6.1～6.3
华南农大豆科配方	—	322	—	150	—	—	—	—	150	750	1 372	—	3.19	1.11	4.3	4.32	0.61	4.97	低氮配方
山东农大西瓜配方	1 000	300	—	250	—	—	—	120	250	—	1 920	—	11.5	1.84	6.19	4.24	1.02	1.71	
山东农大番茄、辣椒配方	910	238	—	185	—	—	—	—	500	—	1 833	—	10.1	1.75	4.11	3.85	2.03	2.03	

水,必须用特种玻璃或石英蒸馏器取得的蒸馏水或重蒸馏水,才能获得满意的结果。也可应用离子交换树脂制得无离子水,但在大规模的溶液培养中,必须考虑有充足水源的供给。

在南方或北方的雨季,收集雨水也是解决大量廉价水源的一个途径。雨水的纯度常因收集时间、方法而异,如初雨和小雨收集的雨水,比大雨和久雨含有更多的杂质,夏季雷阵雨应注意雨水中的 NO_3^--N 含量。一般而言,最好收集大雨下过一阵后的雨水,雨水可以收集在密封的大缸里,盛水器应加盖,防止浮游生物滋生。雨水不能用于铜、锌、钼等营养元素缺乏症状的研究工作。井水和自来水来源方便,但含有杂质,在对钙、镁、磷和其他微量元素没有严格要求时方可使用。北方冬季也可收集降雪融化后的水,但降雪收集到的水量少,一般不常使用。

配制营养液必须注意的另一个重要问题是供试盐类的纯度。一般常规研究使用化学纯(C. P.)试剂,而微量元素研究至少应使用分析纯(A. R.)试剂,必要时对试剂尚须进一步纯化。配制营养液时还应注意供试盐类所含结晶水是否与配方一致,若有差别必须换算。配制营养液首先将可溶性盐类配成贮备液,其浓度最好是该种盐类数量的倍数,使用时便于稀释,贮备瓶可用黑色塑料瓶,稀释前先在容器中加80%的水,再加入某种盐类溶液,经过充分混匀后,再加入另一种,这样可以避免很快发生沉淀。难溶性盐类也应配成悬浊液。盐类溶液加完后,测定并调节营养液的pH,加水到所要求的体积。

五、溶液培养的准备、播种与管理

(一)容器的准备

溶液培养常用黑色塑料盆,容器大小因植物种类和栽培时间长短而有不同,小容器0.5~1 L,大容器4~10 L。前者只能做短期幼苗试验,而后者可做全生育期试验。容器上的盖板,目前通用硬质塑料板或泡沫聚苯乙烯板(图1-6)。有大小不同的孔径,可以固定不同种类的农作物。在植株与孔洞之间,用微孔泡沫塑料固定农作物,并插入孔洞,最后盖上盖板。溶液培养试验的容器必须用洗涤剂洗净,再用蒸馏水冲洗干净。溶液培养试验盆内必须保持黑暗,以保证根系正常生长。盆内见光后藻类可在营养液中滋生而影响试验的正常进行。

图1-6 溶液培养容器的盖板

(二)幼苗的培育和定植

供试作物的种子经过消毒浸种后在沙盘上播种,沙面用滤纸或纱布浸水后覆盖,以保持适宜的湿度,促进种子萌发。当幼苗刚长出时移出滤纸,待幼苗根长到2~4 cm时,应移植到尼龙纱网上,纱布固定在盛水的培养器或小烧杯上,每天换水一次,经过8~12 d,根系伸长达5~7 cm时,可作溶液培养定植用。定植时应选择生长均一的幼苗,每孔定植2~3株幼苗,待幼苗生长正常时再间苗,每孔留苗一株。

(三)试验期间的管理

溶液培养试验的盆钵放在培养室的固定栽培台或盆车上,也可放在人工气候室中,溶液培养试验的管理如下。

1. 通气

营养液中充足的氧气,可促进根系的生长和根对养分的吸收,因而有利于植物的生长发育;反之,氧气不足会影响植物的生长发育,甚至发生根腐现象。所以,在溶液培养试验中,通气是一项重要的管理措施。通气效果因植物种类而异，旱生植物的效果大，水生植物根呼吸需要的氧，是通过根皮层的细胞间隙从地上部进入根的，所以通气的效果小。近代溶液培养试验，通气和更换营养液都自动化，并附有自动测定和记录营养液 pH 值的装置。自动通气装置调节气泡进入盆内的速度以每秒 2～3 个气泡为宜，植物生长初期每天或隔天通气 5 min，以后通气的时间则加倍。

最简单的通气方法是液面下降法，用下口装置自动降低营养液的液面，使部分根系同空气接触，可起到通气的效果，如图 1-7 所示。其中，图 1-7(a)示充满营养液的容器，图 1-7(b)示液面下降后的容器。

采用液面下降法必须是植物幼苗期以后，幼苗期根系不发达且根系需氧量少，根系机能旺盛，不容易产生根腐现象，因此幼苗期最好不采用此法。

在营养液中加入少量 H_2O_2，也可达到供氧目的，通常每 10 L 营养液中加入 3% H_2O_2 溶液 1～3 mL，每隔 1～3 d 加一次。

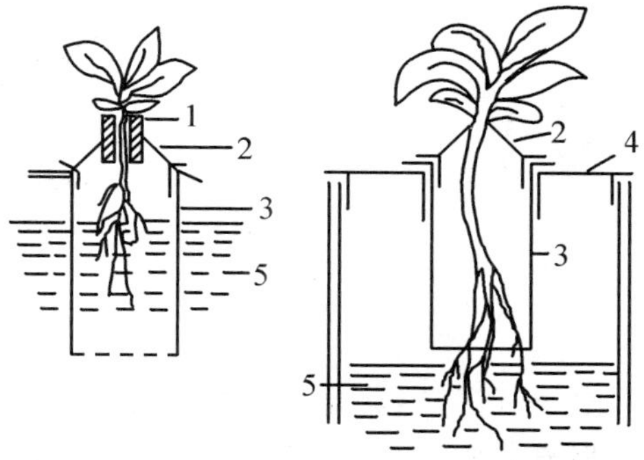

(a)充满营养液的容器　(b)液面下降后的容器

图 1-7　液面下降的通气装置

1. 固定幼苗的泡沫塑料　2. 锥形植物支架
3. 水培容器　4. 盖板　5. 营养液

2. 调节 pH

溶液培养营养液的缓冲性能小，pH 值易改变，应经常测定营养液的 pH。一般水稻营养液 pH 值低于 4 时生长不良，根系钝化，支根多，当 pH 值超过 6.5 时，又易产生缺铁失绿病，营养液的 pH 值以 5.0～6.5 较宜，某些喜酸作物，pH 值可维持在 5.0～5.5。当用酸、碱调节营养液 pH 值时，要注意随酸、碱进入营养液中的副成分(如硫酸中的 SO_4^{2-}，氢氧化钠中的 Na^+)的影响，因此要在未加酸、碱的处理中也加入相应的离子。

3. 铁的补充

营养液的铁源主要有氯化亚铁、硫酸亚铁、磷酸亚铁、柠檬酸铁、酒石酸铁、腐殖酸铁、乙二胺四乙酸铁等各种铁盐，其中以螯合态铁效果更好，在 pH 值 7～8 时柠檬酸铁和酒石酸铁也能保持溶解状态，腐殖酸铁在 pH 值 10 以下一般都不沉淀。当营养液 pH 值大于 6 时，无机铁盐就形成不溶性的氢氧化铁，使植物产生缺铁症。除营养液中铁盐外，在植物生长期内，应经常加入少量柠檬酸铁，一般 5 L 营养液中每隔 2～3 d 应加 0.1%柠檬酸铁 1～2 mL，如不能阻止失绿病发展，必须调节营养液 pH 值，同时加入铁盐溶液，甚至把植物移到专门装有稀铁的溶液中(每升水中加 0.1～0.2 g 的 $Fe_2(SO_4)_3 \cdot 7H_2O$ 或 $FeCl_2 \cdot 6H_2O$)，每天放 3～6 h，连续几天，直到失绿症消失为止。

4. 营养液的更换

植物生长过程中不断消耗盆中的水分和养分，当植物长大后由于根系的伸长，营养液液面逐渐下降，必须经常补充水分以保持原有的液面，使各盆液面保持相同的高度。在植物生育期间，必须经常更换营养液，以保持营养液的稳定浓度，10 L 的培养盆在夏季每周更换营养液一次，冬季 2～3 周更换一次。5 L 的培养盆，夏季每周更换 1～2 次，冬季 1～2 周更换一次。目前国外均采用自动化流动营养液装置，保持营养液不停地循环连续流动，实现营养液的自动化更换(图 1-8)。

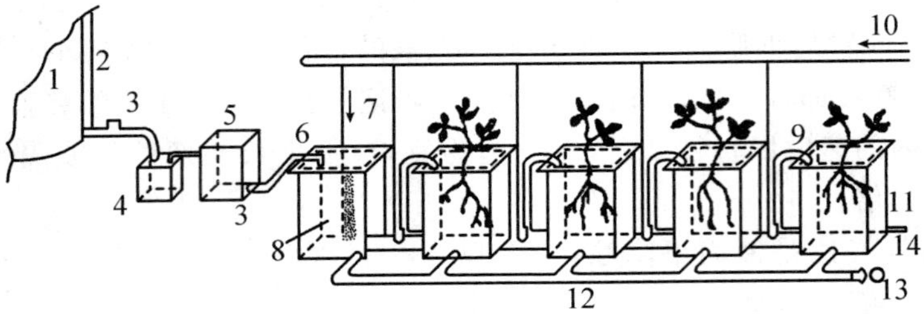

图1-8 植物营养研究中的自动连续营养液装置

1. 贮液罐 2. 液面检查表 3. 活塞 4. 过滤装置 5. 营养液贮存池 6. 喷头 7. 空气输入 8. 混合罐 9. 空气分配管 10. 空气入口 11. 溢洪装置 12. 连通管 13. 营养液出口 14. 营养液分配臂

夏季气温高,营养液温度也会增高,特别是水溶液温度变化剧烈,植物正常生长受到阻碍,可把培养盆放入流动水槽中,水深为盆高的1/2～2/3,以达到降温目的,如在人工气候室中,则不必采取这种降温措施。

溶液培养的其他管理,如调盆、设立固定植物支架、防治病虫害、收获等均与土培试验的管理相同。

第四节 砂砾培养研究方法

一、砂砾培养的特点与任务

砂砾培养是以砂子或砾石作为植物根系生长的固体介质,使植物能稳固地生长在砂砾的环境中。砂砾培养是应用营养液作为植物养分的能源,所以它是介于溶液培养与土培试验之间的模拟研究方法。砂砾培养需要间歇性浇水,所以水分管理比溶液培养要多,但砂砾培养通气较好,不需另加通气设备,可以减少强烈通气对植株造成的伤害。许多研究证明,砂砾培养植物生长旺盛,产量较高,这与通气状况的改善有密切关系。在砂砾培养中,植物较少发生缺铁失绿症,这是因为铁化合物经常沉淀在砂砾的表面,当它同植物根系接触时仍可被利用,因此砂砾培养只需在装盆时施用一次铁素即可。而溶液培养中铁素常以难溶性化合物沉淀于盆底,由于植物根系接触不到而造成缺铁失绿症,所以必须经常补充铁化物,以矫正营养液中铁的不足。砂砾培养比溶液培养更能耐铜、锌、铅、镍等金属离子的浓度,一般砂砾培养可以超过溶液培养几十倍甚至几百倍,这种差异可能与砂的吸附作用以及砂对扩散作用的限制有关。

砂砾培养方法的使用效果与溶液培养相近似。多数在溶液培养中进行的研究工作,也可在砂砾培养中进行。砂砾培养也存在一些缺点,例如:砂砾培养不易严格控制植物根系附近营养物质的浓度和pH值,营养液的更换比溶液培养麻烦,砂砾中含有少量微量元素,试验的前处理工作比较繁杂。

二、砂砾培养的准备工作

(一)砂砾的准备

砂砾培养可用石英砂或河沙(即黄沙),砾石可用普通中粒、小粒河卵石。砂子粒径大小影响培养环境的湿度和通气状况。粒径大的通气好、保水力小，粒径小的保水力大、通气差，二者均会影响植物的正常生长发育。究竟砂子以多大为合适，这主要决定于砂培的方法和供试植物的种类。一般而言，滴液法和流动培养法，可用 0.5～2.0 mm 的砂粒，普通盆钵砂培试验，砂子粒径要小些才能保持砂子表面有足够的水分，可用 0.2～1.0 mm 的砂粒。砾石培养一般用于无土栽培中，砾石用于固定植物幼苗或植株（图 1-9）。也可在水泥池中用砾石铺 10 cm 的砾石层，再注入营养液，水泥池随地形由高向低顺次排列，以便营养液可由上而下自由流动。

砂子或砾石先用水浸泡，除去黏土和有机质，直到洗涤的水呈无色透明为止，再往砂子和砾石中加入 3%盐酸溶液，浸泡 1 周，除去砂子或砾石中的碳酸钙，1 周后用水冲洗，直到洗涤水中没有氯离子为止，再用营养液每天浸泡两次，约浸泡 24 h，浸泡至营养液 pH 稳定为止，以消除砂砾表面吸附的氢离子，保证农作物正常生长。

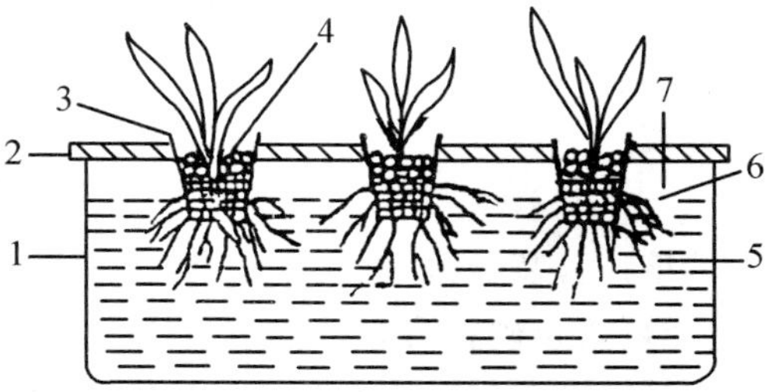

图 1-9 砾石培养示意图

1. 盛营养液的容器 2. 泡沫聚苯乙烯板盖 3. 塑料多孔钵 4. 惰性砾石 5. 溶液 6. 液面 7. 空间

若采用砂培进行微量元素研究时，所用的砂子一定要经过非常严格的纯化处理，首先要用 24 目的铜筛或不锈钢筛（缺锌、铜试验一定要用不锈钢筛，以防污染）消除大块夹杂物，筛选出大小合乎试验要求的砂子，再用水冲洗干净，然后用 15%～18%的盐酸、1%的草酸以及 82.7～103.4 kPa（12～15 磅）的蒸汽进行纯化处理。

（二）培养盆的准备

砂培试验所用的容器，底部都带有排水孔，使盆中过多的液体从孔中排出，以便保持适当湿度和通气状况。但是，也有一些砂培试验是在无孔盆中进行的，这时盆中湿度的调节与土培法相同。

砂培试验对容器质量的要求比土培严格，最好使用上釉的白瓷盆、玻璃盆或搪瓷金属盆。如果应用未上釉的陶土盆，盆壁要涂蜡，否则营养液中的氮、磷等养分很容易被盆壁吸收而减少，而陶土盆中的钾和钙又会混入营养液中。进行微量元素试验时，对容器材料和涂料的选择和处理可参照水培试验，培养盆的洗涤工作与砂培相同。

（三）营养液的准备

砂培所用营养液与溶液培养基本相同，各种溶液培养营养液配方都可在砂培中应用。但由于砂粒的吸附作用及其对养分扩散的限制，为使植物获得良好的生长环境，砂培营养液的适宜浓度常比溶液培养高。如柑橘试验证明，在溶液培养中应用低浓度的硝酸盐营养液植株就能正常生长，但在砂培中却感到氮素不足。在砂培营养液中使用一些较难溶解的营养物质，植物能够正常生长，但在溶液培养中这些不溶于水的养分沉积于盆底，不易被植物吸收利用，或难于发挥应有的作用，如普良尼施尼柯夫营养液以水不溶性磷酸氢钙为磷源，用于砂培试验比溶液培养好。砂培营养液中，水溶性盐类可先制成贮备液，以溶液状态施入砂中，非水溶性盐类则以固体状态施入砂中。

（四）其他材料的准备

为了进行某些特殊的研究任务，往往需要在砂中加入某种离子吸附剂，如合成树脂、沸石、黏土等，这些物质需经特殊处理后才能应用。

合成树脂和沸石都是良好的离子吸附剂，其交换量比黏土大。使用前将这些吸附剂放在含有相应离子的溶液中振荡,或置于漏斗上,用该溶液持续淋洗,使其被相应的离子所饱和。采用后一种方法,吸附作用进行得比较完全。经过处理后的树脂和沸石,就可以加入砂中,一般用量为砂量的0.2%~0.45%。

用黏土做离子吸附剂时,处理程序较繁。先制取黏土悬浊液,再经电透析,除去各种盐类离子,然后与相应的离子溶液一起振荡,或将黏土用氢离子饱和,再用相应的离子溶液滴定,使其达到所需的吸收量。处理后的黏土即可使用,用量是砂量的1.0%~7.0%。

此外,泥炭、硅酸和活性炭等都可用作离子吸附剂,提高砂培的缓冲性,保持砂中营养液pH的稳定。

三、装盆和播种

砂培试验装盆时,盆底排水孔周围应先放置一些石英砂,或用玻璃棉填塞排水孔然后装砂,这样可防止砂粒流失。盆底先装一层粒径2~5 mm的粗砂,上面再装普通砂,多余的液体就可从排水孔流出。装盆时砂子应压紧,盆上沿空出2~3 cm,以便浇灌营养液。

早期植物营养的砂培、无土培养和溶液培养研究是从Sprengel(1839)、Sacks(1860)、Knop(1860)、Wolf(1866)、Maze(1898)开始,Shive(1940)是第一个引用布森高(Boussingault)在1851—1856年建立的砂培研究方法的人。

国外砂培试验使用容器的容积和类型可见表1-17。

表1-17 国外砂培试验的容器和类型

研究者	容器大小	砂的重量(kg)	每个容器中植物的数目
Salm-Horstmar(1851)	6 cm×3 cm	0.06	燕麦1株
McCall(1916)	—	1.5	小麦5株
Wolkoff(1918)	—	1.5	大豆3株
Shive(1918)	1 400 mL	2.5	荞麦、小麦5株
Johnston(1920)	—	4.5	土豆3株
Hoagland(1919)	19 L	30	大麦5株
de Haan 和 Schoorel (1940)	22.8 L	42	茶5株
Colwell(1943)	—	0.5	向日葵1株
Wallace(1922)	15 cm 黏土盆	2.5	草莓1株
Davis(1943)	15 cm 黏土盆	2.5	草莓1株
Hewitt,Jones(1947)	5 L pyrex 烧杯	7.5	三叶草5株,番茄1~5株,大豆、豌豆2株
Hewitt(1944)	25 cm 黏土盆	9.5	番茄1株,土豆1株,谷类作物10~15株,甜菜1~4株
Tyner(1935)	7.6 L 玻璃盆	10	玉米3株,三叶草20株
Crowther (1928)	7.6 L 玻璃盆	14	大麦3株

如用无孔盆砂培则装盆工作与土培相似,即先在盆底安装排水物,并按处理要求,将营养物质拌入砂中,先加固体盐类,再分别加入各种营养液。每加一种营养物质都应拌混均匀。各盆加水量(包括营养液的水分)必须相同,不足水分可用蒸馏水补充,使各盆湿度完全一致。砂子和营养物质拌匀后,即可装入盆中。

砂培播种工作与土培相同,可用催芽或未催芽的种子,每盆播种量应比定苗数多2~3倍,用未催芽的种子播种时，播种量还要增加 50%。播种后用塑料薄膜包盖，以保证砂子表层有足够湿度而利于种子发芽。出苗 12～18 d 后开始间苗，像油菜、番茄等每盆只留一株。习惯上先育苗再移栽，以保证成活。育苗工作可在另一砂盆中进行，将种子播在砂盆上，浇上相同的营养液，待幼苗长到一定程度后直接移栽。

四、试验期间的管理

砂培试验期间主要的管理工作是水分和养分的调节。由于砂粒间隙有持水能力，砂培多采用间歇性灌溉来补充水分和营养液。

砂培浇灌方法有砂面浇灌法和底部浇灌法。砂面浇灌法即营养液从砂面灌入，多余的溶液从排液管流入贮液槽中。如用空气压缩机，装配时间开关和运转阀门，可以定时控制进气和放气，自动浇灌营养溶液。如图 1 - 10 所示，每套装置由贮液槽、输液瓶和塑料喷管等组成。

一台空气压缩机，通过导管可以连接 10 套这样的装置。每隔一定时间压缩空气进入输液瓶，由于空气压力的作用，止回阀中的玻璃珠往下压，防止溶液流进贮液槽，营养液就从输液瓶压至塑料喷管，从砂面浇灌，溶液自上而下渗透，多余的溶液就从排液管流回贮液槽。每次浇灌溶液的数量由输液瓶大小控制，当输液瓶变空时，阀门切断空气压力，输液瓶中压力降低，止回阀中的玻璃珠向上压，因为止回阀上端是锯齿状，溶液可以通过，所以贮液槽中的营养液就灌进输液瓶。这样可以做到定时定量自动化浇灌。

底部浇灌法如图 1 - 11 所示，升降贮液槽的位置可使营养液从培养盆底部流入和排出，每天反复几次，即可保持适当湿度和养分。

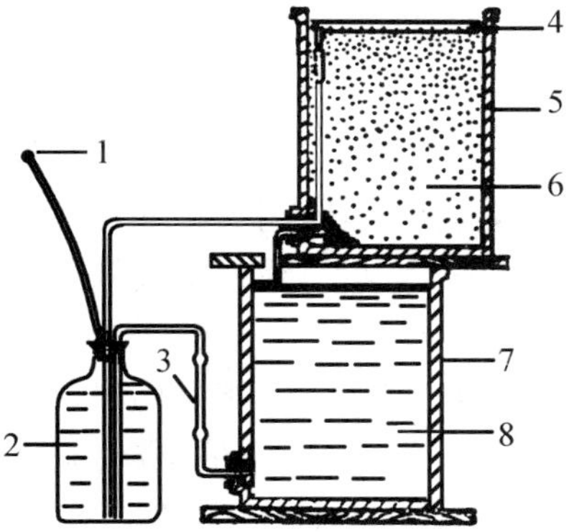

图 1 - 10　自动砂面浇灌法的砂培装置

1. 空气导管　2. 输液瓶　3. 止回阀　4. 塑料喷管
5. 砂培容器　6. 石英砂　7. 贮液槽　8. 营养液

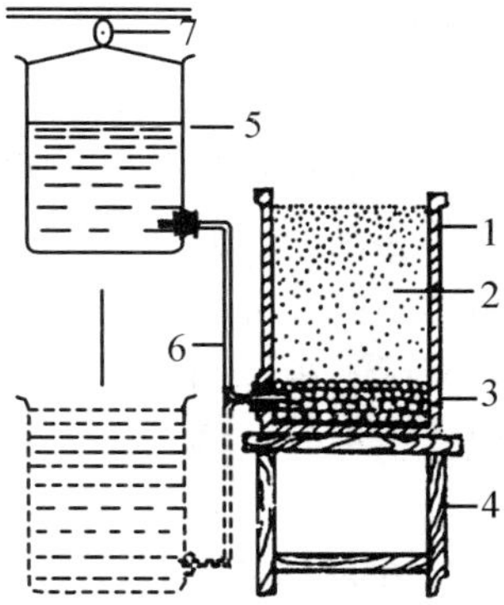

图 1 - 11　底部浇灌法的砂培装置

1. 砂培容器　2. 石英砂　3. 石英砾
4. 台架　5. 贮液槽　6. 橡皮管　7. 滑轮

营养液浇灌次数因气候条件、植株大小和培养盆体积等而异，通常每天浇灌一至数次，在高温和强光照的条件下，灌溉次数应增加，每天浇灌 4～5 次，以免凋萎。贮液器中营养液每天消耗的水分要进行补充，每隔 2～3 d 应调节 pH 值一次。在砂培试验中，由于水分蒸发，盐类会在砂面析出，每隔 3～7 d 要从砂面浇水淋洗一次。

砂培营养液经过植物的吸收和利用，养分浓度不断下降，并且根系的脱落物和分泌的有机物质不断进入营养液中，都会影响植物生长。为了恢复被消耗的养分浓度，维持营养平衡，以及避免不良废物的积累，必须定期更换营养液。更换的时间视营养液的浓度和植物对养分吸收的速度而定,通常1～3周更换一次。

如砂培用的是无孔盆,则按重量法灌水,浇水前盆重的计算方法与土培试验相同。出苗初期可按容积浇水,保持砂面湿润状态。出苗后5～6 d浇水量为砂重的12%～13%,以后每隔一天称重一次。出苗后12～15 d,浇水量应达砂重的15%,以后每天称重一次,由上边和下边同时浇水,但大部分水应从上边浇下。植物生育旺盛时,一天应浇水两次,使砂中水分达到砂重的16%～17%,达到砂子最大持水量的75%。成熟期砂子湿度应保持在最大持水量的55%～60%(粒径0.5 mm的砂粒,其最大持水量为23%～26%),隔天浇水一次即可。收获前3～5 d应停止浇水。

水稻砂培试验中,浇水工作比较简单,只要控制砂面水层厚度即可。在这种情况下容易引起藻类滋生,可用加盖、遮光、压砂等办法防治。

砂培试验的其他管理工作与溶液培养试验相同。

第五节 控制培养条件下的生物研究方法

一、隔离培养试验

隔离培养试验又叫分隔培养试验或分根培养试验,是将植物培养在被隔离的不同营养环境中进行栽培试验的方法。隔离培养时必须把不同营养液,或同一种营养液的不同养分数量和组成,根据试验的要求,分成两部分或更多的部分,并把试验植物的根系相应地分成若干部分进行试验。为了分隔营养环境,也可用大小不同的两个容器或盆钵套在一起,或用“扇形隔板”来分隔营养环境。

(一)隔离培养试验的目的与任务

植物营养研究中隔离培养试验主要用于植物根际营养研究,也可用来研究不同营养元素在植物体内的移动,植物地上地下部分营养的相关,以及营养元素的生理功能等问题。

关于植物根际营养的研究,希脱纳(Hiltner,1904)把土壤与植物根系接触并受到植物影响的范围叫根际。根际的大小因植物的种类和营养状况而异,一般从几毫米到几厘米,通常根的表面也包括在根际范围内。因此根际是植物根部营养的重要区域,植物的根分泌物和根系与难溶性营养元素的相互作用,在一般培养条件下都难以分辨,隔离培养方法为解决上述问题的研究提供了有效的手段。

近代植物营养生理的研究已经证实,铁与硫都是植物营养的必需元素,应用隔离培养方法后,又进一步揭示了这两种元素在植物体内的移动能力,即它们在细胞输导组织内,纵向移动能力显著大于细胞间横向的移动能力。例如玉米苗期用隔离培养试验,使同一株玉米的根系分别在缺铁与有铁的两种营养液中生长,当玉米生长到第三、四、五片叶时,有铁供应根系相对称的一半叶片是绿色,反之,与缺铁根系相对称的另一半叶片则是白色,如果在白色叶片上加一滴$FeCl_2$溶液,白色叶片上就出现了绿色斑点,证明白色叶片是缺铁症。当玉米继续生长到第六片叶时,有条状白色斑纹,生长到第七片叶时,叶片全部恢复正常绿色,这证明缺铁时,植株体内的铁可以通过韧皮部运输,从三、四片老叶向六、七片新叶转移和再利用。西道林(Сидорин)用隔离培养方法,发现硫也有与上述类似的现象。

植物对营养环境中盐类或养分的吸收利用,也只有应用隔离培养方法后,才能进一步阐明其实质。例如在土壤溶液中的代换反应,是植物营养研究中一个很重要的内容,但在一般的水培和砂培条件下,不易分辨营养液中不同盐类的溶解、沉淀、代换等影响,往往使这些因素之间相互交错重叠,难以分辨其作用的实质。应用隔离培养方法后就可解决这些矛盾,使研究不断深入。

在解决植物地上与地下营养的相关研究上,隔离培养方法也提供了新的研究手段。例如20世纪60年代在果树上已设计出一种特殊的“木框培养方法”,并结合同位素的应用,初步摸索出锌在树体上的分布呈“阶梯形”,锌在地上地下部分的分布存在着一定的相关性和对称性,即主根吸收的锌,只能供给相对称的枝条,甚至在同一树体的不同枝条间也不能相互运转,这对研究果树(特别是苹果)的锌营养,以及确定防止缺锌而产生小叶病的措施上,无疑有着实践意义。这种“木框培养方法”实质上也是隔离培养方法的一种特殊形式。70年代以来日本太田保夫等用特制的分根箱(长、宽、高分别为26、25、17 cm)研究水稻(品种为日本晴)单株地上地下部生长的相关性,特别是根系对地上部分性状的影响,并把水稻的根系分别置于水田状态施氮与无氮的土壤中,到乳熟期再挖出,按处理分别测定地上地下各部分的性状。这种分根箱就是特制的土壤隔离培养箱(图1-12)。

(二)隔离培养试验的种类

隔离培养试验,根据隔离环境的基质可以分成以下三类。

(1)液体-液体隔离培养　这里的液体是指水及各种营养液,这种装置一般由两个广口瓶相互套起来组成(图1-13),两个容器内部都装水或营养液。

(2)液体-固体隔离培养　这种装置一般用两个大小不等的盆钵套在一起组成(图1-14)。固体材料通常用砂或土壤,因为砂子容易控制或改变其营养环境条件。所以在这一类隔离培养试验中,应用最广泛的是水-砂隔离培养方法。在液体-固体隔离培养装置中,内盆一定装水或溶液,外盆装砂子或土壤,这样可以保证盆钵装置有一定的稳固性。

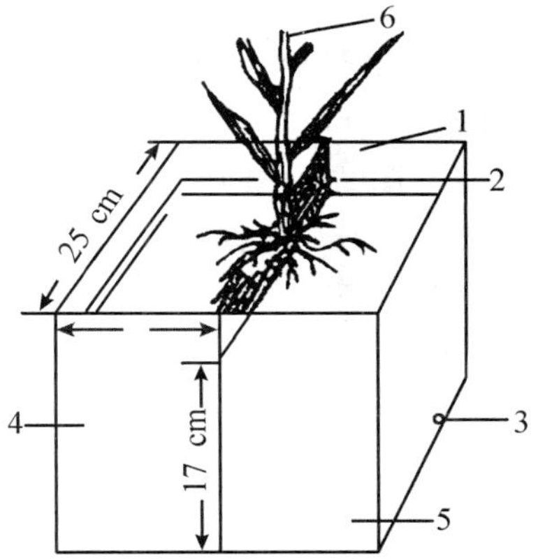

图1-12　水稻分根隔离培养箱

1. 磁质隔离培养箱　2. 尼龙网支架　3. 排水孔　4. 施氮处理　5. 缺氮处理　6. 水稻

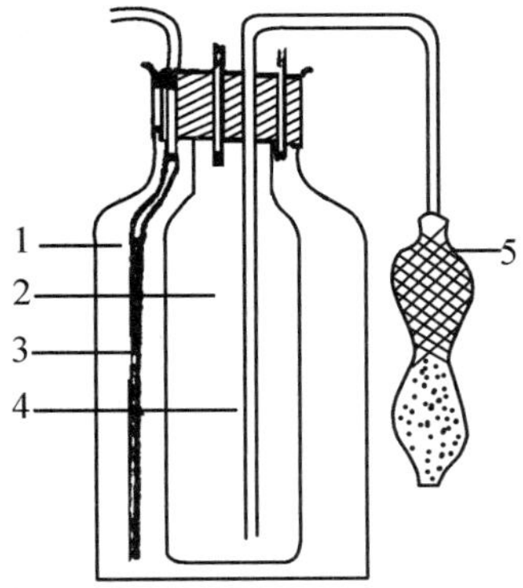

图1-13　液体-液体隔离培养装置

1. 外容器　2. 内容器　3. 外容器的打气管　4. 内容器的打气管　5. 打气球

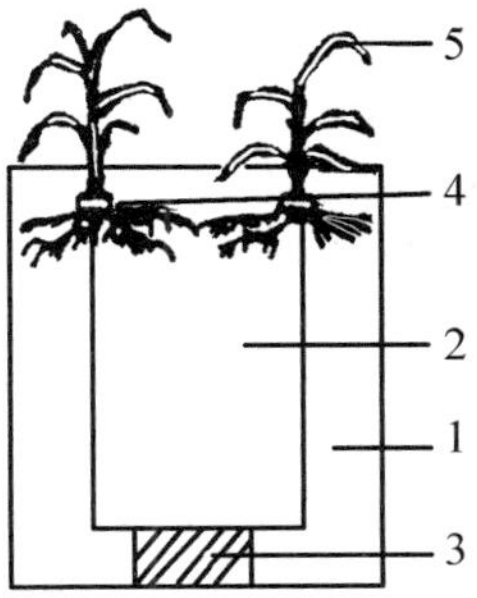

图1-14　液体-固体隔离培养装置

1. 外盆(固体)　2. 内盆(液体)　3. 盆钵垫子　4. 固定植物的塞子　5. 供试植物

(3)固体-固体隔离培养　这种装置里外容器都装固体材料,固体材料可以根据试验目的和要求选择砂或土壤。这类隔离培养方法通常有三种形式,即砂-砂隔离培养、土-砂隔离培养和土-土隔离培养(图1-15)。

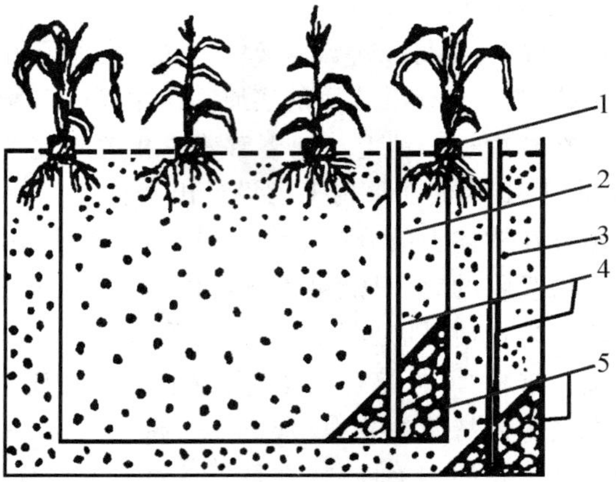

图1-15　固体-固体隔离培养装置

1. 固定植物的塞子　2. 内盆　3. 外盆
4. 浇水玻璃管　5. 排水物

(三)隔离培养试验的操作技术

1. 隔离培养试验的准备和装置

(1)容器或盆钵的选择　隔离培养试验决定盆钵或容器的装置形式时,以每盆定植几株供试植物为准,如果采用土壤隔离培养方法,每盆又定植一株供试植物,可以采用20 cm×20 cm盆钵的隔板装置,即在普通盆钵内装一块塑料隔板(图1-16),把盆钵内的土壤分隔为两块。隔离培养试验的盆钵常用的规格,外盆20 cm×20 cm,内盆14 cm×13 cm(直径×高度)。由于供试植物的种类不同,对隔离培养的装置也有不同的要求。一般除块根作物以外,进行水-水或水-砂隔离培养试验时,要求两个容器或盆钵边缘高度应一致,如果里面的容器或盆钵低于外面的容器或盆钵时,必须在内容器的底部垫上一个垫子(图1-14)。当用块根作物试验时,内容器应比外容器低6～12 cm,用胡萝卜试验时应低6 cm,用甜菜试验时则低10～12 cm。供试作物可以固定在双层弹簧夹上或双层软木塞上(图1-17),双层木塞的孔眼大小为4～10 cm。

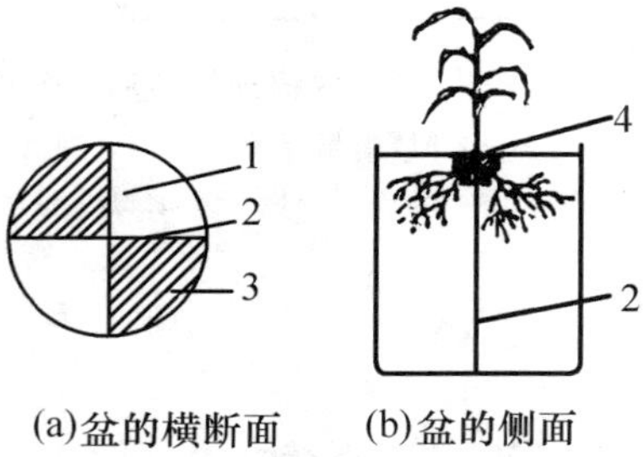

图1-16　带隔板装置的土壤隔离培养试验

1. 不施肥的扇形体　2. 隔板　3. 施肥的扇形体
4. 固定植物的塞子

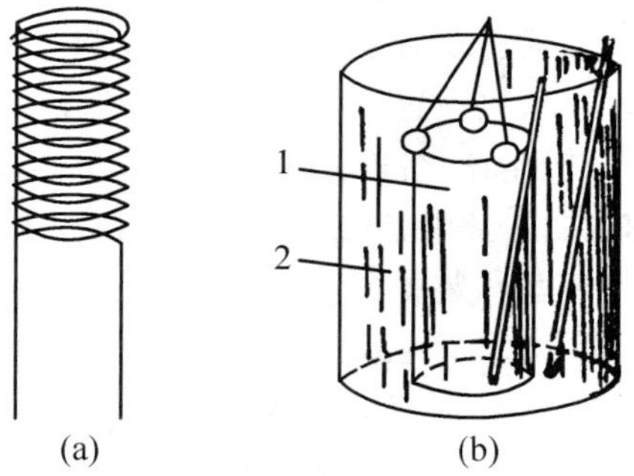

图1-17　隔离培养试验中常用的固定塞子

(a)金属弹簧塞子　(b)软木塞子
1. 内容器　2. 外容器

隔离培养试验内外容器的容积比,决定被间隔部分的空间大小,一般分隔成两部分时,内外的容积比为1∶1,这时大容器的最大容积应为小容器的2.2倍,如果只隔离一种养分,内外容器的容积比为0.5∶1,大容器的最大有效容积是小容器的3.2倍。

(2)固定植株的塞子　隔离培养试验必须依靠特制的塞子来保持植株的固定和直立,根据容器和隔离环境(固体和液体)的不同,可以采用不同构造的塞子,一般有软木塞子、金属弹簧塞子、石膏板塞子和木塞子等4种类型。当隔离环境全是固态时,除块根作物以外,常用金属弹簧塞子,其直径为2.0～2.5 cm,长度为5～7 cm(图1-17(a)),由于栽种作物的高度不同,铁丝的弹簧部分高度也不同,一般在 2.5～4 cm 之间,金属弹簧塞子的两条直腿分别插入内外容器或盆钵的砂或土中,以达到固定植株的目的。为了防止金属铁丝的腐蚀,在固定植株以前可以涂蜡或其他防腐蚀剂。当隔离环境是液相 - 固相时,如水 - 砂、水 - 土隔离培养试验,可以采用特制的石膏软木塞子。这种塞子用石膏板制成,在内盆的边缘上固定有 6 个软木塞子,每个塞子中心点钻一个直径 1.0～1.5 cm 的孔眼,以固定植株用,在塞子下面用刀切出一条细沟,沟深 1.0～1.5 cm,以便把塞子固定在内盆的边沿上,同时垂直细沟再直切一条深 1.0～1.5 cm、宽 0.5～0.75 cm 的两个缺口,并与软木塞子中间的孔眼相通,分根时根束可以从这两个缺口分别伸向内外两个容器,或盆钵的隔离环境中(图 1 - 18)。在液体 - 液体隔离培养中,可用木塞或石膏板两种塞子。木塞的直径与外部容器的外径相等,厚度为 3～3.5 cm,木塞的底面上用刀切出一条与内部容器边沿相吻合的圆圈,这个圆圈上钻几个孔洞以固定植株,孔洞的直径为 2.0～2.5 cm,上孔径比下孔径略大些,孔洞的中心点与圆圈的中心点相对应,木塞上再钻两个通气孔,以便通气灌水和插放植株支架的木棍。木塞使用前必须涂蜡。石膏板塞子的构造与木塞子相同,但直径比木塞大。

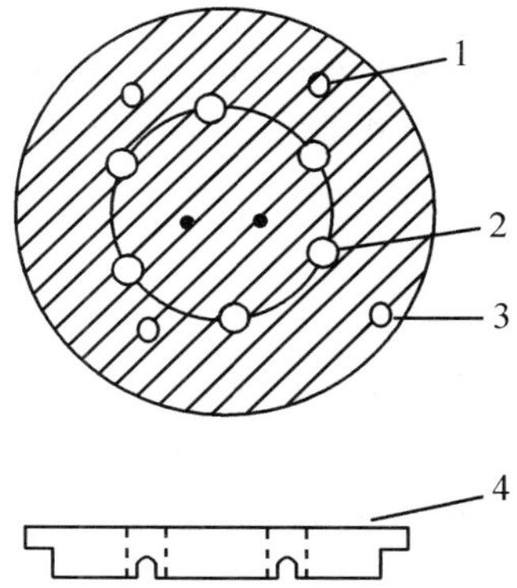

图 1 - 18 水 - 砂隔离培养特制的石膏软木塞子盖板

1. 石膏盖板 2. 软木塞子 3. 打气孔 4. 软木塞纵断面

(3)隔离培养试验的准备 隔离培养试验前,应根据试验的要求选择容器或盆钵,使内外盆的直径与高度相符,同时选择塞子并涂蜡,水-水隔离培养时尚须准备通气的玻璃管,并调整盆或容器的毛重使之相等。营养液或肥料的准备及其他事宜都与普通溶液培养、砂培、土培相同。

2. 隔离培养试验容器的装置和植物的定植

(1)不同类型隔离培养试验对容器装置的要求

固体-固体隔离培养试验:根据试验的要求,称好砂子或土壤,施肥均匀后,调整盆钵的皮重,先装里面的盆钵,把装好的土和砂的里面盆钵放在外盆的中心,并调整内外盆钵的高度,然后再装外盆,装盆时必须压紧外面盆钵的土壤或砂子,以达到固定盆钵的作用,装盆的要求与土培、砂培相同。

液体-固体隔离培养试验:装置这类隔离培养试验,必须内盆装液体,外盆装固体,以保证盆钵的稳固性。

液体-液体隔离培养试验:装置的方法与普通溶液培养试验相同。

在设计隔离培养试验时,必须注意溶液盐类的浓度问题,一般把被隔离后的溶液放在里面容器或盆钵中,由于内容器或盆钵的容积比外容器或盆钵小 2～3 倍,在栽培农作物的过程中,很容易出现高浓度的危害,特别是豆科作物、油料作物、亚麻等对盐类高浓度敏感的作物,因此在一般隔离培养配制营养液时,只用普通溶液培养或砂培营养液全量的 30%～50%。

隔离培养试验,由于培养技术复杂,容易增大试验误差,所以重复次数要比普通培养试验增加 25%～30%,重复次数最低不能少于 4 次。

(2)作物的定植 当供试作物的根系长到 4～6 cm 时开始定植,如果用直根发达的作物试验时,当直根长到 2～3 cm 时,从培养皿取出,在离根颈 0.75～1 cm 处把根切去,再放入培养皿中继续催根,并促进侧根发育,当侧根达到要求长度时再定植。定植前将供试作物的根系浸泡在清水中,促使其伸张开便于分根;为了避免定植过程中造成机械损伤,在固定作物的特制塞子中,用棉花或微孔泡沫塑料固定填充,每孔定植的作物不能少于2株,当定植的作物成活后,在间苗时再剪去多余的幼苗。

3. 隔离培养试验的管理

隔离培养试验的管理与水培、砂培、土培相同。隔离培养试验一般都是按重量浇水,里外盆钵蒸发量不同时,可以用目测估计,向蒸发量大的盆钵中多浇一点水,在水-水隔离培养试验中,按一般管理程序先打气后浇水。水-土、水-砂隔离培养试验根据全盆总重,先向里盆定容积加水,再根据总重,把不足的水浇到外盆中。总之,隔离培养试验是在水培、砂培、土培基础上创造的一种特殊形式,也是这三种基本方法的综合运用,只有在熟练地掌握水培、砂培、土培技术的基础上,才能做好隔离培养试验。

二、流动培养及更换培养试验

流动培养试验是在营养液经常流动,并保持农作物生长整个时期内固定不变的营养水平或环境反应(pH)的条件下所设置的培养试验,因此流动培养是在特定目的要求下所布置的试验。由于流动培养技术设备很复杂,在试验设计允许的情况下,常用更换溶液培养方法来代替。更换培养试验就是在普通溶液培养试验中,定期(通常间隔1～2 d)更换全部营养液,使农作物营养水平和pH值能保持固定,也可按农作物生长时期定期改变。更换培养试验与一般溶液培养技术相同。

(一)流动培养试验的目的与任务

早在19世纪,施列金(Щлезинг)在研究植物生长营养液最适宜的最低浓度问题时就设计了流动培养试验,以后到1902年柯索维奇(П. Скосоович)应用流动培养试验,研究农作物根系对难溶性磷化物的利用问题。在植物营养研究中利用流动培养试验可以研究农作物对难溶性养分的利用能力,农作物的定期营养,pH值在农作物不同生育期对养分吸收的影响,不同营养水平下环境因素(水分、温度、光照等)对农作物的作用及农作物的营养临界期等问题。

(二)流动培养试验的操作技术

1. 流动培养试验的装置

流动培养试验的全部装置(图1-19)设在盆车上,盆车上设有专门的台阶式架子。台阶上放一个容积为16～25 L的大瓶子(A),瓶内装营养液,比A瓶低5～6 cm处有一个缓冲瓶(B),营养液从A瓶通过B瓶,使营养液充分混匀后调节好一定的流速,再流入试验盆钵中,砂培试验时,盆底设有带管子的小孔,使溶液从盆底流出,一般每盆溶液的流量,一昼夜为3～6 L。大多数流动培养试验采用机械微型泵自动调控营养液的流动。

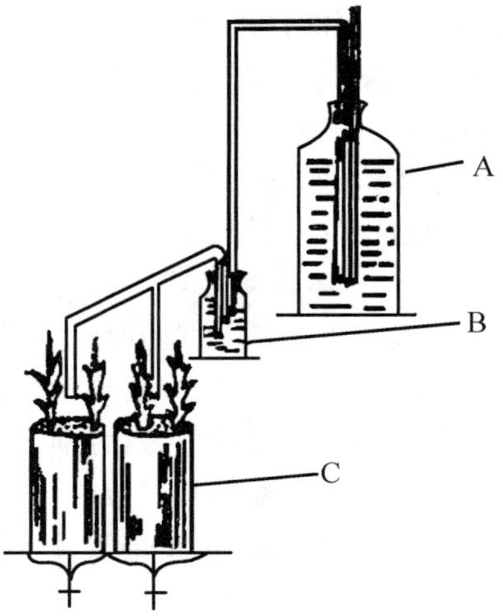

图1-19　流动培养装置

A. 营养液贮存瓶　B. 缓冲瓶　C. 试验盆钵

2. 流动培养试验的装置技术

(1)盆钵的准备　一般每两个盆钵配备一个存放营养液的A瓶和缓冲瓶B瓶以及虹吸设备,均涂上黑漆。在虹吸管上待黑漆干后再涂一层白漆或白色颜料,A瓶与B瓶都套上白套子,目的是防止绿藻的生长和不使瓶内溶液温度过高而影响农作物根系的吸收能力。

(2)营养液的准备　流动培养的营养液常用格里利格尔和克诺普两种营养液。营养液可用自来水配制，溶液的 pH 值可用 H_2SO_4 或 NaOH 来调节，pH 的差值在 0.3～0.5。

大瓶营养液总容量为 16～25 L，每昼夜控制流量 3～6 L，一般只够用 3～5 d。因此，每隔 3～5 d 就添加一次新溶液，为此必须事先配制成 10%～15%的贮备溶液，如 $Ca(NO_3)_2$、KNO_3、NH_4NO_3、$NaNO_3$、$MgSO_4$、K_2HPO_4、KCl 等各种贮备溶液，同时还应配制硼、锰、柠檬酸铁等各种营养元素的贮备液，存放在暗色瓶中，放在冷凉处，一般有效期为 1 个月，柠檬酸铁的有效期只有 15～20 d。

(3)流动培养试验的管理　用砂培设置的流动培养试验，应使营养液能均匀地分布在盆中石英砂的整个表面上，加入溶液，到盆底小孔中流出液滴为止，然后再装置虹吸系统，并控制每昼夜的流量为 3～6 L。为了平衡由于作物吸收后引起的溶液浓度和 pH 值的改变，每天早晨要往盆中添加 1 L 溶液。

流动培养试验重复不应少于 4 次，每隔 1～2 d 应倒盆一次。其他管理如播种、定苗、浇水、治虫、收获等与溶液培养、砂培相同。

3. 流动培养的几种试验方法

采用砂培流动培养方法进行定期营养研究时，可以采用 4 种方法。

(1)冲洗法　试验在米切里希盆中进行，试验期间用木塞把盆底的孔堵住，试验开始时向盆中加入必需的一定量的营养元素。为了研究农作物在不同生育期，不同营养比例对植物营养的意义，在作物生长的某一时期，要求把可溶性养分从盆钵中除去，除去养分常用清水冲洗的方法，然后再按照试验要求加入不同比例新的营养液。

(2)阿夫道宁法　本方法是俄罗斯科学家阿夫道宁(Авдонин)教授提出的，在农作物的生长期内，把环境中的养分彻底更换或冲洗干净，再加入新鲜的营养液，或在新的不同养分比例的营养液的盆钵中再培养。

(3)"空格"试验法　即在农作物生长的一定时期内，去掉所研究的某个元素，以正常营养液为对照，在不同的时期内除去所研究的那个营养元素，这样就可以判断出缺乏某种营养元素最危险的时期，这个时期就叫"空格"，实际上就是农作物的临界期，所以这种试验方法也叫"空格法"。

(4)全量试验法　用于研究农作物营养的最大效率时期。在设计本试验时，以稀的营养混合液为对照，并以此作肥底，在农作物不同的生长时期内，加入所研究营养元素的全部用量，根据农作物的产量来判断农作物对养分利用的最大效率时期。

三、灭菌培养试验

灭菌培养也叫无菌培养，即在没有微生物条件下进行的植物栽培试验，它是培养试验中最复杂、最困难的试验方法，但具有其他方法无法比拟、不可替代的特殊用途，常用于植物营养生理，特别是有机营养生理研究，植物营养遗传性研究中的细胞、组织及器官培养以及植物营养与微生物关系研究等方面。

灭菌培养应确保培养装置与用具，培养介质与环境，植物材料包括种子等完全灭菌，常将培养装置、用具、衣物、容器、微孔滤器以及砂砾、营养液(不含高温下易分解物质)等高温高压灭菌(121℃，1.1 巴或 15 磅/英寸^2，1 磅＝454 克；1 英寸^2＝6.452 厘米^2)15～20 min(砂砾灭菌2 h左右)。含热分解物质如酰胺、硝酸盐、羟胺等的营养液,酶液等用孔径小于0.45 μm的超滤膜过滤除菌。无菌室灭菌用紫外线照射20 min或用甲醛和高锰酸钾混合后产生的大量蒸汽熏蒸。土壤可用γ射线(^{60}Co)灭菌。植物材料如种子表面消毒可采用组合消毒剂,即70%酒精浸1 min,无菌水冲3次,再用2%次氯酸钠浸5 min,无菌水冲5次,最后用0.1% $HgCl_2$浸5 min,无菌水冲6次的灭菌程序。若种子对2%次氯酸钠敏感(如十字花科植物种子:油菜、白菜等),则可用10% H_2O_2代替。灭菌后种子在无菌水中或在无菌滤纸上发芽,种子内部易带菌的无菌苗可用组织培养法获得。如果是硬壳种子,可去壳或种子表面先用硫酸处理,用清水洗净后再用消毒液进行无菌处理。

灭菌培养试验有土培、水培、砂培法。按照培养方法可以分为两类:一类为完全灭菌试验,即在试验中植物整株生长在全封闭的无菌环境中;另一类为局部灭菌试验,即根部及营养基质灭菌,地上部分生长在正常的环境中。完全灭菌试验因在全封闭环境中,很难调节植物生长发育所必需的温度、湿度、光照和二氧化碳等条件,与局部灭菌试验相比植物生长纤弱,但是由于局部灭菌试验选取合适的地上部与根部隔离材料比较困难,污染率高,方法也比较繁琐,因此许多植物灭菌培养试验仍采用完全灭菌试验方法。传统的植物灭菌培养试验装置有奥田等设计的水稻幼苗完全无菌培养试验装置(图1-20(a))和Klein、Kisser设计的局部无菌培养简易装置(图1-20(b))。图1-20(a)中A为压缩机,B为分支管,可与多个培养器连接,C为玻璃细管,D为尼龙管,E为棉塞管,F为培养塔(玻璃管),G为软木塞,H为双层橡皮管,用于营养液更换或取样,I为植物支撑板(纱布),系于培养塔基部,与营养液相接,J为带色三角瓶,K为蛇形玻璃管。压缩空气经棉塞管过滤后进入培养塔,再由培养塔基部小孔逸出进入蛇形管排出。

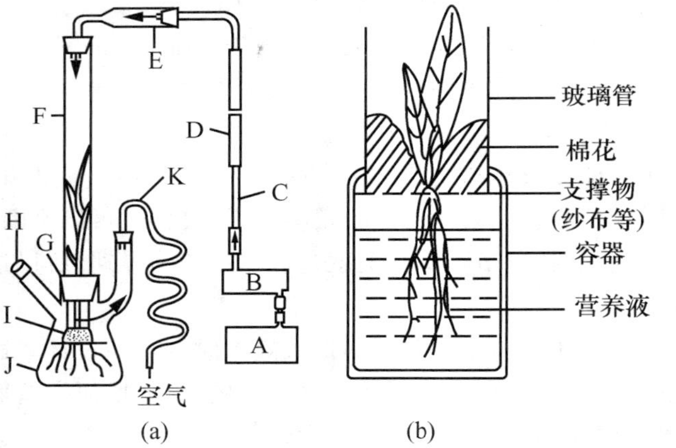

图1-20 无菌培养试验装置

(a)奥田等,1964;(b)Klein and Kisser,1924

灭菌培养试验应尽量在无菌培养室内进行,现代化的无菌培养室有日本藤原等设计的塑料隔绝装置、Lindrey等设计的自然光型人工气候室等。国内如吴良欢和陶勤南设计的循环过滤灭菌培养室,室内配备有空气调温及净化系统、人工照明及冷却系统,植培台上空气洁净度可达最高级100级,光强可达60 000 lx,其色温接近太阳光,可满足植物正常生长需要。灭菌培养过程中应经常用细菌培养基如BCP培养基等检查无菌情况,剔除污染处理。因此,灭菌培养试验的重复次数应多于普通培养试验。

四、渗滤水研究方法

渗滤水研究法是在自然条件下，收集土壤不同层次或是整个土壤剖面所渗滤出的土壤水分，对水质水量进行分析研究的方法，所以又叫渗滤水分析法或排水采集研究法。

俄罗斯土壤学家威廉斯(B. P. Вильямс)曾用此法进行土壤腐殖质的研究，从而分离出3种腐殖酸。植物营养研究中应用渗滤水装置可以研究氮的平衡(包括吸收、淋失、挥发、脱氮、固定等氮的循环和平衡)，化肥利用率，施肥对土壤溶液组成的影响，可溶性养分在土壤中的迁移，有机肥料在土壤中的矿化速率，土壤养分的动态变化(包括日变化、季节变化与年变化)与作物吸收的关系等问题。

国外渗滤水研究方法已广泛的应用，我国在这方面经验还不多，这里根据国外资料和北京农业大学1962年设计的渗滤水装置作简单介绍，以供参考。

渗滤水是通过特制的渗滤水装置取得，称为土壤溶液渗滤研究系统(lysimeter)。渗滤水装置有很多类型，不论哪一种类型都是在统一的基础上设计的，即用不透水的隔板、水泥池或金属渗水漏斗来装置固定容积的土壤，通过底部的排水系统以获得渗滤下来的土壤水分，收集保存并对水质水量进行分析研究。

根据美国莱翁和勃克曼(T. L. Lyon and H. O. Buckman)的原理(见本章参考文献[9])，北京农业大学农业化学教研室结合我国实际情况于1962年设计了国内第一座室内式渗滤水装置(图1-21(b))，渗滤水装置(图1-22)由三部分构成。

第一部分：水泥池。一般用钢筋混凝土建造，水泥池上设计有网室，用于栽培植物，水泥池容积大小可以根据供试作物种类而定，习惯为1 m×1 m×1 m或1 m×1 m×2 m(宽×高×长)两种，不宜太大。水泥池可以呈双列或四列排列，即在地下通道两侧二排水泥池叫双列，四排水泥池叫四列(图1-21)。

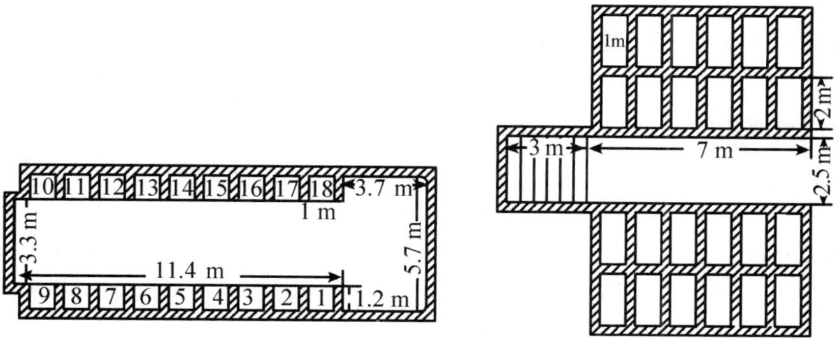

(a)双列式　　(b)四列式

图1-21　渗滤水装置中双列及四列水泥池平面示意图

第二部分：渗水漏斗。它由锥形漏斗及输水管组成，装置在水泥池的底部。

第三部分：地下通道和地下室。它建筑在两组水泥池中间，是收集渗滤水和工作的场地，其中有集水缸、渗水制动阀。

水泥池内的供试土壤可以从当地按自然层次分层填入，也可以根据研究课题的需要从外地采土填入，装土时可以按自然层次分层填入或是填入耕层土壤。排水采集装置的土壤尽量保持土壤自然状况的结构性,尽量减少与田间土壤的差别。

还有一种是简化的渗滤水装置。它由一个金属容器和渗水漏斗组成,容器中装有保持自然状况的土壤,并把它埋入田间,也可以在田间选择典型的土壤插入金属容器,底部用金属网及漏斗收集土壤水分,水分用特制的有刻度的容器量取,每天观察水量并进行水质研究(图1-22)。威廉斯在研究土壤渗水性时,曾采用了这种简化装置。

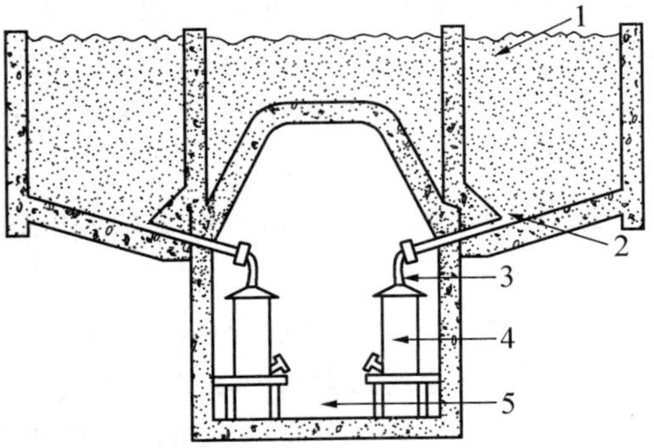

图1-22 渗滤水装置断面示意图

1. 水泥池 2. 锥形漏斗 3. 输水管及制动阀 4. 集水罐 5. 地下通道和地下室

图1-23 田间简化的渗水漏斗

Ключаревъи 在研究休闲地硝酸根离子在土壤中的移动时,采用了另一种简化渗滤水装置,这个装置带有渗水漏斗和高 50 cm 的圆柱形金属容器,直接埋入田间的不同层次,这样不仅可以维持土壤自然状况下的结构性与紧实度,并且还保持了田间水分状况的真实性,此法简易,不需大量建筑材料和固定设施,可以取得良好的效果。

德国的土壤学家米切里希(E. A. Mitscherlich)在研究土壤水分和养分相互交换作用的机制时,曾设计了一种简易渗滤水装置,用陶土筒代替水泥池,陶土筒高 1 m,直径 50 cm,涂有珐琅质,陶土筒埋入土壤中,下边有套筒以收集渗滤水(图1-23)。

近代的渗滤水装置设计了自动化渗滤取样系统,在渗滤水漏斗的结构上采用多孔(或微孔)泡沫硬质塑料或陶质渗滤板,显著改进了渗水速率。1973 年美国田纳西流域管理局国家肥料发展中心(简称 TVA)在阿拉巴马州建造了一座根系研究和渗滤水联合装置,渗滤水装置由两列 18 个水泥池组成(每列 9 个水泥池),两列间有 3.3 m 宽的地下通道,每个水泥池体积为 1.0 m×1.2 m×1.9 m,通道正面装了有机玻璃板,可作根系观察研究用,水泥池底部是一块面积 30 cm×30 cm 的多孔陶质渗滤板,装有自动真空控制土壤剖面排水和渗滤取样的取水系统,便于自动取水(见本章参考文献[8])。

虽然渗滤水装置有很多类型,但基本构件只有两种,一是固定装置,二是简易装置。根据试验目的要求和各地自然条件,特别是土壤气候条件来设计。随着农业现代化的发展,装备自动化渗水取样和调控系统,就可为植物营养研究提供自动、快速、简便、准确的手段。

五、幼 苗 法

培养试验法也可以用来测定土壤供应有效养分的情况,特别是供应有效磷、钾的情况。为此目的,通常都不在整个生长期中栽培植物,而仅利用作物幼苗期对营养的敏感性来指示土壤养分的丰缺情况,故又叫幼苗法。这些方法界于真正的培养试验和实验室化学分析研究之间,属于这种研究方法的有1923年德国涅巴尔-施涅捷尔(Neubauer-Schnider)提出的古典幼苗法(又叫黑麦幼苗法)、番茄幼苗法及华中农业大学提出的油菜幼苗法,现将古典幼苗法、油菜幼苗法简述于下。

(一)古典幼苗法

1. 方法原理

在100 g土壤中播种100粒冬黑麦种子,让其吸尽土壤中可溶性营养,14 d后取幼苗烘干、灰化,测定磷、钾含量,以判断土壤对磷、钾的供应情况。

2. 操作技术

(1)准备工作　选健壮的冬黑麦种子100粒为一份,每份重量之差不能大于0.1 g。种子发芽率不应低于95%,千粒重在40 g左右。播前应消毒,洗净,晾干待用。

用玻璃结晶皿为培养盆,直径11～11.5 cm,高7 cm,同时准备灌水用的碎玻璃和玻璃管,所有用具均用5%的碳酸钠洗净,再用热蒸馏水洗净备用。石英砂需用盐酸浸泡再洗净。供试土壤经粉碎后过1 mm筛孔,并测定湿度。

(2)装盆播种　每盆装干土100 g,混石英砂50 g,上面盖湿石英砂250 g,总加水重80 g。对照盆仅装干砂150 g,上面盖湿砂250 g,控制总加水量亦为80 g。每盆播100粒黑麦种子,深1.5 cm,用玻璃板盖好,留一条缝,以利透气。

(3)管理和收获　将玻璃结晶皿置温室中,调节室温为20℃左右(可允许温差±2℃)。14 d后收获。先用水冲洗泥沙,在近种子处剪断幼苗,然后将根洗净。

(4)分析测定　植株地上、地下部经灰化后,测定磷、钾。供试土壤及对照纯砂上植株养分含量之差,即为供试土中有效养分含量。

3. 结果应用

根据所测有效养分含量以计算作物施肥量,举例如下:某地种植饲用甜菜,计划产量为60 t/hm^2,已施90 kg K_2O,现用古典幼苗法测得该土壤为每100 g土含20 mg K_2O,求钾肥用量。根据已知条件,有

60 t甜菜带走的钾	293 kg K_2O
古典幼苗法计算出每公顷土壤含钾	600 kg K_2O
能被利用的钾(按利用率为33%计)	200 kg K_2O
不足的钾量	93 kg K_2O
需钾肥量(按钾肥利用率为60%计)	155 kg K_2O
已施钾	90 kg K_2O
还需补施钾	65 kg K_2O

由此法所测得的土壤有效养分含量,较化学方法更接近于植物本身,比田间试验法快速,但根据所测结果计算施肥量仅具有相对意义。另外,此法要求严格细致,在一般条件下难以做到准确可靠。

(二)油菜幼苗法

1. 方法原理

此法为华中农业大学农化教研组研究选定。从23种作物幼苗中,发现油菜幼苗对土壤磷素丰缺反应最为敏感,缺磷症状明显,症状出现早,且能从外形症状与生长量上反映出土壤供磷级差。油菜幼苗法与Olsen-P法(用0.5 mol/L碳酸氢钠提取)、同位素稀释法所得值有显

著正相关,也符合田间试验结果。

2. 操作技术

(1)取样 在待测田块上,取耕层土壤5~10点,每点0.5~1 kg,混合均匀后留5 kg左右,稍风干即捶细至均匀颗粒细度,即可装盆。

(2)装盆 用盆底有孔的盆钵最好,若无,也可用饭钵等代替。钵底装砂0.25 kg,再装供试土壤0.5 kg,试验分施磷与不施磷两处理,重复4~6次。

(3)施肥 磷用过磷酸钙,每盆0.5 g。施磷与不施磷处理均在氮、钾肥基础上比较。氮肥用量为每盆用尿素0.1 g或硫酸铵0.2 g,钾用硝酸钾0.2 g或硫酸钾0.1 g,切记氮、钾肥用量均不可超量。所有肥料于装盆前与土壤充分混合均匀(也可将肥料溶于水后施用),再根据土壤干湿情况,每盆加水130~180 mL。

(4)播种 将精选好的油菜种子,每盆均匀地播20粒,播后盖粗砂1 cm厚左右,齐苗前一般不另加水。出苗后分2~3次间苗,最后每盆留生长一致的幼苗10株。

(5)管理 试验盆钵要放置在温度、光照基本一致的地方。水分管理是试验成败的关键,齐苗前一般不加水,齐苗后要少加、勤加,保持土壤不干不湿。

(6)诊断的内容和时间 诊断内容分形态诊断与测定油菜幼苗值。出苗后应经常观察出叶速度,叶片大小,茎叶色泽。

当施磷处理油菜幼苗第三叶展开、第四叶心叶出现时,将幼苗一律从子叶节剪断,立即称重,计算幼苗值。计算方法如下:

$$\text{油菜幼苗值} = \frac{\text{不施磷处理油菜幼苗鲜重}}{\text{施磷处理油菜幼苗鲜重}} \times 100$$

3. 分级标准及其应用

根据油菜缺磷症状严重程度及幼苗值大小,将土壤供磷情况分成四级。

Ⅰ级(严重缺磷土壤):油菜幼苗值低于30,不施磷处理的幼苗仅为施磷处理幼苗的1/4,叶片小,叶色苍老暗绿,茎叶呈紫红色,缺磷症状在子叶展开期就开始表现,以后愈来愈明显。

Ⅱ级(中度缺磷的土壤):油菜幼苗值在30~50之间,不施磷处理的幼苗不到施磷处理幼苗的1/2,叶片较小,叶色稍有区别,缺磷症状在第一叶展开后开始表现。

Ⅲ级(轻度缺磷的土壤):油菜幼苗值在50~80之间,不施磷处理比施磷肥处理的幼苗长势稍弱,叶茎基本一致,在第二叶展开后开始表现出差异。

Ⅳ级(供磷较丰富的土壤):油菜幼苗值在80以上,两处理间幼苗的长势长相、叶色等基本相同。

以上分级标准能比较准确地反映土壤供磷水平,对在生产条件下指导因土因作物合理施用磷肥有一定参考价值。但也正如古典幼苗法一样,分级仅具有相对意义,不过油菜幼苗法较之简便些,形象化些,适于生产条件下采用,适于普及。

当决定磷肥的具体施用量时,一方面要考虑土壤供磷水平,另一方面还要考虑植物的需磷特点及其他环境条件与栽培措施。一般说来,对喜磷作物,当土壤为轻度缺磷级时,施少量过磷酸钙作种肥就表现有增产效果,而在中度与严重缺磷的土壤上,施用磷肥往往是增产的重要因素。对棉花、玉米、芝麻等中等需磷的作物,在中度缺磷的土壤上磷肥的效果往往还决定于其他条件。对水稻、小麦等对磷反应较迟钝的作物,上述分级标准应上升一级应用,即将上述严重缺磷级作为中度缺磷级,中度缺磷级作为轻度缺磷级,依此类推。

第六节　植物营养培养室的建立

植物营养培养室是进行培养试验的主要场地和专门设施。培养室必须给试验研究创造最适宜和最均衡的环境条件，保证试验因子的单一差异性；同时还要保护试验，使不受自然灾害的危害，从而获得完整的试验资料。

植物营养培养室基本可分两种类型，即普通培养室和人工气候培养室。

普通培养室又可分为加温或不加温两种类型，我国长江以南以不加温培养室为主。华北地区若采用不加温培养室，可选用冬小麦作供试品种，一般可以安全越冬。与加温培养室和人工气候室相比，不加温培养室有造价低廉的优点，也容易建造。

人工气候室是现代化植物营养培养室，它的温度、光照以及培养室的管理全部都是自动化的。人工气候室可以根据试验要求，按照温度控制分割成若干个房间。由于人工气候室的空间较小，主要用于溶液培养、砂培试验和某些特殊要求的土培试验。我国第一个人工气候室在20世纪50年代末建于上海植物生理研究所。由于人工气候室造价昂贵，耗电量大，近年来国外设计了人工气候箱又叫植物生长箱，实际上它是一种微型的人工气候室。由于箱的容积比较小，只能进行小型盆钵试验。国内现已引进植物生长箱，但价格很高，相当于建造一座500 m^2的不加温培养室。人工气候室或植物生长箱是开展近代植物营养研究必备的设施之一。本节只介绍常规植物营养培养室的结构、类型、使用、管理，以供参考。

一、植物营养培养室的结构材料

普通植物营养培养室按其结构材料分类，可分成木结构、金属结构两种。木结构培养室造价便宜，取材方便，建造容易，木材导热系数小，室内温度较稳定。在维护良好的情况下，木结构培养室可以使用30年左右。金属结构培养室，由于金属材料强度大，整体性好，构件遮阴少，对建造大容量培养室特别有利。一般金属材料常常采用角钢。目前国内金属材料可分成轻型角钢与重型角钢两种，前者造价较低，使用年限略少于后者，重型角钢建造的培养室通常可使用50年以上。

二、植物营养培养室的组成、设计要求与类型

(一)植物营养培养室的组成

经典的普通植物营养培养室由玻璃房、露天场地、网室和辅助工作室四部分组成(图1-24)。在玻璃房、露天场地和网室之间，用铁轨盆车或轮式盆车相连接。白天盆车推出室外，使盆钵接近自然条件。供试作物成熟之前，盆车可放在露天场地，减少网片的阴影，保证充足的光照。作物成熟期，盆车推入网室，以防止鸟害。为了节省土地，缩短盆车进入玻璃房的距离和时间，使在天气突然变化时，可以尽快把盆车转移至室内，近代培养室的布局一般都取消露天场地，把网室与玻璃房直接相连。辅助工作室应包括样本处理室、土壤仓库、蒸馏水室和简易实验室等。植物营养培养室各组成部分的面积参考比例为网室∶露天场地∶玻璃房∶工作室＝1∶2∶1∶(0.5～1)，网室∶玻璃房∶工作室＝1∶1∶(0.5～1)。

(二)植物营养培养室的设计要求

植物营养培养室设计的要求是，保证有充足和全天最长的日照，室内各部位温度均衡分

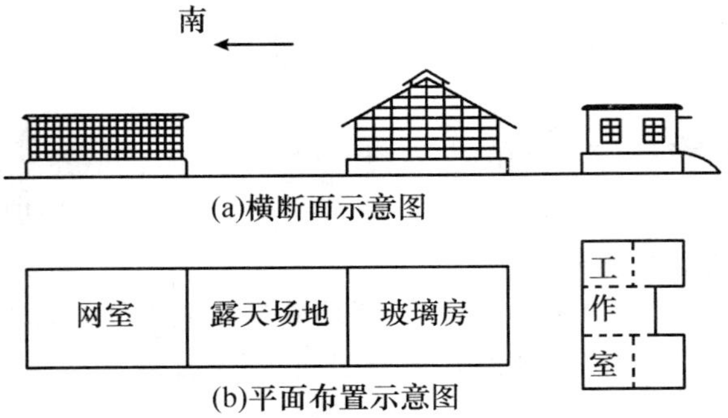

图 1-24 普通植物营养培养室组合示意图

布,环境幽静,保证培养试验结果的准确和可靠性。

1. 建筑物方位与地段的选择

整个建筑群的方位必须是正南方,不超过 12°～15°角的偏转。露天场地与网室分别安排在玻璃房以南,辅助工作室建在玻璃房以北,与玻璃房保持数米的距离。

建筑群坐落的地段要求排水良好,不能设在风口,如无选择余地,则应在建筑群上风口 50～100 m 处营造防风林。培养室周围不能有工厂、堆肥场、河流,至少应远离公路、铁路、高层建筑物 50～100 m 以上。建筑群应有足够的电力和水源。

2. 玻璃房的设计要求

(1)建筑面积　决定于玻璃房盆钵容量总数,称之为培养室的“设计容量”。以米氏盆(20 cm×20 cm)为例,560 盆的设计容量需玻璃房建筑面积约 130 m^2,1 000盆的设计容量则需 210 m^2。

(2)门的高度　决定于盆车、盆钵和植株三者的总高度。若盆车台面高 70 cm,盆钵高度 35 cm,农作物株高 100 cm,再放高 25 cm,则门的高度约 230 cm。门宽要求在盆车台面幅宽 70 cm 的基础上,再加宽一倍,同时可以通过两列盆车,因此门宽应为 150 cm,以保证盆车出入不受门框影响,供试作物也避免遭受折断、碰撞的可能。特殊高秆作物则另行考虑。一般玻璃房的檐高比门高再加 50 cm,檐高约为 280 cm。

(3)屋面倾斜度　应考虑降水、室内水滴、风力和积雪等因素。玻璃房屋面必须有倾斜度。倾斜度太大则温室增高,既费材料又不利保温,倾斜度太小则不利于流水。各地应参考当地气象情况来确定。一般而言,强风地区倾斜度小,通常为 10 cm(30 cm 长),积雪地带倾斜度稍大,约为 21 cm,普通则为 12～18 cm(图 1-25)。

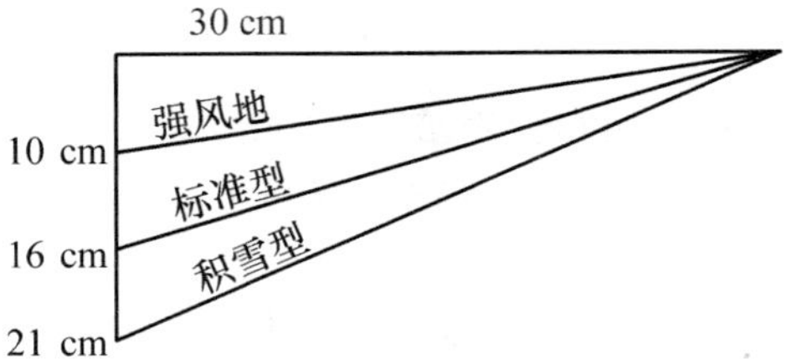

图 1-25 不同地区培养室屋面的倾斜度

根据图 1-25 计算,强风地区屋面倾斜度约 72°,标准型为 62°,积雪地为 55°,通常以 35°～41°最佳,屋面倾斜度不宜超过 72°。

(4)换气装置　为了给农作物生长创造最适宜的温度条件,做到保温、通风、调节室内温度,玻璃房必须建有专用的换气装置。不同部位窗户的换气效果以天窗换气最理想。天窗可用手动装置或自动装置开闭。天窗的大小和个数,根据温室的总面积而确定,通常 100 m^2 以上的玻璃房(跨度 5 m),每 1.8～2 m 应有 90 cm×75 cm 的天窗一个。根据换气效果的测定,天窗约占屋顶总面积的 1/6 效果最佳。除天窗自然换气外，还有强制换气，可用换气风扇调节，据估算，150 m^2 的玻璃房需装备换气量 450 m^3/min 的换气扇一台。强制换气对农作物生长有利，因为室内温度均匀，自然换气室内南北方向温度相差 6.5℃，而强制换气则相差 2℃。普通培养室有天窗和侧窗换气即可，不必采用强制换气。

(三)植物营养培养室的类型

植物营养研究用的培养室通常有 3 种类型，分别介绍如下。

(1)固定式培养室　玻璃房、网室都是固定的，玻璃房内可以自动调节温度、光照。盆车可采用有轨或无轨两种。盆钵均由人工管理。

(2)移动式培养室　玻璃房建筑在固定的铁轨上，根据试验的需要，白天可以自动移动玻璃房，盆车上栽培的农作物可以获得充足的光照。遇天气变化，随时可以盖上玻璃房，使农作物免遭灾害性天气的侵袭。玻璃房的移动可用电动机械绳索牵引。

(3)自动式培养室　盆钵设置在固定又可转动的台上，台上固定有灌溉喷头、磅秤，全部灌水用电脑控制，全部盆钵罩在网室中，网室上面有玻璃房，房顶可以自动开闭移动。筛土、施肥、装盆都在自动化作业线上工作。

三、植物营养培养室的使用与管理

(一)植物营养培养室的使用

培养室通常周年使用，周年记录培养室内的温度、湿度、光照等，根据农作物生长的需要作适当调整。在一个大型培养室内，可容纳几百盆甚至几千盆，栽培各种不同的农作物，必须要有合理布局，以防止互相干扰，尽量减少环境系统误差。合理布局时可以参考以下几个原则：

①同一类型和同一课题的盆钵，应放在同一盆车或台上。

②高秆作物的盆钵应放在培养室的北部，防止互相遮阴。

③有特殊附加设备的盆钵，可以放在道边，便于工作。

④对环境有特殊要求或对环境可能带来污染的试验，应专设一间予以隔离。

(二)植物营养培养室的管理

一个完善的试验设施、周密的试验方案和良好的试验条件，务必有科学的管理才能保证试验完满地进行。培养室的管理有以下两方面的工作：

(1)试验过程中的管理

第一，严格定量灌水，经常随机调换盆钵的位置。

第二，预防降雨的影响。

第三，室内温度的调控。

第四，夏季遮阴，防止高温。

第五，防治病虫害。

第六，施肥和其他栽培管理。

第七，门窗玻璃和培养室的净化。

(2)保养和维修　包括检查门窗关闭是否严密，网室网片腐蚀损坏后的更换，温度、电路调控设备的检查、维修。总之，培养室内各种设备的维修，应有专人管理，保证培养室处于正常的工作状态。

思 考 题

1. 在植物营养研究中为什么要使用模拟研究方法？哪些研究课题可以使用模拟研究方法？

2. 在植物营养研究中，模拟研究方法与田间研究方法相比有哪些特点？处于何种地位？

3. 什么是土壤培养模拟研究方法？哪些研究课题可以使用这种研究方法？

4. 准确地使用溶液培养的模拟研究方法应掌握哪些条件？

5. 完全营养液应具备哪些条件？在科研工作中如何选择营养液？

6. 砂砾培养模拟研究方法与溶液培养方法各有哪些不同？在植物营养研究中哪一种更加容易掌握？为什么？

7. 试分析植物短期培养的模拟研究方法的优缺点。在实际工作中应怎样选择使用？

8. 在植物营养研究中哪些研究课题必须选用控制模拟生物研究方法？根据我国实际情况，举例说明。

参 考 文 献

[1] 西北农业大学，华南农业大学. 农业化学研究法：上册. 2版. 北京：农业出版社，1987：80-116.

[2] X・K・阿沙洛夫. 农业化学讲义：中册. 北京：高等教育出版社，1955.

[3] 北京农业大学农化教研组. 农业化学研究法(讲义). 1962.

[4] 李庆逵. 国外农业化学的研究动态. 土壤农化参考资料，1978(1).

[5] 华中农业大学土化教研组. "油菜幼苗法"测定土壤供磷水平的研究. 中国农业科学，1976(3).

[6] Соколов А В, Ахромещко А И, Панфилов В И, Вигетационный МеТод. Селъхозгиз. 1938.

[7] Hewitt E J. Sand and water culture methods use in study of plant nutrition. Great Britain: The Eastern Press LTD, 1966:316-335.

[8] Sailean G M, et al. The rhizotron-lysimeter research facility at TVA. Muscle shoals. Alabama Agronomy Journal, 1974, 66(6):828.

[9] Lyon T L, Buckman H O. The nature and properties of soil. New York: The Macmillan Co., 1943.

[10] 太田保夫. 水稻根系与产量性状的关系. 国外农业科技资料，1976，7：36.

[11] 吉田富明. 关于生物固氮的研究. 化学と生物，1975，13(2).

[12] 吉田昌一，等. 水稻生理学实验手册. 北京：科学出版社，1957.

[13] 冈岛秀夫. イネの荣养生理. 农山渔村文化协会，1962.

[14] 崔徵，樊梦康. 水稻无机矿质营养的研究. 作物学报，1962，1(1)：61-66.

[15] 山崎肯哉. 营养液栽培大全. 刘步洲等，译. 北京：北京农业大学出版社，1989.

[16] 毛达如. 植物营养研究方法. 北京：北京农业大学出版社，1994.

[17] 刘士哲．现代实用无土栽培技术．北京：中国农业出版社，2001：67-146．
[18] 毛达如．植物营养研究方法．2 版．北京：中国农业大学出版社，2005．
[19] 吴良欢，陶勤南．植物氨基酸营养研究中的无菌培养技术．氨基酸杂志，1994，16（2）：23-28．
[20] 陶勤南．肥料试验与统计分析．北京：中国农业出版社，1997：57-89．
[21] 吴良欢，陶勤南．植物有机营养研究中无菌培养试验方法及其应用．土壤学报，1999，36（4）：551-558．
[22] 莫良玉，吴良欢，陶勤南．植物有机营养研究中供试种子组合灭菌方法探讨．浙江大学学报（农业与生命科学版），2000，26（6）：643-646．
[23] 朱维琴，吴良欢，陶勤南．水稻有机营养研究中完全及局部无菌培养方法探讨．植物营养与肥料学报，2004，10（5）：616-621．

第二章　植物营养的田间研究方法

第一节　植物营养田间研究方法的概述

植物营养田间研究，就是在田间条件下研究植物营养及其行为规律、供应状况和调控方法。施肥是植物营养调控的主要手段，因而田间肥料试验是植物营养研究方法的主要内容。

一、田间研究方法的特点

植物营养的田间研究一般是在近于生产和自然条件下进行的，因而具有试验条件复杂和贴近生产实际等两个主要特点。

（一）试验条件复杂

田间试验条件复杂主要表现在作物生长所处的农业生态和生产条件的多样性和变异性。Wallance(1990)认为，作物生产除了受土壤的养分、结构、pH 和植物病虫害等至少 35 个可控变量影响外，还与许多不可控或未知因素的影响有关。气候变化在短期内的随机性及我国农户经营的分散性更增加了田间试验条件的复杂性和变异性。此点在山区、丘陵和受盐碱、涝渍等危害的地区表现尤为突出。由于这些特点，一个或一次试验结果所能代表的时空范围相当有限，因此植物营养的田间研究应特别注意以下几点：

①注意试验材料的代表性。供试作物、试验地及田间管理等在同一试验中应力求一致。

②适当增加试验重复。试验重复包括时、空两个方面。在空间方面，一个地点的田间试验应至少重复 3～4 次；在时间方面，一个试验周期一般不少于 3～5 年。

③对试验条件进行局部控制。由于试验材料和试验条件，特别是土壤肥力的变异较大，一般要对试验地设区组，进行局部控制。

④说明试验条件。由于试验条件具有一定的时空变异特点，在报告研究结果时必须给出试验条件，以便他人对你的研究结果能进行科学分析和合理应用。

（二）贴近生产实际

在植物营养的各种研究方法中，以田间试验最接近生产实际，特别是那些在农户田进行的试验，自然条件与大田生产一致，田间管理也更贴近生产实际。因此盆栽试验及其他生物模拟试验结果在用于指导生产实践之前，一般都要通过田间试验进行校验。

二、田间研究方法的类型

了解不同类型田间试验的特点之后，就可以根据研究目的和试验条件合理地选用。与植物营养研究有关的田间试验可划分为以下几种类型。

（一）按研究因素划分

（1）单因素田间试验　只有一个试验因素或只能分析出一个因素效应的田间试验。例如只研究某一种养分的施用量或某一种研究方法的田间试验。

（2）复因素田间试验　在一个试验中可以分析出两个或更多因素效应的田间试验。例如氮、磷肥施用量田间试验，施氮量与灌水量田间试验等。

(3)综合试验　涉及的试验因素虽然较多，但却不能被单独分析出来的田间试验。例如丰产田间试验，施肥与其他栽培措施配合的示范推广试验等。

(二)按试验小区面积划分

(1)小区试验　小区面积一般为 60～100 m^2，这是最常采用的田间小区试验面积，具体大小因作物类型、地形情况和土壤肥力的均匀程度而异。

(2)微区试验　小区面积一般为 4 m^2 左右，适于示踪元素、新型肥料、药肥综合效应和草类等密植作物的试验。由于边际效应相对较大，小区多取正方形，并在小区间加隔离板。

(3)大区试验　小区面积多在 300 m^2 以上，一般不少于 60 m^2。由于小区面积较大，便于机具操作，常用于生产校验或示范推广试验。

(三)按试验点划分

(1)单点试验　在一个地点单独进行的试验，其研究结论主要用于附近地区。某些典型试验或应用基础理论的研究也属于单点试验。

(2)多点试验　统一组织、统一计划、同时在多个地点进行的试验。其试验资料能统一汇总，试验规模可以是一个县，一个省，一个国家，甚至是若干国家或地区的协作研究。如我国多次进行的全国化肥网试验就属于多点试验。

(四)按试验周期划分

(1)短期试验　试验周期或时间重复一般只有 3～4 年或 3～4 季。这在一、二年生谷类作物的田间试验中是最常见的，其目的是消除短期气候变化对试验结果的影响。只进行一季即在时间上无重复的试验一般是不被采用的。

(2)中长期试验　一般不少于 5 年，多用于果树等多年生作物或谷类作物的轮作定位试验。各种肥料养分的残效或累积效应研究以及不施磷钾肥的土壤养分耗竭效应的研究，一般也需要进行中长期试验。

(3)长期定位试验　在同一试验点，按照相对稳定的试验方案，长期进行的试验。其试验期长达几十年或上百年。如世界最著名的长期定位试验——英国洛桑试验站的田间定位试验，自 1843 年至今已有 160 多年的历史，对长期连续施用化肥、有机肥条件下，土壤肥力、环境影响及气候变化与施肥之间关系等的研究做出了重要贡献。

(五)按试验作物划分

(1)谷类作物试验　谷类作物多为一、二年生的草本植物，种植密度较大，植株个体差异较小，作物茎秆主要起支撑和物质运输作用，因此在谷类作物营养和施肥的田间研究中，试验小区面积相对较小，试验周期较短，除轮作和长期定位试验外，一般只有 3～4 年。

(2)果树试验　果树一般为多年生乔木，生长周期长，其结果期可长达几十年，甚至上百年。在我国条件下，特别是北方果树，有明显的物候期。果树枝干不仅起支持和物质运输作用，而且是养分的重要贮存器官。植株个体间差异较大，苗木树体的均匀程度往往对试验和施肥影响较大。由于这些特点，在果树营养和施肥的田间研究中，试验小区面积相对较大，试验周期较长，一般应在 5 年以上。为了克服植株个体差异对试验结果的不利影响，除细心选择均一苗木外，必要时可对试验结果进行协方差分析，或选用能估计双向试验条件变异的拉丁方设计。

(3)蔬菜试验　蔬菜在生长周期、种植密度、个体差异等方面，多介于谷类作物与果树之间。在蔬菜营养和施肥技术的田间试验中,要根据这一特点,对具体问题作具体分析。一般而言,试验小区的面积大小、试验周期长短及取样方法等,可参照玉米、棉花等中耕作物。但蔬菜灌水较多,需注意减少水分侧渗产生的边际效应和根层养分随灌水下移对肥料试验效应的影响。此外,对大棚等保护地蔬菜,由于田块面积较小,可将同一农户或相邻农户的不同大棚作为不同区组或试验重复。

(4)牧草或草地试验　牧草为多年生草本植物,种植密度较大,往往需要多次收割。因此牧草或草地试验小区面积相对较小,有些可进行微区试验。由于多次收获计产,且各次收获的试验效应是连续的,因此在草地植物营养和施肥的田间研究中有时需采用裂区设计,将每次收获作为时间裂区(利特尔,1982)。

三、田间研究方法的进展

植物营养田间试验方法的产生和发展与农业生产和土壤、植物营养学科的进步以及数理统计方法、电子计算机技术、植物营养测试技术等多种学科和技术的进展密切相关。

西欧从文艺复兴时代起就开始探索植物营养理论,但19世纪以前,多偏重于室内方法。1840年德国化学家李比希(Justus von Liebig)提出了植物矿质营养学说,为化学肥料的开发和应用奠定了理论基础。1842年,英国科学家劳斯(J. B. Lawes)创立了世界上第一个生产商品肥料过磷酸钙的工厂,为当时欧洲农业应用化学肥料开创了新局面。1843年,法国布森高(J. B. Boussingault)在自己的庄园里建立了世界上第一个农业试验站,这是田间试验的开端。他通过田间试验和定量分析完成了许多植物营养的研究工作,发现豆科植物能利用空气中氮素,使土壤含氮量增加,而谷类作物只能吸取土壤中化合态氮,使土壤含氮量减少。该试验后来因普法战争而中断。1842年,劳斯与化学家吉伯特(J. H. Gibert)合作,在英国洛桑试验站进行了一系列田间试验。1852年,他们决定将其中一些肥料试验方案保持不变,长期坚持做下去,这就是肥料长期定位试验的产生。在洛桑试验站成果的影响下,法国(1861)、德国(1873)、美国(1876)、丹麦(1894)等相继开展了肥料效应的长期定位研究。这些试验的主要目的是研究不同营养元素对植物的重要性,施肥对作物的增产效果和对土壤肥力的影响等。至今,这些定位试验历经百余年,取得了很大成果,证明化学肥料只要配合得当,用量合理,其作物产量和品质与有机肥相当,甚至略优于后者,而且长期施用化肥并不降低土壤生产力。现在一些古典长期定位试验根据生产发展需要,对试验方案已作了若干次修正,新的长期定位试验仍不断相继开展,以指导现代的农业生产。

1865年,俄国科学家门捷列夫(Д. И. Менделеев)建立了一个60 hm^2 的田间试验,在他的倡导下,后来又在其他地方组织了为期3年的肥料集合试验,这是世界上肥料试验网的先驱。在这些试验的影响下,1926—1930年,苏联在317个农业试验机构中统一布置了3 808个田间试验。这对幅员辽阔的苏联来说无疑具有重要意义。后来,联合国粮农组织(FAO)倡导的二因素三水平3×3设计多点肥料分散试验亦属此类。

在研究方法上,早期的田间试验处理较少,不设重复,因而无法消除土壤系统误差影响和估计试验随机误差,只能对处理效应做直观比较。为探索能控制试验误差的田间试验方法,瓦格涅尔(Wagner,1880)、达芬特(Dafert,1899)等做了许多研究工作,但真正在田间通过设置重复控制试验误差是从20世纪初叶开始的,如英、美等国从1912年开始正式设置有重复的小区试验。在这方面,英国统计学家高赛特(W. S. Gosst,1876—1937)做出了重要贡献。他提出

的 t 分布理论，使得人们可以用较少的重复布置田间试验，并对试验结果进行统计检验。

在试验设计方面，用于方差分析的析因试验设计使得人们可以在一个因素的不同水平去研究另一个因素试验效应的变化，即研究复因素试验的主效应及其交互作用。这类试验设计起始于20世纪30年代，但至今仍在植物营养和施肥研究中居于重要地位。“回归”的概念于1889年首先由英国生物学家高尔登(F. Galton)提出。后来，随着电子计算机的出现，回归分析方法得到越来越广泛的应用。20世纪50年代初，美国在田纳西河流域(TVA)开展了大规模肥料田间试验，通过回归分析和边际分析提出经济合理施肥量，并向农民推荐。1956年美国多次组织多学科专家参加专业研讨会，并在此基础上推出了《农业生产函数》(Agricultural Production Function)、《肥料开发和资源利用》(Fertilizer Innovation and Resource Use)和《肥料数据的经济分析》(Economic Analysis of Fertilizer Use Data)等代表性著作，从而将合理施肥实践从以经验为主的定性阶段推向以田间生物效应试验为基础的定量化阶段。

20世纪70年代以来，澳大利亚科学家考威尔(J. D. Cowell)对肥料田间试验结果汇总方法进行了长期研究，先后提出区域肥料试验结果汇总方法和通过正交趋势系数将土壤测试结果引入肥料效应模式等方法，在推荐施肥中收到了良好的反馈效果。英国植物营养学家库克(G. W. Cooke，1976，1982)总结洛桑试验站田间肥料试验及其他国家肥料研究的成果，提出高产施肥理论，并对不同肥料效应模式进行了比较。库克的高产施肥理论在中国已有深远的影响。

随着肥料试验因素增加和定量化施肥的发展，一些新的试验设计方法应运而生，出现了现代回归设计。该设计20世纪50年代在美国最先用于田间肥料试验，后来在其他国家肥料试验和农业研究中也得到了广泛的应用。

我国首例肥料田间试验见于1910年。1930—1940年，张乃凤等在全国14个省68个地点进行了地力测定；20世纪50年代，在中央农业部倡导下，由中国农科院土肥所主持，在全国范围内多次进行化肥网的肥料区域性试验，并取得了积极成果。1958年、1962年，在25个省、市、自治区157个点进行了第二次化肥网N、P、K肥料三要素肥效试验。1981年、1983年，在29个省、市、自治区进行了第三次化肥网氮、磷配比试验。1985年、1990年，在全国范围内进行了第四次化肥网氮、磷化肥与有机肥的定位试验，并对经济作物合理施肥问题进行了研究。与此同时，全国各研究单位、高等院校等结合推荐施肥和施肥中的理论和技术问题也进行了大量田间试验。近些年来，国内在试验设计和数据处理方法等方面的研究也取得了可喜成果，如1985—1990年，原北京业大学植物营养系在黄淮海平原综合治理的研究中，建立了适用于不同土壤肥力的小麦、玉米施肥模型，提出了多点动态聚类、土壤肥力模糊评判等区域性施肥决策的方法并设计了相应的计算机软件。1994年，我国农业科学工作者在总结国内外田间肥料试验成功经验和存在问题的基础上，提出了三因素四水平14个处理的“3414”试验设计方案。该设计适于肥料田间试验特点，既可用于回归分析，又可用于方差分析，信息量较大，试验效率和成功率较高，被广泛用于测土配方施肥和植物营养科学研究。

当前，我国肥料田间试验的研究领域越来越宽广，内容越来越丰富。从以高产为主要目标的单纯肥料试验，向以高产、高效、优质和环保等为综合目标的多学科协作研究的方向发展。在研究路线和研究方法上，以田间生物效应小区试验为基础，与生物模拟试验、田间微区试验、生产示范试验相结合，基础理论研究与应用技术研究相结合，土壤、植物测试与计算机应用等多种技术相结合，科学研究与推广应用相结合，肥料田间试验水平在新的形势下得到了进一步发展和提高。

第二节 植物营养田间研究的方案设计

田间试验设计的实质,是制定能够通过统计分析揭示试验效应的措施。它包括试验的方案设计和方法设计。方案设计的主要内容是根据研究目的和试验条件确定试验因素和试验处理,并构成试验方案。

一、一些基本概念

在学习方案设计方法之前,必须先了解下列基本概念:

(1)因素和水平　对某事物的存在状况能够产生影响的其他事物,通常称为某事物的影响因素。例如,水分、肥料、气温等能影响小麦的产量状况,就称水分、肥料、气温等为小麦产量的影响因素;为了要考察某些影响因素对某事物的影响程度,可人为地控制该影响因素的变化状态,使其影响程度能够得到准确的测量或判断,通常称这种要考察的因素为试验因素。例如,要考察氮肥施用量对小麦产量的影响,可将小麦氮肥施用量人为地控制在几种状态下(例如 0 kg/hm^2、75 kg/hm^2、150 kg/hm^2 三种状态),以观察其对小麦产量的影响。这里氮肥用量就是试验因素,而氮肥用量的三种状态就称为该试验因素的三个水平。不同施肥方法、不同肥料品种等质的状态也称为水平。在试验设计中,只允许对试验因素设不同水平,因此,可以通过是否具有不同水平,判断它是否为试验因素。

(2)处理和方案　为研究试验效应而人为设置的因素不同水平或不同水平的组合称为试验处理,同一试验所有处理的总和称为试验方案。例如,某氮肥用量试验共设 4 个施肥水平:N_0、N_1、N_2、N_3,则这 4 个水平就是 4 个试验处理并构成氮肥试验方案。再如,某氮、磷肥料配合试验,对氮、磷各设 3 个水平:N_0、N_1、N_2;P_0、P_1、P_2。它们相互搭配可得到 9 个试验处理:N_0P_0、N_1P_0、N_2P_0、N_0P_1、N_1P_1、N_2P_1、N_0P_2、N_1P_2、N_2P_2,则这 9 个处理就构成氮磷肥试验方案。

(3)肥底　对影响试验效应而又不作为试验因素的肥料,为消除其影响而在各处理中被适量、等量施用,则该肥料就称为肥底。例如,在上述 9 个处理的氮磷配合肥料试验中,钾肥不是试验因素,但它是产量限制因子,为消除其对试验效应的影响,可对每个处理都适量施用相同数量的钾肥,则该钾肥就是肥底。设肥底的原则和方法也适用于消除其他可控非试验因素对试验效应的影响。

二、试验方案设计的原则

一个好的试验设计方案应具有较高的试验效率并能达到预期的研究目的。为此,设计时必须遵循一定的设计原则。

(一)有明确的目的性

植物营养的田间研究属于生物效应试验,往往涉及许多方面。但一个试验的因素不可过多,因为因素越多,处理数也就越多。处理数过多,不但增加试验成本,而且难以找到面积适当、土壤肥力均匀的试验地块。因此,要明确研究目的,分析土壤中哪些养分是产量限制因子,抓住限制因子做试验。如果同时存在几个限制因子而又无力都研究时,可通过“设肥底”等措施，将其中一个或几个因子控制起来，逐步扩大研究领域。例如，目前华北土壤中，氮和磷是作物产量限制因子，在植物营养和施肥的研究中应首先予以考虑。土壤中钾和某些微量元素也可能缺乏，成为产量限制因子，可以通过辅助试验或辅加处理进行探索。在我国南方稻区，氮、磷、钾通常都是产量限制因子，如果条件不允许同时研究，也可以通过"设肥底"只研究其中一两个养分因素。切不可不分主次，不顾试验条件，将设计方案搞得过于庞大，否则将事倍功半，反而达不到预期的试验目的。

(二)能消除非试验因素的影响

要想分析一个试验处理或试验因素的试验效应，必须消除非试验因素的影响，使处理之间具有可比性。为此，必须遵循单一差异的原则，即试验中，除了要比较的因素以外，其他因素均保持不变或一致。为此在设计时要注意以下 3 点。

1. 设肥底

设置肥底的实质，是使非试验因素处于相对一致和适宜的状态，使试验因素的效应能充分发挥并且具有可比性。例如，华北地区某潮土冬小麦磷肥用量试验，可以氮肥作肥底。肥底肥料除用量一致外，还必须注意用量的适宜性，因此，根据生产经验和以前的试验，将最佳施氮量(N)135 kg/hm^2 作为肥底施肥量。过高或过低于此用量都将构成新的限制因子，干扰磷肥效应的发挥。此外，还要将影响试验结果的作物品种、种植密度、灌水、整地等非试验因素也都控制在适宜、一致的状态。

2. 设对照

通过设对照处理可以对试验因素效应作出正确评价，在植物营养的田间试验中，通常可以看到 3 种对照：

(1)空白对照(CK_1)　以不施肥处理作对照，它可以用于确定肥料效应的绝对值，评价土壤自然生产力和计算肥料利用率等。

(2)肥底对照(CK_2)　以肥底作对照，它可以用来估计施肥处理的肥底效应。如华南某红壤水稻土的磷肥用量(P_1、P_2、P_3)试验，除了空白对照外，因试验采用氮钾肥作肥底，还要设氮钾肥底对照，于是得到 5 个处理的试验方案：(a)不施肥(CK_1)；(b)NK(CK_2)；(c)NK＋P_1；(d)NK＋P_2；(e)NK＋P_3。

(3)标准对照(CK_3)　标准对照指标准肥料、某常规或习惯施肥措施等。如在示范试验中，农民的习惯施肥措施就属于标准对照。如果要评价磷矿粉的效应，就需用过磷酸钙作标准对照，以消除土壤供磷能力对磷矿粉效应评价的干扰，于是得到下面设计方案：(a)不施肥(CK_1)；(b)NK(CK_2)；(c)NK＋过磷酸钙(CK_3)；(d)NK＋磷矿粉。

一个试验方案，不一定要同时设置三种对照，究竟设置什么样的对照，依试验目的和试验材料(如土壤养分状况等)而定。要具体问题具体分析，不可生搬硬套。

3. 方案具有均衡性

一个复因素试验，如果需要用方差分析方法分析因素主效应和交互作用，试验方案必须具有均衡性，其原因将在方案设计时作进一步阐述。

(三)注意试验设计与统计分析的对应关系

对试验结果必须进行统计分析和统计检验。不同的试验方案要求采用不同的统计分析方法，而不同的统计分析方法又对试验设计有不同的要求，这两者是对应的、互为前提的关系。此点必须在试验设计时就考虑到，不能在试验结束时才提出用什么统计方法。例如，配对数据和成组数据虽然都可以用 t 检验进行统计分析,但两者对试验设计(或取样方法)和统计方法的要求是不同的。配对数据在设计上要求将两个处理组合在同一试验条件下,相当于只有两个处理的区组设计,因而在统计上可以消除不同处理在试验条件上的局部差异;而成组数据,在取样方法上,是从两个处理中分别随机抽样,得到两个平均数,因而在统计上不能消除这两个平均数间试验条件的差异,误差较大。再例如,同为二因素试验,若采用方差分析方法,就必须进行析因设计,使方案具有均衡可比性并设置试验重复,其因素的水平数可多可少,视需要而定,这样的试验结果才可以用方差分析和多重比较的方法分析出各因素的主效应、交互作用及优化处理。但如果采用回归分析方法,则要求其处理数不少于回归方程的回归系数个数,若为曲面效应,每个因素水平不能小于3。至于试验重复,若有足够自由度,且不对模型本身作出评价,也可以不设重复。若不了解方差分析和回归分析对设计的不同要求,其试验结果就不能采用适宜的统计分析方法,因而使试验事倍功半,甚至完全失败。

(四)提高试验效率

试验效率是指单位人力物力的投入所获得试验信息的多少,复因素试验处理较多,尤其要注意提高试验效率。

适当减少试验因素是提高试验效率的有效途径。此外应注意因素水平的设计,对重点研究的因素,水平数可适当增加。如北京地区某土壤的氮磷有效养分水平较低,钾养分水平中等,交换性钾 95 mg/kg,如要确定冬小麦氮、磷、钾肥的合理用量,应将过量施用易造成作物倒伏的氮肥作为主要试验因素,设4个水平;磷肥次之,设2个水平;钾肥只作为辅加处理做探索试验,于是提出了一个 4×2+2 设计方案:以氮磷完全实施方案为基础,加一个施钾处理和不施肥处理。这一方案与同时考虑N、P、K三个因素的完全实施方案相比,试验效率大为提高。此外采用正交设计也是提高复因素试验效率的有效方法之一。

三、试验方案的设计

(一)单因素试验方案设计

单因素试验只研究一个因素的效应,其设计要点是确定因素的水平范围和水平间距。水平范围是指试验因素水平的上、下限区间,其大小取决于研究目的。以施肥量试验为例,如果研究作物产量随施肥量增加而变化的全过程,水平范围较大,可分别以不施肥和超过最高产量的施肥量作为因素水平的下限和上限。如果在以前试验的基础上,进一步探索有限施肥量范围的产量效应,水平范围可适当小些。

水平间距指试验因素不同水平的间隔大小。水平间距要适宜,过大没有什么实际意义,过小易于被试验误差所掩盖。水平间距的具体大小因作物种类、土壤肥力水平、试验条件和植物营养元素不同而异。需肥量大的作物,肥力水平低的土壤或试验条件不易控制时,水平间距可适当大些。就不同作物对各种肥料的效应差异而言,我国各地土壤的肥料增产效应不同,而且随土壤肥力水平和产量水平的不断提高,肥料效应有不断下降的趋势。在这种情况下,试验设计时应根据具体情况适当加大施肥水平间距。表2-1来自于近年全国化肥网试验报告,可供设计时参考。

具体的水平间距设计还取决于试验地土壤肥力变异、重复次数和统计检验的置信度。表2-2是国际水稻研究所的资料,从中可以看出,在变异系数10%、重复4次的条件下,处理差异只有大于平均数的14.5%才能达到95%的置信度要求。据此,如果水稻产量为6 t/hm^2,处

理差异至少要为 $6\times14.5\%=0.87\ t/hm^2$。设每千克氮增产稻谷 10 kg，则氮肥（N）水平间距应在 87 kg/hm^2 以上。

表 2-1 我国不同地区氮、磷、钾化肥平均施用量及增产量

（中国农业科学院土肥所，1984）

地区	N(NP－P)			P_2O_5(NP－N)			K_2O(NPK－NP)		
	水稻 (1281)	小麦 (2086)	玉米 (1041)	水稻 (1316)	小麦 (2896)	玉米 (1486)	水稻 (1118)	小麦 (760)	玉米 (343)
东北区									
A	149.3	138.0	144.0	78.0	131.3	83.3	91.5		180
B	5.9	4.6	7.8	3.8	1.1	6.5	1.4		0.8
黄淮海区									
A		108.7	126.0		81.0	87.0		108.0	100.5
B		4.9	5.0		4.5	3.5		0.6	0.6
长江中下游区									
A	127.5	139.5	183.7	69.0	78.8	90.0	95.3	105.0	113.3
B	4.1	4.4	4.0	2.8	5.0	2.9	2.2	1.0	1.9
西北干旱区									
A		105.0	112.5		76.5	84.0		97.5	
B		5.3	5.1		4.2	3.7		0.3	
西南区									
A	120.7	120.0	135.0	61.5	53.3	87.0	108.0	100.5	
B	5.8	7.1	4.1	2.8	4.9	1.6	2.3	2.4	
华南区									
A	116.3			45.0			49.5		
B	5.2			1.7			3.3		
北部高原区									
A		130.5	82.5		91.5	73.5			
B		3.7	6.3		3.2	3.4			
青藏区									
A		100.5			69.0				
B		6.9			3.2				

注：*A* 代表化肥平均施用量，以 kg/hm^2 计；*B* 代表增产量，以 kg/kg 计；括号内数据表示试验点数。

表 2-2 不同重复次数、不同变异系数的两个处理平均数间最低置信度差值（95%置信度时）

（土壤学会，田间试验技术，1983）

重复次数	最低置信度差值（%）			
	$CV=8\%$	$CV=10\%$	$CV=12\%$	$CV=14\%$
2	18.1	22.6	27.1	31.7
3	13.7	17.2	20.6	24.0
4	11.6	14.5	17.4	20.3
5	10.3	12.9	15.4	18.0
6	9.3	11.6	14.0	16.3
7	8.6	10.7	12.9	15.0
8	8.0	10.0	12.0	14.0

注：标准差占平均数的百分率称为变异系数，用 *CV* 表示。

上述试验因素水平设计的基本原则对复因素试验也是适用的。

（二）复因素试验方案设计

至少有 2 个试验因素的试验称为复因素试验。复因素试验的主要目的是考察因素的主效应及其交互作用,确定不同因素不同水平的优化组合。

1. 基本概念

先以表2-3氮磷二因素二水平的2×2设计为例说明下列一些基本概念:

(1)因素的简单效应　在复因素试验中,一个试验因素在另一试验因素的某一水平上的试验效应,称为这一因素的简单效应。

在表2-3中,氮在P_0、P_1条件下的简单效应分别为:

$$N_1P_0-N_0P_0=2\,347.5-1\,747.5=600(\mathrm{kg/hm^2})$$

$$N_1P_1-N_0P_1=3\,015-2\,070=945(\mathrm{kg/hm^2})$$

磷在N_0、N_1条件下的简单效应分别为:

$$N_0P_1-N_0P_0=2\,070-1\,747.5=322.5(\mathrm{kg/hm^2})$$

$$N_1P_1-N_1P_0=3\,015-2\,347.5=667.5(\mathrm{kg/hm^2})$$

表2-3　冬小麦氮磷肥试验的产量效应　　kg/hm²

氮　肥	磷　肥		
	P_0	P_1	P_1-P_0
N_0	1 747.5	2 070	322.5
N_1	2 347.5	3 015	667.5
N_1-N_0	600	945	345

(2)因素的主效应　同一因素各简单效应的平均值称为该因素的主效应或平均效应。在表2-3中,

$$\text{氮的主效应}=\frac{(N_1P_0-N_0P_0)+(N_1P_1-N_0P_1)}{2}$$

$$=\frac{600+945}{2}=772.5(\mathrm{kg/hm^2})$$

$$\text{磷的主效应}=\frac{(N_0P_1-N_0P_0)+(N_1P_1-N_1P_0)}{2}$$

$$=\frac{322.5+667.5}{2}=495(\mathrm{kg/hm^2})$$

(3)因素的交互作用　不同因素相互作用产生的新效应称为这些因素的交互作用。所谓"新效应"是指不同因素综合效应与各因素单独效应的差值,也就是A因素与B因素相互作用产生的A、B以外的C效应。在表2-3中,($N_1P_1-N_0P_0$)为氮和磷的综合效应,($N_1P_0-N_0P_0$)和($N_0P_1-N_0P_0$)分别为氮、磷的单独效应。所以,

$$\text{氮磷交互作用}=\frac{(N_1P_1-N_0P_0)-(N_1P_0-N_0P_0)-(N_0P_1-N_0P_0)}{2}$$

$$=\frac{1\,267.5-600-322.5}{2}$$

$$=172.5(\mathrm{kg/hm^2})$$

这种交互作用涉及多个因素。两个因素之间的交互作用称为一级连应,三个因素之间的交互作用称为二级连应,余者依此类推。

交互作用可能为正值,也可能为负值或零值。它们分别表示正交互作用、负交互作用和无

交互作用。图 2-1 对此作了形象说明。图 2-1(a)说明，磷肥的效应(两条直线间距)随氮肥施用量增加而增加，氮磷之间为正交互作用；图 2-1(b)说明，磷肥效应随氮肥肥施用量增加而减少，氮磷之间为负交互作用；图 2-1(c)说明，磷肥效应与氮肥施用量无关，两者无交互作用。图 2-1 只用于形象说明交互作用的概念，在生物效应的研究中，交互作用几乎不可能为零值，是正值和负值也并不表明一定存在正交互作用和负交互作用，其交互作用存在与否还需通过统计检验确认。

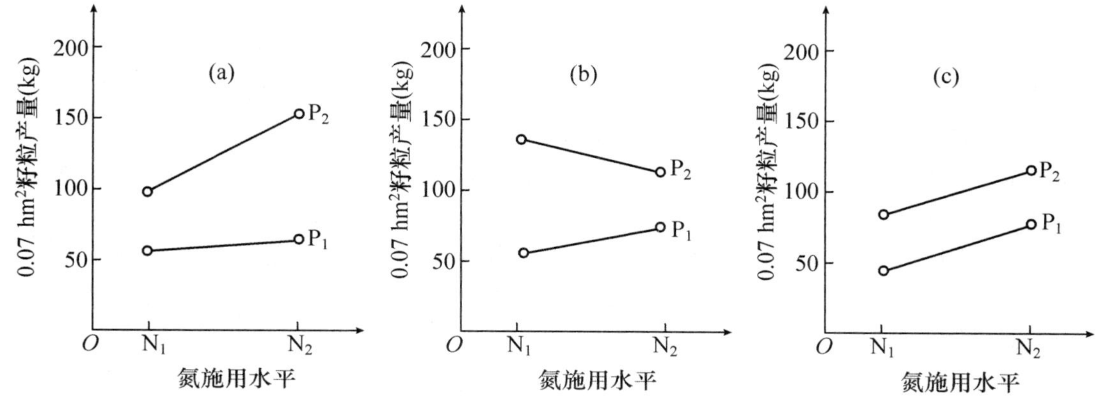

图 2-1　氮磷肥交互作用示意图

2. 设计方法

下面以氮(N)、磷(P)、钾(K)三因素肥料试验为例说明复因素肥料试验类型和设计方法。复因素试验方案可分为完全实施方案和不完全实施方案。

(1)完全实施方案　将各试验因素不同水平一切可能的组合均作为试验处理的设计方案称为完全实施方案。例如，N、P、K 三因素二水平构成的 2×2×2 设计完全实施方案的各因素和水平搭配关系如下：

$$N_1\begin{cases}P_1\begin{cases}K_1 \rightarrow N_1P_1K_1\\K_2 \rightarrow N_1P_1K_2\end{cases}\\P_2\begin{cases}K_1 \rightarrow N_1P_2K_1\\K_2 \rightarrow N_1P_2K_2\end{cases}\end{cases}\qquad N_2\begin{cases}P_1\begin{cases}K_1 \rightarrow N_2P_1K_1\\K_2 \rightarrow N_2P_1K_2\end{cases}\\P_2\begin{cases}K_1 \rightarrow N_2P_2K_1\\K_2 \rightarrow N_2P_2K_2\end{cases}\end{cases}$$

于是得到 8 个处理的完全实施方案。在具体设计时，按表 2-4 的方法进行更为方便。设 1 水平为不施肥，2 水平为施肥，可得到表 2-4 的 8 个施肥处理。

表 2-4　氮、磷、钾肥效试验完全实施方案

处理号	N	P	K	处理
1	1	1	1	CK
2	1	1	2	K
3	1	2	1	P
4	1	2	2	PK
5	2	1	1	N
6	2	1	2	NK
7	2	2	1	NP
8	2	2	2	NPK

完全实施方案是最常见、最简单的复因素试验设计。该设计主要有两个优点;一是每个因素和水平都有机会相互搭配,方案具有均衡可比性和正交性。所谓"均衡可比性"是指各因素不同水平进行比较时,与这些不同水平搭配的其他因素和水平是相同的,因而便于试验效应的直观分析。二是因素间不产生效应混杂,提供的试验信息较多。例如,从表2-4方案可以分析出7个试验效应:N、P、K的主效应,N、P、K的一级交互作用N×P、N×K、P×K;N、P、K的二级交互作用N×P×K。推而广之,m个因素两水平完全实施方案可以分析出2^m-1个试验效应。完全实施方案能分析出因素的主效应及其交互作用,并具有直观可比性,因而被广泛应用于基础性研究和应用研究。

设水平数为r,因素数为m,则完全实施方案的处理数为r^m,因此处理数随试验因素和因素水平的增加而增加。处理数过多会给田间试验的实施带来很大的困难,所以完全实施方案一般只适于因素和水平不太多的试验。这是该设计的主要缺点。为克服这个缺点,在试验因素较多的情况下,往往需要采用不完全实施方案。

(2)不完全实施方案 用完全实施方案的一部分处理构成试验方案就得到不完全实施方案。不完全实施方案可以是均衡方案(表2-5),也可以是不均衡方案(表2-6),它们都是由表2-4的部分处理构成的。

表2-5 氮磷钾肥效试验均衡不完全实施方案

处理号	N	P	K	处理
1	N_1	P_1	K_1	CK
2	N_1	P_2	K_2	PK
3	N_2	P_1	K_2	NK
4	N_2	P_2	K_1	NP

表2-6 氮磷钾肥效试验不均衡不完全实施方案

处理号	N	P	K	处理
1	N_1	P_1	K_1	CK
2	N_2	P_1	K_1	N
3	N_1	P_2	K_1	P
4	N_2	P_2	K_1	NP
5	N_2	P_2	K_2	NPK

这两个方案的共同点是处理数较少。其中表2-5方案,由于具有均衡性,可以分析出氮、磷、钾的主效应,但由于处理数太少且只有3列,难以分析出各因素之间的交互作用。表2-6方案在总体上是不均衡的,无法分析出各营养元素主效应及其交互作用,但它突出了氮、磷效应的研究,其中1、2、3、4号处理构成氮、磷二因素均衡方案,可以分析出氮、磷主效应及交互作用;通过4、5号处理的比较还可以分析出钾的作用。表2-6方案适于我国北方钾较丰富土壤的肥料试验。类似于表2-6那种在总体上不均衡但部分是均衡的设计方案,在植物营养研究的田间试验中是颇为常见的。它要求试验设计者了解土壤养分水平并具有植物营养和施肥方面的专业知识。

表2-5是比较简单的均衡不完全实施方案,要得到比较复杂的均衡不完全实施方案,常需要借助于正交表进行正交设计。

(三)正交设计

按正交表制定试验方案称为正交设计。当试验因素较多时,采用正交设计既可减少试验处理数,又可保持方案的均衡可比性。

1. 正交表的特点

正交表可用一定的符号表示,如 $L_8(2^7)$ 表示该表为 8 行 7 列,有 2 个水平,可安排 8 个处理 2 个水平的试验,最多能分析出 7 个试验效应,即 7 个研究因素(包括交互作用)(表 2-7)。而正交表 $L_8(4\times2^4)$,可以设置 8 个处理,最多可进行 5 个因素的研究,其中一个因素为 4 水平,其余因素为 2 水平。

表 2-7 $L_8(2^7)$ 正交表

处理号 \ 水平 \ 列号	1	2	3	4	5	6	7
1	1	1	1	1	1	1	1
2	1	1	1	2	2	2	2
3	1	2	2	1	2	2	2
4	1	2	2	2	1	1	1
5	2	1	2	1	2	1	2
6	2	1	2	2	1	2	1
7	2	2	1	1	2	2	1
8	2	2	1	2	1	1	2

正交表在构造上有两个特点:(a)每一列不同数字出现次数相同,如正交表 $L_8(2^7)$,每列的 1 和 2 都各出现 4 次;(b)任何 2 列构成的有序数出现次数相同,如正交表 $L_8(2^7)$ 中,3、4 两列组合的有序数 11、12、21、22 都各出现 2 次。正交表的上述特点使得正交设计方案具有均衡性,即可以从任何一列单独分析出一个研究因素(包括交互作用)的效应。

2. 表头设计

表头设计是正交设计的关键。表头设计的实质是确定试验因素的列号位置。正交设计多为不完全实施方案,因为列数有限,往往不足以安排完全实施方案所能研究的全部试验因素(包括交互作用),因而会发生效应混杂,即试验效应不能用统计分析方法分析出来。例如,表 2-8 的正交表 $L_4(2^3)$ 共有 3 列,对二因素试验,它是完全实施方案,可以分析出 $2^2-1=3$ 个研究因素的试验效应:N、P 主效应及其交互作用,没有效应混杂问题。而对三因素试验,它就是一个不完全实施方案,必然出现效应混杂。因为如要不发生混杂,就必须采用具有 $2^3-1=7$ 列的正交表 $L_8(2^7)$。而表 $L_4(2^3)$ 只有 3 列,如果在左起第 1、2 列分别安排 N、P 因素,则第 3 列就是 N、P 的交互作用列,如果将 K 因素也安排在第 3 列,则 K 效应就必然与 N、P 的交互作用发生混杂。

由于效应混杂而给试验带来的误差称为模型误差。既然混杂不可避免,为减少模型误差,表头设计时应尽可能使研究因素与高级连应混杂。因为在一般情况下,连应级别越高,其交互效应越小。正交表各因素之间混杂情况可由交互作用表查出。例如,由表 2-9 知,$L_8(2^7)$ 表的(1)、(2)两列交互作用在第 3 列,(2)、(4)两列交互作用在第 6 列,其余类推。

表 2-8 用 $L_4(2^3)$ 正交表安排氮、磷、钾三因素试验时效应混杂情况

处理号	列号		
	N(N)	P(P)	NP(K)
1	1	1	1
2	1	−1	−1
3	−1	1	−1
4	−1	−1	1

例 2.2.1 现以有机肥(A)、氮(B)、磷(C)、钾(D)四因素试验为例,说明表头设计方法。由于该试验只研究上述 4 个因素,而不考察它们的交互作用,所以选择具有 7 列的 $L_8(2^7)$ 正交表,再据表 2-9 的因素混杂关系得到表 2-10 的表头设计。

表 2-9 $L_8(2^7)$ 交互作用表

处理号	列号						
	1	2	3	4	5	6	7
1	(1)	3	2	5	4	7	6
2		(2)	1	6	7	4	5
3			(3)	7	6	5	4
4				(4)	1	2	3
5					(5)	3	2
6						(6)	1
7							(7)

表 2-10 $L_8(2^7)$ 有机肥和氮、磷、钾化肥试验的表头设计

列号	1	2	3	4	5	6	7
因素			A×B		A×C	B×C	
	A	B		C			D
			C×D		B×D	A×D	

由表 2-10 得知,3、5、6 列存在一级交互作用,因此不宜安排试验因素。1、2、4、7 列虽然也存在因素间的交互作用,但均是高级连应,对试验因素影响较小。如第 1 列为(2)、(3)列交互作用和(4)、(5)列交互作用,即 B×C×D,属于高级连应。第 2 列为(4)、(6)列交互作用及(5)、(7)列交互作用,即 A×C×D,也为高级连应。基于上述分析,最终选定 1、2、4、7 列作为试验因素,至于哪个因素安排在哪一列,其结果都一样,并无特殊要求。

如果只研究 A×B、B×C、B×D 3 个交互作用,表头设计时就要避免它们与其余试验因素的混杂,于是可采用表 2-11 的表头设计方案,即将 3、5、7 列正交表作为研究交互作用的试验方案。

表 2-11 $L_8(2^7)$ 有机肥和氮、磷、钾化肥交互作用试验的表头设计

列号	1	2	3	4	5	6	7
因素		A		C		D	
	B		A×B		B×C		B×D
		C×D		A×D		A×C	

在表 2-11 中，第 2、4、6 列虽然存在试验因素和一些一级交互作用混杂，但它们不是研究对象，因而该方案可行。

3. 实施方案的建立

将正交表中作为试验因素列的水平赋予具体实施内容就得到了实施方案。以上述有机肥和氮、磷、钾肥试验为例，由表 2-10 可知，试验处理由 $L_8(2^7)$ 正交表的 1、2、4、7 列不同水平搭配构成；其各因素不同水平的实物量（表 2-12）是根据植物营养和施肥的专业知识及试验目的确定的。将表 2-12 各因素不同水平的实施内容代入正交表 $L_8(2^7)$ 的 1、2、4、7 列就构成表 2-13 的四因素二水平正交设计实施方案。至于其他各列，仅供统计分析用，在实施上并无实际意义。

表 2-12　试验因素水平表

水平	因素			
	A（有机肥，t/hm^2）	B（N，kg/hm^2）	C（P_2O_5，kg/hm^2）	D（K_2O，kg/hm^2）
1	60	45	30	37.5
2	120	90	60	75

表 2-13　$L_8(2^7)$ 正交设计实施方案

处理号	1	2	4	7
	A（有机肥，t/hm^2）	B（N，kg/hm^2）	C（P_2O_5，kg/hm^2）	D（K_2O，kg/hm^2）
1	60	45	30	37.5
2	60	45	60	75
3	60	90	30	75
4	60	90	60	37.5
5	120	45	30	75
6	120	45	60	37.5
7	120	90	30	37.5
8	120	90	60	75

最后，有几点需要进一步说明：

①由于正交表的效应混杂是客观存在的，正交设计仅在交互作用不明显的情况下适用。试验因素越多，水平越多，混杂越严重；选用的正交表越简化，混杂也越严重。所以对因素和水平较多的试验，不要图省事，轻易选择处理数较少的正交表。

②这里对四因素试验选用 $L_8(2^7)$ 表，只是用以说明正交设计的原则和方法。在实际试验中，当因素间交互作用不清楚时应选用更为复杂的正交表。

③如要对试验效应进行统计检验，就必须设置试验重复，以便对非试验因素列是否存在显著的交互作用进行统计检验，并在作用显著时从剩余误差中剔除，具体统计方法可参阅本章参考文献[13]。

（四）回归设计

上述各种设计适于用 t 检验或用方差分析方法分析不同试验处理或试验因素的效应。在植物营养和施肥领域中，常需要研究产量等试验效应与施肥量等试验因素之间的定量关系。这类试验需要用回归分析方法进行统计，因而需要制订能够和有利于进行回归分析的设计方案，这就是回归设计。

1. 设计原则

回归设计除要遵守上述试验设计的一般原则外，还必须满足回归分析对试验设计的一些特定要求：

(1)处理数　回归分析的目的是要建立试验因素的效应方程。因此，试验处理数不能少于效应方程待估参数的个数，并要为统计检验留有足够大的剩余自由度。例如，p 元二次多项式回归方程

$$y = b_0 + \sum_{j=1}^{p} b_j x_j + \sum_{i<j} b_{ij} x_i x_j + \sum_{j=1}^{p} b_{jj} x_j^2 \quad (j = 1,2,\cdots,p) \tag{2.1}$$

共有回归系数(包括 b_0)$m=(p+1)(p+2)/2$ 个，为建立式(2.1)，应使试验处理数 $N \geqslant m$。$N=m$ 的试验设计称为饱和设计。饱和设计具有最高试验效率，但如果不设重复，虽然能建立回归方程却无法进行统计检验。

(2)水平数　米切里希 1909 年的培养试验证明，作物产量和植物营养投入量之间的关系遵从报酬递减律。因此，每个试验因素至少 3 水平才能建立植物营养生物效应的回归方程。设水平数为 r，必须使 $r \geqslant 3$。试验表明，植物营养水平及其生物效应的线性关系只是曲线关系的近似描述，而且只适于低肥力土壤、低量肥料投入等少数情况。

(3)信息矩阵　线性或线性化回归方程回归系数求解矩阵公式为 $\boldsymbol{b}=\boldsymbol{A}^{-1}\boldsymbol{B}$，其中，$\boldsymbol{b}$ 为回归系数矩阵，$\boldsymbol{B}$ 为常数项矩阵，$\boldsymbol{A}$ 为信息矩阵。数学证明，只有当 $\boldsymbol{A}$ 的行列式 $|\boldsymbol{A}| \neq 0$($|\boldsymbol{A}|=0$ 时 $\boldsymbol{A}$ 为退化矩阵)回归系数才有解，而且 $|\boldsymbol{A}|$ 越大，设计方案越优良。在农业研究中应用数学家给定的最优回归设计方案时，允许据专业知识增加若干处理，但这时一定要通过 $|\boldsymbol{A}|$ 值判别派生回归设计的信息矩阵是否为退化矩阵，并将 $|\boldsymbol{A}|$ 值与相应优良设计 $|\boldsymbol{A}|$ 值相比较，评价方案的优劣。一些自行设计的等间距多因素回归设计方案，其信息矩阵 $\boldsymbol{A}$ 往往为退化矩阵，方案实施前更应该注意数学判别。

2. 设计方法

凡是符合上述设计要求的试验方案，不管均衡还是不均衡，都可以作为回归设计方案。在应用于植物营养和施肥研究时还需注意以下几点：

①回归分析和方差分析的试验设计都要消除非试验因素的影响。如表 2-14 设计方案，虽然就试验因素 N、P 配合的处理数而言符合回归设计要求，但不施钾处理只有 5 个，因此不能用于建立不施钾条件下的 NP 二元二次肥料效应方程，因为要建立此方程至少需要 6 个处理。更不能建立 NPK 三元二次肥料效应方程，因为它至少需要 15 个处理，钾至少要 3 水平。

表 2-14　某氮、磷、钾肥料试验方案

水平	N_0P_0	$N_{0.5}P_1$	$N_1P_{0.5}$	N_1P_2	$N_{1.5}P_1$	$N_2P_{1.5}K_1$	$N_2P_2K_1$
N 水平	0	0.5	1	1	1.5	2	2
P 水平	0	1	0.5	2	1	1.5	2
K 水平						1	1

②施肥量一般以养分(如 N、P_2O_5、K_2O 等)表示和计算。为便于实施和统计，施肥量宜取

整数，因此，水平间距也往往取相等间距。如原北京农业大学在北京、河北等地为建立冬小麦氮磷肥料效应方程进行的多点分散试验采用的二因素三水平的 3×3 设计(表 2-15)，其施肥水平就是等间距的。这样的设计可以按正交多项式进行简化计算。

表 2-15　冬小麦氮磷肥用量试验的水平设计　kg/hm^2

施肥量	因素水平		
	0	1	2
N	0	135	270
P_2O_5	0	67.5	135

③某些随时间变化的试验效应，如铵态氮肥的氨挥发损失等，试验初，单位时间的挥发量变化很大，以后逐渐趋向稳定。在这种情况下，试验因素(时间)的水平设计不必取等间距，开始时水平间距宜小，以后可适当加大。

④在定量研究方面，方差分析的目的是比较有限处理的效应差异，回归分析的目的是从有限处理的效应差异上寻求试验因素与试验效应的定量关系。因此，回归设计对试验条件，特别是土壤肥力均匀性的要求较一般试验设计更为严格。

上述回归设计主要以复因素完全实施方案为基础，凭专业知识和经验，直观、被动地制订试验方案，设计方案的优良性在试验后才能估计到，这种设计称为古典回归设计。20 世纪 50 年代，在试验因素不断增加的情况下，随着数理统计学的发展，出现了现代回归设计。该设计以提高试验效率，减少模型误差，改善回归分析统计质量等为设计的优良性判据，积极主动地安排试验，适于田间条件下多因素生物效应的定量研究，近年在我国植物营养和施肥领域的培养试验和田间试验中得到了广泛应用并收到良好效果。由于该设计的理论和方法涉及篇幅甚多，此处不作进一步介绍，读者可参考有关文献和本书有关章节。不论进行古典回归设计，还是现代回归设计，都不要忘记，鉴于农业试验，特别是田间试验的特点，决不能盲目增加试验因素。试验方法因需要而定，采用现代回归设计，只是多因素定量研究需要的不得已选择，而不是研究方法先进性的标志。

四、试验方案的评价

建立一个能有效控制试验误差，用统计分析方法作出科学结论并具有较高试验效率的设计方案非常重要，也很不容易。错误的设计方案一旦实施，后果难以挽救，因此在实施之前，应该对给定的试验设计方案进行评价。

首先要了解试验方案的研究目的和试验条件，看它能否达到研究目标，然后再找出它的试验因素和水平，据前述试验设计的基本原则及析因设计和回归设计的不同要求，看一看由这一方案能够得出哪些科学结论，这些结论是从哪几个处理得到的，采用什么统计分析方法，最后对方案的科学性和可行性作出评价。

例 2.2.2　有一个玉米氮(N)、磷(P)、钾(K)肥料试验方案，为研究北京地区某土壤肥料效应，共设 6 个处理：$N_1P_1K_0$、$N_1P_1K_1$、$N_1P_2K_1$、$N_2P_1K_1$、$N_2P_2K_1$、$N_3P_1K_1$，采用完全随机区组设计，重复 4 次。试评价这一方案的合理性和可行性。

为作出科学评价，先将 6 个处理的试验因素和水平按表 2-16 所示进行分解。

表 2-16 玉米肥料试验方案的处理和因素水平

处理号	1	2	3	4	5	6
处理	$N_1P_1K_0$	$N_1P_1K_1$	$N_1P_2K_1$	$N_2P_1K_1$	$N_2P_2K_1$	$N_3P_1K_1$
N 水平	1	1	1	2	2	3
P 水平	1	1	2	1	2	1
K 水平	0	1	1	1	1	1

据前述试验设计原则可以看出,由表 2-16 至少可以得出以下试验信息:

①第 2、3、4、5 四个处理构成一个 2×2 设计,可以用方差分析方法分析出施钾肥基础上氮肥、磷肥的主效,氮、磷肥交互作用及氮、磷肥优化组合。

②第 2、4、6 三个处理的处理数等于一元二次回归方程 $y=a+bx+cx^2$ 的参数个数,水平数为 3,且是一个有重复试验,因此,可以通过回归分析,建立以磷、钾肥为基础的氮肥效应方程,提出氮的最佳施肥量。

③第 1、2 两个处理构成简单对比试验,可以通过 t 检验,对氮、磷肥基础上钾肥的效应进行探索。

④可以将全部 6 个处理视为一个单因素试验,通过方差分析,对 6 个处理的试验效应进行综合比较。

综上所述,这一设计针对北京地区土壤养分特点,试验效率较高,信息量较大,试验结果能够进行统计分析,因而是一个较好的肥料试验设计方案。

例 2.2.3 为研究某砂壤土冬小麦施氮量与灌水量关系,设计了表 2-17 的试验方案。小区排列采用随机区组设计,重复 4 次。其中 N_0、N_1、N_2、N_3 分别表示施氮量(N,kg/hm^2)0、120、150、180;W_0、W_1、W_2 分别表示生长期不灌水、灌水 75 mm 和 150 mm。研究重点是氮的主效应、氮肥与灌水交互作用及氮肥与灌水配合的优化组合。

首先对表 2-17 试验方案的因素和水平进行分解,从中可以作出如下评价:要分析因素主效应和交互作用,必须是均衡试验方案,但该方案不具有均衡可比性,除了通过部分处理对比,可分析氮肥和灌水的简单效应外,分析不出氮、水的主效应、交互作用及氮肥与灌水配合的优化组合。此外,在其他各因素水平一致的基础上,另一试验因素的水平数量多只有 2 水平,例如处理 1 和处理 2,以 N_0 为基础,灌水只有 2 水平(W_0 和 W_1);处理 2 和处理 3,以 W_1 为基础,氮肥也只有 2 水平(N_0 和 N_1);处理 4 和处理 5 也是如此,都不符合建立一元二次方程至少要有 3 个水平的条件。最后,只好把表 2-17 作为一个单因素试验,通过方差分析和多重比较,从 5 个处理中选择相对较好的水肥管理措施。因此该试验效率较低,不是一个理想的试验设计方案。

表 2-17 冬小麦氮肥与灌水综合效应试验方案的处理和因素水平

处理号	1	2	3	4	5
处理	N_0W_0	N_0W_1	N_1W_1	N_2W_2	N_3W_2
N 水平	0	0	1	2	3
W 水平	0	1	1	2	2

第三节　植物营养田间研究的方法设计

方法设计的实质是针对既定的设计方案和试验条件，制定能够剔除试验系统误差(如土壤肥力变异等)，减少和估计出试验随机误差的实施方法。

一、试验方法设计的原则

在进行方法设计时，必须遵循下述三项基本原则。

(一)设置重复

同一处理在试验中出现的次数称为重复。只重复一次的试验称为无重复试验。有时表现为方案中的水平重复，称为“隐重复”，如正交设计中同一水平多次出现等。

任何田间生物试验都是抽样试验，由样本估计总体性质。设总体标准差 δ 的估值为 S，处理平均数标准差为 $S_{\bar{x}}$，重复次数即样本大小为 n，则

$$S_{\bar{x}} = \frac{S}{\sqrt{n}} \tag{2.2}$$

S 和 $S_{\bar{x}}$ 分别是对抽样总体变异及抽样样本变异即试验误差的量度。式(2.2)中，S 对既定试验条件来说是一定的，因此，重复次数 n 越大，$S_{\bar{x}}$ 越小。这是因为适当增加试验重复次数使每个处理都有机会遇到土壤的各种变异，因而扩大了试验结果的代表性，所以，增加试验重复能减少试验误差。由式(2.2)还可以知道，当 $n=1$ 时，$S_{\bar{x}}=S$，所以，只有设置试验重复，即 $n>1$ 时才能估计试验误差。由此可见，任何生物试验，不管是方差分析还是回归分析，必须设置重复才能估计随机误差，进而对试验效应、试验条件系统误差、模型误差(如正交设计的效应混杂，回归分析的失拟误差等)作出统计检验。在植物营养和施肥研究的田间试验中，在下列少数情况下也可以不设重复。

(1)生产示范试验　如 1986—1990 年原北京农业大学植物营养系在河北曲周县进行的冬小麦、夏玉米优化配方施肥技术的研究中，根据小区试验提出的经济合理施肥配方在大田生产条件下进行校验时设置的 3 个处理区(配方施肥、习惯施肥、无肥对照)，就属于生产示范试验。这类试验由于小区面积较大，为 350～700 m^2，而且是在小区试验结论基础上进行的，再加上经多年了解，试验地块作物生长一向比较均匀，可以不设重复。

(2)多点分散试验　如原北京农业大学植物营养系进行的上述试验系多点分散肥料试验。即在全县范围内不同肥力土壤上，采用 3×3 设计，统一布置了多点分散小区试验。每个试验点未设重复，属于无重复试验。虽然如此，但对整个试验或同类型土壤的一组试验来说又是有重复的，相当于一个随机区组试验，每个试验点就是一个区组。

(3)某些回归分析试验　在回归分析试验中，如果对产量限制因子(如土壤最小养分等)比较清楚并通过设肥底等措施予以消除，而且据专业知识和以前的研究，试验效应模式已经认定，只要试验方案符合回归设计的要求(如有足够剩余自由度等)，也可以不设重复。因为模型误差虽然与随机误差相混杂，但可以被忽略，不影响对回归方程进行拟合性检验。

(二)随机排列

误差理论以概率论即随机事件发生的规律为基础，因此各处理只有随机排列，才能对试验结果进行统计检验。随机排列的实质就是使各试验处理占有不同试验材料或试验条件的机会

相等,即每个处理都有同等机会分配给任何一个田间试验小区。为此必须通过查随机表或抽签等手段,使处理对小区的分配随机化。与此相反,顺序排列可能使某一处理总是处于偏畸的试验条件下而产生系统误差,因而不符合误差理论的统计检验条件。

(三)局部控制

一般来说,试验条件越一致,试验误差越小,处理之间的可比性越强。但在田间试验中,特别是处理较多时,很难找到大面积肥力均匀的地块,因此要对试验条件进行局部控制。局部控制的实质就是将试验条件划分为若干个相对一致的组分,称为区组,将要比较的全部或部分处理安排在同一区组中,从而增加区组内处理间的可比性。至于区组间的差异,可以作为试验系统误差用统计分析方法检验,并在显著时予以剔除。

在试验条件差异较大的情况下,局部控制就更为重要。如在坡地做试验,坡顶、坡腰、坡底可作为三个区组;在多点试验中,每个试验点可作为一个区组;当处理较多时,如正交设计,可以将高级连应的不同水平作为不同区组;在机械化耕作条件下,可以将一定面积的一个或几个播幅作为一个区组等。

设置重复、随机排列和局部控制各有自己的独立意义且又相互联系,它们的关系如图2-2所示。从中可以看出,只有在设计时对三项原则的应用统筹考虑,使其相互配合,才能起到减少误差和正确估计误差的作用。

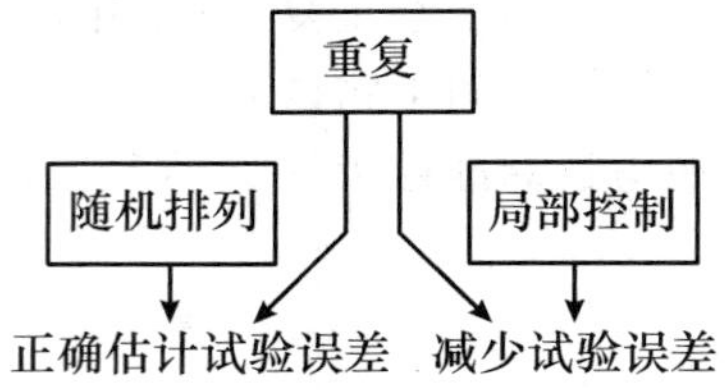

图2-2 方法设计三原则作用示意图

二、试验方法设计的内容

试验方法设计的主要内容是确定试验小区的形状、大小、重复次数、排列方法及其与区组的组合关系。

(一)小区形状

小区形状指方形小区的长宽比例。试验误差的大小与小区形状有关,空白试验结果表明,在小区面积相等情况下,沿着土壤肥力变异较大的方向增加小区面积能更为有效地降低试验误差。原北京农业大学小麦匀地试验的分区统计资料表明,在小区面积不变情况下,长宽比例由1∶1增加到3∶1时,小区间土壤变异系数由20.35%降到3.46%。对土壤肥力局部差异,长方形小区有利于均分它,而正方形小区可能独占它,例如图2-3,某试验地下面有暗沟,它对长方形各小区各处理影响相同,处理间具有可比性;但对正方形各小区影响不同,处理间的可比性就被破坏。因此,在一般情况下,小区的理想形状为长方形。

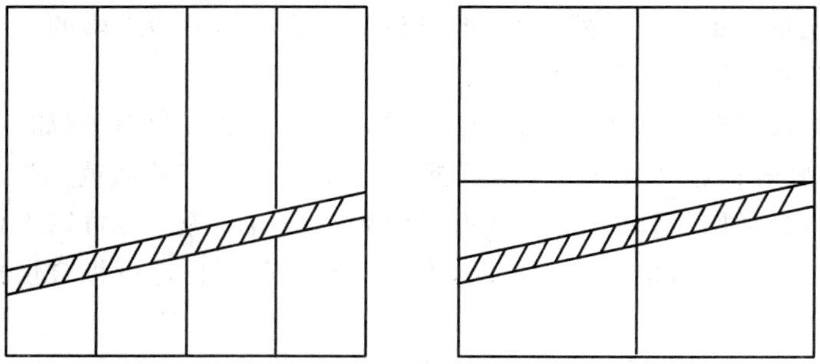

图2-3 不同形状小区控制土壤变异效果比较

小区长宽比例并非越大越好，小区过长，边际效应相应增加。所谓边际效应是指小区周围的边行或行端与小区内部作物生长状况的差异。如果小区面积较小，或在施用氮肥、灌水和机械耕翻条件下更应注意边际效应对试验结果的影响。表 2-18 说明，氮肥边际影响范围至少 40～60 cm。对玉米、棉花等中耕作物确定小区形状时，要保证小区宽度能留下足够的计产行数或计产面积。在微型小区试验中，应缩短小区长宽比例，甚至采用正方形小区，以减少边际效应的影响。此外，在确定小区宽度时要取播幅的整数倍，以便于机具作业。

表 2-18 水稻的边行效应(产量) t/hm^2

不种植空间的宽度(cm)	不施氮			施氮(N,120 kg/hm^2)		
	最外一行	第二行	小区中间	最外一行	第二行	小区中间
40	6.01*	4.08	4.12	9.69**	6.31	6.88
60	6.91**	4.35	4.28	11.53**	5.81	6.20
100	9.12**	4.39	4.38	13.35**	6.24	7.09

注：据国际水稻研究所资料；*，** 表示最外一行与小区中间产量差异的显著性。

(二)小区面积

适当扩大小区面积能概括土壤复杂性，减少小区间土壤肥力差异，降低试验误差。当小区面积沿着土壤肥力变异大的方向增加时，效果更为显著。表 2-19 是某一水稻空白试验的统计结果。从中可以看出：(a)土壤肥力变异系数随小区面积增加而减少；(b)沿土壤肥力变异大的方向较沿土壤肥力变异小的方向增加小区面积更为有效；(c)随小区面积增加，变异系数减小的幅度越来越小。因此，不适当地扩大小区面积不仅增加了试验地复杂性，而且难以管理，反而降低了试验精度。

表 2-19 不同方向扩大小区面积对土壤肥力变异系数的影响

沿肥力变异大的方向扩大		沿肥力变异小的方向扩大	
小区面积(m^2)	变异系数(%)	小区面积(m^2)	变异系数(%)
6.7	7.70	6.7	7.70
13.3	6.26	13.3	6.97
20.0	5.60	20.0	6.92
26.7	4.87	26.7	6.50
33.3	4.62	33.3	6.22
46.7	3.95	46.7	6.73
80.0	3.20	80.0	5.83

一般来说，我国试验小区面积在 35～140 m^2 范围内。具体小区面积的确定应考虑到多种因素：

(1)试验性质　长期定位肥料试验、田间校验试验、灌水试验、涉及机具耕作的施肥技术和耕作方法试验以及有机肥料试验等，小区面积较大；而肥料品种、土壤供肥力、肥料利用率等试验面积可适当小些。

(2)作物种类　果树及高粱、玉米、棉花、烟草等中耕作物小区面积宜大些；而密植作物，如三麦、水稻、谷子等小区面积可小些。

(3)处理数目　处理不多时，可采用较大小区，而处理较多时，应适当减少小区面积，否则将使整个试验地面积过大。

(4)地形和土壤　在丘陵、山地、坡地做试验,因难以选到大面积土壤肥力均匀的地块,小区面积宜小;而在平原和畈地做试验,小区面积可大些。土壤肥力变异系数大,小区面积宜大,土壤肥力变异小,小区面积可适当小些。表 2-20 可作为确定小区面积的参考。

表 2-20　各类肥料田间试验小区面积 m^2

试验类型或条件	作物	小区面积	
		一般	低限
土壤肥力较均匀	中耕作物	67～134	34
	水稻	53～100	34
	三麦	34～67	20
肥力不均或盐渍土壤	谷类	133～333	60～70
生产性示范试验	谷类	600～1 700	300～350
微型小区试验	麦类	4～8	1

(三)重复次数

已如前述,增加重复能减少试验误差,但这是有条件的。图 2-4 说明,虽然增加试验重复次数较扩大小区面积对降低小区间土壤变异系数更为有效,但随着重复次数增加,变异系数降低的幅度逐渐减小。田间小区试验的重复次数一般为 3～4 次。对长期定位试验或科研单位的专用试验地,需经过匀地播种,分区收获决定重复次数。匀地播种是在将要进行试验的地块上,在不施肥条件下播种同一种密植作物(如小麦、水稻、谷子等),据土壤肥力越高作物长势越好、吸收养分也越多的原理,通过生物吸收均匀土壤肥力。分区收获是在匀地播种的基础上,分区收获产量,测定不同面积小区和小区组合的土壤肥力变异系数,以确定试验小区的适宜面积、重复次数和排列方式。

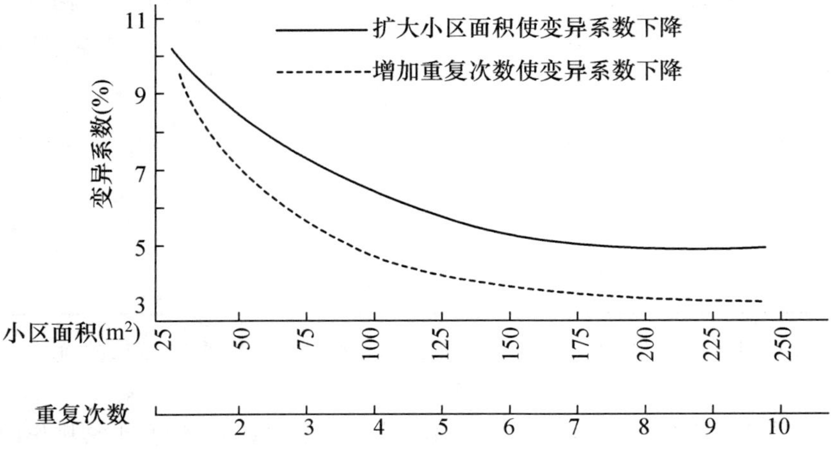

图 2-4　重复次数和小区面积对变异系数的影响

(四)小区排列

只有对试验小区进行合理的排列组合才能降低试验误差和估计试验误差。排列是指在同一区组内对各处理小区进行排位,小区排列的基本原则是随机化。小区组合是指各小区组合成区组的方式,随机区组是试验小区排列组合的基本形式。排列组合的基本原则是:尽可能减小同一区组内小区之间土壤肥力(或试验条件)的差异和有利于揭示区组之间的土壤肥力(或试验条件)差异。因此,小区应采用长方形,不同处理小区尽可能排列在同一肥力水平的地块,使小区的排列方向与土壤肥力递变方向垂直;而区组形状应尽可能取正方形,使区组的排列方向与土壤肥力递变方向相一致。这样的排列组合减少了小区之间土壤变异,至于扩大的区组之间差异,可以通过统计分析予以检验或剔除。

了解土壤变异规律对试验方法设计至关重要。它可以通过土壤调查资料、前茬种植情况和当季作物长势来了解。对于专用试验地往往需要通过匀地播种和探索试验进行调查。

三、几种常用的试验方法设计

(一)随机区组设计

随机区组设计的基本原则是将试验地划分成若干区组,并使不同处理小区在区组内随机排列。如果同一区组包括了全部处理,则一个区组就是一次重复,这种区组设计称为完全随机区组设计。图 2-5 是一种具有 5 个处理 3 次重复的完全随机区组设计,它有助于说明随机区组设计的基本原则和方法。据小区的排列组合原则,图 2-5(a)的设计是正确的,因为它将不同处理小区尽可能安排在同一肥力水平的地块内,有效地控制了土壤肥力变异,使处理之间具有可比性,而图 2-5(b)的设计是错误的,因为它将不同处理小区安排在不同肥力的地块,没有成功地控制土壤肥力变异,造成处理间的效应差异与土壤肥力的系统误差相混杂,不能用统计检验的方法分析出来。

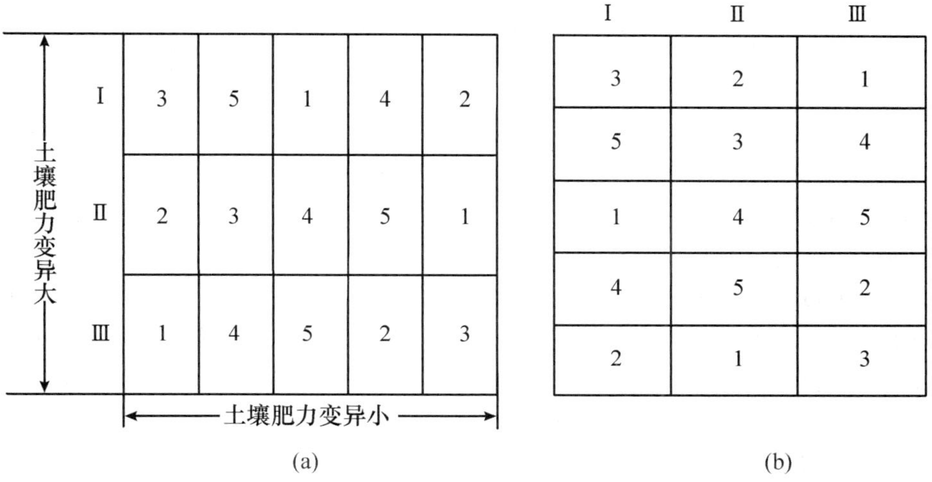

图 2-5　两种随机区组设计合理性的比较

区组方位确定后,可用抽签或查随机表的方法实现区组内不同处理小区排列的随机化。随机表的特点是数字在纵横两个方向上都是随机排列的,因而可以从表中任何一行或一列起,顺序抽取 2 位或 3 位随机数字,依数字大小顺序编号,并与处理号相对应,确定各处理在区组的位置。例如图 2-5 有 3 个重复,5 个处理,可在随机表任意选定 25～27 列,15～19 行 3 组 3 位随机数,以大小序数作为处理号,于是得出下列各处理随机排列数组:

509(3)	348(2)	149(1)
750(5)	663(3)	186(2)
364(1)	673(4)	782(5)
703(4)	847(5)	767(4)
417(2)	127(1)	702(3)

该数组第4行有2个(4)号处理，为避免可能造成的土壤系统误差，可将第3列的(2)(4)对调，于是得图2-5(a)的小区排列设计方案。

完全随机区组设计在植物营养研究的田间试验中应用最为广泛。其主要优点是设计简单，重复数与区组数相同。据土壤变异情况，不同区组可以组合在一起，也可彼此分开，相当灵活。处理数的多少也比较灵活，但一般不超过10个，处理太多难以局部控制。由于该设计只能控制一个方向土壤系统误差，所以需要对土壤变化规律事先有初步了解，以便在设计时确定小区和区组的组合方式。

在处理数偏多的特殊情况下，为避免区组内首尾小区相距太远，土壤肥力差异加大，也可将一个区组内各处理小区排成两行。但这时要注意试验地东西向与南北向土壤肥力差异不可过大，并且适当缩小小区的长宽比例。如某玉米肥料试验，共16个处理，小区面积为4×6=24 m^2，一个区组的小区排列如图2-6所示。至于各个区组进行纵向排列还是横向排列，可根据试验地形状酌情决定。

4	9	12	8	2	6	13	5
15	3	7	14	16	11	1	10

图2-6　16个处理在一个区组内排成两行示意图

(二)拉丁方设计

拉丁方是行数与列数相等且在行、列两个方向上完全随机化的字母方阵。用拉丁方安排试验称为拉丁方设计。拉丁方设计的处理数=重复数=区组数，行、列均作为区组。因为能在两个方向上估计和剔除土壤系统误差，所以具有很高的试验精度。其不足之处是对试验条件要求比较苛刻，它要求试验地方整。处理数一般为4～8个，太小无意义，太大难以实施。该设计一般用于2个方向上土壤变异较大或土壤变异规律不清楚或精度要求较高的试验。

拉丁方设计的第一步是根据处理数选择标准方，即首行、首列均为顺序排列的拉丁方。然后按一定随机数字对标准方进行行、列两个方向字母的随机变换即可得到各种拉丁方设计方案。例如，设有5个处理，首先任选一个5×5标准(1)，其变换方法如下：

(1)		(2)		(3)
A B C D E		D C E B A		E D B C A
B D A E C		A B C D E		C A D B E
C E B A D	按41532顺序 → 进行行随机化	E A D C B	按31425顺序 → 进行列随机化	D E C A B
D C E B A		C E B A D		B C A E D
E A D C B		B D A E C		A B E D C

其中(3)的字母实现了双向随机化，是要得到的码值方案。再对拉丁方(3)的 A、B、C、D、E 赋予具体处理内容，就可得到拉丁方设计的实施方案。

(三)裂区设计

裂区设计是随机区组设计的一种特殊形式，是把试验小区进一步划分为裂区的设计方法。被分裂的原小区叫主区，分裂后的新小区叫副区。主区和副区可分别安排不同试验因素，因此裂区设计适于复因素试验。试验设计时应将要求小区面积较大的试验因素，如耕作、灌水等作为主区处理安排在主区。有机肥和磷肥往往需要机具耕翻入土，因此，也应作为主区处理。而肥料品种、氮肥等因素，或其他便于手工操作的试验因素，应作为副处理安排在副区。此外，主、副区试验精度不同，副区处理因重复次数较多，小区面积较小，便于局部控制和精耕细作，因而比主区处理有更高的试验精度，应安排试验精度要求高的因素。在长期肥料定位试验中，随时间的推移，往往需要在以前试验的基础上对某课题继续作更深入的研究，因此，也多采用裂区设计。这时作为副处理的往往是微量元素肥料、不同肥料用量或不同作物品种等。例如，某氮(N)、磷(P)、钾(K)和微量元素肥料效应试验，微量元素要求试验精度较大量元素高，所以放在副区作为副区处理，大量元素则放在主区，作为主区处理。其试验设计如图 2-7 所示。

Ⅰ	N 1 2	CK 2 1	PK 2 1	NP 1 2	K 1 2	NPK 2 1	P 2 1	NK 1 2
Ⅱ	NPK 2 1	P 1 2	N 1 2	PK 2 1	NP 2 1	K 1 2	NK 1 2	CK 2 1
Ⅲ	P 1 2	NPK 2 1	NP 2 1	N 1 2	NK 1 2	CK 2 1	K 2 1	PK 1 2

图 2-7 氮、磷、钾及微量元素肥料效应试验

1.不施微量元素 2.施用微量元素

有时为耕作管理方便，将同一因素相同水平的处理小区连接在一起构成条状主区，这种设计称为条状设计。如图 2-8 是澳大利亚一个长期定位肥料试验的设计方案，不同作物和不同肥料处理分别为不同条区，在作物管理和施肥上十分方便，也减少了小区的边际效应。在统计上，条区设计有利于研究不同试验因素间的交互作用。

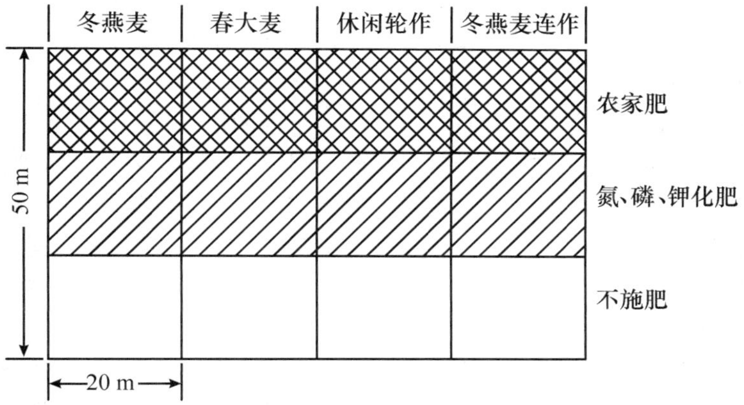

图 2-8 轮作施肥定位试验田间区划图

(四)正交设计

正交设计是用给定的正交表确定试验方案的一种设计方法,其方法设计的主要目的是解决复因素试验中由于处理数过多而产生的试验因素与区组效应的混杂问题。如果处理数较少,如 $L_4(2^2)$、$L_5(2^7)$、$L_8(4\times2^4)$、$L_9(3^4)$等,可以按完全随机区组设计等要求布置试验。如果处理较多,难以将所有处理安排在一个区组里,可以将其分裂成几部分,分别安排在不同区组里。分裂的原则是使区组效应与因素的高级连应混杂,以高级连应那一列的不同水平作为不同区组。这样做虽然牺牲了高级连应这个不重要的试验信息,却提高了其他研究因素的试验精度,并解决了试验处理多难以实施的困难。例如用 $L_{16}(4^2\times2^9)$表进行棉花品种、植株密度、苗肥、花龄肥、打蕾顶等五因素试验时,可将空列(第9列)作为区组因素,分别将1、2水平作为两个不同区组(表2-21)。这种排列叫做不完全区组设计。具体地就是将8个(1)号处理置于一个区组,将8个(2)号处理置于另一区组。在设置重复情况下,区组效应(包括与之混杂的连应)可通过方差分析检验并从误差项剔除。

表2-21 棉花栽培技术的正交试验[$L_{15}(4^2\times2^3)$]

因子 / 水平 / 试验号	品种	密度(万株/hm²)	苗肥(kg/hm²)	花龄肥(kg/hm²)	打蕾顶数	区组
1	(1)鄂6	(1) 6	(1)45	(1)150	(1)7	(1) Ⅰ
2	(1)鄂6	(2)7.5	(1)45	(1)150	(1)7	(2) Ⅱ
3	(1)鄂6	(3)9	(2)30	(2)300	(2)11	(1) Ⅰ
4	(1)鄂6	(4)10.5	(2)30	(2)300	(2)11	(2) Ⅱ
5	(2)3055	(1)6	(1)45	(2)300	(2)11	(1) Ⅰ
6	(2)3055	(2)7.5	(1)45	(2)300	(2)11	(2) Ⅱ
7	(2)3055	(3)9	(2)30	(1)150	(1)7	(1) Ⅰ
8	(2)3055	(4)10.5	(2)30	(1)150	(1)7	(2) Ⅱ
9	(3)鄂光	(1)6	(2)30	(1)150	(2)11	(2) Ⅱ
10	(3)鄂光	(2)7.5	(2)30	(1)150	(2)11	(1) Ⅰ
11	(3)鄂光	(3)9	(1)45	(2)300	(1)7	(2) Ⅱ
12	(3)鄂光	(4)10.5	(1)45	(2)300	(1)7	(1) Ⅰ
13	(4)华4	(1)6	(2)30	(2)300	(1)7	(2) Ⅱ
14	(4)华4	(2)7.5	(2)30	(2)300	(1)7	(1) Ⅰ
15	(4)华4	(3)9	(1)45	(1)150	(2)11	(2) Ⅱ
16	(4)华4	(4)10.5	(1)45	(1)150	(2)11	(1) Ⅰ

(五)多点分散试验设计

多点分散试验是据一定研究目的而统一设计和布置的群体试验。该试验将每个试验点作为一个重复或区组,旨在综合多点试验信息,因此,要特别强调选择适当的试验点和具有足够的试验点数。据联合国粮农组织(FAO)的经验,一次试验的试验点数不应少于12个,保证获得可用试验结果的点数不少于10个。此外,由于试验量大,试验设计不能过于复杂。

近年来,我国许多地区进行了多点分散试验,旨在确定不同肥力土壤作物的肥料经济合理用量,如原北京农业大学植物营养系1986—1989年在河北省曲周县进行的冬小麦、夏玉米氮磷肥料最佳施肥量的多点分散试验,旨在用回归分析和多点动态聚类等方法建立不同肥力土壤的氮磷肥料效应类方程,进而通过边际分析,计算肥料最佳施用量。为此,各试验点采用了氮磷二因素三水平的3×3设计,共9个处理:N_0P_0、N_1P_0、N_2P_0、N_0P_1、N_1P_1、N_2P_1、N_0P_2、

N_1P_2、N_2P_2，每点只设一次重复。该设计处理较少，便于农户实施，既可方差分析，又可回归分析。为得到不同肥力土壤试验结果，每年每种作物设 30 个试验点，在全县范围内，按不同肥力土壤种植面积的比例分散布点。

因为由多点试验类方程算得的最佳施肥量是小区试验结论，必须通过生产条件下的田间校验方可大面积推广应用，所以，在小区试验基础上，于 1987 年、1989 年，每年对每种作物设置了 15 个大田生产示范试验点，分散在全县不同肥力土壤上。每点设 3 个处理区，每区不少于250 m^2，以农户为主进行试验。这 3 个处理区是：(a)推荐施肥区，采用最佳施肥量；(b)习惯施肥区，采用当地农民习惯施肥量；(c)无肥区，不施肥。除施肥量外，各施肥处理的灌水等管理措施相同。

三区试验既起到田间校验作用，又起到示范推广作用。为提高试验效率，校验试验不必等小区试验完成后(一般要 3 年)再布置，可比小区试验推迟一季作物布置，然后两者同步进行。

四、试验方法设计的选择和应用

方法设计的主要目的是减少和消除试验条件(包括试验材料和试验环境变异等)对试验结果的影响，其主要手段是通过设区组对试验条件进行局部控制。在了解各种方法设计的特点之后(表 2 - 22)，试验者可根据自己的方案设计特点和试验条件变异情况，选择适宜的方法设计。

表 2 - 22　不同方法设计的比较

项　目	非区组	随机区组	拉丁方	裂　区
区组设置情况	不设区组	单向设区组，各区组可分可合	行、列双向设区组，各区组排在一起	设区组，再对原小区设裂区
试验条件控制和试验精度	没有局部控制，精度低	能检验和剔除一个方向的试验条件误差，精度较高	能检验和剔除行、列两个方向的试验条件误差，精度更高	主、副处理为不同试验因素，副处理精度高于主处理
应用范围	适用于试验条件较为一致、试验误差易于控制的理化试验和盆栽试验	适用于一个方向条件变异较大的试验，处理数和区组排列灵活，应用广泛	处理数受限，试验布置构成方阵，对条件要求苛刻，主要用于试验条件双向变异较大或精度要求高的试验	适于对试验精度、管理等方面有不同要求的复因素试验及今后需设裂区的试验

如果试验条件变异不大，如短期即可完成的化学分析，在宽大网室进行的盆栽试验等，可只设重复而不设区组，即采用非区组设计方法。

如果试验条件的单向变异较大，可沿着变异大的方向设不同区组，采用区组设计。例如肥力单向变异较大的田块，不同高度的梯田，同一类型土壤的不同农户田等均可以作为不同区组。在理化分析等试验中，上午、下午，今天、明天等因气温等条件造成的差异，也可以作为时间区组。随机区组设计的重复数、处理数较为灵活，各区组也不要求必须安排在一起，所以应用最为广泛。

如果对试验的精度要求较高，试验条件的双向变异较大，或其变异规律尚不清楚，可采用拉丁方设计,但拉丁方设计的处理数不宜太多,而且在田间试验中,应有能安排这些处理的较方正的地块。果树试验因其苗木个体差异较大,立地条件较复杂,也可以采用拉丁方设计。有些精度要求较高的盆钵或根箱试验也往往采用拉丁方设计。

裂区设计主要用于在试验精度、管理措施、边际效应等方面有不同要求的复因素试验。例如灌水量和施肥量配合的试验,可以将边际效应较大的灌水量作为主区,将施肥量作为副区。

试验方法并非越复杂越好,采用什么方法取决于研究目的和试验条件,表 2 - 22 对各方法设计的特点和应用途径进行了初步总结,可供学习和应用时参考。

第四节 植物营养田间研究的实施

植物营养田间研究的实施就是将已经制定的试验设计方案落实到田间并获得试验结果,其内容主要包括试验地的选择和准备、试验的田间设置、观测、管理和产量收获等环节。

一、试验地的选择和准备

(一)试验地的选择

一个好的试验地是完成研究任务的物质基础。植物营养研究的试验地,除了要有满足设计要求的土地面积和形状外,还必须具备下列条件:

(1)代表性 试验地土壤特性,特别是养分肥力性状,应在推广和应用地区内具有广泛的代表性,这样,试验结果才有较大的推广和应用价值。就土壤肥力水平而言,肥料品种试验应在偏瘦或对土壤肥力有特定要求的试验地上进行;探索地力的氮、磷、钾肥料三要素试验以及确定合理施肥量的试验,可以在各种肥力水平的土壤上进行;微量元素效应和用量的试验,一般只在施肥水平较高而又长期不施有机肥或有缺素征兆的土壤上进行;研究植物营养与作物抗病性及其他抗逆能力之间关系的试验,一般也只在某些典型或特定的土壤上进行。肥料试验地常采用匀地播种、分区收获的方法调查土壤肥力水平和变异情况,而在农户田里做试验,主要凭调查访问和直观查看作物长势评价土壤肥力水平和变异规律。

(2)地势平坦 试验地的地形应该规则、平坦。在我国气候条件下,灌溉农业的肥料试验地坡度一般不应大于 2.5%。地面崎岖不平或坡度过陡,将影响机具耕作质量和灌溉质量,从而增加试验误差。水稻试验对地面平整质量要求更为严格,局部不平或坡度较大会造成水稻生长差异。在山地或坡地的试验,还要注意试验地坡向选择,背阴或坡向变化过大造成的小气候差异也将干扰试验效应。

(3)广泛的一致性 广泛的一致性是指表土、底土、水文地质条件和前茬耕种历史的一致性。专用试验地至少在最近两三年的耕种历史应是一致的。目前,我国特别是南方地区,农民承包田地块较小,如果在农户田里布置试验,尤其要注意前茬施肥和耕作情况的调查。如果地块前茬不同,或虽前茬作物一致但由不同农户管理,而且又无别的合适地块时,可将不同茬口或不同农户地块作为不同区组对待。对长期定位肥料试验地,特别是果树试验地,要特别注意水文地质条件及深层土壤构造的调查。如果底土含有黏重不透水层或砂砾层而且分布又不均匀,就不能作为试验地。涉及轮作、套种等种植制度的试验,还要考虑到试验地能否满足不同茬口作物的生长要求。例如,华北冬小麦—夏玉米轮作试验地,既要能满足冬小麦生长要求,又要有良好的排水特性,否则遇到连雨天气,夏玉米就可能受到涝害。

(4)不受特殊条件的影响　试验地要避开树木、建筑物、池塘、坑道、坟地、沟谷、粪池等地物的影响。一般来说,距树木 30～50 m 以内,高大建筑物 10 m 以内,特别是在树木或建筑物的投影范围内不宜设置试验地。如无法避免也要通过小区排列,尽量使其影响一致。

此外,为防止家禽、家畜危害,试验地应设在离居民或畜舍较远地方。对一些示范试验还要注意有方便的交通,以便于人们参观和交流。

(二)试验地的准备

试验地选好后,要做好以下准备工作:

(1)土地平整　长期或专用试验地如果局部不平整,应在选地后,匀地播种前及时平整。一次平整后,在灌水或下雨后发现不平时还要再次平整。平整时尽量勿移表土。

(2)匀地播种　对专用试验地,如果土壤肥力不匀,特别是氮肥量不同造成的不匀,可经过 2～3 年或更长时期的无肥种植,均匀土壤养分肥力。匀地后要单区收获,判定土壤肥力变异规律,以作为试验方法设计和田间区划的依据。

(3)基础土样分析　正式布置试验前,要用多点混合取样法采取基础土样,或按将要布置的小区,分区采样,然后用常规方法测定土壤肥力性状。不同研究目的的测定项目不同,一般需分析土壤 pH,代换量,土壤有机质,全氮量,有效性氮、磷、钾含量等。对长期定位肥料试验,每 3～5 年还应测定一次土壤容重或对有关养分状况进行定期监测,以便了解土壤养分收支平衡状况和土壤肥力等的持续变化。

二、试验的布置

田间试验布置的主要内容是种植计划书的拟定和田间区划。

(一)种植计划书的拟定

拟定种植计划书就是写出实施试验方案的具体步骤。对此,旱田和水田试验原则上相同,但具体做法不尽一致,现举例说明。

例 2.4.1　北京郊区某县冬小麦氮肥用量试验。

方案:处理号为 1、2、3、4、5,相应处理为 CK、PN_0、PN_1、PN_2、PN_3。其中 CK 为不施肥;P 为磷肥(P_2O_5)施用量,120 kg/hm^2;N 为氮肥(N)施用量,分别为 0、75、150、225 kg/hm^2。

施肥量:将上面养分用量换成小区实物用量列于表 2 - 23。

表 2 - 23　冬小麦氮肥试验施肥量

施肥量	处理				
	CK	PN_0	PN_1	PN_2	PN_3
N(kg/hm^2)	0	0	75	150	225
P_2O_5(kg/hm^2)	0	120	120	120	120
尿素(kg/小区)	0	0	0.98	1.96	2.94
普钙(kg/小区)	0	4.5	4.5	4.5	4.5

注:尿素含氮量 46%,普钙 P_2O_5 含量 16%,小区面积 60 m^2。

施肥方法:磷肥全部作基肥,氮肥 60%作基肥,40%作拔节追肥。

方法设计:完全随机区组法排列,重复 3 次。

小区面积:4×15=60(m^2)。

供试作物:冬小麦,品种为农大146,播量150 kg/hm^2,条播,行距15 cm。

试验地点:北京××县××乡××试验地。

播种日期:1990年10月5日。

田间区划:区划及小区细节见图2-9。

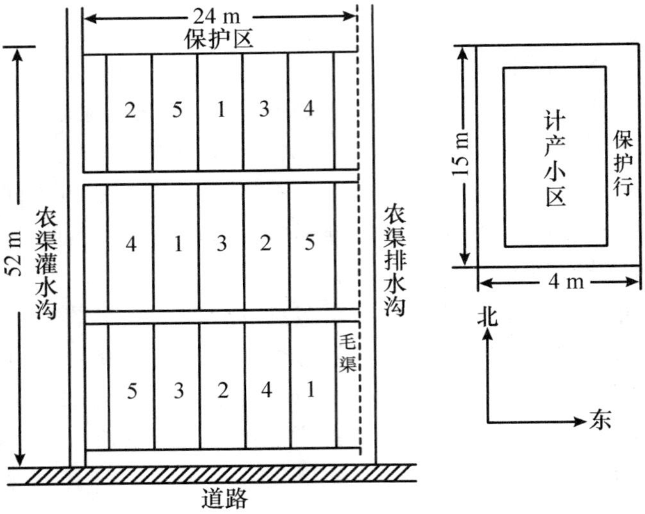

图2-9 冬小麦氮肥试验田间区划图

水田试验设置程序与旱田基本相同,但在灌水上要求更为严格。要灌、排渠道分明,防止不同处理小区串灌。图2-10是一个5个肥料处理的水田试验布置图,可供参考。

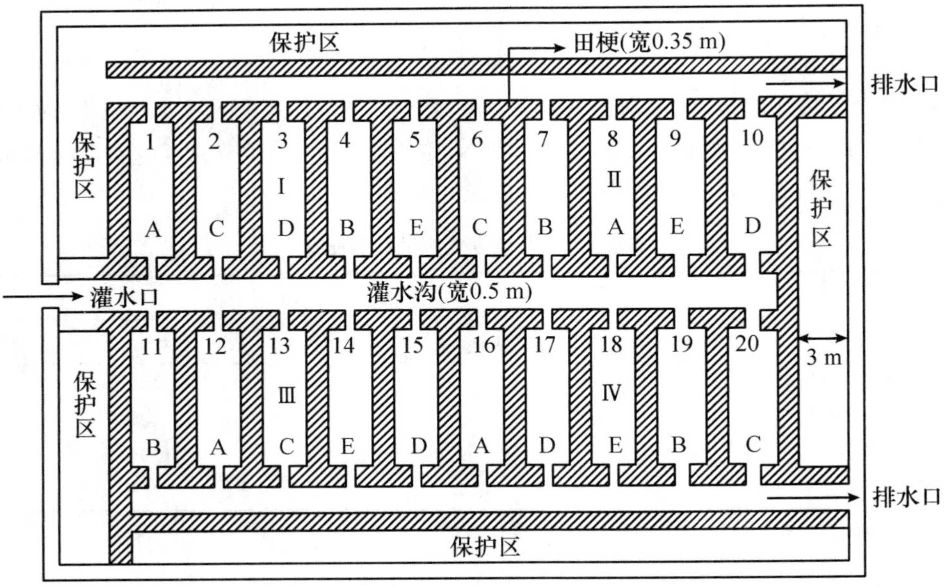

图2-10 水稻田间试验区划示意图(5个处理4个区组)

微区试验由于小区较小，边际效应较大，小区之间需用塑料板、水泥板或砖壁隔开，隔板埋深一般不浅于 40 cm，氮肥试验不浅于 60 cm，不专设道路和渠道，用手工浇水。

(二)试验地的区划

在准备好的试验地上，首先定好基线，以控制小区的方位不发生偏差。基线一般是沿着较长方向的固定渠道或道路设置的，并在两端埋下角桩。在长期定位试验中，角桩应选用坚固材料。可用长 65～85 cm，横截面 10～15 cm 见方的木桩、铁管或水泥桩埋在田埂旁或耕层以下，仅在地面露出软钢绳，以免影响耕作。并以附近固定地物为标志，准确标定和记录角桩位置。

基线定好后，按照试验地区划平面图，在基线两端作垂线，画出试验地轮廓。四角必须垂直，闭合差不超过 0.1%～0.2%，然后进一步划出小区并用粗绳踏迹或枝条标定。修筑沟渠时要注意宽度、深浅一致。

(三)施肥和播种

施肥工作非常重要，要保证施肥质量，做到准确无误。首先要确定试验肥料品种，对有机肥和过磷酸钙等成分不确定的肥料要亲自分析其养分含量。以播种小区面积为单位计算小区实物肥料施用量，并反复核算，确认无错后再行称量。

肥料称量工作一般要事先做好，称量精确到克，微量元素肥料要精确到 0.1～0.01 g。称好的肥料最好装入不同颜色的塑料袋或牛皮纸袋中，写明肥料和处理名称。

施肥前将称好肥料的小袋放在小区一端，复查无误后再施用。肥料要施匀，防止发生小区未施遍而肥料已用完的错误。当小区面积较大时，如生产示范试验、长期定位试验等，可将小区进一步划分成若干面积相等的亚区，按亚区计算施肥量和施肥，以保证施肥质量。水田试验在施肥前要先灌好水，拔除杂草后再施，并防止小区串灌。有机肥不易施均匀，要尽量做到肥料腐熟程度一致，施前充分捣匀、施时撒匀。不要将有机肥堆在小区里，以免留下不易消除的粪堆残效。

播种质量对试验结果有重要的影响。为此要选择纯净种子，发芽率在 90%以上。播前要进行消毒和选种工作。如为机播要调好播种量，做到播种机匀速前进。播种后要及时覆土，因此，确定播种期必须和良好的土壤墒情结合，以保证耕作质量。对本田水稻和中耕作物要注意株行距控制，以使不同处理区种植密度尽量一致。为消除物质质量变异给试验带来的误差，应在试验前将种子、肥料一次性备好。特别是有机肥和过磷酸钙等成分变异较大的肥料，决不能等实施中发现种子、肥料不够时现找现补救。

在施肥、播种工作完成后，用油漆在木板或竹片上写出各种处理名称，插在小区的一端作为标志。

三、田间管理与观察

田间管理与观察要根据研究目的和试验条件，确定管理项目和调查重点。

(一)田间管理

田间管理的目的一是发挥肥效，二是控制非试验因素。因此，在灌水、喷药、耕作等田间管理作业中，要遵循“最适”和“一致”的原则。“最适”就是肥底肥料施用量、灌水量和喷药量等一定要满足或无害于作物正常生长的要求，用量过高或过低都会成为肥料效应的限制因子。“一致”就是非试验因素的各种措施要尽可能做到各处理一致，如果不一致就会破坏不同处理效应的可比性。因此,施肥、播种、灌水、中耕除草等都要在一天之内完成,实在不可能也要保证一个区组的管理措施当天完成。

所有管理措施都要认真进行,至于用手工、畜力还是机械管理,视生产条件和试验要求而定。微区试验几乎全用手工操作,田间校验或示范推广试验则与大田生产要求相一致,否则试验结论的推广和应用价值不大。

(二)观察记载

观察记载的项目要根据研究目的需要确定,使其有助于分析试验结果和说明试验结论。最主要的观测项目是不同处理的产量和考种数据。此外,由于试验效应受多种因素影响,试验在进行之中可能会出现预想不到的新情况,甚至可能发生错误。因此,还要记载试验条件等背景情况,以判别异常试验结果产生的原因。虽然如此,观测项目也不能面面俱到,不同试验应有所侧重。例如施肥量的研究,对作物生长情况、倒伏情况、产量构成因素及土壤养分状况必须调查;土壤养分平衡的研究,还必须测定土壤容重、采样面积,以计算作物经济产量和建立土壤养分平衡账。

一般田间观察内容大致包括以下几个方面:

(1)田间环境条件　如土壤墒情、旱涝情况、淹水栽培的土层深度,作物对气候突变及灾害性天气的反应,田间操作后的作物变化等。

(2)试验地背景资料　如土壤种类、前茬作物及其施肥情况、水源和灌水情况、机械耕作条件等。

(3)作物生育情况　如出苗、分蘖、返青、拔节、抽穗、成熟等不同生育阶段的生育期和相关的生物学变化。

(4)考种　以小麦为例,收获前在计产区随机采一定数量植株,用以测量株高、分蘖数、根量等肥料效应指标及单位面积有效穗数、穗部性状等产量构成因素。

(5)抗逆情况　如倒伏、冻害、旱害、涝害及病虫危害等,要记载发生时间和危害程度。

(6)意外情况或损害　如发生灌水、施肥、用药错误或试验地受车压、禽畜危害等情况等。

田间调查数据的测定或记录需由试验者亲自去做或经现场指导由协作者去做。一般要用铅笔记录,如果写错可用铅笔将原数据划去重写,而不允许涂抹,以备复查。

田间观测结果应按预制的表格填写并作为田间档案保存,特别是肥料长期定位试验,建立档案就更为重要。对产量和测定结果等重要资料要准备副本,有条件时可建立计算机数据库保存。

四、收获和考种

(一)收获准备

产量是土壤肥力的综合反映,是肥料效应的最重要指标。收获的基本要求是不发生错误,得到能正确反映试验效应的产量数据。为此,要抓住农时,做好组织工作,仔细无误,单打单收。

(1)适时收割　收获过早,作物尚未完全成熟,影响产量或品质;过迟,则籽粒容易脱落。对成熟期相差 3～5 d 的处理,应分期收割。确定收获期时还要考虑到当地天气变化,力争在雨前或霜前收割。

(2)划出除地和保护行　除地是指因牲畜踏伤、病虫危害或其他非试验因素造成的缺株断垄等，这些部分应在收前划出，从计产区内剔除，故称为“除地”。为计算除地面积，应测量缺行长度或将除地划成规整的几何形状，计算面积，记录并说明原因。除地面积不能超过小区的1/3，缺苗不能超过总苗数20%，否则应以缺区论处。保护行不在计产范围内，应在收前划清界限，以免误收。

(3)考种取样 室内考种样本，应在收获前按要求采取，并系上标签，记录小区号、处理名称、取样日期等。应特别注意，单位面积总茎数或有效穗数要于收获前在田间测定，如要估产，还必须测定和记录取样面积。

此外，在收获前还要准备好收获工具、拖拉机、运输车辆、标签、口袋、绳索等并做好人力组织工作，保证收获时有条不紊，不出差错。

(二)收获物收割

如果小区面积较小，最好采用全区收割法，将每小区收获物捆成若干捆，每捆一个标签，及时写上处理名称、小区号、收获期，并登记每小区捆数，分区脱粒，分区晾晒，待两次称重偏差不超过0.5%时记下谷物产量。如要获得生物学产量，还应注意清除杂草并防止秸秆霉烂。

如果小区面积较大或试验点较多(如多点分散肥料试验)，可收获样方估产，即从计产小区抽取一定面积作为估产样方测产。估产准确性和可靠性取决于估产面积和取样方法。据FAO的建议和我国多点肥料试验的经验，对一般小区试验，每小区样方面积应为5～10 m^2，其中中耕作物或小区面积较大时，样方面积可大一些，反之密植作物可小些。取样方法，一般采取系统取样或分层抽样。可在一个小区内抽一个样点，也可分散为2～3个样点。布点时要照顾到土壤肥力差异或倒伏面积所占的比例(图2-11)。

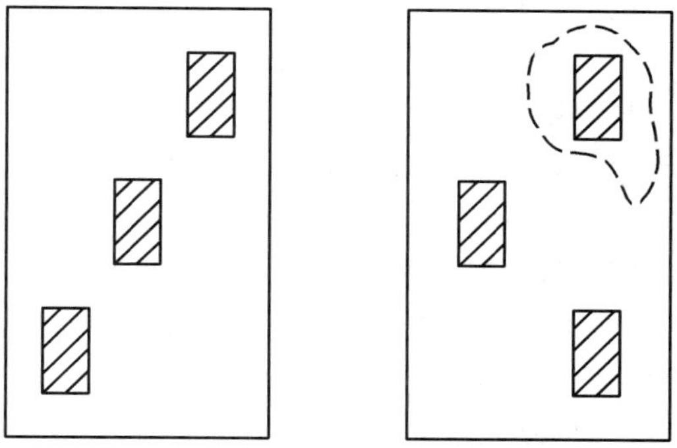

(a)未发生倒伏 (b)发生倒伏(虚线为倒伏范围)

图2-11 小麦测产样方布点方法示意图

收获物产量一般按充分晒干后直接称取的重量计。在某些特殊情况下，如抢收的小麦、迟熟的夏玉米等，由于谷物潮湿，难以晒透，可先称取谷粒湿重，再抽取一小部分晒干，据千粒重或规定标准水分含量折算成小区产量。

五、分析样本的采取

植物营养研究的田间试验常常需要采取土壤、植物和肥料样本。具体采样方法因研究对象和研究目的不同而异。

(一)土壤取样

土壤取样量和取样方法取决于研究目的和分析项目的多少。田间试验基础土样用于多种项目分析，采样量应不少于1 kg，为了使样品能充分代表整个试验地情况，应有足够取样点，一个试验地不能少于10个样点。布点方法可采用棋盘式散点法、“之”字法等。长期定位试验土样因为要长期保存，供以后研究，所以采样量也要大些，一般每个处理区至少1 kg土样。特殊目的取样，如研究微量元素缺乏，土壤污染造成作物毒害等，只在出现征兆或准备研究的土壤取样，取样量可以少些。为研究丰产新技术的土壤与植物营养理论根据的采样，应在固定的作物样段或样方附近采取土样,以便寻求作物生长和植物营养之间的相关性。土壤剖面取样,要按土壤剖面层次采取。对选择试验地的土壤构造调查可分土层采样并放在有方格土样盒中,以便于直观对比分析。

各层土样以耕层土壤最为重要。为使土样具有代表性,不管用什么采样工具都要保证取到上下大小一致的垂直土样并充分混合均匀。不同层次取样还要严格防止不同土层土壤混淆,特别是用作养分和盐分分析的样本,每取一钻都要小心清除层间混杂的土壤,以消除上层高浓度养分或盐分对下层土样的影响。

(二)植物取样

植物取样具有毁灭性,故取样较多时应另设取样区并作记录,以不影响以后收获产量。取样时要兼顾不同苗情随机取样。对玉米等中耕作物,也可编号系统取样。密植作物取样量以不少于10～20 g为原则,一般为15～20株,中后期也不应少于5～10株。水稻取样要看种植方式,移栽水稻可参照玉米取样方法。撒播水稻或播种质量不好,株行距不定的小麦可取样段或样方,用直尺或方形框架确定取样范围。

以速测为目的取样要在适宜时间及一定的生育期和取样部位取样。蛋白质等品质分析样本要从收获物大堆抽取,以增加分析结果的代表性。测定植株养分含量并用以估算作物养分吸收量的取样,勿忘记载取样面积。

(三)肥料取样

对单质氮钾肥和化学合成复合肥一般不必分析养分含量,可按包装说明计算施肥量。磷肥及其他复混肥一般应测定其具体养分含量。如需分析测定,由于成分均一,取样也较简单,取出一部分肥料粉碎后混匀即可。对商品化肥的质检,取样量和取样方法应按有关规定进行并送到国家指定单位检测。

有机肥料取样较为复杂,要注意有机肥腐熟程度和质量均匀程度及取样时间。取样前要充分混匀,在不同部位取样,并注明腐熟程度。对研究养分施用量的有机肥样本,一定要在施用前采取。分析绿肥有效成分的样本一定要在翻压时采取。对于还田秸秆样本,可取翻压前整株,也可取切碎后秸秆,但要注意茎秆和叶等不同部分的比例。所有有机肥样品在采取后都要及时称重、测定水分并妥善处理。

最后需要强调,由于生物试验的条件变异性较大,土壤、植物、肥料取样误差可能远远大于分析测定误差,而且取样不合理或不合乎要求造成的损失是任何精确的测定都无法弥补的。因此,一定要高度重视取样问题,认真、科学地采取所需要的样本。

第五节 植物营养田间研究资料的整理和总结

田间研究资料的整理和总结就是将小区产量或其他植物营养研究的效应指标换算成法定的度量单位(如 kg/hm^2 等)并归纳成便于统计分析或直观分析的形式。

一、析因试验资料的整理

析因试验资料要整理成便于方差分析的双向表形式。

例 2.5.1 某玉米氮肥施用量(N)和施用时期(T)的试验。氮肥3水平:N_1、N_2、N_3,时间2水平:T_1(前期)和T_2(后期),共6个处理:T_1N_1、T_1N_2、T_1N_3、T_2N_1、T_2N_2、T_2N_3。采用完全

随机区组设计，重复 3 次。小区面积 67 m^2，小区田间区划和各处理产量（kg/小区）见图 2 - 12。

区组						
Ⅰ	T_1N_3 28.0	T_1N_2 30.0	T_2N_2 35.0	T_1N_1 22.0	T_2N_1 26.0	T_2N_3 33.0
Ⅱ	T_2N_2 40.0	T_2N_1 28.0	T_2N_3 37.0	T_1N_2 35.0	T_1N_1 25.0	T_1N_3 30.0
Ⅲ	T_1N_1 26.0	T_2N_3 41.0	T_1N_3 36.0	T_2N_2 43.0	T_1N_2 37.0	T_2N_1 29.0

图 2 - 12　玉米施氮量(N)和施肥期(T)试验田间区划图和产量(kg/小区)

据图 2 - 12 可写成表 2 - 24 的 6 个处理与 3 个区组的方差分析双向表，用于分析处理和区组效应。

表 2 - 24　玉米氮肥试验处理和区组产量双向表　t/hm^2

区组 \ 处理	T_1N_1	T_1N_2	T_1N_3	T_2N_1	T_2N_2	T_2N_3	区组总数
Ⅰ	3.30	4.5	4.2	3.9	5.25	4.95	26.1
Ⅱ	3.75	5.25	4.5	4.2	6.0	5.55	29.25
Ⅲ	3.90	5.55	5.4	4.35	6.45	6.15	31.8
处理总数	10.95	15.30	14.10	12.45	17.70	16.65	87.15
处理平均数	3.65	5.1	4.7	4.15	5.9	5.55	

为进一步分析氮的施肥期和施肥量主效应及其交互作用，要将表 2 - 24 进一步列成表 2 - 25 所示双向表。

表 2 - 25　玉米氮肥施用量和施肥期的产量双向表　t/hm^2

T \ N	N_1	N_2	N_3	施肥期总数
T_1（前期）	10.95	15.30	14.10	40.35
T_2（后期）	12.45	17.70	16.65	46.80
施肥量总数	23.40	33.00	30.75	87.15

关于拉丁方设计、裂区设计等复因素试验资料的整理方法可依此类推。

二、回归分析试验资料的整理

回归分析试验资料要写成产量（因变量）与施肥量等试验因素（自变量）一一对应的形式，以便于进行回归分析。

例 2.5.2　原北京农业大学在河北省曲周县进行的冬小麦多点肥料试验，采用 3×3 设计。处理和产量见表 2 - 26。其中 N_0、N_1、N_2 分别表示施氮量（N）0、135、270 kg/hm^2；P_0、P_1、P_2 分别表示施磷量（P_2O_5）0、67.5、135 kg/hm^2。每点只重复一次，小区面积 45 m^2，收获样方测产，每小区收获 9 m^2。

表 2-26 冬小麦氮磷肥试验产量结果

处理	N_0P_0	N_1P_0	N_2P_0	N_0P_1	N_1P_1	N_2P_1	N_0P_2	N_1P_2	N_2P_2
小区产量(kg/小区)	1.08	1.62	1.49	1.74	4.05	3.38	1.69	3.92	3.78

为建立产量(y)对施氮量(x_1)和施磷量(x_2)的肥料效应方程,需要进一步将每小区施肥量和产量换算成每公顷施肥量和产量并将产量和施肥量写成对应的形式(表 2-27)。

表 2-27 冬小麦氮磷肥试验施肥量和产量

项目	N_0P_0	N_1P_0	N_2P_0	N_0P_1	N_1P_1	N_2P_1	N_0P_2	N_1P_2	N_2P_2
x_1(N, kg/hm^2)	0	135	270	0	135	270	0	135	270
x_2(P_2O_5,kg/hm^2)	0	0	0	67.5	67.5	67.5	135	135	135
y(t/hm^2)	1.2	1.8	1.66	1.93	4.5	3.76	1.88	4.36	4.2

在现代回归分析中,试验设计方案用码值表示,布置试验时需将码值试验因素水平换算成实物施用量。这类试验资料整理方法与表 2-27 类同。但是对施肥量等试验因素,如果用手工计算,可以码值表示,使计算简化。如果用计算机统计,也可以实物量表示。其优点是建立效应方程后不必转换,能直接用以预测预报和经济效益分析。还有一点需特别强调,如果田间试验设置重复,在写施肥量与产量对应表时,一定要给出每个重复的产量数据,以便在回归分析时将各重复的施肥量与产量对应数据一一输入计算机。如果只给出各重复的平均产量,其回归方程的拟合性检验结果会被不合理地夸大。此类错误在一些论文和研究报告中时有发生,一定要引以为戒。

三、多点分散试验资料的整理

多点分散试验的特点是统一设计、统一布置和统一汇总,但由不同农户或试验单位分头执行。因此,必须用表格形式对各试验点资料记载提出统一要求,这样才能用计算机对多点试验结果作进一步分析和归类。例如,原北京农业大学曲周县多点分散肥料试验的各点资料检索卡包括下列主要内容:①试验时间、地点、农户姓名及联系方式。②试验地土壤类型、地下水埋深、前茬作物和施肥情况等。③小区产量、施肥量及土壤、植物分析结果等。④试验管理措施,如灌水、施肥方法和时间、旱涝和病虫害灾情及农药使用情况等。⑤其他与试验有关的意外情况,如倒伏、灾害天气、试验地损害情况等。

四、肥料长期定位试验资料的整理

肥料长期定位研究的资料整理应根据试验的不同要求和特点分别采用不同的方法。

(一)资料的系统性

由于试验长期进行,试验结果应系统编号,作为档案长期保存。如原北京农业大学昌平长期肥料定位试验结果,首先按不同观测值或不同测定项目横向系统编号,以 A、B、C、D…分别表示作物产量、土壤测试、植物测试结果、田间管理档案等不同项目,再按年份对不同土样进行纵向编号。例如,1989F-6-0084 表示该样品是 1989 年在化肥主区(F)第 6 个副处理区采取的,样品累积编号为 84;1987M-9-0043 表示该样品是 1987 年在有机肥主区(M)第 9 个副处理区采取的，样品累积编号为43。按这样编号系统整理各项观测资料不易出错，且便于建立计算机数据库和调档。

(二)试验效应的年度变化

肥料长期定位试验结果的分析，一方面要展示试验效应和试验因素的关系，另一方面也是更重要的方面，是要展示试验效应的年度变化。例如，日本水稻长期肥料定位试验产量效应每5年的结果见表2-28。该表既有不同肥料处理的横向比较，又有年度间的纵向变化趋势。

表2-28 50年来3种肥料对稻谷产量影响的比较

(北京农业大学资料情报室，资料汇编，1984)

计产年限	化肥		有机肥		绿肥		对照	
	t/hm^2	%	t/hm^2	%	t/hm^2	%	t/hm^2	%
1～5	2.89	146	2.67	135	2.81	142	1.98	100
6～10	2.83	169	2.67	160	2.82	169	1.67	100
11～15	3.28	194	3.37	199	3.32	196	1.69	100
16～20	3.16	177	3.13	175	3.19	178	1.72	100
21～25	3.09	173	3.02	169	2.91	163	1.79	100
26～30	3.35	181	3.35	181	3.29	178	1.85	100
31～35	3.29	198	3.47	208	3.82	229	1.67	100
36～40	4.20	169	4.56	213	4.12	193	2.14	100
41～45	3.83	144	3.89	146	3.80	143	2.16	100
46～50	3.79	125	3.84	125	—	—	3.03	100
平均	3.37	169	3.40	168	3.34	175	2.02	100

(三)不同地区试验资料的汇总

中国幅员辽阔，气候、土壤、作物等影响肥料效应的因子类型比较复杂，因此，在全国布置了世界独有的肥料定位监测试验网。仅据1986年底统计，在全国24个省、自治区、直辖市就有100多个定位肥料试验。要对这些试验资料进行汇总，首先必须按统一方案布置试验，对试验统计项目、效应指标、计量单位和报表格式等提出统一要求，然后才能按不同地区和作物等分门别类地整理，提出对制定肥料政策和指导生产有价值的建议。例如，表2-29的土壤供肥力资料是据全国52个定位试验结果汇总的，从中可以看出不同地区、不同作物的土壤供肥力差异及其变化规律，这对全国的肥料合理分配和合理施用有重要参考意义。

表2-29 我国不同地区土壤的供肥力 %

地区	土类	作物	第1年	第2年	第3年	第4年	第5年	平均
长江以南	水稻土	早稻	73.3	62.8	58.3	61.0	64.5	64.1
		晚稻	62.1	69.1	64.0	67.2	62.6	65.0
西南区	紫色土	小麦	46.6	44.3	47.7	42.9	46.6	45.7
		中稻	61.0	59.0	58.2	58.3	53.6	58.0
华北及西北区	潮土及褐土	小麦	45.6	38.4	33.9	32.0	30.8	36.1
		玉米	55.9	52.9	45.2	45.5	48.3	49.5
东北等地	黑土及灌溉土	谷物	77.7	65.3	67.3	56.5	51.2	63.6
平均值			64.3	58.8	55.6	55.2	54.4	57.7
相对变化(%)			100.0	91.4	86.4	85.9	84.6	89.7

注：$土壤供肥力=\frac{不施肥产量}{施肥最高产量}\times 100\%$。

五、试验数据缺区估计和异常数据的判别

(一)试验数据缺区数据估计

缺区是指由于人为过失、畜禽破坏、自然灾害等原因,使计产区的10%以上面积不能计产的试验处理小区。正确处理缺区数据,对保障试验数据的可靠性和减少试验损失都是非常必要的。

缺区数据估计是不得已而为之,而且缺区不能过多,过多统计分析结果不可靠。对随机区组设计、拉丁方设计等可用公式估算。在重复次数较多的情况下,对缺区可按不等重复试验处理(详见本章参考文献[11])。下面仅介绍完全随机区组设计缺一区的数据估算方法。

1. 缺区数据的估算

在完全随机区组设计中,缺失小区产量 x 可由式(2.3)估算:

$$x = \frac{m \times A + n \times B - C}{(m-1)(n-1)} \tag{2.3}$$

式中:m 为处理数;n 为区组数;A 为缺区所在的处理行(或列)中其他小区产量总和;B 为缺区所在的区组列(或行)中其他小区产量总和;C 为除缺区外,其余所有小区产量总和。

例 2.5.3 现以表 2-30 玉米品种、种植密度和施氮量的优化组合田间小区试验为例,说明缺区数据估算方法。这是一个 5 处理、4 区组的完全随机区组设计,小区面积为 40 m^2。设其中第 3 区组第 2 个处理小区数据缺失。

表 2-30 玉米品种、种植密度、施氮量优化组合试验产量结果的缺区估算 kg/hm²

处理	区组				处理总和(T_i)	平均 x_i
甲	92.4	88.0	103.5	90.1	374.0	93.5
乙	79.6	74.8	(x=87.6)	88.0	A=242.4 (330.0)	(82.5)
丙	75.5	66.0	81.4	85.7	308.6	77.2
丁	101.2	90.3	96.9	84.6	373.0	93.3
戊	64.7	85.5	79.2	77.0	306.4	76.6
区组总和(T_j)	413.4	404.6	B=361.0 (448.6)	425.4	T=1 604.4 (1 692.0)	

将表 2-30 的有关数据代入式(2.3)算得缺区产量估值为:

$$x = \frac{m \times A + n \times B - C}{(m-1)(n-1)} = \frac{5 \times 242.4 + 4 \times 361.0 - 1\,604.4}{(5-1)(4-1)} = 87.6$$

将缺区估值和估值后的统计数据写于表 2-30 括号内。

2. 缺区估计后的方差分析

缺区估计后试验数据的方差分析方法与不缺区试验数据的相同,两者的区别仅在于:

①用估计后的数据即包含于括号内的数值进行方差分析。

②因缺 1 区,将总自由度即误差自由度也相应减少 1 个,以提高显著性检验标准。

③在多重比较时,对不涉及缺区的处理平均数比较,其标准误差仍为:

$$S_{\bar{x}_1-\bar{x}_2}=\sqrt{\frac{2S_e^2}{n}} \quad (2.4)$$

当涉及缺区的平均数比较时，则需将式(2.4)修正为：

$$S_{\bar{x}_1-\bar{x}_2}=\sqrt{S_e^2\left[\frac{2}{n}+\frac{m}{n(n-1)(m-1)}\right]} \quad (2.5)$$

仍以表2-30为例，缺区估值后的方差分析结果见表2-31。从中可知，处理间产量差异显著，而区组效应不显著。

表2-31　表2-30资料缺区估算后的方差分析

变　因	自由度 (df)	平方和 (SS)	方差 (MS)	F	显著性水准	
					$F_{0.05}$	$F_{0.01}$
处理间	4	1 111.78	277.95	4.67*	3.36	5.67
区组间	3	218.37	72.79	1.22	3.59	6.22
误差	11	654.61	59.51			
总变异	18	1 984.76				

因处理间差异显著，需进一步对各处理之间的差异进行多重比较。此处采用 *PLSD* 检验——差数表法。对其中不涉及缺区处理的平均数比较，按误差自由度为11查得 $t_{0.05}=2.72$，由式(2.4)算得：

$$S_{\bar{x}_1-\bar{x}_2}=\sqrt{2\times59.51/4}=5.5$$

$$PLSD_{0.05}=t_{0.05}\times S_{\bar{x}_1-\bar{x}_2}=2.72\times5.5=14.9(\text{kg/小区})$$

按误差自由度为11查得 $t_{0.01}=3.11$，$S_{\bar{x}_1-\bar{x}_2}=5.5$，所以，

$$PLSD_{0.01}=t_{0.01}\times S_{\bar{x}_1-\bar{x}_2}=3.11\times5.5=17.1(\text{kg/小区})$$

对涉及缺区处理的平均数比较，t 值标准与不缺区的相同，但 $S_{\bar{x}_1-\bar{x}_2}$ 需按式(2.5)计算。

$$S_{\bar{x}_1-\bar{x}_2}=\sqrt{59.51[2/4+5/4(4-1)(5-1)]}=6.0$$

$$PLSD_{0.05}=t_{0.05}\times S_{\bar{x}_1-\bar{x}_2}=2.72\times6.0=16.3(\text{kg/小区})$$

$$PLSD_{0.01}=t_{0.01}\times S_{\bar{x}_1-\bar{x}_2}=3.11\times6.0=18.7(\text{kg/小区})$$

多重比较结果表明，甲、丁两处理最优，产量显著高于其他处理，而甲和丁之间，乙、丙、戊之间差异不显著。

(二)异常数据的判别与处理

田间试验成功的主要标志是能够对试验数据用统计分析方法正确地估计出试验误差和处理效应，达到试验的预期目标。为此，必须正确进行试验设计，选择均匀、有代表性的试验材料，在试验实施中认真操作。尽管如此，还是会出现少数不符常规或一时难以解释的异常数据(abnormal data)。正确看待和科学处理异常数据不仅可以纠正试验错误，提高试验效率和质量，而且还会给今后的研究在试验设计、实施和数据处理等方面提供有价值的信息。异常数据可大致分为两类：一类与田间生物试验的复杂性及实施中可能出现的错误或疏漏有关，主要表现为观测值的取样误差不符合误差分布规律，这是本书关注的重点。还有一类异常数据与试验方法设计紧密相关，是因样本数过少，或试验条件控制不当而出现违背方差分析几个基本假设条件的异常数据(data that violate some assumptions of variance analysis)。一般而言，只要样本足够大，试验条件得到有效控制，此类异常是可以避免的，如果需要对此判别和处理，可

参阅本章参考文献[7]。

1. 异常数据的判别

试验数据可以通过专业知识和数学方法进行判别。

(1)专业知识判别　根据专业知识可对试验数据合理性进行初步判别。不施肥时的产量，施肥可能达到的最高产量，产量随施肥、灌水、种植密度增加的变化趋势等，都可以帮助判别试验数据是否异常。例如，表 2-32 是某小麦施氮量试验结果，拟建立氮肥效应回归方程，其中重复Ⅱ不施氮小区产量(29.2 kg/小区)比其他两个不施氮小区的产量(20.2 kg/小区)高出45.6%，近乎于适宜施氮量的产量。由田间档案及田间小区分区土壤分析结果知，该小区属于局部土壤肥力过高，使肥料效应变化趋势违背了肥料产量效应的报酬递减律，成为异常数据。

表 2-32　小麦氮肥用量试验产量结果　kg/小区

施氮量(N,kg/hm^2)	Ⅰ	Ⅱ	Ⅲ
0	18.8	(29.2)	21.6
50	21.3	23.6	25.0
100	27.8	28.4	30.9
150	28.2	30.5	31.3
200	26.0	27.4	30.7

注:小区面积为 50 m^2。

根据专业知识对数据异常性的评判，必须以真实的数据记录为依据，所以要建立田间档案，真实记录试验条件、试验措施和试验结果，以作为判别的依据。

(2)数学判别　异常数据的数学判别方法有拉依达(Paŭta)准则、肖维勒(Chauvenlt)准则、狄克逊(Dixon)准则等，其基本原理主要是根据概率论的误差分布规律，设定一个误差置信区间，凡超过此区间的数据就认为它不在误差范围，属于异常数据。具体判别方法在有关的数理统计书籍中很容易找到。现介绍一下较为简便的拉依达判别法。设数据总体是正态分布，并假设抽样数据 x 的误差概率

$$P(|x-\mu| \geqslant 3\sigma) \leqslant 0.001$$

其中 μ 为总体平均数，σ 为误差标准差。对 n 个观测值，其平均数为

$$\bar{x} = \frac{1}{n}\sum_{i=1}^{n} x_i$$

σ 可由样本标准差 S 估计。对小样本，

$$S = \sqrt{\left(\sum_{i=1}^{n} x_i^2 - \frac{\sum_{i=1}^{n} x_i^2}{n}\right)\frac{1}{(n-1)}} \tag{2.6}$$

设某被判别数值为 x_0，若$(x_0-\bar{x})>3S$ 则判定其为异常数据。

例 2.5.4　为检验某试验地土壤肥力水平和均匀度，在试验前取 20 个土样对土壤有机质、氮磷钾有效养分水平等进行分析测定，其中，土壤有机质含量测定结果见表 2-33。其第 15 号土样的有机质含量为 21.0 g/kg，明显偏高，现用拉依达数学方法判别其是否为异常数据。

表 2-33　土壤有机质含量测定结果　g/kg

样号	有机质	样号	有机质	样号	有机质
1	13.7	8	13.9	15	21.0
2	12.7	9	13.7	16	13.2
3	13.0	10	14.8	17	13.4
4	12.6	11	11.2	18	12.6
5	12.6	12	12.1	19	13.3
6	13.8	13	12.7	20	14.2
7	12.5	14	11.6		

将表 2-33 中数据输入计算器或计算机，按小样本统计，得到总体标准差估值 $S=1.98$，平均数 $\bar{x}=13.43$，设第 15 号数为 x_0，则 $x_0-\bar{x}=7.57$，$3S=1.98\times3=5.94$。因 $|x_0-\bar{x}|\geqslant 3S$，所以第 15 号样测定结果为异常数据。经复查，分析过程和数据记录无误，其异常原因可能是取样点局部肥力过高。

2. 异常数据的处理

在确定异常数据后，可根据不同情况进行适当处理。

①对异常数据要高度重视。认真检查试验档案和记录，查找异常的原因。如果进行重复试验，结果仍然异常，且无法用已有的专业理论或知识进行解释，则这种“异常”很可能是试验材料变异较大或试验设计和测定方法不合理。也可能表明，试验者将在理论或技术上有新的发现。但不管是哪种可能都要实事求是，找出原因。简单地舍弃、回避或修改异常数据，或只报告异常结果而不作进一步深究和分析的做法都是不可取的。

②剔除个别异常或缺失数据。如果样本容量较大，异常数据只系个别，对于方差分析的假定条件影响不大，可以作为缺失数据剔除，或用数学方法得到的估值代替之。

③对缺值进行数学估计。缺值的数学估计方法主要有两种：一种是按照不同方法设计，在方差分析的基础上，用缺区估算公式估计。另一种是在具有初始试验数据记录的情况下，如各不同施肥量小区的不施肥产量等，用协方差分析方法对异常数据进行估算或修正。

④作为失败试验处理。不管采用哪种处理方法，如果样本容量较小，异常数据较多，简单地舍弃或用估值取代，有可能对试验结论产生误导。在这种情况下，其试验结果只能作为参考资料或将其作为失败试验处理。

第六节　“3414”试验方案的特点和数据处理

下面将重点介绍“3414”设计的主要特点和试验数据的分析方法，它是植物营养田间研究方法的综合应用和集中体现。

随着农业生产的发展和科研水平的提高，常需要在田间条件下进行施肥量等多因素生物效应的定量研究。但由于田间试验干扰因素较多，难以找到面积较大而且肥力均匀的试验地块，所以试验效果随着试验因素和因素水平的增加而下降，有时还会出现异常回归分析结果，达不到预期的试验目标。针对这些情况，我国植物营养和肥料科学工作者根据肥料田间试验特点，总结了国内外田间试验的成功经验和存在的问题，提出了“3414”试验设计方案。

“3414”设计是一个 3 因素 4 水平，共 14 个处理的复因素试验方案。如表 2-34 所示，它可以安排氮(N)、磷(P)、钾(K)3因素,每个因素设0、1、2、3共4个水平,14个处理。其中,N、P、K的下标表示因素水平,水平的具体内容或数量据专业知识和研究目的,由试验者自己决定。例如表中处理由上至下的$N_0P_0K_0$表示氮、磷、钾均为0水平;$N_0P_2K_2$表示氮为0水平,磷、钾均为2水平;$N_1P_2K_2$表示氮为1水平,磷、钾均为2水平;余者类推。

现在该方案已被广泛应用于植物营养和肥料领域的科学研究及大面积的测土配方施肥工作,并取得了良好的效果。

表2-34 "3414"氮磷钾肥料试验设计方案

处理号	处理	N	P	K
1	$N_0P_0K_0$	0	0	0
2	$N_0P_2K_2$	0	2	2
3	$N_1P_2K_2$	1	2	2
4	$N_2P_0K_2$	2	0	2
5	$N_2P_1K_2$	2	1	2
6	$N_2P_2K_2$	2	2	2
7	$N_2P_3K_2$	2	3	2
8	$N_2P_2K_0$	2	2	0
9	$N_2P_2K_1$	2	2	1
10	$N_2P_2K_3$	2	2	3
11	$N_3P_2K_2$	3	2	2
12	$N_1P_1K_2$	1	1	2
13	$N_1P_2K_1$	1	2	1
14	$N_2P_1K_1$	2	1	1

一、"3414"设计的特点

该设计具有以下主要特点:

(1)试验信息量较大　既可通过回归分析建立肥料效应模式,对肥料效应进行定量分析,又可以在设置重复的情况下,通过方差分析直观比较试验因素的主效应和交互作用。还可以在设置完全或部分重复的条件下,获得测土配方施肥的参数。所以试验信息量较大,效率较高。

(2)试验成功率较高　研究表明,在田间条件下进行肥料效应定量化研究,能获得理想实验结果的概率随着试验因素的增加而减少,两、三个因素肥料试验中获得典型效应方程(存在极大值,能通过边际分析求解最佳施肥量)的概率分别只有60%和40%。而"3414"设计因素的水平数较多,但处理数较少,而且在部分处理不当或结果不理想时仍可以通过其余处理得到有价值的试验结果,所以试验的成功率较高。

(3)符合田间肥料试验特点　田间肥料试验要求尽可能减少处理数和小区面积、设置重复和不施肥对照区、施肥量取整数等。若采用3因素4水平的完全实施方案需要有64个处理,而同样因素和水平数的"3414"设计却只有14个处理,还设有不施肥和缺素处理,而且水平码值取整数。由于处理较少,可以将14个处理作为单个区组或双行区组设置试验完全重复,或据测土施肥和方差分析要求对部分处理设置重复。

由于上述特点,该设计能提供丰富的试验信息。现以表2-34的氮磷钾肥料效应试验为例，说明可能获得的研究结果及其所用的统计分析方法。

①通过对全部 14 个处理的回归分析，可以建立氮磷钾三元二次肥料效应方程，因为 14 个处理数大于建模所需要的饱和设计处理数 10，有剩余自由度，符合三元二次回归设计要求。

②在任一因素第 2 水平的基础上，可建立另外两个因素的二元二次肥料效应方程，因为每一因素的第 2 水平有 8 个处理，与其搭配的其他两个因素各有 4 个水平，符合二元二次回归设计要求。

③在任两因素第 2 水平基础上的第三因素，具有 4 个水平 4 个处理，因而可建立这一因素的一元二次肥料效应方程或线性加平台肥料效应方程。例如，通过第 2、3、6、11 号处理，可以建立在磷、钾 2 水平基础上的一元二次氮肥效应方程或线性加平台氮肥效应方程。

④在任一因素第 2 水平的基础上，另两个因素可构成 2×2 设计，它是一个完全实施方案，便于因素主效应及其交互作用的方差分析和直观比较，这对基础科学研究具有广泛的实用价值。

⑤该方案设有三种养分全施用、一种养分不施用和三种养分都不施用的处理，因而可用于测土配方施肥中肥料利用率和土壤供肥力等参数的估算及土壤肥力水平的划分。这些对土壤测试的相关研究和校验研究也是非常重要的。

⑥建立肥料效应方程后，通过边际分析，还可进一步求解肥料最大产量施肥量和经济效益最佳施肥量。

在充分认识和发挥“3414”设计的优点的同时，也要看到它的不足。由于在田间条件下，试验因素越多，肥料效应定量研究的难度越大，通过“3414”设计获得三因素典型效应的概率仍然较低，如果不是非要同时获得氮磷钾最佳施肥量不可，或者在缺乏足够大的肥力均匀试验地块的情况下，也可根据研究需要，采用较为简单的试验设计，只对“3414”可能获得的试验信息进行有针对性的重点研究，这样做试验效果可能会更加理想。

二、“3414”设计的数据分析

现以表 2-35 的小麦氮磷钾肥料试验为例，说明“3414”设计试验数据的具体分析方法。

表 2-35　“3414”设计小麦氮磷钾肥料试验结果　kg/hm^2

编号	氮(N,x_1)	磷(P_2O_5,x_2)	钾(K_2O,x_3)	产量(y)
1	0	0	0	4 517
2	0	75	150	4 701
3	75	75	150	5 642
4	150	0	150	4 776
5	150	37.5	150	5 576
6	150	75	150	6 576
7	150	112.5	150	6 011
8	150	75	0	5 460
9	150	75	75	5 877
10	150	75	225	6 092
11	225	75	150	6 002
12	75	37.5	150	5 892
13	75	75	75	6 059
14	150	37.5	75	5 874

1. 回归分析

通过对表 2 - 35 的试验数据进行回归分析可以得到多种肥料效应方程。

①设氮、磷、钾施肥量分别为 x_1、x_2、x_3，产量为 y，将表 2 - 35 各处理的施肥量和相应的产量一一输入计算机，经回归分析就得到三元二次肥料效应方程：

$$y = 4\,553.316 + \underset{(b_1)}{6.898x_1} + \underset{(b_2)}{22.236x_2} + \underset{(b_3)}{4.144x_3} - \underset{(b_4)}{0.067\,9x_1^2} - \underset{(b_5)}{0.258x_2^2}$$
$$- \underset{(b_6)}{0.040\,2x_3^2} + \underset{(b_7)}{0.104x_1x_2} + \underset{(b_8)}{0.042\,5x_1x_3} + \underset{(b_9)}{0.017\,3x_2x_3} \tag{2.7}$$

②在任一因素第 2 水平基础上，可建立其他两因素的肥料效应方程。先将有关数据列成便于回归分析的双向表(表 2 - 36)，据此可得到 3 个二元二次肥料效应方程。

在施钾肥(K_2O)150 kg/hm^2 基础上的氮磷肥料效应方程：

$$y = 5\,424.310 + 3.954x_1 + 6.189x_2 - 0.058\,2x_1^2 - 0.219x_2^2 + 0.204x_1x_2 \tag{2.8}$$

在施磷肥(P_2O_5)75 kg/hm^2 基础上的氮钾肥料效应方程：

$$y = 5\,797.034 + 6.533x_1 - 2.707x_3 - 0.006\,07x_1^2 - 0.033\,0x_3^2 + 0.892x_1x_3 \tag{2.9}$$

在施氮肥(N)150 kg/hm^2 基础上的磷钾肥料效应方程：

$$y = 5\,197.758 + 19.455x_2 + 1.447x_3 - 0.220x_2^2 - 0.030\,8x_3^2 + 0.117x_2x_3 \tag{2.10}$$

③用类似的方法可以得到三个一元二次肥料效应方程。通过第 2、3、6、11 号处理建立在施磷(P_2O_5)75 kg/hm^2，施钾(K_2O)150 kg/hm^2 基础上的氮肥效应方程：

$$y = 4\,625.85 + 21.598x - 0.067\,3x^2 \tag{2.11}$$

通过第 4、5、6、7 号处理建立在施氮(N)150 kg/hm^2，施钾(K_2O)150 kg/hm^2 基础上的磷肥效应方程：

$$y = 4\,688.65 + 39.844x - 0.243x^2 \tag{2.12}$$

通过第 6、8、9、10 号处理建立在施氮(N)150 kg/hm^2，施磷(P_2O_5)75 kg/hm^2 基础上的钾肥效应方程：

$$y = 5\,387.725 + 12.473x - 0.040\,1x^2 \tag{2.13}$$

研究表明，线性加平台模式能更好地表征氮肥效应变化和确定优化施肥量，则上述建立一元二次氮肥效应方程的数据也可用于建立下面氮肥线性加平台模式：

$$y = 12.54x + 4\,701 \quad (x \leqslant 126.6)$$
$$y = 6\,288.75 \quad (x > 126.6) \tag{2.14}$$

需要强调，用于回归分析的田间试验最好设置重复，以估计随机误差，提高试验的精度。如果设重复，必须用每个重复的试验效应数据进行统计，而不能用各重复的平均数。因为如果用平均数，一个有重复试验变成了无重复试验，虽然两者统计方法得到的回归方程相同，但后者的统计检验结论(如决定系数)会被错误地夸大(参见本章参考文献[16])。

2. 边际分析

其主要目的是在回归分析的基础上，通过边际分析求解最高产量施肥量和经济效益最大施肥量，即最佳施肥量。

以式(2.7)的三元二次氮磷钾肥料效应方程为例，解产量 y 对施肥量 x_1(氮)、x_2(磷)、x_3(钾)的边际产量(实为偏导数)均等于 0 的联立方程，可得最高产量的氮、磷、钾施肥量。于是，据式(2.15)，列出联立方程式(2.16)，求解可得最高产量施肥量 $x_1 = 160.492\,4$，$x_2 =$

79.500 5，$x_3=153.767$。

表 2-36 以一个因素两水平为基础的另两个因素的施肥量和产量 kg/hm²

处理编号	2	3	4	5	6	7	11	12
x_1(N)	0	75	150	150	150	150	225	75
x_2(P_2O_5)	75	75	0	37.5	75	112.5	75	37.5
y(籽粒)	4 701	5 642	4 776	5 576	6 576	6 011	6 002	5 892
处理编号	2	3	6	8	9	10	11	13
x_1(N)	0	75	150	150	150	150	225	75
x_3(K_2O)	150	150	150	0	75	225	150	75
y(籽粒)	4 701	5 642	6 576	5 460	5 877	6 092	6 002	5 892
处理编号	4	5	6	7	8	9	10	14
x_2(P_2O_5)	0	37.5	75	112.5	75	75	75	37.5
x_3(K_2O)	150	150	150	150	0	75	225	75
y(籽粒)	4 776	5 576	6 576	6 011	5 460	5 877	6 092	5 874

注：表中由上至下三组数据分别用于氮磷、氮钾、磷钾三个肥料效应方程的建立。

$$\begin{cases} b_1 + 2b_4x_1 + b_7x_2 + b_8x_3 = 0 \\ b_2 + b_7x_1 + 2b_5x_2 + b_9x_3 = 0 \\ b_3 + b_8x_1 + b_9x_2 + 2b_6x_3 = 0 \end{cases} \tag{2.15}$$

$$\begin{cases} 6.898 + 2\times(-0.068)x_1 + 0.104x_2 + 0.042\,5x_3 = 0 \\ 22.236 + 0.104x_1 + 2\times(-0.258)x_2 + 0.017\,3x_3 = 0 \\ 4.144 + 0.042\,5x_1 + 0.017\,3x_2 + 2\times(-0.040\,2)x_3 = 0 \end{cases} \tag{2.16}$$

设产品价格 $p_y=1.45$ 元/kg，氮肥(N)价格 $p_{x_1}=4.2$ 元/kg，磷肥(P_2O_5)价格 $p_{x_2}=3.5$ 元/kg，钾肥(K_2O)价格 $p_{x_3}=3.5$ 元/kg，据式(2.17)解 y 对 x_1、x_2、x_3 的边际产量分别等于各自边际成本(即氮、磷、钾肥价格与作物产品价格比值)的联立方程式(2.18)，可得氮、磷、钾肥最佳施肥量 $x_1=105.984\,6$ kg/hm²，$x_2=62.680\,46$ kg/hm²，$x_3=91.094\,35$ kg/hm²。

$$\begin{cases} b_1 + 2b_4x_1 + b_7x_2 + b_8x_3 = p_{x_1}/p_y \\ b_2 + b_7x_1 + 2b_5x_2 + b_9x_3 = p_{x_2}/p_y \\ b_3 + b_8x_1 + b_9x_2 + 2b_6x_3 = p_{x_3}/p_y \end{cases} \tag{2.17}$$

$$\begin{cases} 6.898 + 2\times(-0.068)x_1 + 0.104x_2 + 0.042\,5x_3 = 4.2/1.45 \\ 22.236 + 0.104x_1 + 2\times(-0.258)x_2 + 0.017\,3x_3 = 3.5/1.45 \\ 4.144 + 0.042\,5x_1 + 0.017\,3x_2 + 2\times(-0.040\,2)x_3 = 3.5/1.45 \end{cases} \tag{2.18}$$

还需说明：(a)只有肥料效应方程的极值(数学上称为驻点)为最大值时，才能用边际分析的方法求解最高产量施肥量和肥料利润最大施肥量即最佳施肥量。极值是否最大，一般可由方程的一次项为正数,二次项为负数判别,但也不尽然,所以应采用本章参考文献[13]、[14]等介绍的方法对回归方程是否存在极大值进行数学判别;(b)对一元线性加平台肥料效应模式,其产量最大施肥量和经济效益最佳施肥量相等,都是与效益曲线拐点相对应的施肥量。

3. 方差分析

可在一个因素施肥量固定的基础上,按本章交互作用计算公式并参照第三章方差分析的有关算例,研究另两个因素的主效应及其交互作用并进行统计检验。例如,对表2-35,在部分有关处理设置重复条件下,处理12、5、3、6构成一个在施钾(K_2O,kg/hm^2)150基础上,施氮(N,kg/hm^2)75、150,施磷(P_2O_5,kg/hm^2)37.5、75的氮磷两因素2×2设计,可用以分析氮、磷主效应及其交互作用;处理13、9、3、6构成一个在施磷(P_2O_5,kg/hm^2)75基础上,施氮(N,kg/hm^2)75、150,施钾(K_2O,kg/hm^2)75、150的氮钾两因素2×2设计,可用以分析氮、钾主效应及其交互作用;处理14、9、5、6构成一个在施氮(N,kg/hm^2)150基础上,施磷(P_2O_5,kg/hm^2)37.5、75,施钾(K_2O,kg/hm^2)75、150的磷钾两因素2×2设计,可用以分析磷、钾主效应及其交互作用。

4. 校验研究

针对测土配方施肥的需要,在设置试验重复的条件下,通过"3414"设计方案可以获得计算施肥量的有关参数,并进行校验研究,建立土壤测试值与施肥量的对应关系。

(1)测定参数　目标产量法(亦称养分平衡法)施肥量计算公式中,肥料养分利用率、土壤养分供应量的换算系数等参数,可由"3414"设计求得。例如,

$$\text{肥料养分利用率}=\frac{\text{施肥区作物养分吸收量}-\text{缺素区作物养分吸收量}}{(\text{肥料施用量}\times\text{肥料养分含量})}\times 100\% \qquad (2.19)$$

解式(2.19)需先了解施肥区和缺素区的作物产量,而施肥区的产量可由表2-35的第6处理得知,氮、磷、钾的缺素区产量可分别由第2、4、8处理得知。

土壤供肥量可通过不施肥区产量(第1号处理)由式(2.20)估算:

$$\text{土壤供肥量(kg)}=\frac{\text{不施肥或缺素区产量(kg)}\times 100\ \text{kg 产量养分需要量}}{100} \qquad (2.20)$$

或通过土壤有效养分测定值校正后估算。而校正系数可由式(2.21)求得:

$$\text{校正系数}=\frac{0.07\ \text{hm}^2\ \text{缺素区作物地上部分该元素养分吸收量(kg)}}{\text{该元素土壤测定值(mg/kg)}\times 0.15}\times 100\% \qquad (2.21)$$

式(2.20)的氮、磷、钾缺素区产量可分别由表2-35的第2、4、8处理得知。

(2)校验研究　校验研究是在相关研究的基础上,建立土壤养分测试值与施肥量的对应关系,为此需要在不同肥力土壤做肥料试验。设用表2-35方案在不同肥力土壤进行了多点肥料田间试验,并获得了氮、磷、钾合理施肥量,则可通过第2、4、8处理的氮、磷、钾缺素区的产量与第6处理的氮磷钾肥全素区产量的百分比,分别了解该试验点三种养分的土壤养分肥力水平:50%~75%为低,75%~95%为中,大于95%为高,于是得到了一个点的土壤养分测试值-土壤肥力-合理施肥量的关系。如果按同一方案进行多点肥料试验,还可以得到不同肥力土壤的相对产量及相应的土壤养分测试值和合理施肥量,这样就可以得到土壤养分测试值与推荐施肥量相对应的关系,并用以指导本地区测土配方施肥。例如,表2-37就是通过多点肥料试验和校验研究得到的,据此可以从给定的测试结果查得相应的推荐施肥量。其中同一肥力等级土壤不同测试方法的测试值不同,虽然如此,只要该测试方法通过了相关研究或者其测试值与相应的施肥量高度相关,就都可以用于测土配方施肥。

表 2-37　不同磷肥力土壤的养分测试指标和推荐施肥量

肥力等级	相对产量(%)	Olsen-P(mg/kg)	M3-P(mg/kg)	推荐施肥量(P_2O_5,kg/hm^2)
极低	<50	<8	<17	120
低	50～75	8～17	17～38	90
中	75～95	17～33	38～70	60
高	>95	>33	>70	0

第七节　植物营养田间研究成果的示范推广

植物营养田间研究成果的示范推广就是在大田生产条件下检验田间小区试验结论，并使其转化为生产力。它包括示范试验、数据分析和成果推广等基本环节。

一、大田示范试验的意义和特点

大田示范试验是在田间小区试验的基础上，在大田生产条件下进行的中间试验。其意义主要有三点：

(1)小区试验结论的验证　在各种植物营养田间研究方法中，虽然小区试验条件与大田生产条件比较接近，但小区试验多用手工操作，管理精细，收获物损失少，而大田生产管理较为粗放。因此，试验结论与生产实际之间仍存在相当大的差距。在大面积推广应用之前，必须经过大田示范试验进行检验。

(2)科研成果经济效益的评价　正因为小区试验和生产之间存在上述种种差异，依据小区试验的投入—产出关系，不能对研究成果推广应用的经济价值作出正确评价，必须通过大田示范试验，在生产条件下，与农户等生产单位习惯采用的技术方法相对比才能得出科学的结论。

(3)新技术成果的宣传　一项先进的农业技术成果，只有被广大农民接受才能转化为生产力。大田示范试验处理简单，便于直观对比，管理措施与大田生产一致，具有较强说服力。因此，它对农民有宣传和科学普及作用，为大面积推广做了舆论准备。

示范试验作为小区试验和大面积生产应用的中间环节，具有生产性和试验性双重特点。生产性主要指田间管理水平接近于生产实际情况，因此，处理区面积较大，为小区试验相应处理区面积的 10～20 倍甚至更大，以便于机具和畜力农具操作。试验性是指它是按试验要求进行的控制试验，因此，除试验因素的措施(如施肥)外，其他管理措施以及前茬和肥力基础等都必须一致，以确保不同处理之间的可比性。

二、大田示范试验技术

大田示范试验基本程序包括试验设计、试验点选择、试验管理和收获测产等。现以原北京农业大学在河北省曲周县进行的夏玉米多点肥料试验为例作具体说明，其他类型的大田示范试验方法可以此作为参考。

例 2.7.1　为建立县级不同肥力土壤计算机施肥咨询系统，原北京农业大学与曲周县协作，于 1987—1989 年在全县范围内进行了 90 个点的玉米氮磷肥料试验，通过计算机的回归分析和动态聚类，得到高产、中产、低产三种不同肥力土壤的类方程。设氮、磷肥料(N、P_2O_5)价格分别为2.00元/kg,2.50元/kg,玉米籽粒价格为0.70元/kg。通过边际分析,得到这三种肥力土壤夏玉米氮磷最佳施肥量(x_1,x_2)及产量(y)见表2-38。这是小区试验结论,在大面积推广以前需先通过大田示范试验进行检验。

表2-38 不同肥力土壤夏玉米经济最佳施肥量和产量

土壤肥力	x_1(N, kg/hm^2)	x_2(P_2O_5, kg/hm^2)	y(籽粒,t/hm^2)
低产	141	89.6	5.54
中产	135	82.7	7.34
高产	89	80	8.57

(一)试验设计

设3个试验处理区:(a)推荐施肥区,采用表2-38的最佳施肥量;(b)习惯施肥区,采用当地农民的习惯施肥量;(c)空白对照区,不施肥料,以检验土壤基础肥力和估算肥料利用率。

小区面积较大,为700 m^2。无肥对照区面积可适当小些,但以不影响机、畜耕作为限。一般不设重复,只进行直观对比。

(二)布点选地

布点选地应考虑到以下基本原则:

①大田示范试验地总面积与推广面积要有一定比例,一般不小于0.1%。示范面积不能太小,试验点不能太少,否则缺乏代表性,如1989年,在全县布置了15个玉米示范试验点。

②确定示范试验点时需要兼顾不同土壤肥力水平,各类土壤的面积比例要与相应的试验点数比例大致吻合。

③示范试验的生产条件和管理水平在推广地区既要有代表性,又要能推动先进技术的应用和生产发展。

④示范试验点应选在交通方便、便于检查和组织农户交流的地方。

(三)试验管理

由于示范试验具有生产性和试验性双重特点,试验生产管理必须掌握以下两条基本原则:

①除试验因素外,不同处理的各项管理措施要力求一致,使处理之间具有可比性。在各农户实行统一机耕的地方,不要忘记耕前施好基肥,否则后来难以检查和补救。追肥要施匀,不要串灌。尤其要注意不要人为通过不灌水、喷矮壮素等措施去控制某个处理可能发生的倒伏。

②按大田生产条件和作物生长发育要求及时进行管理。按大田生产条件进行决不意味着可以粗放和马虎,而是指不要超越当前生产技术水平。在这个前提下,应当积极认真进行管理,以使肥料效应能够充分发挥。

(四)收获测产

由于处理小区面积较大,可采用收割样方或样段测产。对此,密植作物和中耕作物各有不同要求。密植作物如小麦,每个处理区的取样面积不小于10～15 m^2,可取3～5个样方,每个样方2～3 m^2。如果因肥料效应发生倒伏,可据倒伏面积大小,按一定比例布点取样(参见图2-11)。对玉米等中耕作物,单株变异大,植株密度低,每个处理区取样面积不小于15～20 m^2。

三、数 据 分 析

数据分析的主要内容是用产量结果进行肥料效应反馈研究和经济效益分析。

(一)效应反馈

效应反馈是指肥料效应模式的理论产量与大田生产实际产量的拟合度,以校验系数 A 来表示。A 是推荐施肥区的作物实际产量与肥料效应模式的理论产量的比值,A=实际产量/理论产量。A 越接近于 1,说明实际产量与预报产量越吻合,肥料效应的反馈性越好。

1989 年,曲周县 15 个夏玉米大田示范试验中,有 4 个因选点不当被剔除,据其余 11 个点的试验得表 2-39 校验结果。表 2-39 表明,在中、高肥力土壤上,夏玉米理论产量与实际产量相当接近,即肥料效应反馈相当好,对肥料效应模式和推荐施肥配方不必修正。在低肥力土壤上,由于 1989 年雨水较常年协调,实际产量偏高,在这种情况下,对推荐施肥配方虽然不必调整,但预报产量时,应对肥料效应模式做如下修正:

$$\hat{y} = A(b_0 + b_1x_1 + b_2x_1^2 + b_3x_2 + b_4x_2^2 + b_5x_1x_2) \tag{2.22}$$

表 2-39 夏玉米肥料示范试验校验结果

试验点	土壤肥力	产量(t/hm^2)		校验系数		
		实际	理论	A	$\bar{A}$	S_A
东陈庄	高	8.08	8.57	0.943		
郭甫	高	9.10	8.57	1.061		
郭甫	高	8.95	8.57	1.044	1.005	0.057
东南寨	高	8.32	8.57	0.970		
东陈庄	中	6.55	7.34	0.866		
槐桥	中	6.95	7.34	0.947		
马兰	中	8.60	7.34	1.171	1.020	0.139
东南寨	中	8.04	7.34	1.096		
麻庄	低	7.45	5.54	1.346		
油贺	低	5.96	5.54	1.077	1.231	0.139
艾台	低	7.03	5.54	1.269		
平均		7.71	7.30	1.057		

(二)经济分析

通过 3 个处理区,特别是推荐施肥区与习惯施肥区产量和施肥利润的比较,可对推荐施肥量的增产增收情况作出评价。由于示范试验条件与大面积生产实践条件之间仍存在一定差距,在统计产量时要乘以缩值系数。缩值系数大小应由生产调查确定,一般为 0.6~0.9 不等,曲周示范试验取值为 0.8。

对一般大田示范试验可按表 2-40 和表 2-41 进行产量和施肥经济效益分析。曲周县夏玉米肥料示范试验系多点试验,为方便,采取表 2-42 和表 2-43 形式。由表 2-42 可知,在高、中、低 3 种肥力土壤上,推荐处理区比习惯施肥区分别增产 0.38、0.89、0.11 t/hm^2,平均增产 0.7 t/hm^2。按前述肥料和作物产品价格,每公顷分别增收 130、330、370 元,平均增收 268 元(表 2-43),再乘以实际推广面积就可以分别算得推广优化配方施肥新技术后所获得的增产增收总量。

表 2-40 示范试验肥料产量效应分析

项 目	处 理		
	推荐施肥区①	习惯施肥区②	无肥区③
绝对产量(t/hm^2)			
绝对增产量(t/hm^2)			
①－③			
②－③			
①－②			
相对产量(%)			
相对增产量(%)			
①－③			
②－③			
①－②			

注:相对产量以无肥区产量为100%。

表 2-41 示范试验施肥经济效益分析

项 目	处 理		
	推荐施肥区①	习惯施肥区②	无肥区③
产品收益(元/hm^2)			
肥料成本(元/hm^2)			
施肥利润(元/hm^2)			
利润比较			
①－③			
②－③			
①－②			

表 2-42 夏玉米肥料示范试验平均增产量 t/hm^2

土壤肥力	推荐施肥区①	习惯施肥区②	无肥区③	增产量(①－②)×0.8
高	8.61	8.13	6.85	0.38
中	7.49	6.38	5.64	0.89
低	6.81	5.42	3.92	1.11
平均	7.64	6.64	5.47	0.79

注:增产量缩值系数为0.8。

表 2-43 夏玉米肥料示范试验经济效益分析 元/hm^2

土壤肥力	推荐施肥区①			习惯施肥区②			利润增加
	产品收益	肥料成本	施肥利润	产品收益	肥料成本	施肥利润	
高	985.8	377.8	607.9	710.1	232.9	477.2	130.7
中	1 032.1	476.7	555.5	414.7	189.8	225.0	330.5
低	1 618.9	504.0	1 114.9	833.2	91.9	745.2	369.7
平均	1 175.3	448.2	727.1	637.4	178.9	458.9	268.2

四、成果推广

成果推广工作主要由农业技术推广部门承担。如原北京农业大学帮助曲周县土肥工作站建立了计算机施肥决策和咨询系统，由土肥站结合本县具体情况向农民提出施肥建议。工作中要抓住以下环节：

(1)确定对口施肥方案 采用上述推荐方案和应用对象要相互对口，做到有的放矢。以前述不同土壤肥力配方施肥为例，要通过土壤测试和计算机技术对土壤肥力进行综合判别，确定土壤肥力类型，选择相应的施肥模式和肥料配方。只有土壤类型划分得准确，肥料配方才能选择得合理，达到预期的施肥目标。

(2)取得当地领导的重视和支持 只有领导重视才能使新技术成果在农民中得到有效推广。如曲周县推广优化配方施肥研究成果时，县政府主管农业的副县长亲自领导，组成配方施肥领导小组，统一规划部署，组织技术推广，物资供销和化肥生产等部门协同解决推广中化肥供应等方面的问题，使推广工作得以顺利开展。

(3)实行集团技术承包和有偿服务的方式 这一措施是政府、技术部门或公司与农民建立合同关系并给农民以适当优惠，在合同双方互相负责的前提下，鼓励农民积极接受和应用新技术。如曲周县推广优化配方施肥技术时，由县政府、农业局、乡政府和研究单位共同组成技术承包集团(甲方)，与农户(乙方)签订配方施肥技术承包合同。甲方提供施肥建议和进行土壤测试，优先供应化肥、种子等农用物资和有关的农化服务，乙方负责实施甲方的方案。关于农民是否缴纳技术咨询费和其他农化服务费的问题，应在确保农民受益和促进技术成果转化的条件下，根据我国国情特点，经双方协商，公平合理地解决。

(4)搞好技术培训 新技术靠人去掌握，因此要对基层干部和广大农民群众进行科学技术培训。如曲周县在推广优化配方施肥技术同时，对县级科技人员宣讲优化配方施肥理论、田间试验技术和土壤测试及资料处理方法。对乡镇技术骨干和重点农户讲解配方施肥的意义、内容、方法及实施要点。这些做法提高了技术推广效果和当地技术员及农民的科学素质。通过纸质技术资料、黑板报、广播、电视、农民夜校、展览、录音、录像等多种媒体，开展宣传工作也是技术培训的重要方法，要积极做好。

最后要明确，试验、示范、推广是一个有机整体，是一个滚动前进的过程。推广中出现新问题促进人们再试验、再前进，从而使研究工作不断深入，推广成果逐渐扩大。当前全国测土配方施肥工作，与肥料开发、营销有关的农化服务工作正在迅速发展，要充分利用这些有利条件，促进肥料和施肥技术研究成果的转化和推广。

思考题

1. 举例说明方差分析和回归分析的试验方案设计原则有哪些异同点。这两类试验设计各用于解决植物营养和施肥研究的哪些问题？

2. 举例说明什么是完全实施方案和均衡不完全实施方案。各有什么主要优缺点？

3. 以高产施肥为例说明交互作用的概念，并指出怎样通过复因素试验揭示交互作用。

4. 以完全随机区组设计为例说明方法设计三原则和它们之间的关系。

5. 比较完全随机区组设计、拉丁方设计和裂区设计的主要特点和应用范围。

6. 举例说明决定小区的形状和大小时应考虑哪些因素。小区和区组的理想形状是什么?

7. 举例说明试验地选择对田间肥料试验的意义。一个理想的肥料小区试验地应满足哪些基本要求?

8. 试验管理的基本原则是什么?冬小麦氮肥用量试验的某一处理发生了倒伏或病虫害,你准备怎么办?

9. 肥料长期定位试验资料整理有哪些特点?怎样采取和保存肥料长期定位试验的样本?

10. 什么是试验异常数据?有了异常数据该怎么办?

11. 什么是“缺区”?对缺区数据该怎样估计和统计分析?

12. 以某一多点肥料试验为例,编写一份试验报表,内容简明扼要,但要从中获得试验的产量和土壤分析数据及主要背景资料。

13.“3414”设计有哪些主要特点?可以获得哪些试验信息?各用哪些处理和什么统计分析方法?

参考文献

[1] 毛达如.植物营养研究方法.2版.北京:中国农业大学出版社,2005.

[2] 毛达如.近代施肥原理与技术.北京:科学出版社,1987.

[3] 林葆,等.中国化肥使用研究.北京:北京科学技术出版社,1989.

[4] H·马斯纳.高等植物的矿质营养.曹一平,等译.北京:北京农业大学出版社,1991.

[5] 杨宇春.黄淮海平原主要作物优化施肥和土壤培肥技术.北京:中国农业科技出版社,1991.

[6] 资料汇编.北京农业大学科技情报室.1984.

[7] T·M·利特尔.农业试验设计和分析.李耀锽,等译.北京:农业出版社,1983.

[8] 茆诗松,丁元,贾纪芗,等.回归分析及其试验设计.上海:华东师范大学出版社,1981.

[9] National Agronomic Institute. Long term fertilizer experiments and their results. 1976.

[10] Gomez K A,Gomez A A. Statistical procedures for agricultural research with emphasis on rice. The International Rice Research Institute,1976.

[11] Hamburg M. Statistical analysis for decision making. 3rd ed. Harcourt Brace Jovanovich, Inc. USA.

[12] 胡上序,陈德钊.观测数据的分析与处理。杭州:浙江大学出版社,1996.

[13] 王兴仁,张录达,王华芳.正交试验设置重复的必要性和统计分析方法.土壤通报,2000(3):135-139.

[14] 王兴仁,张福锁,等.现代肥料试验设计.北京:中国农业出版社,1996.

[15] 王兴仁.二元二次肥料效应曲面等产线图在科学施肥中的位置.土壤通报,1985(1):30-34;(2):86-88.

[16] 王兴仁,申建波,刘小虎.关于饱和D-最优设计的再商榷.植物营养与肥料学报,2010,16(6):1 535-1 538.

第三章　植物营养研究的生物统计方法

任何试验研究，误差总是难免的，植物营养研究中所得到的数据也必然存在误差。误差往往会掩盖以至歪曲客观事物的本来面目。生物统计可以帮助我们对试验数据进行科学的处理，去伪存真，从中引出符合客观实际的正确结论。

植物营养是一个复杂的过程，同时受到各种因素的影响，其中不可控制的因素又较多，因此，试验的科学设计和正确实施在其研究中就显得非常重要。运用生物统计，既能使试验设计得当，减少工作量，增大信息量，又能使实施方法正确，减小误差，提高精度，收到事半功倍之效。

总之，生物统计是植物营养研究中不可缺少的有力工具，任何一个植物营养问题的研究，自始至终都不应离开生物统计。

第一节　误　　差

一、总体与样本

总体就是同质事物的全体，也称母体、全群或集团。构成总体的每一个成员叫做个体或总体单元。所谓同质，不是绝对的，而是相对的，是随着研究目的而变的。比如我们研究小麦籽粒中氮素的含量，所有小麦籽粒的含氮量就构成一个总体，每一品种小麦籽粒的含氮量就是一个总体单元；如果我们仅研究某品种小麦籽粒的含氮量，则其总体只包括该品种所有小麦籽粒的含氮量，而该品种在不同栽培条件下籽粒的含氮量就是一个总体单元。因此，总体的大小，也就是总体所包含个体数目的多少，可能是有限的，也可能是无限的，前者称为有限型，后者称为无限型。

我们对事物的研究，在于找出其总体的客观规律性。总体的性质决定于其中个体的性质，要对总体做出合乎实际的估计，最好是对总体中的全部个体都进行观察和测定。但是由于一个总体所包含的个体往往很多，甚至无穷，以致在研究时不能对其一一加以考察；有时测定是破坏性的，就是总体所包含的个体有限，也不允许全部加以考察。因此，我们只能从总体中取出一部分个体进行研究，这部分个体的总和叫做样本或抽样总体。几乎所有的研究工作，都是通过样本来了解总体。根据包含个体数目的多少，样本也有大小之分，一般包含个体 30 个以上者为大样本，30 个或 30 个以下者为小样本。

二、真值与平均值

在一定条件下，事物所具有的真实数值就是真值。由于偶然因素不可避免的存在和影响，实际上真值是无法测得的。例如，测定一个土样的含氮量，由于测定仪器、测定方法、环境条件、测定过程、测定者的技术等因素的影响，测定 10 次就可能得到 10 个不同的结果。显然，土样含氮量的真值只有一个，在 10 个结果中就无法肯定哪一个是真值。偶然因素对事物的影响有正有负,有大有小,根据误差分布规律,偶然因素对事物的影响,大小相等的正负作用的概率相同。因此,如果将土样含氮量测定的次数无限增多,求出其平均值,则偶然因素的正负作用相抵消,在无系统误差的情况下,这个平均值就极接近于真值,一般就把这个平均值当作真值看待。在实际中,我们的测定次数总是有限的,故其平均值只能是近似真值或称最佳值。

三、误差的概念、种类及产生原因

误差就是观察结果与真值之间的差异。由于偶然因素无法消除,任何试验研究中误差总是难免的。试验结果都具有误差,误差自始至终存在于一切科学试验的过程之中,这就是所谓的误差公理。根据误差的性质和产生原因,可以将其分为系统误差和随机误差两大类。

(一)系统误差

这种误差是由某个或某些固定因素引起的。在整个试验过程中,误差的符号和数值是恒定不变的,或者是遵循着一定规律变化的。例如,在田间试验中,土壤肥力朝一个方向或周期性地递增或递减,试验地朝一个方向或周期性地有利或不利于作物生长;又如测量中仪器不良、个人的习惯与偏向等都会引起系统误差。系统误差的出现一般是有规律的,其产生的原因往往是可知的或能掌握的。因而,这种误差可以根据其产生的原因加以校正和消除。系统误差表征着试验结果的准确度,一般地说,在试验中应尽可能设法预见到各种系统误差的具体来源,并极力设法消除其影响。如果存在某种系统误差而我们却不知道,这是危险的。因为对试验结果的统计处理,不一定能发现它和消除它。

(二)随机误差

当在同一条件下对同一对象反复进行测定时,在无系统误差存在的情况下,每次测定结果出现的误差时大时小,时正时负,没有确定的规律。这种误差称随机误差,亦称偶然误差,它是由偶然因素引起的,具有偶然性,是不能预知的,也是不可避免的,只能减小,不能消除。随机误差和其他随机事件一样,服从一定的概率分布,其发生受概率的大小所支配。也就是说,随机误差就其个体看是偶然的,而就其总体来说,却具有其必然的内在规律。根据研究,随机误差服从正态分布。随着重复次数的增加,随机误差由于正负相抵消,其平均值不断减小,逐步趋于零。因此,多次测定的平均值比单个测定值的随机误差小,这种性质称为抵偿性。

系统误差与随机误差的区分不是绝对的,而是相对的,它们之间并不存在不可逾越的鸿沟,是可以相互转化的。当人们对误差来源及其变化认识不足时,往往把某些系统误差归于随机误差。反之,随着认识的加深,可能把原来认识不到而归为随机误差的某项误差予以澄清而明确为系统误差。

随机误差表征着试验的精确性。通常在试验中所谈的误差均指随机误差而言。随机误差是在整个过程中形成的,试验的科学设计和正确实施均能降低试验误差,提高试验精确性。对于试验结果中随机误差的处理,主要是依靠概率统计方法。

四、集中性与变异性的度量

任何事物的存在总是和它周围的环境条件联系在一起的。同一总体中的个体不可能都处在绝对相同的条件之中,由于受偶然因素影响的不同,个体间的变异是必然的。例如,在同一品种的麦田中,不同植株的高度、穗长、粒数、粒重等总是有差异的。同一总体中,个体间具有变异的每种性状或特性,在量的方面可以表现为不同的数值。这种因个体不同而变异的量,在统计上称为变量,而不同个体在某一性状上具体表现的数值称为观察值。例如,小麦株高就是一个变量,某株高 102 cm 就是一个观察值。变量有连续和不连续之分。总体中相邻两个观察值之差可达无穷小者为连续变量,相邻两个观察值之差最小为 1 者为不连续变量,或称非连续变量。

我们对事物的研究,既要说明其总体的集中性,又要说明其总体的变异性。凡能说明不同总体集中性和变异性特征的数值称为总体特征数,亦称参数。样本特征数是总体特征数的估计值,称为统计数或统计值。平均值反映了总体的典型水平,说明了总体集中性的特征。描述总体变异性的特征数,常用的有极差、方差、标准差、变异系数等。

(一)平均值

平均值有多种,常用的为算术平均值,亦称平均数或均数。

设样本平均数为 $\bar{x}$,观察值为 $x_1, x_2, \cdots, x_n$,则

$$\bar{x} = \frac{x_1 + x_2 + \cdots + x_n}{n} = \frac{\sum x}{n} \tag{3.1}$$

式中:$\sum$ 为求和的意思,$\sum x$ 为 $\sum_{i=1}^{n} x_i$ 的简写,表示从 x_1 加到 x_n 的和。

由式(3.1)得:

$$\sum (x - \bar{x}) = \sum x - n\bar{x} = 0 \tag{3.2}$$

由式(3.2)可知,一个样本中各个观察值与平均数的差数$(x-\bar{x})$(称离均差)的总和即 $\sum(x-\bar{x})$ 等于零,这是平均数很重要的特性之一。

样本平均数 $\bar{x}$ 是总体平均数 μ 的无偏估计。所谓无偏估计,就是 $\bar{x}$ 的数学期望恰好等于 μ。这不难证明:

$$E(\bar{x}) = E\left(\frac{1}{n}\sum x\right) = \frac{1}{n}\sum E(x) = \frac{1}{n}\sum \mu = \frac{1}{n}n\mu = \mu$$

在计算平均数时,如果观察值 $x_1, x_2, \cdots, x_n$ 在样本中的比重不同,则应按加权平均数法进行计算。其计算公式为:

$$\bar{x} = \frac{f_1x_1 + f_2x_2 + \cdots + f_nx_n}{f_1 + f_2 + \cdots + f_n} = \frac{\sum fx}{\sum f} \tag{3.3}$$

式中:$f_1, f_2, \cdots, f_n$ 为 $x_1, x_2, \cdots, x_n$ 在样本中所占的比重,称为权数,即对不同观察值有权衡轻重的作用。用式(3.3)求出的平均数一般称加权算术平均值,简称加权平均数。如果不同观察值的 f 相等,则式(3.3)与式(3.1)完全相同。

例如,某农场共种植小麦 33.3 hm^2,分 4 个地块,各地块的面积分别为 6.7、10、5.3、11.3 hm^2,其对应的小麦产量为4 500、3 750、2 250、3 600 kg/hm^2,求这个农场小麦每公顷的平均产量。

显然,各地块的面积不同,它们的每公顷产量在全场平均每公顷产量中所占的比重不同,故应按式(3.3)进行计算。设各地块的面积为 f,各地块每公顷的产量为 x,则农场小麦的平均产量 $\bar{x}$ 为:

$$\bar{x} = \frac{6.7 \times 4\,500 + 10 \times 3\,750 + 5.3 \times 2\,250 + 11.3 \times 3\,600}{6.7 + 10 + 5.3 + 11.3} = 3\,611(kg/hm^2)$$

由于资料性质的不同,或者为了方便起见,在实际中除了算术平均值以外,还有以下几种平均值。

(1)中数　一个总体或样本的所有观察值,依大小顺序排列成一个数列。当观察值的个数为奇数时,居中间位置的观察值谓之中数;当观察值的个数为偶数时,则以中间两个观察值的算术平均值为中数。中数不受特大特小极端值的影响。

(2)众数　在一总体或样本中,出现次数最多的那个观察值(不连续变量)或频数最多的一组的中点值(连续变量)称为众数。例如,棉花纤维检验时所用的主体长度即为众数。

(3)几何平均数　如一个总体或样本中有 n 个观察值,所有观察值连乘积的 n 次方根称几何平均数,用 G 代表,则

$$G=\sqrt[n]{x_1x_2\cdots x_n}=\lg^{-1}\left(\frac{\lg x_1+\lg x_2+\cdots+\lg x_n}{n}\right)=\lg^{-1}\left(\frac{1}{n}\sum\lg x\right) \tag{3.4}$$

几何平均数可用于求人口增长率等类资料的平均值。

(4)调和平均数　资料中各个观察值倒数的平均数的倒数称为调和平均数。设调和平均数为 H,观察值为 $x_1,x_2,\cdots,x_n$,则

$$H=\frac{1}{\frac{1}{n}\left(\frac{1}{x_1}+\frac{1}{x_2}+\cdots+\frac{1}{x_n}\right)}=\frac{1}{\frac{1}{n}\sum\frac{1}{x}}=\frac{n}{\sum\frac{1}{x}} \tag{3.5}$$

例如,从土壤表面下 30 cm 处起,测量水分在土壤毛管中上升的速度,第一个 10 cm 的上升速度为每分钟 8 cm,第二个 10 cm 为每分钟 6 cm,第三个 10 cm 为每分钟 4 cm,求其平均速度必须用调和平均数,即

平均速度　$$H=\frac{1}{\frac{1}{3}\times\left(\frac{1}{8}+\frac{1}{6}+\frac{1}{4}\right)}=5\frac{7}{13}(\text{cm/min})$$

(二)极差

总体或样本观察值中最大值与最小值之差称为极差,亦称全距或变异幅度,用 R 表示,即

$$R=\max\{x_1,x_2,\cdots,x_n\}-\min\{x_1,x_2,\cdots,x_n\} \tag{3.6}$$

式中 max 和 min 分别表示 $x_1,x_2,\cdots,x_n$ 中的最大值和最小值。极差简单直观,便于计算,其缺点是只取两极端值,与其他观察值不发生关系,没有充分利用数据所提供的信息,不能完全说明观察值间的变异情况,所以,反映实际情况的精确度较差。

(三)方差

平均数是总体的代表值,以平均数为标准,每个观察值与平均数之差称离均差,可以说明不同观察值的变异程度。一个总体包含很多观察值,就有很多离均差,要反映总体变异的一般水平,就应求出离均差的平均值。但是,不论总体的变异情况如何,把所有的离均差加起来总是等于零,无法反映变异大小。为了克服这个问题,曾用过离均差的绝对值,但计算上不甚方便,最好的办法是将离均差平方,不仅消除了负号,而且使离均差增大,更有利于度量变异程度的灵敏性。离均差平方的平均数就称为方差。

设总体含有 $x_1,x_2,\cdots,x_N$ N 个观察值,平均数为 μ,方差为 σ^2,则

$$\sigma^2=\frac{\sum(x-\mu)^2}{N} \tag{3.7}$$

式中 $\sum(x-\mu)^2$ 为离均差平方和,简称平方和,记作 SS。

总体方差一般不易获得,通常用样本进行估计。样本方差亦称均方,记作 MS。

设样本含有 $x_1,x_2,\cdots,x_n$ n 个观察值,平均数为 $\bar{x}$,方差为 S^2,则

$$S^2=\frac{\sum(x-\bar{x})^2}{n-1} \tag{3.8}$$

一个样本含 n 个观察值,则得 n 个离均差,由于受 $\sum(x-\bar{x})=0$ 这个条件的限制,其中只有 $n-1$个可以自由变动,所以在统计学上把 $n-1$ 称为自由度,记作 df。显然,如受 k 个条件限制,则自由度就是 $n-k$。

样本方差 S^2 是总体方差 σ^2 的无偏估计,即 S^2 的数学期望等于 σ^2。证明如下:

$$\begin{aligned}E(S^2)&=E\left\{\frac{\sum(x-\bar{x})^2}{n-1}\right\}=\frac{1}{n-1}E\{\sum(x-\bar{x})^2\}\\&=\frac{1}{n-1}E\{\sum[(x-\mu)-(\bar{x}-\mu)]^2\}\\&=\frac{1}{n-1}E\{\sum(x-\mu)^2-2\sum(x-\mu)(\bar{x}-\mu)+n(\bar{x}-\mu)^2\}\\&=\frac{1}{n-1}E\{\sum(x-\mu)^2-2n(\bar{x}-\mu)^2+n(\bar{x}-\mu)^2\}\\&=\frac{1}{n-1}E\{\sum(x-\mu)^2-n(\bar{x}-\mu)^2\}\\&=\frac{1}{n-1}\{\sum E[(x-\mu)^2]-nE[(\bar{x}-\mu)^2]\}\\&=\frac{1}{n-1}\left\{n\sigma^2-n\cdot\frac{\sigma^2}{n}\right\}=\frac{1}{n-1}\{n\sigma^2-\sigma^2\}=\sigma^2\end{aligned} \tag{3.9}$$

(四)标准差

方差的正平方根称为标准差。在计算方差时离均差经过平方,原来的单位(如 kg、cm 等)也随之变为平方,再经过开平方又恢复为原来的度量单位,所以标准差是个有名数,其度量单位与观察值相同。

设总体标准差为 σ,样本标准差为 S,则

$$\sigma=\sqrt{\frac{\sum(x-\mu)^2}{N}} \tag{3.10}$$

$$S=\sqrt{\frac{\sum(x-\bar{x})^2}{n-1}} \tag{3.11}$$

计算 S 的主要工作是计算 $\sum(x-\bar{x})^2$,有时直接计算较为麻烦,当 $\bar{x}$ 为一约数时更易引入计算误差,一般可用下列恒等式简化:

$$\begin{aligned}\sum(x-\bar{x})^2&=\sum(x^2-2x\bar{x}+\bar{x}^2)\\&=\sum x^2-2\frac{(\sum x)^2}{n}+\frac{(\sum x)^2}{n}\\&=\sum x^2-\frac{(\sum x)^2}{n}\end{aligned} \tag{3.12}$$

式(3.12)为变量平方法求平方和。

例 3.1.1 测定了𪣻土上10个土样速效磷的含量(表3-1),试计算其标准差。用直接法求平方和得

$$\sum(x-\bar{x})^2 = 89.665$$

用变量平方法求平方和得

$$\sum(x-\bar{x})^2 = \sum x^2 - \frac{(\sum x)^2}{n} = 1\,099.69 - \frac{(100.5)^2}{10} = 89.665$$

根据式(3.11)得

$$S = \sqrt{\frac{89.665}{10-1}} = 3.2(\text{mg/kg})$$

表3-1 10个土样速效磷含量(x)的标准差计算

编 号	x(P,mg/kg)	直接法		变量平方法
		$x-\bar{x}$	$(x-\bar{x})^2$	x^2
1	5.3	−4.75	22.562 5	28.09
2	9.6	−0.45	0.202 5	92.16
3	12.0	1.95	3.802 5	144.00
4	12.3	2.25	5.062 5	151.29
5	11.4	1.35	1.822 5	129.96
6	8.0	−2.05	4.202 5	64.00
7	14.7	4.65	21.622 5	216.09
8	13.3	3.25	10.562 5	176.89
9	7.5	−2.55	6.502 5	56.25
10	6.4	−3.65	13.322 5	40.96
$\sum$	100.5	0	89.665	1 099.69
$\bar{x}$	10.05			

(五)变异系数

标准差是度量总体或样本变异性大小的绝对量,受平均数的影响很大,只有在平均数相同的情况下,才能用标准差作指标,比较不同样本变异程度的大小;标准差是一个有名数,度量单位不同,也不能互相比较。因此,要比较不同样本变异的大小,需将标准差化为相对值。标准差占平均数的百分率称为变异系数,用 CV 表示,即

$$CV = \frac{S}{\bar{x}} \times 100\% \tag{3.13}$$

变异系数是不带单位的纯数,用它可以比较不同样本相对变异的大小,即研究对象数量表现的相对整齐性。例如,表3-2资料为大田和丰产田小麦产量的平均数 $\bar{x}$、标准差 S 及变异系数 CV。如从标准差看,大田小麦的变异小于丰产田,但它们的 $\bar{x}$ 不同,基础不一样,算出 CV 后就可以看出,大田小麦的相对变异要比丰产田大,即丰产田的相对整齐度优于大田。

表3-2 大田与丰产田小麦产量的变异性

项目	$\bar{x}$(kg/hm^2)	S (kg/hm^2)	CV (%)
大田	3 750	300	8.0
丰产田	5 250	330	6.3

CV 的大小决定于 S 及 $\bar{x}$。S 变大、$\bar{x}$ 变小或两者兼有都可造成 CV 变大；反之，S 变小、$\bar{x}$ 变大或两者兼有都可造成 CV 变小。因此，一般宜同时列出 $\bar{x}$ 及 S。

五、随机误差的分布

随机误差是由很多不能确切掌握或者完全未知的偶然因素造成的，它不可能像系统误差那样可以根据产生的原因加以校正和消除，只有运用统计学的方法对试验结果进行处理，才能估计出其影响的大小。

随机误差是一个变量，但这种变量和一般变量不同，它具有偶然性，也就是说事前并不能确定它将取什么值，只有在试验结果确定后，它的值才能相应地确定，故称其为随机变量。同一总体中不同个体的性状和特性，在量的方面所表现的差异，是受偶然因素的影响所致，和随机误差一样，也是随机变量。由于随机变量是以概率取值，所以可用概率理论来描述随机误差出现的规律，即误差的概率分布。

(一)正态分布

根据概率论中的中心极限定理可知，若某随机变量是由为数众多的相互独立的随机因素的影响叠加而成，而这些随机因素每一个的影响又都表现得很小，则该随机变量的概率分布必是正态的。随机误差是多种因素微小变化综合作用的结果，所以，随机误差通常都遵从正态分布。设总体的观察值为 x_i，平均数为 μ，标准差为 σ，误差 $\delta_i = x_i - \mu$，则其正态分布的概率密度函数 $\varphi(x)$ 为：

$$\varphi(x) = \frac{1}{\sigma\sqrt{2\pi}} e^{-\frac{1}{2}\left(\frac{x-\mu}{\sigma}\right)^2} \tag{3.14}$$

或

$$\varphi(\delta) = \frac{1}{\sigma\sqrt{2\pi}} e^{-\frac{1}{2}\left(\frac{\delta}{\sigma}\right)^2} \tag{3.15}$$

图 3-1 是不同情况下的正态概率密度函数曲线。曲线 A、B、C 具有相同的 μ，但 σ 不同，所以高矮胖瘦不同，这是因为 σ 表征着总体的变异程度。曲线 B 与 D 具有相同的 σ，但 μ 不同，所以位置不一样。可见有了平均数 μ 及标准差 σ，就可把正态分布曲线确定出来，故正态分布常以记号 $N(\mu,\sigma^2)$ 来表示，$\mu=0$，$\sigma=1$ 时的正态分布称为标准正态分布。

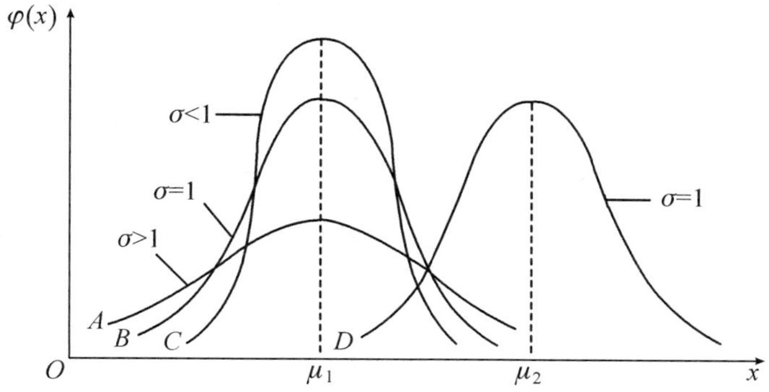

图 3-1　正态分布曲线变化规律

正态分布首先由笛莫佛(De Moivre)在 1733 年讨论二项分布的极限形式时发现，但未被人们注意，后来由高斯(Gauss)及拉普拉斯(Laplace)在研究误差时重新发现，所以，正态分布曲线也称高斯曲线。正态分布是连续性随机变量的一种最重要而常见的概率分布,用途很广,在生物统计中占有很重要的地位。

由正态概率密度函数式(3.14)和式(3.15)及图3-1不难看出,正态分布具有以下特点:

①以平均数为轴,左右对称。不论 $\delta=x-\mu$ 为正为负,只要绝对值相等,则 $\varphi(x)$ 或 $\varphi(\delta)$ 相等。说明绝对值相等的正误差和负误差,其出现的概率相同。

②当 $x=\mu$ 即 $\delta=0$ 时,$\varphi(x)$ 或 $\varphi(\delta)$ 的值最大,即在平均数 μ 处曲线达最高点。随着 $|x-\mu|$ 的增加,曲线迅速下降,说明绝对值小的误差出现的概率大,绝对值大的误差出现的概率小。

③$\varphi(x)$ 和 $\varphi(\delta)$ 的值始终为正,故曲线在横坐标之上。当 $\frac{x-\mu}{\sigma}$ 趋于∞时,$\varphi(x)$ 和 $\varphi(\delta)$ 趋于零,所以曲线以横坐标为渐近线。曲线与横坐标所夹的面积,包括了总体中所有个体概率的总和,其值等于1。

④由特点①可以推出:当观察值的个数 $N\rightarrow\infty$ 时,由于正负误差相抵消,误差的总和 $\sum\delta\rightarrow 0$,这就是随机误差的抵偿性。

知道了一个总体遵从正态分布,就可求出任一区间 (a,b) 中变量的概率,也就是不同误差的概率。设变量 x 落入区间 (a,b) 的概率为 $P(a\leqslant x\leqslant b)$,则:

$$P(a \leqslant x \leqslant b) = \frac{1}{\sigma\sqrt{2\pi}}\int_a^b e^{-\frac{1}{2}\left(\frac{x-\mu}{\sigma}\right)^2} dx \tag{3.16}$$

即图3-2中直线 $x=a$,$x=b$,横坐标和曲线 $\varphi(x)$ 所夹的面积(图中阴影部分)。

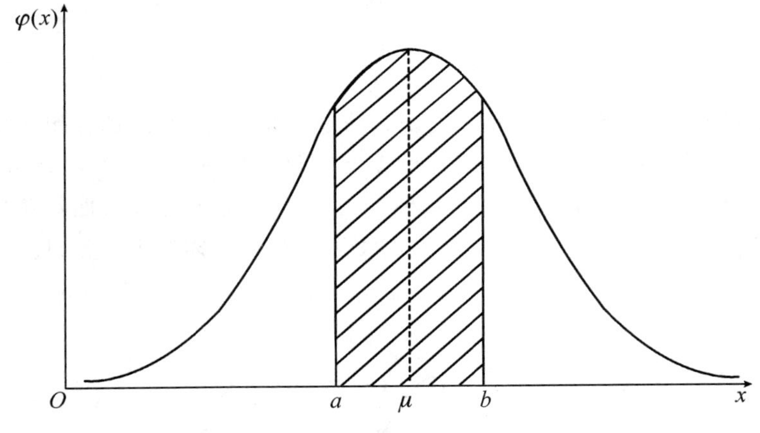

图3-2 正态分布曲线的概率密度

由于以上积分的计算比较麻烦,为了便于一般化的应用,需将正态分布标准化。令:

$$u = \frac{x-\mu}{\sigma} \tag{3.17}$$

并且以 σ 为其度量单位,则式(3.14)和式(3.15)即可被标准化为:

$$\varphi(u) = \frac{1}{\sqrt{2\pi}} e^{-\frac{1}{2}u^2} \tag{3.18}$$

式(3.18)称为标准正态分布,其中的 u 叫做正态标准离差或简称正态离差,亦称概率度。实质上 u 是以 σ 为度量单位的误差。任何正态分布都可通过以上变换化为标准正态分布。

设 x 落入区间(μ,b)，也就是落入区间$\left(0,\frac{b-\mu}{\sigma}\right)$即$(0,u)$的概率为 $P(u)$，则：

$$P(u)=\frac{1}{\sqrt{2\pi}}\int_0^u e^{-\frac{1}{2}u^2}du \tag{3.19}$$

附表 1 就是根据式(3.19)计算出的不同 u 时的概率。由于正态分布对 μ 对称，区间$(0,u)$的概率等于区间$(-u,0)$的概率。

设 x 落入区间(u_1,u_2)的概率为 P，则：

$$P=P(u_2)-P(u_1) \tag{3.20}$$

$$P(-u)=-P(u)$$

式(3.20)为附表 1 求任何区间概率的通式。正态分布概率表的形式有几种，式(3.20)只适用于附表 1，不适用于其他形式，在应用时应加以注意。

例 3.1.2 某正态总体的 $\mu=1.08$，$\sigma=0.13$，试计算 x 落入区间(1.08，1.21)，(0.95，1.21)，(1.21，1.34)，(1.21，1.34)以外的概率及 $x>1.28$ 的概率。

①x 落入(1.08，1.21)的概率。

设 x 落入(1.08，1.21)的概率为 P，根据式(3.17)得：

$$u_1=\frac{1.08-1.08}{0.13}=0 \qquad u_2=\frac{1.21-1.08}{0.13}=1$$

所以 $P=P(u_2)-P(u_1)=P(1)-P(0)=P(1)$，即 x 落入(1.08，1.21)中的概率为 $u=1$ 时的概率。查附表 1，先从第一纵列找到 1.0 向右查，再从第一横行找到 0.00 向下查，相交处的数值 0.341 3 便是所求概率，即

$$P=P(u_2)-P(u_1)=P(1)=0.341\,3$$

②x 落入(0.95，1.21)的概率。

$$u_1=\frac{0.95-1.08}{0.13}=-1 \qquad u_2=\frac{1.21-1.08}{0.13}=1$$

$$P=P(1)-P(-1)=P(1)+P(1)=2P(1)$$

查附表 1 得 $P(1)=0.341\,3$，所以 $P=2P(1)=2\times0.341\,3=0.682\,6$。

③x 落入(1.21，1.34)中及(1.21，1.34)以外的概率。

因为

$$u_1=\frac{1.21-1.08}{0.13}=1 \qquad u_2=\frac{1.34-1.08}{0.13}=2$$

$$P=P(2)-P(1)$$

查附表 1 得 $P(2)=0.477\,2$，$P(1)=0.341\,3$，所以 x 落入(1.21，1.34)中的概率 $P=0.477\,2-0.341\,3=0.135\,9$。

由于总体概率的总和等于 1，所以 x 落在区间(1.21，1.34)以外的概率 $P=1-0.135\,9=0.864\,1$。

④$x>1.28$ 的概率。

首先算出 x 落在(1.08，1.28)中的概率。

$$u_1=\frac{1.08-1.08}{0.13}=0 \qquad u_2=\frac{1.28-1.08}{0.13}=1.54$$

$$P=P(1.54)-P(0)=P(1.54)$$

查附表1得 $P(1.54)=0.4382$，即 x 落入(1.08,1.28)区间的概率为0.4382。由于正态分布对 μ 对称，故以 μ 为界左、右两边的面积相等，也就是左、右两边的概率相等，每一边的概率为0.5。所以 $x>1.28$ 的概率 $P=0.5-0.4382=0.0618$。

用上述方法可以计算出正态分布总体中的变量 x 落入以下区间的概率(图3-3)：

落入 $(\mu-\sigma,\mu+\sigma)$ 的概率为68.3%；

落入 $(\mu-2\sigma,\mu+2\sigma)$ 的概率为95.4%；

落入 $(\mu-3\sigma,\mu+3\sigma)$ 的概率为99.7%；

落入 $(\mu-1.96\sigma,\mu+1.96\sigma)$ 的概率为95%；

落入 $(\mu-2.58\sigma,\mu+2.58\sigma)$ 的概率为99%。

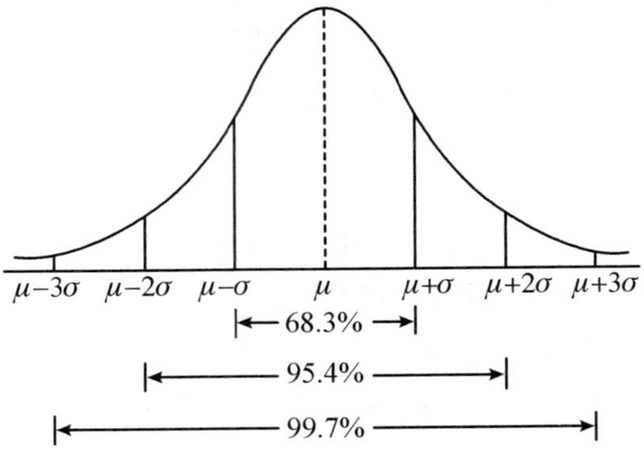

图3-3　正态分布的概率区间

虽然正态总体中的变量 x 取值区间为 $(-\infty,+\infty)$，但是从上述计算可知，$\mu\pm1.96\sigma$ 和 $\mu\pm2.58\sigma$ 范围内已分别包含了95%和99%的变量，$|x-\mu|>1.96\sigma$ 和 $|x-\mu|>2.58\sigma$ 的概率是很小的，分别为5%和1%。在生物统计上，常把概率小于5%的事件称为小概率事件，小概率事件在一次试验中几乎是不可能事件，一般把它当作不可能事件对待，这就是小概率原理。例如，某观察值大于 $\mu+1.96\sigma$，因其出现的概率小于5%，所以我们就可以判断该观察值不属于平均数为 μ 的总体，其与 μ 的差数大于 1.96σ 也不是由随机误差所造成，而是由其他原因引起的。

以上所述是关于个体(观察值)及其误差的分布。但是在抽样研究中，我们更多的是关心样本平均数及其误差的分布。从一个平均数为 μ，标准差为 σ 的总体中，可以抽出很多个容量为 n(观察值个数)的样本，每个样本都有一个平均数 $\bar{x}_i$，所有样本的平均数就构成一个新的总体。由于抽样误差的存在，显然样本平均数也是一个随机变量。根据中心极限定理，当样本容量 n 很大时，不论原总体是否属于正态分布，样本平均数及其误差都遵从正态分布。下面推导样本平均数所构成新总体的平均数、标准差及其分布的概率密度函数。

(1)样本平均数所构成新总体的平均数　因为

$$E(\bar{x})=E\left(\frac{1}{n}\sum x\right)=\frac{1}{n}\sum E(x)=\frac{1}{n}\cdot n\cdot\mu=\mu$$

所以，样本平均数所构成新总体的平均数等于原总体的平均数 μ。

(2)样本平均数的标准差　设样本平均数的标准差为 $\sigma_{\bar{x}}$，因为

$$\sigma_{\bar{x}}^2=D(\bar{x})=D\left(\frac{1}{n}\sum x\right)=\frac{1}{n^2}\sum D(x)=\frac{1}{n^2}\cdot n\sigma^2=\frac{\sigma^2}{n}$$

所以

$$\sigma_{\bar{x}}=\frac{\sigma}{\sqrt{n}}\tag{3.21}$$

样本平均数的标准差简称均数标准差，它反映了样本平均数的变异程度，代表着样本平均数与总体平均数之间差异的平均水平，实质上也就是样本平均数的平均误差，故均数标准差亦称样本平均数标准误差，简称标准误差或标准误。

(3)样本平均数分布的概率密度函数　由上述内容可知 $\bar{x}$ 遵从正态分布，其总体平均数等于原总体平均数 μ，标准差为 $\sigma_{\bar{x}}$，则其分布的概率密度函数为：

$$\varphi(\bar{x}) = \frac{1}{\sigma_{\bar{x}}\sqrt{2\pi}} e^{-\frac{1}{2}\left(\frac{\bar{x}-\mu}{\sigma_{\bar{x}}}\right)^2} \tag{3.22}$$

令 $\Delta=\bar{x}-\mu$，则 Δ 就是平均数的误差，代入式(3.22)中，则样本平均数误差的概率密度函数为：

$$\varphi(\Delta) = \frac{1}{\sigma_{\bar{x}}\sqrt{2\pi}} e^{-\frac{1}{2}\left(\frac{\Delta}{\sigma_{\bar{x}}}\right)^2} \tag{3.23}$$

知道了样本平均数及其误差分布的概率密度函数后，就可利用附表 1 求落入任何区间的概率。除了

$$u = \frac{\bar{x}-\mu}{\sigma_{\bar{x}}} \quad 或 \quad u = \frac{\Delta}{\sigma_{\bar{x}}}$$

以外，其他方法步骤完全同前，不再赘述。

(二)t 分布

根据正态分布计算样本平均数及其误差在不同区间出现的概率，需要知道 $\sigma_{\bar{x}}$。但在实际中，由于总体 σ 不易获得，因而 $\sigma_{\bar{x}}$ 为未知。通常用 σ 的无偏估计值 S 代替 σ，代替后的 $\sigma_{\bar{x}}$ 用 $S_{\bar{x}}$ 表示，u 用 t 表示，即

$$S_{\bar{x}} = \frac{S}{\sqrt{n}} \tag{3.24}$$

$$t = \frac{\bar{x}-\mu}{S_{\bar{x}}} \tag{3.25}$$

我们知道，任何一个总体的 σ 为一个常量，当样本大小一定时 $\sigma_{\bar{x}}$ 亦为一个常量。但是 S 因受抽样误差的影响而是一个变量，所以 $S_{\bar{x}}$ 也是一个变量。这里就发生一个问题，用 $S_{\bar{x}}$ 代替 $\sigma_{\bar{x}}$ 后 t 是否还遵从正态分布呢？研究证明：在样本容量 $n>30$ 时，式(3.25)的 t 值和式(3.17)的 u 值分布基本一致，且 n 愈大，愈为接近；而当 $n\rightarrow\infty$ 时，$t\rightarrow u$。但是，如 $n<30$，t 分布与 u 分布不相同，且 n 愈小，差别愈大。因此，要计算小样本的概率，必须用 t 分布。t 分布也叫 Student-t 分布，它是由高赛特(W. S. Gosset，1908)首先发现，以后又经费休(R. A. Fisher，1924)加以完善。t 分布的概率密度函数 $f(t,\nu)$ 为

$$f(t,\nu) = \frac{\Gamma\left(\frac{\nu+1}{2}\right)}{\sqrt{\pi\nu}\,\Gamma\left(\frac{\nu}{2}\right)}\left(1+\frac{t^2}{\nu}\right)^{-\left(\frac{\nu+1}{2}\right)} \tag{3.26}$$

式中：ν 为自由度；Γ(读作 gamma)为 Γ 函数，其值可利用式(3.27)计算：

$$\left.\begin{aligned} &\Gamma(n+1) = n\Gamma(n) = n! \quad (n\text{ 为正整数}) \\ &\Gamma(0) = \infty \\ &\Gamma(1) = 1 \\ &\Gamma\left(\frac{1}{2}\right) = \sqrt{\pi} \end{aligned}\right\} \tag{3.27}$$

t 分布也是单峰曲线，左右对称(对称轴为 $t=0$)，曲线形状随自由度的不同而改变。与标准正态分布曲线相比，t 分布曲线的中间部分比标准正态分布曲线要低，但两侧尾部却较高。只有当样本的 n 趋于无穷时，t 分布曲线才与标准正态分布曲线一致。图 3-4 是 3 种自由度

下的 t 分布曲线图。

t 分布的概率密度函数因自由度不同而变，当自由度一定时，其概率密度函数 $f(t,\nu)$ 用 $f(t)$ 表示，此时 t 分布的累积函数 $F(t_i)$ 为：

$$F(t_i)=P(t\leqslant t_i)=\int_{-\infty}^{t_i}f(t)\mathrm{d}t \tag{3.28}$$

因为 t 分布曲线与横坐标所围成的面积(即总概率)等于1，所以，t 分布右尾从 t_i 到 $+\infty$ 的概率为：

$$P(t>t_i)=\int_{t_i}^{\infty}f(t)\mathrm{d}t=1-F(t_i) \tag{3.29}$$

由于 t 分布的对称性，故两尾概率为：

$$P(|t|>t_i)=2\int_{t_i}^{\infty}f(t)\mathrm{d}t=2[1-F(t_i)] \tag{3.30}$$

附表2列出了不同自由度、不同概率(两尾)下的 t 值。实际上，该表是用式(3.30)计算出不同自由度下不同 t 值的概率后归纳而成。例如：查附表2，$\nu=4$ 时，$P=0.05$，$t=2.78$，$P=0.01$，$t=4.60$，即表示 $P(|t|>2.78)=0.05$；$P(|t|>4.60)=0.01$(图3-5)。也就是自由度为4时，一个抽样误差的绝对值($|x-\mu|$)比由样本估计的标准误差($S_{\bar{x}}$)大2.78倍的概率为0.05；大4.60倍的概率只有0.01。

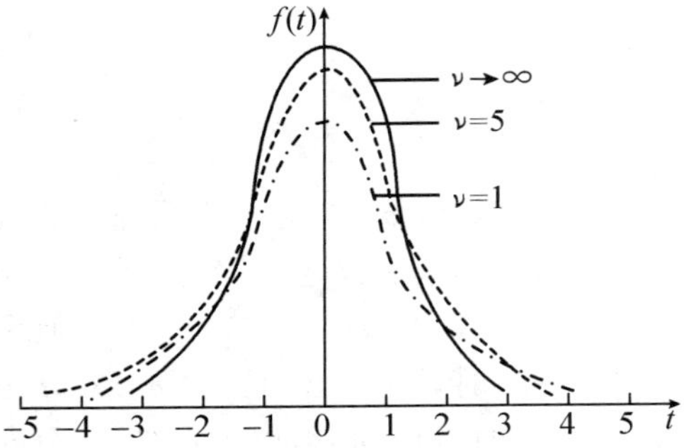

图3-4　不同自由度下的 t 分布曲线

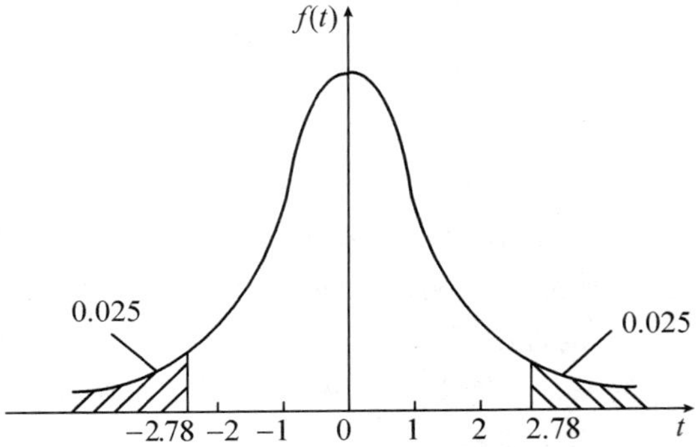

图3-5　自由度为4时的 t 分布

六、置信限与置信概率

由于我们所研究对象的真值无法测得，因而误差的具体数值也就无法确定。然而我们可以在一定概率保证下估计出一个合理的误差范围或区间。这个区间称置信区间或置信距，区间的上、下限称为置信限。保证合理误差范围的概率称为置信概率或置信度，亦称置信系数。置信区间以外的区间称为否定区间。否定区间的概率称为显著性水平，常用 α 表示，则置信概率 $P=1-\alpha$。置信区间和否定区间总称为统计区间。

误差的合理范围取多大，也就是置信概率取多大才算合适，取决于试验的目的及其用途。如果试验的意义重大，则置信概率可以取大一些；如果是一般试验，则置信概率不妨取小一点。生物统计上常用的置信概率为95%和99%。如果置信概率取95%，当 σ 为已知时，则误差 $\delta=x-\mu$ 的置信区间为 $(-1.96\sigma,1.96\sigma)$，误差 $\Delta=\bar{x}-\mu$ 的置信区间为 $(-1.96\sigma_{\bar{x}},1.96\sigma_{\bar{x}})$；当 σ 为未知并且是小样本时，误差 $\Delta=\bar{x}-\mu$ 的置信区间为 $(-t_{0.05}S_{\bar{x}},t_{0.05}S_{\bar{x}})$，$t_{0.05}$ 是两尾概率即否定区间概率，也就是显著水平为5%时的 t 值，说明误差 δ 或 Δ 落入以上区间的概率为

95%，而落入以上区间以外的概率为 5%。凡抽样误差 δ 或 Δ 落入以上区间以外时，我们可以认为它不属于随机误差，而是由其他原因造成的，下这个结论的可靠程度有 95%。如果置信概率取 99%，当 σ 为已知时，则误差 $\delta=x-\mu$ 的置信区间为 $(-2.58\sigma, 2.58\sigma)$，误差 $\Delta=\bar{x}-\mu$ 的置信区间为 $(-2.58\sigma_{\bar{x}}, 2.58\sigma_{\bar{x}})$；当 σ 为未知且是小样本时，则误差 $\Delta=\bar{x}-\mu$ 的置信区间为 $(-t_{0.01}S_{\bar{x}}, t_{0.01}S_{\bar{x}})$。说明误差 δ 或 Δ 落入以上区间的概率为 99%，而落入以上区间以外的概率为 1%。凡抽样误差 δ 或 Δ 落入以上区间以外即否定区间时，我们可以说它不属于随机误差，而是由其他原因引起的，这个结论有 99%的可靠性。在实际中，一般抽样次数很少，根据小概率原理，误差出现在概率为 5%和 1%否定区间的机会是极小的，所以采用置信概率为 95%和 99%进行判断是很可靠的。当然置信概率为 99%比置信概率为 95%更可靠。

总体平均数 μ 一般不能测得，但是我们可以根据置信区间来估计其存在的范围。例如，置信概率取 99%，当总体标准差为已知时，则：

$$|\bar{x}-\mu| \leqslant 2.58\sigma_{\bar{x}}$$

即 $$\bar{x}-\mu \leqslant 2.58\sigma_{\bar{x}} \quad 或 \quad \bar{x}-\mu \geqslant -2.58\sigma_{\bar{x}}$$

则 $$\mu \geqslant \bar{x}-2.58\sigma_{\bar{x}} \qquad \mu \leqslant \bar{x}+2.58\sigma_{\bar{x}}$$

即 $$\bar{x}-2.58\sigma_{\bar{x}} \leqslant \mu \leqslant \bar{x}+2.58\sigma_{\bar{x}}$$

区间 $(\bar{x}-2.58\sigma_{\bar{x}}, \bar{x}+2.58\sigma_{\bar{x}})$ 就是总体平均数 μ 存在的范围；若 σ 为未知且是小样本时，则

$$|\bar{x}-\mu| \leqslant t_{0.01}S_{\bar{x}}$$

即 $$\bar{x}-\mu \leqslant t_{0.01}S_{\bar{x}} \quad 或 \quad \bar{x}-\mu \geqslant -t_{0.01}S_{\bar{x}}$$

则 $$\mu \geqslant \bar{x}-t_{0.01}S_{\bar{x}} \qquad \mu \leqslant \bar{x}+t_{0.01}S_{\bar{x}}$$

即 $$\bar{x}-t_{0.01}S_{\bar{x}} \leqslant \mu \leqslant \bar{x}+t_{0.01}S_{\bar{x}}$$

也就是总体平均数 μ 存在于区间 $(\bar{x}-t_{0.01}S_{\bar{x}}, \bar{x}+t_{0.01}S_{\bar{x}})$，以上估计的可靠程度有 99%。

第二节　统计假设检验

试验研究一般都是抽样研究，如何从样本的结果去推断总体，这就是统计推断问题。统计推断包括参数估计和统计假设检验两个方面。参数估计就是由样本结果对总体参数作出点估计和区间估计。例如，以样本的 $\bar{x}$ 估计 μ，以 S^2 估计 σ^2 等就是点估计；在一定概率保证下估计总体参数所在的区间即区间估计。由样本结果说明总体间的差异、优劣和关系等，判断其可靠程度，这就是统计假设检验的内容。统计假设检验的方法有多种，本节主要介绍 t 检验、百分数的假设检验和卡方 (χ^2) 检验。

一、统计假设检验的基本方法

统计假设检验简称假设检验或统计检验，亦称显著性检验。在科学研究中，往往对观察到的事件先提出假设，然后再检验假设与事件的适合性。二者符合则假设成立，事件可按照假设的推理而获得解释；反之，二者不相符则假设被否定，事件不能按照假设的推理解释。例如，某地块麦苗发黄，田间诊断时首先假设为缺氮，如果增施速效氮肥后麦苗转绿，则假设成立，可以推断该地块麦苗发黄是由缺氮引起的。将假设与事件的适合性检验运用到数理统计中，就是统计假设检验。在统计假设检验中，一般作两种假设：一是无效假设，记作 H_0；二是备择假设，记作 H_A。无效假设亦称零值假设或解消假设，其含义是假定样本统计值之间的差异和波动是由误差引起的，它们是来自同一总体，无本质差别。备择假设与无效假设相反，是假定样

本统计值之间的差异和波动不是由误差引起的,而是存在本质差异或遵循一定规律而变化的。无效假设与备择假设是对立事件,如果无效假设成立,就否定备择假设,称差异不显著;如果无效假设被否定,就接受备择假设,称差异显著。

统计假设检验的基本方法与步骤如下:

①根据检验目的提出无效假设 H_0。由于检验的目的不同,H_0 的形式和内容可以多种多样。例如,检验一个样本是否从平均数为 μ_0 的总体中随机抽出的,则其无效假设为是从该总体随机抽出的,记作 $H_0:\mu=\mu_0$,其备择假设为不是从该总体随机抽出的,记作 $H_A:\mu\neq\mu_0$。又如,检验两个样本是否从具有相同平均数的总体中随机抽出的,则 $H_0:\mu_1=\mu_2$ 或 $\mu_1-\mu_2=0$,$H_A:\mu_1\neq\mu_2$ 或 $\mu_1-\mu_2\neq 0$。

②在 H_0 为正确的假定下,根据检验所用统计量的概率分布,算出绝对值大于实得统计量绝对值的概率。由于检验的目的和样本大小的不同,检验时所用的统计量也不相同。例如,检验两个样本平均数之间的差异时,若为大样本,则检验时所用统计量为正态离差 u;若为小样本,则检验时所用统计量为 t。又如,检验计数资料中实际观察次数与理论次数的差异时,用统计量卡方(χ^2)。当然,有时同一检验目的可用不同的统计量,但是当选定检验所用的统计量后,就应根据所选统计量的概率分布,计算绝对值大于实得统计量绝对值的概率。

③确定显著水平 α,划出置信区间与否定区间,判断无效假设 H_0 是否成立。当绝对值大于实得统计量绝对值的概率 $<\alpha$,或者实得统计量落入否定区间,根据小概率原理,则在 α 水平上否定 H_0,接受 H_A,即推断实得差异不是由误差造成的,而是存在本质差异或遵循一定规律变化的。当绝对值大于实得统计量绝对值的概率 $\geqslant\alpha$,或者实得统计量落入置信区间,则接受 H_0,即推断实得差异是由误差造成的。

例 3.2.1 为了观察后期叶面喷磷(KH_2PO_4)对小麦千粒重的影响,在 10 个点上试验的结果,平均千粒重 $\bar{x}=37.9$ g,已知一般大田小麦千粒重为 36.0 g (即 $\mu_0=36.0$ g),方差 $\sigma^2=6.4\ g^2$,问后期叶面喷磷对小麦千粒重是否有作用?

假设 $H_0:\mu=\mu_0$(或 $H_0:\mu=36.0$),即后期叶面喷磷对小麦千粒重无作用;对应假设 $H_A:\mu\neq\mu_0$(或 $H_A:\mu\neq 36.0$),即后期叶面喷磷对小麦千粒重有作用。

在 $H_0:\mu=\mu_0$ 为正确的假定下,计算绝对值大于实得统计量绝对值的概率,因为在 $H_0:\mu=\mu_0$ 的假设下,我们就有一个具平均数 $\mu=\mu_0=36.0$ g,方差 $\sigma_{\bar{x}}^2=\dfrac{6.4}{10}=0.64$ 的 $\bar{x}$ 分布,即 $N(36.0,0.64)$。因此,检验时可用统计量 u,故称 u 检验。绝对值大于实得统计量绝对值 $|u|$ 的概率计算如下:

因为实得统计量

$$u=\frac{\bar{x}-\mu_0}{\sigma_{\bar{x}}}=\frac{37.9-36.0}{\sqrt{0.64}}=2.375$$

查附表 1 得 $P(0,2.38)=0.4913$,所以绝对值大于实得统计量绝对值的概率,即

$$P(|u|>2.375)=1-2\times 0.4913=0.0174$$

显著水平取 $\alpha=0.05$,则 $u_{0.05}$* $=1.96$。因为 $P(|u|>2.375)=0.0174<0.05$,实得 $u>u_{0.05}$,故否定 H_0,推断后期喷磷能提高小麦千粒重。

* $u_{0.05}$ 表示 $\alpha=0.05$ 时的 u 值,$u_{0.01}$ 同理。

由以上所述可以看出：

①统计假设检验实质上是检验无效假设 H_0 能否成立。这是因为在无效假设 H_0 的前提下，可以计算大于检验所用统计量实得数绝对值的概率，所以不直接检验备择假设 H_A。

②上述检验有两个否定区间，分别位于分布的两尾（图 3-6），故称两尾检验。采用这种检验是考虑到 $\mu>\mu_0$ 和 $\mu<\mu_0$ 两种可能性。例 3.2.1 后期叶面喷磷对小麦千粒重可能有正作用，也可能有负作用，所以用两尾检验。在试验研究中具有正负两种可能性的较为普遍，所以，两尾检验的应用也较为广泛。但是在某些情况下，两尾检验不一定符合实际需要。例如，农牧产品中有毒物质的含量规定为 $<\mu_0$。如果进行抽样测试，则在 $\bar{x}<\mu_0$ 时，无论小多少，都不需否定 H_0；但如 $\bar{x}>\mu_0$，则可能为不合格产品。因此，检验的假设应为 $H_0:\mu<\mu_0$，对 $H_A:\mu\geqslant\mu_0$。这样，否定区间只有右尾，故称一尾检验。由于 $P(u>1.645)=0.05$，如以 $\alpha=0.05$ 作 u 检验，则所得 $u>1.645$ 就否定 H_0。由此可见，两尾检验的临界正态离差 $|u|$ 大于一尾检验的 $|u|$。这就是说，一尾检验比两尾检验容易否定 H_0。因此，要采用一尾检验需有充分根据。

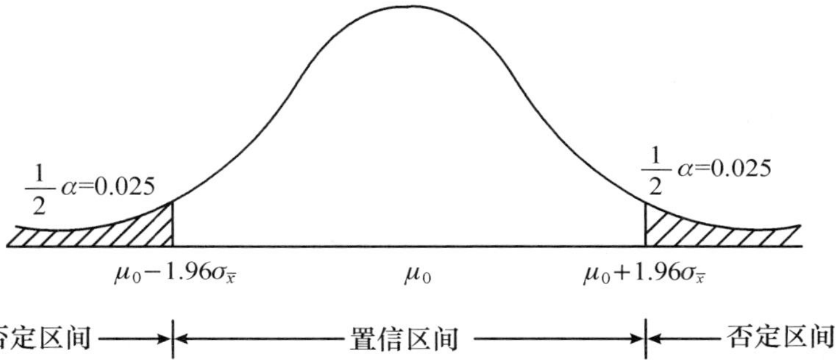

图 3-6　$\alpha=0.05$ 时的置信区间与否定区间

③统计假设检验是在一定概率保证下对 H_0 能否成立作出推断的，其可靠程度并不是百分之百。一般而言，统计假设检验可能发生的错误有两类。如果 H_0 是正确的，检验的结果却被否定了，这就犯了否定正确 H_0 的错误，此称第一类错误。由于规定显著水平为 α，故犯第一类错误的概率为 α，因此，第一类错误亦称 α 错误。如果 H_0 是不正确的，检验的结果却把它肯定了，这就犯了接受不正确 H_0 的错误，此称第二类错误。犯第二类错误的概率为 β，故亦称 β 错误。现以例 3.2.1 后期叶面喷磷对小麦千粒重的影响为例，说明犯第二类错误的原因及其与第一类错误的关系。

一般大田小麦千粒重 μ_0 总体，当以 $n=10$ 抽样时，其样本平均数 $\bar{x}$ 是 $\mu_0=36.0$，$\sigma_{\bar{x}}^2=0.64$ 的正态分布。当 $\alpha=0.05$ 时，其置信区间为（34.43，37.57）。现假定后期叶面喷磷小麦千粒重是一 $\mu=38.5$，而方差与 μ_0 分布相同的正态分布，显然，无效假设 $H_0:\mu=\mu_0$ 是不正确的。但是 μ 总体的 $\bar{x}$ 有相当一部分落入 μ_0 分布的置信区间（图 3-7），所以接受不正确 $H_0:\mu=\mu_0$ 的概率 β 为：

$$u=\frac{37.57-38.50}{\sqrt{0.64}}=-1.16$$

查附表 1，$P(-1.16,0)=P(0,1.16)=0.3770$，所以接受不正确 $H_0:\mu=\mu_0$ 的概率

$$\beta=P(u<-1.16)=0.5-0.3770=0.123$$

由图 3-7 可以看出，犯 β 错误的原因是由于 μ 总体与总体 μ_0 的分布相互重叠。重叠的

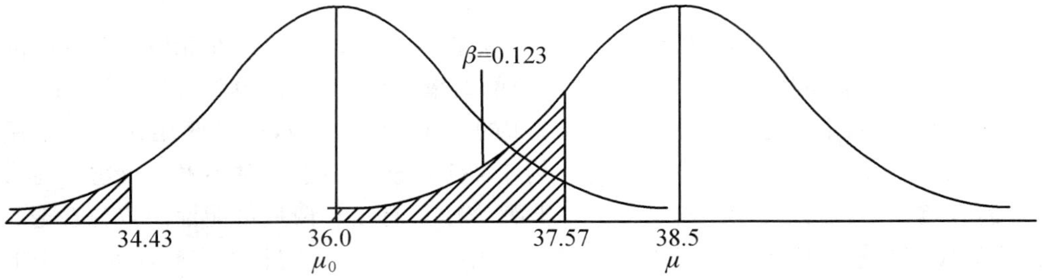

图 3 - 7 犯 β 错误的概率(α=0.05)

部分愈大,则 β 愈大,犯 β 错误的可能性愈大。在两个总体重叠部分不变的情况下,提高显著水平(α 值减小),否定区间变小,则 μ 总体中的 $\bar{x}$ 落入 μ_0 分布置信区间的机会增多,犯第二类错误的概率 β 增大。这就是说,减少 α 错误,会增加 β 错误。反之,减少 β 错误,会增加 α 错误。如果两个总体的重叠部分极小,不仅犯 β 错误的概率极小,而且不论提高或降低显著水平,对 β 错误的概率影响也极小。因此,减小两个总体的重叠,是控制 α 错误和 β 错误的关键。减小方差 $\sigma^2_{\bar{x}}$ 能使 $\bar{x}$ 分布集中,可达到减小两个总体重叠的目的。由于 $\sigma^2_{\bar{x}}=\sigma^2/n$,所以,采用合理的试验设计和正确的试验技术以减小 σ^2,或者增加样本容量 n,或两者兼有,均可减小 $\sigma^2_{\bar{x}}$,减小两个总体的重叠。

二、t 检验

在统计假设检验中,检验所用的统计量为 t,也就是根据 t 分布计算概率者,称为 t 检验。由于统计假设检验的目的不同,t 检验的内容可有多种,以下仅介绍样本平均数的假设检验。

(一)单个样本平均数的假设检验

检验某一样本平均数 $\bar{x}$ 所属总体平均数 μ 与某一指定的总体平均数 μ_0 之间是否存在差异。由于在正态总体中抽样(不论样本大小),或者在非正态总体中以样本容量 $n>30$ 抽样,所得样本平均数 $\bar{x}$ 均属正态分布或近于正态分布,所以,当总体方差 σ^2 已知,或者 σ^2 未知但为大样本时,均可用 u 检验来检验 $H_0:\mu=\mu_0$ 能否成立,其方法如例 3.2.1。当 σ^2 未知且为小样本($n<30$)时,需用 t 检验。t 检验的方法步骤与 u 检验相同,只是检验所用的统计量不同而已。t 值的计算如下:

$$t=\frac{\bar{x}-\mu}{S_{\bar{x}}} \tag{3.31}$$

式中 $S_{\bar{x}}$ 为样本平均数的标准差。

$$S_{\bar{x}}=\frac{S}{\sqrt{n}}=\sqrt{\frac{\sum(x-\bar{x})^2}{n(n-1)}}=\sqrt{\frac{\sum x^2-T^2/n}{n(n-1)}} \tag{3.32}$$

式中:S 为样本标准差;x 为观察值;n 为样本容量;$T=\sum x$。

例 3.2.2 某地小麦生产后期,在 10 个点进行了叶面喷磷(KH_2PO_4),测得小麦千粒重分别为 37.0、38.0、36.0、39.0、38.0、39.0、38.0、39.0、37.0、38.0 g,已知一般大田小麦千粒重为 36.0 g(即 $\mu_0=36.0$ g),问喷磷是否对小麦千粒重有作用?

因为总体 σ^2 为未知,又是小样本,故需用 t 检验;喷磷对小麦千粒重可能有正作用,也可能有负作用,故需作两尾检验。检验步骤如下:

假设 $H_0:\mu=\mu_0=36.0$，即喷磷对小麦千粒重无作用，其对应的备择假设 $H_A:\mu\neq\mu_0$。计算实得 t 值：

$$\bar{x}=\frac{\sum x}{n}=\frac{37.0+38.0+\cdots+38.0}{10}=37.9(\text{g})$$

$$S_{\bar{x}}=\sqrt{\frac{\sum x^2-T^2/n}{n(n-1)}}=\sqrt{\frac{14\,373-\frac{379^2}{10}}{10(10-1)}}=0.314(\text{g})$$

$$t=\frac{\bar{x}-\mu}{S_{\bar{x}}}=\frac{37.9-36.0}{0.314}=6.05$$

查附表2，当自由度 $\nu=n-1=10-1=9$ 时，$t_{0.05}=2.26$，$t_{0.01}=3.25$。实得 $|t|>t_{0.01}$，故 $P(|t|>|6.05|)<0.01$，即大于实得 t 绝对值的概率小于0.01。差异达极显著水平，故否定 H_0 而接受 H_A。由此推断喷磷能增加小麦千粒重，效果极显著。

(二)两个样本平均数的差异显著性检验

从具平均数 μ 和方差 σ^2 的正态总体中，以容量为 n_1 和 n_2 随机抽取两个独立样本，两个样本的平均数分别为 $\bar{x}_1$ 和 $\bar{x}_2$，由 $\bar{x}_1$ 和 $\bar{x}_2$ 可得一个差数 d(即 $\bar{x}_1-\bar{x}_2=d$)。如此可抽取无穷多对样本，也就可得无穷多个差数 d，所有差数 d 可构成一个新的总体。显然，差数 d 是一个随机变量，根据研究，它遵循平均数 $\mu_{\bar{x}_1-\bar{x}_2}=0$，方差为 $\sigma^2_{\bar{x}_1-\bar{x}_2}$ 的正态分布。方差 $\sigma^2_{\bar{x}_1-\bar{x}_2}$ 与 σ^2 有如下关系：

$$\sigma^2_{\bar{x}_1-\bar{x}_2}=\sigma^2_{\bar{x}_1}+\sigma^2_{\bar{x}_2}=\frac{\sigma^2}{n_1}+\frac{\sigma^2}{n_2} \tag{3.33}$$

进而可有：

$$\sigma_{\bar{x}_1-\bar{x}_2}=\sqrt{\frac{\sigma^2}{n_1}+\frac{\sigma^2}{n_2}}=\sigma\sqrt{\frac{1}{n_1}+\frac{1}{n_2}} \tag{3.34}$$

$$u=\frac{(\bar{x}_1-\bar{x}_2)-0}{\sigma_{\bar{x}_1-\bar{x}_2}} \tag{3.35}$$

$\sigma_{\bar{x}_1-\bar{x}_2}$ 称样本平均数差数标准差，它是样本平均数差数的抽样误差的度量，故亦称样本平均数差数标准误差，或样本均数差数标准误。

在实际中由于总体方差 σ^2 不易获得，通常以样本方差 S^2 作为 σ^2 的估数。用 S^2 代替 σ^2 后，用 $S_{\bar{x}_1-\bar{x}_2}$ 代替 $\sigma_{\bar{x}_1-\bar{x}_2}$，用 t 代替 u，即

$$S_{\bar{x}_1-\bar{x}_2}=\sqrt{\frac{S_1^2}{n_1}+\frac{S_2^2}{n_2}} \tag{3.36}$$

$$t=\frac{(\bar{x}_1-\bar{x}_2)-0}{S_{\bar{x}_1-\bar{x}_2}} \tag{3.37}$$

当样本容量 $n>30$ 即大样本时，式(3.37)的 t 值分布与式(3.17)的 u 值分布基本一致，且 n 愈大愈接近，当 $n\to\infty$ 时就完全相同。但是，当 $n<30$ 时，式(3.37)的 t 值服从 t 分布。

根据样本平均数差数的分布可知，当总体方差 σ^2 已知，或者 σ^2 未知但 $n>30$ 时，两个样本平均数差数的显著性可用 u 检验，其方法如例3.2.2。当总体方差 σ^2 未知，且 $n<30$ 时，两个样本平均数差数的显著性用 t 检验。以下仅介绍 σ^2 为未知，两个小样本平均数差数的 t 检验，由于获得样本的试验有完全随机设计与配对法设计两种，因而，在具体的检验方法上也不完全相同，分别介绍如下。

1. 成组数据相比较的检验

所得数据来自两个完全随机设计的处理,处理间(组间)的观察值没有任何关联,彼此独立。$n_1=n_2$或$n_1\neq n_2$皆可。

由完全随机设计而获得的两个独立样本,设其容量分别为n_1和n_2,平均数分别为$\bar{x}_1$和$\bar{x}_2$,当$n_i<30(i=1,2)$,两个样本的总体方差未知但同质时(即$\sigma_1^2=\sigma_2^2$,一般资料多数如此,亦可由F检验确定,方法见方差分析),为了增加误差估计的精确性,宜用两个样本的合并均方S_{1+2}^2作为σ^2的估计值。实际上S_{1+2}^2是两个样本均方S_1^2和S_2^2的加权平均值,即

$$S_{1+2}^2=\frac{S_1^2(n_1-1)+S_2^2(n_2-1)}{(n_1-1)+(n_2-1)}=\frac{\sum(x_1-\bar{x}_1)^2+\sum(x_2-\bar{x}_2)^2}{n_1+n_2-2} \tag{3.38}$$

则

$$S_{\bar{x}_1-\bar{x}_2}=\sqrt{\frac{S_{1+2}^2}{n_1}+\frac{S_{1+2}^2}{n_2}}=\sqrt{S_{1+2}^2\left(\frac{1}{n_1}+\frac{1}{n_2}\right)} \tag{3.39}$$

当$n_1=n_2=n$时,

$$S_{\bar{x}_1-\bar{x}_2}=\sqrt{\frac{S_{1+2}^2}{n_1}+\frac{S_{1+2}^2}{n_2}}=\sqrt{\frac{S_1^2}{n_1}+\frac{S_2^2}{n_2}} \tag{3.40}$$

这就是说,当$n_1=n_2$时,用合并均方S_{1+2}^2估计σ^2与用样本均方S_1^2和S_2^2分别估计σ^2是相同的。因此,在试验设计时,使$n_1=n_2$可提高用S_1^2和S_2^2分别估计σ^2的精确性。

$$t=\frac{(\bar{x}_1-\bar{x}_2)-(\mu_1-\mu_2)}{S_{\bar{x}_1-\bar{x}_2}} \tag{3.41}$$

在假设$H_0:\mu_1=\mu_2$下,

$$t=\frac{\bar{x}_1-\bar{x}_2}{S_{\bar{x}_1-\bar{x}_2}} \tag{3.42}$$

式(3.42)的t服从$\nu=(n_1-1)+(n_2-1)=n_1+n_2-2$的$t$分布。据之即可检验$H_0:\mu_1=\mu_2$。

例 3.2.3　有甲、乙两个分析人员用同一分析方法测定某样品中的CO_2含量,结果列于表3-3。试问甲、乙两人的测定结果是否一致?

表 3-3　CO_2含量测定结果　　%

重复	CO_2含量	
	甲测定结果(x_1)	乙测定结果(x_2)
1	14.7	14.6
2	14.8	15.0
3	15.2	15.2
4	15.6	
平均	15.08	14.93

假设$H_0:\mu_1=\mu_2$(即甲、乙两人的测定结果一致),对$H_A:\mu_1\neq\mu_2$(即甲、乙两人的测定结果不一致)。

显著水平取$\alpha=0.05$,两尾检验,在自由度$\nu=n_1+n_2-2=4+3-2=5$时,$t_{0.05}=2.57$。

检验计算:由式(3.38)、式(3.39)、式(3.42)得

$$S_{1+2}^2=\frac{\sum(x_1-\bar{x}_1)^2+\sum(x_2-\bar{x}_2)^2}{n_1+n_2-2}=\frac{0.507\,5+0.186\,7}{5}=0.138\,8$$

$$S_{\bar{x}_1-\bar{x}_2}=\sqrt{S_{1+2}^2\left(\frac{1}{n_1}+\frac{1}{n_2}\right)}=\sqrt{0.138\,8\left(\frac{1}{4}+\frac{1}{3}\right)}=0.284\,5$$

$$t=\frac{\bar{x}_1-\bar{x}_2}{S_{\bar{x}_1-\bar{x}_2}}=\frac{15.08-14.93}{0.284\,5}=0.53$$

推断：实得 $|t|<t_{0.05}$，故接受 H_0，即甲、乙两人的测定结果是一致的。

例 3.2.4　在生产条件及施肥量比较一致的前提下，调查52 500株/hm^2 和67 500株/hm^2 两种种植密度的玉米产量各 5 个地块，结果列于表 3-4，试检验两种密度玉米产量的差异显著性。

表 3-4　两种密度的玉米产量　kg/hm^2

地块	x_1(52 500株/hm^2)	x_2(67 500株/hm^2)
1	6 754.5	7 632.0
2	7 147.5	7 789.5
3	7 272.0	7 978.5
4	7 069.5	7 740.0
5	7 389.0	8 220.0

假设 $H_0:\mu_1=\mu_2$（即两种密度的总体产量没有差异），对应的 $H_A:\mu_1\neq\mu_2$（即两种密度的总体产量有差异）。计算实得 t 值：

$$\bar{x}_1=7\,126.5 \qquad \bar{x}_2=7\,872.0$$

$$S_1^2=58\,037.64 \qquad S_2^2=53\,569.15$$

因为 $n_1=n_2=5$，所以

$$S_{\bar{x}_1-\bar{x}_2}=\sqrt{\frac{S_1^2}{n_1}+\frac{S_2^2}{n_2}}=\sqrt{\frac{58\,037.64}{5}+\frac{53\,569.15}{5}}=149.403\,3$$

$$t=\frac{\bar{x}_1-\bar{x}_2}{S_{\bar{x}_1-\bar{x}_2}}=\frac{7\,126.5-7\,872.0}{149.403\,3}=-4.99$$

查附表 2，当自由度 $\nu=4+4=8$ 时，$t_{0.05}=2.31$，$t_{0.01}=3.36$。实得 $|t|=4.99>t_{0.01}$，故可在 1%的显著水平下否定 H_0，接受 H_A，即两种密度的产量有显著差异，每公顷播种67 500株的玉米产量比52 500株的产量高。

由完全随机设计而获得的两个独立小样本，设其容量分别为 n_1 和 n_2，平均数分别为 $\bar{x}_1$ 和 $\bar{x}_2$，两个样本的总体方差 σ_1^2 和 σ_2^2 未知且不同质时（即 $\sigma_1^2\neq\sigma_2^2$，可由 F 检验确定），不能用合并均方，而应用两个样本的均方 S_1^2 和 S_2^2 分别估计 σ_1^2 和 σ_2^2，则

$$S_{\bar{x}_1-\bar{x}_2}=\sqrt{\frac{S_1^2}{n_1}+\frac{S_2^2}{n_2}} \tag{3.43}$$

$$t=\frac{\bar{x}_1-\bar{x}_2}{S_{\bar{x}_1-\bar{x}_2}}=\frac{\bar{x}_1-\bar{x}_2}{\sqrt{\frac{S_1^2}{n_1}+\frac{S_2^2}{n_2}}} \tag{3.44}$$

由于 $\sigma_1^2\neq\sigma_2^2$，式(3.44)所得 t 值的分布近似于 t 分布，所以，仅能进行近似的 t 检验。实得 t 值是否显著，其判据为 t'_α（显著水平为 α 时的 t' 值），t'_α 由下式给出：

$$t'_\alpha = \frac{(t_1)_\alpha n_2 S_1^2 + (t_2)_\alpha n_1 S_2^2}{n_2 S_1^2 + n_1 S_2^2} \tag{3.45}$$

式中：$(t_1)_\alpha$ 为 $\nu = n_1 - 1$ 时的 t_α 值；$(t_2)_\alpha$ 为 $\nu = n_2 - 1$ 时的 t_α 值。若式(3.44)计算出的 $|t| > t'_\alpha$，则否定 H_0；否则接受 H_0。

由式(3.45)可以看出，当 $n_1 = n_2 = n$ 时，t'_α 就是 $\nu = n-1$ 时的 t_α 值。因此，在试验设计上最好使 $n_1 = n_2$，这样就不用计算 t'_α。

例 3.2.5　测定黄褐土代换酸含量(cmol/kg)9 个样品，得 $\bar{x}_1 = 0.07$，$S_1^2 = 0.0121$；测定黄棕壤代换酸含量 11 个样品，得 $\bar{x}_2 = 1.39$，$S_2^2 = 2.2500$。试检验两种土壤代换酸含量的差异显著性。

经 F 检验，两种土壤代换酸含量的方差是显著不同的，即 $\sigma_1^2 \neq \sigma_2^2$，因而需按下述步骤进行显著性检验。

假设 $H_0: \mu_1 = \mu_2$，即两种土壤代换酸含量的总体平均数相等，对 $H_A: \mu_1 \neq \mu_2$。采用两尾检验，显著水平取 $\alpha = 0.05$。

检验计算：

$$S_{\bar{x}_1 - \bar{x}_2} = \sqrt{\frac{S_1^2}{n_1} + \frac{S_2^2}{n_2}} = \sqrt{\frac{0.0121}{9} + \frac{2.2500}{11}} = 0.4538$$

$$t = \frac{\bar{x}_1 - \bar{x}_2}{S_{\bar{x}_1 - \bar{x}_2}} = \frac{0.07 - 1.39}{0.4538} = -2.91$$

因为 $n_1 \neq n_2$，故需按式(3.45)计算 $t'_{0.05}$，式中 $(t_1)_{0.05}$ 为 $\nu = 9 - 1 = 8$ 时的 $t_{0.05}$，$(t_2)_{0.05}$ 为 $\nu = 11 - 1 = 10$ 时的 $t_{0.05}$，查附表 2，得 $(t_1)_{0.05} = 2.31$，$(t_2)_{0.05} = 2.23$，所以，

$$t'_{0.05} = \frac{2.31 \times 11 \times 0.0121 + 2.23 \times 9 \times 2.2500}{11 \times 0.0121 + 9 \times 2.2500} = 2.23$$

实得 $|t| = 2.91 > t'_{0.05}$，否定 H_0，接受 H_A，即两种土壤代换酸的含量有显著差异。

2. 成对数据(配对法设计)相比较的检验

若两个样本的个体相互一一配对，每对的试验条件及试验材料基本一致，对与对之间允许有差异。这样的设计就是采用了局部控制的原则。例如，在田间试验中，根据地段肥力的差异划分不同的区组，区组内肥力一致，区组间肥力不同，每个区组安排两个样本(两个处理)所组成的一对小区。配对法获得的资料为成对数据，配对法样本的差异显著性检验，是通过对内个体之间的差数进行，其具体方法如下：

设样本 1 的 x_{1j} 和样本 2 的 x_{2j} 为一对，$j = 1, 2, \cdots, n$，即有 n 对，每一对的差数 $d_j = x_{1j} - x_{2j}$，则差数 d_j 的平均数 $\bar{d}$、标准差 S_d 及差数平均数的标准误 $S_{\bar{d}}$ 为：

$$\bar{d} = \frac{1}{n} \sum d_j = \bar{x}_1 - \bar{x}_2 \tag{3.46}$$

$$S_d = \sqrt{\frac{\sum (d_j - \bar{d})^2}{n-1}} = \sqrt{\frac{\sum d_j^2 - (\sum d_j)^2/n}{n-1}} \tag{3.47}$$

$$S_{\bar{d}} = \frac{S_d}{\sqrt{n}} = \sqrt{\frac{\sum d_j^2 - (\sum d_j)^2/n}{n(n-1)}} \tag{3.48}$$

若 $\bar{d}$ 的分布是一正态总体，则

$$t = \frac{\bar{d} - \mu_{\bar{d}}}{S_{\bar{d}}} \tag{3.49}$$

遵循自由度 $\nu=n-1$ 的 t 分布。式中 $\mu_{\bar{d}}$ 为差数的总体平均数，$\mu_{\bar{d}}=\mu_1-\mu_2$，在假设 H_0：$\mu_{\bar{d}}=0$下，则上式为

$$t=\frac{\bar{d}}{S_{\bar{d}}} \tag{3.50}$$

由式(3.50)即可作出 $H_0:\mu_{\bar{d}}=0$ 的假设检验。

与完全随机设计相比，配对法有以下优点：

①由于配对法是通过对内个体间的差异进行显著性检验，可以消除配对间试验条件等的差异所带来的干扰，降低误差，因此，在试验条件及试验材料差异较大的情况下，配对法要优于完全随机设计。但是，配对法要丧失 $n-1$ 个自由度，所以，在试验条件及试验材料比较一致的情况下，配对法就不一定优于完全随机设计。

②配对法不受两个样本的总体方差 $\sigma_1^2\neq\sigma_2^2$ 的干扰，检验时不需考虑 σ_1^2 和 σ_2^2 是否相等。

例 3.2.6　陕西省岐山县马江乡 1989 年在 12 个肥力不同的地块上，按配对法进行的小麦磷肥肥效试验结果如表 3-5 所示，试检验施磷与不施磷的差异显著性。

表 3-5　小麦磷肥肥效试验结果及统计分析表

地块号	小麦产量(kg/hm²)		$d_j=x_{2j}-x_{1j}$	d_j^2
	x_{1j}(CK)	x_{2j}(P_2O_5，90 kg/hm²)		
8 901	1 579.5	3 324.0	1 744.5	3 043 280.25
8 902	3 798.0	4 137.0	339.0	114 921.0
8 903	3 403.5	4 158.0	754.5	569 270.25
8 904	2 371.5	2 425.5	54.0	2 916.0
8 905	2 628.0	2 872.5	244.5	59 780.25
8 906	3 751.5	4 969.5	1 218.0	1 483 524.0
8 907	1 537.5	2 116.5	579.0	335 241.0
8 908	3 061.5	3 622.5	561.0	314 721.0
8 909	3 496.5	3 807.0	310.5	96 410.25
8 910	3 262.5	3 913.5	651.0	423 801.0
8 911	1 993.5	3 171.0	1 177.5	1 386 506.25
8 912	2 523.0	2 928.0	405.0	164 025.0
总计	33 406.5	41 445.0	8 038.5	7 994 396.25
平均	2 783.875	3 453.75	669.875	

假设 $H_0:\mu_{\bar{d}}=0$，即施磷与不施磷的效果无本质差异，对 $H_A:\mu_{\bar{d}}\neq0$。

检验计算：根据式(3.48)及式(3.50)得：

$$S_{\bar{d}}=\sqrt{\frac{\sum d_j^2-(\sum d_j)^2/n}{n(n-1)}}=\sqrt{\frac{7\,994\,396.25-\frac{8\,038.5^2}{12}}{12(12-1)}}=140.604\,9$$

$$t=\frac{\bar{d}}{S_{\bar{d}}}=\frac{669.875}{140.604\,9}=4.76$$

查附表 2，当自由度 $\nu=n-1=12-1=11$ 时，$t_{0.05}=2.20$，$t_{0.01}=3.11$。实得 $|t|=4.76>t_{0.01}$，故否定 H_0，接受 H_A，即施肥增产极显著。得出这个结论有 99%的可靠性。

三、百分数的假设检验

在生物科学和农业科学研究中所得到的资料,一般可分为两类:一类是测量资料,属于连续变异的资料,如产量、株高、穗长、粒重等;另一类是计数资料,属于非连续变异的资料。计数资料可以用次数表示,如发芽数、株数、穗数、粒数、双穗株数、单穗株数、叶片数、病虫害数、菌落数等,也可以用百分数表示,如结实率、发芽率、杀虫率、病株率以及杂种后代分离为不同类型的百分率等。下面讨论的百分数假设检验就是指计数资料百分数的假设检验。

百分数的假设检验理论上讲应按二项分布进行,因为百分数的概率分布本质上属于二项分布。这种方法比较精确,但很麻烦。在样本容量较大时,二项分布接近于正态分布,所以可以用正态分布的概率来近似地检验百分数的显著性。这种方法称为正态近似法。但是,由于二项分布是非连续性的,而正态分布是连续性的,所以,当样本容量不很大,且 np 和 nq($q=1-p$)都小于 30 时,应作连续性矫正。而样本容量较小时,如在 np 和 nq 小于 5 时,则应由二项分布直接检验。

(一)单个样本百分数的假设检验

这是检验一个样本百分数 $\hat{p}$ 和某一理论百分数 p_0 的差异显著性,或者说是检验 $\hat{p}$ 的总体百分数是否等于 p_0。这种检验在 np 和 nq 都大于 30 时,二项分布更逼近正态分布,可以不进行连续性矫正,且用 u 检验法;np 和 nq 有一个小于 30 时,需进行连续性矫正,仍用 u 检验法;如果 np 和 nq 都小于 30 时,需进行连续性矫正,并用 t 检验法。

由于样本百分数的标准误为

$$\sigma_p=\sqrt{\frac{pq}{n}} \tag{3.51}$$

故不需作连续性矫正时

$$u=\frac{\hat{p}-p}{\sigma_p} \tag{3.52}$$

需作连续性矫正时

$$u_c=\frac{|\hat{p}-p|-\frac{0.5}{n}}{\sigma_p} \tag{3.53}$$

对于小样本($n<30$),应用 t 检验法:

$$t_c=\frac{|\hat{p}-p|-\frac{0.5}{n}}{\sigma_p} \tag{3.54}$$

自由度 $\nu=n-1$。

例 3.2.7 某玉米种子的正常发芽率为 90%,现用一种生长调节剂处理种子后,取 600 粒做发芽试验,实际有 570 粒发芽,30 粒不发芽,试问这种生长调节剂对种子发芽是否有影响?

假设 $H_0: p=p_0=0.9$,即处理后的玉米种子平均发芽率仍为 90%;对 $H_A: p\neq p_0$,即生长调节剂处理后显著改变了玉米种子的发芽率。

计算统计量:已知 $p=0.90$,$q=1-p=1-0.90=0.10$,$n=600$,$np=600\times0.90=540>30$,$nq=600\times0.10=60>30$,所以用 u 检验,且不需作连续性矫正。

$$\hat{p}=\frac{570}{600}=0.95 \qquad \sigma_p=\sqrt{\frac{pq}{n}}=\sqrt{\frac{0.90\times0.10}{600}}=0.0122$$

$$u=\frac{\hat{p}-p}{\sigma_p}=\frac{0.95-0.90}{0.0122}=4.10$$

实得 $|u|=4.10$，而 $u_{0.05}=1.96$，$u_{0.01}=2.58$，结果 $|u|>u_{0.01}$，差异极显著，故否定 H_0，接受 H_A，即生长调节剂处理玉米种子对发芽率有极显著影响。

例 3.2.8　某小麦品种在正常年份感染白粉病的病株率为 10%，今年小麦生长季内降水明显偏多，调查了 150 株小麦后发现有 24 株感染白粉病。试问今年白粉病是否与正常年份不同？

假设 H_0：$p=p_0=0.10$，即今年小麦白粉病表现正常；对 H_A：$p\neq p_0$，即今年小麦白粉病与正常年份不同。

计算统计量：已知 $p=0.10$，$q=1-p=1-0.10=0.90$，$n=150$，$np=150\times0.10=15<30$，$nq=150\times0.90=135>30$，所以用 u 检验，但需作连续性矫正。

$$\sigma_p=\sqrt{\frac{pq}{n}}=\sqrt{\frac{0.10\times0.90}{150}}=0.024$$

$$\hat{p}=\frac{24}{150}=0.16$$

根据式(3.53)计算得：

$$u_c=\frac{|\hat{p}-p|-\frac{0.5}{n}}{\sigma_p}=\frac{|0.16-0.10|-\frac{0.5}{150}}{0.024}=2.361$$

实得 $u_c=2.361>u_{0.05}=1.96$，故否定 H_0，推断今年小麦白粉病发病较正常年份明显严重。

(二)两个样本百分数的假设检验

在科学研究中，我们经常会碰到需要对两个样本百分数的差异显著性作检验，或者说是检验两个样本百分数 $\hat{p}_1$ 和 $\hat{p}_2$ 所属的总体百分数 p_1 和 p_2 是否相等。比如，两个作物品种发芽率的比较，两种种子处理方法对发芽率的影响比较，两种不同杀虫剂杀虫率的比较等等。

与单个样本百分数检验一样，在两个样本百分数的检验中，如果两个样本的 np 和 nq 都>5，可用正态近似法检验。如果 np 和 nq 都大于 30，可以不进行连续性矫正；如果 np 和 nq 均小于 30，检验时需进行连续性矫正。

在 H_0：$p_1=p_2$ 的假设下，两样本百分数的差数标准误可用下式估计：

$$S_{\hat{p}_1-\hat{p}_2}=\sqrt{\bar{p}\,\bar{q}\left(\frac{1}{n_1}+\frac{1}{n_2}\right)} \tag{3.55}$$

其中，

$$\bar{p}=\frac{x_1+x_2}{n_1+n_2}\qquad \bar{q}=1-\bar{p} \tag{3.56}$$

式中 x_1、x_2 分别为两个样本具有某一属性的个数。

如果 $n_1=n_2$，则式(3.55)可简化为：

$$S_{\hat{p}_1-\hat{p}_2}=\sqrt{\frac{2\bar{p}\,\bar{q}}{n}} \tag{3.57}$$

$\hat{p}_1=\frac{x_1}{n_1}$，$\hat{p}_2=\frac{x_2}{n_2}$，所以，不需作连续性矫正时

$$u=\frac{\hat{p}_1-\hat{p}_2}{S_{\hat{p}_1-\hat{p}_2}} \tag{3.58}$$

需作连续性矫正时

$$u_c \text{ 或 } t_c = \frac{\dfrac{x_1 - 0.5}{n_1} - \dfrac{x_2 + 0.5}{n_2}}{S_{\hat{p}_1 - \hat{p}_2}} = \frac{(\hat{p}_1 - \hat{p}_2) - \left(\dfrac{0.5}{n_1} + \dfrac{0.5}{n_2}\right)}{S_{\hat{p}_1 - \hat{p}_2}} \quad (\hat{p}_1 > \hat{p}_2) \quad (3.59)$$

或

$$u_c \text{ 或 } t_c = \frac{\dfrac{x_1 + 0.5}{n_1} - \dfrac{x_2 - 0.5}{n_2}}{S_{\hat{p}_1 - \hat{p}_2}} = \frac{(\hat{p}_1 - \hat{p}_2) + \left(\dfrac{0.5}{n_1} + \dfrac{0.5}{n_2}\right)}{S_{\hat{p}_1 - \hat{p}_2}} \quad (\hat{p}_1 < \hat{p}_2) \quad (3.60)$$

例 3.2.9 在高氮区和中氮区进行了水稻纹枯病的调查,高氮区共调查了300株(n_1),感病株为84株(x_1),中氮区共调查了400株(n_2),感病株为64株(x_2),试分析纹枯病的发病率在高氮区和中氮区有无显著差异。

假设 $H_0: p_1 = p_2$,即在高氮区和中氮区总体纹枯病的发病率相等;对 $H_A: p_1 \neq p_2$。

计算统计量:因为 $n_1 p_1 = 84$,$n_1 q_1 = 300 - 84 = 216$,$n_2 p_2 = 64$,$n_2 q_2 = 400 - 64 = 336$,均大于30,所以,采用 u 检验,且不需作连续性矫正。

$$\bar{p} = \frac{x_1 + x_2}{n_1 + n_2} = \frac{84 + 64}{300 + 400} = 0.21 \qquad \bar{q} = 1 - \bar{p} = 1 - 0.21 = 0.79$$

根据式(3.55),
$$S_{\hat{p}_1 - \hat{p}_2} = \sqrt{0.21 \times 0.79\left(\frac{1}{300} + \frac{1}{400}\right)} = 0.031$$

$$\hat{p}_1 = \frac{84}{300} = 0.28 \qquad \hat{p}_2 = \frac{64}{400} = 0.16$$

由式(3.58)计算得
$$u = \frac{\hat{p}_1 - \hat{p}_2}{S_{\hat{p}_1 - \hat{p}_2}} = \frac{0.28 - 0.16}{0.031} = 3.87$$

实得 $|u| = 3.87 > u_{0.01} = 2.58$。所以,可在0.01显著水平上否定 $H_0: p_1 = p_2$,即高氮区和中氮区水稻纹枯病发病率差异极显著,高氮区感病率高于中氮区。

例 3.2.10 用两种种衣剂处理油菜种子,然后在相同的条件下进行发芽试验。从第一种种衣剂处理的种子中取320粒,有307粒发芽,发芽率 $\hat{p}_1 = 0.96$;从第二种种衣剂处理的种子中取260粒,有239粒发芽,发芽率 $\hat{p}_2 = 0.92$。试问两种种衣剂对种子发芽率的作用是否有差异?

假设 $H_0: p_1 = p_2$,即两种种衣剂处理种子后的总体平均发芽率相同;对 $H_A: p_1 \neq p_2$。

计算统计量:因为 $n_1 p_1 = 307$,$n_1 q_1 = 320 - 307 = 13$,$n_2 p_2 = 239$,$n_2 q_2 = 260 - 239 = 21$,均大于5,但 $n_1 q_1$ 和 $n_2 q_2$ 均小于30,所以,采用 u 检验,需作连续性矫正。

$$\bar{p} = \frac{x_1 + x_2}{n_1 + n_2} = \frac{307 + 239}{320 + 260} = 0.94$$

$$\bar{q} = 1 - \bar{p} = 1 - 0.94 = 0.06$$

根据式(3.55),
$$S_{\hat{p}_1 - \hat{p}_2} = \sqrt{\bar{p}\bar{q}\left(\frac{1}{n_1} + \frac{1}{n_2}\right)} = \sqrt{0.94 \times 0.06\left(\frac{1}{320} + \frac{1}{260}\right)} = 0.020$$

因为 $\hat{p}_1 > \hat{p}_2$,所以由式(3.59)得:

$$u_c = \frac{(\hat{p}_1 - \hat{p}_2) - \left(\dfrac{0.5}{n_1} + \dfrac{0.5}{n_2}\right)}{S_{\hat{p}_1 - \hat{p}_2}} = \frac{(0.96 - 0.92) - \left(\dfrac{0.5}{320} + \dfrac{0.5}{260}\right)}{0.020} = 1.826$$

实得 $|u| = 1.826 < u_{0.05} = 1.96$。差异不显著,故接受 H_0,两种种衣剂处理种子的效果无显著差异。

四、卡方(χ^2)检验

(一)χ^2 分布与 χ^2 检验

对于某一总体,假设共有 k 个组(或类型),每组个体出现的概率依次为 $p_1, p_2, \cdots, p_k$,则在 n 次独立的观察中,各组的理论(期望)次数依次为 $E_1 = np_1, E_2 = np_2, \cdots, E_k = np_k$,各组的观察次数依次为 $O_1, O_2, \cdots, O_k$,则定义 χ^2 为:

$$\chi^2 = \sum_{i=1}^{k} \frac{(O_i - E_i)^2}{E_i} \tag{3.61}$$

χ^2 分布的取值区间为$[0, +\infty]$,分布的形状决定于自由度 ν。当 $\nu=1$ 时,曲线极端左偏,呈反 J 形;随着自由度的增大,χ^2 曲线与正态曲线逐渐接近;当自由度$\rightarrow\infty$时,则为正态分布。图 3-8 表示几个自由度的 χ^2 分布曲线。由图可见,自由度越小,曲线越不对称;自由度越大,曲线越趋于正态分布,但分布越分散。

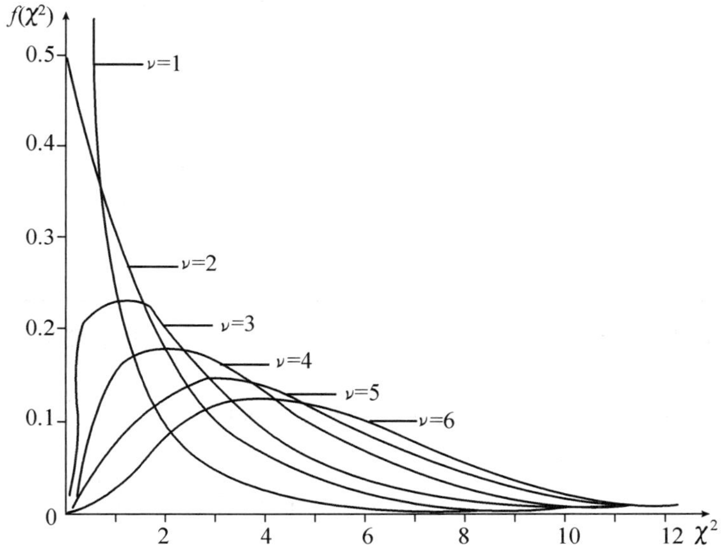

图 3-8 不同自由度的 χ^2 分布曲线

根据 χ^2 分布的概率函数,可以求出不同自由度、不同概率的 χ^2 值。附表 8 列出了否定区间的概率为 0.05 和 0.01 时的 χ^2 值,可供 χ^2 检验用。

在生物科学研究中,我们有时需要对次数资料进行分析,判断其实际观察次数与理论次数间的差异是由于随机因素造成,还是本质原因的必然结果。χ^2 可以度量观察次数和理论次数的相差程度。因而由 χ^2 分布可对次数资料作出假设检验。χ^2 检验的方法步骤与 u 检验、t 检验相同,也是先提出假设,在无效假设为正确的前提下计算 χ^2 值,最后作出推断。

次数资料是间断性的,而 χ^2 分布是连续性分布。为了使间断性资料的计算结果适合于连续性分布给出的概率,在计算 χ^2 时需作连续性矫正。特别是对于 $\nu=1$ 的样本,一般要求必须作连续性矫正。矫正后的 χ^2 用 χ_c^2 表示:

$$\chi_c^2 = \sum_{i=1}^{k} \frac{(|O_i - E_i| - 0.5)^2}{E_i} \tag{3.62}$$

其中0.5为连续性矫正常数。

(二)适合性检验

适合性检验是检验实际次数与理论次数是否符合的检验方法。

1. 配合理论分布的次数资料

这种资料需检验配合的理论次数是否与实际次数相符,以推断实际次数分布的理论模式。

例3.2.11 为了了解某乡现有耕地的肥力状况,在全乡范围内采集了200块田的土壤耕层样品,分别测定了其碱解氮含量,通过对数据的初步整理,得到了在不同氮含量范围内的田块数资料(表3-6)和一些样本特征数:碱解氮含量平均值$\bar{x}=26.46$,标准差$S_{\bar{x}}=5.75$。试问该乡土壤碱解氮含量是否遵从正态分布?

表3-6 某乡土壤碱解氮含量的分组统计资料

氮含量分组(mg/kg)	田块数	各组数据上限	$u=\frac{上限-\bar{x}}{S_{\bar{x}}}$	各组的理论概率
<14	3	14	−2.18	0.014 6
14~18	14	18	−1.48	0.054 8
18~22	22	22	−0.78	0.148 3
22~26	52	26	−0.08	0.250 4
26~30	59	30	0.62	0.264 3
30~34	31	34	1.32	0.174 2
34~38	15	38	2.02	0.071 7
>38	4	+∞	+∞	0.021 7
$\sum$	200			1

假设H_0:该乡土壤碱解氮含量符合正态分布;对H_A:该乡土壤碱解氮含量不符合正态分布。

计算统计量χ^2值:用表3-6所列观测数据各组的上限值求出离差u,再求出各组的理论概率。

每组的理论概率乘上总次数200,即得每组应有的理论次数E_i(表3-7)。

表3-7 土壤碱解氮含量资料配合正态分布的适合性检验

氮含量分组(mg/kg)	实际次数(O_i)	理论次数(E_i)	$\frac{(O_i-E_i)^2}{E_i}$
<14 14~18	3 14 } 17	2.9 11.0 } 13.9	0.691 4
18~22	22	29.7	1.996 3
22~26	52	50.1	0.072 1
26~30	59	52.9	0.703 4
30~34	31	34.8	0.414 9
34~38 >38	15 4 } 19	14.3 4.3 } 18.6	0.008 6
$\sum$	200	200	3.89

注:每组的理论次数(200×各组的理论概率)不能<5,否则会影响χ^2检验效果,若某组的理论次数<5,则应与邻组合并。

计算结果，$\chi^2=3.89$。

按自由度＝组数－3，查附表 8(由于理论次数受平均数、标准差及样本总次数三个条件的限制，所以，自由度＝组数－3)。$\nu=6-3=3$，$\chi^2_{0.05}=7.81$。

因为 $\chi^2=3.89<\chi^2_{0.05}$，所以 H_0 成立，即该乡土壤碱解氮含量符合正态分布。

2. $k=2$ 的次数资料

这种资料仅分为两组，因而是一个二项总体的样本。如果试验结果以百分数表示，则按百分数假设检验的方法作出检验；如果结果以次数表示，可用 χ^2 分布作出检验。由于自由度 $\nu=k-1=1$，故在计算 χ^2 时需作连续性矫正。

例 3.2.12　某玉米种子的正常发芽率为 90％(9∶1)，现用一生长调节剂处理种子后，取 600 粒作发芽试验，实际有 570 粒发芽，30 粒不发芽，试问这种生长调节剂对种子发芽是否有影响？

第一步：H_0：假设生长调节剂对种子发芽无影响，符合正常发芽率；对 H_A：有影响。确定显著水平 $\alpha=0.05$。

第二步：计算 χ^2_c。因为 $O_1=570$，$O_2=30$，$E_1=540$，$E_2=60$，由式(3.62)得：

$$\chi^2_c=\sum_{i=1}^{2}\frac{(|O_i-E_i|-0.5)^2}{E_i}=\frac{(|570-540|-0.5)^2}{540}+\frac{(|30-60|-0.5)^2}{60}=16.1157$$

第三步：推断。查附表 8，$\chi^2_{0.05}=3.84$，实得 $\chi^2_c>\chi^2_{0.05}$，故否定 H_0，接受 H_A，即生长调节剂显著提高了种子的发芽率。

为了简化计算，可以将这类资料的检验转化为检验实际次数 $O_1:O_2$ 是否符合理论期望 $r:1$，或者说检验 $O_1:O_2$ 是否属于 $r:1$ 总体的一个随机样本(r 可以是整数，也可以是小数或分数)。这样就可以不计算理论次数 E_1 和 E_2，直接由下列简式求出 χ^2_c：

$$\chi^2_c=\frac{\left[|O_1-rO_2|-\frac{r+1}{2}\right]^2}{r(O_1+O_2)}\tag{3.63}$$

3. $k\geqslant 3$ 的次数资料

这种资料可不作连续性矫正，由式(3.61)计算 χ^2 值。

例 3.2.13　为了研究两对相对性状的遗传规律，以豌豆为材料，选用一个亲本是黄色子叶、圆粒的种子与另一亲本是绿色子叶、皱粒的种子杂交，杂交后代得到如下结果：

P　　黄色、圆粒×绿色、皱粒

↓

F_1　　黄色、圆粒

↓

F_2　　黄色、圆粒，黄色、皱粒，绿色、圆粒，绿色、皱粒

实得种子粒数　　315　　108　　101　　32

试检验这一试验结果 F_2 的四种表现型是否符合 9∶3∶3∶1 的分离比例。

按 9∶3∶3∶1 的理论比例算得各种表现型的理论次数 E_i。

黄色、圆粒理论次数 $E_1=556\times\frac{9}{16}=312.75$

黄色、皱粒理论次数 $E_2=556\times\frac{3}{16}=104.25$

绿色、圆粒理论次数 $E_3=556\times\frac{3}{16}=104.25$

绿色、皱粒理论次数 $E_4=556\times\frac{1}{16}=34.75$

列出豌豆杂交 F_2 代四种表现型的适合性检验表(表 3 - 8)。

表 3 - 8 豌豆杂交 F_2 代四种表现型的适合性检验

项　目	表现型				总数
	黄色、圆粒	黄色、皱粒	绿色、圆粒	绿色、皱粒	
F_2 实际观察次数(O_i)	315	108	101	32	556
理论次数(E_i)	312.75	104.25	104.25	34.75	556
O_i-E_i	2.25	3.75	−3.25	−2.75	0

设无效假设 H_0:F_2 代的四种表现型符合 9∶3∶3∶1 的比例;对 H_A:F_2 的四种表现型不符合 9∶3∶3∶1 的比例。确定显著水平 $\alpha=0.05$。由式(3.61)计算 χ^2 值:

$$\chi^2=\sum_{i=1}^{k}\frac{(O_i-E_i)^2}{E_i}=\frac{2.25^2}{312.75}+\frac{3.75^2}{104.25}+\frac{(-3.25)^2}{104.25}+\frac{(-2.75)^2}{34.75}=0.47$$

本例自由度 $\nu=k-1=4-1=3$,故可不作 χ^2 的连续性矫正,查 χ^2 值表,$\chi^2_{0.05}=7.81$,实际计算所得 $\chi^2=0.47<\chi^2_{0.05}$,接受 H_0,表示 F_2 代的四种表现型符合 9∶3∶3∶1 的理论比例。

对于 $k\geqslant3$ 的次数资料,也可以不经过计算理论次数,直接按下列通式计算 χ^2 值:

$$\chi^2=\sum_{i=1}^{k}\frac{O_i^2}{np_i}-n \tag{3.64}$$

式中:p_i 为各项的理论比率(或者说期望概率);O_i 为其对应的观察次数;n 为总观察次数。如本例,亦可由式(3.64)算得:

$$\chi^2=\left(\frac{315^2}{556\times\frac{9}{16}}+\frac{108^2}{556\times\frac{3}{16}}+\frac{101^2}{556\times\frac{3}{16}}+\frac{32^2}{556\times\frac{1}{16}}\right)-556=0.47$$

与按式(3.61)计算的结果相同。

(三)独立性检验

独立性检验检验现象与因素间的关系是相互独立,还是彼此相关。检验时,先将次数资料作成两向表,设有 R 行和 C 列,把各观测值分别按行和列的形式填在如表 3 - 9 所示形式的表中。

表 3 - 9 $C\times R$ 表分组资料模式

行	列					$\sum$
	1	2	3	…	C	
1	O_{11}	O_{12}	O_{13}	…	O_{1C}	R_1
2	O_{21}	O_{22}	O_{23}	…	O_{2C}	R_2
3	O_{31}	O_{32}	O_{33}	…	O_{3C}	R_3
⋮	⋮	⋮	⋮		⋮	⋮
R	O_{R1}	O_{R2}	O_{R3}	…	O_{RC}	R_R
$\sum$	C_1	C_2	C_3	…	C_C	n

独立性检验的无效假设 H_0：现象与因素相互独立；对 H_A：彼此相关。在"H_0：独立"为正确的假定下，计算出每一组格的理论次数，计算公式为：

$$E_{ij}=\frac{R_iC_j}{n} \tag{3.65}$$

式中：E_{ij} 为第 i 行、第 j 列的理论次数；R_i 为第 i 行实际次数的总和；C_j 为第 j 列实际次数的总和；n 为总次数。再由式(3.61)或式(3.62)算得 χ^2 值，自由度 $\nu=(R-1)(C-1)$。

1. 2×2 表

2×2 表是指行和列都为两组的资料，其 $\nu=(2-1)(2-1)=1$，故计算 χ^2 值时需作连续性矫正。

例 3.2.14　研究叶面肥浓度高低对苹果优果数的影响，结果发现，高浓度果树上 800 个苹果中有 550 个属优果，低浓度果树上 600 个苹果中有 380 个属优果。试问叶面肥浓度的高低与优果数有无关系？

首先将所得结果列成 2×2 表(表 3-10)。

表 3-10　施用不同浓度叶面肥果树上的优果数

处理项目	高浓度	低浓度	$\sum$
优果数	$O_{11}=550$	$O_{12}=380$	$R_1=930$
非优果数	$O_{21}=250$	$O_{22}=220$	$R_2=470$
$\sum$	$C_1=800$	$C_2=600$	$n=1\,400$

假设 H_0：叶面肥浓度高低与优果数多少无关，即两者相互独立；对 H_A：叶面肥浓度高低与优果数显著有关。

计算各组格的理论次数，根据式(3.65)可得：

$$E_{11}=\frac{R_1C_1}{n}=\frac{930\times800}{1\,400}=531.43$$

$$E_{12}=\frac{R_1C_2}{n}=\frac{930\times600}{1\,400}=398.57$$

$$E_{21}=\frac{R_2C_1}{n}=\frac{470\times800}{1\,400}=268.57$$

$$E_{22}=\frac{R_2C_2}{n}=\frac{470\times600}{1\,400}=201.43$$

计算 χ^2 值，根据式(3.62)可得：

$$\chi_c^2=\frac{(|550-531.43|-0.5)^2}{531.43}+\frac{(|380-398.57|-0.5)^2}{398.57}$$

$$+\frac{(|250-268.57|-0.5)^2}{268.57}+\frac{(|220-201.43|-0.5)^2}{201.43}=4.24$$

当 $\nu=(2-1)(2-1)=1$ 时，$\chi^2_{0.05}=3.84$，$\chi^2_{0.01}=6.63$，实际计算所得 $\chi_c^2>\chi^2_{0.05}$，故否定 H_0，而接受 H_A，即说明叶面肥浓度的高低与优果数显著相关。

2. 2×C 表

2×C 表是指 $R=2$、$C\geqslant3$ 的两向表。由于 $C\geqslant3$，其自由度 $\nu=(2-1)(C-1)=C-1>1$，故在计算 χ^2 时不需作连续性矫正。

例 3.2.15 在田间条件下研究了氯化铵作基肥时不同施肥深度对大豆出苗的影响,其结果列于表 3-11,试分析大豆的出苗率是否和氯化铵的施用深度有关。

表 3-11 氯化铵 4 种施肥深度的大豆出苗情况

项目	施肥深度(cm)				$\sum$
	5	10	20	30	
出苗数	$O_{11}=153$	$O_{12}=205$	$O_{13}=230$	$O_{14}=229$	$R_1=817$
未出苗数	$O_{21}=147$	$O_{22}=110$	$O_{23}=90$	$O_{24}=91$	$R_2=438$
$\sum$	$C_1=300$	$C_2=315$	$C_3=320$	$C_4=320$	$n=1\ 255$

假设 H_0:大豆出苗与氯化铵的施肥深度无关;对 H_A:大豆出苗与氯化铵的施肥深度有关。

计算 χ^2 值。根据式(3.65)计算各组格的理论次数。

$$E_{11}=\frac{817\times 300}{1\ 255}=195.30 \qquad E_{12}=\frac{817\times 315}{1\ 255}=205.06$$

$$E_{13}=\frac{817\times 320}{1\ 255}=208.32 \qquad E_{14}=\frac{817\times 320}{1\ 255}=208.32$$

$$E_{21}=\frac{438\times 300}{1\ 255}=104.70 \qquad E_{22}=\frac{438\times 315}{1\ 255}=109.94$$

$$E_{23}=\frac{438\times 320}{1\ 255}=111.68 \qquad E_{24}=\frac{438\times 320}{1\ 255}=111.68$$

由式(3.61)可得:

$$\chi^2=\sum_{i=1}^{k}\frac{(O_i-E_i)^2}{E_i}=\frac{(153-195.30)^2}{195.30}+\frac{(205-205.06)^2}{205.06}$$
$$+\frac{(230-208.32)^2}{208.32}+\frac{(229-208.32)^2}{208.32}$$
$$+\frac{(147-104.70)^2}{104.70}+\frac{(110-109.94)^2}{109.94}$$
$$+\frac{(90-111.68)^2}{111.68}+\frac{(91-111.68)^2}{111.68}=38.60$$

$\nu=(2-1)(4-1)=3$ 时,$\chi^2_{0.05}=7.81$,$\chi^2_{0.01}=11.34$,实得 $\chi^2>\chi^2_{0.01}$,所以否定 H_0,接受 H_A,即氯化铵的施用深度与大豆出苗极显著相关。

3. R×C 表

$R\times C$ 表指 $R\geqslant 3$,$C\geqslant 3$ 的两向表。对 $R\times C$ 表作独立性检验时,其自由度 $\nu=(R-1)(C-1)>1$,求算 χ^2 值时不需要作连续性矫正。

例 3.2.16 通过调查在干旱条件下出现不同程度萎蔫的小麦株数,研究不同施钾量对小麦抗旱性的影响,其结果见表 3-12。试作独立性检验。

假设 H_0:干旱条件下小麦的萎蔫程度与施钾量无关;对 H_A:干旱条件下小麦的萎蔫程度与施钾量有关。

根据式(3.65),计算各组格理论次数。计算过程省略,结果见表 3-12。

表 3-12　干旱条件下不同施钾量处理小麦的萎蔫程度

施钾量 (K_2O,kg/hm^2)	永久萎蔫株数	暂时萎蔫株数	不萎蔫株数	$\sum$
30	$O_{11}=255$ $E_{11}=157.83$	$O_{12}=341$ $E_{12}=283.91$	$O_{13}=210$ $E_{13}=364.25$	$R_1=806$
60	$O_{21}=187$ $E_{21}=169.98$	$O_{22}=305$ $E_{22}=305.75$	$O_{23}=376$ $E_{23}=392.27$	$R_2=868$
90	$O_{31}=158$ $E_{31}=172.13$	$O_{32}=302$ $E_{32}=309.63$	$O_{33}=419$ $E_{33}=397.24$	$R_3=879$
120	$O_{41}=66$ $E_{41}=166.06$	$O_{42}=250$ $E_{42}=298.71$	$O_{43}=532$ $E_{43}=383.23$	$R_4=848$
$\sum$	$C_1=666$	$C_2=1\ 198$	$C_3=1\ 537$	$n=3\ 401$

根据式(3.61)得：

$$\chi^2=\frac{(255-157.83)^2}{157.83}+\frac{(187-169.98)^2}{169.98}+\frac{(158-172.13)^2}{172.13}+\cdots+\frac{(532-383.23)^2}{383.23}=267.53$$

当 $\nu=(4-1)(3-1)=6$ 时，$\chi^2_{0.05}=12.59$，$\chi^2_{0.01}=16.81$，实得 $\chi^2=267.53>\chi^2_{0.01}$，故应否定 H_0，接受 H_A，即干旱条件下施钾量对小麦抗旱性有极显著影响。

第三节　方差分析

检验两个样本的差异显著性，t 检验无疑是一个很有效的方法。但是在实际中，一个试验往往包含多个样本，设为 k 个，而 $k\geqslant 3$。对于 k 个样本之间的显著性检验，如果采用 t 检验，则需作 $C_k^2=\frac{1}{2}k(k-1)$ 次假设检验。当 $k=10$ 时，就要作 $\frac{1}{2}\times 10\times 9=45$ 次。这样不仅很麻烦，而且更重要的是，这种两两检验的方法会随 k 的增加而使显著水平 α 扩大，也就是增加犯 α 错误的概率。此外，这种局部性的检验方法，未能利用资料的全部信息，精度必然不高。

对于多个样本的差异显著性检验，1923 年费休(R. A. Fisher)提出的方差分析是一种更为合适的统计方法。应用方差分析不仅可以完满地解决以上问题，而且可以得到精度更高的检验结果。方差分析的内容十分丰富，是分析资料的一个强有力的工具。特别在多因素试验中，它可以帮助我们发现起主导作用的变异来源，从而抓住主要矛盾或关键问题。方差分析的提出对农业试验的发展起了极大的促进作用，使试验设计从简单的对比设计发展到复因素的析因设计。目前在各种试验研究中，方差分析已被广泛应用。

一、方差分析的基本原理

任何一个试验的结果，都表现为一系列参差不齐的数据。试验结果的这种变异性，是由多种原因引起的。由于试验种类及试验设计的不同，引起试验结果变异的原因也不相同。例如，完全随机设计试验，引起变异的原因有处理及误差；随机区组设计的试验，其变异原因有处理、区组和误差；多年随机区组设计试验的变因有处理、区组、年份、处理×年份的交互作用及误差等等。方差分析就是将一个试验的总变异分解为各变因的相应部分，以误差作为统计假设检验的依据，对其他可控变因进行显著性检验，并判断各变因的重要性。方差分析是以方差度量变异的大小。对总变异进行分解时，首先是将其总平方和与总自由度按变因分解成相应的部分，然后再计算各变因的方差。这是因为平方和与自由度具有分解性及可加性，而总变异的方差是不能直接进行分解的。

(一)单向分组资料的方差分析

单向分组资料是指观察值仅按一个方向分组的资料。设有 k 个独立样本，每个样本皆有 n 个观察值，共有 kn 个观察值。因为该资料仅按样本(处理)分组，故为单向分组资料，其数据模式如表 3-13 所示。

表 3-13　单向分组资料模式

样本(处理)号	观察值 $x_{ij}(i=1,2,\cdots,k;j=1,2,\cdots,n)$				合计 (T_i)	平均 $(\bar{x}_i)$
1	x_{11}	x_{12}	$\cdots$	x_{1n}	T_1	$\bar{x}_1$
2	x_{21}	x_{22}	$\cdots$	x_{2n}	T_2	$\bar{x}_2$
$\vdots$	$\vdots$	$\vdots$		$\vdots$	$\vdots$	$\vdots$
k	x_{k1}	x_{k2}	$\cdots$	x_{kn}	T_k	$\bar{x}_k$
合计	$\sum_{i=1}^{k}\sum_{j=1}^{n}x_{ij}$				T	$\bar{x}$

1. 平方和与自由度的分解

在表 3-13 中，全部观察值的总和 $T=\sum_{i=1}^{k}\sum_{j=1}^{n}x_{ij}=\sum_{i=1}^{k}T_i$；全部观察值的平均数 $\bar{x}=T/kn$；每个样本的总和 $T_i=\sum_{j=1}^{n}x_{ij}$；每个样本的平均数 $\bar{x}_i=T_i/n$。对于该资料的总平方和 SS_T 与总自由度 df_T 可作如下分解：

$$
\begin{aligned}
SS_T &= \sum_{i=1}^{k}\sum_{j=1}^{n}(x_{ij}-\bar{x})^2 = \sum_{i=1}^{k}\sum_{j=1}^{n}(x_{ij}-\bar{x}_i+\bar{x}_i-\bar{x})^2 \\
&= \sum_{i=1}^{k}\sum_{j=1}^{n}[(x_{ij}-\bar{x}_i)+(\bar{x}_i-\bar{x})]^2 \\
&= \sum_{i=1}^{k}\sum_{j=1}^{n}[(x_{ij}-\bar{x}_i)^2+2(x_{ij}-\bar{x}_i)(\bar{x}_i-\bar{x})+(\bar{x}_i-\bar{x})^2] \\
&= \sum_{i=1}^{k}\sum_{j=1}^{n}(x_{ij}-\bar{x}_i)^2+2\sum_{i=1}^{k}\sum_{j=1}^{n}(x_{ij}-\bar{x}_i)(\bar{x}_i-\bar{x})+n\sum_{i=1}^{k}(\bar{x}_i-\bar{x})^2
\end{aligned}
$$

因为

$$
\sum_{i=1}^{k}\sum_{j=1}^{n}(x_{ij}-\bar{x}_i)(\bar{x}_i-\bar{x})=\sum_{i=1}^{k}(\bar{x}_i-\bar{x})\sum_{j=1}^{n}(x_{ij}-\bar{x}_i)=0
$$

所以

$$\underset{\text{总平方和}\;SS_T}{\sum_{i=1}^{k}\sum_{j=1}^{n}(x_{ij}-\bar{x})^2} = \underset{\substack{\text{样本内平方和}\\ \text{（误差平方和）}\\ SS_e}}{\sum_{i=1}^{k}\sum_{j=1}^{n}(x_{ij}-\bar{x}_i)^2} + \underset{\text{样本间平方和}\;SS_t}{n\sum_{i=1}^{k}(\bar{x}_i-\bar{x})^2} \tag{3.66}$$

为了计算方便，对以上各平方和常作如下变形：

$$SS_T = \sum_{i=1}^{k}\sum_{j=1}^{n}(x_{ij}-\bar{x})^2 = \sum_{i=1}^{k}\sum_{j=1}^{n}x_{ij}^2 - \frac{\left(\sum_{i=1}^{k}\sum_{j=1}^{n}x_{ij}\right)^2}{kn}$$

$$= \sum_{i=1}^{k}\sum_{j=1}^{n}x_{ij}^2 - \frac{T^2}{kn} \tag{3.67}$$

$$SS_t = n\sum_{i=1}^{k}(\bar{x}_i-\bar{x})^2 = n\left[\sum_{i=1}^{k}\bar{x}_i^2 - \frac{\left(\sum_{i=1}^{k}\bar{x}_i\right)^2}{k}\right]$$

$$= \sum_{i=1}^{k}\frac{(n\bar{x}_i)^2}{n} - \frac{\left(\sum_{i=1}^{k}n\bar{x}_i\right)^2}{kn} = \sum_{i=1}^{k}\frac{T_i^2}{n} - \frac{T^2}{kn} \tag{3.68}$$

$$SS_e = SS_T - SS_t \tag{3.69}$$

全部资料共有 kn 个观察值，故其总自由度 $df_T=kn-1$，可作如下分解：

$$df_T = kn-1 = kn-k+k-1 = k(n-1)+(k-1) \tag{3.70}$$

式中：$k(n-1)$为样本（处理）内自由度即误差自由度，记作 df_e。这是因为每个样本有 n 个观察值，其自由度为 $n-1$，k 个样本的自由度为 $k(n-1)$。$k-1$ 为样本（处理）间自由度，记作 df_t。即

$$\underset{df_T}{\overset{kn-1}{\text{总自由度}}} = \underset{df_e}{\overset{k(n-1)}{\text{样本内自由度}}} + \underset{df_t}{\overset{(k-1)}{\text{样本间自由度}}} \tag{3.71}$$

至此，我们将单向分组资料（表 3 - 13）的总平方和与总自由度分解为样本内与样本间两部分，从而可进一步得到样本内均方 MS_e 和样本间均方 MS_t 为：

$$\left.\begin{aligned} MS_e &= S_e^2 = \frac{\sum_{i=1}^{k}\sum_{j=1}^{n}(x_{ij}-\bar{x}_i)^2}{k(n-1)} \\ MS_t &= S_t^2 = \frac{n\sum_{i=1}^{k}(\bar{x}_i-\bar{x})^2}{k-1} \end{aligned}\right\} \tag{3.72}$$

2. F 分布与 F 检验

设在一具平均数 μ、方差 σ^2 的正态总体中，随机抽取 $\nu_1=(n_1-1)$和 $\nu_2=(n_2-1)$的两个独立样本，分别求得两个样本的均方为 S_1^2 和 S_2^2，则将 S_1^2 和 S_2^2 的比值定义为 F：

$$F = \frac{S_1^2}{S_2^2} \tag{3.73}$$

由于抽样误差，所以 F 是个随机变量。F 分布的概率密度函数 $f(F)$为：

$$f(F)=\frac{\Gamma\left(\frac{\nu_1+\nu_2}{2}\right)}{\Gamma\left(\frac{\nu_1}{2}\right)\Gamma\left(\frac{\nu_2}{2}\right)}\nu_1^{\frac{\nu_1}{2}}\nu_2^{\frac{\nu_2}{2}}\frac{F^{\frac{\nu_1}{2}-1}}{(\nu_1F+\nu_2)^{\frac{\nu_1+\nu_2}{2}}} \tag{3.74}$$

式中：Γ为Γ函数；ν_1 和 ν_2 分别为 F 的分子 S_1^2 和分母 S_2^2 的自由度。

式(3.74)说明，$f(F)$具参数 ν_1 和 ν_2，F 分布随自由度 ν_1 和 ν_2 的不同而不同。图3-9是几个不同 ν_1 和 ν_2 时的 F 分布。

F 分布的取值区间为$(0,\infty)$；F 分布的平均值 $\mu_F=1$；F 分布的形状决定于参数 ν_1 和 ν_2。在 $\nu_1=1$ 或 $\nu_1=2$ 时，F 分布呈反向J形，当 $\nu_1\geqslant3$ 时转为偏态。

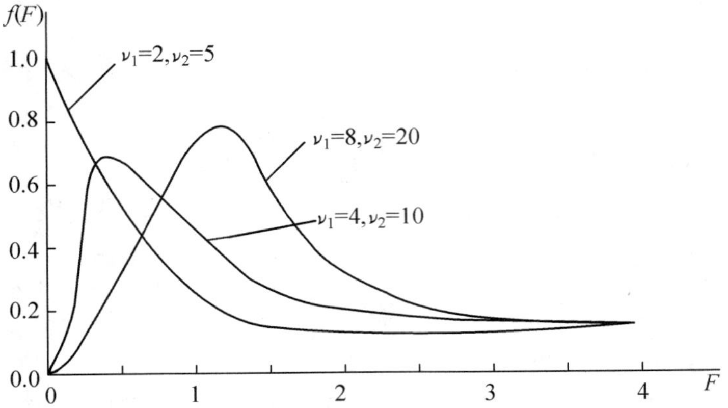

图3-9　ν_1 和 ν_2 不同时的 F 分布

设 F 分布右尾区间(F_i,∞)的概率为 $P(F_i,\infty)$，则：

$$P(F_i,\infty)=\int_{F_i}^{+\infty}f(F)\mathrm{d}f \tag{3.75}$$

附表3列出了各种 ν_1 和 ν_2 下，$P(F_i,\infty)=0.05$ $(\alpha=0.05)$和 $P(F_i,\infty)=0.01(\alpha=0.01)$时的临界 F 值。例如，查附表3，$\nu_1=4$，$\nu_2=11$ 时，$F_{0.05}=3.36$，$F_{0.01}=5.67$，即表示 $F>3.36$ 出现的概率为5%，$F>5.67$ 的概率仅为1%。附表3为右尾概率表，仅供检验 S_1^2 的总体方差 σ_1^2 是否显著大于 S_2^2 的总体方差 σ_2^2 之用。

方差分析是通过 F 值来检验差异的显著性，所以，也称 F 检验。F 检验的假设有 H_0：$\sigma_1^2\leqslant\sigma_2^2$，对 H_A：$\sigma_1^2>\sigma_2^2$ 和 H_0：$\mu_1=\mu_2=\cdots=\mu_k$，对 H_A：μ_1、μ_2、…、μ_k 不全相等。前者是为了检验两个样本所属总体的方差 σ_1^2 和 σ_2^2 是否有显著差异；后者是为了检验 k 个样本平均数是否相等。若实得 $F>F_{0.05}$或 $F_{0.01}$，则称在 $\alpha=0.05$ 或 $\alpha=0.01$ 上差异显著，应否定 H_0，接受 H_A；若实得 $F<F_{0.05}$，则表示差异不显著，应接受 H_0。单向分组资料的方差分析可归纳成表3-14。

表3-14　单向分组资料方差分析表

变因	自由度(df)	平方和(SS)	均方(MS)	F
样本(处理)间	$k-1$	$n\sum_{i=1}^{k}(\bar{x}_i-\bar{x})^2$	$S_1^2=n\sum_{i=1}^{k}(\bar{x}_i-\bar{x})^2/(k-1)$	S_1^2/S_2^2
样本(处理)内	$k(n-1)$	$\sum_{i=1}^{k}\sum_{j=1}^{n}(x_{ij}-\bar{x}_i)^2$	$S_2^2=\sum_{i=1}^{k}\sum_{j=1}^{n}(x_{ij}-\bar{x}_i)^2/k(n-1)$	
总变异	$kn-1$	$\sum_{i=1}^{k}\sum_{j=1}^{n}(x_{ij}-\bar{x})^2$		

例 3.3.1　为了比较相同氮肥施用量下不同品种小麦的根系发育状况，在网室中进行了盆栽试验，氮肥选用尿素，施 N 量为 0.15 g/kg，小麦品种为小偃 22、陕农 229、石麦 15 和皖麦 89236，重复 4 次，所有盆钵在同一网室中随机放置，小麦生长至拔节期收获。小麦根干重结果列于表 3-15。试检验各处理根干重平均数的差异显著性。

表 3-15　不同小麦品种根系发育比较的试验结果

处　理	小麦根干重(x_{ij}, g/盆)				合计(T_i)	平均($\bar{x}_i$)
小偃 22	1.95	2.06	1.91	2.08	8.0	2.0
陕农 229	2.14	2.16	2.27	2.23	8.8	2.2
石麦 15	2.48	2.41	2.53	2.38	9.8	2.45
皖麦89236	1.93	1.98	2.01	1.88	7.8	1.95
					$T=34.4$	$\bar{x}_i=2.15$

由表 3-15，根据式(3.67)至式(3.71)可得：

总平方和 $SS_T=(1.95^2+2.06^2+\cdots+1.88^2)-\dfrac{34.4^2}{4\times4}=0.675$

总自由度 $df_T=4\times4-1=15$

处理间平方和 $SS_t=\dfrac{8^2+8.8^2+9.8^2+7.8^2}{4}-\dfrac{34.4^2}{16}=0.62$

处理间自由度 $df_t=4-1=3$

处理内(误差)平方和 $SS_e=0.675-0.62=0.055$

处理内(误差)自由度 $df_e=4(4-1)=12$

将以上计算结果列于表 3-16 进行方差分析：

表 3-16　不同小麦品种根系发育比较试验的方差分析

变因	df	SS	MS	F	$F_{0.05}$	$F_{0.01}$
处理间	3	0.620	0.206 7	44.93**	3.49	5.95
处理内(误差)	12	0.055	0.004 6			
总变异	15	0.675				

假设 $H_0:\mu_1=\mu_2=\mu_3=\mu_4$，对 $H_A:\mu_1,\mu_2,\mu_3,\mu_4$ 不全相等。实得 $F>F_{0.01}$，故否定 H_0，接受 H_A，推断该试验的处理平均数间是有极显著差异的。一般的，当实得 $F>F_{0.05}$ 时称差异显著，在 F 值右上角标以 *；当实得 $F>F_{0.01}$ 时称差异极显著，在 F 值右上角标以 **。

例 3.3.2　测定东方红 3 号小麦的蛋白质含量 10 次，得均方 $S_1^2=1.621$；测定农大 139 小麦的蛋白质含量 5 次，得均方 $S_2^2=0.135$。试检验东方红 3 号小麦蛋白质含量的变异是否比农大 139 大。

假设 $H_0:\sigma_1^2=\sigma_2^2$(即东方红 3 号和农大 139 小麦蛋白质含量的变异一样)，对 $H_A:\sigma_1^2>\sigma_2^2$。检验计算结果：

$$F=\frac{1.621}{0.135}=12.01$$

查附表 3，当 $\nu_1=10-1=9$，$\nu_2=5-1=4$ 时，$F_{0.05}=6.00$，$F_{0.01}=14.66$，实得 $F>F_{0.05}$，差

异显著,应否定 H_0,接受 H_A,即东方红3号小麦蛋白质含量的变异大于农大139。

在农业研究中,凡是要比较两个事物变异的大小,均可用 F 检验,但都必须以大均方做分子来计算 F 值。

3. 多重比较

F 检验的结果是一个整体概念。如例3.3.1通过 F 检验,否定了 $H_0:\mu_1=\mu_2=\mu_3=\mu_4$,接受 $H_A:\mu_1$、μ_2、μ_3、μ_4 不全相等。它只给出了4个平均数是有显著差异这样一个笼统的概念。但是,在实际中,例如,选优、水平分组等,都需要了解哪些平均数之间的差异是显著的,哪些平均数之间的差异是不显著的。因此,在 F 检验达显著水平后,常常需要进一步对各个平均数作相互比较,即多重比较。多重比较的方法很多,我们仅介绍其中的最小显著差数法、Duncan氏新复极差法和Tukey氏固定极差法。

(1)最小显著差数法(亦称 LSD 法) 该法是在一定概率($1-\alpha$)保证下,确定一个达到显著的最小差数尺度 LSD_α,用以检验平均数间差数的显著性。凡 $|\bar{x}_i-\bar{x}_j|>LSD_\alpha$,即为在 α 水平上显著;反之,则为在 α 水平上不显著。因为

$$t=\frac{\bar{x}_i-\bar{x}_j}{S_{\bar{x}_i-\bar{x}_j}} \qquad (i,\ j=1,\ 2,\cdots,\ k;\ i\neq j)$$

当 $|t|>t_\alpha$ 时,($\bar{x}_i-\bar{x}_j$)即为在 α 水平上显著,所以

$$LSD_\alpha=t_\alpha S_{\bar{x}_i-\bar{x}_j} \tag{3.76}$$

在方差分析中,

$$S_{\bar{x}_i-\bar{x}_j}=\sqrt{\frac{2S_e^2}{n}} \tag{3.77}$$

式(3.77)中的 S_e^2 为方差分析中的误差均方值,n 为样本容量。式(3.76)中的 t_α 为 S_e^2 所具自由度下显著水平为 α 的临界 t 值。

LSD 法比较简单,在多重比较中沿用最久。但 LSD 法本质上仍是 t 检验,适于两个相互独立的平均数间的比较,应用于多重比较,犯 α 错误的概率会随着样本数 k 的增加而增大。为了改进 LSD 法的这一缺点,费休提出了保护最小显著差数法,简称 $PLSD$ 法。$PLSD$ 法是在 LSD 法的基础上,增加了"处理项变异的 F 检验为显著"这一前提条件。即在处理间的 F 检验为显著的前提下用 $PLSD$ 法进行多重比较,若处理间的 F 不显著,则接受 $H_0:\mu_i=\mu(i=1,2,\cdots,k)$,即推断各处理的平均数间均无显著差异,不再进行多重比较。这是对减少 $PLSD$ 法的 α 错误的一种"保护"。

$PLSD$ 法进行多重比较所用的判据为 $PLSD_\alpha$。凡 $|\bar{x}_i-\bar{x}_j|>PLSD_\alpha$,即为在 α 水平上显著;反之,则为在 α 水平上不显著。$PLSD_\alpha$ 的计算与 LSD_α 完全相同,即将式(3.76)中的 LSD_α 代以 $PLSD_\alpha$ 即可。$PLSD$ 法的检验步骤完全同于 LSD 法。

例3.3.3 试对表3-15四个处理平均数用 $PLSD$ 法作多重比较。

由表3-16可知 $S_e^2=0.004\,6$,$n=4$,故

$$S_{\bar{x}_i-\bar{x}_j}=\sqrt{\frac{2\times0.004\,6}{4}}=0.048$$

查附表2,$\nu=df_e=12$ 时,$t_{0.05}=2.18$,$t_{0.01}=3.06$,所以

$$PLSD_{0.05}=2.18\times0.048=0.105\ (\text{g/盆})$$
$$PLSD_{0.01}=3.06\times0.048=0.147\ (\text{g/盆})$$

凡是表 3 - 15 中的任意两个平均数之差的绝对值 $|\bar{x}_i-\bar{x}_j|>0.105$ g/盆者为在 $\alpha=0.05$ 水平上显著，$|\bar{x}_i-\bar{x}_j|>0.147$ g/盆者为在 $\alpha=0.01$ 水平上显著。

多重比较结果的表示方法有以下三种：

第一，差数表示法。将欲比较的平均数按大小次序排列。以最小者为减数，其他的为被减数，相减后的差数排列在第一列；再以次小者为减数，其他的为被减数，相减后的差数排在第二列；依此类推直至得到最后两个平均数的差数为止。这样就得到一个两两平均数比较的差数表，然后根据所求得的 $PLSD_\alpha$ 值判断每个差数的显著性。凡差数大于 $PLSD_{0.05}$ 者用 * 标记，大于 $PLSD_{0.01}$ 者用 ** 标记。本例表 3 - 15 四个处理平均数用 $PLSD$ 法作多重比较的结果见表 3 - 17。

表 3 - 17　表 3 - 15 平均数间的差异显著性（*PLSD* 检验——差数表示法）

处理	平均根干重($\bar{x}_i$,g/盆)	差数		
		$\bar{x}_i-1.95$	$\bar{x}_i-2.00$	$\bar{x}_i-2.20$
石麦 15	2.45	0.5**	0.45**	0.25**
陕农 229	2.20	0.25**	0.2**	
小偃 22	2.00	0.05		
皖麦89236	1.95			

表 3 - 17 表明，石麦 15 根干重极显著高于其他 3 个小麦品种，陕农 229 根干重极显著高于小偃 22 和皖麦89236，小偃 22 与皖麦89236根干重差异不显著。

第二，标记字母法。就是对没有显著差异的平均数标以相同字母，对有显著差异的平均数标以不同字母。这样可以紧凑的篇幅而使各平均数间的差异显著性一目了然。该法首先是将欲比较的平均数按大小次序排列，然后在最大的平均数上标上字母 a($\alpha=0.05$)或 A($\alpha=0.01$)；将该平均数与以下平均数逐个相比，差异不显著者都标上字母 a 或 A，至相差显著的平均数则标以 b 或 B；再以该标有 b 或 B 的平均数为标准，与其上方比它大的平均数逐个相比，相差不显著者一律标以字母 b 或 B；再以标有 b 或 B 的最大平均数为标准，与其下方未标记的平均数相比，凡相差不显著者继续标以字母 b 或 B，至与之相差显著的平均数则标以字母 c 或 C……如此进行比较，直至所有的平均数都有了标记字母为止。表 3 - 17 差异显著性检验结果采用标记字母法表示，如表 3 - 18 所示。

表 3 - 18　表 3 - 15 平均数间的差异显著性（*PLSD* 检验——标记字母法）

处理	平均根干重($\bar{x}_i$,g/盆)	差异显著性	
		$\alpha=0.05$	$\alpha=0.01$
石麦 15	2.45	a	A
陕农 229	2.20	b	B
小偃 22	2.00	c	C
皖麦 89236	1.95	c	C

第三，线条表示法。该法与标记字母法相似，是用线条代替字母，凡划上相连的线条者是差异不显著，没有相连的线条者为差异显著。表 3 - 18 中 $\alpha=0.05$ 时的差异显著性用线条表示法表示的结果如下：

处　理:	石麦 15	陕农 229	小偃 22	皖麦 89236
平均数:	2.45	2.20	2.00	1.95

(2)Duncan 氏新复极差法(亦称 *SSR* 法)　该法由邓肯(D. B. Duncan)于 1955 年提出，它依平均数秩次距的不同而采用不同的显著临界值。这些显著临界值称最小显著极差，记作 *LSR*。例如，有 5 个 $\bar{x}$ 要相互比较，则将 5 个 $\bar{x}$ 按大小次序排列，$(\bar{x}_1-\bar{x}_5)$是包含 5 个平均数的极差，检验其显著性所用的临界值为 P(两极差所包含的平均数个数)=5 时的 LSR_α；检验$(\bar{x}_1-\bar{x}_4)$和$(\bar{x}_2-\bar{x}_5)$的显著性，其临界值为 $P=4$ 时的 LSR_α；检验其他极差所用的显著临界值，依此类推。因此，如有 k 个平均数要相互比较，需求得 $k-1$ 个 LSR_α，以作为各秩次距平均数的极差是否显著的标准。凡两极差大于相应的 LSR_α，则两极差在 α 水平上显著。在 $P=2$ 时，$LSR_\alpha=LSD_\alpha$；当 $P\geqslant3$ 时，$LSR_\alpha>LSD_\alpha$，P 愈大，LSR_α 超过 LSD_α 愈多。

LSR_α 定义为：

$$LSR_\alpha = S_{\bar{x}} \times SSR_\alpha \tag{3.78}$$

式中的 SSR_α 为误差均方 S_e^2 所具有自由度下，显著水平为 α，不同 P 时的 *SSR* 值，可由附表 4 查出。$S_{\bar{x}}$ 为平均数的标准差，在方差分析中为：

$$S_{\bar{x}} = \sqrt{\frac{S_e^2}{n}} \tag{3.79}$$

式中：n 为样本容量。

例 3.3.4　试对表 3-15 四个处理平均数用 *SSR* 法作多重比较。

由表 3-16 已知 $S_e^2=0.004\,6$，$n=4$，故

$$S_{\bar{x}} = \sqrt{\frac{0.004\,6}{4}} = 0.033\,9$$

根据 $\nu=df_e=12$，在附表 4 分别查出 $P=2$、3、4 时的 $SSR_{0.05}$ 和 $SSR_{0.01}$ 的值，并按式(3.78)求出不同 P 时的 LSR_α 值，列于表 3-19。

表 3-19　表 3-15 资料 *LSR* 值的计算

项目	$P=2$	$P=3$	$P=4$
$SSR_{0.05}$	3.08	3.23	3.33
$SSR_{0.01}$	4.32	4.55	4.68
$LSR_{0.05}$	0.104	0.109	0.113
$LSR_{0.01}$	0.146	0.154	0.159

将欲比较的 4 个平均数依大小次序排列(表 3-20)，求出不同秩次距平均数的极差，然后用相应的 LSR_α 检验其显著性。例如，石麦 15 与小偃 22 相比，陕农 229 与皖麦 89236 相比时，P 皆为 3，其 $LSR_{0.05}=0.109$，$LSR_{0.01}=0.154$，故

石麦 15 与小偃 22 相比：$2.45-2.00=0.45>0.154$，差异极显著；

陕农 229 与皖麦 89236 相比：$2.20-1.95=0.25>0.154$，差异极显著。

其他依此类推。其全部检验结果列于表 3-20。

表 3-20 表 3-15 平均数间的差异显著性（*SSR* 检验）

处理	平均根干重（$\overline{x}_i$,g/盆）	差异显著性	
		$\alpha=0.05$	$\alpha=0.01$
石麦 15	2.45	a	A
陕农 229	2.20	b	B
小偃 22	2.00	c	C
皖麦 89236	1.95	c	C

SSR 检验是一种极差检验，因此，如果一个平均数大集合的极差不显著，则其中所包含的各个较小集合的极差应一概作不显著处理。例如，在表 3-20 中，假如石麦 15 与皖麦 89236 的差异为不显著，则其中所包含的石麦 15 与陕农 229、石麦 15 与小偃 22、石麦 15 与皖麦 89236、陕农 229 与小偃 22、陕农 229 与皖麦 89236、小偃 22 与皖麦 89236 等 6 个比较一般也都是不显著的，即使偶尔有个别达到显著的成对比较，也应作为不显著对待。

(3) Tukey 氏固定极差法　这是托给(J. W. Tukey)提出的一种多重比较方法，简称 *T* 法，亦称固定极差的 q 法。该法对 k 个平均数所有可能成对比较差数的显著性检验，均用同一个显著临界值，这个显著临界值称固定极差，记作 *FR*。凡 $|\overline{x}_i-\overline{x}_j|>FR_\alpha$，即为在 α 水平上显著；反之，$|\overline{x}_i-\overline{x}_j|\leqslant FR_\alpha$，则为在 α 水平上不显著。

FR_α 的定义为：

$$FR_\alpha = q_\alpha(k,\nu)S_{\overline{x}} \tag{3.80}$$

式中：$S_{\overline{x}}$ 为平均数的标准差，其计算公式见式 (3.79)；$q_\alpha(k,\nu)$ 是样本数为 k 与自由度为 ν（指误差自由度 df_e），显著水平为 α 时的 q 值，可从附表 9 查得。

例 3.3.5　试对表 3-15 资料平均数间的差异显著性用 *T* 法作检验。

在例 3.3.4 已算得 $S_{\overline{x}}=0.033\,9$，根据 $k=4$ 和 $\nu=df_e=12$ 在附表 9 查得 $q_{0.05(4,12)}=4.20$，$q_{0.01(4,12)}=5.50$，故由式(3.80)得：

$$FR_{0.05} = 4.20\times0.033\,9 = 0.142\ (\text{g/盆})$$

$$FR_{0.01} = 5.50\times0.033\,9 = 0.186\ (\text{g/盆})$$

用以上尺度检验表 3-15 各 $\overline{x}$ 值之间的差异显著性列于表 3-21。

表 3-21 表 3-15 平均数间的差异显著性（*T* 法检验）

处理	平均根干重（$\overline{x}_i$,g/盆）	差异显著性	
		$\alpha=0.05$	$\alpha=0.01$
石麦 15	2.45	a	A
陕农 229	2.20	b	B
小偃 22	2.00	c	C
皖麦 89236	1.95	c	C

从以上 3 种方法的检验可以看出，当样本数 $k=2$ 时，*PLSD* 法、*SSR* 法和 *T* 法所用的显著尺度完全相同。但是，当 $k\geqslant3$ 时，3 种方法所用的显著尺度却是不相同的。*PLSD* 法最低，*SSR* 法次之，*T* 法最高。故在统计推断时犯第一类错误的概率，*PLSD* 法最大，*T* 法最小，*SSR* 法居中。因此，对于否定正确的 H_0 是事关重大或后果严重的试验资料，宜用 *T* 法；对于

一般试验可采用 SSR 法或 $PLSD$ 法。

4. 方差分析的数学模型

表3-14资料是由 k 个处理组成,每个处理有 n 个观察值。设第 i 个处理的总体平均数为 μ_i,则所有处理的总体平均数 $\mu=\frac{1}{k}\sum_{i=1}^{k}\mu_i$,因此,第 i 个处理的总体效应 τ_i 可以定义为

$$\tau_i=\mu_i-\mu$$

则

$$\sum_{i=1}^{k}\tau_i=\sum_{i=1}^{k}(\mu_i-\mu)=0$$

由于表3-14中的观察值 x_{ij} 是随机变量,故其误差 ε_{ij} 为

$$\varepsilon_{ij}=x_{ij}-\mu-\tau_i$$

则

$$x_{ij}=\mu+\tau_i+\varepsilon_{ij}\qquad(i=1,2,\cdots,k;j=1,2,\cdots,n)\tag{3.81}$$

式(3.81)就是单向分组资料方差分析的数学模型,称为线性可加模型。式中 ε_{ij} 是相互独立的随机变量,遵从 $N(0,\sigma^2)$ 分布。根据这一模型,每一观察值 x_{ij} 系由总体平均数 μ、处理效应 τ_i 和随机误差 ε_{ij} 三部分组成,这就是进行方差分析时分解平方和与自由度的理论依据。

式(3.81)中的 μ 与 τ_i 不易获得,仅能用样本进行估计,它们的估计值用 $\hat{\mu}$ 和 $\hat{\tau}_i$ 表示。因为

$$E(\bar{x})=E\left(\frac{1}{kn}\sum_{i=1}^{k}\sum_{j=1}^{n}x_{ij}\right)=E\left[\frac{1}{kn}\sum_{i=1}^{k}\sum_{j=1}^{n}(\mu+\tau_i+\varepsilon_{ij})\right]$$

$$=\frac{1}{kn}\sum_{i=1}^{k}\sum_{j=1}^{n}[E(\mu)+E(\tau_i)+E(\varepsilon_{ij})]=\mu$$

$$E(\bar{x}_i)=E\left(\frac{1}{n}\sum_{j=1}^{n}x_{ij}\right)=E\left[\frac{1}{n}\sum_{j=1}^{n}(\mu+\tau_i+\varepsilon_{ij})\right]$$

$$=\frac{1}{n}\sum_{j=1}^{n}[E(\mu)+E(\tau_i)+E(\varepsilon_{ij})]=\mu+\tau_i=\mu_i$$

$$E(\bar{x}_i-\bar{x})=E(\bar{x}_i)-E(\bar{x})=\mu_i-\mu=\tau_i$$

式中 $E(\bar{x})$、$E(\bar{x}_i)$、$E(\bar{x}_i-\bar{x})$ 为 $\bar{x}$、$\bar{x}_i$、$(\bar{x}_i-\bar{x})$ 的数学期望值。所以,$\bar{x}$、$\bar{x}_i$、$(\bar{x}_i-\bar{x})=t_i$ 是 μ、μ_i、τ_i 的无偏估计值,即

$$\hat{\mu}=\bar{x}$$

$$\hat{\mu}_i=\bar{x}_i$$

$$\hat{\tau}_i=\bar{x}_i-\bar{x}=t_i$$

因此,当由样本估计时,相应的线性可加模型为:

$$x_{ij}=\bar{x}+t_i+e_{ij}\tag{3.82}$$

式中 $e_{ij}=x_{ij}-\bar{x}_i$ 是 ε_{ij} 的估计值。

根据式(3.66),总变异的平方和可分解为处理间平方和 SS_t 与误差平方和 SS_e,即

$$\sum_{i=1}^{k}\sum_{j=1}^{n}(x_{ij}-\mu)^2=n\sum_{i=1}^{k}(\mu_i-\mu)^2+\sum_{i=1}^{k}\sum_{j=1}^{n}(x_{ij}-\mu_i)^2$$

由样本估计时,为

$$\sum_{i=1}^{k}\sum_{j=1}^{n}(x_{ij}-\bar{x})^2 = n\sum_{i=1}^{k}(\bar{x}_i-\bar{x})^2+\sum_{i=1}^{k}\sum_{j=1}^{n}(x_{ij}-\bar{x}_i)^2$$

因为

$$SS_t = n\sum_{i=1}^{k}(\bar{x}_i-\bar{x})^2 = n\sum_{i=1}^{k}(\tau_i+\bar{\varepsilon}_i-\bar{\varepsilon})^2$$

$$= n\sum_{i=1}^{k}\tau_i^2+2n\sum_{i=1}^{k}\tau_i(\bar{\varepsilon}_i-\bar{\varepsilon})+n\sum_{i=1}^{k}(\bar{\varepsilon}_i-\bar{\varepsilon})^2$$

$$SS_e = \sum_{i=1}^{k}\sum_{j=1}^{n}(x_{ij}-\bar{x}_i)^2 = \sum_{i=1}^{k}\sum_{j=1}^{n}(\varepsilon_{ij}-\bar{\varepsilon}_i)^2$$

$$E(SS_t) = n\sum_{i=1}^{k}\tau_i^2+(k-1)\sigma^2$$

$$E(SS_e) = k(n-1)\sigma^2$$

所以，处理间均方 S_t^2 与误差均方 S_e^2 的期望值即期望均方为：

$$E(S_t^2) = \frac{1}{k-1}\left[n\sum_{i=1}^{k}\tau_i^2+(k-1)\sigma^2\right] = n\sigma_t^2+\sigma^2 \tag{3.83}$$

$$E(S_e^2) = \frac{1}{k(n-1)}k(n-1)\sigma^2 = \sigma^2 \tag{3.84}$$

因此，S_e^2 是 σ^2 的无偏估计值，而 S_t^2 是 $n\sigma_t^2+\sigma^2$ 的无偏估计值。故我们作 F 检验，

$$F = \frac{S_t^2}{S_e^2} = \frac{n\sigma_t^2+\sigma^2}{\sigma^2}$$

乃是检验 $H_0:\sigma_t^2=0$，对 $H_A:\sigma_t^2>0$；而这个检验在此又等价于 $H_0:\tau_i=0$，对 $H_A:\tau_i\neq 0$，或 $H_0:\mu_i=\mu$，对 $H_A:\mu_i\neq\mu$。当 H_0 正确时，F 的数学期望值为 1。这就是 F 检验的实质。但是由于试验目的不同，模型(3.81)中 τ_i 的性质也不同，因而又有固定模型和随机模型之分。

固定模型是指试验的各处理都抽自特定的处理总体，这些总体遵循 $N(\mu_i,\sigma^2)$，处理效应 $\tau_i=\mu_i-\mu$ 是固定的；试验的目的在于研究 τ_i，方差分析要检验的假设是 $H_0:\tau_i=0$ 或 $H_0:\mu_i=\mu$。凡是研究某种或某些因素对指标变量有无作用或作用大小的试验，例如，肥料试验、农药试验、密度试验等，都属于固定模型。

随机模型是指试验中的各处理皆是抽自 $N(0,\sigma_t^2)$ 的一组随机样本，处理效应 τ_i 是随机的；试验的目的不在于研究 τ_i，而在于研究 τ_i 的变异度即 σ_t^2；方差分析要检验的假设是 $H_0:\sigma_t^2=0$，对 $H_A:\sigma_t^2>0$。随机模型在遗传、育种和生态的试验研究方面有较广泛的应用。

为了区分上述两种模型，式 (3.83)中的 σ_t^2 通常仅用于随机模型，称为随机模型处理效应方差。而固定模型则以 k_t^2 代替 σ_t^2，称为固定模型处理效应方差。试验模型属于固定模型或随机模型，在方差分析时的区别仅在于 F 检验和统计推断上，而与自由度、平方和的分解无关。

(二)两向分组资料的方差分析

试验中的观察值受 A、B 两个因素制约，可按 A、B 两个方向交叉分组的资料称两向分组资料，亦称交叉分组资料。例如，随机区组设计的试验资料，可按处理和区组作交叉分组，故属两向分组资料。设两向分组资料按 A 可分为 k 组，按 B 可分为 n 组，其数据模式如表 3－22 所示。

表 3-22 两向分组资料模式

A	B					合计(T_{ai})	平均($\bar{x}_{ai}$)
	1	2	3	…	n		
1	x_{11}	x_{12}	x_{13}	…	x_{1n}	T_{a1}	$\bar{x}_{a1}$
2	x_{21}	x_{22}	x_{23}	…	x_{2n}	T_{a2}	$\bar{x}_{a2}$
3	x_{31}	x_{32}	x_{33}	…	x_{3n}	T_{a3}	$\bar{x}_{a3}$
⋮	⋮	⋮	⋮		⋮	⋮	⋮
k	x_{k1}	x_{k2}	x_{k3}	…	x_{kn}	T_{ak}	$\bar{x}_{ak}$
合计 (T_{bj})	T_{b1}	T_{b2}	T_{b3}	…	T_{bn}	$T=\sum_{i=1}^{k}\sum_{j=1}^{n}x_{ij}$	
平均 ($\bar{x}_{bj}$)	$\bar{x}_{b1}$	$\bar{x}_{b2}$	$\bar{x}_{b3}$	…	$\bar{x}_{bn}$	$\bar{x}=T/kn$	

设表 3-22 全部观察值的总体平均数为 μ,A 因素第 i 组的总体平均数为 μ_i,B 因素第 j 组的平均数为 μ_j,A 因素第 i 组的效应为 τ_i,B 因素第 j 组的效应为 ρ_j,且 A、B 不存在交互作用,则

$$\mu=\frac{1}{k}\sum_{i=1}^{k}\mu_i=\frac{1}{n}\sum_{j=1}^{n}\mu_j$$

$$\tau_i=\mu_i-\mu$$

$$\rho_j=\mu_j-\mu$$

$$\sum_{i=1}^{k}\tau_i=\sum_{i=1}^{k}(\mu_i-\mu)=0$$

$$\sum_{j=1}^{n}\rho_j=\sum_{j=1}^{n}(\mu_j-\mu)=0$$

所以,表 3-22 中任一观察值的线性模型为

$$x_{ij}=\mu+\tau_i+\rho_j+\varepsilon_{ij} \tag{3.85}$$

式中 ε_{ij} 为随机误差,是相互独立的随机变量,遵从 $N(0,\sigma^2)$分布。由于式中 A、B 效应 τ_i、ρ_j 的性质不同,又可分为两种效应均为固定的固定模型、两种效应均为随机的随机模型和一种效应为固定的而另一种效应为随机的混合模型。

当由样本估计时,相应的线性模型为

$$x_{ij}=\bar{x}+\hat{\tau}_i+\hat{\rho}_j+e_{ij} \tag{3.86}$$

式中 $\bar{x}$ 估计 μ,$\hat{\tau}_i=\bar{x}_{ai}-\bar{x}$ 估计 τ_i,$\hat{\rho}_j=\bar{x}_{bj}-\bar{x}$ 估计 ρ_j,$e_{ij}=x_{ij}-\bar{x}_{ai}-\bar{x}_{aj}+\bar{x}$ 估计 ε_{ij}。

根据模型 (3.85)和 (3.86),表 3-22 数据的总变异可分解为 A 因素组间效应、B 因素组间效应和随机误差 3 个部分,其总平方和 SS_T 与总自由度 df_T 的分解如下:

$$SS_T=\sum_{i=1}^{k}\sum_{j=1}^{n}(x_{ij}-\bar{x})^2=\sum_{i=1}^{k}\sum_{j=1}^{n}(x_{ij}-\bar{x}_{ai}-\bar{x}_{bj}+\bar{x}+\bar{x}_{ai}+\bar{x}_{bj}-\bar{x}-\bar{x})^2$$

$$=\sum_{i=1}^{k}\sum_{j=1}^{n}[(\bar{x}_{ai}-\bar{x})+(\bar{x}_{bj}-\bar{x})+(x_{ij}-\bar{x}_{ai}-\bar{x}_{bj}+\bar{x})]^2$$

$$=n\sum_{i=1}^{k}(\bar{x}_{ai}-\bar{x})^2+k\sum_{j=1}^{n}(\bar{x}_{bj}-\bar{x})^2+\sum_{i=1}^{k}\sum_{j=1}^{n}(x_{ij}-\bar{x}_{ai}-\bar{x}_{bj}+\bar{x})^2$$

$$+2\sum_{i=1}^{k}\sum_{j=1}^{n}(\bar{x}_{ai}-\bar{x})(\bar{x}_{bj}-\bar{x})+2\sum_{i=1}^{k}\sum_{j=1}^{n}(\bar{x}_{ai}-\bar{x})(x_{ij}-\bar{x}_{ai}-\bar{x}_{bj}+\bar{x})$$

$$+2\sum_{i=1}^{k}\sum_{j=1}^{n}(\bar{x}_{bj}-\bar{x})(x_{ij}-\bar{x}_{ai}-\bar{x}_{bj}+\bar{x})$$

因为

$$\sum_{i=1}^{k}\sum_{j=1}^{n}(\bar{x}_{ai}-\bar{x})(\bar{x}_{bj}-\bar{x})=0$$

$$\sum_{i=1}^{k}\sum_{j=1}^{n}(\bar{x}_{ai}-\bar{x})(x_{ij}-\bar{x}_{ai}-\bar{x}_{bj}+\bar{x})=0$$

$$\sum_{i=1}^{k}\sum_{j=1}^{n}(\bar{x}_{bj}-\bar{x})(x_{ij}-\bar{x}_{ai}-\bar{x}_{bj}+\bar{x})=0$$

所以

$$\underset{\substack{\text{总平方和}\\ SS_T}}{\sum_{i=1}^{k}\sum_{j=1}^{n}(x_{ij}-\bar{x})^2}=\underset{\substack{A\text{ 平方和}\\ SS_A}}{n\sum_{i=1}^{k}(\bar{x}_{ai}-\bar{x})^2}+\underset{\substack{B\text{ 平方和}\\ SS_B}}{k\sum_{j=1}^{n}(\bar{x}_{bj}-\bar{x})^2}+\underset{\substack{\text{误差平方和}\\ SS_e}}{\sum_{i=1}^{k}\sum_{j=1}^{n}(x_{ij}-\bar{x}_{ai}-\bar{x}_{bj}+\bar{x})^2} \tag{3.87}$$

为计算方便,可将以上各平方和作如下变形:

$$SS_T=\sum_{i=1}^{k}\sum_{j=1}^{n}(x_{ij}-\bar{x})^2=\sum_{i=1}^{k}\sum_{j=1}^{n}x_{ij}^2-\frac{\left(\sum_{i=1}^{k}\sum_{j=1}^{n}x_{ij}\right)^2}{kn}=\sum_{i=1}^{k}\sum_{j=1}^{n}x_{ij}^2-\frac{T^2}{kn} \tag{3.88}$$

$$SS_A=n\sum_{i=1}^{k}(\bar{x}_{ai}-\bar{x})^2=n\left[\sum_{i=1}^{k}\bar{x}_{ai}^2-\frac{\left(\sum_{i=1}^{k}\bar{x}_{ai}\right)^2}{k}\right]$$

$$=\sum_{i=1}^{k}\frac{(n\bar{x}_{ai})^2}{n}-\frac{\left(\sum_{i=1}^{k}n\bar{x}_{ai}\right)^2}{kn}=\frac{\sum_{i=1}^{k}T_{ai}^2}{n}-\frac{T^2}{kn} \tag{3.89}$$

$$SS_B=k\sum_{j=1}^{n}(\bar{x}_{bj}-\bar{x})^2=k\left[\sum_{j=1}^{n}\bar{x}_{bj}^2-\frac{\left(\sum_{j=1}^{n}\bar{x}_{bj}\right)^2}{n}\right]$$

$$=\sum_{j=1}^{n}\frac{(k\bar{x}_{bj})^2}{k}-\frac{\left(\sum_{j=1}^{n}k\bar{x}_{bj}\right)^2}{kn}=\frac{\sum_{j=1}^{n}T_{bj}^2}{k}-\frac{T^2}{kn} \tag{3.90}$$

$$SS_e=SS_T-SS_A-SS_B \tag{3.91}$$

全部资料共有 kn 个观察值,故其总自由度 $df_T=kn-1$,可作如下分解:

$$df_T=kn-1=kn-k-n+1+k-1+n-1$$
$$=(kn-k)-(n-1)+(k-1)+(n-1)$$
$$=(k-1)(n-1)+(k-1)+(n-1)$$

式中:$(k-1)(n-1)$为误差自由度 df_e;$(k-1)$为 A 的自由度 df_A;$(n-1)$为 B 的自由度 df_B,即

$$kn-1 = (k-1) + (n-1) + (k-1)(n-1) \quad (3.92)$$

总自由度 df_T A的自由度 df_A B的自由度 df_B 误差自由度 df_e

由式(3.88)至式(3.92)可求出各变因的平方和与自由度,然后计算各变因的均方并进行F检验。在进行F检验时,不论是固定、随机或混合模型,如检验A、B的显著性,均应以误差项为被比量。两向分组资料方差分析模式如表3-23所示。

表3-23 两向分组资料方差分析模式

变因	df	SS	MS	F
A	$df_A=k-1$	$SS_A=\sum_{i=1}^{k} T_{ai}^2/n-T^2/kn$	$S_A^2=SS_A/df_A$	S_A^2/S_e^2
B	$df_B=n-1$	$SS_B=\sum_{j=1}^{n} T_{bj}^2/k-T^2/kn$	$S_B^2=SS_B/df_B$	S_B^2/S_e^2
误差	$df_e=(k-1)(n-1)$	$SS_e=SS_T-SS_A-SS_B$	$S_e^2=SS_e/df_e$	
总变异	$df_T=kn-1$	$SS_T=\sum_{i=1}^{k}\sum_{j=1}^{n} x_{ij}^2-T^2/kn$		

当F检验显著后,如果需要可进一步作多重比较。

上述两向分组资料的方差分析建立在模型(3.85)的基础上,该模型假定A和B彼此独立、不存在交互作用。如果A、B存在交互作用,则与误差混淆,不仅无法分析交互作用,而且也不能取得合理的试验误差估计。只有A、B不存在交互作用,才能正确估计误差。如果将试验处理看作A,区组看作B,且区组效应是随机的,则处理和区组一般是不存在交互作用的,这是方差分析中常见的两向分组资料。

例3.3.6 为了研究某生长素不同浓度对豌豆生长的影响,用M_1、M_2、M_3、M_4、M_5五种浓度分别处理豌豆种子。发芽后每盆移植4株,共分4组,每组5盆,每盆一个处理。按组排于温室中,同组各盆的环境条件基本一致。经一定天数后收割,每盆干重列于表3-24,试作方差分析。

表3-24 某豌豆生长素试验结果

处理	豌豆植株干重(g/盆)				总和	平均
	Ⅰ	Ⅱ	Ⅲ	Ⅳ	(T_{ai})	($\bar{x}_{ai}$)
M_1	10	9	10	8	37	9.3
M_2	12	12	13	14	51	12.8
M_3	14	15	13	16	58	14.5
M_4	6	7	6	8	27	6.8
M_5	5	4	3	3	15	3.8
总和(T_{bj})	47	47	45	49	$T=188$	

这个试验可将不同浓度处理看作A因素,不同组看作B因素,A与B之间不存在交互作用。根据式(3.88)至式(3.92)求得各变因的平方和与自由度如下:

$$C=T^2/kn=188^2/(5\times4)=1\,767.2$$

$$SS_T=10^2+9^2+\cdots+3^2-C=320.8$$

$$df_T=kn-1=5\times4-1=19$$

$$SS_A = (37^2 + 51^2 + \cdots + 15^2)/4 - C = 304.8$$
$$df_A = k - 1 = 5 - 1 = 4$$
$$SS_B = (47^2 + 47^2 + 45^2 + 49^2)/5 - C = 1.6$$
$$df_B = n - 1 = 4 - 1 = 3$$
$$SS_e = SS_T - SS_A - SS_B = 320.8 - 304.8 - 1.6 = 14.4$$
$$df_e = (k-1)(n-1) = (5-1)(4-1) = 12$$

于是得方差分析表于表 3 - 25。

表 3 - 25 表 3 - 24 资料的方差分析

变因	df	SS	MS	F	$F_{0.05}$	$F_{0.01}$
组间	3	1.6	0.53	<1	3.49	5.95
处理间	4	304.8	76.2	63.5**	3.26	5.41
误差	12	14.4	1.2			
总变异	19	320.8				

F 检验结果,组间差异不显著,处理间差异达极显著水平。说明组间环境条件是一致的;但生长素不同浓度对豌豆生长的影响差异极显著。要了解不同浓度影响的大小,需进行多重比较,用新复极差法检验。

根据式(3.79)得

$$S_{\bar{x}} = \sqrt{\frac{S_e^2}{n}} = \sqrt{\frac{1.2}{4}} = 0.548(\text{g/盆})$$

根据 $df=12$ 在附表 4 中分别查出 $P=2$、3、4、5 时的 SSR_α 值,并用式(3.78)求出不同 P 时的 LSR_α 值列于表 3 - 26,不同浓度间平均数的多重比较见表 3 - 27。

表 3 - 26 表 3 - 24 资料多重比较的 LSR_α 值

项目	$P=2$	$P=3$	$P=4$	$P=5$
$SSR_{0.05}$	3.08	3.23	3.33	3.36
$SSR_{0.01}$	4.32	4.55	4.68	4.76
$LSR_{0.05}$	1.69	1.77	1.82	1.84
$LSR_{0.01}$	2.37	2.49	2.56	2.61

表 3 - 27 表 3 - 24 资料平均数间的差异显著性 (SSR 检验)

处理	平均干重 (g/盆)	差异显著性	
		$\alpha=0.05$	$\alpha=0.01$
M_3	14.5	a	A
M_2	12.8	b	A
M_1	9.3	c	B
M_4	6.8	d	C
M_5	3.8	e	D

从表 3 - 27 的比较可见,除 M_3 与 M_2 的差异达显著外,其他两两之间的差异均达极显著水平。不同浓度对豌豆生长影响大小的次序为:$M_3 > M_2 > M_1 > M_4 > M_5$。

(三)方差分析的基本假定与变量转换

1. 方差分析的基本假定

方差分析建立在以下三条基本假定的基础上：

(1)可加性　是指试验的处理效应与环境(误差)效应是可加的。这是因为进行方差分析所依据的数学模型是线性可加模型。可加性是总变异按变因分解的前提，是方差分析的主要特性。

(2)正态性　是指试验误差 ε_{ij} 应是独立的随机变量，并服从 $N(0,\sigma^2)$。这是由于 F 检验是假定 k 个样本都是从正态总体中随机抽取的，因而 ε_{ij} 一定是随机的，并服从正态分布。

(3)同质性　就是试验所有处理的误差方差是同质的，即 $\sigma_1^2=\sigma_2^2=\cdots=\sigma_k^2=\sigma_e^2$。这是因为方差分析是将各处理的误差合并为一个共同的误差均方，以作为显著性检验共用的误差均方。

以上三条基本假定可简称三性假定，多数试验资料都可以或基本上可以满足三性假定。但也有些资料是不能满足的，例如，来自二项分布或 Poisson 分布总体的试验资料，经常不能满足三性假定。对于不满足三性假定的资料进行方差分析时，必须根据资料的性质，进行适当的变量转换，使其尽量符合三性假定后，再作方差分析。

2. 变量转换

(1)反正弦转换　以计数方法取得基础数据，而以其占样本总单位的百分数表示的资料，如发芽率、出苗率、结实率、病株率等，这类资料一般是来自二项分布总体，其误差与百分数的大小直接关联。设资料中的百分数为 p，$q=1-p$。当 n 一定，$p=q=0.5$ 时，误差最大；p 与 q 的相差愈大，误差愈小。显然，这是不符合同质性假定的。同时，当 $p\neq q$ 时，其分布呈偏斜态，只有 $p=q$ 或近似 q 时，其分布才接近对称，可作为正态分布看待。一般的，当资料中的 p 值都在 30%～70%之间时，其不同处理的误差均方差异不显著，其分布偏斜也不大，因而，不必作变量转换，可直接进行方差分析。但如果有 $p<30\%$ 或 $p>70\%$ 时，则宜将全部 p 值作反正弦转换后，再作方差分析。反正弦转换是将 p 的平方根取反正弦值 θ，即

$$\theta = \arcsin\sqrt{p} \tag{3.93}$$

附表 5 为百分数的反正弦转换表，可直接查得不同 p 的反正弦值。例如研究不同肥料组合对水稻感染胡麻叶斑病的影响试验结果及反正弦转换后的数据，如表 3 - 28 所示。

将 p 转换成反正弦角度 θ，主要是使具有小方差的小百分数值增大，大百分数值减小，因而可改进具有不同 p 值的处理均方的异质性。从表 3 - 28 可见，转换前各处理的均方差异较大，而转换后则比较一致。

(2)平方根转换　有些数据属于较少发生事件的计数资料，如每一视野的菌数、单位面积某种昆虫的头数或某种杂草的株数等。这类资料一般是来自 Poisson 分布总体，其处理平均数往往与其均方成比例。对于这类资料采用平方根转换，既可改善不同处理方差的异质性，也可减小非可加性的影响。平方根转换是将原观察值 x 转换成 $\sqrt{x}$，即

$$x' = \sqrt{x} \tag{3.94}$$

如果观察值 x 都小于 10，尤其在有 0 值时，则转换式宜取：

$$x' = \sqrt{x+\frac{1}{2}} \tag{3.95}$$

或

$$x' = \sqrt{x+1} \tag{3.96}$$

表 3-28　肥料对水稻感病率的影响

重复	病株率(%)				
	CK	NP	NK	PK	NPK
1	24.0	25.3	5.0	4.0	5.0
2	27.5	29.0	7.8	6.5	6.3
3	21.0	23.0	4.0	3.0	4.0
4	22.0	24.1	6.3	5.7	3.1
平均数	23.63	25.35	5.78	4.8	4.6
均方	8.23	6.80	2.71	2.53	1.89
重复	$\arcsin\sqrt{p}$				
	CK	NP	NK	PK	NPK
1	29.33	30.20	12.92	11.54	12.92
2	31.63	32.58	16.22	14.77	14.54
3	27.28	28.66	11.54	9.98	11.54
4	27.97	29.40	14.54	13.81	10.14
平均数	29.05	30.21	13.81	12.53	12.29
均方	3.68	2.89	4.10	4.71	3.55

(3)对数转换　如果资料中样本的均方与样本平均数的平方成比例,或者数据表现出的效应成倍加性,则采用对数转换,以改善不同处理均方的异质性。对数转换是将观察值 x 转换为 $\lg x$,即

$$x' = \lg x \tag{3.97}$$

如果观察值中有 0 时,则转换式宜取:

$$x' = \lg(x+1) \tag{3.98}$$

前已述及,引起试验结果变异的原因,是随着试验种类及试验设计的不同而变化。因此,不同试验种类的不同试验设计,有着相应不同的数学模型和方差分析方法。下面仅介绍几种常用试验设计的方差分析方法。

二、随机区组设计方差分析

做一项试验,除试验因素外,总希望其他条件尽量一致,这样处理间才有良好的可比性。但在实际中其他条件往往是不均一的,例如,田间试验的土壤肥力不可能是完全均匀一致的。随机区组设计就是针对这种情况,为了提高试验条件的一致性,首先将整个试验空间(有时也有时间或试验材料)分成若干个各自相对均匀一致的区组,它可以是保温箱的某一层、田间试验地的某一段等。区组内的变异要求尽可能小,区组间容许有较大差异。然后,每一个区组安排试验的一个重复。一个区组安排一个重复称完全区组,几个区组安排一个重复称不完全区组。一个重复内各试验处理在区组中的排列是完全随机的,这样才能正确地估计误差。随机区组设计体现了重复、随机化和局部控制 3 个原则。

(一)单因素随机区组试验的方差分析

单因素随机区组试验引起总变异的原因有处理间、区组间和误差 3 个部分。如果将处理

看作 A 因素,区组看作 B 因素,则单因素随机区组试验的数学模型和方差分析完全同于两向分组资料。各变因的平方和与自由度可按式(3.88)至式(3.92)计算。

例 3.3.7 某县农技中心通过田间试验研究了氮肥用量对小麦籽粒产量的影响。播前 P_2O_5 和 K_2O 用量均为 150 kg/hm²,作为肥底,共设 7 个氮肥用量水平,N 用量依次为:0、65、130、195、260、325、390 kg/hm²。重复 4 次,采用完全随机区组设计,小区面积 33 m²,试验结果见表 3-29。

该试验为单因素随机区组试验。首先求出各处理、各区组的合计 T_{ai}、T_{bj} 及平均数 $\bar{x}_{ai}$、$\bar{x}_{bj}$,并求出整个试验的总数 T 及总平均数 $\bar{x}$。然后根据式(3.88)至式(3.92)求得各变因的平方和与自由度为:

表 3-29 氮肥用量对小麦籽粒产量的影响

处理 (N,kg/hm²)	小麦籽粒产量(kg/hm²)				总和 (T_{ai})	平均 ($\bar{x}_{ai}$)
	Ⅰ	Ⅱ	Ⅲ	Ⅳ		
0	4 463	4 132	4 793	4 952	18 340	4 585
65	4 986	5 423	5 538	5 805	21 752	5 438
130	5 698	5 910	6 586	6 214	24 408	6 102
195	7 103	6 898	7 089	7 694	28 784	7 196
260	6 979	7 386	7 298	7 440	29 103	7 276
325	6 080	6 625	7 223	6 996	26 924	6 731
390	4 978	5 701	5 368	5 801	21 848	5 462
总和(T_{bj})	40 287	42 075	43 895	44 902	T=171 159	
平均($\bar{x}_{bj}$)	5 755	6 011	6 271	6 415		$\bar{x}$=6 113

$$C=\frac{T^2}{kn}=\frac{171\ 159^2}{7\times 4}=1\ 046\ 264\ 403$$

$$SS_T=\sum_{i=1}^{k}\sum_{j=1}^{n}x_{ij}^2-C=(4\ 463^2+4\ 986^2+\cdots+5\ 801^2)-C=27\ 325\ 724.11$$

$$df_T=kn-1=7\times 4-1=27$$

处理间 $$SS=\frac{1}{n}\sum_{i=1}^{k}T_{ai}^2-C=\frac{1}{4}(18\ 340^2+21\ 752^2+\cdots+21\ 848^2)-C$$

$$=24\ 484\ 525.36$$

处理间 $$df=k-1=7-1=6$$

区组间 $$SS=\frac{1}{k}\sum_{j=1}^{n}T_{bj}^2-C=\frac{1}{7}(40\ 287^2+42\ 075^2+\cdots+44\ 902^2)-C$$

$$=1\ 779\ 686.11$$

区组间 $$df=n-1=4-1=3$$

误差 $$SS_e=27\ 325\ 724.11-24\ 484\ 525.36-1\ 779\ 686.11=1\ 061\ 512.64$$

误差 $$df_e=(k-1)(n-1)=(7-1)(4-1)=18$$

将以上计算结果列于表 3-30 进行方差分析。

表 3-30　小麦氮肥用量试验方差分析

变因	df	SS	MS	F	$F_{0.05}$	$F_{0.01}$
处理间	6	24 484 525.36	4 080 754.23	69.20**	2.66	4.01
区组间	3	1 779 686.11	593 228.70	10.06**	3.16	5.09
误差	18	1 061 512.64	58 972.92			
总变异	27	27 325 724.11				

F 检验结果表明，区组间的差异达极显著水平，说明区组间的土壤肥力是有显著差异的。但在本试验中区组是作为局部控制的手段，是为了控制和减小试验的系统误差，而不是研究的目的，所以，在区组间 F 值达显著或极显著的情况下，可以不进行多重比较。处理间的 F 检验为极显著，说明不同氮肥用量的效果是有极显著差异的。为了选择最佳的氮肥用量，用 $PLSD$ 法进行多重比较。

已知 $S_e^2=58\ 972.92$，根据式 (3.77)得

$$S_{\bar{x}_i-\bar{x}_j}=\sqrt{\frac{2S_e^2}{n}}=\sqrt{\frac{2\times 58\ 972.92}{4}}=171.72\ (\text{kg/hm}^2)$$

查 t 值表，当 $df_e=18$ 时，$t_{0.05}=2.10$，$t_{0.01}=2.88$，所以

$$PLSD_{0.05}=t_{0.05}S_{\bar{x}_i-\bar{x}_j}=2.10\times 171.72=360.61(\text{kg/hm}^2)$$

$$PLSD_{0.01}=t_{0.01}S_{\bar{x}_i-\bar{x}_j}=2.88\times 171.72=494.55\ (\text{kg/hm}^2)$$

用以上尺度检验表 3-29 各 $\bar{x}_{ai}$ 之间的差异显著性(表 3-31)。

表 3-31　不同氮肥用量小麦产量的差异显著性 (*PLSD* 检验)

处理 (N,kg/hm²)	$\bar{x}_{ai}$ (kg/hm²)	差数					
		$\bar{x}_{ai}-4\ 585$	$\bar{x}_{ai}-5\ 438$	$\bar{x}_{ai}-5\ 462$	$\bar{x}_{ai}-6\ 102$	$\bar{x}_{ai}-6\ 731$	$\bar{x}_{ai}-7\ 196$
260	7 276	2 691**	1 838**	1 814**	1 174**	545**	80
195	7 196	2 611**	1 758**	1 734**	1 094**	465*	
325	6 731	2 146**	1 293**	1 269**	629**		
130	6 102	1 517**	664**	640**			
390	5 462	877**	24				
65	5 438	853**					
0	4 585						

从表 3-31 的比较可以看出：在所有处理中以施氮 260 kg/hm² 处理的产量最高，所有施氮处理与不施氮的对照相比，产量间差异均达极显著水平；此外，除施氮 260 kg/hm² 与 195 kg/hm² 两处理间，以及施氮 390 kg/hm² 与 65 kg/hm² 两处理之间产量差异不显著，施氮 195 kg/hm² 与 325 kg/hm² 两处理之间产量差异仅达到显著水平外，其余任意两个施氮处理间的产量差异均达极显著水平。

(二)复因素随机区组试验的方差分析

包含两个或两个以上试验因素的试验，称为复因素试验或多因素试验。复因素试验可分为完全方案与不完全方案两种。完全方案就是复因素试验的处理包含所有试验因素不同水平的可能组合。例如，有 3 个试验因素，每个因素皆有 2 个水平，其完全方案的试验处理数就有 $2\times2\times2=2^3=8$ 个。不完全方案就是从完全方案中选择一定数量的处理所组成的试验方案，即完全方案的部分实施。正交设计就是其中的一种，它是均衡不完全方案。这里仅介绍复因素完全方案随机区组试验的方差分析，对于正交试验的方差分析后面还要专门介绍。

复因素随机区组试验方差分析的数学模型,可按两向分组资料给出,即

$$x_{ij} = \mu + \tau_i + \rho_j + \varepsilon_{ij} \quad (3.99)$$

式中:μ 为全部观察值的总体平均数;$\tau_i = (\mu_i - \mu)$ 为处理效应,$\sum_{i=1}^{k} \tau_i = 0$,$k$ 为处理数;$\rho_j = (\mu_j - \mu)$ 为区组效应,$\sum_{j=1}^{n} \rho_j = 0$,$n$ 为区组数;$\varepsilon_{ij} = (x_{ij} - \mu_i - \mu_j + \mu)$ 为随机误差,$\varepsilon_{ij} \sim N(0, \sigma^2)$,$\mu_i$ 为第 i 处理平均数,μ_j 为第 j 区组平均数。

复因素随机区组试验方差分析的数学模型,是在单因素模型的基础上,对处理效应 τ_i 按其原因作进一步的分解。在复因素情况下,引起处理效应的原因有各试验因素的主效应和因素间的交互作用。例如,试验有两个因素 A、B,A 具 a 个水平,B 具 b 个水平,处理数 $k=ab$,则处理效应 τ_i 可分解为因素 A 的主效 $\alpha_m (m=1,2,\cdots,a)$、因素 B 的主效 $\beta_l (l=1,2,\cdots,b)$ 以及 A 和 B 的交互作用($A\times B$)效应 $(\alpha\beta)_{ml}$,即

$$\tau_i = \tau_{ml} = \alpha_m + \beta_l + (\alpha\beta)_{ml} \quad (3.100)$$

将式 (3.100)代入式 (3.99)即得二因素随机区组试验的数学模型:

$$x_{mlj} = \mu + \alpha_m + \beta_l + (\alpha\beta)_{ml} + \rho_j + \varepsilon_{mlj} \quad (3.101)$$

式中:

$$\alpha_m = \mu_m - \mu \qquad \sum_m \alpha_m = 0$$

$$\beta_l = \mu_l - \mu \qquad \sum_l \beta_l = 0$$

$$(\alpha\beta)_{ml} = (\mu_{ml} - \mu) - (\mu_m - \mu) - (\mu_l - \mu) = \mu_{ml} - \mu_m - \mu_l + \mu$$

$$\sum_m (\alpha\beta)_{ml} = \sum_l (\alpha\beta)_{ml} = 0$$

其中 μ_m、μ_l、μ_{ml} 依次为 A 各水平、B 各水平和 A、B 各水平组合(即处理)的总体平均数。

同理,A、B、C 三因素随机区组试验,A 具 a 个水平,B 具 b 个水平,C 具 c 个水平,其处理效应 τ_i 的分解如下:

$$\tau_i = \tau_{mlp} = \alpha_m + \beta_l + \gamma_p + (\alpha\beta)_{ml} + (\alpha\gamma)_{mp} + (\beta\gamma)_{lp} + (\alpha\beta\gamma)_{mlp} \quad (3.102)$$

其数学模型为

$$x_{mlpj} = \mu + \rho_j + \alpha_m + \beta_l + \gamma_p + (\alpha\beta)_{ml} + (\alpha\gamma)_{mp} + (\beta\gamma)_{lp} + (\alpha\beta\gamma)_{mlp} + \varepsilon_{mlpj} \quad (3.103)$$

式中:

$$\alpha_m = \mu_m - \mu \qquad \sum_m \alpha_m = 0 \qquad m = 1,2,\cdots,a$$

$$\beta_l = \mu_l - \mu \qquad \sum_l \beta_l = 0 \qquad l = 1,2,\cdots,b$$

$$\gamma_p = \mu_p - \mu \qquad \sum_p \gamma_p = 0 \qquad p = 1,2,\cdots,c$$

$$(\alpha\beta)_{ml} = (\mu_{ml} - \mu_m - \mu_l + \mu) \qquad \sum_m (\alpha\beta)_{ml} = \sum_l (\alpha\beta)_{ml} = 0$$

$$(\alpha\gamma)_{mp} = (\mu_{mp} - \mu_m - \mu_p + \mu) \qquad \sum_m (\alpha\gamma)_{mp} = \sum_p (\alpha\gamma)_{mp} = 0$$

$$(\beta\gamma)_{lp} = (\mu_{lp} - \mu_l - \mu_p + \mu) \qquad \sum_l (\beta\gamma)_{lp} = \sum_p (\beta\gamma)_{lp} = 0$$

$$(\alpha\beta\gamma)_{mlp} = (\mu_{mlp} + \mu_m + \mu_l + \mu_p - \mu_{ml} - \mu_{mp} - \mu_{lp} - \mu)$$

$$\sum_m (\alpha\beta\gamma)_{mlp} = \sum_l (\alpha\beta\gamma)_{mlp} = \sum_p (\alpha\beta\gamma)_{mlp} = 0$$

其中 α_m、β_l、γ_p 依次为 A、B、C 的主效；$(\alpha\beta)_{ml}$、$(\alpha\gamma)_{mp}$、$(\beta\gamma)_{lp}$、$(\alpha\beta\gamma)_{mlp}$ 依次为 $A\times B$、$A\times C$、$B\times C$、$A\times B\times C$ 的交互作用效应。一般的，3 个或 3 个以上因素的交互作用常不显著，因而在某些情况下可将其并入误差。μ_m、μ_l、μ_p、μ_{ml}、μ_{mp}、μ_{lp}、μ_{mlp} 依次为 A 各水平、B 各水平、C 各水平、AB 各水平组合、AC 各水平组合、BC 各水平组合、ABC 各水平组合的总体平均数。

其他复因素随机区组试验的数学模型可按以上类推。

根据以上模型，复因素随机区组试验结果的总变异平方和 SS_T 在分解为区组平方和 SS_R、处理间平方和 SS_t 和误差平方和 SS_e 三个部分的基础上，又进一步将处理间平方和分解为各因素水平间平方和与因素间交互作用平方和。例如，二因素随机区组试验，SS_t 可分解为 A 因素水平间平方和 SS_A、B 因素水平间平方和 SS_B 及 $A\times B$ 交互作用平方和 $SS_{A\times B}$。二因素随机区组试验结果各变因平方和的计算公式如下：

$$\left.\begin{aligned}
&C = \frac{\left(\sum_{i=1}^{k}\sum_{j=1}^{n} x_{ij}\right)^2}{abn} = \frac{T^2}{abn} \\
&SS_T = \sum_{i=1}^{k}\sum_{j=1}^{n}(x_{ij}-\bar{x})^2 = \sum_{i=1}^{k}\sum_{j=1}^{n} x_{ij}^2 - C = SS_t + SS_R + SS_e \\
&SS_R = k\sum_{j=1}^{n}(\bar{x}_j-\bar{x})^2 = \frac{1}{k}\sum_{j=1}^{n} T_j^2 - C \\
&SS_t = n\sum_{i=1}^{k}(\bar{x}_i-\bar{x})^2 = \frac{1}{n}\sum_{i=1}^{k} T_i^2 - C = SS_A + SS_B + SS_{A\times B} \\
&\begin{cases}
SS_A = bn\sum_{m=1}^{a}(\bar{x}_m-\bar{x})^2 = \frac{1}{bn}\sum_{m=1}^{a} T_m^2 - C \\
SS_B = an\sum_{l=1}^{b}(\bar{x}_l-\bar{x})^2 = \frac{1}{an}\sum_{l=1}^{b} T_l^2 - C \\
SS_{A\times B} = SS_t - SS_A - SS_B
\end{cases} \\
&SS_e = \sum_{i=1}^{k}\sum_{j=1}^{n}(x_{ij}-\bar{x}_i-\bar{x}_j+\bar{x})^2 = SS_T - SS_t - SS_R
\end{aligned}\right\} \tag{3.104}$$

式中：a 为 A 的水平数；b 为 B 的水平数；$k=ab$ 为处理数；n 为区组数；$\bar{x}_i$、$\bar{x}_j$、$\bar{x}_m$、$\bar{x}_l$、$\bar{x}$ 依次为各处理、各区组、A 各水平、B 各水平、全部观察值的平均数；T_i、T_j、T_m、T_l 依次为各处理、各区组、A 各水平、B 各水平的总和数。式(3.104)的相应自由度为

$$\left.\begin{aligned}
&df_T = abn - 1 = df_R + df_t + df_e \\
&df_R = n - 1 \\
&df_t = ab - 1 = df_A + df_B + df_{A\times B} \\
&\begin{cases}
df_A = a - 1 \\
df_B = b - 1 \\
df_{A\times B} = (a-1)(b-1)
\end{cases} \\
&df_e = (ab-1)(n-1)
\end{aligned}\right\} \tag{3.105}$$

同理,A、B、C三因素随机区组试验结果各变因的平方和为

$$
\left.
\begin{aligned}
C &= \frac{\left(\sum_{i=1}^{k}\sum_{j=1}^{n} x_{ij}\right)^2}{abcn} = \frac{T^2}{abcn} \\
SS_T &= \sum_{i=1}^{k}\sum_{j=1}^{n}(x_{ij}-\bar{x})^2 = \sum_{i=1}^{k}\sum_{j=1}^{n} x_{ij}^2 - C \\
&= SS_t + SS_R + SS_e \\
SS_R &= k\sum_{j=1}^{n}(\bar{x}_j-\bar{x})^2 = \frac{1}{k}\sum_{j=1}^{n} T_j^2 - C \\
SS_t &= n\sum_{i=1}^{k}(\bar{x}_i-\bar{x})^2 = \frac{1}{n}\sum_{i=1}^{k} T_i^2 - C \\
&= SS_A + SS_B + SS_C + SS_{A\times B} + SS_{A\times C} + SS_{B\times C} + SS_{A\times B\times C} \\
SS_A &= bcn\sum_{m=1}^{a}(\bar{x}_m-\bar{x})^2 = \frac{1}{bcn}\sum_{m=1}^{a} T_m^2 - C \\
SS_B &= acn\sum_{l=1}^{b}(\bar{x}_l-\bar{x})^2 = \frac{1}{acn}\sum_{l=1}^{b} T_l^2 - C \\
SS_C &= abn\sum_{p=1}^{c}(\bar{x}_p-\bar{x})^2 = \frac{1}{abn}\sum_{p=1}^{c} T_p^2 - C \\
SS_{A\times B} &= cn\sum_{m=1}^{a}\sum_{l=1}^{b}(\bar{x}_{ml}-\bar{x}_m-\bar{x}_l+\bar{x})^2 \\
&= \frac{1}{cn}\sum_{m=1}^{a}\sum_{l=1}^{b} T_{ml}^2 - C - SS_A - SS_B \\
SS_{A\times C} &= bn\sum_{m=1}^{a}\sum_{p=1}^{c}(\bar{x}_{mp}-\bar{x}_m-\bar{x}_p+\bar{x})^2 \\
&= \frac{1}{bn}\sum_{m=1}^{a}\sum_{p=1}^{c} T_{mp}^2 - C - SS_A - SS_C \\
SS_{B\times C} &= an\sum_{l=1}^{b}\sum_{p=1}^{c}(\bar{x}_{lp}-\bar{x}_l-\bar{x}_p+\bar{x})^2 \\
&= \frac{1}{an}\sum_{l=1}^{b}\sum_{p=1}^{c} T_{lp}^2 - C - SS_B - SS_C \\
SS_{A\times B\times C} &= SS_t - SS_A - SS_B - SS_C - SS_{A\times B} - SS_{A\times C} - SS_{B\times C} \\
SS_e &= \sum_{i=1}^{k}\sum_{j=1}^{n}(x_{ij}-\bar{x}_i-\bar{x}_j+\bar{x})^2 \\
&= SS_T - SS_t - SS_R
\end{aligned}
\right\}
\quad (3.106)
$$

式中:T_j、T_i、T_m、T_l、T_p、T_{ml}、T_{mp}、T_{lp}依次为各区组、各处理、A_m、B_l、C_p、A_mB_l、A_mC_p、B_lC_p的总和数;x_{ij}为观察值;$\bar{x}_j$、$\bar{x}_i$、$\bar{x}_m$、$\bar{x}_l$、$\bar{x}_p$、$\bar{x}_{ml}$、$\bar{x}_{mp}$、$\bar{x}_{lp}$依次为各区组、各处理、A_m、B_l、C_p、A_mB_l、A_mC_p、B_lC_p的平均数;a、b、c依次为A、B、C的水平数;$k=abc$为处理数;n为区组数。式(3.106)的相应自由度为

$$
\left.\begin{array}{l}
df_T = abcn - 1 = df_R + df_t + df_e \\
df_R = n - 1 \\
df_t = abc - 1 = df_A + df_B + df_C + df_{A\times B} + df_{A\times C} + df_{B\times C} + df_{A\times B\times C} \\
\begin{cases}
df_A = a - 1 \\
df_B = b - 1 \\
df_C = c - 1 \\
df_{A\times B} = (a-1)(b-1) \\
df_{A\times C} = (a-1)(c-1) \\
df_{B\times C} = (b-1)(c-1) \\
df_{A\times B\times C} = (a-1)(b-1)(c-1)
\end{cases} \\
df_e = (abc-1)(n-1)
\end{array}\right\} \quad (3.107)
$$

其他复因素随机区组试验结果各变因的平方和与自由度的计算可依此类推。

(三)2^m 设计随机区组试验的方差分析

2^m 设计就是 m 个因素，每个因素均为 2 个水平的完全方案，其处理数 $k=2^m$。根据数学模型，复因素随机区组试验的方差分析应分成两步。第一步是按两向分组资料作处理间方差分析，在获得处理间差异显著的基础上再作第二步。第二步是因素间方差分析，是对试验因素及其交互作用进行显著性检验。

例 3.3.8　为了研究氮、钾肥对小麦出粉率的影响，试验设 4 个处理，分别为施 N 200 kg/hm^2(N)，施 K_2O 110 kg/hm^2(K)，施 N 200 kg/hm^2、施 K_2O 110 kg/hm^2(NK)，对照为不施肥(CK)。随机区组排列，重复 4 次，小区面积为 35 m^2，试验结果见表 3 - 32，试作分析。

表 3 - 32　小麦氮钾肥试验结果

处理	小麦出粉率(%)				总和 (T_i)	平均($\bar{x}_i$)
	Ⅰ	Ⅱ	Ⅲ	Ⅳ		
CK	73.6	71.7	73.5	71.6	290.4	72.6
N	74.6	76.9	75.5	76.2	303.2	75.8
K	71.6	72.8	73.9	74.5	292.8	73.2
NK	77.9	78.5	74.8	76.0	307.2	76.8
总和(T_j)	297.7	299.9	297.7	298.3	T=1 193.6	
平均($\bar{x}_j$)	74.425	74.975	74.425	74.575		$\bar{x}$=74.6

这个试验是 2^2 设计，是最简单的复因素随机区组试验，分两步进行方差分析。

第一步，处理间方差分析。

由表 3 - 32，根据式(3.104)和式(3.105)得

$$C = \frac{T^2}{abn} = \frac{1\,193.6^2}{2\times 2\times 4} = 89\,042.56$$

$$SS_T = \sum_{i=1}^{k}\sum_{j=1}^{n} x_{ij}^2 - C = 73.6^2 + 74.6^2 + \cdots + 76.0^2 - C = 69.12$$

$$df_T = abn - 1 = 16 - 1 = 15$$

$$SS_R = \frac{1}{k}\sum_{j=1}^{n} T_j^2 - C = \frac{1}{4}(297.7^2 + 299.9^2 + 297.7^2 + 298.3^2) - C = 0.81$$

$$df_R = n - 1 = 4 - 1 = 3$$

$$SS_t = \frac{1}{n}\sum_{i=1}^{k} T_i^2 - C = \frac{1}{4}(290.4^2 + 303.2^2 + 292.8^2 + 307.2^2) - C = 48.96$$

$$df_t = ab - 1 = 4 - 1 = 3$$

$$SS_e = SS_T - SS_R - SS_t = 69.12 - 0.81 - 48.96 = 19.35$$

$$df_e = (ab-1)(n-1) = (4-1)(4-1) = 9$$

方差分析结果列于表 3 - 33。

表 3 - 33 小麦氮钾肥试验的方差分析 I

变因	df	SS	MS	F	$F_{0.05}$	$F_{0.01}$
区组间	3	0.81	0.27	0.13	3.86	6.99
处理间	3	48.96	16.32	7.59**	3.86	6.99
误差	9	19.35	2.15			
总变异	15	69.12				

处理间实得 $F > F_{0.01}$,差异极显著。

第二步,因素间方差分析。

为了计算 N、K 水平间及 N×K 交互作用的平方和,应将试验结果中各处理总和数 T_i 按 N、K 两个因素作两向分组表(表 3 - 34)。

表 3 - 34 小麦氮钾肥试验的 N 和 K 双向表

N	K		T_m
	K_0	K_1	
N_0	290.4	292.8	583.2
N_1	303.2	307.2	610.4
T_l	593.6	600	T=1 193.6

表 3 - 34 为一个 $a=2, b=2, n=4$ 的资料。根据式(3.104)和式(3.105)得:

$$SS_N = \frac{1}{bn}\sum_{m=1}^{a} T_m^2 - C = \frac{1}{8}(583.2^2 + 610.4^2) - C = 46.24$$

$$df_N = a - 1 = 2 - 1 = 1$$

$$SS_K = \frac{1}{an}\sum_{l=1}^{b} T_l^2 - C = \frac{1}{8}(593.6^2 + 600^2) - C = 2.56$$

$$df_K = b - 1 = 2 - 1 = 1$$

$$SS_{N\times K} = SS_t - SS_N - SS_K = 48.96 - 46.24 - 2.56 = 0.16$$

$$df_{N\times K} = (a-1)(b-1) = (2-1)(2-1) = 1$$

任何复因素随机区组试验,在计算各因素水平间及因素间交互作用平方和时,都需要按两个因素作一两向分组表。随着试验因素的增多,不仅两向分组表的数目迅速增加,而且计算也越来越繁琐。对于 2^m 设计的复因素随机区组试验,可按“均衡分组表法”进行计算,能大大简化计算程序。

现仍以例 3.3.8 为例，说明均衡分组表法的原理及其步骤。设 T_1、T_2、T_3、T_4 依次为 CK、N、K、NK 的总和数；T_{N1}、T_{N2}、T_{K1}、T_{K2} 依次为 N 的第一、第二水平，K 的第一、第二水平的总和数；T 为全部观察值的总和数。因为

$$T_{N1}=T_1+T_3 \qquad T_{N2}=T_2+T_4$$

$$T_{K1}=T_1+T_2 \qquad T_{K2}=T_3+T_4$$

$$T=T_1+T_2+T_3+T_4=T_{N1}+T_{N2}=T_{K1}+T_{K2}$$

所以

$$SS_N=\frac{1}{bn}\sum_{m=1}^{a}T_m^2-\frac{T^2}{abn}=\frac{T_{N1}^2+T_{N2}^2}{bn}-\frac{(T_{N1}+T_{N2})^2}{abn}$$

$$=\frac{2T_{N1}^2+2T_{N2}^2-T_{N1}^2-T_{N2}^2-2T_{N1}T_{N2}}{abn}=\frac{T_{N1}^2+T_{N2}^2-2T_{N1}T_{N2}}{abn}$$

$$=\frac{(T_{N1}-T_{N2})^2}{abn} \tag{3.108}$$

$$SS_K=\frac{1}{an}\sum_{l=1}^{b}T_l^2-\frac{T^2}{abn}=\frac{T_{K1}^2+T_{K2}^2}{an}-\frac{(T_{K1}+T_{K2})^2}{abn}$$

$$=\frac{2T_{K1}^2+2T_{K2}^2-T_{K1}^2-T_{K2}^2-2T_{K1}T_{K2}}{abn}=\frac{T_{K1}^2+T_{K2}^2-2T_{K1}T_{K2}}{abn}$$

$$=\frac{(T_{K1}-T_{K2})^2}{abn} \tag{3.109}$$

$$SS_{N\times K}=SS_t-SS_N-SS_K=\frac{\sum_{i=1}^{k}T_i^2}{n}-\frac{\sum_{m=1}^{a}T_m^2}{bn}-\frac{\sum_{l=1}^{b}T_l^2}{an}+\frac{T^2}{abn}$$

$$=\frac{T_1^2+T_2^2+T_3^2+T_4^2}{n}-\frac{(T_1+T_3)^2+(T_2+T_4)^2}{bn}-\frac{(T_1+T_2)^2+(T_3+T_4)^2}{an}$$

$$+\frac{(T_1+T_2+T_3+T_4)^2}{abn}=\frac{(T_1-T_2-T_3+T_4)^2}{abn} \tag{3.110}$$

式 (3.108)至式(3.110)中的($T_{N1}-T_{N2}$)、($T_{K1}-T_{K2}$)、($T_1-T_2-T_3+T_4$)恰好依次为 N、P、N×K 的效应，abn 为观察值的总个数，于是有

$$某因素水平间的 SS=\frac{(该因素的效应)^2}{观察值总个数} \tag{3.111}$$

$$某两个因素交互作用的 SS=\frac{(该两个因素交互作用效应)^2}{观察值总个数} \tag{3.112}$$

2^m 是均衡方案，其试验结果可制成均衡分组表，均衡分组表的结果完全可满足式(3.111)及式(3.112)的计算要求，也就是根据式(3.111)和式(3.112)从均衡分组表可计算出各因素水平间及因素间交互作用的平方和。均衡分组表的制作方法如下：首先在横向栏目依次写上各个处理及其总和数 T_i，在纵向栏目写上要计算平方和的因素及交互作用。然后在每个因素及每个交互作用所占行与各个处理所占列交叉处划＋、－。凡处理中有该因素者划＋，无该因素者划－；两个因素所占行中对应的正、负号相乘结果，填入该两个因素交互作用所占行。最后求出每行中正号所对处理 T_i 的总和数及负号所对处理 T_i 的总和数，两者之差即为该行所在因素或交互作用的效应。例 3.3.8 资料的均衡分组表如表 3 - 35 所示。

表 3-35 小麦氮钾肥试验均衡分组表

因素	各处理总和数(T_i)				效应
	CK (290.4)	N (303.2)	K (292.8)	NK (307.2)	
N	−	+	−	+	27.2
K	−	−	+	+	6.4
N×K	+	−	−	+	1.6

根据式(3.111)及式(3.112)可从表 3-35 得

$$SS_{\mathrm{N}}=\frac{27.2^2}{2\times2\times4}=46.24$$

$$SS_{\mathrm{K}}=\frac{6.4^2}{2\times2\times4}=2.56$$

$$SS_{\mathrm{N\times K}}=\frac{1.6^2}{2\times2\times4}=0.16$$

结果同前,但计算程序要简单很多。根据以上计算结果得方差分析于表 3-36。

表 3-36 小麦氮钾肥试验的方差分析Ⅱ

变因	df	SS	MS	F	$F_{0.05}$	$F_{0.01}$
区组间	3	0.81	0.27	0.13	3.86	6.99
处理间	3	48.96	16.32	7.59**	3.86	6.99
N	1	46.24	46.24	21.51**	5.12	10.56
K	1	2.56	2.56	1.19	5.12	10.56
N×K	1	0.16	0.16	0.074	5.12	10.56
误差	9	19.35	2.15			
总变异	15	69.12				

F 检验表明,区组间差异不显著,处理间、不同施 N 量间达极显著水平,用 *SSR* 法进行多重比较。

①处理间的多重比较。根据式(3.79)从表 3-36 得

$$S_{\bar{x}}=\sqrt{\frac{S_e^2}{n}}=\sqrt{\frac{2.15}{4}}=0.7331$$

查附表 4,在 $\nu=9$ 时不同 P 值下的 *SSR* 值及计算出的 *LSR* 值,见表 3-37,处理间平均数的多重比较见表 3-38。

表 3-37 小麦氮钾肥试验 *LSR* 值的计算

项目	$P=2$	$P=3$	$P=4$
$SSR_{0.05}$	3.20	3.34	3.41
$SSR_{0.01}$	4.60	4.86	4.99
$LSR_{0.05}$	2.346	2.449	2.500
$LSR_{0.01}$	3.372	3.563	3.658

表 3-38　小麦氮钾肥试验处理间的差异显著性(SSR 法检验)

处理	小麦出粉率($\bar{x}_i$,%)	差异显著性	
		$\alpha=0.05$	$\alpha=0.01$
NK	76.8	a	A
N	75.8	a	AB
K	73.2	b	B
CK	72.6	b	B

②N、K、N×K 效应的显著性检验。由于 $df_N=1, df_K=1, df_{N\times K}=1$,均为单一自由度,$F$ 检验和任何一种多重比较都是等价的。因此,不必再进行多重比较,可根据 F 检验结果直接作出推断。F 检验结果表明,施 N 量间差异为极显著,即小麦籽粒出粉率施氮比不施氮极显著提高。亦即表 3-34 中 $T_{N_1}-T_{N_0}=610.4-583.2=27.2$ 所得差数 27.2 为差异极显著。由于差数 27.2 来自 $bn=an=2\times4=8$ hm^2,故施氮平均比不施氮小麦出粉率增加 $27.2\div8=3.4$(%)。施氮及氮钾配施小麦出粉率增加极显著,施钾对小麦出粉率的增加效果不明显。

综合多重比较的结果可得结论:与不施肥相比较,单施氮及氮、钾配合效果对小麦出粉率的增加效果分别达到显著和极显著水平,而单施钾效果不明显。

例 3.3.9　研究小麦氮、磷、钾三因素对小麦千粒重影响的田间试验,采用 2^3($2\times2\times2$)完全方案设计,试验设在西北农林科技大学农作一站红油土上,小区面积 30 m^2,重复 4 次,采用完全随机区组排列。各因子用量依次为 N_1 165 kg/hm^2,N_2 210 kg/hm^2,P_1 90 kg/hm^2,P_2 135 kg/hm^2,K_1 120 kg/hm^2,K_2 165 kg/hm^2,试验结果见表 3-39,试作分析。

为了简化叙述,将处理间和因素间的方差分析合并进行,并采用均衡分组表法计算因素水平间及因素间互作的平方和,均衡分组表见表 3-40。

表 3-39　小麦氮磷钾肥效试验籽粒千粒重结果　g

区组	处理								合计
	$N_1P_1K_1$	$N_1P_1K_2$	$N_1P_2K_1$	$N_1P_2K_2$	$N_2P_1K_1$	$N_2P_1K_2$	$N_2P_2K_1$	$N_2P_2K_2$	
Ⅰ	35.5	36.5	36.9	36.0	36.9	36.9	37.9	38.8	295.4
Ⅱ	37.1	34.8	37.1	37.2	36.3	36.0	37.0	37.3	292.8
Ⅲ	36.5	37.0	36.5	36.6	36.8	37.0	38.2	37.2	295.8
Ⅳ	35.4	36.6	38.3	37.5	36.5	38.0	38.3	39.3	299.9
合计	144.5	144.9	148.8	147.3	146.5	147.9	151.4	152.6	1 183.9
平均	36.1	36.2	37.2	36.8	36.6	37.0	37.9	38.2	

根据式(3.106)及式(3.107),由表 3-39 得:

$$C=\frac{T^2}{abcn}=\frac{1\,183.9^2}{2^3\times4}=43\,800.60$$

$$SS_T=(35.5^2+37.1^2+\cdots+39.3^2)-C=29.13$$

$$df_T=8\times4-1=31$$

$$SS_R=\frac{295.4^2+292.8^2+\cdots+299.9^2}{8}-C=3.23$$

$$df_R = 4 - 1 = 3$$

$$SS_t = \frac{144.5^2 + 144.9^2 + \cdots + 152.6^2}{4} - C = 14.49$$

$$df_t = 8 - 1 = 7$$

$$SS_e = SS_T - SS_R - SS_t = 29.13 - 3.23 - 14.49 = 11.41$$

$$df_e = (8-1)(4-1) = 21$$

表 3-40　小麦氮磷钾肥效试验均衡分组表

因素	各处理总和数								效应
	$N_1P_1K_1$ (144.5)	$N_1P_1K_2$ (144.9)	$N_1P_2K_1$ (148.8)	$N_1P_2K_2$ (147.3)	$N_2P_1K_1$ (146.5)	$N_2P_1K_2$ (147.9)	$N_2P_2K_1$ (151.4)	$N_2P_2K_2$ (152.6)	
N	−	−	−	−	+	+	+	+	12.9
P	−	−	+	+	−	−	+	+	16.3
K	−	+	−	+	−	+	−	+	1.5
N×P	+	+	−	−	−	−	+	+	2.9
N×K	+	−	+	−	−	+	−	+	3.7
P×K	+	−	−	+	+	−	−	+	−2.1
N×P×K	−	+	+	−	+	−	−	+	1.7

根据式(3.111)及式(3.112),由表3-40得:

$$SS_N = \frac{12.9^2}{2\times2\times2\times4} = 5.20$$

$$SS_P = \frac{16.3^2}{2\times2\times2\times4} = 8.30$$

$$SS_K = \frac{1.5^2}{2\times2\times2\times4} = 0.07$$

$$SS_{N\times P} = \frac{2.9^2}{2\times2\times2\times4} = 0.26$$

$$SS_{N\times K} = \frac{3.7^2}{2\times2\times2\times4} = 0.43$$

$$SS_{P\times K} = \frac{(-2.1)^2}{2\times2\times2\times4} = 0.14$$

$$SS_{N\times P\times K} = \frac{1.7^2}{2\times2\times2\times4} = 0.09$$

方差分析见表3-41。

F 检验结果表明,处理间、施N量间、施P量间差异均为极显著,N、P、K之间所有的交互作用均不显著。用 *PLSD* 法对各处理进行多重比较。

①处理间差异显著性比较。

$$S_{\bar{x}_i - \bar{x}_j} = \sqrt{\frac{2S_e^2}{n}} = \sqrt{\frac{2\times0.54}{4}} = 0.519\,6$$

查附表2,$\nu = df_e = 21$ 时,$t_{0.05} = 2.08$,$t_{0.01} = 2.83$,所以

$$PLSD_{0.05} = 2.08 \times 0.519\,6 = 1.08$$

$$PLSD_{0.01} = 2.83 \times 0.5196 = 1.47$$

故得处理间的差异显著性检验列于表 3 - 42。

表 3 - 41　小麦氮磷钾肥效试验的方差分析

变因	df	SS	MS	F	$F_{0.05}$	$F_{0.01}$
处理间	7	14.49	2.07	3.83**	2.49	3.65
N	1	5.20	5.20	9.63**	4.32	8.02
P	1	8.30	8.30	15.37**	4.32	8.02
K	1	0.07	0.07	0.13	4.32	8.02
N×P	1	0.26	0.26	0.48	4.32	8.02
N×K	1	0.43	0.43	0.80	4.32	8.02
P×K	1	0.14	0.14	0.26	4.32	8.02
N×P×K	1	0.09	0.09	0.17	4.32	8.02
区组间	3	3.23	1.08	2.00	3.07	4.87
误差	21	11.41	0.54			
总变异	31	29.13				

表 3 - 42　小麦氮磷钾肥效试验处理间的差异显著性（*PLSD* 检验）

处　理	平均千粒重（$\bar{x}_i$,g）	差异显著性	
		$\alpha=0.05$	$\alpha=0.01$
$N_2P_2K_2$	38.2	a	A
$N_2P_2K_1$	37.9	ab	AB
$N_1P_2K_1$	37.2	abc	ABC
$N_2P_1K_2$	37.0	bcd	ABC
$N_1P_2K_2$	36.8	cd	ABC
$N_2P_1K_1$	36.6	cd	BC
$N_1P_1K_2$	36.2	cd	C
$N_1P_1K_1$	36.1	d	C

从表 3 - 41 的 F 检验结果来看，施钾是无效的；从表 3 - 42 的比较也可以看出，N_2P_2、N_1P_2、N_2P_1、N_1P_1 四种组合下施钾均是无效的，两种情况下结果是一致的。

②因素效应的显著性检验。

N、P 的自由度均为 1，故可直接由 F 检验结果推断。

$$d_{N_2-N_1} = 37.40 - 36.59 = 0.81(g) \qquad d_{P_2-P_1} = 37.51 - 36.49 = 1.02(g)$$

可见，增施氮肥和磷肥分别使小麦千粒重极显著增加 0.81 g 和 1.02 g。

（四）$3^r \times 2^m$ 设计随机区组试验的方差分析

$3^r \times 2^m$ 设计的分析方法基本上与 2^m 设计相同，只是对因素效应及交互作用的显著性检验要复杂一些，现通过例 3.3.10 说明其分析方法。

例 3.3.10　某试验研究了小麦基因型（A_1、A_2），铁肥用量（B_1、B_2），锌肥用量（C_1、C_2、C_3）对小麦株高的影响。采用 3×2^2 设计，进行水培试验，并在水培室中进行随机区组设计，重复

3 次。水培结束后测定的小麦株高结果见表 3 - 43。

表 3 - 43　Fe、Zn 不同用量对两种基因型小麦株高的影响　cm

处理	区组			合计(T_i)	平均($\bar{x}_i$)
	Ⅰ	Ⅱ	Ⅲ		
$A_1B_1C_1$	22	23	30	75	25.0
$A_1B_1C_2$	29	25	22	76	25.3
$A_1B_1C_3$	18	12	15	45	15.0
$A_1B_2C_1$	30	29	27	86	28.7
$A_1B_2C_2$	28	28	30	86	28.7
$A_1B_2C_3$	29	27	27	83	27.7
$A_2B_1C_1$	34	32	35	101	33.7
$A_2B_1C_2$	30	25	27	82	27.3
$A_2B_1C_3$	14	20	15	49	16.3
$A_2B_2C_1$	40	34	41	115	38.3
$A_2B_2C_2$	39	37	41	117	39.0
$A_2B_2C_3$	41	37	39	117	39.0
合计 T_j	354	329	349	1 032	

该资料 $a=2, b=2, c=3, n=3$。将表 3 - 43 资料分别整理成 AB、AC、BC 双向表于表 3 - 44。

表 3 - 44a　*AB* 双向表

A	B		T_m
	B_1	B_2	
A_1	196	255	451
A_2	232	349	581
T_l	428	604	1 032

表 3 - 44b　*AC* 双向表

A	C			T_m
	C_1	C_2	C_3	
A_1	161	162	128	451
A_2	216	199	166	581
T_p	377	361	294	1 032

表 3 - 44c　*BC* 双向表

B	C			T_l
	C_1	C_2	C_3	
B_1	176	158	94	428
B_2	201	203	200	604
T_p	377	361	294	1 032

根据式(3.106)和式(3.107)从表 3 - 43、表 3 - 44 得：

$$C=\frac{T^2}{abcn}=\frac{1\,032^2}{36}=29\,584$$

$$SS_T=(22^2+29^2+\cdots+39^2)-C=2\,268 \qquad df_T=36-1=35$$

$$SS_R=\frac{1}{12}(354^2+329^2+349^2)-C=29.17 \qquad df_R=3-1=2$$

$$SS_t=\frac{1}{3}(75^2+76^2+\cdots+117^2)-C=2\,094.67 \qquad df_t=12-1=11$$

$$SS_A=\frac{1}{18}(451^2+581^2)-C=469.44 \qquad df_A=2-1=1$$

$$SS_B=\frac{1}{18}(428^2+604^2)-C=860.44 \qquad df_B=2-1=1$$

$$SS_C=\frac{1}{12}(377^2+361^2+294^2)-C=323.17 \qquad df_C=3-1=2$$

$$SS_{A\times B}=\frac{196^2+255^2+232^2+349^2}{9}-C-SS_A-SS_B=93.44$$

$$df_{A\times B}=(2-1)(2-1)=1$$

$$SS_{A\times C}=\frac{161^2+162^2+128^2+216^2+199^2+166^2}{6}-C-SS_A-SS_C=17.06$$

$$df_{A\times C}=(2-1)(3-1)=2$$

$$SS_{B\times C}=\frac{176^2+158^2+94^2+201^2+203^2+200^2}{6}-C-SS_B-SS_C=296.72$$

$$df_{B\times C}=(2-1)(3-1)=2$$

$$SS_{A\times B\times C}=SS_t-SS_A-SS_B-SS_C-SS_{A\times B}-SS_{A\times C}-SS_{B\times C}=34.39$$

$$df_{A\times B\times C}=(2-1)(2-1)(3-1)=2$$

$$SS_e=SS_T-SS_R-SS_t=2\,268-29.17-2\,094.67=144.16$$

$$df_e=(12-1)(3-1)=22$$

由以上计算结果，得方差分析于表 3 - 45。

表 3 - 45　Fe、Zn 不同用量对两种基因型小麦株高影响试验的方差分析

变因	df	SS	MS	F	$F_{0.05}$	$F_{0.01}$
处理间	11	2 094.67	190.42	29.07**	2.26	3.18
A	1	469.44	469.44	71.67**	4.30	7.94
B	1	860.44	860.44	131.36**	4.30	7.94
C	2	323.17	161.59	24.67**	3.44	5.72
$A\times B$	1	93.44	93.44	14.27**	4.30	7.94
$A\times C$	2	17.06	8.53	1.30	3.44	5.72
$B\times C$	2	296.72	148.36	22.65**	3.44	5.72
$A\times B\times C$	2	34.39	17.20	2.63	3.44	5.72
区组间	2	29.17	14.59	2.23	3.44	5.72
误差	22	144.16	6.55			
总变异	35	2 268				

F 检验表明，A、B、C 及 $A\times B$、$B\times C$ 的一级交互作用均为极显著，$A\times C$ 的一级交互作用和 $A\times B\times C$ 的二级交互作用不显著。以各处理小麦株高为标准用 T 法进行多重比较如下：

①处理间差异显著性检验。已知 $S_e^2=6.49$，故

$$S_{\bar{x}}=\sqrt{\frac{S_e^2}{n}}=\sqrt{\frac{6.55}{3}}=1.478(\text{cm})$$

在 $k=12$，$\nu=df_e=22$ 时，$q_{0.05(12,22)}=5.15$，$q_{0.01(12,22)}=6.20$，所以

$$FR_{0.05}=5.15\times1.478=7.612(\text{cm})$$

$$FR_{0.01}=6.20\times1.478=9.164(\text{cm})$$

处理间差异显著性检验列于表 3 - 46。

②因素效应的显著性检验。A、B、$A\times B$ 的自由度均为 1，故可直接由 F 检验结果推断。

$$d_{A_2-A_1}=\frac{581-451}{18}=7.222^{**}(\text{cm})$$

$$d_{B_2-B_1}=\frac{604-428}{18}=9.778^{**}(\text{cm})$$

$$A \times B\ 互作值 = \frac{(A_2B_2 + A_1B_1) - (A_2B_1 + A_1B_2)}{18}$$

$$= \frac{(349 + 196) - (232 + 255)}{18} = 3.22^{**}(cm)$$

因为作比较的株高均为18盆的总和，要以每盆平均株高作比较，需除以18。所得差数 $d_{A_2-A_1}$、$d_{B_2-B_1}$ 和 $A \times B$ 互作值差异均为极显著，说明基因型 A_2 平均比 A_1 株高增高 7.222 cm；铁用量 B_2 平均比 B_1 株高增加 9.778 cm；A_2 与 B_2 配合比 A_1 取 B_2 和 B_1 取 A_2 株高增加 3.22 cm。

表 3-46 Fe、Zn 不同用量对两种基因型小麦株高影响试验处理间的差异显著性(*T* 法检验)

处 理	平均株高 (cm)	差异显著性	
		$\alpha=0.05$	$\alpha=0.01$
$A_2B_2C_3$	39.0	a	A
$A_2B_2C_2$	39.0	a	A
$A_2B_2C_1$	38.3	a	A
$A_2B_1C_1$	33.7	ab	AB
$A_1B_2C_2$	28.7	bc	B
$A_1B_2C_1$	28.7	bc	B
$A_1B_2C_3$	27.7	bc	B
$A_2B_1C_2$	27.3	bc	B
$A_1B_1C_2$	25.3	c	BC
$A_1B_1C_1$	25.0	c	BC
$A_2B_1C_3$	16.3	d	CD
$A_1B_1C_3$	15.0	d	D

因为 C 有3个水平，故应进一步检验各水平间的差异显著性及 $B \times C$ 互作值的显著性。C 为3个水平即有3个样本要相互比较，每个样本的容量为12，$B \times C$ 互作值的计算也是12盆株高总和数相互比较的差数，同时也有3个差数作比较，所以

$$S_{\bar{x}} = \sqrt{\frac{6.55}{12}} = 0.739(cm)$$

当 $\nu = df_e = 22, k = 3$ 时，$q_{0.05(3,22)} = 3.55, q_{0.01(3,22)} = 4.60$，故

$$FR_{0.05} = 3.55 \times 0.739 = 2.623(cm)$$

$$FR_{0.01} = 4.60 \times 0.739 = 3.399(cm)$$

C 不同水平间差异显著性检验列于表 3-47。

表 3-47 锌肥不同用量间小麦平均株高的差异显著性 (*T* 法检验)

锌肥用量	平均株高 (cm)	差 数	
C_1	377÷12=31.42	6.92**	1.34
C_2	361÷12=30.08	5.58**	
C_3	294÷12=24.50		

$B \times C$ 互作值的差异显著性检验列于表 3-48。

表 3 - 48　$B\times C$ 互作值的差异显著性(T 法检验)

项　　目	简单效应 (cm)	$B\times C$ 互作值的显著性	
		B_1C_3 并存	B_1C_2 并存
C_3 下 B_2-B_1	$(200-94)\div6=17.67$		
C_2 下 B_2-B_1	$(203-158)\div6=7.50$	$(17.67-7.50)\div2=5.09^{**}$	
C_1 下 B_2-B_1	$(201-176)\div6=4.17$	$(17.67-4.17)\div2=6.75^{**}$	$(7.50-4.17)\div2=1.67$

表 3 - 47 说明 C_1 的株高最高，与 C_2 株高的差异不显著，与 C_3 株高的差异极显著；C_2 比 C_3 株高高，差异极显著。表 3 - 48 说明 B_1 与 C_3 配合最好，它比 B_2 取 C_3 和 C_2 取 B_1 株高增加 5.09 cm，比 B_2 取 C_3 和 C_1 取 B_1 株高增加 6.75 cm。

通过以上多重比较，从因素效应看，$A_2>A_1$，$B_2>B_1$，$C_1>C_2>C_3$，从交互作用看，以 A_2B_2、B_1C_3 配合为好。从表 3 - 46 看，$A_2B_2C_1$ 与 $A_1B_2C_2$ 株高差异显著，$A_2B_2C_1$ 株高较高，因此 $A_2B_2C_1$ 组合为最优。

三、拉丁方设计方差分析

拉丁方设计的特点是处理数与重复(区组)数相等。它实行纵、横两个方向的局部控制，即纵、横皆成区组，因而比随机区组设计的试验精度要高。拉丁方设计的方差分析，基本上与随机区组设计相同，只是从误差项多分解出一个区组间变异项而已。由于 $k\times k$ 拉丁方试验的 k 行 k 列皆成区组，故第 i 处理在第 j 行区组第 l 列区组的观察值的数学模型为

$$x_{ijl}=\mu+\tau_i+\rho_j+\lambda_l+\varepsilon_{ijl} \tag{3.113}$$

式中：μ 为全部观察值的总体平均数；$\tau_i=(\mu_i-\mu)$，$\rho_j=(\mu_j-\mu)$，$\lambda_l=(\mu_l-\mu)$依次为处理、行区组、列区组效应(若为复因素试验，则 τ_i 亦可按复因素随机区组的方法作进一步分解)；$\varepsilon_{ijl}=(x_{ijl}-\mu_i-\mu_j-\mu_l+2\mu)$为随机误差，其中 μ_i、μ_j、μ_l 依次为各处理、各行区组、各列区组的总体平均数。式(3.113)假定 τ_i、ρ_j、λ_l 间彼此独立、无互作，并且满足 $\sum\tau_i=\sum\rho_j=\sum\lambda_l=0$ 和 x_{ijl} 遵循 $N(0,\sigma_e^2)$。

根据式(3.113)，$k\times k$ 拉丁方试验的总变异可分解为处理间、行区组间、列区组间和误差 4 个部分，其平方和与自由度的定义为：

$$C=\frac{\left(\sum_{1}^{kk}x_{jl}\right)^2}{k^2}=\frac{T^2}{k^2}$$

$$\left.\begin{aligned}
&\text{总平方和 } SS_T=SS_t+SS_R+SS_C+SS_e=\sum_{1}^{kk}x_{jl}^2-C\\
&\text{处理间平方和 } SS_t=\frac{1}{k}\sum_{i=1}^{k}T_i^2-C\\
&\text{行区组间平方和 } SS_R=\frac{1}{k}\sum_{j=1}^{k}T_j^2-C\\
&\text{列区组间平方和 } SS_C=\frac{1}{k}\sum_{l=1}^{k}T_l^2-C\\
&\text{误差平方和 } SS_e=SS_T-SS_t-SS_R-SS_C
\end{aligned}\right\} \tag{3.114}$$

$$\left.\begin{aligned} df_T &= k^2-1 = df_t + df_R + df_C + df_e \\ df_t &= df_R = df_C = k-1 \\ df_e &= (k-1)(k-2) \end{aligned}\right\} \quad (3.115)$$

式中的 T_i、T_j、T_l 依次为各处理、各行区组、各列区组的总和数。

例 3.3.11 某地夏玉米氮肥用量试验,处理为:N_0、N_1、N_2、N_3、N_4,即施 N 0、34.5、69、103.5、138 kg/hm²。采用 5×5 拉丁方设计,小区面积 33.3 m²,其田间排列及产量(t/hm²)列于图 3-10。试作方差分析。

					T_j
N_1 2.225	N_2 3.066	N_4 4.794	N_0 1.743	N_3 4.029	15.857
N_4 5.112	N_0 1.863	N_2 3.402	N_3 4.236	N_1 2.472	17.085
N_2 3.024	N_3 3.927	N_1 2.126	N_4 4.698	N_0 1.620	15.395
N_3 3.807	N_1 1.809	N_0 1.365	N_2 2.886	N_4 4.559	14.426
N_0 1.536	N_4 4.569	N_3 3.891	N_1 1.968	N_2 2.987	14.951
T_l 15.704	15.234	15.578	15.531	15.667	T=77.714

图 3-10 夏玉米氮肥用量试验田间排列及产量(t/hm²)

根据图 3-10 中所列产量,先求出各行区组总数 T_j 及各列区组总数 T_l,再求得各处理总数 T_i 为:$T_{N_0}=8.127$,$T_{N_1}=10.600$,$T_{N_2}=15.365$,$T_{N_3}=19.890$,$T_{N_4}=23.732$。根据式(3.114)和式(3.115)得:

$$C=\frac{T^2}{k^2}=\frac{77.714^2}{5^2}=241.5786$$

$$SS_T=(2.225^2+5.112^2+\cdots+2.987^2)-C=33.9510$$

$$df_T=5^2-1=24$$

$$SS_R=\frac{1}{5}(15.857^2+17.085^2+\cdots+14.951^2)-C=0.8193$$

$$df_R=5-1=4$$

$$SS_C=\frac{1}{5}(15.704^2+15.234^2+\cdots+15.667^2)-C=0.0276$$

$$df_C=5-1=4$$

$$SS_t=\frac{1}{5}(8.127^2+10.600^2+\cdots+23.732^2)-C=33.0836$$

$$df_t=5-1=4$$

$$SS_e=SS_T-SS_R-SS_C-SS_t=0.0205$$

$$df_e=(5-1)(5-2)=12$$

方差分析见表 3-49。

表 3-49 夏玉米氮肥用量试验的方差分析

变因	df	SS	MS	F	$F_{0.05}$	$F_{0.01}$
行区组间	4	0.819 3	0.204 8	120.47**	3.26	5.41
列区组间	4	0.027 6	0.006 9	4.06*		
处理间	4	33.083 6	8.270 9	4 865.24**		
误差	12	0.020 5	0.001 7			
总变异	24	33.951 0				

F 检验表明，行区组间和列区组间的变异均达显著或极显著，说明实行行列两个方向的局部控制是有效的。处理间的差异极显著，用 SSR 法对处理间进行多重比较。根据式（3.79）求得：

$$S_{\bar{x}}=\sqrt{\frac{S_e^2}{n}}=\sqrt{\frac{0.001\,7}{5}}=0.018\,4$$

查附表 4，当 $\nu=df_e=12$ 时，$P=2$、3、4 时的 $SSR_{0.05}$ 和 $SSR_{0.01}$ 值及按式（3.78）求出的 LSR_α 值列于表 3-50，处理间平均数的差异显著性列于表 3-51。

表 3-50 图 3-10 资料的 SSR_α 值及 LSR_α 值

项目	$P=2$	$P=3$	$P=4$
$SSR_{0.05}$	3.08	3.23	3.33
$SSR_{0.01}$	4.32	4.55	4.68
$LSR_{0.05}$	0.056 7	0.059 4	0.061 3
$LSR_{0.01}$	0.079 5	0.083 7	0.086 1

表 3-51 夏玉米氮肥用量试验处理间的差异显著性（SSR 法检验）

处理	总产量 (T_i)	平均产量 (t/hm^2)	差异显著性	
			$\alpha=0.05$	$\alpha=0.01$
N_4	23.732	4.746 4	a	A
N_3	19.890	3.978 0	b	B
N_2	15.365	3.073 0	c	C
N_1	10.600	2.120 0	d	D
N_0	8.127	1.625 4	e	E

由表 3-51 可见，随着氮肥用量的增加，夏玉米的产量不断提高，而且在施 N 138.0 kg/hm^2 的范围内，每增施 N 34.5 kg/hm^2，产量的增加均极显著，以施 N 138.0 kg/hm^2 的产量为最高。

四、裂区设计方差分析

裂区设计实质上是多层随机区组设计的组合，它仅适于复因素试验。设计时首先将第一个因素的每个水平作为一个主处理，按单因素随机区组设计进行排列。主处理所占的小区称主区或整区。其次将第二个因素的每个水平也作为一个副处理，同时将每个主区作为副处理的一个区组，按副处理数划分为更小的小区，称副区或裂区，并将副处理按单因素随机区组设计排列其中。如果有第三个因素，也是将其每个水平作为一个次副处理，同时将每个副区作为次副处理的一个区组，按次副处理数划分为更小的次副区或次裂区，并将次副处理按单因素随机区组设计排列其中。如有更多的试验因素,可依此类推。按上法排入两个因素的试验称二裂式裂区设计,排入三个因素称三裂式裂区设计,其余类推。

裂区设计由于主区、副区、次副区等的大小以及试验空间相近程度的不同,因而形成的误差也不相同,所以在统计分析时,需分别估计主区、副区、次副区等的误差。现以二裂式裂区试验为例说明其数学模型及总变异的分解。

设主区因素 A 具 a 个水平,副区因素 B 具 b 个水平,并有 n 个完全区组(即主处理的区组),则第 j $(j=1,2,\cdots,n)$区组、A 的第 m $(m=1,2,\cdots,a)$水平、B 的第 l $(l=1,2,\cdots,b)$水平观察值 x_{jml} 的数学模型为:

$$x_{jml}=\mu+\rho_j+\alpha_m+(\varepsilon_1)_{jm}+\beta_l+(\alpha\beta)_{ml}+(\varepsilon_2)_{jml} \tag{3.116}$$

式中:μ 为全体观察值的总体平均数;$\rho_j=(\mu_j-\mu)$为区组效应,且 $\sum\limits_j \rho_j=0$;$\alpha_m=(\mu_m-\mu)$为 A 的主效应,且 $\sum\limits_m \alpha_m=0$;$(\varepsilon_1)_{jm}=(\mu_{mj}-\mu)-\alpha_m-\rho_j=(\mu_{mj}-\mu_m-\mu_j+\mu)$为主区误差,遵循 $N(0,\sigma_{e1}^2)$;$\beta_l=(\mu_l-\mu)$为 B 的主效,且 $\sum\limits_l \beta_l=0$;$(\alpha\beta)_{ml}=(\mu_{ml}-\mu)-\alpha_m-\beta_l=(\mu_{ml}-\mu_m-\mu_l+\mu)$为$A\times B$互作效应,且 $\sum\limits_m(\alpha\beta)_{ml}=\sum\limits_l(\alpha\beta)_{ml}=0$;$(\varepsilon_2)_{jml}=(\mu_{jml}-\mu)-\rho_j-\alpha_m-(\varepsilon_1)_{jm}-\beta_l-(\alpha\beta)_{ml}=(\mu_{jml}-\mu_{mj}-\mu_{ml}+\mu_m)$为副区误差,遵循 $N(0,\sigma_{e2}^2)$。其中 μ_j、μ_m、μ_l、μ_{ml}、μ_{mj} 依次为各区组、A 各水平、B 各水平、A 和 B 各水平组合、A 各水平在各区组的总体平均数。

把式(3.116)与式(3.101)相比,基本相同,其差别仅在于式(3.101)的 ε_{mlj} 在式(3.116)中被分解为$(\varepsilon_1)_{jm}$和$(\varepsilon_2)_{jml}$两个部分,同时式(3.101)的 ε_{mlj} 用于检验整个试验所有变因的显著性,而式(3.116)的$(\varepsilon_1)_{jm}$仅用于主区部分,$(\varepsilon_2)_{jml}$仅用于副区部分。

三裂式和更多裂式裂区试验的数学模型,可按以上类推。

根据式(3.116),二裂式裂区试验的总变异 SS_T 可分为主区部分和副区部分。主区部分可分解为区组间 SS_R、A 水平间 SS_A 及主区误差 SS_{e1};副区部分可分解为 B 水平间 SS_B、$A\times B$ 互作 $SS_{A\times B}$ 及副区误差 SS_{e2}。各变因的平方和与自由度定义为:

$$\left.\begin{array}{ll}
C=\dfrac{\left(\sum\limits_1^{nab}x_{jml}\right)^2}{nab}=\dfrac{T^2}{nab} & \\
SS_T=\sum\limits_1^{nab}x_{jml}^2-C & df_T=nab-1\\
SS_R=\dfrac{1}{ab}\sum\limits_{j=1}^{n}T_j^2-C & df_R=n-1\\
SS_A=\dfrac{1}{bn}\sum\limits_{m=1}^{a}T_m^2-C & df_A=a-1\\
SS_{e1}=\dfrac{1}{b}\sum\limits_{l}^{na}T_{jm}^2-C-SS_A-SS_R & df_{e1}=(n-1)(a-1)\\
SS_B=\dfrac{1}{an}\sum\limits_{l=1}^{b}T_l^2-C & df_B=b-1\\
SS_{A\times B}=\dfrac{1}{n}\sum\limits_1^{ab}T_{ml}^2-C-SS_A-SS_B & df_{A\times B}=(a-1)(b-1)\\
SS_{e2}=SS_T-SS_R-SS_A-SS_B-SS_{A\times B}-SS_{e1} & df_{e2}=a(b-1)(n-1)
\end{array}\right\} \tag{3.117}$$

式中：T_j、T_m、T_l、T_{ml}、T_{jm}依次为各区组、A各水平、B各水平、A和B各水平组合、区组R和A各水平组合的总和数。上述平方和可先由全部观察值求得SS_T；然后制成A和R两向表求得SS_A、SS_R及SS_{e1}，制成A和B两向表求得SS_B、SS_{AB}，最后由SS_T减去SS_R、SS_A、SS_B、$SS_{A\times B}$、SS_{e1}得SS_{e2}。二裂式裂区试验方差分析的模式列于表3-52。

表3-52　二裂式裂区试验方差分析模式

变因	df	SS	MS	F
主区部分				
区组间	df_R	SS_R	$S_R^2=SS_R/df_R$	S_R^2/S_{e1}^2
A	df_A	SS_A	$S_A^2=SS_A/df_A$	S_A^2/S_{e1}^2
误差e_1	df_{e1}	SS_{e1}	$S_{e1}^2=SS_{e1}/df_{e1}$	
主区总数	$an-1$	$SS_R+SS_A+SS_{e1}$		
副区部分				
B	df_B	SS_B	$S_B^2=SS_B/df_B$	S_B^2/S_{e2}^2
$A\times B$	$df_{A\times B}$	$SS_{A\times B}$	$S_{A\times B}^2=SS_{A\times B}/df_{A\times B}$	$S_{A\times B}^2/S_{e2}^2$
误差e_2	df_{e2}	SS_{e2}	$S_{e2}^2=SS_{e2}/df_{e2}$	
副区总数	$an(b-1)$	$SS_B+SS_{A\times B}+SS_{e2}$		
总变异	$abn-1$	SS_T		

例3.3.12　采用裂区设计研究不同栽培模式和施氮量对夏玉米产量的影响。栽培模式为主处理，依次为：常规栽培（灌水量与当地常规灌水量相同），覆草栽培（地表覆盖小麦秸秆4 500 kg/hm^2），节水灌溉栽培，垄沟栽培（垄上覆盖地膜，沟内种植玉米并覆盖小麦秸秆），后3个主处理的灌水量均为常规栽培的50%。试验在西北农林科技大学农作一站进行。副处理为不同施氮量，依次为N_0 0 kg/hm^2，N_1 120 kg/hm^2，N_2 240 kg/hm^2，重复3次，试验结果见表3-53，试作分析。

表3-53　不同栽培模式及氮肥试验结果　kg/hm^2

区组	主处理	副处理			主区合计	区组总数(T_j)
		N_0	N_1	N_2		
Ⅰ	常规栽培	2 582	3 170	3 020	8 772	39 622
	覆草栽培	1 914	3 578	4 512	10 004	
	节水灌溉栽培	2 487	3 247	3 397	9 131	
	垄沟栽培	3 121	4 958	3 636	11 715	
Ⅱ	常规栽培	1 675	2 173	2 809	6 657	39 871
	覆草栽培	2 362	4 033	4 682	11 077	
	节水灌溉栽培	2 046	3 609	4 006	9 661	
	垄沟栽培	2 850	5 021	4 605	12 476	
Ⅲ	常规栽培	1 743	2 724	2 348	6 815	37 395
	覆草栽培	1 686	4 313	3 677	9 676	
	节水灌溉栽培	2 484	3 390	3 165	9 039	
	垄沟栽培	2 705	4 302	4 858	11 865	

续表 3-53

区组	主处理	副处理			主区合计	区组总数(T_j)
		N_0	N_1	N_2		
Ⅳ	常规栽培	1 812	3 163	3 095	8 070	38 133
	覆草栽培	2 217	4 000	4 020	10 237	
	节水灌溉栽培	2 344	3 660	3 513	9 517	
	垄沟栽培	2 186	4 144	3 979	10 309	

由表 3-53 制成主处理和副处理双向表,如表 3-54 所示。

表 3-54 主处理和副处理双向表 kg/hm^2

副处理	主处理				副处理合计(T_l)
	常规栽培	覆草栽培	节水灌溉栽培	垄沟栽培	
N_0	7 812	8 179	9 361	10 862	36 214
N_1	11 230	15 924	13 906	18 425	59 485
N_2	11 272	16 891	14 081	17 078	59 322
主处理合计(T_m)	30 314	40 994	37 348	46 365	155 021

根据式(3.117)由表 3-53 及表 3-54 可得:

$$C=\frac{155\ 021^2}{4\times3\times4}=500\ 656\ 467.52$$

$$SS_T=(2\ 582^2+3\ 170^2+\cdots+3\ 979^2)-C=41\ 792\ 661.48$$

$$df_T=4\times3\times4-1=47$$

$$SS_R=\frac{1}{4\times3}(39\ 622^2+39\ 871^2+37\ 395^2+38\ 133^2)-C=352\ 802.40$$

$$df_R=4-1=3$$

$$SS_{主}=\frac{1}{3\times4}(30\ 314^2+40\ 994^2+37\ 348^2+46\ 365^2)-C=11\ 346\ 279.23$$

$$df_{主}=4-1=3$$

$$SS_{e1}=\frac{1}{3}(8\ 772^2+10\ 004^2+\cdots+10\ 309^2)-C-SS_R-SS_{主}=1\ 966\ 533.19$$

$$df_{e1}=(4-1)(4-1)=9$$

$$SS_{副}=\frac{1}{4\times4}(36\ 214^2+59\ 485^2+59\ 322^2)-C=22\ 407\ 201.54$$

$$df_{副}=3-1=2$$

$$SS_{主\times副}=\frac{1}{4}(7\ 812^2+11\ 230^2+\cdots+17\ 078^2)-C-SS_{主}-SS_{副}=2\ 683\ 900.96$$

$$df_{主\times副}=(4-1)(3-1)=6$$

$$SS_{e2}=SS_T-SS_R-SS_{主}-SS_{副}-SS_{主\times副}-SS_{e1}=3\ 035\ 944.17$$

$$df_{e2}=4(3-1)(4-1)=24$$

由以上计算结果,得方差分析于表 3-55。

由表 3-55 可见,栽培模式间、氮肥间的 F 值均达极显著,栽培模式×氮肥互作值达 5%

显著水平。

表 3 - 55　不同栽培模式及氮肥试验的方差分析

变因	df	SS	MS	F	$F_{0.05}$	$F_{0.01}$
主区部分						
区组间	3	352 802.40	117 600.80	0.54	3.86	6.99
栽培模式间	3	11 346 279.23	3 782 093.08	17.31**	3.86	6.99
误差 e_1	9	1 966 533.19	218 503.69			
副区部分						
氮肥间	2	22 407 201.54	11 203 600.77	88.57**	3.40	5.61
栽培模式×氮肥	6	2 683 900.96	447 316.83	3.54*	2.51	3.67
误差 e_2	24	3 035 944.17	126 497.67			
总变异	47					

不同栽培模式间的差异显著性检验用 SSR 法：

$$S_{\bar{x}}=\sqrt{\frac{S_e^2}{n}}=\sqrt{\frac{218\ 503.69}{3\times 4}}=134.94(\text{kg/hm}^2)$$

$\nu=df_{e1}=9$ 时不同 P 的 SSR_α 值及 LSR_α 值见表 3 - 56，氮肥的差异显著性检验列于表 3 - 57。

表 3 - 56　不同栽培模式间 LSR_α 值的计算

项目	$P=2$	$P=3$	$P=4$
$SSR_{0.05}$	3.20	3.34	3.41
$SSR_{0.01}$	4.60	4.86	4.99
$LSR_{0.05}$	431.81	450.70	460.15
$LSR_{0.01}$	620.72	655.81	673.35

表 3 - 57　不同栽培模式间的差异显著性(SSR 法检验)

处　理	平均产量 (kg/hm²)	差异显著性	
		$\alpha=0.05$	$\alpha=0.01$
垄沟栽培	3 864	a	A
覆草栽培	3 416	b	AB
节水灌溉栽培	3 112	b	BC
常规栽培	2 526	c	C

由表 3 - 57 可见，垄沟覆膜、覆草和节水灌溉对玉米的增产效果高于常规耕作，差异极显著。覆草和节水灌溉对玉米产量的影响差异不显著。

氮肥的差异显著性检验用 SSR 法：

$$S_{\bar{x}}=\sqrt{\frac{S_e^2}{n}}=\sqrt{\frac{126\ 497.67}{4\times 4}}=88.92(\text{kg/hm}^2)$$

$\nu=df_{e_2}=24$ 时不同 P 的 SSR_α 值及 LSR_α 值见表 3 - 58，氮肥的差异显著性检验列于表 3 - 59。

表 3-58 氮肥 LSR_α 值的计算

项目	$P=2$	$P=3$	项目	$P=2$	$P=3$
$SSR_{0.05}$	2.92	3.07	$LSR_{0.05}$	259.65	272.98
$SSR_{0.01}$	3.96	4.14	$LSR_{0.01}$	352.12	368.13

表 3-59 施氮量间的差异显著性(*SSR* 法检验)

处　理	平均产量(kg/hm^2)	差异显著性	
		$\alpha=0.05$	$\alpha=0.01$
N_2	3 718	a	A
N_1	3 708	a	A
N_0	2 263	b	B

由表 3-59 可见,N_2、N_1 对玉米的肥效高于 N_0,差异极显著。N_2、N_1 对玉米产量的影响差异不显著。

五、正交设计方差分析

正交设计是一种复因素试验的设计方法,借助于正交表进行试验处理的设计和试验结果的分析。利用正交表设计试验,如果保持因素主效应和互作效应、互作效应间均不混杂,则不能压缩试验的处理数,这样就是一个复因素试验的完全方案,采用随机区组排列时就是复因素随机区组试验。如果减少试验处理数,就必然要牺牲部分交互作用,也就是这部分交互作用与其他因素的主效或其他互作效应发生混杂,这样就构成一个复因素试验的不完全方案,采用随机区组排列时就是复因素不完全方案的随机区组试验。正交设计一般常用于后一种试验的设计,也就是常用于复因素试验不完全方案的设计。正交试验方差分析的数学模型,如为完全方案即全面实施时,其模型与复因素随机区组试验的模型完全相同;如为部分实施即不完全方案时,其模型也基本上同于复因素随机区组试验的模型,只是在处理效应分解时将被混杂了的互作效应除去。因此,正交试验的方差分析,基本上与复因素随机区组试验相同。

例 3.3.13 有一小麦 N、P、K 肥试验,N 分 N_0、N_1、N_2、N_3 四个水平,P 和 K 均分为施与不施两个水平,采用正交表为 $L_8(4\times2^4)$ 的正交设计,小区面积 20 m^2,重复三次,随机区组排列,试验结果见表 3-60。试作分析。

表 3-60 小麦 N、P、K 肥试验结果[$L_8(4\times2^4)$设计]

处理号	因素与列号			产量(kg/hm^2)		
	1(N)	2(P)	5(K)	Ⅰ	Ⅱ	Ⅲ
1	1(N_0)	1(P_0)	1(K_0)	3 603	3 753	3 403
2	1(N_0)	2(P_1)	2(K_1)	4 353	4 203	3 853
3	2(N_1)	1(P_0)	2(K_1)	4 603	4 453	4 603
4	2(N_1)	2(P_1)	1(K_0)	4 753	4 803	5 153
5	3(N_2)	1(P_0)	2(K_1)	5 003	5 053	5 303
6	3(N_2)	2(P_1)	1(K_0)	5 503	5 353	5 453
7	4(N_3)	1(P_0)	1(K_0)	5 553	5 653	5 703
8	4(N_3)	2(P_1)	2(K_1)	5 853	6 003	6 103

正交表实质上是一个均衡分组表，方差分析时，各因素主效应与互作效应的平方和，均可通过正交表进行计算。首先写出正交表、试验的表头设计及各处理的产量；其次求出各处理总产量 T_i、各区组总数 T_j，将各列相同水平所对应的 T_i 相加求出其总数 T_1、T_2、T_3、T_4 等；最后计算各变因平方和并作方差分析（表 3 - 61）。

表 3 - 61　小麦 N、P、K 肥试验方差分析计算表

处理号	表头设计					产量（kg/hm²）			处理合计
	1(N)	2(P)	3	4	5(K)	Ⅰ	Ⅱ	Ⅲ	
1	1	1	1	1	1	3 603	3 753	3 403	10 759
2	1	2	2	2	2	4 353	4 203	3 853	12 409
3	2	1	1	2	2	4 603	4 453	4 603	13 659
4	2	2	2	1	1	4 753	4 803	5 153	14 709
5	3	1	2	1	2	5 003	5 053	5 303	15 359
6	3	2	1	2	1	5 503	5 353	5 453	16 309
7	4	1	2	2	1	5 553	5 653	5 703	16 909
8	4	2	1	1	2	5 853	6 003	6 103	17 959
T_1	23 168	56 686	58 686	58 786	58 686	39 224	39 274	39 574	T=118 072
T_2	28 368	61 386	59 386	59 286	59 386			(T_j)	
T_3	31 668								
T_4	34 868								

$$C = \frac{T^2}{kn} = \frac{118\ 072^2}{8 \times 3} = 580\ 874\ 883$$

$$SS_T = (3\ 603^2 + 4\ 353^2 + \cdots + 6\ 103^2) - C = 13\ 863\ 333$$

$$df_T = kn - 1 = 8 \times 3 - 1 = 23$$

$$SS_t = \frac{1}{3}(10\ 759^2 + 12\ 409^2 + \cdots + 17\ 959^2) - C = 13\ 453\ 333$$

$$df_t = k - 1 = 8 - 1 = 7$$

$$SS_R = \frac{1}{8}(39\ 224^2 + 39\ 274^2 + 39\ 574^2) - C = 8\ 958.333$$

$$df_R = n - 1 = 3 - 1 = 2$$

$$SS_{e2} = SS_T - SS_t - SS_R = 401\ 041.67$$

$$df_{e2} = (k-1)(n-1) = (8-1)(3-1) = 14$$

$$SS_N = \frac{1}{6}(23\ 168^2 + 28\ 368^2 + 31\ 668^2 + 34\ 868^2) - C = 12\ 481\ 667$$

$$df_N = 4 - 1 = 3$$

$$SS_P = \frac{1}{12}(56\ 686^2 + 61\ 386^2) - C = 920\ 416.67$$

$$df_P = 2 - 1 = 1$$

$$SS_K = \frac{1}{12}(58\ 686^2 + 59\ 386^2) - C = 20\ 416.667$$

$$df_K = 2 - 1 = 1$$

$$SS_{空3} = \frac{1}{12}(58\,686^2 + 59\,386^2) - C = 20\,416.667$$

$$df_{空3} = 2 - 1 = 1$$

$$SS_{空4} = \frac{1}{12}(58\,786^2 + 59\,286^2) - C = 10\,416.667$$

$$df_{空4} = 2 - 1 = 1$$

本试验为不完全方案,交互作用已被混杂,空列不能估计互作效应,所以,空列3和空列4所计算出的$SS_{空3}$和$SS_{空4}$,除含有试验误差外,还含有交互作用被混杂的效应,通常将其称为第一类误差,用e_1表示(在无重复情况下,e_1也常作为检验其他效应的误差,但必须是交互作用不存在时才为可靠;如空列有几个,则以SS最小者为e_1)。由SS_T减去SS_t和SS_R求出的SS_{e2},是真正的试验误差,通常将其称为第二类误差,用e_2表示。如果

$$F = \frac{S_{e1}^2}{S_{e2}^2}$$

不显著,可将第一类误差e_1的平方和、自由度与第二类误差e_2的平方和、自由度合并,以此合并误差e作为全试验误差的估计值,这样一般能提高试验的精度。反之,如果上述F检验显著,则e_1和e_2不能合并,只能用e_2作为检验其他效应显著性的误差。在上述F检验中,如果空列有几个,则应从SS最小的列开始,逐列检验,逐列合并。本例有两个空列,应先从SS最小的第4列开始,即

$$F_{空4} = \frac{SS_{空4}/df_{空4}}{SS_{e2}/df_{e2}} = \frac{10\,416.667}{401\,041.67/14} = 0.001\,855 < 1$$

不显著,可将其与e_2合并,得:

$$SS_e = SS_{e2} + SS_{空4} = 401\,041.67 + 10\,416.667 = 411\,458.337$$

$$df_e = df_{e2} + df_{空4} = 14 + 1 = 15$$

再对空列3作F检验,得

$$F_{空3} = \frac{SS_{空3}/df_{空3}}{SS_e/df_e} = \frac{20\,416.667}{411\,458.337/15} = 0.003\,3 < 1$$

不显著,可将其合并于e,则

$$SS_e = 411\,458.337 + 20\,416.667 = 431\,875.004$$

$$df_e = 15 + 1 = 16$$

于是得方差分析于表3-62。

表3-62　小麦N、P、K肥试验的方差分析

变因	df	SS	MS	F	$F_{0.05}$	$F_{0.01}$
区组	2	8 958.333	4 479.17	0.17		
N	3	12 481 667	4 160 556	154.14**	3.24	5.29
P	1	920 416.7	920 416.70	34.10**	4.49	8.58
K	1	20 416.67	20 416.67	0.76	4.49	8.58
误差	16	431 875	26 992.19			
总变异	23	13 863 333				

F检验结果,N和P均为极显著,K不显著。由于P的自由度为1,故由F检验结果推断:

$$d_{P_1-P_0}=\frac{61\,386-56\,686}{12}=391.667(\text{kg/hm}^2)$$

差数 $d_{P_1-P_0}$ 为极显著，说明施 P 比不施 P 平均增产 391.667 kg/hm²。N 有 4 个水平，用 *PLSD* 法作多重比较如下：

$$S_{\bar{x}_i-\bar{x}_j}=\sqrt{\frac{2S_e^2}{n}}=\sqrt{\frac{2\times 26\,992.19}{6}}=94.855(\text{kg/hm}^2)$$

当 $df_e=16$ 时，$t_{0.05}=2.12$，$t_{0.01}=2.92$，所以

$$PLSD_{0.05}=t_{0.05}\times S_{\bar{x}_i-\bar{x}_j}=201.092(\text{kg/hm}^2)$$
$$PLSD_{0.01}=t_{0.01}\times S_{\bar{x}_i-\bar{x}_j}=276.976(\text{kg/hm}^2)$$

多重比较结果列于表 3 - 63。

表 3 - 63　不同氮肥用量间产量的差异显著性(*PLSD* 法)

N 用量	平均产量($\bar{x}_i$,kg/hm²)	差异显著性	
		$\alpha=0.05$	$\alpha=0.01$
N_3	5 811	a	A
N_2	5 278	b	B
N_1	4 728	c	C
N_0	3 861	d	D

由表 3 - 63 可见，N 不同用量间产量的差异均极显著，而以 N_3 产量为最高。综合以上结果，以 N_3 与 P 配合最好。

第四节　回 归 分 析

自然界或生产实践中，变量之间往往互相影响，共同作用，彼此间存在一定的数量关系。对这种关系的明确，在生产实践和科学试验中有着十分重要的意义。例如不同供水量与玉米单株产量的关系，玉米株高与单株产量的关系，小麦产量与氮肥用量、磷肥用量、钾肥用量之间的数量关系等，这些关系的明确对提高玉米、小麦等作物产量有着重要的意义。本章将介绍变量间的数量关系研究方法，这就是回归分析。

一、回归分析的概念

(一)变量之间的关系

在研究自然现象或生产过程时，常常会遇到各种不同的变量，它们因时间、地点、条件等变化，而取不同的数值。例如，作物产量、雨量、气温、土壤养分等等，在不同的时间、不同的场合下其数量都有变化。相互联系的事物必然具有内在的规律在发生作用，每一事物的运动都和其周围相互联系的其他事物相互影响、相互作用，因而变量的数值表现也必然反映着这种互相联系和互相影响的关系。人们通过长期实践发现变量之间的关系有以下两种类型。

(1)函数关系　在同一个现象或过程中的两个变量，它们相互联系并遵循一定规律在变化。当其中一个变量(自变量)在其变化范围内取定某一数值时，另一个变量(因变量)按照一定法则总有确定的数值和它对应。这种关系称函数关系，亦称确定性关系。例如，圆的面积 A 与它的半径 r 之间的关系为 $A=\pi\cdot r^2$，当半径 r 在区间 $(0,\infty)$ 内任意取定一个数值时，就可

根据上式确定圆面积 A 的相应数值。函数关系常见于物理、化学等学科中，而在生物学中极为少见。

(2)相关关系　在同一自然现象或技术过程中的两个变量，它们相互联系并遵循一定规律变化。当其中的自变量在其变化范围内取定某一数值时，因变量虽然没有一个确定的数值与之对应，却有一个因变量的特定条件概率分布与之对应。也就是在一次抽样中，因变量出现的数值具有偶然性；在多次抽样中，因变量出现的数值便具有一定的规律性，即服从一定的概率分布，这种关系称为相关关系。例如，施肥量与作物产量的关系，在一定限度内随着施肥量的增加作物产量也相应提高，但却不能根据施肥量计算出一个完全确定的作物产量，而只能估计出一个作物产量的范围。在生物学研究中，相关关系是普遍存在的。由于相关关系的规律是概率性的，所以，相关关系资料必须用适当的统计方法处理后，才能使其规律呈现出来。

函数关系和相关关系是可以相互转化的。由于误差不可避免的存在，函数关系在实际工作中往往通过相关关系表现出来。当对事物的关系了解得非常深刻的时候，相关关系又可转化为函数关系。在科学史上很多反映自然规律的公式就是这样逐步形成的。

(二)回归分析的数学概念

回归分析就是处理相关关系中变量与变量间数量关系的一种数学方法。在相关关系中，自变量 x 与因变量 y 的关系虽具有不确定性，即当 x 为一确定值时与之对应的 y 不是一个完全确定的值，而是多个乃至无穷多个 y 值，但是这些 y 值却是一个具有一定概率分布的总体，这个总体的平均数是一个确定的值，称为 y 的条件平均数，用 $\mu_{y.x}$ 表示。这就是说 x 与 y 的条件平均数 $\mu_{y.x}$ 呈现函数关系，这种函数关系称 y 依 x 而回归，不称 y 是 x 的函数，以示区别。以方程形式表达时为：

$$\mu_{y.x} = f(x) \tag{3.118}$$

式中 $\mu_{y.x}$ 为 y 的条件平均数，亦称回归值。式(3.118)称 y 对 x 的回归方程，用样本估计时为：

$$\hat{y} = f(x) \tag{3.119}$$

式中 $\hat{y}$ 为 $\mu_{y.x}$ 的估计值。回归分析实质上就是通过对大量测定数据的统计分析，建立一个能反映具有相关关系变量间关系的回归方程。

在回归分析中需要明确自变量和因变量。当两个变量具有原因和结果的关系时，原因变量即为自变量，反应变量则为因变量。当两个变量不是原因和结果的关系，而是平行关系时，则哪一个作为自变量都可以，可根据研究目的而定。只有一个自变量的回归问题称一元回归，有两个或两个以上自变量的回归问题称多元回归。回归又以自变量和因变量间联系特征的不同而分为线性回归与非线性回归两种。回归分析在生产和科研中有着广泛的应用。例如：求经验公式，找出产量或质量与生产条件的关系，确定最佳生产条件，预报气象与病虫害等等，都要用到回归分析。

二、线 性 回 归

(一)一元线性回归

1. 直线回归的数学模型

直线回归就是一元线性回归，它处理的是一个自变量与因变量之间的线性关系。根据式(3.118)直线回归的数学模型为：

$$\mu_{y.x} = \beta_0 + \beta x \tag{3.120}$$

在抽样研究中，由于误差的存在，因变量 y 的观察值 y_α 与其条件平均数 $\mu_{y.x}$ 总有一定差异，即 $\mu_{y.x}=y_\alpha+\varepsilon_\alpha$。因此，直线回归的数学模型通常可以写成

$$y_\alpha=\beta_0+\beta x_\alpha+\varepsilon_\alpha \qquad (\alpha=1,2,\cdots,n) \tag{3.121}$$

式中：n 为观察值 y_α 的个数，ε_α 为试验误差，它们相互独立，且服从同一正态分布 $N(0,\sigma^2)$；自变量 x 可以是随机变量，也可以是一般变量，我们仅讨论它是一般变量的情况，即它是可以精确测量和能控制的变量；因变量 y 一定是随机变量，并且服从正态分布 $N(\beta_0+\beta x_\alpha,\sigma^2)$。当由样本估计时，相应的回归方程为

$$\hat{y}=b_0+bx \tag{3.122}$$

式中 b_0、b 称回归系数。

2. 回归系数 b_0、b 的确定

确定回归系数 b_0、b 的方法有多种，其中以最小二乘法比较精确而且应用普遍，因此，以下仅介绍用最小二乘法确定回归系数。

对于试验的每一个 x_α 由方程(3.122)可以确定一个回归值 $\hat{y}_\alpha=b_0+bx_\alpha$。要使回归方程(3.122)能更好地反映 x 和 y 的数量关系，应使观察值 y_α 与回归值 $\hat{y}_\alpha$ 的偏差尽可能小。最小二乘法就是在观察值 y_α 与回归值 $\hat{y}_\alpha$ 的偏差平方和 $\sum_{\alpha=1}^{n}(y_\alpha-\hat{y}_\alpha)^2$ 为最小的前提下来确定 b_0 和 b，即

$$Q(b_0,b)=\sum_{\alpha=1}^{n}(y_\alpha-\hat{y}_\alpha)^2=\sum_{\alpha=1}^{n}(y_\alpha-b_0-bx_\alpha)^2=\text{最小}$$

时求解 b_0 和 b。由于 $Q(b_0,b)$ 是 b_0 和 b 的二次函数，又是非负的，所以它的最小值总是存在的，因此 b_0 和 b 就是下列方程组的解：

$$\begin{cases}\dfrac{\partial Q}{\partial b_0}=-2\sum\limits_\alpha(y_\alpha-b_0-bx_\alpha)=0\\[2ex]\dfrac{\partial Q}{\partial b}=-2\sum\limits_\alpha(y_\alpha-b_0-bx_\alpha)x_\alpha=0\end{cases} \tag{3.123}$$

式中 $\sum\limits_\alpha$ 为 $\sum\limits_{\alpha=1}^{n}$ 的缩写。方程组(3.123)称为正规方程组，它还可以写成如下形式：

$$\begin{cases}nb_0+(\sum\limits_\alpha x_\alpha)b=\sum\limits_\alpha y_\alpha\\[2ex](\sum\limits_\alpha x_\alpha)b_0+(\sum\limits_\alpha x_\alpha^2)b=\sum\limits_\alpha x_\alpha y_\alpha\end{cases} \tag{3.124}$$

解正规方程组(3.124)得：

$$\begin{cases}b_0=\bar{y}-b\bar{x}\\[2ex]b=\dfrac{\sum\limits_\alpha x_\alpha y_\alpha-\dfrac{1}{n}(\sum\limits_\alpha x_\alpha)(\sum\limits_\alpha y_\alpha)}{\sum\limits_\alpha x_\alpha^2-\dfrac{1}{n}(\sum\limits_\alpha x_\alpha)^2}=\dfrac{\sum\limits_\alpha(x_\alpha-\bar{x})(y_\alpha-\bar{y})}{\sum\limits_\alpha(x_\alpha-\bar{x})^2}=\dfrac{l_{xy}}{l_{xx}}\end{cases} \tag{3.125}$$

式中：$\bar{x}=\dfrac{1}{n}\sum\limits_\alpha x_\alpha$；$\bar{y}=\dfrac{1}{n}\sum\limits_\alpha y_\alpha$；$\sum\limits_\alpha(x_\alpha-\bar{x})(y_\alpha-\bar{y})$ 为 x 的离均差与 y 的离均差乘积之和，简称 xy 乘积和，它决定着 b 的符号，因为分母 $\sum\limits_\alpha(x_\alpha-\bar{x})^2$ 不可能有负值。当 $b>0$ 时，表示 y 随 x 的增加而增加，呈正相关；当 $b<0$ 时，表示 y 随 x 的增加而减少，呈负相关。由 $b_0=\bar{y}-$

$b\bar{x}$，可得 $\bar{y}=b_0+b\bar{x}$，说明回归直线通过点$(\bar{x},\bar{y})$，这一点对回归直线作图是有帮助的。

例 3.4.1　为了探讨土壤速效磷含量与小麦产量的关系，在马江乡墡土上选择了 20 个地块种植小麦，品种为小偃 6 号，施 N 90 kg/hm²，播前采取土样，用 Olsen 法测定土壤速效磷含量，试验结果见表 3-64，试作回归分析。

表 3-64　土壤速效磷含量与小麦产量

地块号	速效磷(μg/g)	小麦产量(t/hm²)	地块号	速效磷(μg/g)	小麦产量(t/hm²)
1	25.3	5.340	11	14.7	4.095
2	5.3	3.905	12	14.3	4.434
3	9.6	4.100	13	13.3	3.479
4	12.0	3.767	14	11.4	3.098
5	4.4	2.153	15	7.2	4.053
6	12.3	4.367	16	16.2	4.785
7	11.4	4.508	17	6.4	3.765
8	17.0	4.269	18	27.0	5.853
9	7.5	4.418	19	7.8	3.647
10	3.5	1.956	20	10.1	4.166

为了对表 3-64 资料作回归分析，先以土壤速效磷含量为自变量 x，小麦产量为因变量 y，在坐标纸上作图(图 3-11)，该图称散点图。根据散点图可以对 x 和 y 的关系作初步判断，从图 3-11 可以看出，小麦产量是随着土壤速效磷含量的增加而增加，它们之间大致成直线趋势，这就是说 x 和 y 的关系可以基本上看作是线性关系，可按直线配置回归方程。至于这个初步判断是否正确，需要在回归方程配置好并通过显著性检验后才能决定。

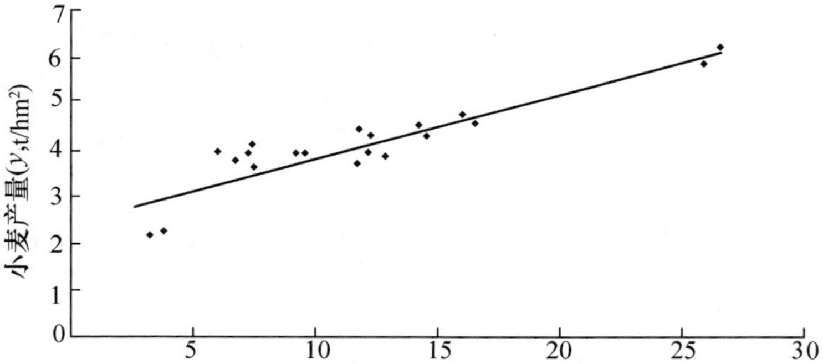

图 3-11　土壤速效磷含量与小麦产量散点图

现在按照线性关系对表 3-64 资料配置回归方程。由式(3.125)求回归系数的计算中，通常是列表先计算出基础数据后再代入公式求回归系数。在计算平方和与乘积和时，为了计算方便，如果原始数据较大，可减去一个 a 后再计算，其结果是一样的。本例可将 x 减去 11，y 减去 4.005 后再计算基础数据(表 3-65)。

表 3-65　表 3-64 资料回归分析基础数据的计算

编号	x' ($x-11$)	y' ($y-4.005$)	x'^2	y'^2	$x'y'$
1	14.3	1.335	204.49	1.782 2	19.090 5
2	−5.7	−0.1	32.49	0.01	0.57
3	−1.4	0.095	1.96	0.009	−0.133
4	1.0	−0.238	1.00	0.056 6	−0.238
5	−6.6	−1.852	43.56	3.429 9	12.223 2
6	1.3	0.362	1.69	0.131	0.470 6
7	0.4	0.503	0.16	0.253	0.201 2
8	6.0	0.264	36.00	0.069 7	1.584
9	−3.5	0.413	12.25	0.170 6	−1.445 5
10	−7.5	−2.049	56.25	4.198 4	15.367 5
11	3.7	0.09	13.69	0.008 1	0.333
12	3.3	0.429	10.89	0.184 0	1.415 7
13	2.3	−0.526	5.29	0.276 7	−1.209 8
14	0.4	−0.907	0.16	0.822 6	−0.362 8
15	−3.8	0.048	14.44	0.002 3	−0.182 4
16	5.2	0.78	27.04	0.608 4	4.056
17	−4.6	−0.24	21.16	0.057 6	1.104
18	16.0	1.848	256.00	3.415 1	29.568
19	−3.2	−0.358	10.24	0.128 2	1.145 6
20	−0.9	0.161	0.81	0.025 9	−0.144 9
$\sum_{1}^{20}$	16.7	0.058	749.57	15.639 3	83.412 9
平均	0.835	0.002 9			

将表 3-65 计算的结果代入式(3.125)得：

$$b=\frac{83.4129-\frac{1}{20}\times16.7\times0.058}{749.57-\frac{1}{20}\times16.7^2}=\frac{83.3645}{735.6255}=0.1133$$

因为在计算基础数据时，$x'=x-11$，$y'=y-4.005$，所以

$$\bar{x}=\bar{x}'+11=0.835+11=11.835\qquad \bar{y}=\bar{y}'+4.005=0.0029+4.005=4.0079$$

故

$$b_0=4.0079-0.1133\times11.835=2.667$$

得回归方程为：

$$\hat{y}=2.667+0.1133x$$

表 3-65 中 y'^2 项在计算回归系数时并不需要，但在进一步分析时就要用到，因此也顺便计算出来。

3. 直线回归方程的显著性检验

直线回归方程配置好以后，并不能说明它就符合因变量 y 与自变量 x 之间的客观规律，更不能说明用它来根据 x 的取值预报 y 值的效果。因此，需要对 y 与 x 之间线性关系的密切

程度进行统计检验,也就是对所配置的回归方程进行显著性检验。以下仅介绍用方差分析对回归方程的显著性检验。

回归方程的方差分析,也是将总变异按变因分解,计算出各变因的平方和与自由度以后进行 F 检验。

(1)总平方和的分解　在回归方程的方差分析中,因变量的观察值 $y_1, y_2, \cdots, y_n$ 之间的波动就形成了总变异,因此,总平方和为 y 的平方和,即 $\sum_\alpha (y_\alpha - \bar{y})^2$,可作如下分解:

$$SS_T = l_{yy} = \sum_\alpha (y_\alpha - \bar{y})^2 = \sum_\alpha [(y_\alpha - \hat{y}_\alpha) + (\hat{y}_\alpha - \bar{y})]^2$$

$$= \sum_\alpha (y_\alpha - \hat{y}_\alpha)^2 + \sum_\alpha (\hat{y}_\alpha - \bar{y})^2 + 2\sum_\alpha (y_\alpha - \hat{y}_\alpha)(\hat{y}_\alpha - \bar{y})$$

因为

$$\sum_\alpha (y_\alpha - \hat{y}_\alpha)(\hat{y}_\alpha - \bar{y}) = \sum_\alpha (y_\alpha - \hat{y}_\alpha)(b_0 + bx_\alpha - \bar{y})$$

$$= (b_0 - \bar{y})\sum_\alpha (y_\alpha - \hat{y}_\alpha) + b\sum_\alpha (y_\alpha - \hat{y}_\alpha)x_\alpha = 0$$

所以

$$\underset{l_{yy}}{\sum_\alpha (y_\alpha - \bar{y})^2} = \underset{u}{\sum_\alpha (\hat{y}_\alpha - \bar{y})^2} + \underset{Q}{\sum_\alpha (\bar{y}_\alpha - \hat{y}_\alpha)^2} \tag{3.126}$$

式中 $\sum_\alpha (\hat{y}_\alpha - \bar{y})^2$ 称为回归平方和,记作 u,它是由自变量 x 的变化而引起的,它的大小反映了 x 对 y 制约的程度,即 y 与 x 之间线性相关关系的密切程度。$\sum_\alpha (y_\alpha - \hat{y}_\alpha)^2$ 称剩余平方和,它是由试验误差及其他未加控制的因素引起的,它就是用最小二乘法确定回归系数时的 Q 值。

为了计算方便,在计算回归平方和 u 及剩余平方和 Q 时,通常作如下变形:

$$u = \sum_\alpha (\hat{y}_\alpha - \bar{y})^2 = \sum_\alpha (b_0 + bx_\alpha - b_0 - b\bar{x})^2$$

$$= b^2\sum_\alpha (x_\alpha - \bar{x})^2 = b\sum_\alpha (x_\alpha - \bar{x})(y_\alpha - \bar{y}) = b \cdot l_{xy} \tag{3.127}$$

$$Q = \sum_\alpha (y_\alpha - \bar{y})^2 - \sum_\alpha (\hat{y}_\alpha - \bar{y})^2 = l_{yy} - u \tag{3.128}$$

(2)自由度的确定　在回归方程的方差分析中,总平方和为 y 的平方和,故总自由度应为 y 的自由度,即 $df_T = n-1$,n 为观察值 y_α 的个数。设 k 为包括 b_0 在内回归系数的个数,总自由度 df_T 可作如下分解:

$$df_T = n - 1 = n - 1 + k - 1 - k + 1 = (k-1) + (n-k) \tag{3.129}$$

式中 $k-1$ 为回归自由度,记作 df_u,$(n-k)$ 为剩余自由度,记作 df_Q,故

$$df_T = df_u + df_Q \tag{3.130}$$

在直线回归方程中,$k=2$,故 $df_u = 2-1 = 1$,则 $df_Q = n-2$。

(3)F 检验　直线回归方程的显著性检验,就是检验 y 与 x 之间是否有线性相关关系,实质上就是要检验回归系数 β 是否为零。因此,无效假设为 $H_0: \beta = 0$,即 y 与 x 无线性相关关系;对应假设为 $H_A: \beta \neq 0$,即 y 与 x 有线性相关关系;检验所用统计量 F 为:

$$F=\frac{S_u^2}{S_Q^2}=\frac{u}{Q/(n-2)}$$

现在对例 3.4.1 所配置的回归方程作方差分析。根据表 3-65,可算得

$$l_{yy}=15.6393-\frac{0.058^2}{20}=15.6391$$

$$df_T=20-1=19$$

$$u=bl_{xy}=0.1133\times 83.3645=9.4452$$

$$df_u=1$$

$$Q=l_{yy}-u=6.1939$$

$$df_Q=20-2=18$$

于是得方差分析于表 3-66。

表 3-66　表 3-64 资料的方差分析表

变因	df	SS	MS	F	$F_{0.05}$	$F_{0.01}$
回归	1	9.4452	9.4452	27.45**	4.41	8.28
剩余	18	6.1939	0.3441			
总变异	19	15.6391				

F 检验结果表明,所建立的回归直线方程是极显著的,即小麦产量 y 与土壤速效磷含量 x 之间有极显著的直线相关,其可信度为 99%以上。

4. 具有重复观察值的直线回归分析

以上所谈,是在观察值 y_α 无重复的情况下建立回归方程和进行显著性检验。观察值 y_α 无重复往往会带来两个问题:其一,由于生物试验的干扰因素多,不可控制的因素多,加之供试材料多为不均质的,观察值 y_α 无重复时其代表性就会受到限制;其二,用剩余平方和去检验回归平方和所作出的“回归方程显著”的判断,只是表明相对于剩余来说,x 对 y 的线性影响是主要的。如果剩余中存在一个或几个不可忽视的其他因素,这时 x 对 y 的影响就不一定完全是线性的,也就是说回归方程不一定拟合得很好。为了解决以上问题,需要做一些重复试验,特别是生物试验,重复是很重要的。重复试验可以在部分试验点(处理)上进行,也可以在全部试验点上进行。为了简单起见,我们仅介绍在全部试验点上进行重复的情况。

设对全部 n 个试验点进行 m 个重复试验,共可获得 nm 个观察值。在有重复试验情况下的直线回归的数学模型为:

$$y_{\alpha i}=\beta_0+\beta x_\alpha+\varepsilon_{\alpha i}\quad(\alpha=1,2,\cdots,n;i=1,2,\cdots,m)\tag{3.131}$$

用样本估计时,相应的回归方程同于式(3.122),用最小二乘法确定回归系数 b_0、b 的公式为:

$$\begin{cases}b_0=\bar{y}-b\bar{x}\\ b=\dfrac{\sum\limits_\alpha x_\alpha\bar{y}_\alpha-\dfrac{1}{n}\left(\sum\limits_\alpha\bar{y}_\alpha\right)\left(\sum\limits_\alpha x_\alpha\right)}{\sum\limits_\alpha x_\alpha^2-\dfrac{1}{n}\left(\sum\limits_\alpha x_\alpha\right)^2}\end{cases}\tag{3.132}$$

式中 $\bar{x}=\frac{1}{n}\sum\limits_\alpha x_\alpha$,$\bar{y}=\frac{1}{nm}\sum\limits_\alpha\sum\limits_i y_{\alpha i}$,$\bar{y}_\alpha=\frac{1}{m}\sum\limits_i y_{\alpha i}$。在回归方程显著性检验中,各变因平方

和及自由度的算式为：

$$\begin{cases} SS_T = l_{yy} = \sum_{\alpha}\sum_{i}(y_{\alpha i}-\bar{y})^2 = \sum_{\alpha}\sum_{i}y_{\alpha i}^2 - \frac{1}{nm}(\sum_{\alpha}\sum_{i}y_{\alpha i})^2 \\ df_T = nm-1 \\ u = m\sum_{\alpha}(\hat{y}_{\alpha}-\bar{y})^2 = mb^2\sum_{\alpha}(x_{\alpha}-\bar{x})^2 = mb\sum_{\alpha}(x_{\alpha}-\bar{x})(\bar{y}_{\alpha}-\bar{y}) \\ df_u = 1 \\ Q = \sum_{\alpha}\sum_{i}(y_{\alpha i}-\hat{y})^2 = l_{yy}-u \\ df_Q = nm-2 \end{cases} \quad (3.133)$$

剩余平方和 Q 反映试验误差与其他未加控制的因素的影响。在试验有重复的情况下，可以求出试验误差平方和 SS_e，因而也就可以求出未加控制的因素的平方和，这部分平方和称失拟平方和，记作 SS_{Lf}。

$$\begin{cases} SS_e = \sum_{\alpha}\sum_{i}(y_{\alpha i}-\bar{y}_{\alpha})^2 = l_{yy} - m\sum_{\alpha}(\bar{y}_{\alpha}-\bar{y}) = l_{yy} - \left(\frac{1}{m}\sum_{\alpha}T_{\alpha}^2 - \frac{1}{nm}T^2\right) \\ df_e = n(m-1) \\ SS_{Lf} = Q - SS_e = m\sum_{\alpha}(\bar{y}_{\alpha}-\hat{y}_{\alpha})^2 = m\left[\sum_{\alpha}(\bar{y}_{\alpha}-\bar{y})^2 - b\sum_{\alpha}(x_{\alpha}-\bar{x})(y_{\alpha}-\bar{y})\right] \\ df_{Lf} = nm-2-n(m-1) = n-2 \end{cases}$$

(3.134)

式中 $T_{\alpha} = \sum_{i}y_{\alpha i}$，$T = \sum_{\alpha}T_{\alpha}$。$F$ 检验时，分以下几种情况：

$$F_1 = \frac{S_{Lf}^2}{S_e^2} = \frac{SS_{Lf}/df_{Lf}}{SS_e/df_e}$$

如果 F_1 显著，说明失拟平方和 SS_{Lf} 中除含有试验误差外，尚含有其他因素的影响，需进一步查明原因，再作研究；如果 F_1 不显著，说明失拟平方和基本上是由试验误差引起的，这时可将 SS_{Lf} 与 SS_e 合并起来检验回归平方和：

$$F_2 = \frac{u/df_u}{(SS_{Lf}+SS_e)/(df_{Lf}+df_e)} = \frac{u/df_u}{Q/df_Q}$$

如果 F_2 显著，说明回归方程显著，并且拟合得很好。

如果 F_1 显著，就是用 SS_e 对 u 作 F_2 检验显著，也只能说明所建立的回归方程有一定作用，但拟合得不好。最好还是查明原因，或者改变数学模型，作进一步研究。

例 3.4.2 测定7种种植密度(x)下玉米的千粒重各两次，结果列于表3-67，试作直线回归分析。

由表3-67可计算得：

$$\sum_{\alpha}x_{\alpha} = 43.5, \bar{x} = 6.2143, \sum_{\alpha}\bar{y}_{\alpha} = 1641, \bar{y} = 234.43$$

$$\sum_{\alpha}x_{\alpha}^2 = 348.75, \sum_{\alpha}\bar{y}_{\alpha}^2 = 386623, \sum_{\alpha}x_{\alpha}\bar{y}_{\alpha} = 9813$$

$$\frac{1}{n}\left(\sum_{\alpha}x_{\alpha}\right)^2 = 270.3214, \frac{1}{n}\left(\sum_{\alpha}\bar{y}_{\alpha}\right)^2 = 384697.2857$$

$$\frac{1}{n}\left(\sum_{\alpha} x_{\alpha}\right)\left(\sum_{\alpha} \bar{y}_{\alpha}\right)=10\ 197.642\ 9$$

表 3-67　玉米种植密度与千粒重

α	x_α(万株/hm^2)	$y_{\alpha 1}$(g)	$y_{\alpha 2}$(g)	$\bar{y}_\alpha$(g)
1	1.5	253	257	255
2	3.0	249	253	251
3	4.5	245	243	244
4	6.0	242	238	240
5	7.5	229	221	225
6	9.0	216	224	220
7	12.0	203	209	206

故由式(3.132)得：

$$b=\frac{9\ 813-10\ 197.642\ 9}{348.75-270.321\ 4}=\frac{-384.642\ 9}{78.428\ 6}=-4.904\ 4$$

$$b_0=234.43-(-4.904\ 4)\times 6.214\ 3=264.91$$

即有回归方程：

$$\hat{y}=264.91-4.904\ 4x$$

为了对所配置的回归方程进行显著性检验，根据式(3.133)及式(3.134)由表 3-67 算得：

$$SS_T=\sum_{\alpha}\sum_{i}y_{\alpha i}^2-\frac{1}{nm}\left(\sum_{\alpha}\sum_{i}y_{\alpha i}\right)^2$$

$$=(253^2+249^2+\cdots+209^2)-\frac{1}{14}\times 3\ 282^2=3\ 959.43$$

$$df_T=nm-1=14-1=13$$

$$u=mb\sum_{\alpha}(x_\alpha-\bar{x})(\bar{y}_\alpha-\bar{y})=2\times(-4.904\ 4)\times(-384.642\ 9)=3\ 772.89$$

$$df_u=1$$

$$Q=l_{yy}-u=3\ 959.43-3\ 772.89=186.54$$

$$df_Q=nm-2=14-2=12$$

$$SS_e=l_{yy}-\left(\frac{1}{m}\sum_{\alpha}T_\alpha^2-\frac{T^2}{nm}\right)=l_{yy}+\frac{T^2}{nm}-\frac{1}{m}\sum_{\alpha}T_\alpha^2$$

$$=3\ 959.43+\frac{3\ 282^2}{14}-\frac{(253+257)^2+(249+253)^2+\cdots+(203+209)^2}{2}$$

$$=108.00$$

$$df_e=n(m-1)=7\times 1=7$$

$$SS_{Lf}=Q-SS_e=186.54-108.00=78.54$$

$$df_{Lf}=n-2=7-2=5$$

对以上计算结果先进行 F_1 检验，得：

$$F_1=\frac{S_{Lf}^2}{S_e^2}=\frac{78.54/5}{108.00/7}=1.02<F_{0.05(5,7)}=3.97$$

F_1 不显著，说明失拟平方和基本上是试验误差引起的，可将 SS_{Lf} 与 SS_e 合并为剩余平方和 Q，对回归平方和进行 F_2 检验，得：

$$F_2 = \frac{S_u^2}{S_Q^2} = \frac{3\,772.89}{186.54/12} = 242.71 > F_{0.01(1,12)} = 9.33$$

F_2 极显著，说明所配置的直线回归方程拟合得很好。

5. 根据直线回归方程对 y 进行区间估计

建立回归方程的目的之一是为了通过自变量 x 来预测因变量 y。所谓预测因变量 y，就是对 y 的条件平均数 $\mu_{y.x}$ 和 y 的个体值进行区间估计。当回归方程通过检验为显著并拟合得很好时，就可利用它进行 y 的区间估计。当 x 为某一个定值 x_0 时，由回归方程可得回归值：

$$\hat{y}_0 = b_0 + bx_0$$

对 y 的条件平均数 $\mu_{y.x}$ 进行区间估计的估测标准误差 $S_{\hat{y}}$ 为：

$$S_{\hat{y}} = \sqrt{S_e^2\left[\frac{1}{n} + \frac{(x_0 - \overline{x})^2}{\sum_{\alpha}(x_\alpha - \overline{x})^2}\right]} \tag{3.135}$$

式中：S_e^2 为方差分析中的剩余方差。y 的条件平均数 $\mu_{y.x_0}$ 的置信区间为：

$$\hat{y}_0 - t_\alpha S_{\hat{y}} \leqslant \mu_{y.x_0} \leqslant \hat{y}_0 + t_\alpha S_{\hat{y}}$$

对 y 的个体值进行区间估计的估测标准误差为：

$$S_y = \sqrt{S_e^2\left[1 + \frac{1}{n} + \frac{(x_0 - \overline{x})^2}{\sum_{\alpha}(x_\alpha - \overline{x})^2}\right]} \tag{3.136}$$

y 的个体值 y_0 的置信区间为：

$$\hat{y}_0 - t_\alpha S_y \leqslant y_0 \leqslant \hat{y}_0 + t_\alpha S_y$$

现以例 3.4.1 为例来说明以上的区间估计。小麦产量 y 对土壤速效磷含量 x 的回归方程为：

$$\hat{y} = 2.667 + 0.113\,3x$$

设土壤速效磷含量 x=11.4 μg/g，则回归值为：

$$\hat{y}_0 = 2.667 + 0.113\,3 \times 11.4 = 3.959$$

由表 3 - 64 及表 3 - 66 可求得：

$$S_{\hat{y}} = \sqrt{0.344\,1 \times \left[\frac{1}{20} + \frac{(11.4 - 11.835)^2}{735.625\,5}\right]} = 0.131\,5$$

$$S_y = \sqrt{0.344\,1 \times \left[1 + \frac{1}{20} + \frac{(11.4 - 11.835)^2}{735.625\,5}\right]} = 0.601\,2$$

当自由度 df=18 时，$t_{0.05}$=2.10，$t_{0.01}$=2.88，所以，y 的条件平均数 $\mu_{y.x}$ 在置信概率为 95%和 99%时的置信区间依次为：

$$3.959 - 2.10 \times 0.131\,5 \leqslant \mu_{y.x_0} \leqslant 3.959 + 2.10 \times 0.131\,5$$

$$3.683 \leqslant \mu_{y.x_0} \leqslant 4.235$$

$$3.959 - 2.88 \times 0.131\,5 \leqslant \mu_{y.x_0} \leqslant 3.959 + 2.88 \times 0.131\,5$$

$$3.580 \leqslant \mu_{y.x_0} \leqslant 4.338$$

y 的个体值在置信概率为 95%和 99%时的置信区间依次为：

$$3.959 - 2.10 \times 0.601\,2 \leqslant y_0 \leqslant 3.959 + 2.10 \times 0.601\,2$$

$$2.696 \leqslant y_0 \leqslant 5.222$$

$$3.959 - 2.88 \times 0.601\,2 \leqslant y_0 \leqslant 3.959 + 2.88 \times 0.601\,2$$

$$2.228 \leqslant y_0 \leqslant 5.690$$

这样，我们可以判断，当土壤速效磷含量为 11.4 μg/g 时，小麦平均产量落在 3.683～4.235 t/hm^2 之间的可信度为 95%，落在 3.580～4.338 t/hm^2 之间的可信度为 99%；一次抽样中小麦产量出现在 2.696～5.222 t/hm^2 之间的概率为 95%，出现在 2.228～5.690 t/hm^2 之间的概率为 99%。

应该指出，根据回归方程对 y 进行区间估计，自变量 x 的取值必须在试验数据 x 值的全距之内才为有效，不能随意外推。

(二)多元线性回归

在直线回归中仅讨论了两个变量之间的线性关系和可以直线化的曲线关系。但是在科学研究和生产实践中，和因变量 y 有关系的变量不只是一个，而是多个，并且它们之间的关系也不一定是线性的。例如，作物产量的高低，与播期、密度、施肥、土壤肥力以及雨量、光照、气温、病虫害等多种因素有关。研究变量 y 与多个变量之间的数量关系称为多元回归，以下仅介绍多元回归中简单而基本的多元线性回归，因为许多多元非线性回归都可以化为多元线性回归来处理。

1. 多元线性回归的数学模型

设变量 y 与另外 p 个变量 $x_1, x_2, x_3, \cdots, x_p$ 的内在关系是线性的，如果做了 n 次试验，其结果如表 3-68 所示。

表 3-68　各处理的试验结果

试验号	x_1	x_2	…	x_p	y
1	x_{11}	x_{12}	…	x_{1p}	y_1
2	x_{21}	x_{22}	…	x_{2p}	y_2
⋮	⋮	⋮		⋮	⋮
n	x_{n1}	x_{n2}	…	x_{np}	y_n

对表 3-68 中的数据可以假定具有如下模型：

$$\begin{cases} y_1 = \beta_0 + \beta_1 x_{11} + \beta_2 x_{12} + \cdots + \beta_p x_{1p} + \varepsilon_1 \\ y_2 = \beta_0 + \beta_1 x_{21} + \beta_2 x_{22} + \cdots + \beta_p x_{2p} + \varepsilon_2 \\ \quad \vdots \\ y_n = \beta_0 + \beta_1 x_{n1} + \beta_2 x_{n2} + \cdots + \beta_p x_{np} + \varepsilon_n \end{cases} \tag{3.137}$$

即

$$y_\alpha = \beta_0 + \beta_1 x_{\alpha 1} + \beta_2 x_{\alpha 2} + \cdots + \beta_p x_{\alpha p} + \varepsilon_\alpha \quad (\alpha = 1,2,3,\cdots,n) \tag{3.138}$$

式中：$\beta_0, \beta_1, \beta_2, \cdots, \beta_p$ 为待估参数；$\varepsilon_1, \varepsilon_2, \cdots, \varepsilon_n$ 为 n 个独立且服从同一正态分布 $N(0, \sigma^2)$ 的随机变量。

式(3.137)和式(3.138)称为多元线性回归的数学模型。用表 3-68 的试验结果进行估计时，可得相应的多元线性回归方程为：

$$\hat{y} = b_0 + b_1 x_1 + b_2 x_2 + \cdots + b_j x_j + \cdots + b_p x_p \tag{3.139}$$

式中：b_0 为常数项；b_j 为 y 对 x_j 的偏回归系数，表示当其他 x 固定不变时，x_j 变化一个单位而使 y 平均变化的数值。

如果令

$$\boldsymbol{Y}=\begin{pmatrix}y_1\\y_2\\\vdots\\y_n\end{pmatrix}\qquad \boldsymbol{X}=\begin{pmatrix}1 & x_{11} & x_{12} & \cdots & x_{1p}\\1 & x_{21} & x_{22} & \cdots & x_{2p}\\\vdots & \vdots & \vdots & & \vdots\\1 & x_{n1} & x_{n2} & \cdots & x_{np}\end{pmatrix}$$

$$\boldsymbol{\beta}=\begin{pmatrix}\beta_0\\\beta_1\\\vdots\\\beta_p\end{pmatrix}\qquad \boldsymbol{\varepsilon}=\begin{pmatrix}\varepsilon_1\\\varepsilon_2\\\vdots\\\varepsilon_n\end{pmatrix}$$

则模型(3.137)可以写成矩阵形式:

$$\boldsymbol{Y}=\boldsymbol{X\beta}+\boldsymbol{\varepsilon} \tag{3.140}$$

2. 回归方程中 b_0 与 b_j 的确定

用最小二乘法确定 b_0、b_j 时,式(3.139)中的统计数应满足

$$Q=\sum_\alpha(y_\alpha-\hat{y}_\alpha)^2=\sum_\alpha(y_\alpha-b_0-b_1x_{\alpha1}-b_2x_{\alpha2}-\cdots-b_px_{\alpha p})^2=\text{最小}$$

由于 Q 是 b_0、b_j 的非负二次式,故最小值一定存在。要在 Q 为最小时确定 b_0、b_j,需分别对 b_0、b_j 求偏导数,并令其为 0,即

$$\begin{cases}\dfrac{\partial Q}{\partial b_0}=-2\sum\limits_\alpha(y_\alpha-b_0-b_1x_{\alpha1}-b_2x_{\alpha2}-\cdots-b_px_{\alpha p})=0\\\dfrac{\partial Q}{\partial b_j}=-2\sum\limits_\alpha(y_\alpha-b_0-b_1x_{\alpha1}-b_2x_{\alpha2}-\cdots-b_px_{\alpha p})x_{\alpha j}=0\\\alpha=1,2,\cdots,n\\j=1,2,\cdots,p\end{cases} \tag{3.141}$$

即

$$\begin{cases}nb_0+(\sum\limits_\alpha x_{\alpha1})b_1+(\sum\limits_\alpha x_{\alpha2})b_2+\cdots+(\sum\limits_\alpha x_{\alpha p})b_p=\sum\limits_\alpha y_\alpha\\(\sum\limits_\alpha x_{\alpha1})b_0+(\sum\limits_\alpha x_{\alpha1}^2)b_1+(\sum\limits_\alpha x_{\alpha1}x_{\alpha2})b_2+\cdots+(\sum\limits_\alpha x_{\alpha1}x_{\alpha p})b_p=\sum\limits_\alpha x_{\alpha1}y_\alpha\\(\sum\limits_\alpha x_{\alpha2})b_0+(\sum\limits_\alpha x_{\alpha2}x_{\alpha1})b_1+(\sum\limits_\alpha x_{\alpha2}^2)b_2+\cdots+(\sum\limits_\alpha x_{\alpha2}x_{\alpha p})b_p=\sum\limits_\alpha x_{\alpha2}y_\alpha\\\qquad\vdots\\(\sum\limits_\alpha x_{\alpha p})b_0+(\sum\limits_\alpha x_{\alpha p}x_{\alpha1})b_1+(\sum\limits_\alpha x_{\alpha p}x_{\alpha2})b_2+\cdots+(\sum\limits_\alpha x_{\alpha p}^2)b_p=\sum\limits_\alpha x_{\alpha p}y_\alpha\end{cases} \tag{3.142}$$

方程组(3.142)称为正规方程组。对正规方程组求解,即得 b_0、b_j。令 $\boldsymbol{A}$ 为正规方程组的系数矩阵,即

$$\boldsymbol{A}=\begin{pmatrix}N & \sum\limits_\alpha x_{\alpha1} & \sum\limits_\alpha x_{\alpha2} & \cdots & \sum\limits_\alpha x_{\alpha p}\\\sum\limits_\alpha x_{\alpha1} & \sum\limits_\alpha x_{\alpha1}^2 & \sum\limits_\alpha x_{\alpha1}x_{\alpha2} & \cdots & \sum\limits_\alpha x_{\alpha1}x_{\alpha p}\\\sum\limits_\alpha x_{\alpha2} & \sum\limits_\alpha x_{\alpha2}x_{\alpha1} & \sum\limits_\alpha x_{\alpha2}^2 & \cdots & \sum\limits_\alpha x_{\alpha2}x_{\alpha p}\\\vdots & \vdots & \vdots & & \vdots\\\sum\limits_\alpha x_{\alpha p} & \sum\limits_\alpha x_{\alpha p}x_{\alpha1} & \sum\limits_\alpha x_{\alpha p}x_{\alpha2} & \cdots & \sum\limits_\alpha x_{\alpha p}^2\end{pmatrix}$$

$$= \begin{pmatrix} 1 & 1 & 1 & \cdots & 1 \\ x_{11} & x_{21} & x_{31} & \cdots & x_{n1} \\ x_{12} & x_{22} & x_{32} & \cdots & x_{n2} \\ \vdots & \vdots & \vdots & & \vdots \\ x_{1p} & x_{2p} & x_{3p} & \cdots & x_{np} \end{pmatrix} \begin{pmatrix} 1 & x_{11} & x_{12} & \cdots & x_{1p} \\ 1 & x_{21} & x_{22} & \cdots & x_{2p} \\ 1 & x_{31} & x_{32} & \cdots & x_{3p} \\ \vdots & \vdots & \vdots & & \vdots \\ 1 & x_{n1} & x_{n2} & \cdots & x_{np} \end{pmatrix} = \boldsymbol{X}'\boldsymbol{X}$$

令 $\boldsymbol{B}$ 为正规方程组(3.142)右端的常数项矩阵，即

$$\boldsymbol{B} = \begin{pmatrix} \sum_\alpha y_\alpha \\ \sum_\alpha x_{\alpha 1} y_\alpha \\ \sum_\alpha x_{\alpha 2} y_\alpha \\ \vdots \\ \sum_\alpha x_{\alpha p} y_\alpha \end{pmatrix} = \begin{pmatrix} 1 & 1 & 1 & \cdots & 1 \\ x_{11} & x_{21} & x_{31} & \cdots & x_{n1} \\ x_{12} & x_{22} & x_{32} & \cdots & x_{n2} \\ \vdots & \vdots & \vdots & & \vdots \\ x_{1p} & x_{2p} & x_{3p} & \cdots & x_{np} \end{pmatrix} \begin{pmatrix} y_1 \\ y_2 \\ y_3 \\ \vdots \\ y_n \end{pmatrix} = \boldsymbol{X}'\boldsymbol{Y}$$

令 $\boldsymbol{b}=(b_0 \quad b_1 \quad b_2 \quad \cdots \quad b_p)$，则正规方程组(3.142)可以写成矩阵形式：

$$\boldsymbol{A}\boldsymbol{b} = (\boldsymbol{X}'\boldsymbol{X})\boldsymbol{b} = \boldsymbol{B} = \boldsymbol{X}'\boldsymbol{Y} \tag{3.143}$$

对式(3.143)求解，得

$$\boldsymbol{b} = \begin{pmatrix} b_0 \\ b_1 \\ b_2 \\ \vdots \\ b_p \end{pmatrix} = \boldsymbol{A}^{-1}\boldsymbol{B} = (\boldsymbol{X}'\boldsymbol{X})^{-1}(\boldsymbol{X}'\boldsymbol{Y}) \tag{3.144}$$

式中：$\boldsymbol{X}$ 为多元线性回归模型中数据 y_α 的结构矩阵，就是表 3－68 中的 x 部分在前面加一列 1 所构成的矩阵；$\boldsymbol{Y}$ 为表 3－68 中 y 部分所构成的列矩阵。$\boldsymbol{A}$ 是正规方程组的系数矩阵，也称信息矩阵，它是个对称矩阵，在一般的情况下，$\boldsymbol{A}$ 容易达到满秩条件，因而逆矩阵是存在的；$\boldsymbol{A}^{-1}$ 为 $\boldsymbol{A}$ 的逆矩阵，也称相关矩阵，也是对称矩阵，常记作 $\boldsymbol{C}$；$\boldsymbol{B}$ 为正规方程组的常数项矩阵。

当然，解正规方程组不一定要通过求逆矩阵的方法来解，但是在以后的显著性检验和其他统计分析中要用到 $\boldsymbol{A}^{-1}$ 中的元素，所以结合解正规方程组求出 $\boldsymbol{A}^{-1}$ 便可节省运算。求逆矩阵 $\boldsymbol{A}^{-1}$ 是解正规方程组的主要工作。求逆矩阵的方法有多种，以下仅介绍其中的两种：

(1)公式法　根据线性代数理论，若 $\boldsymbol{A}$ 为 p 阶非奇异矩阵，也就是 $\boldsymbol{A}$ 是满秩的，则 $\boldsymbol{A}$ 有唯一的逆矩阵 $\boldsymbol{A}^{-1}$，且

$$\boldsymbol{A}^{-1} = \frac{1}{|\boldsymbol{A}|} \begin{pmatrix} A_{11} & A_{21} & \cdots & A_{p1} \\ A_{12} & A_{22} & \cdots & A_{p2} \\ \vdots & \vdots & & \vdots \\ A_{1p} & A_{2p} & \cdots & A_{pp} \end{pmatrix} \tag{3.145}$$

式中：$|\boldsymbol{A}|$ 为 $\boldsymbol{A}$ 的行列式；A_{ij} 为 $|\boldsymbol{A}|$ 中元素 a_{ij} 的代数余子式。

例 3.4.3　试用式(3.145)求下列正规方程组系数矩阵 $\boldsymbol{A}$ 的逆矩阵，并求出 b_0 和 b_j。

$$\begin{cases}8b_0+4b_1+10b_2=16\\4b_0+10b_1+15b_2=4\\10b_0+15b_1+30b_2=25\end{cases}$$

上列正规方程组的系数矩阵 **A** 及常数项矩阵 **B** 为：

$$\boldsymbol{A}=\begin{pmatrix}8&4&10\\4&10&15\\10&15&30\end{pmatrix}\qquad\boldsymbol{B}=\begin{pmatrix}16\\4\\25\end{pmatrix}$$

则

$$|A|=\begin{vmatrix}8&4&10\\4&10&15\\10&15&30\end{vmatrix}=320$$

$$A_{11}=(-1)^{1+1}\begin{vmatrix}10&15\\15&30\end{vmatrix}=75\qquad A_{12}=(-1)^{1+2}\begin{vmatrix}4&15\\10&30\end{vmatrix}=30$$

其余 A_{ij} 经计算为：

$$A_{13}=-40,\quad A_{21}=30,\quad A_{22}=140,\quad A_{23}=-80$$

$$A_{31}=-40,\quad A_{32}=-80,\quad A_{33}=64$$

将以上计算结果代入式(3.145)，得：

$$\boldsymbol{C}=\boldsymbol{A}^{-1}=\frac{1}{320}\begin{pmatrix}75&30&-40\\30&140&-80\\-40&-80&64\end{pmatrix}=\begin{pmatrix}0.234\,375&0.093\,750&-0.125\,000\\0.093\,750&0.437\,500&-0.250\,000\\-0.125\,000&-0.250\,000&0.200\,000\end{pmatrix}$$

$$\boldsymbol{b}=\begin{pmatrix}b_0\\b_1\\b_2\end{pmatrix}=\begin{pmatrix}0.234\,375&0.093\,750&-0.125\,000\\0.093\,750&0.437\,500&-0.250\,000\\-0.125\,000&-0.250\,000&0.200\,000\end{pmatrix}\begin{pmatrix}16\\4\\25\end{pmatrix}=\begin{pmatrix}1\\-3\\2\end{pmatrix}$$

故回归方程为

$$\hat{y}=1-3x_1+2x_2$$

(2)求解求逆紧凑变换法

①组成增广矩阵。将常数项矩阵并排在系数矩阵的后面组成新的矩阵，这个新的矩阵称系数矩阵的增广矩阵。

为了方便起见，将正规方程组中的 b_0 与 $b_1,b_2,\cdots,b_p$ 进行统一编号为 $b_1,b_2,\cdots,b_n$。设正规方程组为

$$\begin{cases}a_{11}b_1+a_{12}b_2+\cdots+a_{1n}b_n=a_{1,n+1}\\a_{21}b_1+a_{22}b_2+\cdots+a_{2n}b_n=a_{2,n+1}\\\qquad\vdots\\a_{n1}b_1+a_{n2}b_2+\cdots+a_{nn}b_n=a_{n,n+1}\end{cases}$$

则系数矩阵的增广矩阵 $\boldsymbol{A}^{(0)}$ 为

$$\boldsymbol{A}^{(0)}=\begin{pmatrix}a_{11}&a_{12}&\cdots&a_{1n}&a_{1,n+1}\\a_{21}&a_{22}&\cdots&a_{2n}&a_{2,n+1}\\\vdots&\vdots&&\vdots&\vdots\\a_{n1}&a_{n2}&\cdots&a_{nn}&a_{n,n+1}\end{pmatrix}$$

②求解求逆。求解求逆的过程就是对 b_k 施行消去变换的过程。正规方程中有 n 个未知数 b，就要对增广矩阵 $\mathbf{A}^{(0)}$ 施行 n 次消去变换。$\mathbf{A}^{(0)}$ 经过 n 次消去变换后得到 $\mathbf{A}^{(n)}$，$\mathbf{A}^{(n)}$ 中的前 n 列为系数矩阵 $\mathbf{A}$ 的逆矩阵 $\mathbf{A}^{-1}$，最后一列为正规方程组的解。消去变换的公式为

$$\begin{cases} a_{ij}{}^{(l)} = a_{ij}{}^{(l-1)} - a_{ik}{}^{(l-1)} a_{kj}{}^{(l-1)} / a_{kk}{}^{(l-1)} & (i, j \neq k) \\ a_{kj}{}^{(l)} = a_{kj}{}^{(l-1)} / a_{kk}{}^{(l-1)} & (j \neq k) \\ a_{ik}{}^{(l)} = - a_{ik}{}^{(l-1)} / a_{kk}{}^{(l-1)} & (i \neq k) \\ a_{kk}{}^{(l)} = 1 / a_{kk}{}^{(l-1)} & \end{cases} \tag{3.146}$$

式中：k 为消去未知数 b 的编号，$k=1,2,3,\cdots,n$；l 为增广矩阵 $\mathbf{A}^{(0)}$ 经过消去变换的次数，$l=1,2,3,\cdots,n$，例如 $\mathbf{A}^{(0)}$ 经过两次消去变换则得 $\mathbf{A}^{(2)}$。

现以例 3.4.3 为例说明求解求逆紧凑变换法的变换过程。例 3.4.3 的增广矩阵为

$$\mathbf{A}^{(0)} = \begin{pmatrix} 8 & 4 & 10 & 16 \\ 4 & 10 & 15 & 4 \\ 10 & 15 & 30 & 25 \end{pmatrix}$$

根据式(3.146)依次对 b_1, b_2, b_3 施行消去变换得：

$$\mathbf{A}^{(1)} = \begin{pmatrix} 0.125 & 0.5 & 1.25 & 2 \\ -0.5 & 8 & 10 & -4 \\ -1.25 & 10 & 17.5 & 5 \end{pmatrix}$$

$$\mathbf{A}^{(2)} = \begin{pmatrix} 0.15625 & -0.0625 & 0.625 & 2.25 \\ -0.0625 & 0.125 & 1.25 & -0.5 \\ -0.625 & -1.25 & 5 & 10 \end{pmatrix}$$

$$\mathbf{A}^{(3)} = \begin{pmatrix} 0.234375 & 0.093750 & -0.125000 & 1 \\ 0.093750 & 0.437500 & -0.250000 & -3 \\ -0.125000 & -0.250000 & 0.200000 & 2 \end{pmatrix}$$

则

$$\boldsymbol{C} = \mathbf{A}^{-1} = \begin{pmatrix} 0.234375 & 0.093750 & -0.125000 \\ 0.093750 & 0.437500 & -0.250000 \\ -0.125000 & -0.250000 & 0.200000 \end{pmatrix}$$

$$b_0 = 1, b_1 = -3, b_2 = 2$$

$$\hat{y} = 1 - 3x_1 + 2x_2$$

用求解求逆紧凑变换法所得结果与公式法完全相同。但是，当正规方程组系数矩阵的阶数较多时，公式法的计算较为麻烦，求解求逆紧凑变换法却比较简便。所以，公式法多用于二阶或三阶的系数矩阵，求解求逆紧凑变换法不论阶数多少都可应用。如果不组成增广矩阵，用消去变换公式仅对系数矩阵 $\mathbf{A}$ 进行消去变换，可得系数矩阵 $\mathbf{A}$ 的逆矩阵 $\mathbf{A}^{-1}$。

例 3.4.4 为了探讨土壤中不同形态的磷对植物的供应能力，在某地取得 18 种土壤，测定每种土壤用酸性氟化铵溶液浸提的无机磷含量(x_1)，用 K_2CO_3 溶液 A 法浸提的有机磷含量(x_2)和 B 法浸提的有机磷含量(x_3)，并同时用玉米幼苗法测定了植物吸磷量(y)，测定结果均以 μg/g 为单位，数据见表 3－69，试作分析。

假定因变量 y 与自变量 x_1、x_2、x_3 之间的内在关系是线性的，其数学模型为：

$$y_0 = \beta_0 + \beta_1 x_{\alpha 1} + \beta_2 x_{\alpha 2} + \beta_3 x_{\alpha 3} + \varepsilon_\alpha$$

表 3-69 土壤中三种形态磷含量与植物吸磷量 μg/g

土壤编号	x_1	x_2	x_3	y
1	0.4	53	158	64
2	0.4	23	163	60
3	3.1	19	37	71
4	0.6	34	157	61
5	4.7	24	59	54
6	1.7	65	123	77
7	9.4	44	46	81
8	10.1	31	117	93
9	11.6	29	173	93
10	12.6	58	112	51
11	10.9	37	111	76
12	23.1	46	114	96
13	23.1	50	134	77
14	21.6	44	73	93
15	23.1	56	168	95
16	1.9	36	143	54
17	26.8	58	202	168
18	29.9	51	124	99
合计	215.0	758	2 214	1 463
平均	11.94	42.11	123.0	81.28

相应的回归方程为：

$$\hat{y} = b_0 + b_1 x_1 + b_2 x_2 + b_3 x_3$$

根据表 3-69，结构矩阵 $\boldsymbol{X}$ 和 $\boldsymbol{Y}$ 矩阵为：

$$\boldsymbol{X} = \begin{pmatrix} 1 & 0.4 & 53 & 158 \\ 1 & 0.4 & 23 & 163 \\ 1 & 3.1 & 19 & 37 \\ 1 & 0.6 & 34 & 157 \\ 1 & 4.7 & 24 & 59 \\ 1 & 1.7 & 65 & 123 \\ 1 & 9.4 & 44 & 46 \\ 1 & 10.1 & 31 & 117 \\ 1 & 11.6 & 29 & 173 \\ 1 & 12.6 & 58 & 112 \\ 1 & 10.9 & 37 & 111 \\ 1 & 23.1 & 46 & 114 \\ 1 & 23.1 & 50 & 134 \\ 1 & 21.6 & 44 & 73 \\ 1 & 23.1 & 56 & 168 \\ 1 & 1.9 & 36 & 143 \\ 1 & 26.8 & 58 & 202 \\ 1 & 29.9 & 51 & 124 \end{pmatrix} \quad \boldsymbol{Y} = \begin{pmatrix} 64 \\ 60 \\ 71 \\ 61 \\ 54 \\ 77 \\ 81 \\ 93 \\ 93 \\ 51 \\ 76 \\ 96 \\ 77 \\ 93 \\ 95 \\ 54 \\ 168 \\ 99 \end{pmatrix}$$

所以

$$A = X'X = \begin{pmatrix} 18 & 215 & 758 & 2\,214 \\ 215 & 4\,321.02 & 10\,139.5 & 27\,645 \\ 758 & 10\,139.5 & 35\,076 & 96\,598 \\ 2\,214 & 27\,645 & 96\,598 & 307\,894 \end{pmatrix} \qquad B = X'Y = \begin{pmatrix} 1\,463 \\ 20\,706.2 \\ 63\,825 \\ 187\,542 \end{pmatrix}$$

用求解求逆紧凑变换法解方程

$$b = A^{-1}B$$

得

$$b_0 = 43.65, b_1 = 1.784\,8, b_2 = -0.083\,4, b_3 = 0.161\,1$$

$$C = A^{-1} = \begin{pmatrix} 0.813\,316 & 0.001\,919 & -0.011\,398 & -0.002\,445 \\ 0.001\,919 & 0.000\,725 & -0.000\,248 & -0.000\,001 \\ -0.011\,398 & -0.000\,248 & 0.000\,437 & -0.000\,033 \\ -0.002\,445 & -0.000\,001 & -0.000\,033 & 0.000\,031 \end{pmatrix}$$

$$\hat{y} = 43.65 + 1.784\,8x_1 - 0.083\,4x_2 + 0.161\,1x_3$$

3. 回归方程的显著性检验

在配置回归方程时，我们只是假定 y 与 $x_1, x_2, \cdots, x_p$ 之间是线性关系，因此，在回归方程建立后，还需对其进行显著性检验，以检验原来的假定是否正确。多元回归方程的显著性检验也是采用方差分析的方法，其方法原理与直线回归相同，也是将 y 的总平方和分解为回归与剩余两个部分，所不同的是在计算公式上由于自变量数目增多而有所变化而已。

(1)总平方和与总自由度的分解

$$SS_T = l_{yy} = \sum_{\alpha} (y_\alpha - \bar{y})^2 = \sum_{\alpha} (\hat{y}_\alpha - \bar{y})^2 + \sum_{\alpha} (y_\alpha - \hat{y}_\alpha)^2 \tag{3.147}$$

式中：$\sum_{\alpha} (\hat{y}_\alpha - \bar{y})^2$ 为回归平方和 u；$\sum_{\alpha} (y_\alpha - \hat{y}_\alpha)^2$ 为剩余平方和 Q。在 F 检验时，u 和 Q 往往不是按上述定义式求得，而是利用求回归系数过程中的一些结果，以简化计算。

$$Q = \sum_{\alpha} (y_\alpha - \hat{y}_\alpha)^2 = \sum_{\alpha} (y_\alpha - \hat{y}_\alpha) y_\alpha - \sum_{\alpha} (y_\alpha - \hat{y}_\alpha) \hat{y}_\alpha$$

由式(3.141)可得：

$$\sum_{\alpha} (y_\alpha - \hat{y}_\alpha) \hat{y}_\alpha = 0$$

所以

$$\begin{aligned} Q &= \sum_{\alpha} (y_\alpha - \hat{y}_\alpha) y_\alpha = \sum_{\alpha} y_\alpha^2 - \sum_{\alpha} y_\alpha \Big(b_0 + \sum_{j=1}^{p} x_{\alpha j} b_j\Big) \\ &= \sum_{\alpha} y_\alpha^2 - b_0 \sum_{\alpha} y_\alpha - \sum_{j=1}^{p} b_j \sum_{\alpha} x_{\alpha j} y_\alpha \qquad (3.148) \\ &= \sum_{\alpha} y_\alpha^2 - b_0 B_0 - \sum_{j=1}^{p} b_j B_j \end{aligned}$$

$$u = l_{yy} - Q \tag{3.149}$$

自由度可按下式确定：

$$\begin{cases} df_T = n-1 = df_u + df_Q \\ df_u = p \\ df_Q = n-1-p \end{cases} \tag{3.150}$$

(2)F 检验　在多元线性回归方程的方差分析中,假设 $H_0:\beta_1=\beta_2=\cdots=\beta_p=0$,对 $H_A:\beta_1,\beta_2,\cdots,\beta_p$ 不全为0。检验所用的统计量 F 和直线回归完全相同,即

$$F = \frac{S_u^2}{S_Q^2} \tag{3.151}$$

例3.4.4所建回归方程的方差分析如下:

$$l_{yy} = (64^2+60^2+\cdots+99^2) - \frac{1\,463^2}{18} = 12\,389.61$$

$$\begin{aligned} Q &= 131\,299 - 43.65\times 1\,463 - 1.784\,8\times 20\,706.2 + 0.083\,4\times 63\,825 \\ &\quad - 0.161\,1\times 187\,542 \\ &= 5\,592.61 \end{aligned}$$

$$u = l_{yy} - Q = 12\,389.61 - 5\,592.61 = 6\,797.00$$

$$df_T = 18-1 = 17, df_u = 3, df_Q = 17-3 = 14$$

列方差分析于表3-70。

表3-70　植物吸磷量对土壤三种磷含量回归方程的方差分析

变因	df	SS	MS	F	$F_{0.05}$	$F_{0.01}$
回归	3	6 797.00	2 265.67	5.67**	3.34	5.56
剩余	14	5 592.61	399.47			
总变异	17	12 389.61				

经 F 检验,线性回归方程的回归关系是极显著的。

4. 回归系数的显著性检验

在多元回归中,回归方程经过检验是显著的,并不意味着每个自变量 $x_1,x_2,\cdots,x_p$ 对因变量 y 的影响都是重要的,也就是每个偏回归系数不一定都是显著的。因此,在回归方程检验为显著以后,需进一步对每个偏回归系数作显著性检验。对偏回归系数进行显著性检验所作的假设是 $H_0:\beta_j=0$,对 $H_A:\beta_j\neq 0$,所用的方法是 F 检验或 t 检验。

(1)F 检验　在多元线性回归中,回归平方和 u 是所有自变量 x 对因变量 y 影响的总和。如果去掉一个自变量 x_j,u 只会减少,不会增加,减少的数值愈大,说明 x_j 在回归中的作用愈大,也就是 x_j 愈重要。去掉 x_j 后回归平方和 u 减少的数值称 y 对 x_j 的偏回归平方和,记作 P_j。计算 P_j 的公式为:

$$P_j = \frac{b_j^2}{C_{jj}} \tag{3.152}$$

式中:C_{jj} 为相关矩阵 $\boldsymbol{C}=\boldsymbol{A}^{-1}$ 中主对角线上第 j 个元素;b_j 为 y 对 x_j 的偏回归系数。

显然,P_j 就是因加入 x_j 而增加的回归平方和,具有一个自由度。因此,由

$$F_j = \frac{P_j}{S_Q^2} = \frac{P_j}{Q/df_Q} \tag{3.153}$$

可以检验 b_j 的显著性。

(2)t 检验　偏回归系数 b_j 的方差为

$$S_{bj}^2 = D(b_j) = C_{jj}\sigma^2 \tag{3.154}$$

故

$$S_{bj} = \sigma\sqrt{C_{jj}} \tag{3.155}$$

用 S_Q 作 σ 的估计值，则

$$S_{bj} = S_Q\sqrt{C_{jj}} = \sqrt{C_{jj}Q/df_Q} \tag{3.156}$$

由于 $(b_j-\beta_j)/S_{bj}$ 符合 $\nu=df_Q$ 的 t 分布，所以可由

$$t_j = \frac{b_j}{S_{bj}} \tag{3.157}$$

检验 b 的显著性。

用 F 检验对例 3.4.4 所建回归方程的偏回归系数作显著性检验如下：

由建立方程时所求出的 $\boldsymbol{A}^{-1}$ 可知：$C_{11}=0.000\,725$，$C_{22}=0.000\,437$，$C_{33}=0.000\,031$，所以

$$P_1 = \frac{b_1^2}{C_{11}} = \frac{1.784\,8^2}{0.000\,725} = 4\,393.81$$

$$P_2 = \frac{b_2^2}{C_{22}} = \frac{(-0.083\,4)^2}{0.000\,437} = 15.92$$

$$P_3 = \frac{b_3^2}{C_{33}} = \frac{0.161\,1^2}{0.000\,031} = 837.20$$

$$F_1 = \frac{P_1}{S_Q^2} = \frac{4\,393.81}{399.47} = 11.00^{**} > F_{0.01(1,14)} = 8.86$$

$$F_2 = \frac{P_2}{S_Q^2} = \frac{15.92}{399.47} = 0.04 < 1$$

$$F_3 = \frac{P_3}{S_Q^2} = \frac{837.20}{399.47} = 2.10 < F_{0.05(1,14)} = 4.60$$

经检验，F_1 为极显著，F_2 和 F_3 均不显著。说明 x_1 的作用最大，x_2 和 x_3 的作用不显著。经过回归系数的显著性检验，如果有一个偏回归系数 b_j 不显著，应将其相应的变量 x_j 从回归方程中剔除，再根据剔除后剩余的变量重新建立新的回归方程，并对新方程的偏回归系数逐个进行显著性检验。如果有几个偏回归系数不显著，这时不能一次将所有不显著的变量全部剔除，而只能由偏回归平方和最小者开始，将其剔除后建立新方程，检验新方程的每个偏回归系数，如还有几个不显著者，仍剔除其中偏回归平方和最小者，剔除后再建立新方程，并进行检验。如此每次只剔除一个，一直到所建立的新回归方程中不存在不显著的偏回归系数为止。

从回归方程中剔除一个不显著的自变量后，根据剩余的自变量重新建立回归方程时，可从原系数矩阵 **A** 及常数项矩阵 **B** 开始，将矩阵 **A** 和 **B** 中与被剔除自变量对应的行和列划掉，组成新的矩阵 **A** 和 **B**，再由新的矩阵 **A** 和 **B** 计算新回归方程的回归系数并进行检验。

例 3.4.4 所建回归方程经检验，b_2、b_3 皆不显著，其中 P_2 最小，应先将 x_2 剔除。将 x_2 剔除后建立的新回归方程为：

$$\hat{y} = b'_0 + b'_1 x_1 + b'_3 x_3$$

将原系数矩阵 **A** 及常数项矩阵 **B** 中与 x_2 所对应的行和列划掉后所组成的新矩阵 **A** 和 **B** 为：

$$\boldsymbol{A} = \begin{pmatrix} 18 & 215 & 2\,214 \\ 215 & 4\,321.02 & 27\,645 \\ 2\,214 & 27\,645 & 307\,894 \end{pmatrix} \qquad \boldsymbol{B} = \begin{pmatrix} 1\,463 \\ 20\,706.2 \\ 187\,542 \end{pmatrix}$$

所以

$$\boldsymbol{b}=\begin{pmatrix}b'_0\\b'_1\\b'_3\end{pmatrix}=\boldsymbol{A}^{-1}\boldsymbol{B}=\begin{pmatrix}41.4794\\1.7374\\0.1548\end{pmatrix}$$

$$\boldsymbol{A}^{-1}=\boldsymbol{C}=\begin{pmatrix}0.516345 & -0.004552 & -0.003304\\-0.004552 & 0.000584 & -0.000020\\-0.003304 & -0.000020 & 0.000029\end{pmatrix}$$

所建立的新回归方程为：

$$\hat{y}=41.4794+1.7374x_1+0.1548x_3$$

对新回归方程中偏回归系数的显著性检验，首先要计算出将 x_2 剔除后的剩余平方和 Q'、自由度 $df_{Q'}$ 及均方 $S_{Q'}^2$，即

$$Q'=Q+P_2=5592.61+15.92=5608.53$$

$$df_{Q'}=df_Q+1=14+1=15$$

$$S_{Q'}^2=\frac{Q'}{df_{Q'}}=\frac{5608.53}{15}=373.90$$

然后再计算出将 x_2 剔除后 y 对 x_1 和 x_3 的偏回归平方和 P'_1 及 P'_3，并进行 F 检验。

$$P'_1=\frac{b'^2_1}{C'_{11}}=\frac{1.7374^2}{0.000584}=5168.76$$

$$P'_3=\frac{b'^2_3}{C'_{33}}=\frac{0.1548^2}{0.000029}=826.31$$

式中：C'_{11} 和 C'_{33} 为将 x_2 剔除后新系数矩阵 $\boldsymbol{A}$ 的逆矩阵 $\boldsymbol{A}^{-1}$ 中的元素。

$$F_1=\frac{P'_1}{S_{Q'}^2}=\frac{5168.76}{373.90}=13.82^{**}>F_{0.01(1,15)}=8.68$$

$$F_3=\frac{P'_3}{S_{Q'}^2}=\frac{826.31}{373.90}=2.21<F_{0.05(1,15)}=4.54$$

经检验，F_1 极显著，F_3 仍不显著，应将 x_3 剔除。剔除 x_3 可用以上方法，也可用以下方法。

在 p 元线性回归方程中，剔除一个自变量 x_i，则 y 对剩下的 $p-1$ 个自变量的新偏回归系数 b_j^* 与保留下来的自变量原来的偏回归系数 b_j 之间有如下关系：

$$b_j^*=b_j-\frac{C_{ij}}{C_{ii}}b_i \quad (j\neq i) \tag{3.158}$$

式中：b_i 为被剔除的自变量的原来的偏回归系数；C_{ij} 为对应于 b_j 与 b_i 的 $\boldsymbol{A}^{-1}$ 中的元素；C_{ii} 为对应于 b_i 的 $\boldsymbol{A}^{-1}$ 中的元素。

本例将 x_3 剔除后，只剩下 x_1 一个自变量，用式(3.158)计算出的新偏回归系数 b_1^*（实际是直线回归系数）为：

$$b_1^*=1.7374-\frac{-0.000020}{0.000029}\times 0.1548=1.8442$$

$$b_0^*=\bar{y}-b_1^*\bar{x}_1=81.28-1.8442\times 11.94=59.26$$

故新回归方程为：

$$\hat{y}=59.26+1.8442x_1$$

这个方法对于回归方程中只有两个自变量而要剔除一个时较为方便，因为，这时所建立的

新回归方程中只剩下一个自变量，其显著性完全同于回归方程显著性检验的结果，不需要再进行显著性检验。如果用于剔除后新回归方程中保留的自变量不是一个，而是几个，因为还要对新回归方程中的偏回归系数进行检验，还必须计算新的逆矩阵 $\mathbf{A}^{-1}$，在这种情况下，这个方法就不如上面的方法好。

5. 根据多元线性回归方程对 y 进行区间估计

在多元线性回归中，根据回归方程对个体 y 进行区间估计时所用的估测标准误差 S_y 为：

$$S_y=\sqrt{S_Q^2\left[1+\frac{1}{n}+\sum_{i=1}^{p}C_{ii}(x_{0i}-\bar{x}_i)^2+2\sum_{i<j}C_{ij}(x_{0i}-\bar{x}_i)(x_{0j}-\bar{x}_j)\right]}\quad(3.159)$$

式中：S_Q^2 为回归方程进行方差分析时的剩余均方；C_{ii}，C_{ij} 为相关矩阵 $\mathbf{C}=\mathbf{A}^{-1}$ 中的元素；x_{0i}，x_{0j} 为用以估计个体 y 时的自变量的指定值；$\bar{x}_i$，$\bar{x}_j$ 为 x_i 和 x_j 的平均数；n 为观察值 y 的个数。

当自变量的取值为 x_{01}，x_{02}，…，x_{0p} 时，其回归值 $\hat{y}_0$ 为：

$$\hat{y}_0=b_0+b_1x_{01}+b_2x_{02}+\cdots+b_px_{0p}$$

则个体 y_0 的置信区间为

$$\hat{y}_0-t_\alpha S_y\leqslant y_0\leqslant\hat{y}_0+t_\alpha S_y$$

现以例 3.4.4 未剔除 x_3 前的二元线性回归方程为例，对个体 y 进行估计(按理作为区间估计的回归方程应不含不显著项，这里是为了作为多元线性回归方程的例子，才将 x_3 保留)。如取第 5 号土壤，其浸提无机磷含量 $x_1=4.7$，浸提有机磷含量 $x_3=59$，则植物吸磷量的回归值 $\hat{y}_0$ 为：

$$\hat{y}_0=41.4794+1.7374\times4.7+0.1548\times59=58.8$$

当例 3.4.4 为 x_1，x_3 二元线性回归方程时，其剩余均方 $S_{Q'}^2=373.90$，根据式(3.159)计算标准误差 S_y 为：

$$S_y=\sqrt{\begin{aligned}&373.90\times\left[1+\frac{1}{18}+(0.000584)(4.7-11.9)^2+(0.000029)\right.\\&\left.\times(59-123)^2+2\times(-0.000020)(4.7-11.9)(59-123)\right]\end{aligned}}=21.06$$

当自由度 $df_{Q'}=15$ 时，$t_{0.05}=2.13$，故 y_0 的 95%置信区间为：

$$58.8-2.13\times21.06\leqslant y_0\leqslant58.8+2.13\times21.06$$

$$13.9\leqslant y_0\leqslant103.7$$

从计算结果看，y_0 的置信区间很大，这主要是由于估测标准误差太大所致，说明估测误差是衡量精确度的尺度。

三、非线性回归

(一)可直线化的曲线回归

在一元回归中，有时因变量与自变量之间并非直线关系，而是曲线关系，这种情况在生物试验中较为常见。例如，生物生长量与时间的关系，作物产量与密度的关系，作物产量与水分的关系等都呈曲线关系。在一元曲线回归中，有些可以化为直线回归来处理，有些则不能，以下仅介绍曲线回归中可直线化的回归方程的配置。

1. 一元曲线回归能否直线化的判断

许多一元曲线回归都可以通过变量变换化成直线回归而获得解决。这就是说，对自变量或因变量，或者同时对二者进行适当的变量变换，便可把曲线回归方程化成直线回归方程，这

样就可以利用配置直线回归方程的办法来配置方程和对方程进行显著性检验。例如,对数函数回归,其回归方程为:

$$\hat{y} = b_0 + b\lg x$$

如果令 $x' = \lg x$,则上式可化为直线回归方程:

$$\hat{y} = b_0 + bx'$$

又如指数函数回归,它的回归方程为:

$$\hat{y} = b_0 e^{bx}$$

如果对上式两边取自然对数,则上式变成

$$\ln\hat{y} = \ln b_0 + bx$$

令 $y' = \ln\hat{y}$,$b'_0 = \ln b_0$,则上式可化成直线回归方程:

$$y' = b'_0 + bx$$

从以上所述可见,要判断一元曲线回归是否能直线化,就是要看曲线回归方程能否通过变量变换化为直线方程。凡能化为直线方程者均为可直线化的曲线回归。附录1介绍了一些常见的可直线化的曲线方程图形及变换公式,可供参考。

2. 可直线化的曲线回归方程的配置与检验

根据曲线回归方程直线化的方法,其回归方程的配置与检验分以下步骤:

①确定曲线回归的函数类型。根据试验数据作散点图,将散点图与各种函数图形对照(附录1中介绍了多种曲线图形,可供参考)并结合专业知识确定其曲线回归的函数类型,同时判断其是否为可直线化的。如为可直线化者,可继续进行以下步骤。

②进行变量变换。根据所选函数类型直线化变量变换的要求,将试验的原始数据作相应变换。

③配置回归方程并进行检验。用变量变换后的数据配置直线回归方程并进行显著性检验,其方法同前。

④将直线回归方程复原为曲线回归方程。如果所配置的回归直线方程经过检验是显著的,则可根据直线化时所作变量变换的方法进行逆变换,将其复原为曲线回归方程。

例 3.4.5　某夏季绿肥在134 m^2 的小区中播种15 d以后,开始测定其生长量,每隔5 d测定一次,共测定7次,结果见表3-71,试对绿肥生长量与生长天数的关系作回归分析。

表 3-71　绿肥生长量测定结果

生长天数(d)	15	20	25	30	35	40	45
生长量(kg)	58	67	79	140	200	320	480

将以上测定数据作散点图(图3-12),从散点图和以往经验看,并与附录1中的函数图形相对照,这批数据呈曲线类型,初步确定生长量 y 与生长天数 x 之间有指数关系,即

$$y = b_0 e^{bx} \quad (b > 0) \tag{3.160}$$

要使式(3.160)直线化,可先对式(3.160)的两边取自然对数:

$$\ln y = \ln b_0 + bx \tag{3.161}$$

然后令 $y' = \ln y$,$b'_0 = \ln b_0$,则可得直线方程:

$$y' = b'_0 + bx \tag{3.162}$$

根据式(3.160)直线化变量变换的要求,将表3-71中的生长量 y 变换为 $\ln y$,见表3-72。

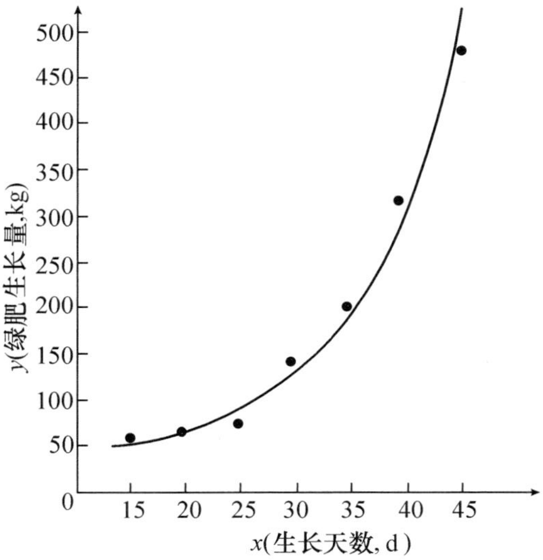

图 3-12　绿肥生长曲线

用变换后的数据，按配置直线回归方程的方法，求出式(3.162)中的 b_0' 和 b 值。

表 3-72　绿肥生长量 y 对生长天数 x 的回归计算

编号	x	y	$y'=\ln y$	x^2	y'^2	xy'
1	15	58	4.060 4	225	16.486 8	60.906 0
2	20	67	4.204 7	400	17.679 5	84.094 0
3	25	79	4.369 4	625	19.091 7	109.235 0
4	30	140	4.941 6	900	24.419 4	148.248 0
5	35	200	5.298 3	1 225	28.072 0	185.440 5
6	40	320	5.768 3	1 600	33.273 3	230.732 0
7	45	480	6.173 8	2 025	38.115 8	277.821 0
$\sum$	210	1 344	34.816 5	7 000	177.138 5	1 096.476 5

根据表 3-72 由式(3.125)得：

$$b=\frac{1\,096.476\,5-\dfrac{1}{7}\times 210\times 34.816\,5}{7\,000-\dfrac{1}{7}\times 210^2}=\frac{51.981\,5}{700}=0.074\,3$$

$$b'_0=\bar{y}'-b\bar{x}=\frac{34.816\,5}{7}-0.074\,3\times\frac{210}{7}=2.744\,8$$

将 b_0'、b 代入式(3.162)得：

$$\hat{y}'=2.744\,8+0.074\,3x$$

对所配置的回归直线方程进行显著性检验的方法同前，只是所用数据为变换后的数据。

根据式(3.126)至式(3.128)由表 3-72 算得：

$$l_{y'y'}=\sum_{\alpha}y'^2_{\alpha}-\frac{\left(\sum\limits_{\alpha}y'_{\alpha}\right)^2}{n}=177.138\,5-\frac{34.816\,5^2}{7}=3.968\,7$$

$$u = bl_{xy'} = 0.0743 \times \left(1\,096.476\,5 - \frac{210 \times 34.816\,5}{7}\right) = 3.862\,2$$

$$Q = l_{y'y'} - u = 3.968\,7 - 3.862\,2 = 0.106\,5$$

得方差分析于表 3 - 73。

表 3 - 73 表 3 - 71 资料的方差分析表

变因	df	SS	MS	F	$F_{0.05}$	$F_{0.01}$
回归	1	3.862 2	3.862 2	181.32**	6.61	16.26
剩余	5	0.106 5	0.021 3			
总变异	6	3.968 7				

F 值极显著,说明所配置的回归方程是有效的,可以用它来预测 y。例如,要预测生长 35 d绿肥的生长量,即 $x_0=35$,代入所配置的回归方程得:

$$\hat{y}'_0 = 2.744\,8 + 0.074\,3 \times 35 = 5.345\,3$$

估测标准误差为

$$S_y' = \sqrt{S_e^2\left[1 + \frac{1}{n} + \frac{(x_0 - \bar{x})^2}{\sum(x-\bar{x})^2}\right]} = \sqrt{0.021\,3\left[1 + \frac{1}{7} + \frac{(35-30)^2}{700}\right]} = 0.158\,4$$

当自由度 $df=5$ 时,$t_{0.05}=2.57$,则生长 35 d 的绿肥生长量估测值的 95%可信度下的置信区间为:

$$\hat{y}'_0 - t_{0.05}S'_y \leqslant y' \leqslant \hat{y}'_0 + t_{0.05}S'_y$$

$$5.345\,3 - 2.57 \times 0.158\,4 \leqslant y' \leqslant 5.345\,3 + 2.57 \times 0.158\,4$$

$$4.938\,2 \leqslant y' \leqslant 5.752\,4$$

因 y'为自然对数值,故实际表示生长量的估测值时,应将其转换为真数。经转换得:

$$139.5 \leqslant y \leqslant 314.9$$

这就是说,当绿肥生长 35 d 时,其生长量在 139.5~314.9 kg 之间,其可靠程度为 95%。

最后,将所配置的直线回归方程,通过逆转换,复原为回归指数方程。经转换得:

$$\hat{y}' = 2.744\,8 + 0.074\,3x$$

$$\ln\hat{y} = \ln 15.6 + \ln e^{0.074\,3x}$$

$$\hat{y} = 15.6e^{0.074\,3x}$$

3. 最优方程的选择

所谓"最优方程的选择",就是对某个双变量资料在尽可能的函数式内选取与实测值拟合得最好的一种函数式。一般情况下,一个散点图常有几种相接近的曲线函数可拟合,哪一种拟合得最好,需要进行比较。比较方法有的以直线化方程的相关系数 r 的大小作为判别标准,认为$|r|$值最大者,曲线函数拟合得最好。但根据最小二乘原理,以回归方程剩余平方和 Q,即 $\sum(y-\hat{y})^2$ 作为判别标准最为恰当。Q 最小者,即认为该曲线函数拟合得最好。一些情况下,$|r|$值越大,Q 越小;另一些情况下,由于直线化方法不同,$|r|$值越大,Q 并不一定是最小的。因此,以回归方程剩余平方和 Q 的大小作为判别标准为好。

例 3.4.6 在环境调查污染物自净过程中,测得酚的浓度 y(mg/L)和时间 x(min)的对应数据见表 3 - 74,试选择最优方程。

表 3-74　污染物自净过程中酚的浓度 y 和时间 x 的对应数据表

x(min)	2.17	4.50	13.33	24.50	29.67	35.00	49.67	65.50	81.33
y(mg/L)	0.040	0.039	0.038	0.024	0.021	0.023	0.017	0.017	0.013

(1)作散点图，进行判断　根据表 3-74 数据，以 x 为横坐标，y 为纵坐标，在坐标纸上作散点图(图 3-13)。根据散点图的图形与附录 1 中可化为直线的非线性函数的主要类型的图形相比较，可以初步判定该散点图形状近似于三种曲线即指数函数 $y=ae^{bx}$、幂函数 $y=dx^b$、双曲线 $y=a+b/x$。同时也近似于线性回归，则在这四种函数式中进行选择。

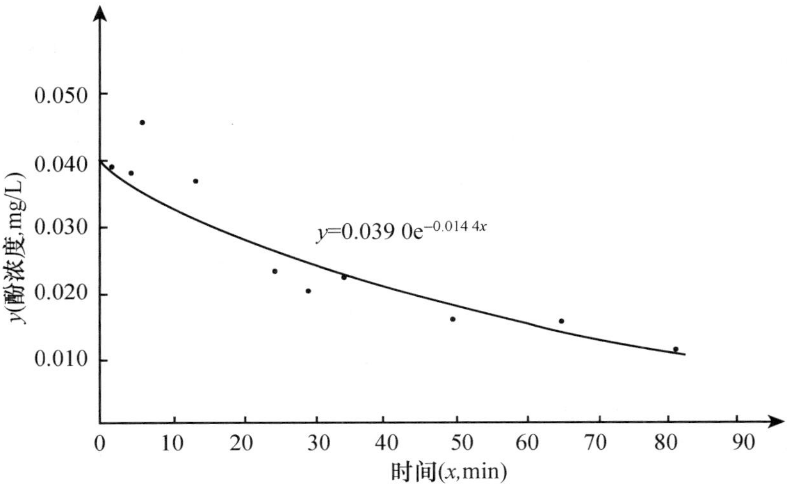

图 3-13　污染物自净过程中酚的浓度和时间的关系

(2)配置回归方程　在配置回归方程之前先将上述三种曲线方程直线化，直线化方法同前述，只是幂函数等式两边需取自然对数，将方程直线化后再将相应数据作直线化变换，其结果见表 3-75。

表 3-75　表 3-74 资料数据直线化变换表

编号	x (min)	y (mg/L)	指数函数 y'	幂函数 y'	幂函数 x'	双曲线 x'
1	2.17	0.040	−3.218 9	−3.218 9	0.774 7	0.460 8
2	4.50	0.039	−3.244 2	−3.244 2	1.504 1	0.222 2
3	13.33	0.038	−3.270 2	−3.270 2	2.590 0	0.075 0
4	24.50	0.024	−3.729 7	−3.729 7	3.198 7	0.040 8
5	29.67	0.021	−3.863 2	−3.863 2	3.390 1	0.033 7
6	35.00	0.023	−3.772 3	−3.772 3	3.555 3	0.028 6
7	49.67	0.017	−4.074 5	−4.074 5	3.905 4	0.020 1
8	65.50	0.017	−4.074 5	−4.074 5	4.182 1	0.015 3
9	81.33	0.013	−4.342 8	−4.342 8	4.398 5	0.012 3
$\sum$	305.67	0.232	−33.590 3	−33.590 3	27.498 9	0.908 8

根据表3-75数据,配置曲线回归方程的直线化回归方程,即

指数函数直线化方程 $y'=-3.2432-0.0144x$

幂函数直线化方程 $y'=-2.7952-0.3086x'$

双曲线直线化方程 $y=0.0204+0.0535x'$

线性回归方程 $y=0.0378-0.000353x$

将直线化回归方程复原为曲线回归方程,即

指数函数回归方程 $\hat{y}=0.0390e^{-0.0144x}$

幂函数回归方程 $\hat{y}=0.0611x^{-0.3086}$

双曲线回归方程 $\hat{y}=0.0204+0.0535/x$

(3)计算剩余平方和,选择最优方程 将实测值和根据回归方程计算的估计值列于表3-76。

表3-76 表3-74资料实测值和各回归方程计算出的估计值

项目	编号								
	1	2	3	4	5	6	7	8	9
y	0.040	0.039	0.038	0.024	0.021	0.023	0.017	0.017	0.013
指数回归 $\hat{y}$	0.038	0.037	0.032	0.027	0.025	0.024	0.019	0.015	0.012
幂函数回归 $\hat{y}$	0.048	0.038	0.027	0.023	0.021	0.020	0.018	0.017	0.016
双曲线回归 $\hat{y}$	0.045	0.032	0.024	0.023	0.022	0.022	0.021	0.021	0.021
直线回归 $\hat{y}$	0.037	0.036	0.033	0.029	0.027	0.025	0.020	0.015	0.009

利用表3-76的数据计算回归方程的剩余平方和,剩余平方和只能用实测值和回归估计值之差来计算,即

$$Q=\sum(y-\hat{y})^2$$

不能用$Q=l_{y'y'}-bl_{xy'}$来计算。则

指数回归方程剩余平方和 $Q=\sum(y-\hat{y})^2=0.000079$

幂函数回归方程剩余平方和 $Q=\sum(y-\hat{y})^2=0.000206$

双曲线回归方程剩余平方和 $Q=\sum(y-\hat{y})^2=0.000369$

直线回归方程剩余平方和 $Q=\sum(y-\hat{y})^2=0.000137$

比较上述各类回归方程的剩余平方和,显然指数回归方程的剩余平方和最小,所以选择该回归方程来表达酚的浓度与时间的关系最好,即$\hat{y}=0.0390e^{-0.0144x}$较好地拟合了酚的浓度$y$与时间$x$的关系。

从上述计算过程可以看出,最优方程选择的计算过程相当繁琐。上例仅是根据初步判断确定的4种方程进行选择,若在所有可直线化的非线性方程中进行选择,计算更为复杂,为了方便应用,目前已为最优方程的选择编辑出了程序,可在计算机上直接进行选择。

(二)多项式回归

在非线性回归中,多项式回归占有重要位置。因为任何曲线都可以分段用多项式来逼近,所以,在实际中,不论因变量与自变量的关系如何,在一定范围内总可以用多项式回归进行处理。

1. 一元多项式回归

(1)回归模型　在一元多项式回归中，如果因变量 y 与自变量 x 的关系为 k 次多项式，则其回归模型为：

$$y_\alpha = \beta_0 + \beta_1 x_\alpha + \beta_2 x_\alpha^2 + \cdots + \beta_k x_\alpha^k + \varepsilon_\alpha \quad (\alpha = 1,2,\cdots,n) \tag{3.163}$$

式中：$\beta_0,\beta_1,\beta_2,\cdots,\beta_k$ 为待估参数；ε_α 为 y 在 x_α 处观察值的随机误差，服从正态分布 $N(0,\sigma^2)$；n 为试验处理数。

(2)回归方程的配置　用样本估计模型(3.163)的参数 $\beta_0,\beta_1,\beta_2,\cdots,\beta_k$ 依次为 $b_0,b_1,b_2,\cdots,b_k$，则得一元多项式回归方程：

$$\hat{y} = b_0 + b_1 x + b_2 x^2 + \cdots + b_k x^k \tag{3.164}$$

如果令模型(3.163)中的

$$x_\alpha = x_{\alpha 1}, x_\alpha^2 = x_{\alpha 2}, \cdots, x_\alpha^k = x_{\alpha k}$$

则模型(3.163)就转化为 k 元线性回归模型：

$$y_\alpha = \beta_0 + \beta_1 x_{\alpha 1} + \beta_2 x_{\alpha 2} + \cdots + \beta_k x_{\alpha k} + \varepsilon_\alpha \tag{3.165}$$

因此，多项式回归方程的配置，完全可以按照配置多元线性回归方程的方法进行。

对于多项式回归模型(3.163)，其结构矩阵 $\boldsymbol{X}$、系数矩阵 $\boldsymbol{A}$、常数项矩阵 $\boldsymbol{B}$ 如下：

$$\boldsymbol{X} = \begin{pmatrix} 1 & x_1 & x_1^2 & \cdots & x_1^k \\ 1 & x_2 & x_2^2 & \cdots & x_2^k \\ \vdots & \vdots & \vdots & & \vdots \\ 1 & x_n & x_n^2 & \cdots & x_n^k \end{pmatrix} \qquad \boldsymbol{Y} = \begin{pmatrix} y_1 \\ y_2 \\ \vdots \\ y_n \end{pmatrix}$$

$$\boldsymbol{A} = \boldsymbol{X}'\boldsymbol{X} = \begin{pmatrix} n & \sum\limits_\alpha x_\alpha & \sum\limits_\alpha x_\alpha^2 & \cdots & \sum\limits_\alpha x_\alpha^k \\ & \sum\limits_\alpha x_\alpha^2 & \sum\limits_\alpha x_\alpha^3 & \cdots & \sum\limits_\alpha x_\alpha^{k+1} \\ & & \sum\limits_\alpha x_\alpha^4 & \cdots & \sum\limits_\alpha x_\alpha^{k+2} \\ & & & & \vdots \\ \text{对称部分} & & & & \sum x_\alpha^{2k} \end{pmatrix}$$

$$\boldsymbol{B} = \boldsymbol{X}'\boldsymbol{Y} = \begin{pmatrix} \sum\limits_\alpha y_\alpha \\ \sum\limits_\alpha x_\alpha y_\alpha \\ \sum\limits_\alpha x_\alpha^2 y_\alpha \\ \vdots \\ \sum\limits_\alpha x_\alpha^k y_\alpha \end{pmatrix}$$

所以，参数的最小二乘估计为：

$$\boldsymbol{b} = \begin{pmatrix} b_0 \\ b_1 \\ b_2 \\ \vdots \\ b_k \end{pmatrix} = \boldsymbol{A}^{-1}\boldsymbol{B} = \boldsymbol{C}\boldsymbol{B} = (\boldsymbol{X}'\boldsymbol{X})^{-1}\boldsymbol{X}'\boldsymbol{Y}$$

例 3.4.7　有一玉米氮肥用量试验,试验方案及试验结果见表3-77,试配置回归方程。

表 3-77　玉米氮肥用量试验结果

处理号	x(N,t/hm^2)	x^2	y(产量,t/hm^2)	y^2
1	0	0	3.449	11.895 6
2	0.052 5	0.002 756 25	5.912	34.951 7
3	0.105 0	0.011 025 00	7.836	61.402 9
4	0.157 5	0.024 806 25	8.222	67.601 3
5	0.210 0	0.044 100 00	8.676	75.273 0
6	0.262 5	0.068 906 25	9.422	88.774 1
7	0.315 0	0.099 225 00	8.868	78.641 4
合计	1.102 5	0.250 818 75	52.385	418.540 0
平均	0.157 5		7.484	

由表3-77试验结果可以看出,玉米产量y最初随着施N量x的增加而增加,但y增加的速度逐渐减小,当x超过一定值后,y又随之减少。根据这一特性,可以考虑配置一元二次多项式回归方程,即

$$\hat{y}=b_0+b_1x+b_2x^2$$

其结构矩阵$\boldsymbol{X}$、矩阵$\boldsymbol{Y}$、正规方程组系数矩阵$\boldsymbol{A}$及常数项矩阵$\boldsymbol{B}$为:

$$\boldsymbol{X}=\begin{pmatrix}1 & 0 & 0\\ 1 & 0.052\,5 & 0.002\,756\,25\\ 1 & 0.105\,0 & 0.011\,025\,00\\ 1 & 0.157\,5 & 0.024\,806\,25\\ 1 & 0.210\,0 & 0.044\,100\,00\\ 1 & 0.262\,5 & 0.068\,906\,25\\ 1 & 0.315\,0 & 0.099\,225\,00\end{pmatrix}\qquad \boldsymbol{Y}=\begin{pmatrix}3.449\\ 5.912\\ 7.836\\ 8.222\\ 8.676\\ 9.422\\ 8.868\end{pmatrix}$$

$$\boldsymbol{A}=\boldsymbol{X}'\boldsymbol{X}=\begin{pmatrix}7 & 1.102\,5 & 0.250\,818\,75\\ 1.102\,5 & 0.250\,818\,75 & 0.063\,814\,08\\ 0.250\,818\,75 & 0.063\,814\,08 & 0.017\,282\,98\end{pmatrix}$$

$$\boldsymbol{B}=\boldsymbol{X}'\boldsymbol{Y}=\begin{pmatrix}52.385\\ 9.516\,78\\ 2.218\,417\,43\end{pmatrix}$$

用公式法求矩阵$\boldsymbol{A}$的逆矩阵$\boldsymbol{A}^{-1}$,得

$$\boldsymbol{A}^{-1}=\begin{pmatrix}0.761\,904\,76 & -8.843\,537\,41 & 21.595\,939\,96\\ -8.843\,537\,41 & 168.448\,331\,71 & -493.621\,484\,88\\ 21.595\,939\,96 & -493.621\,484\,88 & 1\,567.052\,332\,94\end{pmatrix}$$

所以,回归系数矩阵

$$b = \begin{pmatrix} b_0 \\ b_1 \\ b_2 \end{pmatrix} = A^{-1}B = \begin{pmatrix} 3.6592 \\ 44.7585 \\ -90.0076 \end{pmatrix}$$

则得一元二次回归方程为

$$\hat{y} = 3.6592 + 44.7585x - 90.0076x^2$$

（3）回归方程的显著性检验　和多元线性回归分析一样，多项式回归方程建立后，还要进行方差分析，以检验回归方程的显著性。多项式回归方程的方差分析和多元线性回归一样，也是将因变量 y 的总平方和与总自由度分解为回归与剩余两部分，计算相应的均方并进行 F 检验。总平方和 SS_T，剩余平方和 Q，回归平方和 u 以及它们的自由度的计算公式如下：

$$\begin{cases} SS_T = l_{yy} = \sum_{\alpha} (y_\alpha - \bar{y})^2 = u + Q \quad (\alpha = 1, 2, \cdots, k) \\ Q = \sum_{\alpha} y_\alpha^2 - b_0 B_0 - \sum_{j} b_j B_j \quad (j = 1, 2, \cdots, k) \\ u = SS_T - Q \end{cases} \tag{3.166}$$

式中：B_0，B_j 为矩阵 $\boldsymbol{B}$ 中的元素；k 为除 b_0 外其余回归系数的个数；n 为试验处理数。

式(3.166)相应的自由度为：

$$\begin{cases} df_T = n - 1 = df_u + df_Q \\ df_u = k \\ df_Q = n - 1 - k \end{cases} \tag{3.167}$$

$$F = \frac{u/df_u}{Q/df_Q} = \frac{S_u^2}{S_Q^2}$$

例 3.4.7 所建回归方程方差分析的计算结果如下：

$$SS_T = \sum_{\alpha} (y_\alpha - \bar{y})^2 = \sum_{\alpha} y_\alpha^2 - \left(\sum_{\alpha} y_\alpha\right)^2 / n = 26.5131$$

$$Q = \sum_{\alpha} y_\alpha^2 - b_0 B_0 - b_1 B_1 - b_2 B_2 = 0.5704$$

$$u = SS_T - Q = 25.9427$$

$$df_T = 7 - 1 = 6 \quad df_u = 2 \quad df_Q = 7 - 1 - 2 = 4$$

列方差分析于表 3 - 78。

表 3 - 78　表 3 - 77 资料的方差分析表

变因	df	SS	MS	F	$F_{0.01}$
回归	2	25.942 7	12.971 4	90.96**	18.00
剩余	4	0.570 4	0.142 6		
总变异	6	26.513 1			

F 检验结果表明，所建立的回归方程是极显著的。

（4）回归系数的显著性检验　回归方程显著并不说明自变量 x 的各次项对因变量 y 的影响都是重要的。为了判明 x 各次项对 y 影响的大小，需对偏回归系数进行显著性检验，检验的方法与多元线性回归相同，可用 F 检验或 t 检验。F 检验与 t 检验的公式同于式(3.152)至式(3.157)，只是在检验时把 x 的各次项当作不同的自变量就可以了。现对例 3.4.7 所建回归方程的偏回归系数的显著性进行 F 检验如下。

由建立回归方程时所求出的 $\boldsymbol{A}^{-1}$ 及式(3.152)得 y 对 x、x^2 的偏回归平方和 P_1、P_2 为

$$P_1 = \frac{b_1^2}{C_{11}} = \frac{44.758\,5^2}{168.448\,331\,71} = 11.892\,8$$

$$P_2 = \frac{b_2^2}{C_{22}} = \frac{(-90.007\,6)^2}{1\,567.052\,332\,94} = 5.169\,8$$

故

$$F_1 = \frac{P_1}{S_Q^2} = \frac{11.892\,8}{0.142\,6} = 83.40^{**} > F_{0.01(1,4)} = 21.20$$

$$F_2 = \frac{P_2}{S_Q^2} = \frac{5.169\,8}{0.142\,6} = 36.25^{**} > F_{0.01(1,4)} = 21.20$$

检验结果,F_1 和 F_2 均达极显著水平,说明二次回归方程

$$\hat{y} = 3.659\,2 + 44.758\,5x - 90.007\,6x^2$$

能反映玉米产量与施 N 量之间的真实关系。

2. 多元多项式回归

在多元多项式回归中,应用最广泛的是多元二次多项式回归,多元三次或更高次的多项式回归在实际中是很少见的。因此,以下仅介绍多元二次多项式回归分析,至于多元三次或更高次的多项式回归,可以类推。

如果因变量 y 对 p 个自变量 $x_1, x_2, \cdots, x_p$ 的关系可以假定为二次多项式,而且在 $x_{\alpha 1}$, $x_{\alpha 2}, \cdots, x_{\alpha p}$ 点对 y 观察值的随机误差 ε_α($\alpha=1,2,\cdots,n$,n 为试验处理数)服从正态分布,则 p 元二次多项式回归模型为:

$$y_\alpha = \beta_0 + \sum_{j=1}^{p} \beta_j x_{\alpha j} + \sum_{j=1}^{p} \beta_{jj} x_{\alpha j}^2 + \sum_{i<j} \beta_{ij} x_{\alpha i} x_{\alpha j} + \varepsilon_\alpha \tag{3.168}$$

当用样本估计时,其相应的回归方程为:

$$\hat{y} = b_0 + \sum_{j=1}^{p} b_j x_j + \sum_{j=1}^{p} b_{jj} x_j^2 + \sum_{i<j} b_{ij} x_i x_j \tag{3.169}$$

式中:b_0 为回归截距;b_j、b_{jj}、b_{ij} 依次为 x 的一次项、二次项、交互项回归系数。

和一元多项式回归一样,多元多项式回归也可通过变量变换转化为多元线性回归来处理。例如,在二元二次多项式回归中,其回归模型为:

$$y_\alpha = \beta_0 + \beta_1 x_{\alpha 1} + \beta_2 x_{\alpha 2} + \beta_{11} x_{\alpha 1}^2 + \beta_{22} x_{\alpha 2}^2 + \beta_{12} x_{\alpha 1} x_{\alpha 2} + \varepsilon_\alpha \tag{3.170}$$

如令 $\beta_{11}=\beta_3$, $\beta_{22}=\beta_4$, $\beta_{12}=\beta_5$, $x_{\alpha 1}^2=x_{\alpha 3}$, $x_{\alpha 2}^2=x_{\alpha 4}$, $x_{\alpha 1}x_{\alpha 2}=x_{\alpha 5}$,则式(3.170)可转化为五元线性回归模型:

$$y_\alpha = \beta_0 + \beta_1 x_{\alpha 1} + \beta_2 x_{\alpha 2} + \beta_3 x_{\alpha 3} + \beta_4 x_{\alpha 4} + \beta_5 x_{\alpha 5} + \varepsilon_\alpha \tag{3.171}$$

然后按多元线性回归配置回归方程并进行检验。

在二元二次多项式回归模型 (3.170)下,结构矩阵 $\boldsymbol{X}$、系数矩阵 $\boldsymbol{A}$、常数项矩阵 $\boldsymbol{B}$ 如下:

$$\boldsymbol{X} = \begin{pmatrix} 1 & x_{11} & x_{12} & x_{11}^2 & x_{12}^2 & x_{11}x_{12} \\ 1 & x_{21} & x_{22} & x_{21}^2 & x_{22}^2 & x_{21}x_{22} \\ \vdots & \vdots & \vdots & \vdots & \vdots & \vdots \\ 1 & x_{n1} & x_{n2} & x_{n1}^2 & x_{n2}^2 & x_{n1}x_{n2} \end{pmatrix}$$

$$A = X'X = \begin{pmatrix} n & \sum_{\alpha} x_{\alpha 1} & \sum_{\alpha} x_{\alpha 2} & \sum_{\alpha} x_{\alpha 1}^2 & \sum_{\alpha} x_{\alpha 2}^2 & \sum_{\alpha} x_{\alpha 1}x_{\alpha 2} \\ & \sum_{\alpha} x_{\alpha 1}^2 & \sum_{\alpha} x_{\alpha 1}x_{\alpha 2} & \sum_{\alpha} x_{\alpha 1}^3 & \sum_{\alpha} x_{\alpha 1}x_{\alpha 2}^2 & \sum_{\alpha} x_{\alpha 1}^2 x_{\alpha 2} \\ & & \sum_{\alpha} x_{\alpha 2}^2 & \sum_{\alpha} x_{\alpha 1}^2 x_{\alpha 2} & \sum_{\alpha} x_{\alpha 2}^3 & \sum_{\alpha} x_{\alpha 1}x_{\alpha 2}^2 \\ & & & \sum_{\alpha} x_{\alpha 1}^4 & \sum_{\alpha} x_{\alpha 1}^2 x_{\alpha 2}^2 & \sum_{\alpha} x_{\alpha 1}^3 x_{\alpha 2} \\ & & & & \sum_{\alpha} x_{\alpha 2}^4 & \sum_{\alpha} x_{\alpha 1}x_{\alpha 2}^3 \\ & \text{对称} & & & & \sum_{\alpha} x_{\alpha 1}^2 x_{\alpha 2}^2 \end{pmatrix}$$

$$B = X'Y = \begin{pmatrix} \sum_{\alpha} y_{\alpha} \\ \sum_{\alpha} x_{\alpha 1}y_{\alpha} \\ \sum_{\alpha} x_{\alpha 2}y_{\alpha} \\ \sum_{\alpha} x_{\alpha 1}^2 y_{\alpha} \\ \sum_{\alpha} x_{\alpha 2}^2 y_{\alpha} \\ \sum_{\alpha} x_{\alpha 1}x_{\alpha 2}y_{\alpha} \end{pmatrix}$$

参数的最小二乘估计是

$$\boldsymbol{b} = \boldsymbol{A}^{-1}\boldsymbol{B} = (\boldsymbol{X}'\boldsymbol{X})^{-1}\boldsymbol{X}'\boldsymbol{Y}$$

其他的多元多项式回归可以类推。

例 3.4.8　有一大麦氮磷肥用量配比试验，施氮量(N)分别为 0、0.037 5、0.075、0.112 5、0.15 t/hm² 五个水平，施磷量(P_2O_5)分别为 0、0.03、0.06、0.09 t/hm² 四个水平，共 20 个处理，试验结果列于表 3 - 79，试作分析。

表 3 - 79　大麦氮磷肥配比试验结果　t/hm²

P_2O_5	N				
	0	0.037 5	0.075	0.112 5	0.15
0	1.268	1.620	2.130	2.633	2.415
0.03	1.583	1.973	2.483	2.895	2.580
0.06	2.340	2.655	3.165	3.675	3.503
0.09	2.310	2.820	3.255	3.825	3.533

根据对表 3 - 79 资料的初步分析，宜配置二元二次回归方程：

$$\hat{y} = b_0 + b_1x_1 + b_2x_2 + b_{11}x_1^2 + b_{22}x_2^2 + b_{12}x_1x_2$$

式中：x_1、x_2 分别为 N、P_2O_5 施用量。

用表 3 - 79 资料配置二元二次回归方程，其结构矩阵 **X**、矩阵 **Y**、系数矩阵 **A** 及常数项矩阵 **B** 为：

$$
\boldsymbol{X}=\begin{pmatrix}
x_0 & x_1 & x_2 & x_1^2 & x_2^2 & x_1x_2 \\
1 & 0 & 0 & 0 & 0 & 0 \\
1 & 0 & 0.03 & 0 & 0.0009 & 0 \\
1 & 0 & 0.06 & 0 & 0.0036 & 0 \\
1 & 0 & 0.09 & 0 & 0.0081 & 0 \\
1 & 0.0375 & 0 & 0.00140625 & 0 & 0 \\
1 & 0.0375 & 0.03 & 0.00140625 & 0.0009 & 0.001125 \\
1 & 0.0375 & 0.06 & 0.00140625 & 0.0036 & 0.00225 \\
1 & 0.0375 & 0.09 & 0.00140625 & 0.0081 & 0.003375 \\
1 & 0.075 & 0 & 0.005625 & 0 & 0 \\
1 & 0.075 & 0.03 & 0.005625 & 0.0009 & 0.00225 \\
1 & 0.075 & 0.06 & 0.005625 & 0.0036 & 0.0045 \\
1 & 0.075 & 0.09 & 0.005625 & 0.0081 & 0.00675 \\
1 & 0.1125 & 0 & 0.01265625 & 0 & 0 \\
1 & 0.1125 & 0.03 & 0.01265625 & 0.0009 & 0.003375 \\
1 & 0.1125 & 0.06 & 0.01265625 & 0.0036 & 0.00675 \\
1 & 0.1125 & 0.09 & 0.01265625 & 0.0081 & 0.10125 \\
1 & 0.15 & 0 & 0.0225 & 0 & 0 \\
1 & 0.15 & 0.03 & 0.0225 & 0.0009 & 0.0045 \\
1 & 0.15 & 0.06 & 0.0225 & 0.0036 & 0.009 \\
1 & 0.15 & 0.09 & 0.0225 & 0.0081 & 0.0135
\end{pmatrix}
\qquad
\boldsymbol{Y}=\begin{pmatrix}
1.268 \\ 1.583 \\ 2.340 \\ 2.310 \\ 1.620 \\ 1.973 \\ 2.655 \\ 2.820 \\ 2.130 \\ 2.483 \\ 3.165 \\ 3.255 \\ 2.633 \\ 2.895 \\ 3.675 \\ 3.825 \\ 2.415 \\ 2.580 \\ 3.503 \\ 3.533
\end{pmatrix}
$$

$$
\boldsymbol{A}=\boldsymbol{X}'\boldsymbol{X}=\begin{pmatrix}
20 & 1.5 & 0.9 & 0.16875 & 0.063 & 0.0675 \\
1.5 & 0.16875 & 0.0675 & 0.02109375 & 0.004725 & 0.00759375 \\
0.9 & 0.0675 & 0.063 & 0.00759375 & 0.00486 & 0.004725 \\
0.16875 & 0.02109375 & 0.00759375 & 0.00280020 & 0.00053156 & 0.00094922 \\
0.063 & 0.004725 & 0.00486 & 0.00053156 & 0.0003969 & 0.0003645 \\
0.0675 & 0.00759375 & 0.004725 & 0.00094922 & 0.0003645 & 0.00053156
\end{pmatrix}
$$

$$
\boldsymbol{B}=\boldsymbol{X}'\boldsymbol{Y}=\begin{pmatrix}
52.661 \\ 4.437825 \\ 2.68257 \\ 0.51039563 \\ 0.1930977 \\ 0.22364888
\end{pmatrix}
\qquad
\boldsymbol{b}=\begin{pmatrix}
b_0 \\ b_1 \\ b_2 \\ b_{11} \\ b_{22} \\ b_{12}
\end{pmatrix}
=\boldsymbol{A}^{-1}\boldsymbol{B}=\begin{pmatrix}
1.1480 \\ 18.0457 \\ 18.5437 \\ -64.7365 \\ -57.9445 \\ 7.6623
\end{pmatrix}
$$

$$
\boldsymbol{C}=\boldsymbol{A}^{-1}=\begin{pmatrix}
0.54142857 & -7.54285714 & -11.0 & 25.39682540 & 55.55555556 & 53.33333333 \\
-7.54285714 & 252.95238095 & 53.33333333 & -1354.49735450 & 0 & -711.11111111 \\
-11.0 & 53.33333333 & 633.33333333 & 0 & -5555.55555556 & -1185.18518519 \\
25.39682540 & -1354.49735450 & 0 & 9029.98236332 & 0 & 0 \\
55.55555556 & 0 & -5555.55555556 & 0 & 61728.39506173 & 0 \\
53.33333333 & -711.11111111 & -1185.18518519 & 0 & 0 & 15802.46913580
\end{pmatrix}
$$

得回归方程为：

$$\hat{y}=1.1480+18.0457x_1+18.5437x_2-64.7365x_1^2-57.9445x_2^2+7.6623x_1x_2$$

方程建立后，仍按多元线性回归的方法对回归方程及回归系数进行显著性检验，经计算：

$$SS_T=l_{yy}=\sum_\alpha y_\alpha^2-\left(\sum_\alpha y_\alpha\right)^2/20=9.7910$$

$$Q=\sum_\alpha y_\alpha^2-b_0B_0-b_1B_1-b_2B_2-b_{11}B_{11}-b_{22}B_{22}-b_{12}B_{12}=0.6833$$

$$u=l_{yy}-Q=9.1077$$

$$df_T=20-1=19\qquad df_u=5\qquad df_Q=19-5=14$$

$$P_1=\frac{b_1^2}{C_{11}}=\frac{18.0457^2}{252.95238095}=1.2874$$

$$P_2=\frac{b_2^2}{C_{22}}=\frac{18.5437^2}{633.33333333}=0.5430$$

$$P_{11}=\frac{b_{11}^2}{C_{33}}=\frac{(-64.7365)^2}{9029.98236332}=0.4641$$

$$P_{22}=\frac{b_{22}^2}{C_{44}}=\frac{(-57.9445)^2}{61728.39506173}=0.0544$$

$$P_{12}=\frac{b_{12}^2}{C_{55}}=\frac{7.6623^2}{15802.46913580}=0.0037$$

列方差分析于表 3 - 80。

表 3 - 80　表 3 - 79 资料的回归方程及回归系数的方差分析

变因	df	SS	MS	F	$F_{0.05}$	$F_{0.01}$
回归	5	9.107 7	1.821 5	37.33**	2.96	4.69
x_1	1	1.287 4	1.287 4	26.38**	4.60	8.86
x_2	1	0.543 0	0.543 0	11.13**		
x_1^2	1	0.464 1	0.464 1	9.51**		
x_2^2	1	0.054 4	0.054 4	1.11		
x_1x_2	1	0.003 7	0.003 7	<1		
剩余	14	0.683 3	0.048 8			
总变异	19	9.791 0				

经检验，回归方程极显著，偏回归系数中，N、P 一次项及 N 的二次项均为极显著，P 的二次项及 N×P 交互项不显著。说明所建立的回归方程能反映大麦产量与氮磷肥之间的关系，但回归方程中还存在不显著项，应进行剔除，剔除的方法同前，不再赘述。

3. 正交多项式回归

多项式回归可化为多元线性回归来处理，但多元线性回归的计算比较繁琐，其繁琐的程度随着自变量个数的增加而迅速增加。同时因其回归系数之间存在相关性，当剔除一个自变量后，还须重新计算和检验。如果利用正交多项式就可克服上述缺点，简化计算。

(1)正交多项式回归分析的原理　利用多元线性回归分析的方法处理多项式回归问题，主要复杂在计算系数矩阵 $\mathbf{A}$ 和它的逆矩阵 $\mathbf{A}^{-1}$ 上。如果我们能使系数矩阵 $\mathbf{A}$ 变为对角阵(除主对角线上的元素不为 0 外，其余皆为 0)，就可使计算大大简化，而且还可消去回归系数间的相关性。如何能使系数矩阵 $\mathbf{A}$ 变为对角阵，我们从最简单的一元二次多项式回归谈起，如果用多项式

$$\begin{cases} P_1(x) = x + K_{10} \\ P_2(x) = x^2 + K_{21}x + K_{20} \end{cases} \tag{3.172}$$

分别代替一元二次多项式回归模型中的一次项 x 和二次项 x^2，这样模型

$$y_\alpha = \beta_0 + \beta_1 x_\alpha + \beta_2 x_\alpha^2 + \varepsilon_\alpha \quad (\alpha = 1, 2, \cdots, n) \tag{3.173}$$

就转换成

$$y_\alpha = \beta'_0 + \beta'_1 P_1(x_\alpha) + \beta'_2 P_2(x_\alpha) + \varepsilon_\alpha \tag{3.174}$$

其结构矩阵 $\boldsymbol{X}$ 及系数矩阵 $\boldsymbol{A}$ 为

$$\boldsymbol{X} = \begin{pmatrix} 1 & P_1(x_1) & P_2(x_1) \\ 1 & P_1(x_2) & P_2(x_2) \\ \vdots & \vdots & \vdots \\ 1 & P_1(x_n) & P_2(x_n) \end{pmatrix}$$

$$\boldsymbol{A} = \boldsymbol{X}'\boldsymbol{X} = \begin{bmatrix} n & \sum_\alpha P_1(x_\alpha) & \sum_\alpha P_2(x_\alpha) \\ \sum_\alpha P_1(x_\alpha) & \sum_\alpha P_1^2(x_\alpha) & \sum_\alpha P_1(x_\alpha)P_2(x_\alpha) \\ \sum_\alpha P_2(x_\alpha) & \sum_\alpha P_1(x_\alpha)P_2(x_\alpha) & \sum_\alpha P_2^2(x_\alpha) \end{bmatrix} \tag{3.175}$$

要使系数矩阵 $\boldsymbol{A}$ 成为对角阵，则

$$\begin{cases} \sum_\alpha P_1(x_\alpha) = 0 \\ \sum_\alpha P_2(x_\alpha) = 0 \\ \sum_\alpha P_1(x_\alpha)P_2(x_\alpha) = 0 \end{cases} \tag{3.176}$$

满足式(3.176)的一组多项式 $P_1(x)$，$P_2(x)$就称正交多项式。将式(3.172)代入式(3.176)得：

$$\begin{cases} \sum_\alpha (x_\alpha + K_{10}) = 0 \\ \sum_\alpha (x_\alpha^2 + K_{21}x_\alpha + K_{20}) = 0 \\ \sum_\alpha (x_\alpha + K_{10})(x_\alpha^2 + K_{21}x_\alpha + K_{20}) = 0 \end{cases} \tag{3.177}$$

在 x 的取值 $x_1, x_2, \cdots, x_n$ 为等间距的情况下，解联立方程组(3.177)得：

$$K_{10} = -\bar{x} \qquad K_{21} = -2\bar{x} \qquad K_{20} = \bar{x}^2 - \frac{1}{n}\sum_\alpha (x_\alpha - \bar{x})^2$$

因而，在自变量 x 的取值为等间距的情况下，当选取

$$\begin{cases} P_1(x) = x - \bar{x} \\ P_2(x) = (x - \bar{x})^2 - \frac{1}{n}\sum_\alpha (x_\alpha - \bar{x})^2 \end{cases} \tag{3.178}$$

则系数矩阵 $\boldsymbol{A}$ 为对角阵

$$\boldsymbol{A} = \begin{bmatrix} n & 0 & 0 \\ 0 & \sum_\alpha P_1^2(x_\alpha) & 0 \\ 0 & 0 & \sum_\alpha P_2^2(x_\alpha) \end{bmatrix}$$

这时称模型(3.174)为正交多项式模型。此时

$$\boldsymbol{A}^{-1}=\boldsymbol{C}=\begin{pmatrix}\frac{1}{n} & 0 & 0\\ 0 & \frac{1}{A_1} & 0\\ 0 & 0 & \frac{1}{A_2}\end{pmatrix}\qquad\left(A_j=\sum_{\alpha}P_j^2(x_\alpha),j=1,2\right)$$

常数项矩阵 $\boldsymbol{B}$ 为

$$\boldsymbol{B}=\begin{pmatrix}B_0\\ B_1\\ B_2\end{pmatrix}=\boldsymbol{X}'\boldsymbol{Y}=\begin{pmatrix}\sum_{\alpha}y_\alpha\\ \sum_{\alpha}y_\alpha P_1(x_\alpha)\\ \sum_{\alpha}y_\alpha P_2(x_\alpha)\end{pmatrix}$$

由 $\boldsymbol{b}=\boldsymbol{A}^{-1}\boldsymbol{B}$ 即可得回归系数

$$\begin{cases}b'_j=\dfrac{B_j}{A_j}=\dfrac{\sum_{\alpha}y_\alpha P_j(x_\alpha)}{\sum_{\alpha}P_j^2(x_\alpha)}\\ b'_0=\dfrac{1}{n}\sum_{\alpha}y_\alpha=\bar{y}\end{cases}\tag{3.179}$$

在正交多项式回归中，由于回归系数之间已不存在相关性，所以回归平方和等于各次正交多项式偏回归平方和之和。设 u_j 为 j 次正交多项式的偏回归平方和，则根据式(3.152)有：

$$u_j=\frac{b_j'^2}{C_{jj}}=\frac{B_j^2/A_j^2}{1/A_j}=\frac{B_j^2}{A_j}=b'_jB_j\tag{3.180}$$

而

$$\begin{cases}u=u_1+u_2+\cdots+u_k=\dfrac{B_1^2}{A_1}+\dfrac{B_2^2}{A_2}+\cdots+\dfrac{B_k^2}{A_k}\\ SS_T=\sum_{\alpha}(y_\alpha-\bar{y})^2=u+Q\\ Q=SS_T-u=SS_T-u_1-u_2-\cdots-u_k\end{cases}\tag{3.181}$$

因此，回归系数的检验可同时进行，同时如果某一项未达显著，可将其剔除而不必对整个回归方程进行重新计算。如果有几项未达显著，可从偏回归平方和最小者开始，逐个剔除，剔除一个后将其偏回归平方和与自由度并入剩余，然后用合并后的剩余再检验其他项，一直到回归方程中不含不显著项为止。

利用正交多项式可使多项式回归方程的配置和检验变得很简单。但正交多项式组(3.178)受自变量 x 的单位和取值间距大小的影响，所以，当试验中自变量 x 的单位和取值间距不同时，正交多项式 $P_j(x)$在等间距点 x_α 上对应的值 $P_j(x_\alpha)$也不相同。为了使正交多项式具有通用性，可以将 $P_j(x)$中的 $x-\bar{x}$ 除以自变量 x 取值的间距 h，即

$$\begin{cases}\Phi_1(x)=\dfrac{x-\bar{x}}{h}\\ \Phi_2(x)=\left(\dfrac{x-\bar{x}}{h}\right)^2-\dfrac{1}{n}\sum_{\alpha}\left(\dfrac{x_\alpha-\bar{x}}{h}\right)^2=\left(\dfrac{x-\bar{x}}{h}\right)^2-\dfrac{n^2-1}{12}\end{cases}\tag{3.182}$$

式中:n 为 x 的水平数。

正交多项式组(3.182)消除了 x 的单位和取值间距不同的影响,具有通用性。这样的正交多项式组,在自变量 x 的取值为等间距的情况下,不论 x 的单位和取值间距如何,只要 x 的水平数 n 相等,则正交多项式 $\Phi_j(x)$ 在等间距点 x_α 上对应的值 $\Phi_j(x_\alpha)$ 总是相同的。例如,有一个小麦氮肥试验和一个玉米密度试验,小麦氮肥试验分为施 N 75、150、225、300 kg/hm^2 四个处理;玉米密度试验分为45 000、52 500、60 000、67 500株/hm^2 四个处理。这两个试验的自变量 x(N 用量和密度)的单位和取值间距是不相同的,但它们的水平数 n 均为 4,可以验证,采用正交多项式组(3.182)时,$\Phi_1(x)$,$\Phi_2(x)$ 在两个试验的等间距点 x_α 上的对应值是完全相同的,列于表 3-81。

表 3-81 $n=4$ 时 $\Phi_1(x)$ 和 $\Phi_2(x)$ 在 x_α 上的值

α	$\Phi_1(x_\alpha)$	$\Phi_2(x_\alpha)$
1	−1.5	1
2	−0.5	−1
3	0.5	−1
4	1.5	1

一般的,当自变量 x 的取值为 $x_\alpha=u+\alpha h$ 时($\alpha=1,2,\cdots,n$;h 为公差即间距),对应于 x_j($j=1,2,\cdots,k$)的正交多项式 $\Phi_j(x)$ 为:

$$\begin{cases}\Phi_1(x)=\dfrac{x-\bar{x}}{h}\\ \Phi_2(x)=\left(\dfrac{x-\bar{x}}{h}\right)^2-\dfrac{n^2-1}{12}\\ \Phi_3(x)=\left(\dfrac{x-\bar{x}}{h}\right)^3-\dfrac{3n^2-7}{20}\left(\dfrac{x-\bar{x}}{h}\right)\\ \Phi_4(x)=\left(\dfrac{x-\bar{x}}{h}\right)^4-\dfrac{3n^2-13}{14}\left(\dfrac{x-\bar{x}}{h}\right)^2+\dfrac{3(n^2-1)(n^2-9)}{560}\\ \quad\vdots\\ \Phi_{k+1}(x)=\Phi_1(x)\Phi_k(x)-\dfrac{k^2(n^2-k^2)}{4(4k^2-1)}\Phi_{k-1}(x)\end{cases}\tag{3.183}$$

正交多项式组(3.183)虽然具有通用性,但是 $\Phi_j(x)$ 在等间距点 x_α 上对应的值 $\Phi_j(x_\alpha)$ 并不一定都为整数。例如,表 3-81 中的 $\Phi_1(x_\alpha)$,其在 x_α 点上的值为−1.5、−0.5、0.5、1.5。为了避免小数运算时的困难,可选择适当的参数 λ_j,使得:

$$X_j(x)=\lambda_j\Phi_j(x)$$

在 n 个等间距点上的值为绝对值尽可能小的整数。如表 3-81 所示,当取 $\lambda_1=2$,即 $2\Phi_1(x_\alpha)$,则它在 $\alpha=1$、2、3、4 上的值为−3、−1、1、3,全为整数了。一般称 $X_j(x)$ 的值为 j 次多项式的正交系数。附表 6 列出了 $n=3\sim13$,$j=1\sim5$ 时相应的 λ_j,$X_j(x)=\lambda_j\Phi_j(x)$ 在 x_α 上的数值以及 $A_j=\sum\limits_\alpha X_j^2(x_\alpha)$ 的值,可供查阅。

例 3.4.9 大麦氮肥施用量试验,氮肥施用量(N)分为 0.0、22.5、45.0、67.5、90.0、112.5 kg/hm^{2}六个水平,其产量 y(kg/hm^2)列于表 3-82。试作分析。

根据对试验数据的初步分析,可能为二次多项式,最多不会超过三次,可选配三次式。根据氮肥用量的水平数 $n=6$，查相应的正交多项式表，将查得的数据抄列于正交多项式回归计算表 3-82 中，并进行计算，计算结果列于表 3-82 的下半部分。

表 3-82 一元正交多项式回归计算表

α	x(N, kg/hm²)	$X_1(x_\alpha)$	$X_2(x_\alpha)$	$X_3(x_\alpha)$	y_α(kg/hm²)
1	0	−5	5	−5	2 340.0
2	22.5	−3	−1	7	2 850.0
3	45.0	−1	−4	4	3 457.5
4	67.5	1	−4	−4	3 765.0
5	90.0	3	−1	−7	3 637.5
6	112.5	5	5	5	3 315.0
	A_j	70	84	180	
	$B_j=\sum_\alpha y_\alpha X_j(x_\alpha)$	7 545.00	−7 102.5	−1 867.5	$\sum_\alpha y_\alpha=19\ 365$
	$b_j'=B_j/A_j$	107.79	−84.55	−10.38	$b_0'=3\ 227.5$
	$u_j=B_j^2/A_j$	813 243.21	600 541.74	19 375.31	$SS_T=1\ 447\ 725$
	λ_j	2	3/2	5/3	

回归方程各次项回归系数的显著性检验列于表 3-83。

表 3-83 例 3.4.9 方差分析表

变因	df	SS	MS	F	$F_{0.05}$	$F_{0.01}$
一次项 $X_1(x)$	1	813 243.21	813 243.21	111.67**	18.51	98.49
二次项 $X_2(x)$	1	600 541.74	600 541.74	82.47*		
三次项 $X_3(x)$	1	19 375.31	19 375.31	2.66		
剩余	2	14 564.74	7 282.37			
总变异	5	1 447 725.00				

注：剩余平方和 $Q=SS_T-u_1-u_2-u_3=14\ 564.74$。

经检验，一次项极显著，二次项显著，三次项不显著。应将三次项剔除，并把其偏回归平方和及自由度并入剩余，得到二次式的剩余均方 S_Q^2 为：

$$S_Q^2=\frac{14\ 564.74+19\ 375.31}{2+1}=11\ 313.35$$

用剔除了三次项后的剩余均方再检验一次及二次项，分别得 $F_1=71.88^{**}$，$F_2=53.08^{**}$，皆为极显著。所以，得正交多项式回归方程为：

$$\hat{y}=3\ 227.5+107.79X_1(x)-84.55X_2(x)$$

因为

$$X_1(x)=\lambda_1\Phi_1(x)=2\left(\frac{x-\bar{x}}{h}\right)=\frac{2}{22.5}x-5$$

$$X_2(x)=\lambda_2\Phi_2(x)=\frac{3}{2}\left[\left(\frac{x-\bar{x}}{h}\right)^2-\frac{n^2-1}{12}\right]$$

$$=\frac{3}{2}\left[\frac{x^2-112.5x+3\ 164.062\ 5}{506.25}-\frac{36-1}{12}\right]$$

$$=0.002\ 963x^2-0.333\ 333x+6.458\ 3$$

所以

$$\hat{y} = 3\,227.5 + 107.79\left(\frac{2}{22.5}x - 5\right) - 84.55(0.002\,963x^2 - 0.333\,333x + 6.458\,3)$$

整理后得多项式回归方程：

$$\hat{y} = 2\,142.5 + 37.764\,6x - 0.250\,5x^2$$

（2）多元正交多项式回归　在多元多项式回归中，如果参试的每个因素的水平间取等间距（各因素的水平数及间距不一定相同），则可按以上所述正交多项式回归的方法作多元多项式回归分析。现以二元二次为例说明其统计分析方法。

在二元二次多项式回归模型中，自变量的一次项 x、z 和二次项 x^2、z^2 分别用相应的正交多项式 $X_1(x)$、$Z_1(z)$ 和 $X_2(x)$、$Z_2(z)$ 代替，即得二元二次正交多项式回归模型：

$$y_\alpha = \beta_{00} + \beta_{10}X_1(x_\alpha) + \beta_{20}X_2(x_\alpha) + \beta_{01}Z_1(z_\alpha) + \beta_{02}Z_2(z_\alpha) + \beta_{11}X_1(x_\alpha)Z_1(z_\alpha) + \varepsilon_\alpha \tag{3.184}$$

式中：

$$X_1(x) = \lambda_1\left(\frac{x-\bar{x}}{h_x}\right),\qquad X_2(x) = \lambda_2\left[\left(\frac{x-\bar{x}}{h_x}\right)^2 - \frac{n_x^2-1}{12}\right]$$

$$Z_1(z) = \lambda_1\left(\frac{z-\bar{z}}{h_z}\right),\qquad Z_2(z) = \lambda_2\left[\left(\frac{z-\bar{z}}{h_z}\right)^2 - \frac{n_z^2-1}{12}\right]$$

现以例3.4.8大麦氮磷肥用量配比试验的资料（表3-79）为例，说明多元正交多项式回归的具体方法，见表3-84。

表3-84的组成和计算基本上与一元正交多项式回归的计算表3-82相同，其不同点有：

①氮磷肥用量的正交多项式一次项和二次项在其等间距点的值 $X_1(x_\alpha)$、$X_2(x_\alpha)$、$Z_1(z_\alpha)$、$Z_2(z_\alpha)$ 和一元正交多项式回归一样，也是根据氮磷肥用量的水平数（$n_x=5$，$n_z=4$），由正交多项式表（附表6）查得，不同的是氮磷肥用量的每个水平在试验方案中的出现不止一次，所以，正交多项式在等间距点的值也应与其对应。例如，表3-79中的处理1、2、3、4，氮肥用量的第一个水平0出现了四次，故其对应的 $X_1(x_1)=-2$ 及 $X_2(x_1)=2$ 也出现四次，磷肥用量的四个水平各出现一次，故其对应的 $Z_1(z_\alpha)$ 和 $Z_2(z_\alpha)$ 也各出现一次。其余类推。

②表3-84中的交互项 X_1Z_1 所在列的数值是 $X_1(x_\alpha)$ 和 $Z_1(z_\alpha)$ 所在列同行数值相乘的结果。例如第一行（处理1），$X_1(x_1)=-2$，$Z_1(x_1)=-3$，故 $X_1Z_1=6$。

③表3-84中 A_j 的值是各列数值平方之和。例如 $X_1(x_\alpha)$ 列的 A_1 值是该列所有数值平方之和，即

$$A_1 = 4\times[(-2)^2 + (-1)^2 + 0^2 + 1^2 + 2^2] = 40$$

表3-84中的 B_j、b_j' 及偏回归平方和 u_j 的计算与一元正交多项式回归相同。所得 b_j' 为回归模型（3.184）中各回归参数 β_{ij} 的估计值，故得正交多项式回归方程：

$$\hat{y} = 2.633\,1 + 0.325\,5X_1(x) - 0.091\,0X_2(x) + 0.208\,6Z_1(z) - 0.052\,2Z_2(z) + 0.004\,3X_1(x)Z_1(z)$$

回归方程与回归系数的显著性检验见表3-85。

$$SS_T = \sum_\alpha y_\alpha^2 - \left(\sum_\alpha y_\alpha\right)^2/n = 9.791\,0,\quad df_T = 20-1 = 19$$

$$u = u_1 + u_2 + u_3 + u_4 + u_5 = 9.109\,5,\quad df_u = 5$$

$$Q = SS_T - u = 0.681\,5,\quad df_Q = 19-5 = 14$$

表 3-84　二元二次正交多项式回归计算表

处理号	$x(N, t/hm^2)$	$z(P_2O_5, t/hm^2)$	$X_1(x_a)$	$X_2(x_a)$	$Z_1(z_a)$	$Z_2(z_a)$	X_1Z_1	$y(t/hm^2)$
1	0	0	−2	2	−3	1	6	1.268
2	0	0.03	−2	2	−1	−1	2	1.583
3	0	0.06	−2	2	1	−1	−2	2.340
4	0	0.09	−2	2	3	1	−6	2.310
5	0.037 5	0	−1	−1	−3	1	3	1.620
6	0.037 5	0.03	−1	−1	−1	−1	1	1.973
7	0.037 5	0.06	−1	−1	1	−1	−1	2.655
8	0.037 5	0.09	−1	−1	3	1	−3	2.820
9	0.075	0	0	−2	−3	1	0	2.130
10	0.075	0.03	0	−2	−1	−1	0	2.483
11	0.075	0.06	0	−2	1	−1	0	3.165
12	0.075	0.09	0	−2	3	1	0	3.255
13	0.112 5	0	1	−1	−3	1	−3	2.633
14	0.112 5	0.03	1	−1	−1	−1	−1	2.895
15	0.112 5	0.06	1	−1	1	−1	1	3.675
16	0.112 5	0.09	1	−1	3	1	3	3.825
17	0.15	0	2	2	−3	1	−6	2.415
18	0.15	0.03	2	2	−1	−1	−2	2.580
19	0.15	0.06	2	2	1	−1	2	3.503
20	0.15	0.09	2	2	3	1	6	3.533
A_j			40	56	100	20	200	
B_j			13.02	−5.098	20.855	−1.043	0.862	$\sum y_a = 52.661$
$b'_j = B_j/A_j$			0.325 5	−0.091 0	0.208 6	−0.052 2	0.004 3	$b'_0 = 2.633 1$
$u_j = B_j^2/A_j$			4.238 0	0.464 1	4.349 3	0.054 4	0.003 7	$SS_T = 9.791 0$
λ_j			1	1	2	1	2	

表 3-85　表 3-79 资料的方差分析表

变因	df	SS	MS	F	$F_{0.01}$
回归	5	9.109 5	1.821 9	37.41**	4.69
$X_1(x)$	1	4.238 0	4.238 0	87.02**	8.86
$X_2(x)$	1	0.464 1	0.464 1	9.53**	
$Z_1(z)$	1	4.349 3	4.349 3	89.31**	
$Z_2(z)$	1	0.054 4	0.054 4	1.12	
X_1Z_1	1	0.003 7	0.003 7	0.08	
剩余	14	0.681 5	0.048 7		
总变异	19	9.791 0			

方差分析结果,回归方程极显著,氮肥的一次项、二次项及磷肥的一次项均达极显著,而磷肥的二次项及交互项均不显著。对不显著项经逐个剔除的结果为磷肥的二次项及交互项均剔除,故得正交多项式回归方程为:

$$\hat{y} = 2.633\,1 + 0.325\,5X_1(x) - 0.091\,0X_2(x) + 0.208\,6Z_1(z)$$

因为

$$X_1(x) = \lambda_1\left(\frac{x-\bar{x}}{h_x}\right) = \frac{x-0.075}{0.037\,5} = 26.666\,7x - 2$$

$$X_2(x) = \lambda_2\left[\left(\frac{x-\bar{x}}{h_x}\right)^2 - \frac{n_x^2-1}{12}\right] = 711.111\,1x^2 - 106.666\,7x + 2$$

$$Z_1(z) = \lambda_2\left(\frac{z-\bar{z}}{h_z}\right) = 2\left(\frac{z-0.045}{0.03}\right) = 66.666\,7z - 3$$

所以

$$\hat{y} = 2.633\,1 + 0.325\,5(26.666\,7x - 2) - 0.091\,0(711.111\,1x^2 - 106.666\,7x + 2) + 0.208\,6(66.666\,7z - 3)$$

整理后得

$$\hat{y} = 2.217\,3 + 18.386\,7x - 64.711\,1x^2 + 13.906\,7z$$

第五节　相关分析

相关分析就是研究变量之间相关关系的密切程度,并用一个数量性指标来描述,这个指标称相关系数。相关分析与回归分析关系密切,回归分析实质上包含着相关分析的意义,回归方程及回归系数的显著性检验,就表示了变量之间相关关系的密切程度,只是与相关分析表达的形式不同而已。当然相关分析的作用,在一定情况下回归分析是不能代替的,在某些场合把二者结合起来处理问题才能得到满意的结果。

一、直线相关

(一)相关系数与决定系数

衡量两个变量之间线性相关关系密切程度和性质的数量指标称简单相关系数或单相关系数,简称相关系数,记作 r。相关系数的平方值称决定系数,记作 r^2。

在直线回归方程的显著性检验中,F 值的大小反映了两个变量之间线性相关关系的密切程度。F 值的大小取决于回归平方和 u 在总平方和 l_{yy} 中所占的比率。比率愈大,两个变量之间的线性相关关系愈密切。因此,我们定义变量 x 和变量 y 的决定系数 r^2 为:

$$r^2=\frac{u}{l_{yy}}=\frac{bl_{xy}}{l_{yy}}=\frac{(l_{xy})^2}{l_{xx}l_{yy}}=\frac{\left[\sum_\alpha(x_\alpha-\bar{x})(y_\alpha-\bar{y})\right]^2}{\sum_\alpha(x_\alpha-\bar{x})^2\sum_\alpha(y_\alpha-\bar{y})^2} \tag{3.185}$$

则相关系数 r 为：

$$r=\sqrt{r^2}=\frac{\sum_\alpha(x_\alpha-\bar{x})(y_\alpha-\bar{y})}{\sqrt{\sum_\alpha(x_\alpha-\bar{x})^2\sum_\alpha(y_\alpha-\bar{y})^2}} \tag{3.186}$$

式(3.186)是样本的相关系数，它是总体相关系数 ρ 的估计值。总体相关系数 ρ 为：

$$\rho=\frac{\sum_\alpha(x_\alpha-\mu_x)(y_\alpha-\mu_y)}{\sqrt{\sum_\alpha(x_\alpha-\mu_x)^2\sum_\alpha(y_\alpha-\mu_y)^2}} \tag{3.187}$$

式中：$\bar{x}$、$\bar{y}$ 依次为 x、y 的样本平均数；μ_x、μ_y 依次为 x、y 的总体平均数；$l_{xx}=\sum_\alpha(x_\alpha-\bar{x})^2$；$l_{yy}=\sum_\alpha(y_\alpha-\bar{y})^2$；$l_{xy}=\sum_\alpha(x_\alpha-\bar{x})(y_\alpha-\bar{y})$；$b$ 为 y 对 x 的直线回归系数，u 为 y 对 x 直线回归的回归平方和。

由于 u 是 l_{yy} 的一部分，故 r^2 的取值区间为[0,1]，而 r 的取值区间为[−1,1]。当 x 与 y 无线性相关关系时，$\rho=0$，r^2 和 r 的数学期望为 0；当 x 与 y 呈线性函数关系时 $|\rho|=1$，r^2 的数学期望为 1，r 的数学期望为 −1 或 1。所以 r^2 或 r 可表示 x 和 y 不同的线性相关程度。当 $r=0$ 时，只表示 x 和 y 无线性相关关系，但不排除有曲线关系，所以不能说无关系，而只能说无线性相关关系。r 的正负表示着相关的性质，为正值时表示正相关，即 y 随 x（或 x 随 y）的增加而增加；为负值时表示负相关，即 y 随 x（或 x 随 y）的增大而减小。

根据 r^2 的定义，它所表示的乃是在 x 或 y 的总变异中可以相互以线性关系说明的部分所占的比率。因此，将 r 和 r^2 结合起来，既可说明相关的性质，又可说明 x 与 y 相互以线性关系说明的部分所占的比率。例如 $r=0.5$，则 $r^2=0.25$，说明 x 与 y 是正相关，它们之间可以相互以线性关系说明的部分占 25%。

例 3.5.1 大豆的脂肪含量(x_1)和蛋白质含量(x_2)的测定结果列于表 3-86，试求其相关系数和决定系数。

表 3-86 大豆脂肪和蛋白质含量测定结果 %

编号	x_1(脂肪含量)	x_2(蛋白质含量)
1	16.5	43.5
2	17.5	42.6
3	18.5	42.6
4	19.5	40.6
5	20.5	40.3
6	21.5	38.7
7	22.5	37.2
8	23.5	36.0
9	24.5	34.0
合计	184.5	355.5
平均	20.5	39.5

相关系数表达两个变量之间相关关系密切的程度,因此,两个变量就无因变量与自变量之分。式(3.185)至式(3.187)中的 x 与 y 只是表示两个变量,并不表示 x 是自变量、y 是因变量。本例的两个变量 x_1 和 x_2,可以其中的 x_2 代表公式中的 y 计算相关系数。根据式(3.186)由表3-86算得:

$$r=\frac{\sum_{\alpha}x_{\alpha1}x_{\alpha2}-\frac{1}{n}\left(\sum_{\alpha}x_{\alpha1}\right)\left(\sum_{\alpha}x_{\alpha2}\right)}{\sqrt{\left[\sum_{\alpha}x_{\alpha1}^{2}-\frac{1}{n}\left(\sum_{\alpha}x_{\alpha1}\right)^{2}\right]\left[\sum_{\alpha}x_{\alpha2}^{2}-\frac{1}{n}\left(\sum_{\alpha}x_{\alpha2}\right)^{2}\right]}}$$

$$=\frac{7\,217.25-\frac{1}{9}\times184.5\times355.5}{\sqrt{\left(3\,842.25-\frac{1}{9}\times184.5^{2}\right)\left(14\,127.75-\frac{1}{9}\times355.5^{2}\right)}}=-0.984$$

$$r^2=(-0.984)^2=0.968$$

(二)相关系数的显著性检验

由样本求得的相关系数,必然受抽样误差的影响,是否显著,只有在作了显著性检验后才能判定。相关系数显著性检验的假设 $H_0:\rho=0$,对 $H_A:\rho\neq0$;检验的方法可用 t 检验。

当 $\rho=0$ 时,r 的抽样分布随样本容量 n 的不同而不同。所以

$$t=\frac{|r|}{\sqrt{\frac{1-r^2}{n-2}}} \tag{3.188}$$

遵循自由度 $\nu=n-2$ 的 t 分布,故由式(3.188)可检验 $H_0:\rho=0$,对 $H_A:\rho\neq0$。

通常将式(3.188)的分母称为相关系数标准误差,记作 S_r,即

$$S_r=\sqrt{\frac{1-r^2}{n-2}} \tag{3.189}$$

现对例3.5.1所求出的相关系数进行显著性检验如下:

$$t=\frac{|r|}{\sqrt{\frac{1-r^2}{n-2}}}=\frac{|r|\sqrt{n-2}}{\sqrt{1-r^2}}=\frac{0.984\sqrt{9-2}}{\sqrt{1-0.984^2}}=14.61^{**}$$

自由度 $\nu=n-2=9-2=7$ 时,$t_{0.05}=2.36$,$t_{0.01}=3.50$,实得 $t=14.61>t_{0.01}$,极显著,可判断大豆中脂肪含量和蛋白质含量之间有极显著的负相关。

由式(3.188)可得:

$$r=\frac{t}{\sqrt{n-2+t^2}} \tag{3.190}$$

如果取显著水平为 α,将一定 $\nu=n-2$ 下的 t_α 值及 n 代入式(3.190),可得一定 n 下 r 达显著水平 α 时的显著临界值 r_α,即

$$r_\alpha=\frac{t_\alpha}{\sqrt{n-2+t_\alpha^2}} \tag{3.191}$$

根据式(3.191)可计算出显著水平为 α 时不同 n 下相关系数达显著的临界值 r_α,见附表7。有了相关系数 r 显著临界值表,求出相关系数后,根据 n 查表就可知其是否显著,免去计算 t 值的麻烦。如果实得 $|r|>r_\alpha$,则为在 α 水平上显著。本例 $n=9$,$\nu=9-2=7$,查附表7,$r_{0.05}=$

0.666，$r_{0.01}=0.798$，实得$|r|=0.984>r_{0.01}$，为极显著。

二、多元相关与偏相关

多个变量的综合与一个变量间的相关称多元相关或复相关。在多个变量中，除指定的两个变量外，其余变量皆固定时，则被指定的两个变量间的相关，称偏相关或净相关。在复相关与偏相关分析中，没有自变量与因变量之分。但在实践中，也常用于有自变量和因变量之分的资料。复相关与偏相关分析研究变量间的线性相关关系。

(一)复相关系数及其显著性检验

在多元线性回归中，变量 y 依 m 个变量($x_1, x_2, \cdots, x_m$)的回归平方和 u 占总平方和 l_{yy} 的比率愈大，表明 y 与 $x_1, x_2, \cdots, x_m$ 的总相关愈密切。因此，可定义复相关系数 R 为：

$$R=\sqrt{\frac{u}{l_{yy}}} \tag{3.192}$$

由于 u 是 l_{yy} 的一部分，同时 R 衡量 y 与 $x_1, x_2, \cdots, x_m$ 的总相关密切的程度，故式(3.192)只取正值。因此，R 的取值区间为[0,1]。

对于复相关系数 R 的显著性可用 F 检验。检验的假设 H_0：总体的复相关系数为 0，对 H_A：总体的复相关系数不为 0。可由

$$F=\frac{R^2/m}{(1-R^2)/(n-m-1)}=\frac{(n-m-1)R^2}{m(1-R^2)} \tag{3.193}$$

进行检验。式中 m 为变量 x 的个数，n 为处理数。

例 3.5.2　为了探讨土壤可矿化氮与有机氮各组分的关系，利用采自陕西省永寿县的 6 个剖面共 36 个土壤样品，测定其氨基酸态氮含量(x_1)、氨基糖态氮含量(x_2)和酸解氨态氮含量(x_3)，并同时用好气培养法测定了土壤 3 周矿化氮量($NO_3^- - N + NH_4^+ - N$)(y)，测定结果见表 3-87，试作分析。

总平方和 $l_{yy}=8\,978.00$，回归平方和 $u=7\,578.21$，代入式(3.192)得：

$$R=\sqrt{\frac{u}{l_{yy}}}=\sqrt{\frac{7\,578.21}{8\,978.00}}=0.918\,7$$

已知 $n=36, m=3$，根据式(3.193)得：

$$F=\frac{(n-m-1)R^2}{m(1-R^2)}=\frac{32\times 0.918\,7^2}{3(1-0.918\,7^2)}=57.7$$

当 $\nu_1=m=3, \nu_2=n-m-1=32$ 时，$F_{0.05}=2.90$，$F_{0.01}=4.46$，实得 $F=57.7>F_{0.01}$，表明 $R=0.918\,7$达极显著水平。

(二)偏相关系数及其显著性检验

简单相关系数表达两个变量之间的关系。任何两个变量之间的关系，都会受其他变量的影响。如果不消去其他变量的影响，用简单相关系数表达其密切程度，往往是不能正确反映其真正关系的。为了消除其他变量的影响，可将其他变量固定。变量在实际中都是不固定的，所谓固定是指用统计方法消除其不固定的影响。在 m 个变量中固定 $m-2$ 个变量，余下的两个变量的线性相关系数称偏相关系数。

偏相关系数以 r 附加下标来表示，例如 $r_{12\cdot 34\cdots m}$表示 x_3、x_4、…、x_m 皆固定时 x_1 与 x_2 的偏相关系数；$r_{35\cdot 1246\cdots m}$表示 x_1、x_2、x_4、x_6、…、x_m 皆固定时，x_3 与 x_5 的偏相关系数。下标点前的是

表 3-87 土壤氨基酸态氮、氨基糖态氮、酸解氨态氮含量与矿化氮量 mg/kg

土壤编号	氨基酸态氮(x_1)	氨基糖态氮(x_2)	酸解氨态氮(x_3)	矿化氮(y)
1	338	52	258	55.3
2	296	23	270	44.4
3	237	12	235	25.8
4	117	20	181	8.8
5	112	9	209	8.8
6	102	0	206	5.6
7	314	41	227	36.5
8	289	24	220	15.2
9	209	28	136	7.3
10	150	11	139	4.3
11	108	2	138	2.8
12	87	7	121	0.8
13	314	44	244	36.1
14	247	18	226	19.8
15	180	8	167	7.5
16	167	25	115	2.1
17	111	17	98	2.1
18	87	0	98	3.0
19	261	37	202	21.8
20	209	24	150	4.4
21	157	26	115	4.1
22	149	17	98	1.1
23	118	9	91	0.5
24	104	0	82	0.4
25	401	66	279	58.0
26	331	63	237	33.1
27	244	12	172	27.1
28	209	21	132	14.4
29	100	0	122	12.4
30	94	0	106	3.1
31	279	24	261	31.0
32	209	19	183	11.8
33	190	23	155	4.6
34	146	32	131	2.1
35	66	9	141	3.0
36	52	0	141	1.6
合计	6 784	723	6 086	520.7
平均	188	20	169	14.5

发生偏相关的变量,下标点后的是被固定的变量。固定一个变量的称一级偏相关系数,固定两个变量的称二级偏相关系数,余类推。偏相关系数的取值区间和简单相关系数相同,即(−1,1)。

各级偏相关系数可按下列公式计算:

(1)一级偏相关系数　设三个变量为 x_1、x_2、x_3,并且 x_1 与 x_2,x_1 与 x_3,x_2 与 x_3 的简单相关系数依次为 r_{12}、r_{13} 和 r_{23},则:

$$r_{12\cdot 3}=\frac{r_{12}-r_{13}r_{23}}{\sqrt{(1-r_{13}^2)(1-r_{23}^2)}} \tag{3.194}$$

$r_{13\cdot 2}$ 和 $r_{23\cdot 1}$ 可以类推。

(2)二级偏相关系数

$$r_{12\cdot 34}=\frac{r_{12\cdot 3}-r_{14\cdot 3}r_{24\cdot 3}}{\sqrt{(1-r_{14\cdot 3}^2)(1-r_{24\cdot 3}^2)}} \tag{3.195}$$

$r_{13\cdot 24}$,$r_{14\cdot 23}$,$r_{23\cdot 14}$,$r_{24\cdot 13}$,$r_{34\cdot 12}$ 等可以类推。

(3)三级偏相关系数

$$r_{12\cdot 345}=\frac{r_{12\cdot 34}-r_{15\cdot 34}r_{25\cdot 34}}{\sqrt{(1-r_{15\cdot 34}^2)(1-r_{25\cdot 34}^2)}} \tag{3.196}$$

$r_{13\cdot 245}$,$r_{14\cdot 235}$,…,$r_{45\cdot 123}$ 等可以类推。

(4) $m-2$ 级偏相关系数

$$r_{12\cdot 345\cdots m}=\frac{r_{12\cdot 345\cdots(m-1)}-r_{1m\cdot 345\cdots(m-1)}r_{2m\cdot 345\cdots(m-1)}}{\sqrt{(1-r_{1m\cdot 345\cdots(m-1)}^2)(1-r_{2m\cdot 345\cdots(m-1)}^2)}} \tag{3.197}$$

$r_{13\cdot 245\cdots m}$,…,$r_{(m-1)m\cdot 123\cdots(m-2)}$ 等可以类推。

从以上公式可以看出,当变量数 $m\geqslant 4$ 时,其计算程序是比较繁琐的。现介绍一种用相关系数矩阵的逆矩阵元素计算偏相关系数的方法,该法不仅适于计算各级偏相关系数,而且也比较简便。

由 m 个变量相互间的简单相关系数 r_{ij} 可组成一个 $m\times m$ 阶相关系数矩阵 $\boldsymbol{R}$:

$$\boldsymbol{R}=\begin{pmatrix} r_{11} & r_{12} & \cdots & r_{1m} \\ r_{21} & r_{22} & \cdots & r_{2m} \\ \vdots & \vdots & & \vdots \\ r_{m1} & r_{m2} & \cdots & r_{mm} \end{pmatrix} \tag{3.198}$$

并求得 $\boldsymbol{R}$ 的逆矩阵 $\boldsymbol{R}^{-1}$:

$$\boldsymbol{R}^{-1}=(C'_{ij})=\begin{pmatrix} C'_{11} & C'_{12} & \cdots & C'_{1m} \\ C'_{21} & C'_{22} & \cdots & C'_{2m} \\ \vdots & \vdots & & \vdots \\ C'_{m1} & C'_{m2} & \cdots & C'_{mm} \end{pmatrix} \tag{3.199}$$

由于矩阵 $\boldsymbol{R}$ 为对称矩阵,故 $\boldsymbol{R}^{-1}$ 亦为对称矩阵,即 $C'_{ij}=C'_{ji}$。设 m 个变量中任意两个变量 x_i 与 x_j 的偏相关系数为 $r_{ij\cdot}$.(为了方便起见,将下标点后的 $m-2$ 个号码略去),则

$$r_{ij\cdot}=\frac{-C'_{ij}}{\sqrt{C'_{ii}C'_{jj}}} \tag{3.200}$$

例 3.5.3　土壤微生物量氮与土壤有机质含量和全氮含量有关。今测定了关中地区 15 个土壤样品的微生物量氮 x_1、全氮含量 x_2 和有机质含量 x_3,并算得它们之间的相关系数为:

$r_{12}=0.504$,$r_{13}=0.652^{**}$,$r_{23}=0.948$,试计算 $r_{12\cdot3}$ 和 $r_{13\cdot2}$。

根据式(3.194)由已算出的相关系数可得:

$$r_{12\cdot3}=\frac{r_{12}-r_{13}r_{23}}{\sqrt{(1-r_{13}^2)(1-r_{23}^2)}}=\frac{0.504-0.652\times0.948}{\sqrt{(1-0.652^2)(1-0.948^2)}}=-0.477$$

$$r_{13\cdot2}=\frac{r_{13}-r_{12}r_{23}}{\sqrt{(1-r_{12}^2)(1-r_{23}^2)}}=\frac{0.652-0.504\times0.948}{\sqrt{(1-0.504^2)(1-0.948^2)}}=0.636^{*}$$

现再用相关系数矩阵 $\boldsymbol{R}$ 的逆矩阵 $\boldsymbol{R}^{-1}$ 中的元素求 $r_{12\cdot3}$ 和 $r_{13\cdot2}$。根据已求出的相关系数,可得 $\boldsymbol{R}$ 为:

$$\boldsymbol{R}=\begin{pmatrix} r_{11} & r_{12} & r_{13} \\ r_{21} & r_{22} & r_{23} \\ r_{31} & r_{32} & r_{33} \end{pmatrix}=\begin{pmatrix} 1 & 0.504 & 0.652 \\ 0.504 & 1 & 0.948 \\ 0.652 & 0.948 & 1 \end{pmatrix}$$

求得 $\boldsymbol{R}^{-1}$ 为:

$$\boldsymbol{R}^{-1}=\begin{pmatrix} 2.252\,869 & 2.566\,214 & -3.903\,000 \\ 2.566\,214 & 12.851\,812 & -13.861\,260 \\ -3.903\,000 & -13.861\,260 & 16.690\,451 \end{pmatrix}$$

则

$$r_{12\cdot3}=\frac{-C'_{12}}{\sqrt{C'_{11}C'_{22}}}=\frac{-2.566\,214}{\sqrt{2.252\,869\times12.851\,812}}=-0.477$$

$$r_{13\cdot2}=\frac{-C'_{13}}{\sqrt{C'_{11}C'_{33}}}=\frac{-(-3.903\,000)}{\sqrt{2.252\,869\times16.690\,451}}=0.636^{*}$$

两种方法计算的结果完全相同。

偏相关系数的显著性检验与简单相关系数相同,可按自由度查附表7(相关系数 r 显著临界值表)以判断其显著性。不过在偏相关系数的显著性检验中,自由度 $\nu=n-m$。本例 $n=15$,$m=3$,故 $\nu=15-3=12$,查附表7,$r_{0.05}=0.532$,$r_{0.01}=0.661$,实得 $|r_{12\cdot3}|=0.477<r_{0.05}$,不显著;实得 $|r_{13\cdot2}|=0.636>r_{0.05}$,显著。说明在土壤有机质含量一定的情况下,土壤微生物量氮与全氮含量没有线性相关关系;而在全氮含量一定的情况下,土壤微生物量氮与有机质含量有显著的正相关。

从本例的简单相关系数与偏相关系数相比较,偏相关系数反映情况比较符合实际。

三、通径系数与通径分析

在相关研究中,有时通过简单相关系数往往很难全面地反映变量之间的相关关系。在各个自变量间均有相关,且自变量又都和因变量相关的情况下,自变量和因变量之间的相关系数只是一个笼统的概念。因为它既包含着这一自变量对因变量的直接贡献,也包含着这一自变量通过其他自变量而引起的间接贡献,实际上,这一自变量和因变量的相关系数是这一自变量的直接贡献和间接贡献的综合反映。分清各个自变量对因变量直接贡献和间接贡献的大小,才可以正确判断这个自变量的效用。

比如,在研究小麦产量构成三要素对单株产量的作用时得到以下的结果:每株穗数(x_1)对单株产量 y 的相关系数为 $r_{1y}=0.276\,9$,每穗粒数(x_2)对单株产量的相关系数为 $r_{2y}=0.513\,6$,千粒重(x_3)对单株产量的相关系数为 $r_{3y}=0.606\,0$。表面看来,似乎每株穗数与产量的关系不如每穗粒数和千粒重的那样密切。但进一步分析发现，每株穗数与每穗粒数及千粒重之间都有负的相关关系（$r_{12}=-0.1465$，$r_{13}=-0.1396$），即每株穗数增加对产量的作用，部分地间接通过每穗粒数及千粒重的降低而被抵消了。这就有必要分析每株穗数对产量的直接影响力和间接影响力。对于每穗粒数和千粒重也应该分清其对产量的直接影响力和间接影响力。

这种用来分解简单相关系数，反映自变量对因变量的直接影响力的统计量，称为通径系数(path coefficient)。利用通径系数分析变量间相关关系的方法称为通径分析。这是数量遗传学家 Sewall Wright 于 1921 年提出来，经遗传育种学者不断改进和完善而形成的一种统计方法，已广泛应用于其他领域中。

（一）通径系数

设因变量 y 受到三个自变量 x_1、x_2 和 x_3 的影响，则其关系如图 3 - 14 所示。

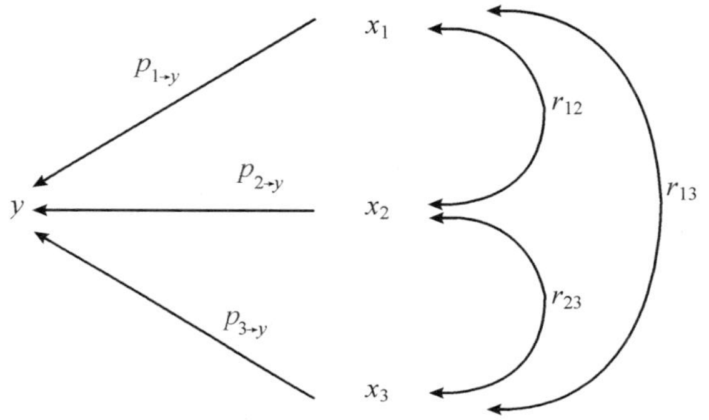

图 3 - 14　y 关于各 x 的通径图

图 3 - 14 中自变量和因变量间的三条单箭头"→"路径，称为通径；而自变量间的双箭头"↔"路径，称为相关路。除了 $x_1\to y$、$x_2\to y$、$x_3\to y$ 这 3 条直接通径外，由于 r_{12}、r_{23} 和 r_{13} 的存在，又产生了 6 条间接通径：x_1 通过 x_2 而作用于 y 的通径（记作 $x_1\to x_2\to y$）、x_1 通过 x_3 作用于 y 的通径（记作 $x_1\to x_3\to y$）、x_2 通过 x_1 作用于 y 的通径（记作 $x_2\to x_1\to y$）、x_2 通过 x_3 作用于 y 的通径（记作 $x_2\to x_3\to y$）、x_3 通过 x_1 作用于 y 的通径（记作 $x_3\to x_1\to y$）和 x_3 通过 x_2 作用于 y 的通径（记作 $x_3\to x_2\to y$）。将以上情况推广到 m 个自变量，那么直接通径为 $i\to y(i=1,2,\cdots,m)$，间接通径为 $i\to j\to y(i,j=1,2,\cdots,m,i\neq j)$。各条通径的重要性用通径系数表示，记作 $p_{i\to y}$ 或 $p_{i\to j\to y}$。相关路的重要性用相关系数 r_{ij} 表示。

通径系数实质上就是多元线性回归中的标准偏回归系数，其定义为：

$$p_{i\to y}=b'_i=b_i\sqrt{\frac{l_{ii}}{l_{yy}}}\tag{3.201}$$

$$p_{i\to j\to y}=r_{ij}p_{j\to y}\tag{3.202}$$

式中：b'_i 为 y 对 x_i 的标准偏回归系数；b_i 为 y 对 x_i 的偏回归系数；r_{ij} 为 x_i 与 x_j 的相关系数。

1. 通径系数的性质

通径系数具有以下几个重要的性质：

①一个具有 m 个自变量的反应系统，在自变量之间均有相关时共有 m 个直接的和 $m(m-1)$ 个间接的通径和通径系数，并且

$$r_{iy} = p_{i\to y} + \sum_{i=1,j\neq i}^{m} r_{ij}p_{j\to y} \tag{3.203}$$

同时
$$\sum_{i=1}^{m} p_{i\to y}^2 - 2\sum_{i,j=1;i\neq j}^{m} r_{ij}p_{i\to y}p_{j\to y} + p_{\varepsilon\to y}^2 = 1 \tag{3.204}$$

式中：r_{iy}为自变量x_i与因变量y的相关系数；$p_{\varepsilon\to y}$为误差ε对因变量y的通径系数。

由式(3.203)可以看出，如果自变量之间不相关，即$r_{ij}=0$，则

$$r_{iy} = p_{i\to y}$$

②通径系数的计算是以y和x_i都具有线性关系，而且y的反应量可以被线性分解为基础的。

③通径系数是有向量，其取值在实数范围，可以>1或<－1。

④通径系数是一纯量，不带具体单位。

以上的性质③使通径系数具有回归的特点而不同于相关，性质④则使通径系数具有相关的特点而不同于回归。

2. 通径系数的计算

根据式(3.203)，可以对自变量x与因变量y的相关系数进行分解，如果有m个自变量就可得到m个方程，将这m个方程组成联立方程组：

$$\begin{cases} p_{1\to y} + r_{12}p_{2\to y} + r_{13}p_{3\to y} + \cdots + r_{1m}p_{m\to y} = r_{1y} \\ r_{21}p_{1\to y} + p_{2\to y} + r_{23}p_{3\to y} + \cdots + r_{2m}p_{m\to y} = r_{2y} \\ r_{31}p_{1\to y} + r_{32}p_{2\to y} + p_{3\to y} + \cdots + r_{3m}p_{m\to y} = r_{3y} \\ \vdots \\ r_{m1}p_{1\to y} + r_{m2}p_{2\to y} + r_{m3}p_{3\to y} + \cdots + p_{m\to y} = r_{my} \end{cases} \tag{3.205}$$

联立方程组(3.205)实质上就是标准化线性回归的正规方程组，只是用通径系数代替标准偏回归系数而已。对联立方程组(3.205)求解，即可得通径系数。令

$$\boldsymbol{R}_{xy} = \begin{pmatrix} r_{1y} \\ r_{2y} \\ r_{3y} \\ \vdots \\ r_{my} \end{pmatrix} \quad \boldsymbol{R}_{xx} = \begin{pmatrix} 1 & r_{12} & r_{13} & \cdots & r_{1m} \\ r_{21} & 1 & r_{23} & \cdots & r_{2m} \\ r_{31} & r_{32} & 1 & \cdots & r_{3m} \\ \vdots & \vdots & \vdots & & \vdots \\ r_{m1} & r_{m2} & r_{m3} & \cdots & 1 \end{pmatrix} \quad \boldsymbol{P}_{x\to y} = \begin{pmatrix} p_{1\to y} \\ p_{2\to y} \\ p_{3\to y} \\ \vdots \\ p_{m\to y} \end{pmatrix}$$

则
$$\boldsymbol{P}_{x\to y} = \boldsymbol{R}_{xx}^{-1}\boldsymbol{R}_{xy} \tag{3.206}$$

然后根据$p_{i\to j\to y}=r_{ij}p_{j\to y}$计算间接通径系数。

(二)通径分析

通径分析是进行相关系数分解的一种统计方法。它不仅揭示了在多个变量$x_1,x_2,\cdots,x_m,y$的相关分析中，x_i对y的直接影响力和间接影响力，而且还可以在$x_1,x_2,\cdots,x_m,y$间的复杂相关关系中，从某个自变量与其他自变量的"协调"关系中得到对y的最佳影响的路径信息，即从复杂的自变量相关网中，得到某个自变量决定y的最佳路径，具有决策的意义。

现通过实例说明通径分析的方法与步骤，并进一步了解通径系数的意义和应用。

例3.5.4　调查某玉米综合种10株，该品种每株玉米皆为单果穗，得每穗行数x_1、每行粒数x_2和单株产量y(g)，资料列于表3-88中，试进行通径分析。

根据原始数据计算所有简单相关系数，并列于表3-89。

表 3 - 88　10 株玉米穗行数 x_1、行粒数 x_2 与单株产量 y

株号	x_1(穗行数)	x_2(行粒数)	y(单株产量,g)
1	16	29	139
2	16	32	150
3	14	32	133
4	12	39	142
5	18	26	143
6	14	37	160
7	16	31	147
8	14	38	161
9	14	40	169
10	16	28	134

表 3 - 89　表 3 - 88 资料相关系数表

	x_1	x_2	y
x_1	1	-0.8695^{**}	-0.2697
x_2		1	0.7029^{*}

注:$r_{0.05,8}=0.632$,$r_{0.01,8}=0.765$。

$$\boldsymbol{R}_{xy}=\begin{pmatrix}-0.2697\\0.7029\end{pmatrix}\qquad \boldsymbol{R}_{xx}=\begin{pmatrix}1 & -0.8695\\-0.8695 & 1\end{pmatrix}$$

$$\boldsymbol{R}_{xx}^{-1}=\begin{pmatrix}4.0989 & 3.5640\\3.5640 & 4.0989\end{pmatrix}$$

$$\boldsymbol{P}_{x\to y}=\boldsymbol{R}_{xx}^{-1}\boldsymbol{R}_{xy}=\begin{pmatrix}4.0989 & 3.5640\\3.5640 & 4.0989\end{pmatrix}\begin{pmatrix}-0.2697\\0.7029\end{pmatrix}=\begin{pmatrix}1.3996\\1.9199\end{pmatrix}$$

根据 $p_{i\to j\to y}=r_{ij}p_{j\to y}$ 计算间接通径系数。将所有直接通径系数和间接通径系数汇总于表 3 - 90。

表 3 - 90　表 3 - 88 资料通径分析表

通径	x_i 对 y 的直接作用 ($p_{i\to y}$)	x_i 通过 x_j 对 y 的间接作用 ($r_{ij}p_{j\to y}$)		x 对 y 的总影响 (r_{iy})
$x_1\to y$	1.3996	x_2	-1.6693	-0.2697
$x_2\to y$	1.9199	x_1	-1.2170	0.7029

简单相关分析结果表明(表 3 - 89),穗行数对产量的综合作用表现为负相关,行粒数则与玉米产量有显著的正相关关系。通径分析结果表明(表 3 - 90),穗行数和行粒数均对玉米产量有较大的直接贡献,其中行粒数的影响更大一些;但由于穗行数和行粒数之间呈较强的负相关,穗行数通过行粒数对产量产生了较强的负作用,因此,穗行数对产量的综合作用发生了变化。根据这一结果,在玉米育种中应将穗行数控制在平均水平,尽可能提高行粒数,这样更有利于提高产量。

在例 3.5.2 中，土壤可矿化氮与三种有机氮组分均具有极显著的正相关关系，其中与氨基酸态氮的相关性最高。但由于三种组分之间也具有极显著的相关关系（表 3－91），因此，有必要进行通径分析，从而确定哪一种组分是可矿化氮的主要贡献者。

表 3－91　表 3－87 资料中各有机氮组分与可矿化氮的相关系数

	氨基酸氮(x_1)	氨基糖氮(x_2)	酸解氨态氮(x_3)	可矿化氮(y)
氨基酸氮(x_1)	1	0.841 1**	0.798 9**	0.882 9**
氨基糖氮(x_2)		1	0.602 1**	0.726 4**
酸解氨态氮(x_3)			1	0.857 4**

注：$r_{0.05,34}=0.329$，$r_{0.01,34}=0.424$。

从表 3－91 的结果看，

$$\boldsymbol{R}_{xy}=\begin{pmatrix}0.8829\\0.7264\\0.8574\end{pmatrix}\qquad \boldsymbol{R}_{xx}=\begin{pmatrix}1 & 0.8411 & 0.7989\\0.8411 & 1 & 0.6021\\0.7989 & 0.6021 & 1\end{pmatrix}$$

$$\boldsymbol{R}_{xx}^{-1}=\begin{pmatrix}6.3146 & -3.5668 & -2.8971\\-3.5668 & 3.5834 & 0.6920\\-2.8971 & 0.6920 & 2.8979\end{pmatrix}$$

$$\boldsymbol{P}_{x\to y}=\boldsymbol{R}_{xx}^{-1}\boldsymbol{R}_{xy}=\begin{pmatrix}6.3146 & -3.5668 & -2.8971\\-3.5668 & 3.5834 & 0.6920\\-2.8971 & 0.6920 & 2.8979\end{pmatrix}\begin{pmatrix}0.8829\\0.7264\\0.8574\end{pmatrix}=\begin{pmatrix}0.5003\\0.0470\\0.4294\end{pmatrix}$$

根据 $p_{i\to j\to y}=r_{ij}p_{j\to y}$ 计算间接通径系数。将所有直接通径系数和间接通径系数汇总于表 3－92。

表 3－92　表 3－87 资料通径分析表

通径	x_i 对 y 的直接作用 ($p_{i\to y}$)	x_i 通过 x_j 对 y 的间接作用 ($r_{ij}p_{j\to y}$)		x 对 y 的总影响 (r_{iy})
$x_1\to y$	0.500 3	x_2	0.039 5	0.882 9
		x_3	0.343 0	
$x_2\to y$	0.047 0	x_1	0.420 8	0.726 4
		x_3	0.258 6	
$x_3\to y$	0.429 4	x_1	0.399 7	0.857 4
		x_2	0.028 3	

通径分析结果表明（表 3－92），虽然氨基酸态氮、氨基糖态氮和酸解氨态氮均与矿化氮有关，但是它们的直接与间接通径系数有较大差异。除氨基酸态氮和酸解氨态氮对矿化氮的直接通径系数较大以外，氨基酸态氮通过酸解氨态氮和酸解氨态氮通过氨基酸态氮对矿化氮的间接通径系数也较大。氨基糖态氮的直接通径系数很小，但通过氨基酸态氮和酸解氨态氮的间接通径系数却很大，因此，氨基糖态氮与矿化氮之间的良好关系并不在于氨基糖态氮对矿化氮的直接贡献，而在于氨基糖态氮通过氨基酸态氮和酸解氨态氮的间接贡献。

第六节 协方差分析

一、协方差分析的意义

在试验方案设计和具体实施过程中，为了提高试验的精确度和灵敏度，必须遵循单一差异原则。处理以外的一切条件都须采取有效措施，严加控制，以使各试验处理在一致的基础上进行比较。为此，对试验的原始材料和各项操作技术要力求一致，或采用局部控制以达到局部一致，这叫做试验控制。

但在实际情况下，仅有试验控制往往是不够的。因为有些原始材料不易取得一致，有些环境条件也难以控制，因而会出现试验基础不一致的现象。例如，以多年生果树为试验材料时，就很难找到一批成年果树，其各株的原来长势与产量是相同的；在试验地段中，虽然用设置区组的手段进行局部控制，但实际上一个区组内小区的原始肥力也不会完全一致；有许多试验都是希望各小区的种植密度完全一样，这也不容易达到。这些不一致性，就可能对试验结果产生影响，以致使人们对各种处理的效果作出不正确的估计。

如果试验中所涉及的原始材料或环境条件的原来状态能够定量地测量出来，例如每株果树的上年产量，每小区的土壤肥力（可以用上年的产量来表示）都是可以测量的，那么，我们在试验设计时，就有计划地规定要测定这些量，作为试验完成以后校正试验结果的参量，这些参量（如多年生作物几年以来的产量，试验小区上年的产量等等）数理统计上称为协变量。掌握了协变量，就可以通过数理统计方法把它们的影响大小估计出来，并把它们从试验误差和试验处理效果中分离出去，使试验结果得到正确的估计，这种方法就是协方差分析（analysis of covariance）。这是在掌握了协变量的前提下，用方差分析和回归分析结合起来进行的。

协方差分析最主要的功用是控制误差，提高试验精确度，此称统计控制，常用于以下情况：

（1）在固定模型的方差分析中矫正误差和处理平均数　如果那个不好控制的因素 x（协变量）和实验结果 y 存在显著的相关关系，那就可以利用回归分析的方法矫正误差和处理的方差，然后进行方差分析。如果处理间差异不显著，就表明处理无效。如果处理间差异显著，就需进一步将各处理的平均值 $\bar{y}_i$ 都矫正到 x 在同一水平（$x=\bar{x}$）时的值 $\bar{y}_{i(x=\bar{x})}$，再检验 $\bar{y}_{i(x=\bar{x})}$ 间的差异显著性。经过这种矫正，误差变异将显著减小，排除了协变量的影响，能够更真实地反映试验实际和提高试验效率。

（2）对不同变异来源的相关关系作出分析　在随机模型的方差分析中，根据均方 MS 和期望均方 EMS 的关系，可获得不同变异来源的总体方差的估值。在协方差分析中，根据协方 MP 和期望协方 EMP 的关系，同样可以得到不同变异来源的总体协方差估值。有了这些估值，就能作出相应的相关关系分析。这些分析在遗传育种、生态和环保的研究上是很有用处的。

二、协方差分析的基本原理和方法

若两个变量 x 与 y 的观察值成对地构成有限总体（x，y），对数为 N，则协方差（covariance）的定义为：

$$\text{cov} = \frac{1}{N}\sum_{1}^{N}(x_i - \mu_x)(y_i - \mu_y)$$

对于 n 对(x,y)的样本,设其协方差为 MP,则其定义为:

$$MP = \hat{\text{cov}} = \frac{1}{n-1}\sum_{1}^{n}(x_i - \bar{x})(y_i - \bar{y})$$

样本协方差 MP 亦称协方或均积,它是乘积和除以自由度。在方差分析中,方差的自由度与平方和具有分解性和可加性,因而,总变异方差的自由度与平方和,可分解为不同变因的自由度与平方和,从而获得相应的均方。协方差也具有同样的性质,总协方的自由度与乘积和亦可按变因进行分解并获得相应的协方。如果在试验中测定了协变量,就可获得成对的双变量资料。对试验结果总方差的自由度与平方和及总协方的自由度与乘积和按变因进行分解,在获得不同变因的自由度、平方和与乘积和后,用回归分析估计协变量的影响并排除其影响。排除协变量的影响后再进行方差分析。

(一)单向分组资料的协方差分析

设有 k 组双变量资料,每组有 n 对观察值,则该资料为具有 kn 对(x,y)的单向分组资料,其数据模式如表 3 - 93 所示。

表 3 - 93 kn 对(x,y)的单向分组资料的模式

组别	观察值(x_{ij},y_{ij}) $(i=1,2,\cdots,k;j=1,2,\cdots,n)$	总和	均值 $(\bar{x}_i,\bar{y}_i)$
样本(处理)1	x_{11} x_{12} x_{13} $\cdots$ x_{1n}	T_{x1}	$\bar{x}_1$
	y_{11} y_{12} y_{13} $\cdots$ y_{1n}	T_{y1}	$\bar{y}_1$
样本(处理)2	x_{21} x_{22} x_{23} $\cdots$ x_{2n}	T_{x2}	$\bar{x}_2$
	y_{21} y_{22} y_{23} $\cdots$ y_{2n}	T_{y2}	$\bar{y}_2$
⋮	⋮ ⋮ ⋮ ⋮	⋮	⋮
样本(处理)k	x_{k1} x_{k2} x_{k3} $\cdots$ x_{kn}	T_{xk}	$\bar{x}_k$
	y_{k1} y_{k2} y_{k3} $\cdots$ y_{kn}	T_{yk}	$\bar{y}_k$
		T_x	$\bar{x}$
		T_y	$\bar{y}$

表 3 - 93 中,$T_x = \sum x_{ij}$,$T_y = \sum y_{ij}$,$\bar{x} = \sum x/kn$,$\bar{y} = \sum y/kn$,x 和 y 的总自由度、总平方和及总乘积和,可以分解为组间和组内两个部分。总自由度和总平方和的分解与方差分析中的方法相同,总乘积和 SP_T 可按下式进行分解:

$$\underset{\text{总乘积和 } SP_T}{SP_T = \sum_{1}^{kn}(x_{ij} - \bar{x})(y_{ij} - \bar{y})} = \underset{\text{样本间乘积和 } SP_t}{n\sum_{1}^{k}(\bar{x}_i - \bar{x})(\bar{y}_i - \bar{y})} + \underset{\text{样本内乘积和 } SP_e}{\sum_{1}^{k}\sum_{1}^{n}(x_{ij} - \bar{x}_i)(y_{ij} - \bar{y}_i)}$$

即

$$SP_T = SP_t + SP_e \tag{3.207}$$

式(3.207)相应的自由度为:

$$\underset{\text{总自由度}}{kn - 1} = \underset{\text{样本间自由度}}{k - 1} + \underset{\text{样本内自由度}}{k(n-1)}$$

式(3.207)中各值可按下式进行计算:

$$SP_T = \sum_1^{kn} xy - \frac{T_x T_y}{kn} \qquad df_T = kn - 1 \tag{3.208}$$

$$SP_t = \frac{1}{n}\sum_1^{k}(T_{x_i}T_{y_i}) - \frac{T_x T_y}{kn} \qquad df_t = k - 1 \tag{3.209}$$

$$SP_e = \sum_1^{kn} xy - \frac{1}{n}\sum_1^{k}(T_{x_i}T_{y_i}) = SP_T - SP_t \quad df_e = k(n-1) \tag{3.210}$$

如果各组的 n 不等,分别为 n_1、n_2、…、n_k,其和为 $\sum n_i = N$,则

$$SP_T = \sum_1^{N} xy - \frac{T_x T_y}{N} \tag{3.211}$$

$$SP_t = \frac{T_{x_1}T_{y_1}}{n_1} + \frac{T_{x_2}T_{y_2}}{n_2} + \cdots + \frac{T_{x_k}T_{y_k}}{n_k} - \frac{T_x T_y}{N} \tag{3.212}$$

$$SP_e = \sum_1^{N} xy - \left(\frac{T_{x_1}T_{y_1}}{n_1} + \frac{T_{x_2}T_{y_2}}{n_2} + \cdots + \frac{T_{x_k}T_{y_k}}{n_k}\right) \tag{3.213}$$

其相应自由度为 $df_T = \sum n_i - 1 = N - 1, df_t = k - 1, df_e = \sum n_i - k$。

在计算上述 SP 和 df 的基础上,再加上 x 和 y 的相应的 SS,就可作出有关的回归分析或相关分析。

例 3.6.1　为了研究 A、B、C 三种肥料对于苹果的增产效果,选了 24 株同龄的苹果树,第一年记下各树的产量(x,kg/株),第二年将每种肥料随机施于 8 株苹果树上,再记下其产量(y,kg/株),所得结果列于表 3-94,试对三种肥料的增产效果进行评价。

表 3-94　施用三种肥料的苹果产量　kg/株

肥料		观	察	值						总和	平均
A	x_{1j}	47	58	53	46	49	56	54	44	407	50.875
	y_{1j}	54	66	63	51	56	66	61	50	467	58.375
B	x_{2j}	52	53	64	58	59	61	63	66	476	59.500
	y_{2j}	54	53	67	62	62	63	64	69	494	61.750
C	x_{3j}	44	48	46	50	59	57	58	53	415	51.875
	y_{3j}	52	58	54	61	70	64	69	66	494	61.750
										1 298	54.083
										1 455	60.625

用表 3-94 的苹果产量数据(y)进行的方差分析列于表 3-95。

表 3-95　对苹果产量(y)的方差分析

变因	df	SS	MS	F
肥料间	2	60.750	30.375	<1
误差	21	830.875	39.565	
总变异	23	891.625		

经检验,肥料间差异不显著($F<1$)。这个推断是否正确,需要作进一步分析。虽然各树同龄,但其基础生产力(x)各不相同。需要查明基础生产力 x 对 y 是否有影响,如果没有影

响,则表 3 - 95 的推断是正确的;如果有影响,则应消除其影响后再作推断。若要查明其影响,需作回归分析。

(1)自由度、平方和及乘积和的分解　为了进行回归分析,需对 x 和 y 的自由度、平方和及乘积和按变因进行分解。x 的平方和(记作 SS_x)、y 的平方和(记作 SS_y)及自由度的分解方法同于单向分组资料的方差分析,这里不再叙述其计算过程。对于乘积和的分解,由表 3 - 94 资料,根据式(3.208)、式(3.209)和式(3.210),计算如下:

$$SP_T = \sum_1^{kn} xy - \frac{T_x T_y}{kn} = 47 \times 54 + 58 \times 66 + \cdots + 53 \times 66 - \frac{1\,298 \times 1\,455}{24}$$

$$= 765.750$$

$$df_T = 3 \times 8 - 1 = 23$$

$$SP_t = \frac{1}{n} \sum_1^{k} (T_{x_i} T_{y_i}) - \frac{T_x T_y}{kn}$$

$$= \frac{1}{8}(407 \times 467 + 476 \times 494 + 415 \times 494) - \frac{1\,298 \times 1\,455}{24} = 86.625$$

$$df_t = 3 - 1 = 2$$

$$SP_e = SP_T - SP_t = 765.750 - 86.625 = 679.125$$

$$df_e = 23 - 2 = 21$$

这里的 SP_e 和 df_e 是由三部分组成的,即肥料 A 内:

$$SP_1 = \sum (47 \times 54 + \cdots + 44 \times 50) - \frac{1}{8}(407 \times 467) = 226.375 \qquad df_1 = 7$$

肥料 B 内:

$$SP_2 = \sum (52 \times 54 + \cdots + 66 \times 69) - \frac{1}{8}(476 \times 494) = 195.000 \qquad df_2 = 7$$

肥料 C 内:

$$SP_3 = \sum (44 \times 52 + \cdots + 53 \times 66) - \frac{1}{8}(415 \times 494) = 257.750 \qquad df_3 = 7$$

列回归分析于表 3 - 96。

表 3 - 96　表 3 - 94 资料回归分析基础数据

变因	df	SS_x	SS_y	SP	$\bar{x}$	$\bar{y}$
肥料内(误差)	21	589.750	830.875	679.125		
肥料 A	7	180.875	293.875	226.375	50.875	58.375
肥料 B	7	178.000	223.500	195.000	59.500	61.750
肥料 C	7	230.875	313.500	257.750	51.875	61.750
肥料间	2	356.083	60.750	86.625	54.083	60.625
总变异	23	945.833	891.625	765.750	54.083	60.625

(2)回归分析　协变量(本例为基础生产力 x)对试验的影响是增大误差,由于误差的增大也就影响到总变异和处理间的变异。因此,要了解协变量与试验结果的关系,就要用误差项的平方和与乘积和作回归分析。由表 3 - 96 资料,根据 $b = \frac{SP}{SS_x}$ 很容易得到直线回归方程。

由表 3 - 96 肥料 A 行可得：

$$b_1=\frac{226.375}{180.875}=1.2516$$

$$a_1=58.375-1.2516\times50.875=-5.30$$

$$\hat{y}_A=-5.30+1.2516x$$

回归平方和 u_1、剩余平方和 Q_1 及相应自由度为：

$$u_1=\frac{226.375^2}{180.875}=283.321 \qquad df_{u_1}=1$$

$$Q_1=293.875-283.321=10.55 \qquad df_{Q_1}=7-1=6$$

同理由肥料 B、C 行得：

$$\hat{y}_B=-3.43+1.0955x$$

$$u_2=213.624 \qquad df_{u_2}=1$$

$$Q_2=9.88 \qquad df_{Q_2}=7-1=6$$

$$\hat{y}_C=3.84+1.1164x$$

$$u_3=287.753 \qquad df_{u_3}=1$$

$$Q_3=25.75 \qquad df_{Q_3}=7-1=6$$

以上三个回归方程的显著性检验结果列于表 3 - 97。

表 3 - 97　表 3 - 94 资料回归方程的显著性检验

回归方程	变因	df	SS	MS	F
$\hat{y}_A$	回归	1	283.321	283.321	161.13**
	剩余	6	10.55	1.758 3	
$\hat{y}_B$	回归	1	213.624	213.624	129.73**
	剩余	6	9.88	1.646 7	
$\hat{y}_C$	回归	1	287.753	287.753	67.05**
	剩余	6	25.75	4.291 7	

经检验，三个回归方程均极显著，说明 x 与 y 存在极显著的线性相关关系。对于以上三个回归方程的回归系数需要检验它们之间的差异显著性，如果不显著，就可求一个共同的回归系数 $\bar{b}$，以提高对其估计的精确性。检验不同直线回归方程回归系数的差异显著性，可用 t 检验，其差数标准误 $S_{b_1-b_2}$ 为：

$$S_{b_1-b_2}=\sqrt{\frac{Q_1+Q_2}{n_1+n_2-4}\left[\frac{1}{l_{x_1x_1}}+\frac{1}{l_{x_2x_2}}\right]} \tag{3.214}$$

$$t=\frac{|b_1-b_2|}{S_{b_1-b_2}} \tag{3.215}$$

$$df=n_1+n_2-4 \tag{3.216}$$

对于回归方程 $\hat{y}_A$ 与 $\hat{y}_B$，回归系数的差异显著性检验如下：

$$S_{b_1-b_2}=\sqrt{\frac{10.55+9.88}{8+8-4}\left[\frac{1}{180.875}+\frac{1}{178.000}\right]}=0.1378$$

$$t=\frac{|1.2516-1.0955|}{0.1378}=1.133$$

$df=12$ 时，$t_{0.05}=2.18$，实测 $t<t_{0.05}$，差异不显著。

同理，检验 $\hat{y}_A$ 与 $\hat{y}_C$、$\hat{y}_B$ 与 $\hat{y}_C$ 回归系数的差异显著性，结果均不显著。

三个回归方程回归系数之间的差异均不显著，则可求一共同回归系数 $\bar{b}$，共同回归系数 $\bar{b}$ 等于 b_1、b_2、b_3 按 $l_{x_1x_1}$、$l_{x_2x_2}$、$l_{x_3x_3}$ 的加权平均值：

$$\bar{b}=\frac{b_1 l_{x_1x_1}+b_2 l_{x_2x_2}+b_3 l_{x_3x_3}}{l_{x_1x_1}+l_{x_2x_2}+l_{x_3x_3}}=\frac{SP_1+SP_2+SP_3}{l_{x_1x_1}+l_{x_2x_2}+l_{x_3x_3}} \tag{3.217}$$

求三个回归方程共同的回归系数 $\bar{b}$，需将计算三个回归系数时所用的三个 SP 和三个 SS 分别相加，三个 SP 相加和三个 SS 相加就等于误差项的 SP 及 SS，因此可直接用误差项的 SP 与 SS 求共同回归系数 $\bar{b}$。

从表 3-96 中的肥料内（误差）项的 SP 及 SS 求平均回归系数为：

$$\bar{b}=\frac{679.125}{589.750}=1.1515$$

因此，上述 3 个方程中的 b_i 可以用平均回归系数 $\bar{b}=1.1515$ 取代，则有相应的直线回归方程：

$$\hat{y}'_A=-0.21+1.1515x$$

$$\hat{y}'_B=-6.76+1.1515x$$

$$\hat{y}'_C=-2.02+1.1515x$$

前面按处理求得三个回归系数，建立了三个直线回归方程，检验显著后，又经过回归系数之间差异显著性检验不显著后，求得一共同的回归系数，用共同的回归系数按处理分别建立了三个直线回归方程。实际上，同一个协变量的作用方向和大小基本上是相同的，因而各处理的 (x,y) 总体就具有共同的回归系数 β。所以一般情况下，可以不按处理分别计算回归系数，而直接根据误差项数据求一共同回归系数，经检验显著后，再按处理建立回归方程。这样，可使回归分析简化。

(3) 除去协变量影响后的方差分析　协变量 x 的存在不仅影响到试验结果 y 的误差项平方和，而且也影响到总平方和与处理间平方和，同时协变量要占去一个自由度，因此，要排除协变量的影响，就要对 y 的平方和与自由度进行修改。对自由度的修正就是将原总自由度和误差自由度各减去 1 即可。对总平方和及误差平方和的修正可按下式进行：

$$SS'_y=SS_y-\frac{SP^2}{SS_x} \tag{3.218}$$

式中 SS'_y 为修正后 y 的平方和。

y 的总平方和的修正：

$$SS'_{y_T}=891.625-\frac{765.750^2}{945.833}=271.67$$

$$df_T=23-1=22$$

误差平方和的修正：

$$SS'_{ye}=830.875-\frac{679.125^2}{589.750}=48.83$$

$$df_e=21-1=20$$

处理间（肥料间）平方和的修正：

$$SS'_{yt}=SS'_{y_T}-SS'_{ye}=271.67-48.83=222.84$$

用修正后的 df 与 SS 进行方差分析的结果列于表 3-98。

表 3-98 表 3-94 资料除去协变量后的方差分析

变因	df	SS	MS	F
肥料间	2	222.84	111.42	45.63**
肥料内(误差)	20	48.83	2.442	
总变异	22	271.67		

经检验,处理间差异极显著。

(4)处理平均数的矫正和矫正平均数的假设检验 由回归分析知道,x 与 y 存在极显著的相关关系,y 依 x 有一个共同的回归系数$\bar{b}=1.1515$。这表示,供试的各棵苹果树,若基础生产力 x 每增加 1 kg,则次年的生产力平均将增加1.151 5 kg(其标准误是 $S_{be}=0.064$ kg)。由于各棵苹果树的基础生产力 x 不相同,所以影响了试验结果的真实性。如果把各棵树的产量 y_{ij} 都矫正到基础生产力 x 相同时的产量,就排除了基础生产力对试验结果的影响。矫正的公式为:

$$y_{ij(x=\bar{x})}=y_{ij}-\bar{b}(x_{ij}-\bar{x}) \tag{3.219}$$

式中的 $y_{ij(x=\bar{x})}$ 是将 y_{ij} 矫正到 $x_{ij}=\bar{x}$ 水平时的理论值,叫做回归矫正的 y 值。例如表 3-94 中的施肥料 A 的第 1 株树,$x_{11}=47$,$y_{11}=54$,代入式(3.219)则得:

$$y_{11(x=\bar{x})}=54-1.1515(47-54.083)=62.16(\text{kg/株})$$

同理,可以矫正每棵树的产量。但是,在实践中,不必对 y_{ij} 逐一矫正,因为在评定处理效应时,我们所依据的是处理平均数,而各处理的 y_{ij} 矫正值 $y_{ij(x=\bar{x})}$ 的平均数必等于处理平均数 $\bar{y}_i$ 的矫正值 $\bar{y}_{i(x=\bar{x})}$,故可以由 $\bar{y}_i$ 直接得到 $\bar{y}_{i(x=\bar{x})}$:

$$\bar{y}_{i(x=\bar{x})}=\bar{y}_i-\bar{b}(\bar{x}_i-\bar{x}) \tag{3.220}$$

根据式(3.220)可以得到:

肥料 A $\bar{y}_{1(x=\bar{x})}=58.375-1.1515(50.875-54.083)=62.06(\text{kg/株})$

肥料 B $\bar{y}_{2(x=\bar{x})}=61.750-1.1515(59.500-54.083)=55.51(\text{kg/株})$

肥料 C $\bar{y}_{3(x=\bar{x})}=61.750-1.1515(51.875-54.083)=64.29(\text{kg/株})$

在矫正平均数相互比较时,假设 $H_0:\bar{y}_{i(x=\bar{x})}=\bar{y}_{j(x=\bar{x})}$,对 $H_A:\bar{y}_{i(x=\bar{x})}\neq\bar{y}_{j(x=\bar{x})}(i,j=1,2,\cdots,k,i\neq j)$,矫正平均数的差数标准误 S_D 为:

$$S_D=\sqrt{S_e^2\left[\frac{1}{n_i}+\frac{1}{n_j}+\frac{(\bar{x}_i-\bar{x}_j)^2}{SS_{xe}}\right]} \tag{3.221}$$

式中:S_e^2 为修正了的误差方差;SS_{xe}为组内的 x 平方和;n_i 和 n_j 为两个相比较平均数的样本容量;$\bar{x}_i$ 和 $\bar{x}_j$ 为两个相比较样本的 x 变量的平均数。由

$$t=\frac{\bar{y}_{i(x=\bar{x})}-\bar{y}_{j(x=\bar{x})}}{S_D} \tag{3.222}$$

可作出检验。式(3.222)的 t 值的自由度 $df=k(n-1)-1$。

对于例 3.6.1,检验肥料 A 的 $\bar{y}_{1(x=\bar{x})}=62.06$ 和肥料 B 的 $\bar{y}_{2(x=\bar{x})}=55.51$ 的差数显著性。已知 $n_1=n_2=8$,$\bar{x}_1=50.875$,$\bar{x}_2=59.500$(表 3-94),$SS_{xe}=589.750$(表 3-96),$S_e^2=2.442$(表 3-98),则:

$$S_D=\sqrt{2.442\left[\frac{1}{8}+\frac{1}{8}+\frac{(50.875-59.500)^2}{589.750}\right]}=0.985(\text{kg/株})$$

$$t = (62.06 - 55.51)/0.958 = 6.837$$

当 $df=20$ 时，$t_{0.01}=2.53$，$t=6.837>t_{0.01}$ 为极显著，故否定 H_0，推断肥料 A 比肥料 B 有极显著的增产效果。同理，在肥料 A 与肥料 C 比较时：

$$S_D = \sqrt{2.442\left[\frac{1}{8}+\frac{1}{8}+\frac{(50.875-51.875)^2}{589.750}\right]} = 0.784(\text{kg/株})$$

$$t = (62.06 - 64.29)/0.784 = -2.844$$

为显著。在肥料 B 与 C 比较时：

$$S_D = \sqrt{2.442\left[\frac{1}{8}+\frac{1}{8}+\frac{(59.500-51.875)^2}{589.750}\right]} = 0.923(\text{kg/株})$$

$$t = (55.51 - 64.29)/0.923 = -9.512$$

为极显著。

以上结果可汇总于表 3-99。

表 3-99　表 3-94 资料中三种肥料效应的差异显著性

肥 料	苹果产量(kg/株)	差异显著性	
		$\alpha=0.05$	$\alpha=0.01$
C	64.29	a	A
A	62.06	b	A
B	55.51	c	B

对于例 3.6.1，当以 y 分析时，$MS_e=39.565$，$\bar{y}_i$ 间的 $F<1$(表 3-95)，结论是接受 H_0，即三种不同肥料对于苹果产量并无不同效果。当以 y 的矫正值分析时，MS_e 减小至 2.442，$\bar{y}_{i(x=\bar{x})}$ 间的 $F=45.63$(表 3-98)，结论是否定 H_0，即三种不同肥料对于苹果产量的效应是有极显著差异的。所以，这个肥料试验，如果没有第一年各树基础生产力 x 的记录和借助于协方差分析，等于报废。正是依赖于 x 和相应的统计方法，才获得了较精确的信息。由此可以看出，正确的试验设计、严格的试验控制和相应的统计方法，对于获得正确的试验结论是何等重要！

(二)两向分组资料的协方差分析

两向分组资料的协方差分析和单向分组资料并无原则上的不同，只是多了一个方向的变异来源，也就是在划分变因时多一个变因。若双变量资料可按 A、B 两个方向分组，分 k 行 n 列，每一行列交叉处都有一对 (x,y)，则为具 kn 对 (x,y) 的两向分组资料，其数据模式如表 3-100 所示。

表 3-100　两向分组的双变量资料的模式

A	B							$T_{i(x)}$	$T_{i(y)}$	$\bar{x}_{i(x)}$	$\bar{y}_{i(y)}$
	1		2		…	n					
1	x_{11}	y_{11}	x_{12}	y_{12}	…	x_{1n}	y_{1n}	$T_{1\cdot x}$	$T_{1\cdot y}$	$\bar{x}_1$	$\bar{y}_1$
2	x_{21}	y_{21}	x_{22}	y_{22}	…	x_{2n}	y_{2n}	$T_{2\cdot x}$	$T_{2\cdot y}$	$\bar{x}_2$	$\bar{y}_2$
⋮	⋮	⋮	⋮	⋮		⋮	⋮	⋮	⋮	⋮	⋮
k	x_{k1}	y_{k1}	x_{k2}	y_{k2}	…	x_{kn}	y_{kn}	$T_{k\cdot x}$	$T_{k\cdot y}$	$\bar{x}_k$	$\bar{y}_k$
$T_{j(x)}$，$T_{j(y)}$	$T_{x\cdot 1}$	$T_{y\cdot 1}$	$T_{x\cdot 2}$	$T_{y\cdot 2}$	…	$T_{x\cdot n}$	$T_{y\cdot n}$	T_x	T_y		
$\bar{x}_j$，$\bar{y}_j$	$\bar{x}_1$	$\bar{y}_1$	$\bar{x}_2$	$\bar{y}_2$	…	$\bar{x}_n$	$\bar{y}_n$			$\bar{x}$	$\bar{y}$

表 3 - 100 中，$T_x = \sum_{i=1}^{k}\sum_{j=1}^{n} x_{ij} = \sum_{i=1}^{k} T_{i(x)} = \sum_{j=1}^{n} T_{j(x)}$，$\bar{x} = T_x/kn$，$T_y = \sum_{i=1}^{k}\sum_{j=1}^{n} y_{ij} = \sum_{i=1}^{k} T_{i(y)} = \sum_{j=1}^{n} T_{j(y)}$，$\bar{y} = T_y/kn$，$i=1,2,\cdots,k$，$j=1,2,\cdots,n$。

表 3 - 100 的变量 x 和变量 y 的自由度和平方和的分解，可根据以前的方法进行。其乘积和有总变异、行间、列间和误差四项，依次定义为：

$$\left.\begin{aligned} SP_T &= \sum_{1}^{kn}(x_{ij}-\bar{x})(y_{ij}-\bar{y}) = \sum_{1}^{kn} xy - \frac{T_xT_y}{kn} \\ SP_A &= n\sum_{1}^{k}(\bar{x}_i-\bar{x})(\bar{y}_i-\bar{y}) = \frac{1}{n}\sum_{1}^{k} T_{i(x)}T_{i(y)} - \frac{T_xT_y}{kn} \\ SP_B &= k\sum_{1}^{n}(\bar{x}_j-\bar{x})(\bar{y}_j-\bar{y}) = \frac{1}{k}\sum_{1}^{n} T_{j(x)}T_{j(y)} - \frac{T_xT_y}{kn} \\ SP_e &= SP_T - SP_A - SP_B \end{aligned}\right\} \tag{3.223}$$

式中各 SP 的相应自由度依次为 $df_T=kn-1$，$df_A=k-1$，$df_B=n-1$，$df_e=(n-1)(k-1)$。

现仅以实例说明两向分组资料协方差分析的方法与步骤。

例 3.6.2　某热带作物试验场，为比较四种肥料对橡胶树生长的效果进行了试验。试验用随机区组设计，四种肥料为 A_1、A_2、A_3、A_4，安排 9 个区组（即 9 个重复），以橡胶树的茎围作为生长指标。由于试验所用橡胶树原来的茎围不一致，试验时测定了每个橡胶树原有茎围作为协变量。橡胶树原有茎围为 x，试验后的茎围为 y，试验结果列于表 3 - 101，试作分析。

表 3 - 101　橡胶树肥料试验结果

肥料		区组									$T_{i(x)}$，$T_{i(y)}$
		1	2	3	4	5	6	7	8	9	
A_1	x_{ij}	30.3	32.8	31.7	26.7	32.9	30.0	34.3	31.5	29.6	279.8
	y_{ij}	32.9	35.4	34.7	29.7	35.9	31.9	37.5	34.8	32.3	305.1
A_2	x_{ij}	30.5	30.7	25.6	31.6	33.0	32.3	31.8	30.9	30.1	276.5
	y_{ij}	31.6	33.1	28.4	34.1	36.1	35.1	35.0	33.1	33.2	299.7
A_3	x_{ij}	28.2	29.1	25.5	27.1	26.1	28.1	27.1	29.5	26.2	246.9
	y_{ij}	31.3	31.8	28.1	30.1	28.7	30.9	30.8	31.7	29.4	272.8
A_4	x_{ij}	27.4	24.0	23.8	25.4	25.7	28.4	28.1	27.8	24.0	234.6
	y_{ij}	30.7	27.4	26.4	28.3	28.8	31.7	31.8	31.2	26.9	263.2
$T_{j(x)}$		116.4	116.6	106.6	110.8	117.7	118.8	121.3	119.7	109.9	1 037.8
$T_{j(y)}$		126.5	127.7	117.6	122.2	129.5	129.6	135.1	130.8	121.8	1 140.8

（1）平方和、自由度与乘积和的分解　平方和与自由度按两向分组资料方差分析中的方法计算，计算过程略，计算结果列于表 3 - 102 和表 3 - 103。各变量乘积和的计算如下：

$$C_{xy} = \frac{T_xT_y}{kn} = 1\,037.8 \times 1\,140.8/(4\times 9) = 32\,886.73$$

$$SP_T = (30.3\times 32.9 + 32.8\times 35.4 + \cdots + 24.0\times 26.9) - C_{xy} = 276.26$$

$$SP_R = \frac{1}{4}(116.4\times 126.5 + 116.6\times 127.7 + \cdots + 109.9\times 121.8) - C_{xy} = 53.07$$

$$SP_A = \frac{1}{9}(279.8\times 305.1 + 276.5\times 299.7 + \cdots + 234.6\times 263.2) - C_{xy} = 150.50$$

$$SP_e = SP_T - SP_R - SP_A = 276.26 - 53.07 - 150.50 = 72.69$$
$$df_T = 4 \times 9 - 1 = 35$$
$$df_R = 9 - 1 = 8$$
$$df_A = 4 - 1 = 3$$
$$df_e = 35 - 8 - 3 = 24$$

表 3-102　表 3-101 资料的平方和与乘积和

变　因	SS_x	SS_y	SP
区组间	50.34	57.93	53.07
处理（肥料)间	164.43	138.23	150.50
误差	70.28	80.18	72.69
总变异	285.05	276.34	276.26

有了以上结果，先对 y 作方差分析，如果用协变量 x 与 y 作回归分析不显著，则这个方差分析就是试验的结论。

表 3-103　表 3-101 资料 y 的方差分析

变　因	df	SS_y	MS_y	F
区组间	8	57.93	7.241	2.17
处理(肥料)间	3	138.23	46.077	13.79**
误差	24	80.18	3.341	
总变异	35	276.34		

(2)回归分析　不必按处理分别求回归系数，可直接用误差项 SS_x 及 SP 求共同的回归系数。同时也不必按处理建立几个回归方程，因为修正平方和与矫正平均数只用到回归系数 b。由表 3-102 可得：

$$b = \frac{SP_e}{SS_{xe}} = \frac{72.69}{70.28} = 1.0343$$

$$u = \frac{(SP_e)^2}{SS_{xe}} = \frac{72.69^2}{70.28} = 75.18 \qquad df_u = 1$$

$$Q = SS_{ye} - u = 80.18 - 75.18 = 5.00 \qquad df_Q = 24 - 1 = 23$$

列回归关系显著检验于表 3-104。

表 3-104　表 3-101 资料的回归关系显著性检验

变因	df	SS	MS	F
回归	1	75.18	75.18	341.73**
剩余	23	5.00	0.22	

经检验，回归关系极显著，说明协变量 x 对 y 有显著的影响，不能直接用 y 作方差分析，必须进行修正。

(3)除去协变量影响后的方差分析　要进行除去协变量影响后的方差分析，先要对 y 的平方和与自由度进行修正。y 的误差项修正平方和 SS'_{ye}，就是回归关系显著性检验时的剩余平方和，上面已计算出来了。对于 y 的处理项平方和的修正，是先求出 y 的(处理＋误差)项的修正平方和 SS'_{yt+e}，然后再减去误差项的修正平方和即得处理项修正平方和 SS'_{yt}。由表 3－102得：

$$SS'_{yt+e}=SS_{yt+e}-\frac{(SP_t+SP_e)^2}{SS_{xt}+SS_{xe}}=(138.23+80.18)-\frac{(150.5+72.69)^2}{164.43+70.28}=6.17$$

$$SS'_{yt}=SS'_{yt+e}-SS'_{ye}=6.17-5.00=1.17$$

协变量只占一个自由度，而且是占误差项的一个自由度，所以误差项的修正自由度 $df'_e=df_e-1=24-1=23$，(处理＋误差)项的修正自由度 $df'_{t+e}=df_t+df_e-1=3+24-1=26$。

除去协变量影响后的方差分析列于表 3－105。

表 3－105　表 3－101 资料除去协变量影响后的方差分析

变　异	df	SS	MS	F	$F_{0.05}$
处理＋误差	26	6.17			
处理间	3	1.17	0.39	1.17	3.03
误差	23	5.00	0.22		

经检验，不显著。与未除去协变量影响的方差分析的结论相反。除去协变量影响后的方差分析反映了处理间效应的真实情况。

(4)处理平均数的矫正和矫正平均数间差异显著性检验　处理平均数的矫正方法与例 3.6.1 中的(4)完全相同，不再赘述。矫正平均数之间差异显著性检验用 t 检验。本例除去协变量影响后的 F 检验，处理间不显著，故不必进行这一步。

思　考　题

1. 什么是误差？误差有哪几种？其产生的原因是什么？任何误差是否都是不可避免的？为什么？

2. 随机误差遵循什么概率分布？什么是置信区间、否定区间、置信限和置信概率？如何确定置信概率？生物统计上常用的置信概率是多少？何谓显著水平？它与置信概率有何关系？

3. 什么是统计假设？统计假设有哪几种？统计假设检验中的直接假设是哪一种？为什么？

4. 简述统计假设检验的基本方法与步骤。统计假设检验的结果显著或不显著说明什么问题？

5. 方差分析有哪些基本内容？单向分组资料和两向分组资料的方差分析有何异同？它们的总平方和都可分解成哪几部分？试用公式表示之。

6. 方差分析有哪些基本假定？为什么有些数据需经过转换才能进行方差分析？需要经过转换的资料有哪些类型？各用什么转换方法？

7. 单因素和复因素随机区组试验的方差分析有何异同？裂区试验和复因素随机区组试验的方差分析有何异同？复因素随机区组试验处理项的自由度与平方和如何分解？

8. 什么叫回归分析？什么叫多元线性回归？配置回归方程的原则是什么？在回归方程

的方差分析中,引起总变异的变因有哪些?总变异的平方和如何按变因进行分解?

9. 在多元线性回归中,何谓正规方程组?正规方程组的系数矩阵和常数项矩阵是什么?它们和结构矩阵有什么关系?

10. 什么是多项式回归?用正交多项式配置回归方程有什么优点?有什么要求?

11. 什么叫相关分析?它和回归分析有何区别?什么是简单相关分析?什么是偏相关系数?简单相关系数和偏相关系数各有什么优缺点?

12. 什么是通径分析?如何计算通径系数?简述通径分析的方法、步骤及其应用。

13. 什么是协方差分析?简述协方差分析的基本原理、方法与步骤。协方差分析能解决哪些问题?

参考文献

[1] 白厚义,肖俊璋.试验研究及统计分析.西安:世界图书出版公司(西安),1998.
[2] 保琼莉.冬小麦对高量锌的反应及铁、磷供应与锌中毒的关系:硕士论文.杨凌:西北农林科技大学,2007.
[3] 丁希泉,等.农业实用回归分析.长春:吉林科学技术出版社,1989.
[4] 范濂.农业试验统计方法.郑州:河南科学技术出版社,1983.
[5] 李菊梅,李生秀.可矿化氮与各有机氮组分的关系.植物营养与肥料学报,2003,9(2):158-164.
[6] 李萌.不同耕作模式和锌肥对干旱半干旱地区夏玉米抗旱性的影响:硕士论文.杨凌:西北农林科技大学,2008.
[7] 李世清,李生秀.土壤微生物体氮测定方法的研究.植物营养与肥料学报,2000,6(1):75-83.
[8] 李友军,熊瑛,骆炳山.氮、钾及其互作对两种质型小麦品质性状的影响.干旱地区农业研究,2006,24(2):43-47.
[9] 林德光.生物统计的数学原理.沈阳:辽宁人民出版社,1982.
[10] 马育华.田间试验和统计分析.北京:农业出版社,1979.
[11] 茆诗松,丁元,贾纪芗,等.回归分析及其试验设计.上海:华东师范大学出版社,1981.
[12] 莫惠栋.农业试验统计.2版.上海:上海科学技术出版社,1992.
[13] 沈恒范.概率论讲义.北京:人民教育出版社,1966.
[14] 王姣爱,贾文兰.小麦品种与氮、磷、钾肥的综合效应研究.麦类作物学报,1999,19(6):53-55.
[15] 王鹏,张定一,王姣爱,等.氮、磷、钾肥对强筋小麦临优145产量及品质的影响.山西农业科学,2006,34(3):50-52.
[16] 西北农业大学,华南农业大学.农业化学研究法.2版.北京:农业出版社,1987.
[17] 许轲,戴其根,葛鑫,等.氮肥运筹对面条小麦品种陕农229淀粉品质的影响.上海农业学报,2004,20(1):49-53.
[18] 袁志发,周静芋.试验设计与分析.北京:高等教育出版社,2000.
[19] 曾善玉.应用概率统计.北京:科学出版社,2000.
[20] 张文玲,王文科,李桂花.施肥方式对不同小麦品种生长和氮肥利用率的影响.中国土壤与肥料,2009(2):47-51.
[21] 浙江大学数学系高等数学教研组.概率论与数理统计.北京:人民教育出版社,1979.

[22] 中国科学院数学研究所数理统计组.回归分析.北京:科学出版社,1974.
[23] 中国科学院数学研究所统计组.方差分析.北京:科学出版社,1977.
[24] 周复恭,黄运成.应用线性回归分析.北京:中国人民大学出版社,1989.
[25] Steel R G D, Torrie J H. 1960. Principles and procedures of statistics. McGraw-Hill Book Co.(中译本,统计原理与方法.北京:科学出版社,1979)

第四章　植物营养的施肥模型研究方法

第一节　施肥模型的概述

植物营养模型研究，是应用物理、化学和数学方法以及计算机计算技术，对植物营养各种静态和动态过程及其与作物生长和周围环境条件的关系进行数学表达和描述的一种方法。

按构建模型所依据的理论基础和统计方法的不同，可将植物营养模型分为经验模型（empirical model）和模拟模型（simulation model）。前者是通过大量生物试验，对取得的大量数据，经相应的统计分析来构建，故也称统计模型（statistical model），如各种肥料效应数学模型等。后者是在控制条件下，对植物营养的各种微观过程进行测定，并用物理学、化学、植物生理学和植物生物化学的机理来模拟，故也称机理模型（dynamic model），如无机养分在土壤中迁移、被植物根系吸收和养分在植物体内转移模型等。关于植物营养的机理模型将于下一章叙述，本章叙述的是植物营养的经验施肥模型及其研究方法。

一、植物营养施肥模型研究进展

植物营养施肥模型研究，按“黑箱”理论，虽然只看重信息的输入和输出，不去探讨“黑箱”的内部机制，即植物营养机理，但是它以肥料用量为自变量，以作物产量为因变量建立起来的各种回归模型对推荐作物施肥、预测作物产量起到了很大作用。20 世纪初德国著名土壤学家米切里希（E. A. Mitscherlich）和数学家布尔（B. Baule）合作，第一个用数学方法从宏观上研究作物产量与土壤养分供应量的函数关系，提出了著名的米氏指数方程。依据这个方程制定最佳施肥方案，对当时德国农业生产的发展起到了很大促进作用。后来这个数学模型虽经他本人和他人，如布尔（B. Baule, 1918），克劳斯（E. M. Growther）和叶茨（E. Yates）以及斯皮尔曼（W. J. Spillman, 1923）等多次修正，但基本形式没变，仍然保持指数曲线类型。这种模型的不足之处是不能反映出施肥过量时作物产量的变化趋势。

接着，尼克莱和米勒（H. Niklas and M. Miller, 1927）提出应用二次多项式模型来全面描述作物产量与施肥量间的关系，使施肥模型的研究进入一个新的层次。应用这个模型既能计算最高产量施肥量，又能推荐出施肥利润最高的施肥量。考威尔（J. D. Colwell, 1977）、斯帕若（P. E. Sparrow）分别提出应用平方根多项式和逆多项式作为肥料效应函数式。实际上这些模型都是二次多项式的变换式，所不同的是，主要体现在曲线初始阶段的斜率和曲线顶峰的变化趋势上。这些差别比较细微地表达了土壤肥力水平、肥料特性、作物营养特点对肥料效应的不同影响。目前在国内，应用二次多项式及其变换式这类模型比较多，拟合性也比较好。由于应用这类模型推荐施肥，已使我国部分农民从靠经验施肥步入靠科学定量施肥的新阶段。

上述肥料效应模型均属静态模型，都是在其他条件固定了的情况下来研究作物产量与施肥量间关系的。这类效应函数的应用从时间和空间上来看是有一定的局限性的。J. Franc（1984）提出，从长远来看，应建立动态数学模型，把影响肥料效应的气候因素、土壤养分状况以及管理措施等都考虑在内，以期得出更精确的，适应范围更广泛的施肥建议。在国内这类数学模型称为综合施肥模型。目前，有的学者在这个新领域里已开始研究，并取得了初步成果。

在植物营养的微观领域里应用数学原理和方法描述和探讨问题起步较晚。在植物的土壤营养方面1955年索菲尔特(Schofield)首先提出土壤有效养分的能量概念；1965年伍德鲁夫(Woodruff)证明土壤对磷的吸附符合弗兰得莱西(Freandlich)和朗格缪尔(Langmuir)等温吸附方程，并提出应用最大吸附量的饱和程度作为土壤供磷指标。此后，许多学者在这方面做了大量研究，力求将物理化学理论及其数学方程应用于施肥实践。有的学者应用数学方法研究与描述土壤有效养分的迁移过程，也取得了可喜的进展。巴波(S. A. Barber，1962)，首先计算了一株植物由质流所供应养分的比例；Bouldi(1961)和Olsen(1962)对养分离子向根运动运用了扩散理论的数学，把两者结合起来建立起一个养分离子在土壤中运动的连续过程。近年来，Barber根据土壤养分供应机制和植物吸收养分机制，建立了一株植物从土壤中吸收养分的数学模型，用来预测植物从土壤中吸收养分的数量。目前这些研究仍在进一步深入地开展。在养分从根表进入根内的吸收机制方面也用数学方法描述，例如，在植物的主动吸收过程中，吸收速率与底物浓度的关系可用Michaelis-Menten方程来表达。这一方程的应用，使人们从理论上对载体学说的认识更加深入了。

总之，在植物营养科学的发展过程中，无论是在宏观领域还是微观领域里都有它自身的规律，其中有许多规律可以用相应的数学模型来表达。有了数学模型，不仅使人们对某些营养过程的认识得以深化，而且也推动了植物营养理论应用于施肥实践的进程。

二、建立施肥模型的原则与一般程序

(一)建模的原则

在科学认识活动中，模型是主体与客体之间的一种特殊的中介。它既是主体即科学研究工作者所创建的、用来研究客体的工具或手段，又是客体的代表或替身，是主体进行研究的直接对象。或者说，科学模型具有工具性与对象性双重性质。模型作为研究手段，是为了便于运用已有的各种知识和方法，伸展主体的各种才能，因此要求模型与原型相比，具有明显的简单性。同时，模型作为研究对象，是为了能够对模型的研究结果有效地外推到原型客体，因此，必须要求模型与原型具有相似性，而且是本质上的相似性。

从简单性来说，就是要在对于客体所处的状态、环境和条件进行分析比较的基础上，做出一些合理的简化假设或处理，化繁为简、化难为易，使复杂事物有可能通过比较简单的模型来进行研究。在自然科学中，长期以来人们积累了许多进行简化的经验，诸如，把不规则的化为规则的，把不均匀的化为均匀的，把不光滑的化为光滑的，把高维空间化为低维空间，把非线性关系化为线性关系，等等，以便能够运用已有的科学知识和科学工具，或便于创造新的科学方法，使模型成为有效的研究手段。对于物质形式的科学模型，就是要便于进行观察和测量等实验性操作；对于思维形式的科学模型，就是要便于进行逻辑推理和数学演算等理论性操作。

从相似性来说，我们不可能也没必要要求模型与原型全面相似，即在外部形态、质料、结构、功能等所有特征上都一一相似，但是必须按照所要研究问题的性质和目的，使模型与原型在主要的方面具有本质上的相似性。

模型必须具有与原型的相似性，才有科学研究的价值和意义，同时模型还要具有简单性，才能够在科学研究中实行操作，实际发挥作用。科学模型表现出来的简化、理想化不能是主观随意的，必须合理和适度，以不丧失模型与原型的本质上相似性为原则，而这种本质上的相似性是靠进行科学的抽象来保证的。也就是说,建立模型必须运用科学的抽象,才能达到相似性与简单性的统一。

(二)建模的一般程序

建立科学合理的数学模型一般要通过以下几个步骤来实现:

(1)分析问题背景,寻找数学联系　通过对所给问题的分析,理解问题背景的意义,明确建模的目的,搜集建模必需的各种信息如现象、数据等,尽量弄清对象的特征,由此初步确定用哪一类模型,从而使非常规问题转化为常规问题来解决。

(2)模型假设　根据对象的特征和建模的目的,对问题进行必要的、合理的简化,用精确的语言做出假设,可以说是建模的关键步骤。一般地说,一个实际问题不经过简化假设就很难转换成数学问题。不同的简化假设会得到不同的模型,假设不合理或过分简单,会导致模型的失败;假设做得过分详细,试图把复杂对象的各方面因素都考虑进去,可能使你很难甚至无法继续下一步的工作。因此,要善于辨别问题的主次,果断地抓住主要因素,舍弃次要因素,尽量将问题线性化、均匀化。

(3)建立数学模型　根据所作的假设,分析对象的因果关系,利用对象的内在规律和适当的数学工具,将实际问题符号化并确定其中的关系,进而写出由这些符号和关系所确定的数学联系,用具体的代数式、函数式、方程式、不等式或相关的图形、图表等把这些数学联系确定下来,就形成了数学模型。

(4)求解数学问题　根据数学模型的特征,可采用适当的数学思想、方法和数学知识,对数学模型进行解析。对模型进行数学上的分析,有时要根据问题的性质分析变量间的依赖关系或稳定状况,有时是根据所得结果给出数学上的预报,有时则可能要给出数学上的最优决策或控制等。但不论哪种情况,对建立起的数学模型进行误差分析、模型对数据的稳定性分析或灵敏性分析等都是必不可少的。

(5)实际校验　将数学问题的求解结果返回到实际问题中去进行检验,并用实际的现象、数据与之比较,检验模型的合理性和适用性,从而决定是否要修改模型或另辟蹊径。这一步对于建模的成败是非常重要的,要以严肃认真的态度来对待。模型检验的结果如果不符合或者部分不符合实际,问题通常出在模型假设上,应该修改、补充假设,重新建模。有些模型要经过几次反复,不断完善,直到检验结果获得某种程度上的满意。

(6)模型应用　应用的方式自然取决于问题的性质和建模的目的,这方面的内容不再详述。

总之,模型的建立、模型的解析和模型的校验,都没有刻板的程序和固定的方法,需要科研工作者综合地灵活地使用多种多样的知识和方法,充分发挥自己的创造性思维能力。塑造一个有效的科学模型,既要严格地以原型为依据,又要广开思路,敢于提出大胆设想,它是艰苦的科学思维和科学劳动的成果,又是令人赞赏的富有魅力的科学艺术品,是多种知识、多种思维和多种方法相融合的产物。

三、应用统计学理论建模的方法与步骤

建立数学模型的方法很多,如微分方程法、差分方程法、概率方法和统计方法等。应用时应根据研究对象的特征、变化规律及建模目的选择其中适当的方法。这里重点介绍如何正确运用统计学的方法建立施肥模型。

统计学的建模方法就是以回归分析为手段，以科学合理的试验设计为基础，建立两个（或两个以上）变量间线性或非线性依存关系的一种方法。比如，单因素回归试验设计可用于建立一元二次肥料效应模型，复因素回归试验设计可用于建立二元二次肥料效应模型，等等。试验设计的原则与方法在第二章有详细的介绍，不再赘述。

回归分析作为一种建模方法，是通过假设检验来判别模型的拟合情况，至于建立起的数学依存关系是否是本质的、内在的必然联系，还无法给出明确答案。这就要求我们在应用该方法建模时，要特别注意以下几方面问题：

第一，必须保证模型中所涉及的变量之间存在内在的因果关系。在这一前提下，对这些变量之间关系进行定量研究时，才可以考虑用模型来表达。如果变量之间不存在理论上的必然联系时，那么即便是符合统计学的假设检验，模型也是没有应用价值的。

第二，要注意所选模型的理论基础，对模型中引入参数的意义应有所理解和认识，特别是参数的大小和符号应与生产实际相符合。这一点对模型择优有非常大的指导意义。

第三，不要过分强调对试验点的拟合。模型是对原型进行抽象、简化，把那些反映问题本质属性的形态、数量及其关系抽象出来，简化掉那些非本质的因素，使之摆脱原型的具体复杂形态。试验数据的离散性，正是非本质因素和误差影响的结果。如果对散点做过分精准拟合，反而会增大模型拟合误差，使模型复杂化，结果难以解释。

回归分析作为一个严肃的统计学建模方法，有着严格的使用条件，在拟合时需要不断进行适用条件的判断。许多使用者往往忽视了这一点，只是把方程做出来就完事。这不仅浪费信息，更有可能得出错误的结果。

下面以直线（或可直线化的曲线）模型为例，给出我们认为比较合适的统计学建模的操作步骤，供大家参考。

①做散点图，观察变量间的变化趋势。下面四组散点（图 4-1）都可以用一条回归直线来描述，$r^2=0.67$，而且检验结果都符合统计学要求。进一步分析可知：图 4-1(a) 中两变量间关系基本呈线性，可进行分析；图 4-1(b) 实际上为曲线关系，应当进行曲线方程的拟合；图 4-1(c) 中两变量间虽然呈直线关系，但存在一个异常点，必须先对它进行考察后才能进行分析，并且在分析方法上可能要采用其他拟合方法；图 4-1(d) 中两变量间实际上存在的线性趋势非常微弱。这种情况同样要先考察异常点，并考虑采用其他拟合方法来分析。由此可以看出，散点图是线性回归分析之前的必要步骤，不能随意省略。

②考察数据的分布，进行必要的预处理。即分析变量的正态性、方差齐性等问题。如果进行了变量变换，则应当重新绘制散点图，以确保线性趋势在变换后仍然存在。

③进行直线回归分析。这部分内容在第三章已有论述，包括变量的初筛、变量选择方元的确定等，这里不再重复。

④残差分析。所谓残差是指实际观察值与回归估计值的差，残差分析就是通过残差所提供的信息，分析出数据的可靠性、周期性或其他干扰。在实际问题中，由于观察人员的粗心或偶然因素的干扰，常会使我们所得到的数据不完全可靠，即出现异常数据。有时即使通过相关系数或 F 检验证实回归方程可靠，也不能排除数据存在上述问题。残差分析的目的就在于解决这一问题。这是模型拟合完毕后模型诊断的重要步骤，主要分析残差间是否独立，是否为正态。

⑤强影响点的诊断与处理。这一步骤和残差分析往往混在一起，难以分出先后。

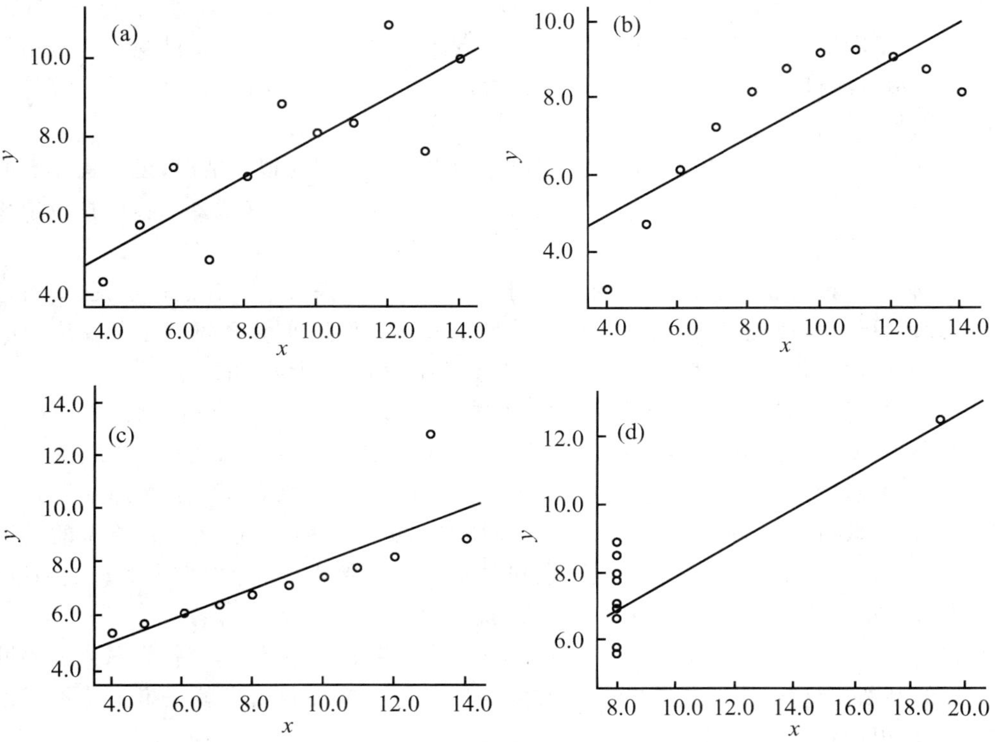

图 4-1　不同情况下的散点图

只有以上五个步骤全部无误,才能认为得到的是一个符合统计学要求的模型。下面该做的事情就是结合专业实际,将分析结果运用到现实中,考察结果有无实用价值。

第二节　施肥模型的建立

植物营养施肥模型受作物营养特性、土壤肥力水平、肥料种类、用量以及各种栽培条件的影响而多种多样,下面分别介绍国内外常用的几种模型及建模方法。

一、线 性 模 型

(一)线性模型的类型

线性模型是各种模型中最基本的一种,它概括了许多线性常规统计问题,因而在各方面获得了广泛的应用。在特定条件下,土壤养分或施肥对植物生长和产量的影响表现为线性关系的,常用线性数学模型来表达。

1. 一元线性回归模型

一元线性回归模型是所有线性回归模型的基础,如研究一种养分或施用一种肥料(x)与植物生长和产量(y)的关系,当自变量取值范围较低,或者在某一小段范围内取值,可近似地用一元线性模型来描述:

$$y_\alpha = \beta_0 + \beta x_\alpha + \varepsilon_\alpha \quad (\alpha = 1, 2, \cdots, n) \tag{4.1}$$

式中：β_0，β 为待估参数；x_α 为自变量观测值；n 为因变量观测值 y_α 的个数；ε_α 为试验误差，互相独立，且服从正态分布。

取样测定时，其相应的回归方程为

$$\hat{y} = b_0 + bx \tag{4.2}$$

式中：b_0 为直线截距，是参数 β_0 的估计值；b 为回归系数，是参数 β 的估计值；$\hat{y}$ 为回归值。

如前所述，李比希（Justus von Liebig）的"最小养分律"所阐明的最小养分的变化与作物产量的消长关系实际上就是这种线性关系。实践表明：这种关系只有在土壤肥力较低，农作物产量不高，肥料用量较少，而且其他栽培条件比较正常的情况下才能出现。因此，它不适于在高肥力土壤上、作物高产情况下表达的施肥量与作物产量的关系。然而在特定的生产条件下，试验设计施肥量变幅不宽，选配这种数学模型用来指导施肥实践仍不失其意义。

2. 分段线性回归模型

对于某些函数 $y=f(x)$，其在定义域内自变量 x 不同的值，不能用一个解析式表示，而要用两个或两个以上的式子表示，这类函数称为分段函数（piecewise function）。其相邻的两个函数在分段点处必须是光滑的、连续的。

（1）分段线性回归的一般数学模型　设有 n 组观测数据 (x_i, y_i)，$i=1,2,\cdots,n$，其中 $x_1 \leqslant x_2 \leqslant x_3 \leqslant \cdots \leqslant x_n$，根据散点图，可初步确定在 $\xi_1, \xi_2, \cdots, \xi_{m-1}$ 处将观测数据分成 m 段，这里

$$x_1 < \xi_1 < \xi_2 < \cdots < \xi_{m-1} < x_n$$

同时引入两个新分点 ξ_0、ξ_m，使 $\xi_0 \leqslant x_1$，$x_n \leqslant \xi_m$。

如果每段都用直线方程描述，那么，分段线性回归模型（piecewise linear regression model）可表达为：

$$\hat{y} = f(x) = \begin{cases} a_1 + b_1 x & (\xi_0 \leqslant x \leqslant \xi_1) \\ a_2 + b_2 x & (\xi_1 \leqslant x \leqslant \xi_2) \\ \quad\vdots & \\ a_m + b_m x & (\xi_{m-1} \leqslant x \leqslant \xi_m) \end{cases} \tag{4.3}$$

其中相邻两个函数式满足约束条件

$$f_l(\xi_l) = f_{l+1}(\xi_l) \quad (l = 1, 2, \cdots, m-1) \tag{4.4}$$

（2）只有一个分段点的线性回归数学模型　博伊德（D. A. Boyd）和库克（G. W. Cooke）根据大量试验研究结果发现：在一定条件下，施肥量与作物产量呈两条相交直线形式（图 4-2）。在转折点前，农作物产量随施肥量的增加而直线上升；超过转折点后，牧草的产量继续缓慢增加，甜菜的保持平稳，不升也不降，禾谷类作物和马铃薯的产量则缓慢下降。

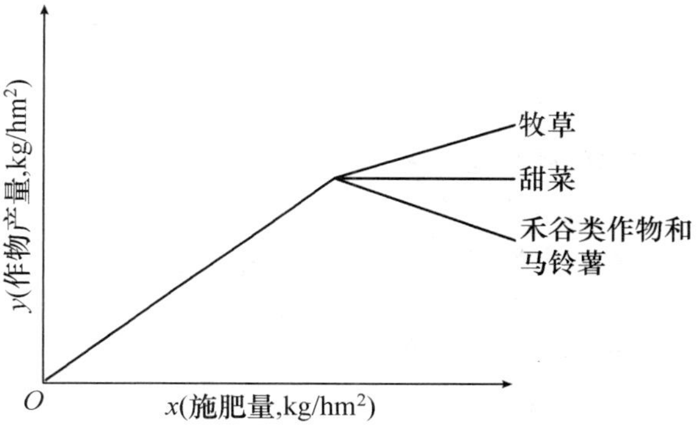

图 4-2　两条相交直线模式图

这种关系可采用只有一个分段点的分段线性模型进行定量描述：设有 n 组观测数据 (x_i, y_i)，$i=1,2,\cdots,n$，其中 $x_1 \leqslant x_2 \leqslant x_3 \leqslant \cdots \leqslant x_n$，如果根据散点图，初步确定在 x_0 处将函数分成两段，这里 $x_1 < x_0 < x_n$，每段都可以用直线方程拟合，则分段线性回归（piecewise linear regression)的数学模型可表达为：

$$\hat{y} = \begin{cases} a_1 + b_1 x & (x_1 \leqslant x \leqslant x_0) \\ a_2 + b_2 x & (x_0 \leqslant x \leqslant x_n) \end{cases} \tag{4.5}$$

式中：a_1 和 a_2 为分段函数的截距；b_1 和 b_2 为分段函数的斜率。在 $x=x_0$ 处相邻的两个函数，满足约束条件：$f_1(x_0)=f_2(x_0)$。有人也把这类函数模型称为两条直线相交模型(two-straight line intersecting model)。典型的描述肥料效应的分段函数模型，应该满足以下条件：$a_2>a_1>0, b_1>b_2$。

如果在分段点后，即自变量在 $x_0 \leqslant x \leqslant x_n$ 取值，因变量不再随着施肥量的增加而增加或降低，如图4-2中的甜菜，那么，模型(4.5)可简化为：

$$\hat{y} = \begin{cases} a_1 + b_1 x & (x_1 \leqslant x \leqslant x_0) \\ a_2 & (x_0 \leqslant x \leqslant x_n) \end{cases} \tag{4.6}$$

通常将模型(4.6)称为线性加平台模型(linear plus platuea model)。

如果在模型的表达式中引入一个二值虚拟变量 D_t，令自变量在 $x_1 \leqslant x \leqslant x_0$ 范围内取值时，$D_t=0$，在 $x_0 \leqslant x \leqslant x_n$ 取值时，$D_t=1$，即

$$D_t = \begin{cases} 0 & (x_1 \leqslant x \leqslant x_0) \\ 1 & (x_0 \leqslant x \leqslant x_n) \end{cases} \tag{4.7}$$

则分段线性回归模型(4.5)可转化成下面的数学表达式：

$$y_\alpha = \beta_0 + \beta_1 x_\alpha + (\beta_2 + \beta_3 x_\alpha) D_t + \varepsilon_\alpha \tag{4.8}$$

3. 多元线性回归模型

如果研究多种养分或多种肥料与作物生长和产量的关系，其数学表达式为多元线性模型，其数学表达式为：

$$y_\alpha = \beta_0 + \beta_1 x_{\alpha 1} + \cdots + \beta_p x_{\alpha p} + \varepsilon_\alpha \tag{4.9}$$

式中：$\beta_0, \beta_1, \cdots, \beta_p$ 为待估参数。其相应的回归方程为：

$$\hat{y} = b_0 + b_1 x_1 + b_2 x_2 + \cdots + b_p x_p = b_0 + \sum_{i=1}^{p} b_j x_j \tag{4.10}$$

式中：$\hat{y}$ 为回归值，即施肥后可能获得的作物理论产量；b_0 为常数项，即不施肥区的作物产量；$b_0, b_1, \cdots, b_p$ 为偏回归系数，即增施单位肥料量所得的作物平均增产量；$x_1, x_2, \cdots, x_p$ 为土壤养分含量或施肥量；p 为土壤养分或肥料种类数。

若研究肥料间的交互作用，其扩展的回归方程为：

$$\hat{y} = b_0 + \sum_{j=1}^{p} b_j x_j + \sum_{i<j} b_{ij} x_i x_j \tag{4.11}$$

式中：b_{ij} 为反映 x_i 与 x_j 间交互作用的回归系数。

(二)线性模型的建模方法

一元线性模型和多元线性模型的统计学建模方法在第三章已有详细论述，不再重复，这里主要介绍分段线性施肥模型的建模方法及假设检验方法。

建立只有一个分段点的分段线性回归模型通常可以采用以下几种方法建模：

①采用分段线性回归的方法建立施肥模型。把分段函数看作是两条相交的直线，可以通过各自的观测值分别建立两个直线回归方程，分别对其做显著性检验。如果两个线性回归方程中，有一个检验不显著，则无法用分段函数进行描述。如果两个回归方程检验都显著，说明

两个线性回归方程是有统计学意义的。这时，我们还要进行两直线回归系数差数的差异显著性检验，以确定两条直线是否可以合并。只有当两条直线方程的截距和斜率都差异显著时，分段线性回归方程才成立。将两个直线方程联立求出交点坐标，然后根据交点的 x 值分段定义两条直线方程。

②建立虚拟变量模型(dummy variable model)。通过设置一个虚拟变量，对直线方程在分段点后的截距和斜率进行修正，进而得到另外一条直线方程。这种方法是把分段函数看作一个整体函数式，最后得到含一个虚拟变量的回归方程，并可对该方程进行整体显著性检验。

③采用非线性回归(nonlinear regression)的方法建立施肥模型。采用序列二次规划(sequential quadratic programming)和非线性最小二乘法(nonlinear least squares)等算法建模。非线性最小二乘法除可直接用于估计静态非线性模型的参数外，在时间序列建模、连续动态模型的参数估计中，也往往遇到求解非线性最小二乘问题。运算时通常事先设定初始值、迭代次数或精确度等约束条件，然后进行迭代，最后得到模型的参数值，同时将残差的定义从最小二乘法向外大大扩展。这种方法一般是借助统计软件来完成的。初始值设定对结果影响较大，如果设置不当，或者迭代不收敛，或者只得到模型的局部最优解，而不是全局最优。

应用前两种方法建模时，其前提条件是要根据散点图中数据的规律，结合实际经验，将数据划分成两组，即事先估计函数分段点的大致位置，然后进行线性回归，得到分段线性函数模型。建模时可以事先估计几个分段点，逐一建模，然后进行统计分析和择优。非线性回归法一般不需要人为设置分段点。

例 4.2.1　某地小麦氮肥单因素试验，氮肥用量(N，kg/hm^2)设定 9 个水平：0、30、60、90、120、150、180、210、240，各处理产量数据列于表 4-1。试采用分段线性回归法对数据进行拟合，并进行显著性检验。

表 4-1　小麦氮肥施用量与产量　kg/hm^2

项　目	编号								
	1	2	3	4	5	6	7	8	9
施肥量	0	30	60	90	120	150	180	210	240
产量	4 082.0	4 562.2	5 009.0	5 907.5	6 063.5	6 127.5	6 440.2	6 513.4	6 571.0

根据实际经验和对散点的观察，可将数据分为两组：$0\ kg/hm^2 \leqslant x < 120\ kg/hm^2$ 为一组，$120\ kg/hm^2 \leqslant x \leqslant 240\ kg/hm^2$ 为一组，数据分组情况列于表 4-2。

表 4-2　表 4-1 资料建模数据分组

组　Ⅰ			组　Ⅱ		
编　号	x_1	y_1	编　号	x_2	y_2
1	0	4 082.0	5	120	6 063.5
2	30	4 562.2	6	150	6 127.5
3	60	5 009.0	7	180	6 440.2
4	90	5 907.5	8	210	6 513.4
			9	240	6 571.0

这两组观测数据可用两条直线分别进行回归。直线回归分析的具体方法见第三章的第四节回归分析,这里只列出了回归分析结果。

①对组Ⅰ数据进行线性回归分析的结果如表4-3所示。

表4-3 表4-2组Ⅰ资料的方差分析表

变因	平方和	自由度	均 方	F	$F_{0.05}$	$F_{0.01}$
回归	1 754 274.145	1	1 754 274.145	63.205 9	18.85	98.49
剩余	55 509.823	2	27 754.911 5			
总变异	1 809 783.968	3				

方差分析结果,组Ⅰ数据F检验显著,线性回归关系成立。根据表4-4的回归系数值,可写出第一条直线回归方程:

$$\hat{y}_1 = 4\,001.68 + 19.74x_1$$

表4-4 表4-2组Ⅰ资料的回归系数及其显著性检验

模 型	回归系数	回归系数标准误差	t	$t_{0.05}$	$t_{0.01}$
常数项	4 001.68	139.39	28.71	4.303	9.925
x_1	19.74	2.48	7.95		

②对组Ⅱ数据进行线性回归分析的结果如表4-5所示。

表4-5 表4-2组Ⅱ资料的方差分析表

变因	平方和	自由度	均 方	F	$F_{0.05}$	$F_{0.01}$
回归	196 252.08	1	196 252.08	31.36	10.13	34.12
剩余	18 776.35	3	6 258.78			
总变异	215 028.43	4				

方差分析结果,组Ⅱ数据F检验显著,线性回归关系成立。根据表4-6的回归系数值,可写出回归方程:

$$\hat{y}_2 = 5\,502.58 + 4.67x_2$$

表4-6 表4-2组Ⅱ资料的回归系数及其显著性检验

模 型	回归系数	回归系数标准误差	t	$t_{0.05}$	$t_{0.01}$
常数项	5 502.58	154.22	35.68	3.18	5.84
x_2	4.67	0.83	5.60		

③将两条直线方程联立,得出一个二元一次线性方程组:

$$\begin{cases} \hat{y}_1 = 4\,001.68 + 19.74x_1 \\ \hat{y}_2 = 5\,502.58 + 4.67x_2 \end{cases}$$

这个方程组的几何意义是两条相交的直线(图 4 - 3)。解方程组得：$x_0 = 99.56$，$y_0 = 5\,967.42$，此即两条直线的交点。

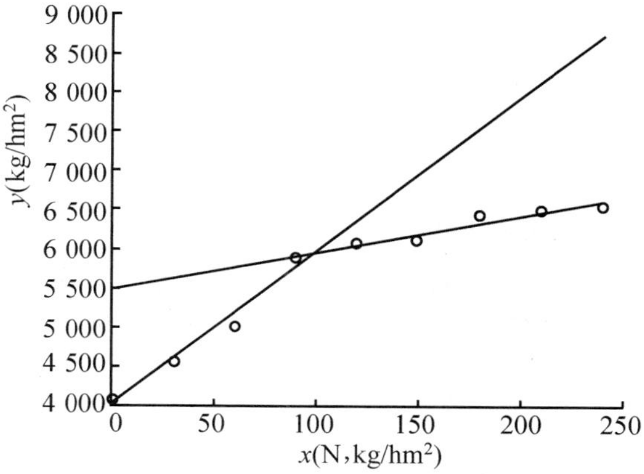

图 4 - 3　表 4 - 1 资料观测值散点分段拟合图

④进行两直线方程回归系数差数的假设检验。

如果有两个线性回归方程：

$$\hat{y}_1 = a_0 + a_1 x_1$$
$$\hat{y}_2 = b_0 + b_1 x_2$$

它们有着某种共同的生物学基础，则需检验两个回归方程的截距 a_0 与 b_0 以及两个斜率 a_1 与 b_1 的差异显著性。

假设 $H_0: \alpha_0 = \beta_0$，$\alpha_1 = \beta_1$；$H_A: \alpha_0 \neq \beta_0$，$\alpha_1 \neq \beta_1$。两个回归截距的标准差为：

$$S_{a_0 - b_0} = \bar{S}_{y/x} \sqrt{\frac{1}{n_1} + \frac{1}{n_2} + \frac{\bar{x}_1^2 + \bar{x}_2^2}{\sum x_1^2 + \sum x_2^2}} \tag{4.12}$$

$\bar{S}_{y/x}$ 为两样本回归系数的合并方差，其计算公式为：

$$\bar{S}_{y/x} = \sqrt{\frac{\sum (y_1 - \hat{y}_1)^2 + \sum (y_2 - \hat{y}_2)^2}{n_1 - 2 + n_2 - 2}} = \sqrt{\frac{Q_1 + Q_2}{n_1 - 2 + n_2 - 2}} \tag{4.13}$$

t 值的计算公式为：

$$t = \frac{(a_0 - b_0) - (\alpha_0 - \beta_0)}{S_{a_0 - b_0}} \tag{4.14}$$

两个回归斜率的标准差为：

$$S_{a_1 - b_1} = \bar{S}_{y/x} \sqrt{\frac{1}{\sum x_1^2} + \frac{1}{\sum x_2^2}} \tag{4.15}$$

$$t = \frac{(a_1 - b_1) - (\alpha_1 - \beta_1)}{S_{a_1 - b_1}}$$

例 4.2.2　对例 4.2.1 得出的两个回归方程的回归系数的差数显著性进行 t 检验。已知 $\sum x_1^2 = 12\,600$，$\sum x_2^2 = 171\,000$；$\sum (y_1 - \hat{y}_1)^2 = 55\,509.82$，$\sum (y_2 - \hat{y}_2)^2 = 18\,776.35$；$\bar{x}_1^2 = 2\,025$，$\bar{x}_2^2 = 32\,400$。

对两直线方程截距的显著性检验：

$$\bar{S}_{y/x} = \sqrt{\frac{55\,509.82 + 18\,776.35}{4 - 2 + 5 - 2}} = 121.89$$

$$S_{a_0 - b_0} = 121.89 \times \sqrt{\frac{1}{4} + \frac{1}{5} + \frac{2\,025 + 32\,400}{12\,600 + 171\,000}} = 97.32$$

$$t = \frac{5\,502.58 - 4\,001.68}{97.32} = 15.42$$

对两直线方程斜率的显著性检验:

$$S_{a_1-b_1} = 121.89 \times \sqrt{\frac{1}{12\,600} + \frac{1}{171\,000}} = 1.125$$

$$t = \frac{19.74 - 4.67}{1.125} = 13.4$$

根据自由度 $n_1-2+n_2-2=5$,查 t 值表,$t_{0.01}=4.032$,$t=13.4>t_{0.01}$。按 $\alpha=0.01$ 水准,拒绝 H_0,接受 H_A,故两个直线方程的回归系数差异极显著。说明两条回归直线中 x 对 y 的影响规律不一致,两条直线不能合并。因此,我们将这两条直线方程表示为:

$$\hat{y} = \begin{cases} 4\,001.68 + 19.74x & (0 \leqslant x \leqslant 99.56) \\ 5\,502.58 + 4.67x & (99.56 \leqslant x \leqslant 240) \end{cases}$$

例 4.2.3 以例 4.2.1 数据为例,通过引入一个虚拟变量 D,建立虚拟变量模型。

通过对散点的观察,可将数据分为两组:0 kg/hm^2$\leqslant x <$120 kg/hm^2 为一组,120 kg/hm^2 $\leqslant x \leqslant$240 kg/hm^2 为一组。这两组观测数据可用两条直线进行分段回归。可以通过引入虚拟变量 D,来构建含有质变量的分段函数模型。

(1)设置虚拟变量,构建数学模型

$$y_i = \beta_0 + \beta_1 D_i + \beta_2 x_i + \beta_3 x_i D_i + \varepsilon_i$$

虚拟变量
$$D_i = \begin{cases} 0 & (0 \leqslant x_i < 120) \\ 1 & (120 \leqslant x_i \leqslant 240) \end{cases}$$

数据资料如表 4-7 所示。

表 4-7 引入虚拟变量的数据资料

编 号	x	D_i	xD_i	y
1	0	0	0	4 082.0
2	30	0	0	4 562.2
3	60	0	0	5 009.0
4	90	0	0	5 907.5
5	120	1	120	6 063.5
6	150	1	150	6 127.5
7	180	1	180	6 440.2
8	210	1	210	6 513.4
9	240	1	240	6 571.0

(2)参数的最小二乘估计 虚拟变量模型引入的虚拟变量和定量变量没有什么本质区别。仍可采用最小二乘估计(OLS)进行参数估计,典型线性回归模型(CLRM)的分析方法是有效的,其参数估计及检验方法与多元线性回归方法基本相同。根据表 4-7 中的数据,可得结构矩阵 $\boldsymbol{X}$ 和 $\boldsymbol{Y}$ 矩阵:

$$
\boldsymbol{X}=\begin{pmatrix} 1 & 0 & 0 & 0 \\ 1 & 30 & 0 & 0 \\ 1 & 60 & 0 & 0 \\ 1 & 90 & 0 & 0 \\ 1 & 120 & 1 & 120 \\ 1 & 150 & 1 & 150 \\ 1 & 180 & 1 & 180 \\ 1 & 210 & 1 & 210 \\ 1 & 240 & 1 & 240 \end{pmatrix} \qquad \boldsymbol{Y}=\begin{pmatrix} 4\,082.0 \\ 4\,562.2 \\ 5\,009.0 \\ 5\,907.5 \\ 6\,063.5 \\ 6\,127.5 \\ 6\,440.2 \\ 6\,513.4 \\ 6\,571.0 \end{pmatrix}
$$

通过结构矩阵 $\boldsymbol{X}$ 和 $\boldsymbol{Y}$ 矩阵，计算出系数矩阵 $\boldsymbol{A}$ 和常数项矩阵 $\boldsymbol{B}$：

$$
\boldsymbol{A}=\boldsymbol{X}'\boldsymbol{X}=\begin{pmatrix} 9 & 1\,080 & 5 & 900 \\ 1\,080 & 183\,600 & 900 & 171\,000 \\ 5 & 900 & 5 & 900 \\ 900 & 171\,000 & 900 & 171\,000 \end{pmatrix} \qquad \boldsymbol{B}=\boldsymbol{X}'\boldsymbol{Y}=\begin{pmatrix} 51\,276.3 \\ 6\,719\,916 \\ 31\,715.6 \\ 5\,750\,835 \end{pmatrix}
$$

对矩阵 $\boldsymbol{A}$ 求逆矩阵 $\boldsymbol{A}^{-1}$，并最后算出回归系数矩阵 $\boldsymbol{b}$：

$$
\boldsymbol{A}^{-1}=\begin{pmatrix} 0.700\,0 & -0.010\,0 & -0.700\,0 & 0.010\,0 \\ -0.010\,0 & 0.000\,2 & 0.010\,0 & -0.000\,2 \\ -0.700\,0 & 0.010\,0 & 4.500\,0 & -0.030\,0 \\ 0.010\,0 & -0.000\,2 & -0.030\,0 & 0.000\,3 \end{pmatrix} \qquad \boldsymbol{b}=\boldsymbol{A}^{-1}\boldsymbol{B}=\begin{pmatrix} 4\,001.679\,9 \\ 19.744\,3 \\ 1\,500.9 \\ -15.074\,7 \end{pmatrix}
$$

于是，含有虚拟变量的回归方程可写成：

$$
\hat{y}=4\,001.679\,9+1\,500.9D+19.744\,3x-15.074\,7xD
$$

$$
D=\begin{cases} 0 & (0 \leqslant x < 120) \\ 1 & (120 \leqslant x \leqslant 240) \end{cases}
$$

当 x 小于预设值 120 时，$D=0$，回归方程为：$\hat{y}=4\,001.679\,9+19.744\,3x$；当 x 大于预设值 120 时，$D=1$，回归方程为：

$$
\begin{aligned} \hat{y} &=(4\,001.68+1\,500.9)+(19.74-15.07)x \\ &=5\,502.58+4.67x \end{aligned}
$$

散点的分段拟合情况如图 4 - 4 所示。可以通过解线性方程组，求出分段点的理论值：$x_0=99.56\ \text{kg/hm}^2$，$y_0=5\,967.42\ \text{kg/hm}^2$。

(3)假设检验　假设检验的无效假设为 $H_0:\beta_1=\beta_2=\beta_3=0$，备择假设为 $H_A:\beta_1、\beta_2、\beta_3$ 不全为零。

$$
\begin{aligned} SS_T &=l_{yy}=\sum_{\alpha}(y_\alpha-\bar{y})^2=\sum_{\alpha}y_\alpha^2-\frac{1}{n}\left(\sum_{\alpha}y_\alpha\right)^2 \\ &=4\,082.0^2+4\,562.2^2+\cdots+6\,571.0^2-\frac{1}{9}\times 51\,672.3^2 \\ &=6\,716\,032.78 \end{aligned}
$$

$$
df_T=9-1=8
$$

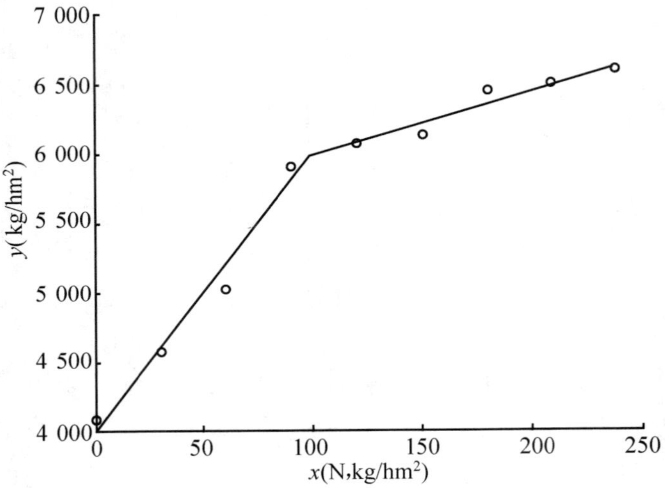

图 4-4 表 4-1 资料含虚拟变量的分段函数拟合图

$$Q=\sum_{\alpha}y_{\alpha}^{2}-\sum_{j=0}^{p}b_jB_j$$

$$=298\ 855\ 915.2-4\ 001.679\ 9\times 51\ 276.3-19.744\ 3\times 6\ 719\ 916$$

$$-1\ 500.9\times 31\ 715.6+15.074\ 7\times 5\ 750\ 835$$

$$=74\ 706.989$$

$$df_Q=9-3-1=5$$

$$u=l_{yy}-Q=6\ 716\ 032.78-74\ 706.989=6\ 641\ 325.791$$

$$df_u=3$$

计算 F 值和决定系数 r^2：

$$MS_u=\frac{u}{df_u}=\frac{6\ 641\ 325.791}{3}=2\ 213\ 775.264$$

$$MS_Q=\frac{Q}{df_Q}=\frac{74\ 706.989}{5}=14\ 941.398$$

$$F=\frac{MS_u}{MS_Q}=\frac{2\ 213\ 775.264}{14\ 941.398}=148.164$$

将上述计算结果列于表 4-8。

表 4-8 表 4-7 资料的方差分析表

变因	平方和	自由度	均方	F	$F_{0.05}$	$F_{0.01}$
回归	6 641 325.791	3	2 213 775.264	148.164	5.41	12.06
剩余	74 706.989	5	14 941.398			
总变异	6 716 032.780	8				

$$\text{决定系数 } r^2=\frac{u}{l_{yy}}=\frac{6\ 641\ 325.791}{6\ 716\ 032.78}=0.99$$

回归方程整体的 F 检验达极显著水平，说明虚拟变量和分段回归方程具有统计学意义。

从例 4.2.1 和例 4.2.3 分析结果来看，两种建模方法得到的回归方程是一致的。其中虚拟变量建模方法除了便于统一处理外，用一个方程式表达的最大优点是增加了自由度，从而增加了参数估计的精度。样本数几乎增加一倍，而因为增加变量数仅减少了两个自由度。

二、非线性模型

(一)非线性模型的种类

施肥对作物产量的影响，在特定的土壤肥力和作物栽培条件下可能显示出线性函数关系。但是在一般情况下，则表现为各种形式的非线性函数关系，普遍遵循肥料增产效应递减的定律。下面介绍几种常见的非线性数学模型。

1. 指数曲线模型

在一定生产条件下，继续增加施肥量，农作物产量增加的幅度逐渐减小，可以用指数函数描述这种关系，其模型图如图 4-5 所示。著名土壤学家米切里希(E. A. Mitscherlich，1909)提出的“肥料效应递减律”就是这种关系的科学概括，其数学表达式为：

$$y = A(1 - e^{-c_1 x}) \tag{4.16}$$

或

$$y = A(1 - 10^{-cx}) \tag{4.17}$$

式中：x 为某种养分的供应量；y 为供应某种养分后获得的作物产量；A 为供应某种养分作物可能达到的最高产量；c_1、c 为效应系数($c=0.434\ 3c_1$)，c 值愈大，达到一定产量需要的施肥量愈少。

在农业生产中，土壤供应养分的容量和强度对肥料效应是有直接影响的，所以，米氏将土壤有效养分含量计算在内，将 x 换成($x+b$)，代入式(4.17)，改写为下列数学模型：

$$y = A[1 - 10^{-c(x+b)}] \tag{4.18}$$

式中：b 值的实际意义是土壤中含有相当于 b 量肥料养分效应的养分量，它和用化学分析方法测出的土壤有效养分含量是不同的。

随后，克劳斯(E. M. Growther)和叶茨(E. Yates)对米氏模型进行修正，提出了如下模型：

$$y = y_0 + d(1 - 10^{-kx}) \tag{4.19}$$

式中：x 为施肥量；y 为农作物产量；y_0 为不施肥农作物产量；d 为增施肥料时可能达到的最大增产量；k 为效应系数。

该模型的特点是式中的自变量 x 是施肥量，同时还把不施肥时的作物产量考虑在内，这是对米氏模型的进一步发展，故称为典型指数模型(图 4-6)。

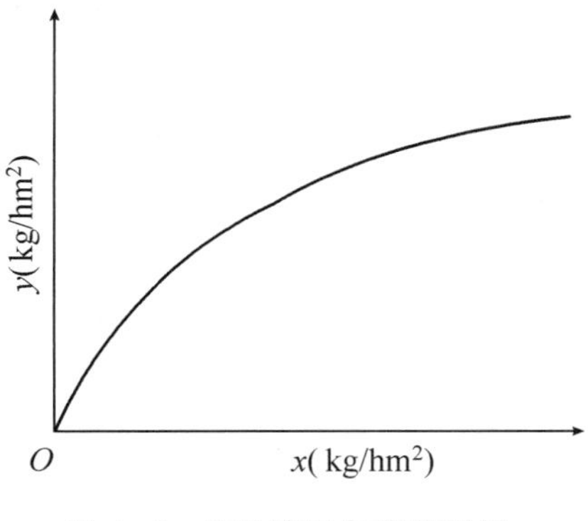

图 4-5　作物产量与施肥量间关系的指数曲线

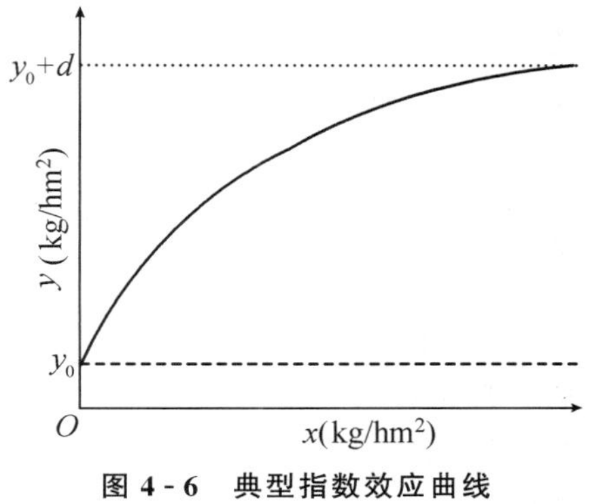

图 4-6　典型指数效应曲线

Spillman(1923)观察到农作物产量随施肥量的增加而按一定的等比级数递减。根据这一变化规律他提出如下施肥模型：

$$y = A(1 + R^x) \qquad (4.20)$$

式中：y 为总增产量；A 为最高增产量；R 为效应系数，表示前后连续两个增产量间的比率；x 为施肥量。

设 y_0 为不施肥时产量，M 为作物最高产量，当 $x=0$，$y=y_0=M-A$ 时，则导出另一模型：

$$y = M - AR^x \qquad (4.21)$$

以上讨论的这些模型均属于指数函数模型。从实际应用角度来说，其中以典型指数模型和 Spillman 模型较为方便，因为模型中的自变量 x 用的是施肥量。这类模型的共同特点是：可以反映出，在一定生产条件下农作物产量有极限点，即最高产量；在达到这个产量之前，农作物增产量与施肥量间的关系服从“报酬递减律”；根据这类模型可以求出经济最佳施肥量，预测农作物产量和估算土壤有效养分含量。因此，在西欧一些国家，目前仍在沿用这类模型指导施肥实践。但是这类模型除含有负效应系数的米氏方程外，都表达不出农作物产量达到极限之后，继续增施肥料的变化趋势，这也是这类模型在指导施肥方面的不足之处。

2. 二次多项式模型

作物产量随施肥量的增加而上升到最高点之后，由于施用某种肥料过量而产生的负效应或其他因素的制约，作物产量不再继续增加，反而出现下降趋势。描述两者间这种函数关系时多用二次多项式模型。

二次多项式模型简称二次施肥模型，它包括一元二次多项式模型、二元二次多项式模型和多元二次多项式模型。下面分述这几种模型。

(1)一元二次多项式模型　如果研究一种肥料的施肥效应，表达肥料用量与作物产量的函数关系，则用一元二次多项式模型，其模型表达式为

$$y_\alpha = \beta_0 + \beta_1 x_\alpha + \beta_2 x_\alpha^2 + \varepsilon_\alpha \quad (\alpha = 1,2,\cdots,n) \qquad (4.22)$$

式中：β_0、β_1、β_2 为待估参数；ε_α 为因变量 y 在自变量 x_α 处观测值的随机误差，且服从正态分布 $N(0,\sigma^2)$；n 为试验处理数。其相应的一元二次回归方程为：

$$\hat{y} = b_0 + b_1 x + b_2 x^2 \qquad (4.23)$$

式中：$\hat{y}$ 为回归值，即农作物产量；x 为自变量，即施肥量；b_0、b_1、b_2 为模型参数 β_0、β_1、β_2 的估计值。其中 b_0 为不施肥时作物产量；b_1 称主效应系数，为曲线的线性部分的斜率，即低施肥量时作物增产趋势；b_2 表示曲线曲率大小和方向，即作物产量随施肥量的增加而达到最高前后的变化趋势。

该函数式的一阶导数

$$\frac{dy}{dx} = b_1 + 2b_2 x$$

二阶导数

$$\frac{d^2 y}{dx^2} = 2b_2$$

回归方程特征与应用：

①当 $b_1>0$，$b_2>0$ 时，y 随 x 增加而增加，曲线凹向上。

②当 $b_1>0$，$b_2<0$ 时，有如下 3 种情况：若 $x<\frac{-b_1}{2b_2}$，y 随 x 增加而增加；若 $x>\frac{-b_1}{2b_2}$，y 随 x

增加而减少；若 $x=\frac{-b_1}{2b_2}$，y 有个极大值，曲线凸向上，见图 4－7。

③当 $b_1<0$，$b_2>0$ 时，也有 3 种情况：若 $x<\frac{-b_1}{2b_2}$，y 随 x 增加而减少；若 $x>\frac{-b_1}{2b_2}$，y 随 x 增加而增加；若 $x=\frac{-b_1}{2b_2}$，y 有个极小值，曲线凹向上，见图 4－8。

做施肥试验时，只有属于第②种情况才能进一步求出最高产量施肥量和经济最佳施肥量。

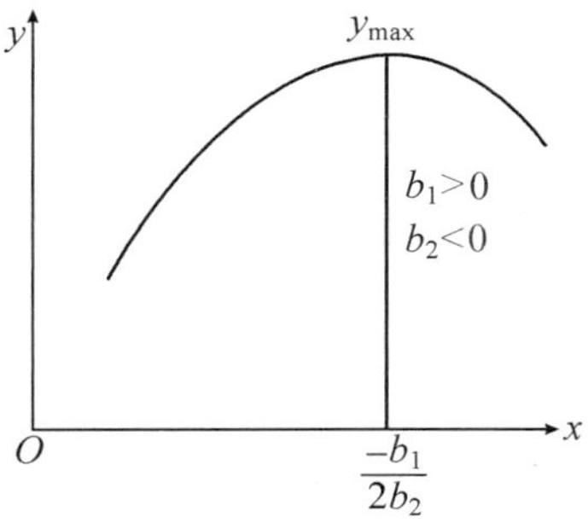

图 4－7　一元二次函数曲线Ⅰ

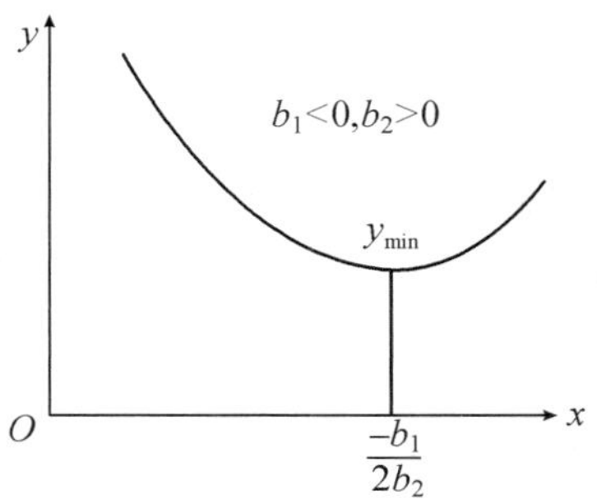

图 4－8　一元二次函数曲线Ⅱ

（2）二元二次多项式模型　如果研究两种肥料的施肥效应，描述两种肥料用量与作物产量的函数关系，则用二元二次多项式模型，其模型的数学表达式为：

$$y_\alpha=\beta_0+\beta_1x_{\alpha1}+\beta_2x_{\alpha2}+\beta_{12}x_{\alpha1}x_{\alpha2}+\beta_{11}x_{\alpha1}^2+\beta_{22}x_{\alpha2}^2+\varepsilon_\alpha \tag{4.24}$$

式中：β_0、β_1、β_2、β_{12}、β_{11}、β_{22} 分别为常数项，自变量 x_1 和 x_2 的一次项、交互项和二次项的待估参数；ε_α 为因变量 y 在 $x_{\alpha1}$ 和 $x_{\alpha2}$ 处观察值的随机误差，且服从正态分布 $N(0,\sigma^2)$；$\alpha=1,2,\cdots,n$ 为试验处理数。其相应的回归方程为：

$$\hat{y}=b_0+b_1x_1+b_2x_2+b_{12}x_1x_2+b_{11}x_1^2+b_{22}x_2^2 \tag{4.25}$$

式中：$\hat{y}$ 为回归值，即农作物产量；x_1，x_2 为两个自变量，即施肥量；b_0，b_1，…，b_{22} 为模型中常数项和各次项待估参数的估计值，称偏回归系数，其统计意义是 b_0 为常数项，即不施肥时作物产量，b_1、b_2 为两种肥料的主效应系数，b_{12} 为交互项回归系数，是表达 x_1、x_2 两种肥料的交互效应大小和方向的，b_{11} 和 b_{22} 是表示效应曲面的曲度和变化方向的。

由于在施用两种肥料的情况下，其作物产量是两种肥料共同作用的结果，所以因变量作物产量 y 与两种肥料用量 x_1 和 x_2 间的函数关系可用二次效应曲面来描述，如图 4－9 所示。

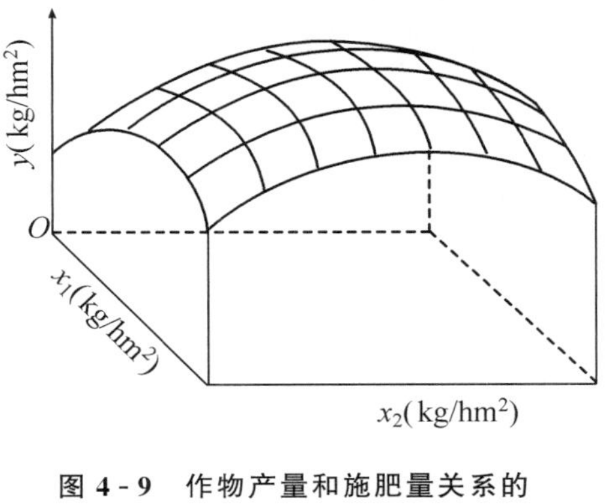

图 4－9　作物产量和施肥量关系的二元二次函数曲面图

该图是两个一元二次效应曲线的交叉叠合，以 x_1、x_2 为两向横轴，y 为纵轴，坐标点交叉连线构成的。

回归方程（4.25）的一阶偏导数

$$\frac{\partial y}{\partial x_1}=b_1+b_{12}x_2+2b_{11}x_1$$

$$\frac{\partial y}{\partial x_2}=b_2+b_{12}x_1+2b_{22}x_2$$

回归方程特征与应用：

①当上述二元二次函数式的一阶偏导数$\frac{\partial y}{\partial x_1}=\frac{\partial y}{\partial x_2}=0$，二阶偏导数$\frac{\partial^2 y}{\partial x_1^2}$、$\frac{\partial^2 y}{\partial x_2^2}$均小于0，且$\frac{\partial^2 y}{\partial x_1^2}\cdot\frac{\partial^2 y}{\partial x_2^2}>\left(\frac{\partial^2 y}{\partial x_1\partial x_2}\right)^2$时，该函数式的效应曲面呈上凸形，且有一极大值。等产线为椭圆形，其中心为最高产量点。

②当$\frac{\partial y}{\partial x_1}=\frac{\partial y}{\partial x_2}=0$，$\frac{\partial^2 y}{\partial x_1^2}$、$\frac{\partial^2 y}{\partial x_2^2}$均大于0，且$\frac{\partial^2 y}{\partial x_1^2}\cdot\frac{\partial^2 y}{\partial x_2^2}>\left(\frac{\partial^2 y}{\partial x_1\partial x_2}\right)^2$时，该函数式的效应曲面为下凹形，且有一极小值。等产线亦为椭圆形，其中心为最低产量点。

③当$\frac{\partial^2 y}{\partial x_1^2}\cdot\frac{\partial^2 y}{\partial x_2^2}<\left(\frac{\partial^2 y}{\partial x_1\partial x_2}\right)^2$时，该函数式的效应曲面呈鞍形，且有一鞍点，等产线为双曲线。

根据上述二元二次函数式的特征，做施肥试验时，只有属于第一种情况才能进一步用于两种肥料合理施用方面的统计与分析。

(3)三元二次多项式模型　当研究3种肥料的施肥效应时，描述3种肥料用量与作物产量的函数关系，则用三元二次多项式模型拟合，其模型的数学表达式为：

$$\begin{aligned}y_\alpha=&\beta_0+\beta_1x_{\alpha1}+\beta_2x_{\alpha2}+\beta_3x_{\alpha3}+\beta_{12}x_{\alpha1}x_{\alpha2}+\beta_{13}x_{\alpha1}x_{\alpha3}\\&+\beta_{23}x_{\alpha2}x_{\alpha3}+\beta_{11}x_{\alpha1}^2+\beta_{22}x_{\alpha2}^2+\beta_{33}x_{\alpha3}^2+\varepsilon_\alpha\end{aligned}\tag{4.26}$$

模型中的因变量y、自变量x以及各项待估参数的意义，均同二元二次多项式模型。其相应的回归方程为：

$$\begin{aligned}\hat{y}=&b_0+b_1x_1+b_2x_2+b_3x_3+b_{12}x_1x_2+b_{13}x_1x_3+b_{23}x_2x_3+\\&b_{11}x_1^2+b_{22}x_2^2+b_{33}x_3^2\end{aligned}\tag{4.27}$$

式中回归值$\hat{y}$、自变量x以及各项回归系数的统计意义均同二元二次回归方程。

回归方程特征与应用：当在三种肥料中，令某两种肥料施用量恒定时，即可求另一种肥料的边际产量，即当函数式的一阶偏导

$$\frac{\partial y}{\partial x_1}=\frac{\partial y}{\partial x_2}=\frac{\partial y}{\partial x_3}=0$$

二阶偏导的行列式

$$\boldsymbol{D}_1=\left|\frac{\partial^2 y}{\partial x_1^2}\right|<0$$

$$\boldsymbol{D}_2=\left|\begin{matrix}\frac{\partial^2 y}{\partial x_2^2} & \frac{\partial^2 y}{\partial x_1\partial x_2}\end{matrix}\right|>0$$

$$\boldsymbol{D}_3=\left|\begin{matrix}\frac{\partial^2 y}{\partial x_1^2} & \frac{\partial^2 y}{\partial x_1\partial x_2} & \frac{\partial^2 y}{\partial x_1\partial x_3}\\ \frac{\partial^2 y}{\partial x_2\partial x_1} & \frac{\partial^2 y}{\partial x_2^2} & \frac{\partial^2 y}{\partial x_2\partial x_3}\\ \frac{\partial^2 y}{\partial x_3\partial x_1} & \frac{\partial^2 y}{\partial x_3\partial x_2} & \frac{\partial^2 y}{\partial x_3^2}\end{matrix}\right|<0$$

时,函数有一极大值,可进一步求其最高产量施肥量和经济最佳施肥量。

例 4.2.4　对于三元二次函数

$$\hat{y}=5\,209.74+12.62x_1+3.19x_2+23.13x_3+0.079x_1x_2+0.046x_1x_3+0.134x_2x_3-0.065x_1^2-0.114x_2^2-0.169x_3^2$$

可能取得的极值情况进行判别。

建立二阶偏导数矩阵:

$$\boldsymbol{H}=\begin{pmatrix}2b_{11} & b_{12} & b_{13}\\ b_{12} & 2b_{22} & b_{23}\\ b_{13} & b_{23} & 2b_{33}\end{pmatrix}=\begin{pmatrix}-0.128 & 0.079 & 0.046\\ 0.079 & -0.228 & 0.134\\ 0.046 & 0.134 & -0.338\end{pmatrix}$$

根据该矩阵得:

$$\boldsymbol{D}_1=|\,2b_{11}\,|=-0.128$$

$$\boldsymbol{D}_2=\begin{vmatrix}-0.128 & 0.079\\ 0.079 & -0.228\end{vmatrix}=4\times(-0.065)(-0.114)-0.079^2=0.023$$

$$\boldsymbol{D}_3=\begin{vmatrix}-0.128 & 0.079 & 0.046\\ 0.079 & -0.228 & 0.134\\ 0.046 & 0.134 & -0.338\end{vmatrix}$$

$$=(-0.128)\times(-0.228)\times(-0.338)+2\times0.079\times0.046\times0.134-2\times(-0.114)\times(0.046)^2-2\times(-0.064)\times(0.134)^2-2\times(-0.169)\times(0.079)^2=-0.004\,12$$

满足 $D_1<0,D_2>0,D_3<0$,即模型方程式是负定的,模型在点 p_0 存在极大值,属于典型回归方程,可用导数法求极值。

(4)多元二次多项式模型　如果研究多种肥料对作物产量的效应,表达多种肥料与作物产量的函数关系,可配置多元二次多项式模型,即

$$y_\alpha=\beta_0+\sum_{j=1}^{p}\beta_j x_{\alpha j}+\sum_{i<j}\beta_{ij}x_{\alpha i}x_{\alpha j}+\sum_{j=1}^{p}B_{jj}x_{\alpha j}^2+\varepsilon_\alpha \tag{4.28}$$

式中各种符号和参数的统计意义,与三元二次多项式模型相同。其中 $i,j=1,2,\cdots,p$,为自变量个数,即所研究的肥料种类数。应用样本估计时,其相应的回归方程为:

$$\hat{y}=b_0+\sum_{j=1}^{p}b_j x_j+\sum_{i<j}b_{ij}x_i x_j+\sum_{j=1}^{p}b_{jj}x_j^2 \tag{4.29}$$

式中各项回归系数的统计意义和三元二次多项式相同。其函数式特征判别方法和步骤可参照三元二次多项式。

在施肥试验中研究多种肥料对作物产量的综合效应时,由于其中各种肥料的各级交互作用繁多,使试验很难取得理想的结果,所以,自变量个数(肥料种类)不宜设置过多。二次多项式模型不仅能反映低量和适量肥料的效应,而且能刻画出过量肥料对农作物的影响,全面地表达农作物产量与施肥量间的函数关系。利用这类模型,既可计算经济最佳施肥量、最高产量施肥量,又能揭示出过量施肥给生产带来的损失。未来在化肥用量愈来愈多的情况下,建立与应用这类模型推荐施肥具有特殊的意义。此外,二次多项式模型还给研究多种营养元素间的交互作用提供了方便。因此,在当前农作物配方施肥试验中这种数学模型得到了广泛应用。

3. 二次多项式变换模型

(1)平方根多项式　考威尔(J. D. Cowell,1977)发现应用平方根多项式能较好地描述农作物产量与施肥量间的函数关系,其数学模型为:

$$\hat{y} = b_0 + b_1 x^{0.5} + b_2 x \tag{4.30}$$

函数式 y 对 x 的一阶导数为

$$\frac{dy}{dx} = \frac{1}{2} b_1 x^{-0.5} + b_2$$

二阶导数为:

$$\frac{d^2 y}{dx^2} = -\frac{1}{4} b_1 x^{-1.5}$$

显然,b_1 是表示曲线的曲率程度和方向的。当 $b_1 < 0$ 时,$\frac{d^2 y}{dx^2}$为正值,此函数有一极小值,曲线呈报酬递增型,起始时边际产量为负值,达到最低点后为正值,不出现最高产量点;当 $b_1 > 0$ 时,$\frac{d^2 y}{dx^2}$为负值,曲线呈报酬递减型,且有一最高产量点。因此,典型的平方根多项式模型应为 $b_1 > 0$,$b_2 < 0$,可用来推荐作物施肥。其模型图如图 4 - 10 所示。

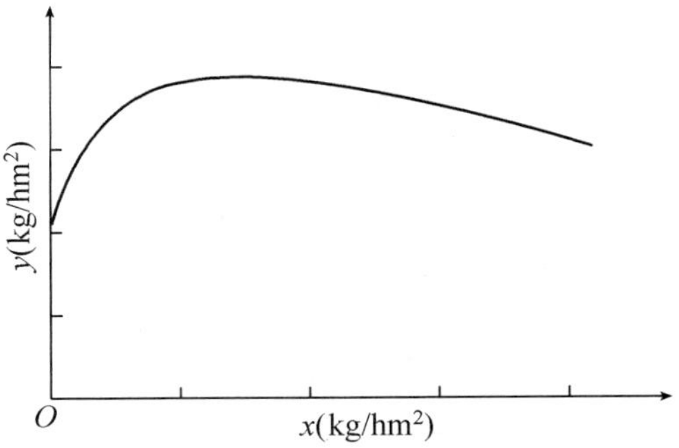

图 4 - 10　作物产量与施肥量间关系的平方根曲线图

平方根多项式模型的特点是,起始阶段的肥料效应很明显,曲线斜率大,而后趋于平缓。超过最高产量点之后,作物产量随施肥量的增加而下降的趋势比较缓慢,此阶段似乎出现一个“坪”。

(2)1.5 次方多项式　在施肥试验中,也有用 1.5 次方多项式来拟合的,其数学模型为:

$$\hat{y} = b_0 + b_1 x^{0.75} + b_2 x^{1.5} \tag{4.31}$$

其相应的效应曲线的变化趋势介于二次多项式和平方根多项式效应曲线之间。

该函数式的一阶导数:

$$\frac{dy}{dx} = 0.75 b_1 x^{-0.25} + 1.5 b_2 x^{0.5}$$

二阶导数:

$$\frac{d^2 y}{dx^2} = -\frac{3}{16} b_1 x^{-1.25} + \frac{3}{4} b_2 x^{-0.5}$$

回归方程特征与应用:

①当 $b_1 > 0$,$\frac{d^2 y}{dx^2} > 0$ 时,曲线呈报酬递增型。

②当 $b_1 > 0$,$b_2 < 0$ 时,曲线呈报酬递减型,且有一最高产量点。

所以,典型的 1.5 方变换式肥料效应曲线为 $b_1 > 0$,$b_2 < 0$。此时,可进一步求最高产量施肥量和经济最佳施肥量。国内也有人将二次多项式写成适用于各种变换式的通式:

$$y = b_0 + b_1 x^S + b_2 x^{2S} \tag{4.32}$$

式中:$S \in [0.5 \sim 1.0]$,从中选择拟合性最优的变换式模型。

同理，对两因素或三因素试验结果也可构建二元或三元二次多项式的变换式模型。至于如何选用二次多项式及其变换式模型，这要看供试作物种类、土壤类型和肥料种类而定。近年来国内各地试验表明，在有灌溉条件的中上等肥力水平的土壤上，对一般作物的氮肥效应宜选用二次多项式模型拟合；在无灌溉条件或低肥力土壤上，对一般农作物的氮肥效应宜选用平方根多项式模型拟合。

4. 逆二次多项式

逆二次多项式同样能全面表达施肥量与农作物产量间的函数关系，其数学表达式为：

$$\hat{y} = \frac{b_0 + b_1 x}{1 + b_2 x + b_3 x^2} \tag{4.33}$$

当 $x=0$ 时，$\frac{d\hat{y}}{dx}=b_1-b_0b_2$，表明起始时的肥料效应决定于 b_1、b_0 和 b_2，b_1 值越大，起始时肥料增产趋势也越大；b_0、b_2 值越大，起始时肥料的增产趋势就越小。到达最高产量时，边际产量等于零。

逆二次多项式的曲线形式介于二次多项式与平方根多项式之间。

5. 三次多项式模型

在一定生产条件下，当土壤肥力水平十分低下，某种养分成为限制因素时，农作物产量随某种养分用量的增加的总变化趋势可能呈 S 型。如图 4-11 所示，将曲线分成三个部分：第一阶段，低施肥量时，由于施入的养分促进其他养分的效应，农作物增产量随某种养分施用量的增加而递增，直至转向点 A。第二阶段，自转向点 A 往后，由于施入的养分不再是限制因子，农作物增产量随施肥量增加而递减，直至最高点 B。第三阶段，自最高点 B 往后，由于其他栽培因子没有同步改善，加上肥料自身因施用过量而带来的副作用，农作物产量随施肥量增加而递减。这条曲线概括了在低肥力土壤上农作物产量依施肥量增加而变化的全过程。其一元三次多项式数学模型为：

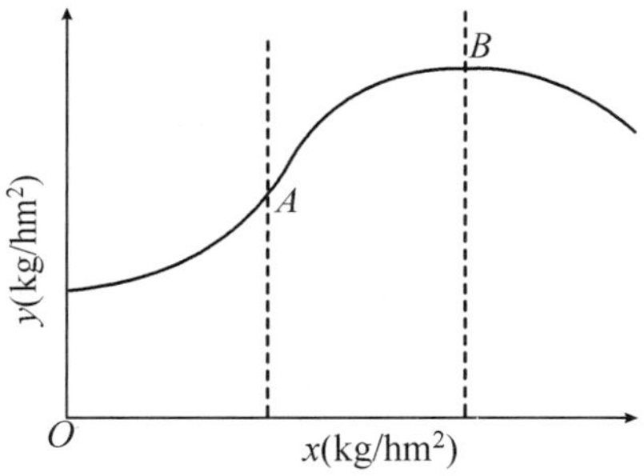

图 4-11　作物产量和施肥量间关系的一元三次函数图

$$y_\alpha = \beta_0 + \beta_1 x + \beta_2 x^2 + \beta_3 x^3 + \varepsilon_\alpha \tag{4.34}$$

其相应的回归方程为：

$$\hat{y} = b_0 + b_1 x + b_2 x^2 + b_3 x^3 \tag{4.35}$$

上述数学模式和回归方程中各种符号的统计意义均同一元二次多项式。

该函数的一阶导数为：

$$\frac{dy}{dx} = b_1 + 2b_2 x + 3b_3 x^2$$

二阶导数为：

$$\frac{d^2 y}{dx^2} = 2b_2 + 6b_3 x$$

三阶导数为：

$$\frac{d^3 y}{dx^3} = 6b_3$$

一元三次回归方程特征与应用：

当 $x=0,\frac{dy}{dx}=b_1$ 时，b_1 反映起始时的肥料效应；当 $\frac{d^2y}{dx^2}=0,\frac{d^3y}{dx^3}<0$ 即 $b_3<0$ 时，第一阶段曲线凹向上，边际产量有个极大值，即曲线的转向点 A；超过 A 点后，第二阶段，边际产量递减，曲线凸向上，作物产量有个最高点；超过最高点后，当 $\frac{dy}{dx}<0$ 时，产量随施肥量增加而下降。当 $\frac{d^3y}{dx^3}>0$，即 $b_3>0$ 时，边际产量一直递增，无最高产量点。

(二)非线性模型的建模方法

肥料效应函数模型多数是非线性的，其中以多项式模型应用最为普遍。多项式模型经数学变换，可转化成多元线性模型，然后采用多元线性回归的方法建立施肥模型(详见第三章第四节的多项式回归)。对于二次多项式变换模型也可以通过数学变换，转换成直线模型，然后用最小二乘法进行参数估计。

为了能够根据样本观测值，对通过变化得到的直线回归方程进行估计，该方程中不应再含有未知参数(回归系数除外)。如指数方程 $y=A(1-e^{-c_1x})$ 中含有的 A 值即属未知参数。因此，对于这一类函数，在建模时必须先对未知参数(如 A 值)进行预先估算。下面以一实例说明这类模型的建模方法。

例 4.2.5 试用米氏方程对例 4.2.1 数据进行拟合，并进行显著性检验。

(1)估算 A 值 A 为增施某一养分可以达到的最高产量。通常取间距尽可能大，而且等间隔的 3 对实际观测值 (x_1,y_1)、(x_2,y_2)、(x_3,y_3)，建立三元指数方程组。

米氏方程的一般形式为 $y=A-Be^{-cx}(A>0,B>0,c>0)$。将观测值(30，4 562.2)、(120，6 063.5)、(210，6 513.4)分别代入方程，得方程组：

$$\begin{cases}4\,562.2-A+Be^{-30c}=0\\6\,063.5-A+Be^{-120c}=0\\6\,513.4-A+Be^{-210c}=0\end{cases}$$

解得 $A=6\,705.92,B=3\,203.45,c=0.013$。于是，回归方程可写成：

$$\begin{aligned}\hat{y}&=6\,705.92-3\,203.45e^{-0.013x}\\&=6\,705.92(1-0.477\,7e^{-0.013x})\\&=6\,705.92(1-e^{-0.738\,8}e^{-0.013x})\\&=6\,705.92(1-e^{-0.738\,8-0.013x})\\&=6\,705.92(1-10^{(-0.738\,8-0.013x)0.434\,3})\\&=6\,705.92(1-10^{-0.005\,7(x+56.28)})\end{aligned}$$

也可对 $\hat{y}=6\,705.92-3\,203.45e^{-0.013x}$ 作如下变换：

$$\begin{aligned}\hat{y}&=6\,705.92-3\,203.45e^{-0.013x}\\&=3\,502.47+3\,203.45-3\,203.45\times10^{-0.005\,7x}\\&=3\,502.47+3\,203.45(1-10^{-0.005\,7x})\end{aligned}$$

在实际应用时，为了方便起见，模型中参数 A 值的计算公式为：

$$A=\frac{y_1\times y_3-y_2^2}{y_1+y_3-2\times y_2}$$

代入估算公式，便可解得 A 值。

$$A=\frac{y_1\times y_3-y_2^2}{y_1+y_3-2\times y_2}=\frac{4\,562.2\times 6\,513.4-6\,063.5^2}{4\,562.2+6\,513.4-2\times 6\,063.5}=6\,705.92$$

(2)线性变换　在得到未知参数 A 值以后，为了能进一步提高模型拟合精度，也可以对指数模型进行线性变换，通过直线回归的方法估算 B 值和 c 值。

首先对指数方程进行线性变换，移项后等式两边同时取对数，得到如下表达式：

$$\ln(A-y)=\ln B-cx$$

令 $y'=\ln(A-y)$，$b_0=\ln B$，$b_1=-c$，则指数方程可转换成线性方程 $y'=b_0+b_1x$，表明 $y'=\ln(A-y)$ 与 x 呈直线关系。散点图如图 4-12 所示。

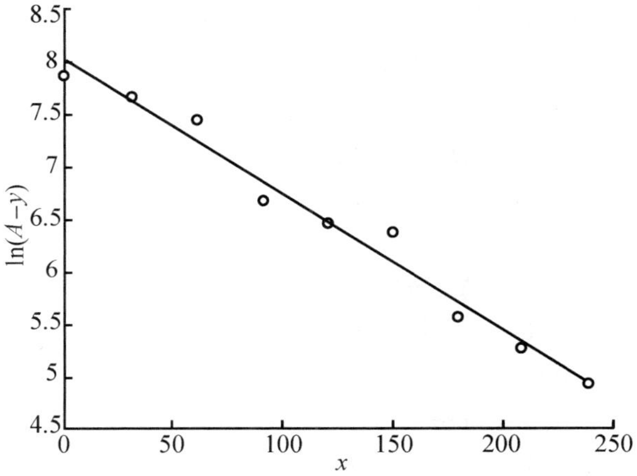

图 4-12　ln(A−y)与 x 散点图

(3)参数 b_0、b_1 的最小二乘估计

$$l_{xx}=\sum_{\alpha=1}^{n}x_\alpha^2-\frac{1}{n}\Big(\sum_{\alpha=1}^{n}x_\alpha\Big)^2=183\,600-\frac{1}{9}\times 1\,080^2=54\,000$$

$$l_{yy}=\sum_{\alpha=1}^{n}y'^2_\alpha-\frac{1}{n}\Big(\sum_{\alpha=1}^{n}y'_\alpha\Big)^2=385.9-\frac{1}{9}\times 58.23^2=9.151\,9$$

$$l_{xy}=\sum_{\alpha=1}^{n}x_\alpha y'_\alpha-\frac{1}{n}\Big(\sum_{\alpha=1}^{n}x_\alpha\sum_{\alpha=1}^{n}y'_\alpha\Big)=6\,294.15-\frac{1}{9}\times 1\,080\times 58.23=-693.45$$

$$b_1=\frac{l_{xy}}{l_{xx}}=\frac{-693.45}{54\,000}=-0.012\,8$$

$$b_0=\bar{y}-b_1\bar{x}=6.47+0.012\,8\times 120=8.006$$

直线方程可写成：

$$\ln(A-y)=8.006-0.012\,8x$$

(4)回归方程显著性检验　回归方程的方差分析结果列于表 4-9。从表 4-9 可以看出，$F=341.902>F_{0.01}$，直线方程回归关系极显著。

表 4-9　表 4-1 资料的方差分析表

变因	自由度	平方和	方差	F	$F_{0.05}$	$F_{0.01}$
回归	1	8.918	8.918	341.902	5.59	12.25
剩余	7	0.183	0.026			
总变异	8	9.101				

(5)转换　将线性回归方程转换成典型指数模型：

$$\begin{aligned}\hat{y}&=A-e^{8.006-0.012\,8x}\\&=6\,705.92-2\,998.9\times 10^{-0.005\,6x}\end{aligned}$$

$$=3\ 707.02+2\ 998.9(1-10^{-0.005\ 6x})$$
$$=6\ 705.92(1-10^{-0.005\ 6(x+62.3)})$$

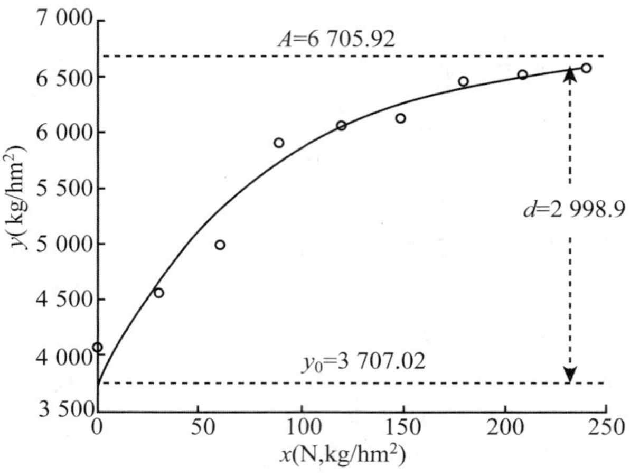

图4-13 表4-1资料的典型指数函数拟合图

上面回归式是克劳斯(E. M. Growther)和叶茨(E. Yates)提出的描述施肥量与产量关系的典型指数模型:$y=y_0+d(1-10^{-kx})$。y_0为不施肥农作物产量,d为施肥能达到的最大增产量。本例各参数间的关系如图4-13所示。

(三)非线性模型的选择与优化

模型的选择也称曲线估计(curve estimation),是在对事物内在机理分析的基础上,利用前面提到的施肥模型对整理后的试验数据进行拟合,配置出施肥经验模型,并通过统计假设检验和拟合优度等指标筛选出最适宜模型的过程。根据模型的特点和选配方法的不同,可分为一元施肥模型和多元施肥模型。

1. 一元施肥模型的选择与优化

一元回归模型由于只有一个自变量,在回归分析过程中不涉及解释变量的引入和剔除问题,回归过程和参数估计方法都相对比较简单,只要对散点拟合得好,并且整个回归方程的F检验或回归系数的t检验显著,那么,该模型就可以被初步确定为候选模型。但是,一元回归模型的种类和形式较多,模型的适择过程比较繁琐。如何从多个候选模型中筛选出最优的模型,这是配置一元回归模型非常棘手的问题,要在充分遵循建模原则的基础上,结合统计学检验和拟合优度指标才能最终确定。

对于一元回归模型,比较常用的拟合优度指标有决定系数(determination coefficients)和估计标准误差(the estimate of std. error)。

决定系数(r^2)为回归平方和与总平方和的比值,计算公式为:

$$r^2=\frac{\text{回归平方和}}{\text{总平方和}}=1-\frac{\text{剩余平方和}}{\text{总平方和}}=1-\frac{\sum(y_i-\hat{y})^2}{\sum(y_i-\bar{y})^2} \tag{4.36}$$

决定系数$0\leqslant r^2\leqslant 1$。它表示$y$变量的变异能由$x$变量决定或解释为可以正确预测的部分。

估计标准误差($S_{y/x}$)是对观测值与估计值之间离差大小的一种量度,是计算置信区间的基础指标,计算公式为:

$$S_{y/x}=\sqrt{\frac{\sum(y_i-\hat{y})^2}{n-p-1}} \tag{4.37}$$

式中:n为样本容量;p为自变量个数;$n-p-1$为残差自由度。

在进行拟合优度比较时,决定系数(r^2)越大,估计标准误差($S_{y/x}$)越小,模型的拟合程度就越高。

例4.2.6 河北省唐山小麦“3 414”试验:氮肥施用量(x)与产量(y)数据列于表4-10。

试验重复两次，氮肥用量（N，kg/hm²）分别为：0、105、210、315，试选配出肥料效应的最优模型。

表 4-10　小麦氮肥施用量与产量　kg/hm²

水　平	施氮量	产　量	
		Ⅰ	Ⅱ
0	0	2 192	2 600
1	105	4 625	4 758
2	210	5 424	5 417
3	315	5 567	5 058

采用 4 种一元肥料效应模型对小麦氮肥施用量与产量的关系进行定量描述，拟合结果见表 4-11。这 4 种模型的 F 检验结果均达显著水平，说明选出的适配模型都符合统计学要求。那么，哪一种模型拟合效果更好呢？

表 4-11　一元肥料效应模型拟合结果

模　型	回归方程	r^2	$S_{y/x}$
0.5 次方模型	$\hat{y}=2\,383.3+325.3x^{0.5}-8.8x$	0.97	249.6
1.5 次方模型	$\hat{y}=2\,404.7+38.3x-1.6x^{1.5}$	0.98	212.8
2 次方模型	$\hat{y}=2\,432.5+26.2x-0.06x^2$	0.98	234.5
指数模型	$\hat{y}=2\,391+3\,053.7(1-10^{-0.006x})$	0.98	237.8

注：指数模型采用 Levenberg-Marquardt 阻尼最小二乘法建模。

从决定系数（r^2）来看，这 4 个模型都比较接近，其中 0.5 次方模型稍差一些。从估计标准误差（$S_{y/x}$）来看，1.5 次方模型拟合效果最好，0.5 次方模型拟合较差，2 次方模型和指数模型比较接近。因此，可以选择 1.5 次方模型作为最优模型。

2. 多元回归模型的选择与优化

与一元回归模型比较，多元回归模型可供选择的模型种类比较单一，比较常用的多元肥料效应函数模型为二次多项式模型。根据自变量个数的多少，可分为二元二次多项式、三元二次多项式和四元二次多项式等，其中以二元二次多项式、三元二次多项式模型应用比较普遍。二次多项式模型的参数估计和统计检验过程比较麻烦，不但要进行回归方程的显著性检验，而且还要进行回归系数的显著性检验。同时，自变量选择方法不同，所得到的回归模型可能也会不相同。比较常用的自变量选择方法有全部纳入法（enter regression）（有时也称同时回归法，simultaneous regression）、向后回归法（backward regression）、向前回归法（forward regression）和逐步回归法（stepwise regression）等等。

基于预测和解释的不同目的，多元回归可分为预测型回归和解释型回归两类。在操作上，预测回归最常用的变量选择方法是逐步回归和向后回归，这两类回归方法都要剔除 t 检验不显著变量；而解释型回归更注重于每一个解释变量的个别解释力，如回归系数的大小和符号等，因此，多采用全部纳入法，即回归系数全部保留在模型中，不做取舍处理。在肥料效应函数的研究中，以全部纳入法较为适宜，因为我们更关注的是回归系数的大小和作用方向；如果将模型用于控制的目的，那就是需要通过肥料效应函数模型来推荐最佳或最高产量施肥量。

选择多元回归模型常常使用的拟合优度指标有调整决定系数($\bar{r}^2$)和估计标准误差($S_{y/x}$)。在多元回归分析中，r^2 值会随着自变量个数的增加而增大。为了消除这种影响，在多元回归分析中引入 $\bar{r}^2$ 指标，其计算公式为：

$$\bar{r}^2 = 1 - \frac{n-1}{n-p-1}(1-r^2) \tag{4.38}$$

式中：n 为样本容量；p 为自变量个数；$(n-p-1)$和$(n-1)$分别为残差自由度和总自由度。该值越大，说明模型对因变量的解释能力越强。

例 4.2.7 辽宁省 2007 年凌源玉米中产田氮磷肥效应函数法确定氮磷肥最佳配比试验("3414"试验部分方案)的施肥方案和产量数据列于表 4-12，试选配出肥料效应的最优模型。

表 4-12 玉米氮磷肥效应函数法确定氮磷肥最佳配比试验 kg/hm²

编号	处理	施肥量		产量
		N	P_2O_5	
1	N_0P_2	0	150	9 930
2	N_1P_2	105	150	11 775
3	N_2P_0	210	0	12 315
4	N_2P_1	210	75	12 810
5	N_2P_2	210	150	14 040
6	N_2P_3	210	225	13 335
7	N_3P_2	315	150	13 395
8	N_1P_1	105	75	12 045

采用向后回归法得到 5 个回归模型，方差分析结果见表 4-13。模型 1 的 F 检验结果不显著，该模型无统计学意义。其他 4 个模型 F 检验均达显著或极显著程度。

表 4-13 表 4-12 资料的方差分析表

模型		平方和	自由度	均方	F	P
1	回归	10 681 482.22	5	2 136 296.444	6.671	0.135
	剩余	640 489.655	2	320 244.828		
	总变异	11 321 971.87	7			
2	回归	10 570 830.31	4	2 642 707.578	10.555	0.041
	剩余	751 141.563	3	250 380.521		
	总变异	11 321 971.87	7			
3	回归	9 795 380.114	3	3 265 126.705	8.555	0.033
	剩余	1 526 591.761	4	381 647.940		
	总变异	11 321 971.87	7			
4	回归	9 645 169.018	2	4 822 584.509	14.380	0.008
	剩余	1 676 802.857	5	335 360.571		
	总变异	11 321 971.87	7			
5	回归	8 536 672.939	1	8 536 672.939	18.389	0.005
	剩余	2 785 298.936	6	464 216.489		
	总变异	11 321 971.87	7			

回归模型中 t 检验不显著的偏回归系数被逐一剔除，每次剔除一个最不显著变量，再重新做回归分析，如此反复，直到模型中再没有不显著变量为止（表 4 - 14），得到 5 个二次多项式回归方程。

表 4 - 14　向后回归法建立回归模型及其显著性检验

模　型		偏回归系数	假设检验		标准化回归系数
			t	P	
1	常数项	3 042.931	0.304	0.790	
	N	54.611	1.124	0.378	4.131
	P	50.355	0.688	0.563	9.084
	NP	−0.177	−0.588	0.616	−3.786
	N^2	−0.051	−2.164	0.163	−1.261
	P^2	−0.036	−0.762	0.525	−5.367
2	常数项	8 906.885	12.669	0.001	
	N	26.368	4.174	0.025	1.994
	P	7.405	1.889	0.155	1.336
	N^2	−0.047	−2.361	0.099	−1.146
	P^2	−0.008	−1.760	0.177	−1.256
3	常数项	9 728.864	14.996	0.000	
	N	23.101	3.099	0.036	1.747
	P	0.680	0.627	0.564	0.123
	N^2	−0.036	−1.559	0.194	−0.892
4	常数项	9 909.429	18.182	0.000	
	N	23.455	3.366	0.020	1.774
	N^2	−0.039	−1.818	0.129	−0.958
5	常数项	10 496.809	20.327	0.000	
	N	11.480	4.288	0.005	0.868

注：$P<0.05$，差异显著；$P<0.01$，差异极显著。

这 5 个回归模型中，由于模型 1 检验不显著，自然不在候选模型之列。从后 4 个回归方程中选择最优模型，可参考拟合优度指标（表 4 - 15）的大小进行判断。

表 4 - 15　模型拟合优度指标

模　型	r	r^2	$\bar{r}^2$	$S_{y/x}$
1	0.971	0.943	0.802	565.90
2	0.966	0.934	0.845	500.38
3	0.930	0.865	0.764	617.78
4	0.923	0.852	0.793	579.10
5	0.868	0.754	0.713	681.33

从表 4 - 15 中 r^2 的变化可以看出，随着自变量个数的减少，r^2 值逐渐下降，因此，它无法反映模型的拟合优度。$\bar{r}^2$ 指标由于计算公式中引入了自由度，在一定程度上消除了变量个数的影响。模型 2 的 $\bar{r}^2$ 值为 0.845，拟合优度最大，$S_{y/x}$ 值为 500.38，预报误差也最小，由此，我

们可以认为模型2为最优的多项式回归方程。

第三节 施肥模型的回归设计

任何一种施肥模型的建立,都必须通过必要的生物试验和调查研究,在占有大量数据的基础上来实现。而在进行生物试验或调查研究之前都必须有严谨的试验设计及其相应的检验方法。根据试验因素的多少将设计分为单因素的、复因素的和多因素的三类。对单因素试验设计和复(多)因素的完全均衡试验设计以及一般回归试验设计已分别在第二章叙述了,这里只介绍复(多)因素中的近代二次回归设计,其中包括二次回归正交设计、二次回归旋转设计和二次回归最优设计。

一、二次回归正交设计

前面介绍了正交试验设计方法和回归分析方法,这两种方法在应用中都有其局限性。正交试验设计方法虽然可以有效地减小试验处理数,用较少的试验获得较多的信息,但它不能在一定的试验范围内,确定变量间的相关关系和相应的回归方程。回归分析方法虽然可以确定变量间的相关关系和定量关系式,但它对试验安排不提任何要求,只是被动地处理数据,当自变量个数较多,计算量较大时,耗费大量计算时间。

回归正交设计方法就是利用正交试验所具有的选点均衡,试验次数少,各列之间具有正交性等优点,在寻求最佳工艺和配方的同时,利用已有的试验数据,给出整个区域上的变量间的回归方程的一种科学的试验设计方法。这种方法将古典回归分析方法与正交试验法有机地结合起来,具有试验次数少,计算简单,所得回归方程精度高等优点。

(一)设计原理

二次回归正交设计是一种组合设计,是将因子空间中具有不同特点的点组合起来而形成的试验方案。

如二因素试验,各试验点在因子空间上的分布如图4-14所示。

它们的组合情况如表4-16所示。

表4-16 二因素回归正交设计试验点组合

编号	试验因素		注释
	x_1	x_2	
1	1	1	二水平正交表的完全实施,记做 m_c
2	1	−1	
3	−1	1	
4	−1	−1	
5	γ	0	坐标轴上的星点位置,记做 m_γ
6	$-\gamma$	0	
7	0	γ	
8	0	$-\gamma$	
9	0	0	中心点,记做 m_0

三因素试验时，各试验点在因子空间上的分布如图 4-15 所示。共有 15 个试验点。

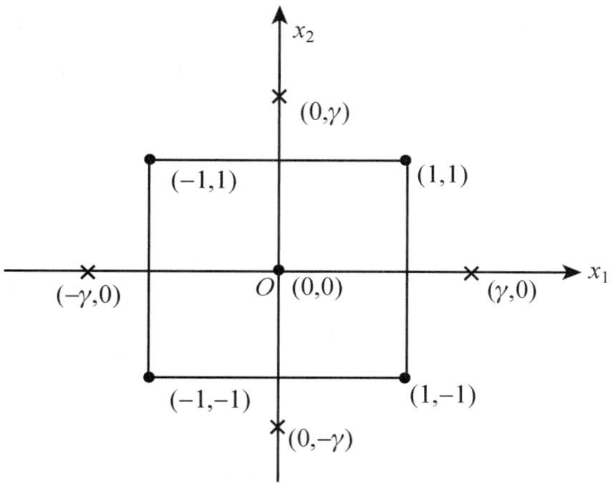

图 4-14　二因素五水平正交设计试验点空间分布

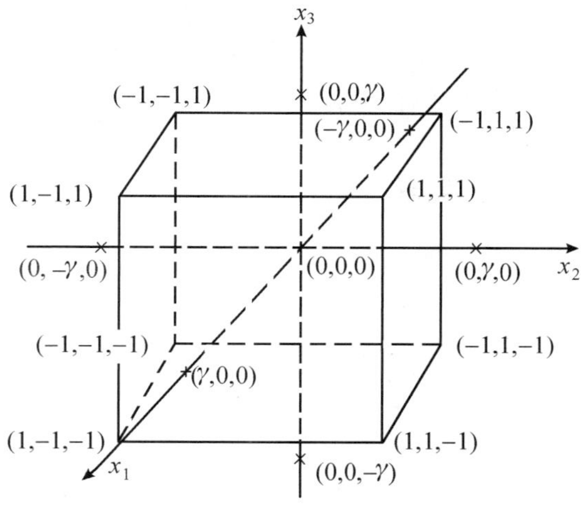

图 4-15　三因素五水平正交设计试验点空间分布

它们的组合情况如表 4-17 所示。

表 4-17　三因素回归正交设计试验点组合

编号	试验因素			注释
	x_1	x_2	x_3	
1	1	1	1	三因素二水平正交表完全实施，$m_c=2^p=8$
2	1	1	−1	
3	1	−1	1	
4	1	−1	−1	
5	−1	1	1	
6	−1	1	−1	
7	−1	−1	1	
8	−1	−1	−1	
9	γ	0	0	坐标轴上的星点位置，$m_\gamma=2p=6$
10	$-\gamma$	0	0	
11	0	γ	0	
12	0	$-\gamma$	0	
13	0	0	γ	
14	0	0	$-\gamma$	
15	0	0	0	中心点，记做 m_0

由此可以推断，如果有 p 个变量，那么 n 个空间点的组合为：

$$n=m_c+2p+m_0$$

方案中的待定值 γ，是按在满足设计方案具有正交性的前提下，即试验设计的结构矩阵 $\boldsymbol{X}$ 具有正交性质，信息矩阵的逆矩阵 $\boldsymbol{A}^{-1}=(\boldsymbol{X}'\boldsymbol{X})^{-1}$ 是对角阵的情况下，推导出来的式(4.39)计算的。

$$\begin{cases} \gamma^4 + 2^p\gamma^2 - 2^{p-1}(p + 0.5m_0) = 0 & (4.39a) \\ \gamma^4 + 2^{p-1}\gamma^2 - 2^{p-2}(p + 0.5m_0) = 0 & (4.39b) \end{cases}$$

式(4.39a)在设计方案中第一部分二水平正交表为全因子试验时应用;式(4.39b)在二水平正交表部分实施时应用。只要给定了试验因素数(p)和中心试验点数(m_0),就可根据式(4.39)计算 γ 值。

对于二因素试验,$p=2$,如在中心点选3个试验点(重复3次),即 $m_0=3$,此时,

$$\gamma^4 + 2^2\gamma^2 - 2^{2-1}(2 + 0.5 \times 3) = 0$$
$$\gamma^4 + 4\gamma^2 - 7 = 0$$
$$\gamma = 1.147$$

将 $\gamma=1.147$ 代入设计方案,则有二因素五水平正交设计方案(表4-18),试验处理数 $n=m_c+m_\gamma+m_0=4+4+3$,共11个处理组合。

表4-18 二因素五水平正交设计方案

处理编号	x_1	x_2	处理编号	x_1	x_2
1	1	1	7	0	1.147
2	1	−1	8	0	−1.147
3	−1	1	9	0	0
4	−1	−1	10	0	0
5	1.147	0	11	0	0
6	−1.147	0			

对于三因素试验,$p=3$,如在中心点选1个试验点,即 $m_0=1$,此时,

$$\gamma^4 + 2^3\gamma^2 - 2^{3-1}(3 + 0.5 \times 1) = 0$$
$$\gamma^4 + 8\gamma^2 - 14 = 0$$
$$\gamma = 1.215$$

将 $\gamma=1.215$ 代入上述方案就构成了三因素五水平的二次回归正交设计(表4-19),试验处理数 $n=m_c+m_\gamma+m_0=8+6+1=15$,共15个处理组合。

由于该设计具有正交性,其试验点在因子空间的分布是均衡的,所以,称不完全均衡设计方案。由此可见,正交设计方案的处理组合数不仅与二水平正交表的选择有关,而且也取决于中心点的试验重复次数。

表4-19 三因素五水平二次回归正交设计方案

处理编号	试验因素			处理编号	试验因素		
	x_1	x_2	x_3		x_1	x_2	x_3
1	1	1	1	9	1.215	0	0
2	1	1	−1	10	−1.215	0	0
3	1	−1	1	11	0	1.215	0
4	1	−1	−1	12	0	−1.215	0
5	−1	1	1	13	0	0	1.215
6	−1	1	−1	14	0	0	−1.215
7	−1	−1	1	15	0	0	0
8	−1	−1	−1				

正交组合设计结合二次多项式数学模型，便构成二次正交组合设计的结构矩阵，如表4-20和表4-21所示。

表 4-20　二因子二次正交组合设计的结构矩阵

处理编号	x_0	x_1	x_2	x_1x_2	$x_1^2(x_1')$	$x_2^2(x_2')$
1	1	1	1	1	1(0.397)	1(0.397)
2	1	1	−1	−1	1(0.397)	1(0.397)
3	1	−1	1	−1	1(0.397)	1(0.397)
4	1	−1	−1	1	1(0.397)	1(0.397)
5	1	1.147	0	0	1.317(0.714)	0(−0.603)
6	1	−1.147	0	0	1.317(0.714)	0(−0.603)
7	1	0	1.147	0	0(−0.603)	1.317(0.714)
8	1	0	−1.147	0	0(−0.603)	1.317(0.714)
9	1	0	0	0	0(−0.603)	0(−0.603)
10	1	0	0	0	0(−0.603)	0(−0.603)
11	1	0	0	0	0(−0.603)	0(−0.603)

注：在中心点处做三次试验，即 $m_0=3$；x'为中心化变换后值。

结构矩阵是否具有正交性质，主要看阵中任一列各水平和，任两列对应水平乘积和是否为零，即 $\sum x_{aj}=0$，$\sum x_{ai}\cdot x_{aj}=0$ 是否成立。用此判据衡量上述两个结构矩阵，除 x_0 列为 1 外，只有二次项列不符合要求，因此，需用下述公式对二次项做中心化变换，使其具有正交性质：

$$x'_{aj}=x_{aj}^2-\frac{1}{n}\sum_{\alpha=1}^{n}x_{aj}^2 \tag{4.40}$$

按变换式计算，变换后的 x'_{aj} 填入结构矩阵中的二次项括号内。例如，当试验因子数 $p=3$，$m_c=2^3$，$m_0=1$ 时，$\gamma=1.215$。

$$x'_{aj}=x_{aj}^2-\frac{10.952}{15}=x_{aj}^2-0.730$$

即对三因子二次正交结构矩阵中二次项列各元素减去该列的平均值 0.730 即可。

下面接着讨论待定参数 γ 值计算公式来源，以便进一步理解试验设计的结构矩阵的正交性质。

第三章已经介绍求解多项式回归方程中各项回归系数 b 的步骤是，应用最小二乘法建立正规方程组，然后用其中的系数矩阵 $\boldsymbol{A}$(信息矩阵)的逆矩阵 $\boldsymbol{A}^{-1}$ 与常数项矩阵 $\boldsymbol{B}$ 乘积方法，解出各项回归系数，即

$$\boldsymbol{b}=\boldsymbol{A}^{-1}\boldsymbol{B}$$

式中：$\boldsymbol{A}^{-1}$ 与试验设计的结构矩阵 $\boldsymbol{X}$ 的关系是 $\boldsymbol{A}^{-1}=(\boldsymbol{X}'\boldsymbol{X})^{-1}$。欲使结构矩阵 $\boldsymbol{X}$ 具有正交性质，必从 $(\boldsymbol{X}'\boldsymbol{X})^{-1}$ 阵入手，使其变成对角阵即可得计算 γ 值的计算公式。为直观起见，将三因

表 4-21　三因子二次正交组合设计的结构矩阵

处理编号	x_0	x_1	x_2	x_3	x_1x_2	x_1x_3	x_2x_3	$x_1^2(x_1')$	$x_2^2(x_2')$	$x_3^2(x_3')$
1	1	1	1	1	1	1	1	1(0.27)	1(0.27)	1(0.27)
2	1	1	1	−1	1	−1	−1	1(0.27)	1(0.27)	1(0.27)
3	1	1	−1	1	−1	1	−1	1(0.27)	1(0.27)	1(0.27)
4	1	1	−1	−1	−1	−1	1	1(0.27)	1(0.27)	1(0.27)
5	1	−1	1	1	−1	−1	1	1(0.27)	1(0.27)	1(0.27)
6	1	−1	1	−1	−1	1	−1	1(0.27)	1(0.27)	1(0.27)
7	1	−1	−1	1	1	−1	−1	1(0.27)	1(0.27)	1(0.27)
8	1	−1	−1	−1	1	1	1	1(0.27)	1(0.27)	1(0.27)
9	1	1.215	0	0	0	0	0	1.476(0.746)	0(−0.73)	0(−0.73)
10	1	−1.215	0	0	0	0	0	1.476(0.746)	0(−0.73)	0(−0.73)
11	1	0	1.215	0	0	0	0	0(−0.73)	1.476(0.746)	0(−0.73)
12	1	0	−1.215	0	0	0	0	0(−0.73)	1.476(0.746)	0(−0.73)
13	1	0	0	1.215	0	0	0	0(−0.73)	0(−0.73)	1.476(0.746)
14	1	0	0	−1.215	0	0	0	0(−0.73)	0(−0.73)	1.476(0.746)
15	1	0	0	0	0	0	0	0(−0.73)	0(−0.73)	0(−0.73)

注:在中心点处只做一次试验,即 $m_0=1$; x'为中心化变换后值。

素的结构矩阵 $\boldsymbol{X}$ 中的列重新排列,把二次项平方列放在 x_0 与 x_j 列之间,且令

$$\left.\begin{aligned} m_c + 2\gamma^2 &= e \\ m_c + 2\gamma^4 &= f \end{aligned}\right\} \tag{4.41}$$

于是有

$$\boldsymbol{X}'\boldsymbol{X} = \begin{bmatrix} n & e & e & e & & & & & & \\ e & f & m_c & m_c & & & & & & \\ e & m_c & f & m_c & & & & & & \\ e & m_c & m_c & f & & & & & & \\ & & & & e & & & & & \\ & & & & & e & & & & \\ & & & & & & e & & & \\ & & & & & & & m_c & & \\ & & & & & & & & m_c & \\ & & & & & & & & & m_c \end{bmatrix} \tag{4.42}$$

阵中空白处皆为零(下同),类似地,对 p 个因子可求得

$$\boldsymbol{X}'\boldsymbol{X} = \begin{bmatrix} n & e & e & \cdots & e & & & & & & & & \\ e & f & m_c & \cdots & m_c & & & & & & & & \\ e & m_c & f & \cdots & m_c & & & & & & & & \\ \vdots & \vdots & \vdots & & \vdots & & & & & & & & \\ e & m_c & m_c & \cdots & f & & & & & & & & \\ & & & & & e & & & & & & & \\ & & & & & & e & & & & & & \\ & & & & & & & \ddots & & & & & \\ & & & & & & & & e & & & & \\ & & & & & & & & & m_c & & & \\ & & & & & & & & & & m_c & & \\ & & & & & & & & & & & \ddots & \\ & & & & & & & & & & & & m_c \end{bmatrix} \tag{4.43}$$

其逆矩阵 $\boldsymbol{A}^{-1}=(\boldsymbol{X}'\boldsymbol{X})^{-1}$ 具有同样形式，其阵元素用大写拉丁字母表示，则

$$(\boldsymbol{X}'\boldsymbol{X})^{-1} = \begin{bmatrix} K & E & E & \cdots & E & & & & & & & & \\ E & F & G & \cdots & G & & & & & & & & \\ E & G & F & \cdots & G & & & & & & & & \\ \vdots & \vdots & \vdots & & \vdots & & & & & & & & \\ E & G & G & \cdots & F & & & & & & & & \\ & & & & & e^{-1} & & & & & & & \\ & & & & & & e^{-1} & & & & & & \\ & & & & & & & \ddots & & & & & \\ & & & & & & & & e^{-1} & & & & \\ & & & & & & & & & m_c^{-1} & & & \\ & & & & & & & & & & m_c^{-1} & & \\ & & & & & & & & & & & \ddots & \\ & & & & & & & & & & & & m_c^{-1} \end{bmatrix} \tag{4.44}$$

式中：

$$\begin{cases} H = 2\gamma^4[nf+(p-1)nm_c-pe^2] \\ K = 2\gamma^4 H^{-1}[f+(p-1)m_c] \\ F = H^{-1}[nf+(p-2)nm_c-(p-1)e^2] \\ E = -2H^{-1}e\gamma^4 \\ G = H^{-1}(e^2-nm_c) \end{cases} \tag{4.45}$$

从式(4.44)可以看出，欲使该逆矩阵成为对角阵，首先需令 $G=0$，可是式中 $H^{-1}\neq 0$，因此只有令 $e^2-nm_c=0$。将式(4.41)代入，则有

$$\begin{aligned} &(m_c+2\gamma^2)^2-(m_c+2p+m_0)m_c=0 \\ &\gamma^4+m_c\gamma^2-\frac{m_c}{2}\left(p+\frac{m_0}{2}\right)=0 \end{aligned} \tag{4.46}$$

当 $m_c = 2^{p-1}$，即试验部分实施时，则有

$$\gamma^4 + 2^{p-1}\gamma^2 - 2^{p-2}(p + 0.5m_0) = 0 \tag{4.47}$$

根据试验因子数 p、中心点试验数 m_0 以及试验因子完全实施还是部分实施，可分别按式(4.46)和式(4.47)计算出一系列 γ^2 值，供设计时选用，见表4-22。

表4-22　γ^2 值

m_0	p(因子数)			
	2	3	4	5(1/2实施)
1	1.000	1.476	2.000	2.39
2	1.160	1.650	2.198	2.58
3	1.317	1.831	2.390	2.77
4	1.475	2.000	2.580	2.95
5	1.606	2.164	2.770	3.14
6	1.742	2.325	2.950	3.31

然后，尚需将矩阵中元素 E 化为零，可是 $E = -2H^{-1}e\gamma^4 \neq 0$，所以必须对结构矩阵中平方列进行中心化变换，使得 $E = 0$。

(二)统计分析

二次回归正交试验的统计分析主要包括：求出回归方程中的各项回归系数，建立回归方程；对回归方程、回归系数及其所配模型进行统计检验，并做出判断。统计分析的具体步骤与方法与第三章第四节的正交多项式统计分析方法基本相似。

1. 计算各项回归系数

应用矩阵乘积式 $\boldsymbol{b} = \boldsymbol{A}^{-1}\boldsymbol{B}$ 计算各项回归系数，式中 $\boldsymbol{b}$ 为回归系数列矩阵，$\boldsymbol{A}^{-1}$ 为正规方程组的系数矩阵(信息矩阵)的逆矩阵(相关矩阵 $\boldsymbol{C}$)，$\boldsymbol{B}$ 为常数项列矩阵。由于结构矩阵 $\boldsymbol{X}$ 具有正交性质，所以很容易列出各项矩阵及简易计算式。设 p 元二次回归正交试验，则有

$$\boldsymbol{A} = \boldsymbol{X}'\boldsymbol{X} = \begin{bmatrix} nS_1 & & & & & & & & \\ & \ddots & & & & & & & \\ & & S_p & & & & & & \\ & & & S_{12} & & & & & \\ & & & & \ddots & & & & \\ & & & & & S_{(p-1)p} & & & \\ & & & & & & S_{11} & & \\ & & & & & & & \ddots & \\ & & & & & & & & S_{pp} \end{bmatrix} \tag{4.48}$$

阵中

$$S_j = \sum_{\alpha} x_{\alpha j}^2, S_{ij} = \sum_{\alpha}(x_{\alpha i}x_{\alpha j})^2 (i \neq j), S_{jj} = \sum_{\alpha}(x'_{\alpha j})^2$$

$$\boldsymbol{A}^{-1}=(\boldsymbol{X}'\boldsymbol{X})^{-1}=\boldsymbol{C}=\begin{bmatrix}\frac{1}{n} & & & & & & & & & \\ & S_1^{-1} & & & & & & & & \\ & & \ddots & & & & & & & \\ & & & S_p^{-1} & & & & & & \\ & & & & S_{12}^{-1} & & & & & \\ & & & & & \ddots & & & & \\ & & & & & & S_{(p-1)p}^{-1} & & & \\ & & & & & & & S_{11}^{-1} & & \\ & & & & & & & & \ddots & \\ & & & & & & & & & S_{pp}^{-1}\end{bmatrix} \tag{4.49}$$

$$\boldsymbol{B}=\boldsymbol{X}'\boldsymbol{Y}=\begin{bmatrix}B_0\\ B_1\\ \vdots\\ B_p\\ B_{12}\\ \vdots\\ B_{(p-1)p}\\ B_{11}\\ \vdots\\ B_{pp}\end{bmatrix} \tag{4.50}$$

阵中

$$B_0=\sum_\alpha y_\alpha,B_j=\sum_\alpha(x_{\alpha j}y_\alpha),B_{ij}=\sum_\alpha(x_{\alpha i}x_{\alpha j}y_\alpha)(i\neq j),B_{jj}=\sum_\alpha(x'_{\alpha j}y_\alpha)$$

于是，按 $\boldsymbol{b}=\boldsymbol{A}^{-1}\boldsymbol{B}$ 计算各项回归系数，则有

$$\begin{cases}b'_0=\dfrac{1}{n}\sum\limits_\alpha y_\alpha=\bar{y}\\ b_j=\dfrac{B_j}{S_j}=\dfrac{\sum\limits_\alpha(x_{\alpha j}y_\alpha)}{\sum\limits_\alpha(x_{\alpha j})^2}\\ b_{ij}=\dfrac{B_{ij}}{S_{ij}}=\dfrac{\sum\limits_\alpha(x_{\alpha i}x_{\alpha j}y_\alpha)}{\sum\limits_\alpha(x_{\alpha i}\cdot x_{\alpha j})^2}(i\neq j)\\ b_{jj}=\dfrac{B_{jj}}{S_{jj}}=\dfrac{\sum\limits_\alpha(x'_{\alpha j}y_\alpha)}{\sum\limits_\alpha(x'_{\alpha j})^2}\end{cases} \tag{4.51}$$

以上计算过程可在结构矩阵表上进行。

根据计算结果列出代码回归方程：

$$\hat{y} = b'_0 + \sum_{j=1}^{p} b_j x_j + \sum_{i<j} b_{ij} x_i x_j + \sum_{j=1}^{p} b_{jj} x'_j$$

按式(4.40),可进一步计算出中心化变换前的代码回归方程。

$$\hat{y} = b_0 + \sum_{j=1}^{p} b_j x_j + \sum_{i<j} b_{ij} x_i x_j + \sum_{j=1}^{p} b_{jj} x_j$$

$$b_0 = \bar{y} - \frac{\sum_{\alpha} x_{\alpha j}^2}{n} \sum_{j=1}^{p} b_{jj}$$

2. 统计检验

由于试验设计具有正交性,各项回归系数彼此独立无关,所以统计检验与第三章第四节的正交多项式一样,十分简便,也可在一张表上直接运算。表 4 - 19 是假设在中心点只设置一次试验,即 $m_0=1$ 情况下设计的。按表 4 - 23 所列的简易计算式算出各次效应与回归的平方和、方差及 F 值。从 F 表中查得 $F_{\alpha(df_u, df_Q)}$ 作为判定回归方程是否显著的标准;$F_{\alpha(1, df_Q)}$ 作为衡量各次效应是否显著的标准。如果检验出某项效应不显著,可从回归方程中剔除,对保留下来的回归系数无任何影响。这一点与古典回归设计是明显不同的。

当试验在中心点做 m_0 个重复时,获得 y_{01}、y_{02}、…、y_{0m_0} 个试验结果,这时剩余平方和 Q 可进一步分成误差平方和 SS_e 和数学模型失拟平方和 SS_{Lf},并对模型是否失拟进行检验。

$$SS_e = \sum_{i=1}^{m_0} (y_{0i} - \bar{y}_0)^2, \qquad df_e = m_0 - 1$$

$$SS_{Lf} = SS_Q - SS_e, \qquad df_{Lf} = df_Q - df_e$$

于是

$$F_{Lf} = \frac{SS_{Lf}/df_{Lf}}{SS_e/df_e}$$

依(df_{Lf},df_e)查 F 表,当 $F_{Lf} < F_\alpha$ 时,表明选配的回归模型的失拟程度在 α 显著概率水准下是不显著的,模型是适宜的,否则是不适宜的。

表 4 - 23　二次回归正交试验方差分析表

变因		df	SS	MS	F
一次效应	x_1	1	$u_1 = B_1^2/S_1$	u_1	u_1/Q_{MS}
	⋮	⋮	⋮	⋮	⋮
	x_p	1	$u_p = B_p^2/S_p$	u_p	u_p/Q_{MS}
交互效应	$x_1 x_2$	1	$u_{12} = B_{12}^2/S_{12}$	u_{12}	u_{12}/Q_{MS}
	⋮	⋮	⋮	⋮	⋮
	$x_{p-1} x_p$	1	$u_{(p-1)p} = B_{(p-1)p}^2/S_{(p-1)p}$	$u_{(p-1)p}$	$u_{(p-1)p}/Q_{MS}$
二次效应	x_1^2	1	$u_{11} = B_{11}^2/S_{11}$	u_{11}	u_{11}/Q_{MS}
	⋮	⋮	⋮	⋮	⋮
	x_p^2	1	$u_{pp} = B_{pp}^2/S_{pp}$	u_{pp}	u_{pp}/Q_{MS}
回归		$df_u = C_{p+2}^2 - 1$	$u = u_1 + u_2 + \cdots + u_{pp}$	u/df_u	u/Q_{MS}
剩余		$df_Q = n - C_{p+2}^2$	$Q = SS_T - u$	Q/df_Q	
总变异		$df_T = n - 1$	$SS_T = \sum_{\alpha} y_\alpha^2 - \frac{(\sum_{\alpha} y_\alpha)^2}{n}$		

注:$Q_{MS} = Q/df_Q$。

例 4.3.1　某地氮、磷、有机肥三因素二次回归正交试验，试验目的是求经济最佳施肥量和合理配比。

(1)代码转换　所谓代码转换就是将设计中的代码值转换为试验中因子的实际数量。上述试验设计的结构矩阵中各因子水平采用的是代码，目的是能直观地展示各试验点在因子空间的分布状况，从而显示出正交设计的性质，此外还能简化计算过程。然而，在试验实施时，尚需将这些代码转换为实际数量。实践中，代码转换方法很多，这里只介绍比较传统的转换方法和步骤。

在代码转换前，首先说明一下设计中的两个实际问题。

①确定因子水平数。试验因子水平数，从回归试验本身要求来说，在一定范围内应该有足够的水平数，以便完整、细致地观察事物间的相关关系。就作物施肥试验而言，一般每因子至少要设 5 个水平，或更多一些。若因子水平不够，很难找出肥料用量与作物产量间的确切关系。如 3 水平试验，也只能在设计者对试验地区的施肥经验比较了解或试验点数很多情况下才能采用。相反，因子水平数过多也不适宜，因为此时其处理组合数必然也多，使得试验研究工作难以进行。

②因子水平上、下限。因子水平的上、下限应根据试验者的研究目的来定。如果研究施肥对作物产量影响的变化全貌，其施肥量下限可以从零开始，上限应明显超过正常用量，甚至达到过量程度，上、下限间跨度较大。如果在已经初步掌握试验地区的施肥经验的情况下，试验只是为了寻找经济最佳施肥量，此时施肥量下限可不从零开始，而是以某一最低肥料用量作起点，施肥量上限略高过正常施肥量。施肥量上、下限范围变窄，各水平间距变小，更有利于寻找最佳施肥点。

对于本例可按以下步骤进行代码转换。

第一步，确定各因素水平上、下限。

设有 p 个因子 $Z_1, Z_2, \cdots, Z_p$，因子上、下限分别为 $Z_{\gamma j}$、$Z_{-\gamma j}$ $(j=1,2,\cdots,p)$，如表 4 - 24 所示。

表 4 - 24　玉米氮、磷、有机肥三因素二次回归正交试验　kg/hm²

试验因素	上　　限 ($Z_{\gamma j}$)	下　　限 ($Z_{-\gamma j}$)
N(Z_1)	120.562	29.437
P_2O_5(Z_2)	79.837	25.162
有机肥(M)(Z_3)	12.0562×10^4	2.940×10^4

注：施肥量上、下限出现小数是为了以后计算结果得到整数。

第二步，求中心点(零水平)取值(Z_{0j})。

$$Z_{01}(\mathrm{N}) = \frac{Z_{\gamma1} + Z_{-\gamma1}}{2} = \frac{120.562 + 29.437}{2} = 75(\mathrm{kg/hm^2})$$

$$Z_{02}(\mathrm{P_2O_5}) = \frac{Z_{\gamma2} + Z_{-\gamma2}}{2} = \frac{79.837 + 25.162}{2} = 52(\mathrm{kg/hm^2})$$

$$Z_{03}(\mathrm{M}) = \frac{Z_{\gamma3} + Z_{-\gamma3}}{2} = \frac{12.0562 + 2.940}{2} \times 10^4 = 7.5 \times 10^4(\mathrm{kg/hm^2})$$

第三步,求变化区间(Δ_j)。

$$\Delta_1(N) = \frac{Z_{\gamma 1} - Z_{01}}{\gamma} = \frac{120.562 - 75}{1.215} = 37.50(kg/hm^2)$$

$$\Delta_2(P_2O_5) = \frac{Z_{\gamma 2} - Z_{02}}{\gamma} = \frac{79.837 - 52}{1.215} = 23.0(kg/hm^2)$$

$$\Delta_3(M) = \frac{Z_{\gamma 3} - Z_{03}}{\gamma} = \frac{12.0562 - 7.5}{1.215} \times 10^4 = 3.74 \times 10^4(kg/hm^2)$$

第四步,编码。

将代码变量(x_j)转换成实际变量(Z_j)。利用公式

$$Z_j = Z_{0j} + x_j\Delta_j$$

进行具体计算。

本例不同编码值(x_j)的具体施肥量如表4-25a、表4-25b和表4-25c所示。

表4-25a x_1 的具体施肥量

x_1	Z_1(N,kg/hm^2)
γ	$Z_{\gamma 1}=Z_{01}+\gamma\Delta_1=75+1.215\times37.5=120.562$
1	$Z_{11}=Z_{01}+1\Delta_1=75+1\times37.5=112.500$
0	$Z_{01}=Z_{01}+0\Delta_1=75+0\times37.5=75$
-1	$Z_{-11}=Z_{01}+(-1)\Delta_1=75+(-1)37.5=37.5$
$-\gamma$	$Z_{-\gamma 1}=Z_{01}+(-\gamma)\Delta_1=75+(-1.215)\times37.5=27.5$

表4-25b x_2 的具体施肥量

x_2	Z_2(P_2O_5,kg/hm^2)
γ	$Z_{\gamma 2}=Z_{02}+\gamma\Delta_2=52+1.215\times23=79.94$
1	$Z_{12}=Z_{02}+1\Delta_2=52+1\times23=75$
0	$Z_{02}=Z_{02}+0\Delta_2=52+0\times23=52$
-1	$Z_{-12}=Z_{02}+(-1)\Delta_2=52+(-1)\times23=29$
$-\gamma$	$Z_{-\gamma 2}=Z_{02}+(-\gamma)\Delta_2=52+(-1.215)\times23=24.05$

表4-25c x_3 的具体施肥量

x_3	Z_3(M,$\times10^4 kg/hm^2$)
γ	$Z_{\gamma 3}=Z_{03}+\gamma\Delta_3=7.5+1.215\times3.74=12.04$
1	$Z_{13}=Z_{03}+1\Delta_3=7.5+1\times3.74=11.24$
0	$Z_{03}=Z_{03}+0\Delta_3=7.5+0\times3.74=7.5$
-1	$Z_{-13}=Z_{03}+(-1)\Delta_3=7.5+(-1)\times3.74=3.76$
$-\gamma$	$Z_{-\gamma 3}=Z_{03}+(-\gamma)\Delta_3=7.5+(-1.215)\times3.74=2.95$

计算出各因素各水平码值相对应的具体取值(实际施肥量)后,就可列出试验处理组合方案(表4-26),按此方案布置试验。

表 4-26　例 4.3.1 试验处理方案

处理组合	编码值(x_j)			实际施肥量(Z_j)		
	x_1	x_2	x_3	Z_1(N,kg/hm²)	Z_2(P_2O_5,kg/hm²)	Z_3(M,kg/hm²)
1	1	1	1	112.5	75	11.24
2	1	1	−1	112.5	75	3.76
3	1	−1	1	112.5	29	11.24
4	1	−1	−1	112.5	29	3.76
5	−1	1	1	37.5	75	11.24
6	−1	1	−1	37.5	75	3.76
7	−1	−1	1	37.5	29	11.24
8	−1	−1	−1	37.5	29	3.76
9	1.215	0	0	120.56	52	7.5
10	−1.215	0	0	27.5	52	7.5
11	0	1.215	0	75	79.94	7.5
12	0	−1.215	0	75	24.05	7.5
13	0	0	1.215	75	52	12.04
14	0	0	−1.215	75	52	2.95
15	0	0	0	75	52	7.5

(2)求回归系数(表格法)　按上述计算公式,只要将系数矩阵主对角线的元素以及常数项矩阵中的元素求出来就可计算出回归系数,所有这些都在表 4-27 上运算。

①求系数矩阵主对角线上的元素。

$$S_0=\sum_{\alpha}x_{\alpha 0}^2=1^2+1^2+\cdots+1^2=15$$

$$S_1=\sum_{\alpha}x_{\alpha 1}^2=1^2+1^2+\cdots+(1.215)^2+(-1.215)^2+\cdots+0^2=10.95$$

$$S_2=\sum_{\alpha}x_{\alpha 2}^2=10.95$$

$$S_3=\sum_{\alpha}x_{\alpha 3}^2=10.95$$

$$S_{12}=\sum_{\alpha}(x_{\alpha 1}x_{\alpha 2})^2=1^2+1^2+\cdots+(-1)^2+\cdots+0^2=8$$

$$S_{13}=\sum_{\alpha}(x_{\alpha 1}x_{\alpha 3})^2=8$$

$$S_{23}=\sum_{\alpha}(x_{\alpha 2}x_{\alpha 3})^2=8$$

$$S_{11}=\sum_{\alpha}(x'_{\alpha 1})^2=0.27^2+0.27^2+\cdots+0.746^2+\cdots+(-0.73)^2=4.36$$

$$S_{22}=\sum_{\alpha}(x'_{\alpha 2})^2=4.36$$

$$S_{33}=\sum_{\alpha}(x'_{\alpha 3})^2=4.36$$

将各个 S 值填入表 4-27 倒数第 4 横行内。

②求常数项矩阵 $\boldsymbol{B}$ 的各个元素。B_0 实际上是 $\sum x_0 y_\alpha$,由于 15 个处理的 x_0 都是 1,所以,只要将 15 个产量 y_α 相加即得(表 4-27)。

$$B_0 = \sum_\alpha y_\alpha = 7\,124.2 + 6\,513.7 + 6\,330.7 + \cdots + 6\,754.5 = 92\,630.6$$

B_j 是常数项矩阵的一次项元素,它是各个一次项的编码值与 y 乘积后的和。

$$B_1 = \sum_\alpha x_{\alpha 1} y_\alpha$$

$$= 1 \times 7\,124.2 + 1 \times 6\,513.7 + \cdots + 0 \times 6\,754.5 = 5\,000.41$$

$$B_2 = \sum_\alpha x_{\alpha 2} y_\alpha = 2\,524.4$$

$$B_3 = \sum_\alpha x_{\alpha 3} y_\alpha = 2\,533.4$$

B_{ij} 是常数项矩阵的交互项元素,它是各个交互项编码值与 y 乘积后的和。

$$B_{12} = \sum_\alpha x_{\alpha 1} x_{\alpha 2} y_\alpha$$

$$= 1 \times 7\,124.2 + 1 \times 6\,513.7 + \cdots + 1 \times 5\,020.5 = 271.5$$

$$B_{13} = \sum_\alpha x_{\alpha 1} x_{\alpha 3} y_\alpha = 204.0$$

$$B_{23} = \sum_\alpha x_{\alpha 2} x_{\alpha 3} y_\alpha = 270.0$$

B_{jj} 是常数项矩阵中的二次项元素,它是各个 x' 与 y 乘积后的和。

$$B_{11} = \sum_\alpha x'_{\alpha 1} y_\alpha = 0.27 \times 7\,124.2 + 0.27 \times 6\,513.7 + \cdots + 0.746 \times 6\,667.5$$

$$+ \cdots + (-0.73) \times 6\,754.5 = -1\,089.2$$

$$B_{22} = \sum_\alpha x'_{\alpha 2} y_\alpha = -1\,471.14$$

$$B_{33} = \sum_\alpha x'_{\alpha 3} y_\alpha = -649.7$$

将上列各个 B 值填入表 4-27 倒数第 3 横行内。

③求回归系数 b。按式(4.51)计算:

$$b_0 = B_0/S_0 = 92\,630.6/15 = 6\,175.3$$

$$b_1 = B_1/S_1 = 5\,000.41/10.95 = 456.7$$

$$b_2 = B_2/S_2 = 2\,524.4/10.95 = 230.5$$

$$b_3 = B_3/S_3 = 2\,533.4/10.95 = 231.3$$

$$b_{12} = B_{12}/S_{12} = 271.5/8 = 33.94$$

$$b_{13} = B_{13}/S_{13} = 204.0/8 = 25.50$$

$$b_{23} = B_{23}/S_{23} = 270.0/8 = 33.75$$

$$b_{11} = B_{11}/S_{11} = -1\,089.2/4.36 = -249.8$$

$$b_{22} = B_{22}/S_{22} = -1\,471.14/4.36 = -337.41$$

$$b_{33} = B_{33}/S_{33} = -649.7/4.36 = -149.0$$

将以上各个 b 值填入表 4-27 倒数第 2 横行内。

④列代码回归方程。算出各项回归系数后,就可列出三因素二次码值回归方程:

$$\hat{y} = 6\,175.3 + 456.7x_1 + 230.5x_2 + 231.3x_3 + 33.94x_1x_2 + 25.50x_1x_3$$

$$+ 33.75x_2x_3 - 249.8x'_1 - 337.41x'_2 - 149.0x'_3$$

表 4-27　三因素二次回归正交结构矩阵及试验结果运算

处理组合	x_0	x_1	x_2	x_3	x_{12}	x_{13}	x_{23}	x_1'	x_2'	x_3'	y
1	1	1	1	1	1	1	1	0.27	0.27	0.27	7 124.2
2	1	1	1	−1	1	−1	−1	0.27	0.27	0.27	6 513.7
3	1	1	−1	1	−1	1	−1	0.27	0.27	0.27	6 330.7
4	1	1	−1	−1	−1	−1	1	0.27	0.27	0.27	6 042.7
5	1	−1	1	1	−1	−1	1	0.27	0.27	0.27	5 864.2
6	1	−1	1	−1	−1	1	−1	0.27	0.27	0.27	5 543.2
7	1	−1	−1	1	1	−1	−1	0.27	0.27	0.27	5 394.0
8	1	−1	−1	−1	1	1	1	0.27	0.27	0.27	5 020.5
9	1	1.215	0	0	0	0	0	0.746	−0.73	−0.73	6 667.5
10	1	−1.215	0	0	0	0	0	0.746	−0.73	−0.73	6 000.0
11	1	0	1.215	0	0	0	0	−0.73	0.746	−0.73	6 314.2
12	1	0	−1.215	0	0	0	0	−0.73	0.746	−0.73	6 095.2
13	1	0	0	1.215	0	0	0	−0.73	−0.73	0.746	6 870.0
14	1	0	0	−1.215	0	0	0	−0.73	−0.73	0.746	6 096.0
15	1	0	0	0	0	0	0	−0.73	−0.73	−0.73	6 754.5
S_j	15	10.95	10.95	10.95	8	8	8	4.36	4.36	4.36	$\sum y^2 = 576\ 648\ 590$
B_j	92 630.6	5 000.41	2 524.4	2 533.4	271.5	204.0	270.0	−1 089.2	−1 471.14	−649.7	
$b_j = B_j/S_j$	6 175.3	456.7	230.5	231.3	33.94	25.50	33.75	−249.8	−337.41	−149.0	
$u_j = B_j^2/S_j$		2 283 479	581 972	586 129	9 214.03	5 202.0	9 112.5	272 100.1	496 388.27	96 814.24	

式中 x'_{aj} 是结构矩阵二次项中心变换后的变量,如果要用 x_{jj}^2 编码值表示,可将

$$x'_{aj} = x_{aj}^2 - 0.73$$

代入上述回归方程,整理后得

$$\hat{y} = 6\,712.65 + 456.7x_1 + 230.5x_2 + 231.3x_3 + 33.94x_1x_2 + 25.50x_1x_3 + 33.75x_2x_3 - 249.8x_1^2 - 337.41x_2^2 - 149.0x_3^2$$

前后两个回归方程相比,其二次项恢复以后,b_0 由6 175.3变成6 712.65,前者为整个试验的理论平均产量;后者为因子空间中心点的理论产量。

回归方程配出后,尚需对回归方程及其各项回归系数进行显著性检验,以决定回归系数的取舍。

(3)回归系数显著性检验　检验方法和一般回归分析一样,亦用方差分析的方法。

①求各项变异的平方和及自由度。

总平方和与总自由度:

$$SS_T = \sum y_a^2 - \frac{1}{n}\left(\sum y_a\right)^2$$
$$= 576\,648\,590 - \frac{1}{15}(92\,630.6)^2$$
$$= 576\,648\,590 - \frac{8\,580\,428\,056}{15}$$
$$= 576\,648\,590 - 572\,028\,537.1$$
$$= 4\,620\,053$$
$$df_T = n - 1$$
$$= 15 - 1 = 14$$

回归平方和与回归自由度:首先计算各项回归系数的偏回归平方和,其计算式为

$$u = bB = \frac{B}{S}B = B^2/S$$

$$u_0 = \frac{B_0^2}{S_0} = \frac{92\,630.6^2}{15} = 572\,028\,537$$

$$u_1 = \frac{B_1^2}{S_1} = \frac{5\,000.41^2}{10.95} = 2\,283\,479$$

$$u_2 = \frac{B_2^2}{S_2} = \frac{2\,524.4^2}{10.95} = 581\,972$$

$$u_3 = \frac{B_3^2}{S_3} = \frac{2\,533.4^2}{10.95} = 586\,129$$

$$u_{12} = \frac{B_{12}^2}{S_{12}} = \frac{271.5^2}{8} = 9\,214.03$$

$$u_{13} = \frac{B_{13}^2}{S_{13}} = \frac{204^2}{8} = 5\,202.0$$

$$u_{23} = \frac{B_{23}^2}{S_{23}} = \frac{270^2}{8} = 9\,112.5$$

$$u_{11} = \frac{B_{11}^2}{S_{11}} = \frac{(-1\,089.2)^2}{4.36} = 272\,100.1$$

$$u_{22} = \frac{B_{22}^2}{S_{22}} = \frac{(-1\,471.14)^2}{4.36} = 496\,388.27$$

$$u_{33} = \frac{B_{33}^2}{S_{33}} = \frac{(-649.7)^2}{4.36} = 96\,814.24$$

将这些 u 值填入表 4 - 27 倒数第 1 横行内。

$$SS_u = u_1 + u_2 + \cdots + u_{jj}$$
$$= 2\,283\,479 + 581\,972 + 586\,129 + \cdots + 96\,814.24$$
$$= 4\,340\,411.13$$
$$df_u = C_{p+2}^2 - 1 = 10 - 1 = 9$$

剩余平方和与剩余自由度

$$SS_Q = SS_T - SS_u = 4\ 620\ 053 - 4\ 340\ 411.13 = 279\ 641.87$$

$$df_Q = n - C_{p+2}^2 = 15 - 10 = 5$$

②计算 F 值。

$$\frac{SS_u/df_u}{SS_Q/df_Q} = \frac{4\ 340\ 411.13/9}{279\ 641.87/5} = \frac{482\ 267.90}{55\ 928.37} = 8.62$$

依 $df_u=9$，$df_Q=5$，查 F 表，$F_{0.05}=4.78$，$F_{0.01}=10.20$，得方差分析表（表 4－28）。

表 4－28　例 4.3.1 方差分析表

变因	自由度	平方和	均方	F	$F_{0.05}$	$F_{0.01}$
回归	9	4 340 411.13	482 267.9			
剩余	5	279 641.87	55 928.36	8.62	4.78	10.20
总计	14	4 620 053	330 003.7			

经检验，实测 $F=8.62>F_{0.05}$，表明回归方程是显著的。

③回归系数显著性检验。按表 4－23 公式计算各偏回归系数的 F 值。

$$F(b_1) = \frac{u_1}{SS_Q/df_Q} = \frac{2\ 283\ 479}{279\ 641.87/5} = \frac{2\ 283\ 479}{55\ 928.37} = 40.82$$

$$F(b_2) = \frac{581\ 972}{55\ 928.37} = 10.41 \qquad F(b_{23}) = \frac{9\ 112.5}{55\ 928.37} = 0.162\ 9$$

$$F(b_3) = \frac{586\ 129}{55\ 928.37} = 10.48 \qquad F(b_{11}) = \frac{272\ 100.1}{55\ 928.37} = 4.865\ 1$$

$$F(b_{12}) = \frac{9\ 214.03}{55\ 928.37} = 0.164\ 7 \qquad F(b_{22}) = \frac{496\ 388.27}{55\ 928.37} = 8.875\ 4$$

$$F(b_{13}) = \frac{5\ 202}{55\ 928.37} = 0.093\ 01 \qquad F(b_{33}) = \frac{96\ 814.24}{55\ 928.37} = 1.731\ 0$$

检验结果表明 b_1、b_2、b_3、b_{22} 是显著的，各交互项是不显著的。

（4）估计理论产量　应用中心化变换的回归方程，将结构矩阵的编码值代入，即可算出相应的理论产量。

$$\begin{aligned}\hat{y}_1 =& 6\ 175.3 + 456.7\times 1 + 230.5\times 1 \\ &+ 231.3\times 1 + 33.94\times 1 + 25.50\times 1 + 33.75\times 1 \\ &- 249.8\times 0.27 - 337.41\times 0.27 - 149.0\times 0.27 \\ =& 6\ 988.216\ 0\end{aligned}$$

$\hat{y}_2 = 6\ 407$　　$\hat{y}_7 = 5\ 495.32$　　$\hat{y}_{12} = 5\ 934.65$

$\hat{y}_3 = 6\ 391.84$　　$\hat{y}_8 = 5\ 551.22$　　$\hat{y}_{13} = 6\ 773.83$

$\hat{y}_4 = 5\ 945.74$　　$\hat{y}_9 = 6\ 898.91$　　$\hat{y}_{14} = 6\ 211.77$

$\hat{y}_5 = 5\ 955.94$　　$\hat{y}_{10} = 5\ 789.13$　　$\hat{y}_{15} = 6\ 712.73$

$\hat{y}_6 = 5\ 476.84$　　$\hat{y}_{11} = 6\ 494.77$

将理论产量（$\hat{y}_\alpha$）与实测产量（y_α）间做相关分析，得决定系数 $r^2=0.836\ 8$，表明试验设计时设置的二次多项式模型是适宜的。

如果要用实际变量估计理论产量，尚需将

$$x_j = \frac{Z_j - Z_{0j}}{\Delta_j}$$

代入上述回归方程得到以实际施肥量为自变量的新的回归方程才可。

综上所述，明显看出回归正交设计具有试验点数较少、计算简便和消除了回归系数间相关性等优点。然而在因子空间上由于试验点距中心点远近不一，结果造成由不同处理组合预测其理论值 $\hat{y}$ 的误差也就大小不同。这样就不能直接比较各预测值 $\hat{y}$ 的精确程度，当然也就不能根据预测值来寻找最优化区域。在这种情况下，提出回归旋转设计的问题，以弥补其不足。

二、二次回归旋转设计

（一）设计原理

1. 回归旋转组合设计

这种设计也是采用组合设计的方法，使试验点分布在两个以上半径不等的球面上；而且从同一球面上的各点做预测，其预测值方差相等，故称为旋转设计，这种设计的条件是设计的旋转性和非退化性。如果信息矩阵中各自变量的关系满足下述等式：

$$\sum x_j^4 = 3\sum x_i^2 x_j^2 \tag{4.52}$$

那么，这个设计就是旋转设计。为了实现这个条件，可通过调整结构矩阵中待定系数 γ 达到这一目的。为使设计具有非退化性，即信息矩阵的行列式 $|\mathbf{A}| \neq 0$，必须将试验点安排在两个以上半径不等的球面上。

为实现试验设计的旋转性和非退化性，常借助于组合设计的思想构建设计方案，因组合设计中的 n 个试验点

$$n = m_c + 2p + m_0$$

是分布在三个半径不等的球面上，即 m_c 个点分布在半径为 $\rho_c = \sqrt{p}$ 的球面上，$2p$ 个点分布在半径为 $\rho_\gamma = \gamma$ 的球面上，m_0 个点分布在半径为 $\rho_0 = 0$ 的球面（球心）上。二因素五水平旋转设计方案如表 4-29 所示。

表 4-29　二因素五水平旋转设计方案

处理编号	试验因素		注释
	x_1	x_2	
1	1	1	二水平正交表的完全实施，记做 m_c
2	1	−1	
3	−1	1	
4	−1	−1	
5	γ	0	坐标轴上的星点位置，记做 m_γ
6	$-\gamma$	0	
7	0	γ	
8	0	$-\gamma$	
9	0	0	中心点，记做 m_0
⋮	⋮	⋮	
n	0	0	

显然，这种组合设计中的三组试验点分别分布在三个半径不等的球面上，自然满足了信息矩阵 **A** 的非退化条件。至于设计的旋转性，按照旋转性条件式(4.52)即可导出组合设计中星点臂 γ 值的计算式，当选用二水平正交表完全实施时，为

$$\gamma = 2^{p/4} \tag{4.53}$$

当二水平正交表部分实施时，

$$\gamma = 2^{(p-1)/4} \quad 或 \quad \gamma = 2^{(p-2)/4} \tag{4.54}$$

式中 p 为试验因素数，如试验因素数 $p=2$，而且完全实施，则其 γ 值为

$$\gamma = 2^{2/4} = \sqrt{2} = 1.414$$

将 γ 值填入设计表中即为旋转设计方案。这些试验点在因子空间的分布见图 4-16。为使用方便，现将二次旋转组合设计常用的 γ 和 γ^2 值列入表 4-30。

表 4-30　二次旋转组合设计 γ^2 值

p	$\rho_c=\sqrt{p}$	$\rho_\gamma=\gamma=2^{\frac{p-1}{4}}$	γ^2	m_c	m_γ
2	1.414	1.414	2.000	4	4
3	1.732	1.682	2.828	8	6
4	2.000	2.000	4.000	16	8
5	2.236	2.378	5.655	32	10
5(1/2 实施)	2.236	2.000	4.000	16	10
6	2.450	2.828	8.000	64	12
6(1/2 实施)	2.450	2.378	5.655	32	12

由表 4-30 可见，当 $p<5$ 时，$\rho_c=\rho_r$ 或 $\rho_c\approx\rho_\gamma$，即 m_c 个全因子试验点与 m_γ 个试验点分布(或近似地分布)在一个球面上。此时，只有增加中心点试验个数，方可得到非退化的旋转设计。可是，在中心点(0,0)处该做多少次试验？这关系到旋转设计的正交性与通用性的问题。正交性，前已述及；通用性系指这种设计使预测值方差基本保持某一常数。下面分述具有这两种特性的旋转设计。

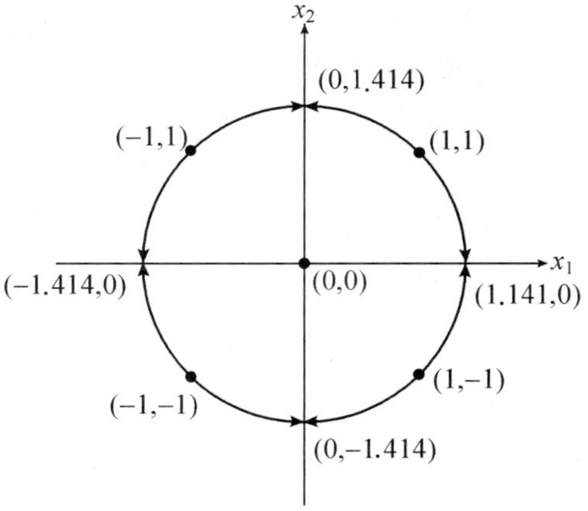

图 4-16　二因素五水平旋转设计试验点空间分布

2. 正交旋转组合设计

在前述的回归旋转设计中，通过组合设计和调节其中的 γ 值，虽然可解决设计的旋转性和非退化性问题，但在信息矩阵的逆矩阵 $\mathbf{A}^{-1}$ 中零次项与二次项间及二次项自身之间，即回归系数 b_0 与 b_{jj} 之间及 b_{ii} 与 b_{jj} 之间仍然存在相关性。首先，为消除 b_{ii} 与 b_{jj} 之间的相关性，实现设计正交性，导出如下计算式：

$$n = \frac{(m_c + 2\gamma^2)^2(p+2)}{m_c p + 2\gamma^4}$$

因为 $n=m_c+m_\gamma+m_0$,移项后得

$$m_0=\frac{(m_c+2\gamma^2)^2(p+2)}{m_c p+2\gamma^4}-m_c-2p \tag{4.55}$$

式中 m_c 为二水平正交表的处理组合数,当 $p=2$ 时

$$m_0=\frac{(4+2\times1.414^2)^2(2+2)}{4\times2+2\times1.414^4}-4-2\times2=8$$

由此可得二因素五水平近乎正交旋转设计方案,共 16 个试验点,其中 8 个分布在半径为 1.414 的圆周上,另外 8 个分布在半径为零的圆心上。

如果进行三因素试验,其五水平二次旋转设计方案中的各项参数如下:

(1)当方案中二水平正交表完全实施时,

$$\gamma=2^{3/4}=1.682 \qquad m_0=\frac{(8+2\times1.682^2)^2(3+2)}{8\times3+2\times1.682^4}-8-2\times3=9.3$$

m_0 值四舍五入,取其整数部分等于 9。

(2)当方案中二水平正交表为部分实施时,

$$\gamma=2^{(3-1)/4}=1.414 \qquad m_0=\frac{(4+2\times1.414^2)^2(3+2)}{4\times3+2\times1.414^4}-4-2\times3=5.99$$

m_0 值四舍五入,取其整数部分等于 6。

得出 γ 和 m_0 这两项参数就可以构成三因素五水平近乎正交设计。为设计方便,可从表 4-30中,依试验因子数 p 和 m_c 数来选定 m_0 数。为使这种结构矩阵的零次项与二次项之间具有正交性,需对该项进行中心化变换,其变换式与式(4.40)相同,

$$x'_{\alpha j}=x_{\alpha j}^2-\frac{1}{n}\sum x_{\alpha j}^2=x_{\alpha j}^2-\frac{1}{23}\times13.656=x_{\alpha j}^2-0.594(\alpha=1,2,\cdots,n)$$

即将二次项中各水平的数值分别减去 0.594,这时就组成了三因素正交旋转组合设计(表 4-31)。按照上面组合设计的程序,可构造四因素、五因素和更多因素的正交旋转组合设计。

3. 通用旋转组合设计

一项回归旋转设计能实现在 $0<\rho<1$ 范围内半径不等的球面上回归预测值方差基本上是个常数,就认为这种旋转设计具有通用性,称通用旋转设计。而一般回归旋转设计只能使在半径 ρ 相同的球面回归预测值方差($D_{\hat{y}}$)相等。为实现旋转设计的通用性,其中心点的试验次数 m_0 应按下式计算:

$$m_0=\frac{(m_c+2\gamma^2)^2(p+2)}{m_c p+2\gamma^4}\times\lambda_4-m_c-2p \tag{4.56}$$

式中 λ_4 可从表 4-32 中查出。当设计两因素试验时,待定参数

$$m_0=\frac{(4+2\times1.414^2)^2(2+2)}{4\times2+2\times1.414^4}\times0.81-4-4=4.96$$

m_0 值四舍五入,取其整数部分等于 5。

这样就得出了由 13 个试验点组成的两因素五水平二次通用旋转设计方案,其中有 8 个试验点分布在半径为 1.414 的球面(圆周)上,另 5 个点则集中于圆心上。

当进行三因素试验,且二水平正交表为完全实施时,其待定参数

$$m_0=\frac{(8+2\times1.682^2)^2(3+2)}{8\times3+2\times1.682^4}\times0.86-8-2\times3=6.05$$

m_0 值四舍五入,取其整数部分等于 6。

表 4-31　三因素二次正交旋转组合结构矩阵

编号	x_0	x_1	x_2	x_3	x_{12}	x_{13}	x_{23}	x_1'	x_2'	x_3'
1	1	1	1	1	1	1	1	0.406	0.406	0.406
2	1	1	1	−1	1	−1	−1	0.406	0.406	0.406
3	1	1	−1	1	−1	1	−1	0.406	0.406	0.406
4	1	1	−1	−1	−1	−1	1	0.406	0.406	0.406
5	1	−1	1	1	−1	−1	1	0.406	0.406	0.406
6	1	−1	1	−1	−1	1	−1	0.406	0.406	0.406
7	1	−1	−1	1	1	−1	−1	0.406	0.406	0.406
8	1	−1	−1	−1	1	1	1	0.406	0.406	0.406
9	1	1.682	0	0	0	0	0	2.234	−0.594	−0.594
10	1	−1.682	0	0	0	0	0	2.234	−0.594	−0.594
11	1	0	1.682	0	0	0	0	−0.594	2.234	−0.594
12	1	0	−1.682	0	0	0	0	−0.594	2.234	−0.594
13	1	0	0	1.682	0	0	0	−0.594	−0.594	2.234
14	1	0	0	−1.682	0	0	0	−0.594	−0.594	2.234
15	1	0	0	0	0	0	0	−0.594	−0.594	−0.594
16	1	0	0	0	0	0	0	−0.594	−0.594	−0.594
17	1	0	0	0	0	0	0	−0.594	−0.594	−0.594
18	1	0	0	0	0	0	0	−0.594	−0.594	−0.594
19	1	0	0	0	0	0	0	−0.594	−0.594	−0.594
20	1	0	0	0	0	0	0	−0.594	−0.594	−0.594
21	1	0	0	0	0	0	0	−0.594	−0.594	−0.594
22	1	0	0	0	0	0	0	−0.594	−0.594	−0.594
23	1	0	0	0	0	0	0	−0.594	−0.594	−0.594

于是，有 8 个试验点分布在以$\sqrt{p}=\sqrt{3}=1.732$为半径的球面上，6 个试验点分布在以$\gamma=1.682$为半径的球面上，另外 6 个试验点则集中于以 0 为半径的球面(即球心)上，共 20 个试验处理组合(表 4-33)。由此可见，二次正交旋转组合设计与二次通用旋转组合设计的不同之处，主要在球心点上试验重复次数的差异。

表 4-32　二次正交、通用旋转组合设计参数

p	m_c	m_γ	γ	m_0		n		λ_4	
				通用	正交	通用	正交	通用	正交
2	4	4	1.414	5	8	13	16	0.81	1.00
3	8	6	1.682	6	9	20	23	0.86	0.99
4	16	8	2.000	7	12	31	36	0.86	1.00
5(1/2 实施)	32	10	2.000	6	10	32	36	0.89	1.00
6(1/2 实施)	32	12	2.378	9	15	53	59	0.90	1.01

表 4-33 三因素二次通用旋转组合设计矩阵

编号	x_0	x_1	x_2	x_3	x_{12}	x_{13}	x_{23}	x_1^2	x_2^2	x_3^2
1	1	1	1	1	1	1	1	1	1	1
2	1	1	1	−1	1	−1	−1	1	1	1
3	1	1	−1	1	−1	1	−1	1	1	1
4	1	1	−1	−1	−1	−1	1	1	1	1
5	1	−1	1	1	−1	−1	1	1	1	1
6	1	−1	1	−1	−1	1	−1	1	1	1
7	1	−1	−1	1	1	−1	−1	1	1	1
8	1	−1	−1	−1	1	1	1	1	1	1
9	1	1.632	0	0	0	0	0	2.828	0	0
10	1	−1.632	0	0	0	0	0	2.828	0	0
11	1	0	1.632	0	0	0	0	0	2.828	0
12	1	0	−1.632	0	0	0	0	0	2.828	0
13	1	0	0	1.632	0	0	0	0	0	2.828
14	1	0	0	−1.632	0	0	0	0	0	2.828
15	1	0	0	0	0	0	0	0	0	0
16	1	0	0	0	0	0	0	0	0	0
17	1	0	0	0	0	0	0	0	0	0
18	1	0	0	0	0	0	0	0	0	0
19	1	0	0	0	0	0	0	0	0	0
20	1	0	0	0	0	0	0	0	0	0

(二)统计分析

二次回归正交旋转设计的统计分析完全同二次回归正交设计,这里不再叙述。下面重点介绍通用旋转组合设计的统计分析步骤和方法。

1. 求各项回归系数

已知,回归系数

$$\boldsymbol{b} = (\boldsymbol{X}'\boldsymbol{X})^{-1}(\boldsymbol{X}'\boldsymbol{Y})$$

式中:$(\boldsymbol{X}'\boldsymbol{X})^{-1}$为设计的相关矩阵,$(\boldsymbol{X}'\boldsymbol{Y})$为常数项矩阵,在通用旋转设计下,其相关矩阵取矩阵(4.44)形式,则有

$$
\begin{bmatrix} b_0 \\ b_{11} \\ b_{22} \\ \vdots \\ b_{pp} \\ b_1 \\ b_2 \\ \vdots \\ b_p \\ b_{12} \\ b_{13} \\ \vdots \\ b_{(p-1)p} \end{bmatrix} = \begin{bmatrix} K & E & E & \cdots & E & & & & & & & & \\ E & F & G & \cdots & G & & & & & & & & \\ E & G & F & \cdots & G & & & & & & & & \\ \vdots & \vdots & \vdots & & \vdots & & & & & & & & \\ E & G & G & \cdots & F & & & & & & & & \\ & & & & & e^{-1} & & & & & & & \\ & & & & & & e^{-1} & & & & & & \\ & & & & & & & \ddots & & & & & \\ & & & & & & & & e^{-1} & & & & \\ & & & & & & & & & m_c^{-1} & & & \\ & & & & & & & & & & m_c^{-1} & & \\ & & & & & & & & & & & \ddots & \\ & & & & & & & & & & & & m_c^{-1} \end{bmatrix} \begin{bmatrix} \sum_\alpha y_\alpha \\ \sum_\alpha x_{\alpha 1}^2 y_\alpha \\ \sum_\alpha x_{\alpha 2}^2 y_\alpha \\ \vdots \\ \sum_\alpha x_{\alpha p}^2 y_\alpha \\ \sum_\alpha x_{\alpha 1} y_\alpha \\ \sum_\alpha x_{\alpha 2} y_\alpha \\ \vdots \\ \sum_\alpha x_{\alpha p} y_\alpha \\ \sum_\alpha x_{\alpha 1} x_{\alpha 2} y_\alpha \\ \sum_\alpha x_{\alpha 1} x_{\alpha 3} y_\alpha \\ \vdots \\ \sum_\alpha x_{\alpha(p-1)} x_{\alpha p} y_\alpha \end{bmatrix}
$$

所以

$$
\begin{cases} b_0 = K\sum_\alpha y_\alpha + E\sum_{j=1}^{p}\left(\sum_\alpha x_{\alpha j}^2 y_\alpha\right) \\ b_j = e^{-1}\sum_\alpha x_{\alpha j} y_\alpha \\ b_{ij} = m_c^{-1}\sum_\alpha x_{\alpha i} x_{\alpha j} y_\alpha \\ b_{jj} = (F-G)\sum_\alpha x_{\alpha j}^2 y_\alpha + G\sum_{j=1}^{p}\sum_\alpha x_{\alpha j}^2 y_\alpha + E\sum_\alpha y_\alpha \end{cases} \tag{4.57}
$$

式中 K、E、F、G 和 e 的计算方法如式(4.41)和式(4.45)所示，其值可以从表 4-34 查得。

表 4-34 K、E、F、G 值

p	K	$-E$	F	G
2	0.200	0.100	0.143 7	0.018 7
3	0.166 3	0.056 8	0.069 4	0.006 9
4	0.142 8	0.035 7	0.035 0	0.003 7
5(1/2 实施)	0.151	0.034 1	0.034 1	0.002 8
5	0.098 8	0.019 1	0.018 0	0.001 5
6(1/2 实施)	0.110 8	0.018 7	0.016 8	0.001 2

2. 回归方程的显著性检验

设 $y_1, y_2, \cdots, y_n$ 是二次旋转组合设计的 n 个作物产量结果，其总离均差平方和

$$
SS_T = \sum_\alpha y_\alpha^2 - \frac{\left(\sum_\alpha y_\alpha\right)^2}{n} \qquad df_T = n-1
$$

剩余平方和：

$$SS_Q = \sum_{\alpha} y_{\alpha}^2 - b_0 B_0 - \sum_{j=1}^{p} b_j B_j - \sum_{i<j} b_{ij} B_{ij} - \sum_{j=1}^{p} b_{jj} B_{jj} \qquad df_Q = n - C_{p+2}^2$$

式中 B_0、B_j、B_{ij}、B_{jj} 为常数项矩阵 $\boldsymbol{B}$ 中的元素。

回归平方和

$$SS_u = SS_T - SS_Q \qquad df_u = C_{p+2}^2 - 1$$

旋转组合设计中，如果在中心点上做 m_0 次试验，试验结果为 y_{01}，y_{02}，…，y_{0m_0}，其平均数

$$\bar{y}_0 = \frac{1}{m_0}\sum_{j=1}^{m_0} y_{0j}$$

此时，偏差平方和

$$SS_e = \sum_{j=1}^{m_0}(y_{0j} - \bar{y}_0)^2 \qquad df_e = m_0 - 1$$

由于 SS_e 是由试验误差引起的，所以可用它来检验各项显著性。下面用统计量 F_1 检验回归模型失拟性。

$$F_1 = \frac{SS_{Lf}/df_{Lf}}{SS_e/df_e}$$

式中：$SS_{Lf}=SS_Q-SS_e$；$df_{Lf}=df_Q-df_e=n-C_{p+2}^2-m_0+1$

如果统计量 F_1 检验显著，表明配置的二次回归模型存在问题；相反，检验结果不显著，表明拟合的数学模型可用，可进一步用统计量 F_2 对二次回归方程进行检验。

$$F_2 = \frac{SS_u/df_u}{SS_Q/df_Q}$$

依(df_u，df_Q)查 F 表，如 $F_2>F_\alpha$，表明总的回归关系显著，否则为不显著。

3. 回归系数的显著性检验

为了评价回归方程中每一项效应，需要对各项回归系数进行检验。因此，要计算出各项回归系数的方差和相应的统计量 t 值，在相关矩阵(4.44)形式下，各项回归系数方差及其相应的统计量如下：

$$\begin{cases} D(b_0) = K\sigma^2, & t_0 = |b_0|/\sqrt{KSS_e/df_e} \\ D(b_j) = e^{-1}\sigma^2, & t_j = |b_j|/\sqrt{e^{-1}SS_e/df_e} \\ D(b_{ij}) = m_c^{-1}\sigma^2, & t_{ij} = |b_{ij}|/\sqrt{m_c^{-1}SS_e/df_e} \\ D(b_{jj}) = F\sigma^2, & t_{jj} = |b_{jj}|/\sqrt{FSS_e/df_e} \end{cases}$$

例 4.3.2　江苏启东春玉米氮、磷、钾肥效试验，采用了三因素五水平二次通用旋转设计，试验设计方案、试验结果及其统计分析分别见表 4-35 至表 4-37。

(1)试验设计方案及结构矩阵　见表 4-35 和表 4-36。

表 4-35　例 4.3.2 因素水平编码及实际施肥量　　kg/hm^2

因　素	变化间距	因素设计水平				
		−1.682	−1	0	1	1.682
氮(N，x_1)	37.5	162.0	187.5	225.0	262.0	288
磷(P_2O_5，x_2)	15.0	34.5	45.0	60.0	75.0	85.5
钾(K_2O，x_3)	15.0	19.5	30.0	45.0	60.0	67.5

表 4-36　例 4.3.2 结构矩阵、玉米产量及基础运算

处理组合	x_0	x_1	x_2	x_3	x_1x_2	x_1x_3	x_2x_3	x_1^2	x_2^2	x_3^2	产量(kg/hm²)
1	1	1	1	1	1	1	1	1	1	1	7 810.5
2	1	1	1	−1	1	−1	−1	1	1	1	7 704.0
3	1	1	−1	1	−1	1	−1	1	1	1	6 853.5
4	1	1	−1	−1	−1	−1	1	1	1	1	6 835.5
5	1	−1	1	1	−1	−1	1	1	1	1	6 655.5
6	1	−1	1	−1	−1	1	−1	1	1	1	6 649.5
7	1	−1	−1	1	1	−1	−1	1	1	1	6 655.5
8	1	−1	−1	−1	1	1	1	1	1	1	6 706.5
9	1	1.682	0	0	0	0	0	2.828	0	0	7 470.0
10	1	−1.682	0	0	0	0	0	2.828	0	0	5 925.0
11	1	0	1.682	0	0	0	0	0	2.828	0	7 417.5
12	1	0	−1.682	0	0	0	0	0	2.828	0	6 625.5
13	1	0	0	1.682	0	0	0	0	0	2.828	7 369.5
14	1	0	0	−1.682	0	0	0	0	0	2.828	7 279.5
15	1	0	0	0	0	0	0	0	0	0	7 549.5
16	1	0	0	0	0	0	0	0	0	0	7 443.0
17	1	0	0	0	0	0	0	0	0	0	7 212.0
18	1	0	0	0	0	0	0	0	0	0	7 825.5
19	1	0	0	0	0	0	0	0	0	0	7 449.0
20	1	0	0	0	0	0	0	0	0	0	7 554.0
B_j	142 989.5	5 135.19	3 100.64	230.88	1 882.50	169.5	145.5	93 751.5	95 583.6	97 297.3	
b_j	7 498.45	375.978	227.01	16.904 1	235.31	21.18	18.18	−284.57	−170.06	−62.958 7	
B_jb_j	1 072 199 616	1 930 718.46	703 876.28	3 902.81	442 971.0	3 590.0	2 645.9	−26 678 864	−16 254 947.0	−6 125 711.5	

(2)求各项偏回归系数　在 $p=3$ 情况下,查表 4 - 34 得 $K=0.1663$,$E=-0.0568$,$F=0.0694$,$G=0.0069$。在表 4 - 36 运算的基础上,进一步按式(4.57)计算 b_0,b_j,b_{ij},b_{jj}。

$$b_0=K\sum_{\alpha}y_{\alpha}+E\sum_{j=1}^{p}(\sum x_{\alpha j}^2y_{\alpha})$$

$$=0.1663\times 14289.5+(-0.0568)(93751.5+95583.6+97297.3)$$

$$=7498.45$$

$$b_j=e^{-1}\sum_{\alpha}x_{\alpha j}y_{\alpha}$$

$$e=m_c+2\gamma^2=8+2\times 1.682^2=13.6582$$

$$m_c=8$$

$$b_1=\frac{5135.19}{13.6582}=375.9780$$

$$b_2=\frac{3100.64}{13.6582}=227.01$$

$$b_3=\frac{230.88}{13.6582}=16.9041$$

$$b_{ij}=m_c^{-1}\sum_{\alpha}x_{\alpha i}x_{\alpha j}y_{\alpha}$$

$$b_{12}=\frac{1882.50}{8}=235.31$$

$$b_{13}=\frac{169.5}{8}=21.18$$

$$b_{23}=\frac{145.5}{8}=18.18$$

$$b_{jj}=(F-G)\sum_{\alpha}x_{\alpha j}^2y_{\alpha}+G\sum_{j=1}^{p}\sum_{\alpha}x_{\alpha j}^2y_{\alpha}+E\sum_{\alpha}y_{\alpha}$$

$$b_{11}=(0.0694-0.0069)\times 93751.5+0.0069(93751.5+95583.6+97297.3)-0.0568\times 142989.5$$

$$=-284.57$$

$$b_{22}=(0.0694-0.0069)\times 95583.6+0.0069(93751.5+95583.6+97297.3)-0.0568\times 142989.5$$

$$=-170.06$$

$$b_{33}=(0.0694-0.0069)\times 97297.3+0.0069(93751.5+95583.6+97297.3)-0.0568\times 142989.5$$

$$=-62.9587$$

(3)统计检验　按照前述统计分析中的各项计算公式,求各项变异因素的平方和与自由度,并进行相应的 F 检验,现将统计结果列于表 4 - 37。

表 4-37　例 4.3.2 的方差分析表

变异来源	*SS*	*df*	*MS*	*F*
回归	4 561 337	9	506 815.2	$F_2=18.86$
剩余	268 728.4	10	26 872.84	
失拟	68 799.36	5	13 759.87	$F_1=0.344$
误差	199 929	5	39 985.5	
总和	4 839 090	19		

检验结果显示：$F_2 > F_{0.05(9,10)} = 3.02$，$F_1 < F_{0.05(5,5)} = 5.05$，表明回归关系显著，失拟不显著，回归方程可用。在此基础上对各项回归系数作 t 检验。

(4)偏回归系数显著性检验　按照前述计算 t 值的公式，求出各项 t 值如下：

$$t_0 = 40.94^{**} \qquad t_1 = 4.64^{**} \qquad t_2 = 2.80^{*}$$

$$t_3 = 0.21 \qquad t_{12} = 2.22 \qquad t_{13} = 0.20$$

$$t_{23} = 0.17 \qquad t_{11} = 3.61^{**} \qquad t_{22} = 2.16$$

$$t_{33} = 0.80$$

查 t 值表，$t_{0.05(10)} = 2.23$，$t_{0.01(10)} = 3.17$，检验结果表明：偏回归系数 b_0、b_1、b_2 和 b_{11}，分别达到极显著或显著水平，b_{12} 和 b_{22} 接近显著水平。据此检验结果，剔除不显著项，得到最后的二元二次代码回归方程：

$$\hat{y} = 7\,503.86 + 376.02x_1 + 227.04x_2 + 235.31x_1x_2 - 285.07x_1^2 - 170.50x_2^2$$

第四节　正交趋势模型

一、正交趋势模型的原理

通过田间肥料试验结果建立肥料的产量效应关系是养分管理研究的重要内容。如何把土壤肥力的测定数值引入到肥料效应函数中一直是一个很大的挑战。多年来，人们进行了大量的肥料田间试验，积累了很多数据资料，这些资料所反映的肥料产量效应结果仅仅适用于当地的环境条件，而且田间试验耗时费力，如何通过已有的田间试验结果，把肥料的产量效应关系从点扩展到面，形成区域综合施肥模型是养分管理工作者研究的热点与难点。人们希望能通过土壤肥力特定指标的测定，估计某一地点或特定条件下肥料的产量效应关系，进而据此计算各种推荐施肥指标。正交趋势模型为解决这一问题提供了有效方法。

在田间试验中，经常采用特定的试验方案来建立施肥量与产量之间的多项式回归方程。例如，对于二因素肥料的产量效应，一般可以用二元二次回归方程来表示：

$$y = b_0 + b_1x_1 + b_2x_2 + b_3x_1x_2 + b_4x_1^2 + b_5x_2^2 \tag{4.58}$$

这种多项式方程尽管可以用来计算最高产量施肥量、经济最佳施肥量和经济合理施肥量等各种推荐施肥量，但它有其难以克服的缺点：(a)回归系数彼此相互依赖，难以计算归属于各 x 幂数项的独立平方和；(b)由于各回归系数间的相互作用，当舍去不显著项的回归系数后，必须重新计算其余各项新的回归系数；(c)上述肥料效应方程只能反映在试验的特定土壤和区域条件下施肥量与产量间的关系,不能反映不同区域不同土壤条件下肥料的产量效应。

正交趋势模型(Colwell模型)分析方法是通过对施肥方案中施肥量或其代码进行正交多项式的计算,将因变量平方和转化为独立的正交趋势成分,计算正交趋势系数,从而建立正交趋势方程。通过对趋势系数与影响肥料效应的特定地点变量间进行相关分析,进一步得到不同地点(即不同土壤)的综合施肥模型。

澳大利亚的科学家J. D. Colwell首先将正交趋势分析方法应用于肥料-产量效应模型的研究中(Colwell,1967,1994),其原理简述如下:

(一)平方和的正交转化

对于一个具体的肥料田间试验,假设有 n 个处理,可以得到 n 个产量结果 y_1, y_2, y_3, …, y_n,产量平方的总和(以下统称为产量平方和)可表示为:

$$\sum_{\alpha=1}^{n} y_\alpha^2 = y_1^2 + y_2^2 + y_3^2 + \cdots + y_n^2$$

就统计意义而言,$\sum_{\alpha=1}^{n} y_\alpha^2$ 所含有的信息包含了所有处理效应和不可控因素及误差效应的总和。在专业意义上,$\sum_{\alpha=1}^{n} y_\alpha^2$ 与每个处理的产量平方 y_α^2 本身并没有实质的含义,但可以通过正交变换把无意义的平方和 $\sum_{\alpha=1}^{n} y_\alpha^2$ 转化为具有实际意义的平方和 $\sum_{\alpha=0}^{n-1} P_\alpha^2$。

$$\sum_{\alpha=0}^{n-1} P_\alpha^2 = P_0^2 + P_1^2 + P_2^2 + \cdots + P_{n-1}^2 \tag{4.59}$$

式中:$P_0, P_1, P_2, \cdots, P_{n-1}$ 为独立的具有特殊意义的趋势成分(系数),它们分别反映了处理效应和误差效应对产量平方和的独立贡献。

从 $\sum_{\alpha=1}^{n} y_\alpha^2$ 到 $\sum_{\alpha=0}^{n-1} P_\alpha^2$ 的正交变换可以通过矩阵运算来实现。例如,假设矩阵 $\boldsymbol{E}$ 为正交多项式的值构成的矩阵,$\boldsymbol{E}'$ 是 $\boldsymbol{E}$ 的转置矩阵,则 $\boldsymbol{EE}'=\boldsymbol{E}'\boldsymbol{E}=\boldsymbol{I}$,其中 $\boldsymbol{I}$ 是单位矩阵,那么

$$\sum_{\alpha=1}^{n} y_\alpha^2 = \boldsymbol{Y}'\boldsymbol{EE}'\boldsymbol{Y} = (\boldsymbol{E}'\boldsymbol{Y})'(\boldsymbol{E}'\boldsymbol{Y}) = \boldsymbol{P}'\boldsymbol{P} = \sum_{\alpha=0}^{n-1} P_\alpha^2 \tag{4.60}$$

式中:$\boldsymbol{Y}$ 为产量的列向量矩阵;$\boldsymbol{Y}'$ 为 $\boldsymbol{Y}$ 的转置矩阵;$\boldsymbol{P}$ 为趋势成分 P_α 的列向量矩阵;$\boldsymbol{P}'$ 为 $\boldsymbol{P}$ 的转置矩阵。数学证明:$P_0^2 = n\,\bar{y}^2$,即

$$P_0 = \sqrt{n}\,\bar{y} \tag{4.61}$$

式中:P_0 为零次趋势系数,反映处理的平均效应;$\bar{y}$ 为各处理产量的平均值。可见通过式(4.60)的正交变换可以把产量的平方和转化为相互独立的正交趋势成分。

(二)正交多项式趋势方程的特性

1. 单因子肥料效应试验

任何一个单因子肥料效应试验,其施肥量与产量的关系一般可用多项式函数表示为:

$$y = b_0 + b_1x + b_2x^2 + b_3x^3 \tag{4.62}$$

式中:x 为施肥量;y 为产量;b_0、b_1、b_2、b_3 为非正交回归系数。通过正交变换可以得到正交趋势方程:

$$y = P_0M + P_1L + P_2Q + P_3C \tag{4.63}$$

式中：M、L、Q 和 C 分别为肥料因子 x 的零次、一次、二次和三次正交趋势；P_0、P_1、P_2 和 P_3 为正交趋势系数，分别代表各趋势成分的大小和方向。正交趋势系数反映了各试验点独立趋势成分的变化，各次的趋势方程为

$$\begin{cases} y = P_0 M \\ y = P_0 M + P_1 L \\ y = P_0 M + P_1 L + P_2 Q \\ y = P_0 M + P_1 L + P_2 Q + P_3 C \end{cases} \tag{4.64}$$

从式(4.64)可以看出，随着趋势方程次数的增加，曲线对试验数据的拟合程度逐步提高，但计算却趋于繁琐。研究表明，肥料效应方程一般只取到二次即可，很少超过三次。此外，随着趋势方程次数的增加，原先的趋势系数并不改变，这是正交趋势方程的重要特性。当舍去某次趋势后，其他趋势系数不变，而非正交回归系数的取舍会使其他回归系数发生变化。因此，非正交多项式回归系数不能用来度量各次趋势的大小，因为它们之间存在相关性。

2. 二因子肥料效应试验

设氮、磷二因子肥料试验的非正交回归方程为

$$y = b_0 + b_1 \mathrm{N} + b_2 \mathrm{P} + b_3 \mathrm{NP} + b_4 \mathrm{N}^2 + b_5 \mathrm{P}^2 \tag{4.65}$$

式中：b_0、b_1、…、b_5 为非正交回归系数，相应的正交趋势方程为

$$y = P_0 M + P_1 L_{\mathrm{N}} + P_2 L_{\mathrm{P}} + P_3 L_{\mathrm{N}} L_{\mathrm{P}} + P_4 Q_{\mathrm{N}} + P_5 Q_{\mathrm{P}} \tag{4.66}$$

式中：y 为产量；M，L_{N}、L_{P}，Q_{N}、Q_{P} 分别为氮、磷肥的零次、一次和二次趋势；$L_{\mathrm{N}}L_{\mathrm{P}}$ 为 N×P 的一次交互效应趋势；P_0，P_1，…，P_5 为正交趋势系数。其中，P_0 反映氮、磷肥平均产量效应；P_1、P_2 和 P_4、P_5 分别反映氮、磷肥的一次和二次效应；P_3 反映氮、磷的一次交互效应。各趋势系数间相互独立，不同试验点同一趋势系数间的差异是由地点变量的差异引起的，这一特点是研究趋势系数与地点变量间回归关系的基础。

(三)正交多项式的选择

单因子非正交回归方程式(4.62)通过正交变换可以转化为相应的趋势方程(4.63)，其关键是如何正确选择 M、L、Q 和 C 的正交多项式。很多学者在这方面进行了大量研究工作，Fisher(1925，1948，1950)首先提出了当自变量 x 取等间距时正交多项式的计算方法。Anderson 与 Houseman(1942)以及 Pearson 与 Hartley(1954)曾制备了详细的系数表，后来的学者又对系数表做过不同程度的简化。然而使用这些系数表的前提条件是：x 的相继水平间的增量相等，并且 y 值有公共的方差。在许多情况下，这些条件并不能得到满足，而正交多项式对方程的正交转化解决了这些问题。正交多项式计算不同于系数表，它可以在 x 非等间距和观测数据具有不等、但已知方差的情况下应用。相继的正交多项式是相互独立的，因此可以计算归属于各 x 幂数项的平方和。基于 Fisher 的原理，Robson(1959)曾推导出计算正交多项式的递推公式。在此基础上，Colwell(1978)提出了一套通用的、较简化的正交多项式模型，其单因子趋势方程的正交多项式模型为

$$\begin{cases} \text{零次趋势}(M): f_{0i} = A_0 \\ \text{一次趋势}(L): f_{1i} = A_1 + B_1(x_i - \bar{x}) \\ \text{二次趋势}(Q): f_{2i} = A_2 + B_2(x_i - \bar{x}) + C_2(x_i - \bar{x})^2 \\ \text{三次趋势}(C): f_{3i} = A_3 + B_3(x_i - \bar{x}) + C_3(x_i - \bar{x})^2 + D_3(x_i - \bar{x})^3 \end{cases} \tag{4.67}$$

这里 $\bar{x}=\frac{1}{n}\sum_{i=1}^{n}x_i$，$A_0$，$A_1$，…，$D_3$ 是保证多项式 f_{0i}、f_{1i}、f_{2i}和 f_{3i}相互正交的常数，它们只随自变量 x_i 和 $\bar{x}$ 的变化而变化。由正交性条件

$$\sum_{i=1}^{n}f_{ki}f_{ji}=\begin{cases}0 & (j\neq k)\\ 1 & (j=k)\end{cases} \tag{4.68}$$

可得到各常数值的计算公式(4.69)、式(4.70)和(4.71)。

为了便于书写，设 $\sum_{i=1}^{n}(x_i-\bar{x})^t=\sum X^t$，各常数值计算公式可简化为

$$\begin{cases}A_0=\dfrac{1}{\sqrt{n}}\\ A_1=0\\ B_1=\left(\sum X^2\right)^{-1/2}\end{cases} \tag{4.69}$$

$$\begin{cases}A_2=\dfrac{-\sum X^2}{nu}\\ B_2=\dfrac{-\sum X^3}{u\sum X^2}\\ C_2=\dfrac{1}{u}\end{cases} \tag{4.70}$$

式中：

$$u=\left[\sum X^4-\frac{(\sum X^2)^2}{n}-\frac{(\sum X^3)^2}{\sum X^2}\right]^{1/2}$$

$$\begin{cases}A_3=A'/V\\ B_3=B'/V\\ C_3=C'/V\\ D_3=1/V\end{cases} \tag{4.71}$$

式中：

$$A'=\frac{(\sum X^3)^3+(\sum X^2)^2\sum X^5-2\sum X^2\sum X^3\sum X^4}{W}$$

$$B'=\frac{\sum X^4(\sum X^2)^2-\sum X^2(\sum X^3)^2+n\sum X^3\sum X^5-n(\sum X^4)^2}{W}$$

$$C'=\frac{\sum X^3(\sum X^2)^2+n\sum X^4\sum X^3-n\sum X^2\sum X^5}{W}$$

$$W=n\sum X^2\sum X^4-n(\sum X^3)^2-(\sum X^2)^3$$

$$V=\left\{\sum[A'+B'(x_i-\bar{x})+C'(x_i-\bar{x})^2+(x_i-\bar{x})^3]^2\right\}^{1/2}$$

当因子 x 的处理数和水平数确定后，便可以求出各个系数，进而确定正交多项式模型。

依据同样的方法，可将二元二次非正交回归方程式(4.65)转化为相应的正交多项式趋势方程(4.66)，该模型的各次正交多项式为

$$\begin{cases}\text{零次趋势}(M):g_{0i}f_{0j}=A_{0\mathrm{N}}A_{0\mathrm{P}}\\ \text{一次趋势}(L_{\mathrm{N}}):g_{1i}f_{0j}=B_{1\mathrm{N}}A_{0\mathrm{P}}(\mathrm{N}_i-\overline{\mathrm{N}})\\ \text{一次趋势}(L_{\mathrm{P}}):g_{0i}f_{1j}=A_{0\mathrm{N}}B_{1\mathrm{P}}(\mathrm{P}_i-\overline{\mathrm{P}})\\ \text{交互趋势}(L_{\mathrm{N}}L_{\mathrm{P}}):g_{1i}f_{1j}=B_{1\mathrm{N}}B_{1\mathrm{P}}(\mathrm{N}_i-\overline{\mathrm{N}})(\mathrm{P}_i-\overline{\mathrm{P}})\\ \text{二次趋势}(Q_{\mathrm{N}}):g_{2i}f_{0j}=A_{0\mathrm{P}}[A_{2\mathrm{N}}+B_{2\mathrm{N}}(\mathrm{N}_i-\overline{\mathrm{N}})+C_{2\mathrm{N}}(\mathrm{N}_i-\overline{\mathrm{N}})^2]\\ \text{二次趋势}(Q_{\mathrm{P}}):g_{0i}f_{2j}=A_{0\mathrm{N}}[A_{2\mathrm{P}}+B_{2\mathrm{P}}(\mathrm{P}_i-\overline{\mathrm{P}})+C_{2\mathrm{P}}(\mathrm{P}_i-\overline{\mathrm{P}})^2]\end{cases}\tag{4.72}$$

式中：g_{0i}、g_{1i}和g_{2i}分别为因子 N 的一组正交多项式；f_{0j}、f_{1j}、f_{2j}分别为因子 P 的一组正交多项式。其中，A_0，A_1，…，C_2 下标 N、P 分别表示来自于自变量 N、P 的正交多项式常数。

通过上述正交多项式组可计算出式(4.73)中的矩阵 $\boldsymbol{E}$，正交趋势系数可由式(4.73)得出，即

$$\boldsymbol{P}=\boldsymbol{E}'\boldsymbol{Y}\tag{4.73}$$

式中：$\boldsymbol{P}$ 为趋势系数构成的矩阵；$\boldsymbol{E}$ 为正交多项式值矩阵；$\boldsymbol{E}'$ 为 $\boldsymbol{E}$ 的转置矩阵；$\boldsymbol{Y}$ 为产量矩阵。由式(4.73)求出的趋势系数反映了试验点趋势效应的变化，是建立综合施肥模型的基础。

(四)建立不同地点(即不同土壤)的综合施肥模型

根据前面的分析，不同的试验地点可以得到不同的正交趋势方程，同一趋势方程的各个趋势系数反映了肥料效应各次项趋势的独立变化，而不同试验点间的同一趋势系数的变异则反映了地点变量间的规律性变化。因此，不同试验点间趋势系数的差异是由影响肥料效应的地点变量引起的，即趋势系数可视为地点变量的函数

$$P=f(T)\tag{4.74}$$

式中：T 为地点变量的统称。从统计学意义上讲，所有的试验点上的试验构成了一个总体，每个试验点可视为总体中的样本，趋势系数 P 的最简单估计是样本的平均值，即

$$\overline{P}_j=\frac{1}{n}\sum_{i=1}^{n}P_{ji}\tag{4.75}$$

但是，如果函数关系式(4.74)在数学统计上是显著的，并且在专业理论方面具有合理性，那么它对趋势系数的估计将优于各点的平均值 $\overline{P}$。不同试验点同一趋势成分的趋势系数的变化是随机的，而且不同趋势成分之间趋势系数相互独立，因此，对每一个趋势成分可以进行单独统计，然后依次研究每个趋势成分同地点变量的关系。对于无规律可循的趋势成分，可用该趋势成分的各点趋势系数的平均值作为其最佳估计。当某地点变量确定之后，就可得到估计各趋势系数的联立方程，并由此确定综合施肥模型。

例如，对于二因子正交趋势方程(4.66)，设其联立方程为

$$\begin{cases}P_0=f_0(T)\\ P_1=f_1(T)\\ P_2=f_2(T)\\ P_3=\overline{P}_3\\ P_4=\overline{P}_4\\ P_5=\overline{P}_5\end{cases}\tag{4.76}$$

式中：$f_0(T)$，$f_1(T)$和 $f_2(T)$为不同形态的函数；T 为地点变量的统称；趋势系数 P_3、P_4 和 P_5 采用均值的形式。将此联立方程代入正交趋势方程(4.66)中，可得到一般的综合施肥模型：

$$y = f_0(T)M + f_1(T)L_N + f_2(T)L_P + P_3L_NL_P + P_4Q_N + P_5Q_P \quad (4.77)$$

该综合施肥模型可以计算在某一地点变量影响下推荐施肥的各项指标,其应用价值可以从肥料田间试验得到验证。通过多年的田间试验资料对模型作进一步补充和校验,以达到最佳的预测效果。

二、正交趋势模型的应用

正交趋势模型最早由 Colwell 于 20 世纪 60 年代提出,并得到不断发展。到 20 世纪 80 年代,它在肥料田间试验方面的应用逐步成熟。应用该方法不仅可以建立肥料效应趋势方程,而且也可以对某一元素缺乏现象的趋势作出定量的描述,因而有着广泛的应用价值。国内许多学者研究并发展了肥料效应正交趋势模型分析方法,李仁岗等(1989,1990,1991)分别研究了河北省冬小麦、夏玉米和水稻综合施肥模型的建立问题,并改进和完善了适用于正交趋势模型的试验设计方案,形成了比较完善的分析方法。申建波(1991)与孟宪越(1991)分别在其硕士论文中运用正交趋势模型研究了趋势系数与土壤测定值间的关系,并提出了适合于当地条件的综合施肥模型。但由于这些模型均未涉及包括气象因子在内的环境变量,只能应用于较小区域范围的施肥决策。杨卓亚、毛达如和曹一平(1994)在建立综合施肥模型时,将气象因子引入到综合施肥模型中,提高了大面积施肥模型的预测精度,使得正交趋势模型在施肥领域中的应用水平进一步提高。

正交趋势模型不仅可以应用于单因子和二因子肥料效应试验,而且也适用于多因子的肥料效应试验。正交趋势模型分析方法要求试验设计具有完全正交性,完全实施方案可以满足这一要求。然而,由于多因子肥料效应试验处理数明显增多,在田间条件下难以实施,需采用不完全实施方案。不完全实施方案的设计必须考虑试验目的和正交性的损失情况,以损失不必要的正交性为代价,保证主要趋势成分间的正交性,从而可以有的放矢地研究主要趋势效应(或设计者感兴趣的趋势成分)的变化规律。例如,Colwell(1971)研究小麦和牧草肥料效应试验的设计方案,该方案涉及氮、磷、钾和硫 4 个因素。他在充分考虑不同种植区(小麦和牧草)土壤供肥水平的前提下,结合正交趋势分析的要求,提出了小麦试验采用 4N×4P×2K×3S,48 个小区的不完全实施方案,由于试验区钾的效应不明显,故采用两水平,而对于重要的因子 N 和 P,则采用 4 水平。牧草试验则采用 4N×4P×4K×4S 不完全实施方案,四个区组 64 个小区,该方案能较好地反映 N、P、K 和 S 的肥料效应状况。尽管对正交趋势分析的多因子肥料效应试验国内报道不多,但人们可以从二因子试验入手,根据正交趋势模型对试验设计的要求,设计出适合于特殊目的的多因子试验方案。

本节所述的正交趋势模型具有较强的扩充功能,它不仅可以应用于施肥模型研究,还可以应用于农学、园艺和植保等其他领域。下面以肥料效应试验为例,分析正交趋势模型的计算过程和综合施肥模型的建立方法。

例 4.4.1 二元肥料效应方程的建立。

李仁岗等(1991)在河北省进行的小麦 N、P 二因素试验中,采用 3×4 设计完全实施方案,共 12 个处理,自变量水平间距不相等。该试验方案覆盖了河北省中南部主要小麦产区的地力变化,现以某一试验点田间试验的数据来分析正交趋势方程的求解过程。试验方案和产量结果列于表 4 - 38。

表 4-38 例 4.4.1 小麦试验方案和产量结果

处理	码值		施肥量(kg)		产量(kg)
	N	P_2O_5	N	P_2O_5	
1	0	0	0	0	250
2	2	0	6	0	290
3	5	0	15	0	320
4	0	1	0	2	282
5	2	1	6	2	310
6	5	1	15	2	325
7	0	3	0	6	308
8	2	3	6	6	359
9	5	3	15	6	371
10	0	6	0	12	323
11	2	6	6	12	389
12	5	6	15	12	392

注:施肥量与产量以 0.07 hm^2(1 亩)计算。

(1)正交多项式常数值的计算 对于二元二次肥料效应方程,其正交多项式只取到二次即可。首先计算单因子正交多项式的常数值,按码值计算,N 有三个水平,分别为 0、2、5,P 有四个水平,分别为 0、1、3、6。下面以因子 N 为例说明计算过程。根据式(4.69)和式(4.70)得:

$$\overline{N}=\frac{0+2+5}{3}=2.333\,333$$

$$A_0=\frac{1}{\sqrt{n}}=\frac{1}{\sqrt{3}}=0.577\,350$$

$$B_1=\frac{1}{\sqrt{\sum_{i=1}^{3}(x_i-\overline{x})^2}}$$

$$=\frac{1}{\sqrt{(0-2.333\,333)^2+(2-2.333\,333)^2+(5-2.333\,333)^2}}$$

$$=0.280\,976$$

$$A_2=\frac{-\sum(x_i-\overline{x})^2}{n\sqrt{\sum(x_i-\overline{x})^4-\frac{\left[\sum(x_i-\overline{x})^2\right]^2}{n}-\frac{\left[\sum(x_i-\overline{x})^3\right]^2}{\sum(x_i-\overline{x})^2}}}$$

$$=-0.867\,584$$

$$B_2=\frac{-\sum(x_i-\overline{x})^3}{\left[\sum(x_i-\overline{x})^2\right]\sqrt{\sum(x_i-\overline{x})^4-\frac{\left[\sum(x_i-\overline{x})^2\right]^2}{n}-\frac{\left[\sum(x_i-\overline{x})^3\right]^2}{\sum(x_i-\overline{x})^2}}}$$

$$=-0.100\,938$$

$$C_2 = \frac{1}{\sqrt{\sum(x_i-\overline{x})^4 - \frac{\left[\sum(x_i-\overline{x})^2\right]^2}{n} - \frac{\left[\sum(x_i-\overline{x})^3\right]^2}{\sum(x_i-\overline{x})^2}}}$$
$$=0.205\ 480$$

依据同样的方法可求出因子 P 的正交多项式常数,于是得到二因子的常数值(表 4 - 39),这些常数值使得 N 和 P 的各次多项式相互正交。

表 4 - 39　N、P 二因子正交多项式常数值

因子	$\overline{x}$	A_0	B_1	A_2	B_2	C_2
N	2.333 333	0.577 350	0.280 976	−0.867 584	−0.100 938	0.205 480
P	2.5	0.5	0.218 218	−0.698 009	−0.151 947	0.132 954

(2)正交多项式值的计算　将 N、P 二因子正交多项式常数值和各因子的水平值代入相应的正交多项式,得出各因子的正交多项式的值(表 4 - 40 和表 4 - 41)。

表 4 - 40　因子 N 的正交多项式的值

N_i	$g_0(N_i)$	$g_1(N_i)$	$g_2(N_i)$
0	0.577 350	−0.655 610	0.486 664
2	0.577 350	−0.093 658	−0.811 107
5	0.577 350	−0.749 268	0.324 442

表 4 - 41　因子 P 的正交多项式的值

P_j	$f_0(P_j)$	$f_1(P_j)$	$f_2(P_j)$
0	0.5	−0.545 544	0.512 822
1	0.5	−0.327 326	−0.170 940
3	0.5	0.109 108	−0.740 743
6	0.5	0.763 762	0.398 862

由表 4 - 40 和表 4 - 41 对应项的乘积可得到二元二次模型的正交多项式系数。根据式(4.72),二元二次正交趋势方程的正交多项式为:

$$M = A_{0N}A_{0P} = 0.577\ 350 \times 0.5 = 0.288\ 675$$

$$L_N = B_{1N}A_{0P}(N_i - \overline{N}) = 0.280\ 976 \times 0.5 \times (N_i - 2.333\ 333)$$
$$= 0.140\ 488(N_i - 2.333\ 333)$$

$$L_P = A_{0N}B_{1P}(P_i - \overline{P}) = 0.577\ 350 \times 0.218\ 218 \times (P_i - 2.5)$$
$$= 0.125\ 988(P_i - 2.5)$$

$$L_N L_P = B_{1N}B_{1P}(N_i - \overline{N})(P_i - \overline{P})$$
$$= 0.280\ 976 \times 0.218\ 218 \times (N_i - 2.333\ 333)(P_i - 2.5)$$
$$= 0.061\ 314(N_i - 2.333\ 333)(P_i - 2.5)$$

$$Q_N = A_{0P}[A_{2N} + B_{2N}(N_i - \overline{N}) + C_{2N}(N_i - \overline{N})^2]$$
$$= 0.5[-0.867\,584 - 0.100\,938(N_i - 2.333\,333) + 0.205\,480(N_i - 2.333\,333)^2]$$
$$= -0.433\,792 - 0.050\,469(N_i - 2.333\,333) + 0.102\,740(N_i - 2.333\,333)^2$$
$$Q_P = A_{0N}[A_{2P} + B_{2P}(P_i - \overline{P}) + C_{2P}(P_i - \overline{P})^2]$$
$$= 0.577\,350[-0.698\,009 - 0.151\,947(P_i - 2.5) + 0.132\,954(P_i - 2.5)^2]$$
$$= -0.402\,995 - 0.087\,727(P_i - 2.5) + 0.076\,761(P_i - 2.5)^2$$

二元二次正交多项式的值列于表 4－42。

表 4－42　二元二次正交多项式的值

处理	M	L_N	L_P	$L_N L_P$	Q_N	Q_P
1	0.288 675	−0.327 805	−0.314 970	0.357 664	0.243 332	0.296 078
2	0.288 675	−0.046 829	−0.314 970	0.051 095	−0.405 554	0.296 078
3	0.288 675	0.374 634	−0.314 970	−0.408 760	0.162 221	0.296 078
4	0.288 675	−0.327 805	−0.188 982	0.214 599	0.243 332	−0.098 693
5	0.288 675	−0.046 829	−0.188 982	0.030 657	−0.405 554	−0.098 693
6	0.288 675	0.374 634	−0.188 982	−0.245 256	0.162 221	−0.098 693
7	0.288 675	−0.327 805	0.062 994	−0.071 533	0.243 332	−0.427 669
8	0.288 675	−0.046 829	0.062 994	−0.010 219	−0.405 554	−0.427 669
9	0.288 675	0.374 634	0.062 994	0.081 752	0.162 221	−0.427 669
10	0.288 675	−0.327 805	0.440 959	−0.500 730	0.243 332	0.230 283
11	0.288 675	−0.046 829	0.440 959	−0.071 533	−0.405 554	0.230 283
12	0.288 675	0.374 634	0.440 959	0.572 263	0.162 221	0.230 283

(3)建立正交多项式趋势方程　由正交多项式组求出的正交多项式的值(表 4－42)构成了二元二次正交趋势方程的结构矩阵 $\boldsymbol{E}$,通过式(4.73)可求出肥料效应方程的各次正交趋势系数,其相应的方程为

$$y = 1\,131.32M + 83.12L_N + 108.03L_P + 3.14L_N L_P - 35.28Q_N - 25.56Q_P \quad (4.78)$$

式中,各次项的趋势系数相互独立,反映了各次趋势对产量的独立贡献。因此正交趋势方程清楚地反映了各因子肥料效应的大小,它是进一步研究趋势系数与地点变量的基础。

将正交多项式组代入正交趋势方程(4.66)中,可得到一般的非正交回归方程:

$$y = 250.276\,1 + 29.894\,1N + 25.215\,3P + 0.192\,4NP - 3.625\,0N^2 - 1.962\,1P^2 \quad (4.79)$$

由 $N(码值) = \dfrac{N(施肥量)}{3}$,$P(码值) = \dfrac{P(施肥量)}{2}$,将码值转化为施肥量得到如下方程:

$$y = 250.276\,1 + 9.964\,7N + 12.607\,7P + 0.032\,07NP - 0.402\,8N^2 - 0.490\,5P^2 \quad (4.80)$$

正交趋势方程式(4.78)的显著性检验列于表 4－43。

表 4-43 正交趋势系数方差分析表

变因	平方和	自由度	均方	F	$F_{0.05}$	$F_{0.01}$
回归	20 488.92	5	4 097.78	42.39**	5.99	13.74
P_1	6 909.27	1	6 909.27	71.47**		
P_2	11 671.53	1	11 671.53	120.74**		
P_3	9.84	1	9.84	0.10		
P_4	1 244.90	1	1 244.90	12.87*		
P_5	653.39	1	653.39	6.75*		
剩余	580.00	6	96.67			
总计	21 068.92	11				

正交趋势系数的方差分析表明,除 N×P 交互趋势以外,方程的各次趋势均达到显著水准,该方程较好地模拟了这一试验点肥料效应趋势的变化规律,每个试验点所得到的正交趋势系数是建立综合施肥模型的基础。

例 4.4.2 综合施肥模型的建立。

资料来源于河北省 41 个试验点的水稻田间试验(申建波,1991),该试验采用 N、P 二因素 3×3 正交设计,共 9 个处理,N 的三水平为 0、7.5、15 kg/0.07 hm^2,P(P_2O_5)的三水平为 0、3.75、7.5 kg/0.07 hm^2。9 个处理的码值组合分别为:N_0P_0、N_0P_1、N_0P_2、N_1P_0、N_1P_1、N_1P_2、N_2P_0、N_2P_1、N_2P_2。

用例 4.4.1 的方法可以求出 41 个试验点的正交趋势系数。这些试验点的同一趋势成分之间趋势系数的差异反映了地点变量的规律性变化。在一定的气候和栽培技术条件下,肥料的趋势效应之所以不同,土壤条件特别是土壤供肥水平是重要的影响因素。如果土壤测试值能较好地反映土壤的供肥水平,那么趋势系数可以视为土壤测试值的函数。应用 41 个试验点的趋势系数与相应的土壤测试值进行相关研究,可以得到一组用来预测需肥量的联立回归方程

$$\begin{cases} P_0 = 571.61 + 2.45y_0 \\ P_1 = 338.18 - 0.0068N_S^2 - 5.81CEC \\ P_2 = 150.56 - 121.48\lg P_S \\ \overline{P}_3 = 7.73 \\ \overline{P}_4 = -83.9 \\ \overline{P}_5 = -11.46 \end{cases} \tag{4.81}$$

式中:y_0 为地力产量(不施肥的产量);N_S 为土壤的碱解氮测试值;CEC 为土壤阳离子交换量;P_S 为土壤速效磷测试值;$\overline{P}_3$、$\overline{P}_4$ 和 $\overline{P}_5$ 分别采用 41 个试验点的平均值。将式(4.81)代入正交趋势方程得

$$\begin{aligned} y = &(571.61 + 2.45y_0)M + (338.18 - 0.0068N_S^2 - 5.81CEC)L_N \\ &+ (150.56 - 121.48\lg P_S)L_P + 7.73L_NL_P - 83.9Q_N - 11.46Q_P \end{aligned} \tag{4.82}$$

式(4.82)中各次正交多项式为

$$\begin{cases} M = 0.333\,333 \\ L_N = 0.408\,248(N_i - \overline{N}) \\ L_P = 0.408\,248(P_i - \overline{P}) \\ L_N L_P = 0.5(N_i - \overline{N})(P_i - \overline{P}) \\ Q_N = -0.471\,405 + 0.707\,107(N_i - \overline{N})^2 \\ Q_P = -0.471\,405 + 0.707\,107(P_i - \overline{P})^2 \end{cases}$$

将上述正交多项式组代入式(4.82)，得综合施肥模型：

$$\begin{aligned} y = & -27.6 + 0.82y_0 + 0.002\,8N_S^2 + 2.37CEC + 49.59\lg P_S \\ & + (33.71 - 0.000\,37N_S^2 - 0.32CEC)N + (19.68 - 13.22\lg P_S)P \\ & + 0.14NP - 1.05N^2 - 0.58P^2 \end{aligned} \tag{4.83}$$

式(4.83)包括 N、P_2O_5 施用量，地力产量(y_0)，土壤碱解氮(N_S)，土壤阳离子交换量(CEC)和土壤速效磷(P_S)。利用此模型可以模拟 41 个试验点控制范围内不同土壤供肥水平下的肥料效应状况，并且当有关地点变量确定后，便可确定唯一的肥料效应方程，从而可以计算出不同土壤供肥水平下的推荐施肥量。

第五节　区域施肥模型研究方法

应用肥料效应函数法推荐作物最佳施肥方案，为了增加肥料试验研究的代表性，需在一个省、一个县乃至一个乡，按照统一的设计方案布置多点田间试验，最后得到多个肥料效应方程。每一个效应方程对当地施肥都有指导意义。如果将这些施肥效应方程进行归纳和分类，就会得到若干个具有宏观控制的施肥模型，这就是所谓的区域施肥模型。区域施肥模型在指导微观施肥时不一定那么精准，但在指导宏观施肥上具有重要意义。

建立区域施肥模型首先要对试验数据进行归类处理。由于试验点的生态环境和作物栽培条件可能存在较大差异，所得的产量数据的离散程度也非常大，各试验点配出的肥料效应方程差别亦大。应该怎样进行归纳整理，其理论依据是什么，长期以来，一直是人们关注的问题。

目前，国内对多点肥料效应方程资料进行归类的方法归纳起来，有下面几种：按行政管辖体系和自然地理区域归类；用协方差分析法归类；按土壤全量养分或有效养分等级归类；按土地基础生产力水平归类；用聚类法归类。也可以把几种方法结合起来进行归类。这些归类方法各具特点及适应条件。由于前两种方法归类简单，第三种方法实际上应用不多，故这一节我们着重讨论后两种归类方法。

一、聚类研究

(一)按土地基础生产力归类

1. 归类前的准备工作

首先在归类前应将各试验点资料分别选出相应的数学模型，配置效应方程，并进行显著性和拟合性检验，将肥效显著的拟合性好的数学模型挑选出来，对那些拟合性不好的再改配其他数学模型。如果选配结果确认其肥效不显著不是因为选配模型问题，而是施肥确无明显效果，就把试验资料暂放起来，不参加归类。

其次对挑选出来的效应方程作可用性判别,尤其是选取的二次多项式数学模型,因为需求其最高产量施肥量和经济最佳施肥量更须做这种判别。判别方法已在前述的各种数学模型特征中予以介绍,这里只补充介绍另外一种方法。

若选配的是二元二次多项式,需要对由效应方程绘制出的等产线图作判别,即采用 A、B 值判别法。

$$A=\frac{1}{2}\left[b_4+b_5+\sqrt{(b_4-b_5)^2+b_3^2}\right] \quad (\text{根号前符号与 } b_3 \text{ 同})$$

$$B=\frac{1}{2}\left[b_4+b_5-\sqrt{(b_4-b_5)^2+b_3^2}\right] \quad (\text{根号前符号与 } b_3 \text{ 异})$$

当 $A<0$,$B<0$ 时,等产线为椭圆形,中心点为最大值,效应方程典型,可用;

当 $A>0$,$B>0$ 时,等产线为椭圆形,中心点为最小值,不可用;

当 A、B 异号时,等产线为双曲线,效应方程非典型,不可用。

经过这样判别,对选出的可用典型效应方程进行归类。

例 4.5.1 采用 A、B 值判别法,对二元二次肥料效应模型

$$\hat{y}=5\,210.89+29.99\mathrm{N}+34.29\mathrm{P}+0.013\mathrm{NP}-0.102\mathrm{N}^2-0.123\mathrm{P}^2$$

是否属典型模型进行判别。

$$\begin{aligned}A&=\frac{1}{2}\left[b_4+b_5+\sqrt{(b_4-b_5)^2+b_3^2}\right]\\&=\frac{1}{2}\left[-0.102-0.123+\sqrt{(-0.102+0.123)^2+0.013^2}\right]\\&=-0.1\end{aligned}$$

$$\begin{aligned}B&=\frac{1}{2}\left[b_4+b_5-\sqrt{(b_4-b_5)^2+b_3^2}\right]\\&=\frac{1}{2}\left[-0.102-0.123-\sqrt{(-0.102+0.123)^2+0.013^2}\right]\\&=-0.125\end{aligned}$$

计算结果 $A<0$,$B<0$,等产线为椭圆形,中心点为最大值,效应方程典型。回归方程等产线如图 4-17 所示。从图 4-17 可以看出,A、B 值法判别与函数相符。

2. 归类

按照基础生产力水平即无肥区产量高低进行效应方程归类是最简单而且实用的一种方法,应用比较广泛。因为无肥区产量是在一个地区内各种栽培条件综合作用的结果,反映到肥料效应上具其相似性。

(1)确定级差 归类的首要问题是归类的级差,级差过大,每级内的试验点数必然过多,从而削弱了各级综合效应方程的代表性;相反级差过小,每级内的试验点数必然少,造成级间差异不显著。因此,确定级差,应根据作物种类、产量高低等具体情况而定。根据国内的经验资料,对大田作物一般分为 3～4 级,产量级差 750～1 500 kg/hm^2。

(2)配置综合效应方程 确定基础生产力等级之后,就可按各个典型效应方程的无肥区产量归纳到相应的等级中去。代表各个等级的综合效应方程的具体求法,既可从归到各个等级中的原始数据计算出来的各处理平均值求得,也可从归类后的各级别中的效应方程算出各项回归系数平均值求得。两种方法算出的结果基本一致。

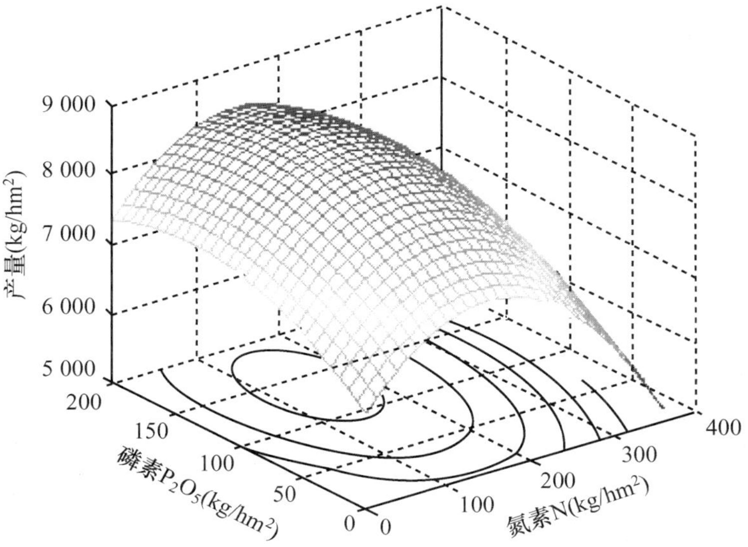

图 4-17　二元二次多项式图

在此基础上再依据各综合效应方程计算各基础生产力等级地块的施肥利润最大和作物产量最高的施肥量。

例 4.5.2　沈阳农业大学在辽宁省海城市推荐的玉米施肥方案。首先在该市坡地棕壤土区布置 54 个点次 N、P 二因素五水平的田间试验，在平原草甸土区布置 40 个点次同类试验。对各试验点分别配出二元二次效应方程，并进行肥效的显著性检验和模型的拟合性检验以及等产线判别。两类土壤分别选出 22 个、18 个典型效应方程。同时将棕壤土区的玉米基础生产力水平分为6 000～7 500 kg/hm²、4 500～6 000 kg/hm² 和低于4 500 kg/hm² 三个等级，在草甸土区划出 7 500～9 000 kg/hm²、6 000～7 500 kg/hm² 两个肥力水平，其级差均为 1 500 kg/hm²。归类后对每个类别里的原始资料，按处理求出平均产量，再依平均产量配出两类土壤上 5 个综合效应方程。方程中以 x_1、x_2 分别表示氮、磷肥施用量，以 y 表示产量。

棕壤土区

$$\hat{y}_1 = 6\,622.2 + 21.28x_1 + 13.66x_2 + 0.380\,1x_1x_2 - 0.930\,6x_1^2 - 0.703\,9x_2^2$$

$$r^2 = 0.92 \qquad F = 15.82^{**}$$

$$\hat{y}_2 = 5\,422.2 + 18.11x_1 + 20.05x_2 + 0.371\,8x_1x_2 - 0.341\,8x_1^2 - 1.371\,6x_2^2$$

$$r^2 = 0.98 \qquad F = 129.2^{**}$$

$$\hat{y}_3 = 2\,708.7 + 19.54x_1 + 13.95x_2 + 0.172\,0x_1x_2 - 1.707\,2x_1^2 - 0.752\,6x_2^2$$

$$r^2 = 0.96 \qquad F = 37.16^{**}$$

草甸土区

$$\hat{y}_1 = 8\,726.85 + 13.55x_1 + 25.46x_2 + 0.376\,9x_1x_2 - 0.906\,1x_1^2 - 1.967x_2^2$$

$$r^2 = 0.88 \qquad F = 8.33^{**}$$

$$\hat{y}_2 = 6\,383.25 + 137.85x_1 + 120.75x_2 + 1.140x_1x_2 - 4.138\,5x_1^2 - 4.141\,5x_2^2$$

$$r^2 = 0.94 \qquad F = 10.65^{**}$$

根据这些效应方程分别求出利润最高施肥量和作物产量最高施肥量，制定出玉米推荐施肥方案在条件相近的地区推广,在本例中从得到的反馈数据来看,基本上符合实际。

(二)用聚类分析的方法归类

聚类就是按照某种标准,将具有近似属性的对象聚集在一起作为一个类型的方法。由聚类所生成的簇(clusters)是一组数据对象的集合,同一个簇中的对象彼此相似,与其他簇中的对象相异。在应用过程中,可以将一个簇中的数据对象作为一个整体来对待。从实际应用的角度看,聚类分析(cluster analysis)是数据挖掘的主要任务之一。就数据挖掘功能而言,聚类能够作为一个独立的工具,获得数据的分布状况,观察每一簇数据的特征,集中对特定的聚簇集合作进一步分析。

在肥料多点试验资料整理过程中,应用聚类分析的研究方法,其主要内容可概括为以下几个方面:对区域性土壤肥力特征进行描述分析和评价;进行区域性施肥效应参数特征的描述分析与评价;施肥的宏观调控与管理。

1. 聚类分析的基本原理

从统计学的观点看,聚类分析是通过数据建模简化数据的一种方法。应用比较普遍的传统的统计聚类分析方法包括层次聚类法(hierarchical cluster)和 K-均值聚类法(K-means cluster)。

(1)层次聚类法　层次聚类法可以对变量(样品)或记录进行聚类,变量可以为连续变量,也可为分类变量,提供的距离测量方法和结果表示方法也非常丰富。但是由于它要反复计算距离,如果样本量太大或变量较多时,采用层次聚类运算速度明显较慢。另外,层次聚类法的聚类过程是单方向的,一旦某个案例进入某一类,就不可能从该类出来,再归入其他的类。聚类过程中受奇异值、相似测度和分类变量的影响较大,特别是最长联结法。为了减轻奇异值的影响研究者可能要反复做几次聚类分析,每一次对结果进行分析看是否能除去可能的奇异值。

根据运算的方向,层次聚类法可以分为合并法和分解法两大类。但这两类方法的运算原理实际上是完全相同的,仅仅是方向相反而已。层次聚类法中合并法的基本原理和实现过程如下:

①首先将变量据各自作为一类,分成 n 类。

②按照所定义的距离计算各数据点之间的距离。

③将距离最近的两条数据并为一个类别,从而成为 $n-1$ 类。

④计算新产生的类别与其他各个类别之间的距离或者相似度。

⑤再将距离最接近的两个类别合并,直到所有的数据都被合并成为一个类别为止。

(2)K-均值聚类法　对于不合适的初始分类可以进行反复调整,因此,也有人称它为动态聚类。其优点是聚类过程中受奇异值、相似测度和分类变量的影响较小,但聚类结果对初始分类非常敏感,而且它也只能得到局部最优解;同时应用范围有限,只能对样本聚类,不能对变量聚类。

K-均值聚类法的基本原理和实现过程如下:

①首先确定需要聚类的分类数,这是由分析者自己指定的,在实际分析过程中,往往需要研究者根据问题,反复尝试把数据分成不同的类别数,并进行比较,从而找出最优的方案。

②根据分析者自己指定的聚类中心,或者由数据本身结构的中心初步确定每个类别的原始中心点。

③逐一计算每条数据到各个类别中心点的距离,把各个数据按照距离最近的原则归入各个类别,并计算新形成类别的中心点(用平均数表示)。

④按照新的中心位置，重新计算每条数据距离新的类别中心点的距离，并重新进行归类。

⑤重复步骤④，直到达到一定收敛标准为止，或者达到分析者事先指定的分析次数为止。

2. 聚类分析的基本步骤

从统计学的观点看，聚类分析是通过数据建模简化数据的一种方法。无论采用上述的哪一种方法，聚类分析至少都应该包括以下五个步骤：(a)分类前准备工作；(b)根据研究的目的选择合适的聚类变量；(c)计算相似性测度；(d)选定聚类方法进行聚类；(e)对结果进行解释和验证。

(1)分类前的准备工作　在进行聚类分析之前，往往要进行相关资料的收集与整理，收集近年来与本研究相关的国内外参考文献，收集该地区相关背景资料和以往的研究成果等。根据不同的研究目的，将试验数据分类汇总和整理，并对数据进行标准化处理。

分类变量的标准化处理也是分类前的重要准备工作。标准化是将某变量中的观察值减去该变量的平均数，然后除以该变量的标准差，即

$$x'_{ij} = \frac{x_{ij} - \overline{x}_j}{S_j} \tag{4.84}$$

式中：x_{ij} 为变量的观察值；$\overline{x}_j$ 为变量的平均数；S_j 为变量的标准差；x'_{ij} 为标准化变量。

数据经过标准化后，变量的平均数为 0，标准差为 1。经标准化的数据都是没有单位的纯数量。对变量进行的标准差标准化可以消除量纲影响和变量自身变异的影响。

(2)聚类变量的选择　因为聚类分析是根据所选定的变量对研究对象进行分类，聚类的结果仅仅反映了所选出的变量所定义的数据结构，所以分类变量的选择在聚类分析中非常重要。为了确保聚类结果的准确性，分类变量的选择应遵循以下原则：

首先，所选择的分类变量应当是相互独立的，它们之间不应该存在高度的相关性。不加鉴别地使用高度相关的变量相当于给这些变量进行了加权。如果所选择的变量中有三个高度相关的变量，相当于使用了这三个高度相关变量中的一个，并对其给予了三倍的权数。

对于高度相关的变量有两种处理办法：一是在聚类之前，首先对变量进行聚类分析，从聚得的各类中分别挑选出一个有代表性的变量作为分类变量；二是做主成分分析或因子分析，主成分分析和因子分析都可以用来降低数据的维数，产生新的不相关变量，然后把这些变量作为分类变量。

其次，分类变量必须与聚类分析的目标密切相关，要能够反映出分类对象的特征差异。比如“3414”试验，它的设计方案共包含 14 个处理，根据不同的研究目的，可以从中选取不同的试验处理。如果研究目标是对肥料效应函数进行聚类，一般选择无肥区($N_0P_0K_0$)产量作为聚类变量。如果研究目标是不同类型或不同肥力土壤的养分供应能力，可以初步选择无处理($N_0P_0K_0$)、全肥处理($N_2P_2K_2$)以及无养分处理($N_0P_2K_2$、$N_2P_0K_2$、$N_2P_2K_0$)作为聚类变量。在玉米种植区进行肥力状况评价时，如果该区域某些地方有缺锌状况发现，那么，就应当把土壤有效锌测定值初步拟定为分类变量。

最后，选择的分类变量的数量并不是越多越好。有时，可能会因为加入了一两个不合适的变量而使分类结果发生很大变化。所以，聚类分析时应该选择那些在研究对象上有显著差别的指标作为分类变量。这就需要研究者多次对聚类结果进行检验，剔除在不同类之间没有显著差别的变量。

在采用回归系数平均法建立区域施肥模型时，分类变量一般较多。比如，二元二次方程中

有6个系数,分类变量最多可达6个;三元二次方程中有10个回归系数,分类变量最多可达10个。由于各变量间可能存在相关性,因此不可能将所有回归系数都作为分类变量。那么,如何科学地获得分类变量呢?

目前比较流行的做法是,将主成分分析与聚类分析相结合,先用主成分分析将多个分类变量凝聚成少数几个相互独立的、有代表性的主成分,通过线性加权计算主因子得分,然后以其作为新的分类变量进行聚类分析。

(3)分类数的确定　聚类分析是一种探测性的研究,在分析之前对可能会形成的分类结果是未知的,应当分多少个类别也是未知的。至于如何才能科学合理地确定分类数,真实地反映客观存在,目前还没有非常精准的方法。

Demirmen(1972)曾提出了根据树状结构图来分类的准则:(a)任何类都必须在邻近各类中是突出的,即各类重心之间距离必须大;(b)各类所包含的元素都不要过分地多;(c)分类的数目应该符合使用的目的;(d)若采用几种不同的聚类方法处理,则在各自的聚类结果上应该发现相同的类。

孙志才、王敬东等(2001)根据方差分析理论,提出应用混合 F 统计量来确定最佳分类数,并应用模糊划分熵来验证最佳分类数的正确性,综合运用上述两个指标可以准确确定最佳分类数。樊秀峰(2001)采用模糊聚类最大矩阵元法确定分类数,即先构造模糊相似矩阵,模糊相似矩阵任一行的最大矩阵元与截集水平 λ 相等(主对角线除外),用最大矩阵元代替截集水平 λ,把 λ 值从大到小排列,使值相近的样本子集聚为一类,根据 λ 的突跃区将样本分类,作为模糊混合聚类分析的初始分类数。在层次聚类中,比较小的聚合系数表示同质性较强的两个小类被合并到一起,而比较大的聚合系数或者比较大的变化则表示两个差异较大的类别被合并到一起,可以这一特点初步确定出分类数。

如何确定最佳的分类?这个问题是聚类分析历史中尚未完全解决的问题之一,主要的障碍是对类的结构和内容很难给出一个统一的定义,这样就给不出从理论上和实践中都可行的虚无假设。往往在实际应用中人们主要根据研究的目的,从使用的角度出发,选择合适的分类数。无所谓哪种是最好的方法,关键是看哪种方法最后得出的结论能让你满意。

(4)聚类方法的选择　某种聚类方法能否发现真实的数据结构,受很多因素的影响,比如类的结构(主要指类的形状、规模和个数)、奇异值的存在、类与类之间重叠的程度和相似测度的选择等等。不同的聚类方法对于同一数据会得出不同的聚类结果。在做选择时,可根据不同聚类方法的特点进行。

现在的趋势是把层次聚类和动态聚类两种方法结合起来使用,取长补短。首先使用层次聚类法确定分类数,检查是否有奇异值,去除奇异值后,对剩下的案例重新进行分类,把用层次聚类法得到的各个类的重心,作为初始分类中心,这样就克服了层次聚类法只能单方向进行聚类的缺点,对样本点可以进行重新调整。

(5)聚类结果的解释和验证　使用不同的聚类分析方法可能得到的结果相差较大,所以,统计学结论并不一定是最终结论,一定要结合专业知识对分类结果进行分析,比如可参照土壤有效养分肥力指标对聚类结果进行解释。对于一时难以确定的样本点,可以结合判别分析来进行验证。同时还可以结合方差分析的方法,对各类别间进行差异显著性检验。

例 4.5.3　辽宁省某地“3414”玉米试验得到13个三元二次回归方程,结果列于表4-44。试对其进行分类研究。

表 4-44　玉米三元二次肥料效应回归方程

编号	三元二次回归方程									
	常数项	N	P	K	NP	NK	PK	N^2	P^2	K^2
1	6 856.686	32.134	2.108	12.095	0.144	−0.022	0.116	−0.123	−0.170	−0.105
2	4 981.869	23.165	1.861	28.418	0.189	−0.092	−0.070	−0.070	−0.098	0.009
3	4 285.639	35.482	−12.070	49.948	0.233	−0.073	−0.014	−0.133	−0.139	−0.154
4	9 307.292	22.034	12.347	−0.180	−0.004	0.039	0.004	−0.051	−0.035	−0.024
5	5 717.707	−6.453	26.834	26.593	0.046	0.046	−0.159	0.007	−0.018	−0.011
6	7 605.165	6.841	21.369	17.246	0.047	0.022	−0.073	−0.039	−0.064	−0.040
7	8 010.315	11.325	14.463	0.055	−0.006	0.055	0.040	−0.026	−0.045	−0.076
8	4 720.121	10.140	14.494	10.812	0.060	0.044	0.048	−0.052	−0.127	−0.095
9	4 888.353	9.527	−0.993	31.825	0.129	−0.015	0.092	−0.046	−0.156	−0.132
10	5 209.736	12.620	3.169	23.132	0.079	0.046	0.134	−0.064	−0.114	−0.169
11	7 322.451	2.365	16.420	16.275	0.067	0.040	−0.073	−0.030	−0.059	−0.062
12	6 049.425	21.514	7.367	11.877	0.019	0.063	0.021	−0.066	−0.062	−0.082
13	5 793.100	6.452	12.393	2.747	−0.003	0.027	0.045	−0.022	−0.059	−0.034

表 4-44 中 10 个分类指标存在一定相关性，直接纳入分析不仅复杂，而且无法得出正确结论。因此，必须采用因子分析（factor analysis）的方法对分类变量进行简化。在因子分析中，最常用的方法就是主成分分析法（principal components analysis）。经主成分分析，将 10 个分类变量凝聚为 2 个主成分 Z_1 和 Z_2（表 4-45）。它们概括了全部变量信息的 77.54%。以 2 个主成分作为分类变量，进行聚类分析。

表 4-45　主成分得分

编　　号	主成分得分	
	Z_1	Z_2
1	−1.117	−1.087
2	−0.748	1.773
3	−2.117	0.833
4	0.850	−0.723
5	1.276	1.772
6	0.735	0.538
7	0.886	−0.924
8	0.014	−0.475
9	−0.859	−0.114
10	−0.520	−1.101
11	0.709	0.460
12	0.192	−0.650
13	0.700	−0.301

采用动态聚类分析，必须事先明确类别数。这一点在一般情况下是很难做到的。需要借助层次聚类法，绘制树状聚类图（dendrogram）研究分类数据结构（图 4-18），不同类群合并时聚合系数的变化如图 4-19 所示。二者结合将分类数确定为 3 类。

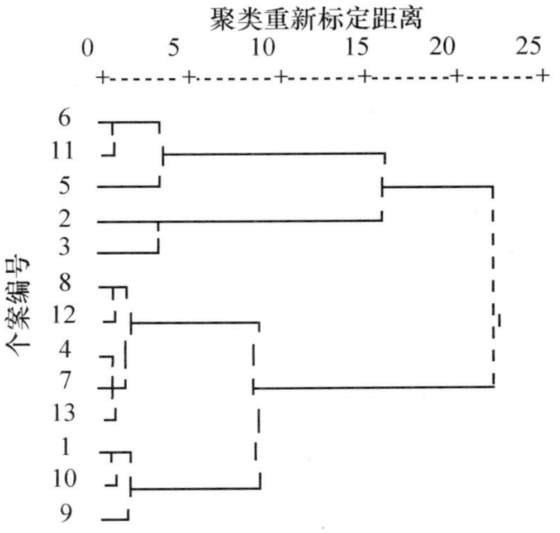

图 4-18　离差平方和法树状聚类图

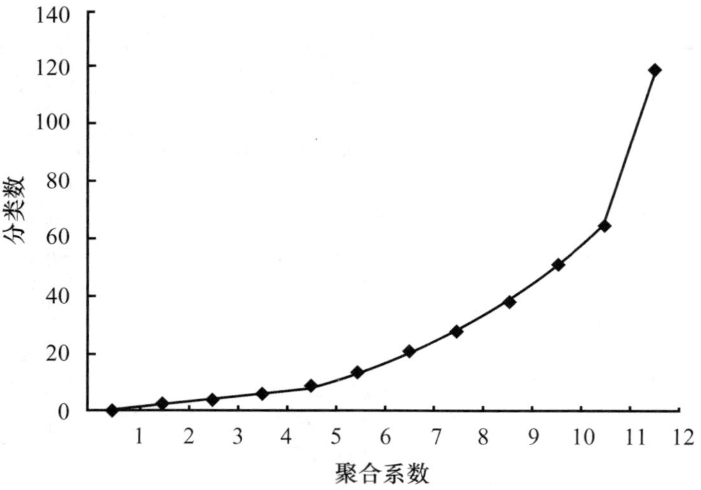

图 4-19　聚合系数随分类数变化曲线

采用层次聚类法和动态聚类法分别对数据资料进行分类，结果见表 4-46。两种分类方法得到的结果十分接近(9 号点除外)。因此，我们可以认为这种分组方法是正确的。与按基础产量分类相比(分类间距1 500 kg/hm^2)，结果差异较大。

表 4-46　不同分类方法结果比较

样本编号	分类变量:基础产量			分类变量:主成分	
	归　类	K-均值聚类	层次聚类	K-均值聚类	层次聚类
1	2	1	1	1	1
2	1	3	3	3	2
3	1	3	3	3	2
4	3	2	2	1	1
5	1	3	3	2	3
6	3	1	1	2	3
7	2	1	1	1	1
8	1	3	3	1	1
9	1	3	3	3	1
10	1	3	3	1	1
11	3	1	1	2	3
12	2	3	3	1	1
13	2	3	3	1	1

注:表中后 5 列数字代表组别，相同数字为同组。

对动态聚类分析结果进行方差分析，结果见表 4-47。

表 4-47　动态聚类法各类别间方差分析表

分类变量	类间		误差		F	P
	平方和	df	平方和	df		
主成分 1	3.616	2	0.477	10	7.584	0.01
主成分 2	4.290	2	0.342	10	12.548	0.002

从方差分析结果来看，按主成分进行分类得到的3组数据资料间差异达极显著。

二、模 糊 评 判

在土壤学界，尽管对土壤肥力的定义还没有一个统一的认识，但是一般认为：土壤肥力是土壤最基本的属性和质的特征，是土壤从水、肥、气、热诸方面供应和协调作物生长的能力，也是土壤物理、化学和生物学性质的综合反映。从农业持续发展角度来看，施肥不仅要注意作物产量的增长，品质的改善，而且要重视土壤肥力的提高。可是，众所周知，土壤肥力高低之间是没有明显的界线的，至今仍是一个模糊的概念。因此，需用模糊数学的方法根据影响土壤肥力的各种理化性状对土壤肥力水平进行综合评判，以期比较客观地反映土壤环境容量的实际状况。

（一）综合评判的数学模型

设有两个论域：$U=\{U_1,U_2,\cdots,U_m\}$，$V=\{V_1,V_2,\cdots,V_n\}$。其中U是综合评判的多因素所组成的集合，V代表评语组成的集合，称模糊变换

$$\boldsymbol{A}\cdot\boldsymbol{R}=\boldsymbol{B} \tag{4.85}$$

为综合评判的数学模型。$\boldsymbol{R}$是一个$m\times n$模糊矩阵。这里的$\boldsymbol{R}=(r_{ij})_{m\times n}(i=1,2,\cdots,m;\ j=1,2,\cdots,n)$，表示一个$m$维论域$U$和一个$n$维论域$V$之间的模糊关系。$\boldsymbol{A}$是论域$U$上的模糊子集，即评判因素的权重。而$\boldsymbol{B}$则是评判结果，它是论域$V$上的一个模糊子集，即模糊向量。

（二）模糊评判的步骤

①对影响土壤肥力因素集合U中的诸因素，用各种可行的方法分别作出对土壤肥力评语集合V中诸评语的单因素评判，进而得到一个表示U与V之间模糊关系的模糊矩阵$\boldsymbol{R}$。

②对影响土壤肥力因素集合U中的诸因素，确定它们在被评判事物中的重要程度，即诸因素的权重，各种因素的权重之和等于1。

③模糊变换

$$\boldsymbol{B}=\boldsymbol{A}\cdot\boldsymbol{R}$$

$$(b_1,b_2,\cdots,b_n)=(a_1,a_2,\cdots,a_m)\begin{bmatrix} r_{11} & r_{12}\cdots & r_{1n} \\ r_{21} & r_{22}\cdots & r_{2n} \\ \vdots & \vdots & \vdots \\ r_{m1} & r_{m2}\cdots & r_{mn} \end{bmatrix} \tag{4.86}$$

最终得到综合评判结果。

（三）土壤肥力综合评判实例

以原北京农业大学在北京顺义县三块吨粮示范田的产量结果（kg/hm^2）为例（表4-48）。

表4-48　北京顺义县三块吨粮示范田年产量　　kg/hm^2

地块	1990年（示范前）	1991年（示范当年）
大东庄	13 050	14 400
农场	13 050	14 055
赵吉营	12 750	15 180

为了弄清施肥对土壤肥力的影响，我们需要对吨粮田的土壤肥力进行综合评判。下面应用北京农业大学提出的SFFE(soil fertility fuzzy evaluation)系统方法对吨粮田土壤环境容量

作出评判。

1. 构造模糊关系矩阵 $\boldsymbol{R}$

①列出吨粮田的土壤理化状况(表 4 - 49)。

表 4 - 49 北京顺义县吨粮田的土壤理化性状

地块	年份	有机质(%)	全氮(%)	速效磷(mg/kg)	碱解氮(mg/kg)	交换性钾(mg/kg)	pH	*CEC*(cmol(+)/kg)	黏粒(%)	容重(g/cm^3)
大东庄	1990	1.45	0.088	27.79	80.58	126.8	8.2	11.3	20.0	1.36
	1991	1.42	0.086	21.77	78.60	126.5	8.3	10.4	19.02	1.35
农场	1990	1.57	0.084	23.78	66.58	129.3	8.3	12.0	20.4	1.32
	1991	1.40	0.076	25.57	69.60	100.4	8.4	10.6	19.9	1.31
赵吉营	1990	1.29	0.076	24.11	58.08	127.8	8.3	10.8	19.1	1.39
	1991	1.24	0.080	20.10	70.82	101.0	8.4	10.0	19.0	1.42

②确定土壤肥力容量因素等级标准(表 4 - 50)。

表 4 - 50 土壤肥力容量因素等级标准

肥力因素	高	中高	中	低
有机质(%)	1.50～2.00	1.20～1.50	1.00～1.20	<1.00
全氮(%)	0.100～0.120	0.080～0.100	0.065～0.080	<0.065
碱解氮(mg/kg)	75.0～90.0	60.0～75.0	45.0～60.0	<45.0
速效磷(mg/kg)	10.0～15.0	5.0～10.0	3.0～5.0	<3.0
交换性钾(mg/kg)	100.0～160.0	60.0～100.0	30.0～60.0	<30.0
pH	6.5～7.0	6.0～6.5	5.5～6.0	<5.0
	7.0～7.5	7.5～8.0	8.0～8.5	8.5～10.0
CEC(cmol(+)/kg)	15.0～20.0	10.0～15.0	5.0～10.0	<5.0
	20.0～25.0	25.0～30.0	30.0～35.0	35.0～50.0
容重(g/cm^3)	1.20～1.30	1.30～1.40	1.40～1.50	1.50～1.80
	1.10～1.20	1.00～1.10	0.80～1.00	<0.80
黏粒(%)	30.0～45.0	20.0～30.0	10.0～20.0	<10.0
	45.0～60.0	60.0～75.0	75.0～85.0	85.0～100.0

③将测定值转换为百分数值。为使各种肥力因素的测定值能够相互比较,将测定值转换为百分数值,转换式:

$$y = G_1 + \frac{\Delta G}{\Delta g}(x - g_1) \tag{4.87}$$

式中:y 为百分数;x 为因素指标测定值;Δg 为因素指标级差;g_1 为因素指标级差下限;ΔG 为百分值级差;G_1 为百分值级差下限。

这里将各因素指标的百分值级差拟为:100～80,80～60,60～40,40～20 四级。以大东庄 1990 年土壤有机质含量转换为例,测定值 $x=1.45$,因素指标级差 $\Delta g=0.3$,因素指标级差下限 $g_1=1.20$,百分值级差 $\Delta G=20$,百分值级差下限 $G_1=60$,则分值

$$y = 60 + \frac{20}{0.3}(1.45 - 1.20) = 76.7$$

按这种计算方法将表 4－49 中各指标测定值都一一转换为相应的百分值。

④求各项指标的隶属度。将测定值转换为百分值之后，按下述四个条件关系式算出各项指标百分数在四个肥力等级中的隶属度。四个条件关系式：

$$UR_1(y) = \begin{cases} 1 & (90 < y \leqslant 100) \\ (y-70)/20 & (70 \leqslant y \leqslant 90) \\ 0 & (y < 70) \end{cases}$$

$$UR_2(y) = \begin{cases} 0 & (y > 90) \\ -(y-90)/20 & (70 \leqslant y \leqslant 90) \\ (y-50)/20 & (50 \leqslant y < 70) \\ 0 & (y < 50) \end{cases}$$

$$UR_3(y) = \begin{cases} 0 & (y > 70) \\ -(y-70)/20 & (50 \leqslant y \leqslant 70) \\ (y-30)/20 & (30 \leqslant y < 50) \\ 0 & (y < 30) \end{cases} \tag{4.88}$$

$$UR_4(y) = \begin{cases} 0 & (y > 50) \\ -(y-50)/20 & (30 \leqslant y \leqslant 50) \\ 1 & (y < 30) \end{cases}$$

例如，上面算出的大东庄土壤有机质的百分值 $y=76.7$，此值属于高肥力级的隶属度为：

$$UR_1(y) = \frac{1}{20} \times (76.7 - 70) = 0.335$$

属于中高肥力级的隶属度为：

$$UR_2(y) = -\frac{1}{20} \times (76.7 - 90) = 0.665$$

属于中、低两肥力级的隶属度均为零。

按此方法算出各项指标百分值的隶属度，组成模糊关系矩阵 $\boldsymbol{R}_{m\times n}$：

$$\boldsymbol{R}_{9\times4} = \begin{bmatrix} r_{11} & r_{12} & r_{13} & r_{14} \\ r_{21} & r_{22} & r_{23} & r_{24} \\ \vdots & \vdots & \vdots & \vdots \\ r_{91} & r_{92} & r_{93} & r_{94} \end{bmatrix}$$

2. 组成模糊向量 A

设因素论域 U 上的因子模糊子集为：

$$A = \frac{a_1}{U_1} + \frac{a_2}{U_2} + \cdots + \frac{a_i}{U_i} + \cdots + \frac{a_m}{U_m} \quad (0 \leqslant a_i \leqslant 1) \tag{4.89}$$

式中：a_i 为 U_i 对 $\widetilde{A}$ 的隶属度，即单因素 U_i 在总评定因素中起作用大小的度量，在一定程度上代表根据单 U_i 评定等级的能力，故称权重系数。

建立模糊向量 **A** 采用的是“专家评分系统”方法，由评分结果计算归一化权重系数和土壤肥力层次模型，建立土壤肥力评判结构（表 4－51）。

表 4-51　土壤肥力评判结构和权重分配

第一层		第二层		第三层	
肥力参数	权重 A_1	肥力参数	权重 A_2	肥力参数	权重 A_3
土壤养分与化学性质	0.64	全量养分	0.29	有机质	0.50
			0.48	全氮	0.50
		速效养分	0.23	碱解氮	0.37
			0.45	速效磷	0.44
			0.55	交换性钾	0.19
		化学性状		pH	0.37
				CEC	0.63
物理性状	0.36	容重	0.45		
		黏粒	0.55		

3. 模糊变换

算出模糊关系矩阵 $\boldsymbol{R}$ 和权重向量 $\boldsymbol{A}$ 之后就可按下述模糊变换，得出综合评判结果 $\boldsymbol{B}$ 变换式：

$$\boldsymbol{B}=(b_1,b_2,b_3,b_4)=(a_1,a_2,\cdots,a_9)\begin{bmatrix} r_{11} & r_{12} & \cdots & r_{14} \\ r_{21} & r_{22} & \cdots & r_{24} \\ \vdots & \vdots & & \vdots \\ r_{91} & r_{92} & \cdots & r_{94} \end{bmatrix}$$

$$b_j=\min\left\{1,\sum_{i=1}^{m}a_i r_{ij}\right\} \qquad \left(\sum_{i=1}^{m}a_i=1\right) \tag{4.90}$$

这里采用的是有界和普通实数乘法算子，结果见表 4-52。由表 4-52 可知，顺义县吨粮田种植前后土壤肥力的容量因素基本上是平衡的，其 9 项肥力指标没有明显的升降。

表 4-52　土壤肥力模糊评判结果

地块	年份	等级	评判向量			
			b_1	b_2	b_3	b_4
大东庄	1 990	2	0.221 9	0.529 6	0.248 3	0
	1 991	2	0.294 3	0.477 7	0.222 5	5.446×10^{-3}
农场	1 990	2	0.301 8	0.499 4	0.193 5	5.448×10^{-3}
	1 991	2	0.260 9	0.478 0	0.244 7	1.634×10^{-2}
赵吉营	1 990	3	0.191 4	0.392 3	0.445 7	6.624×10^{-3}
	1 991	3	0.190 5	0.385 2	0.397 9	1.634×10^{-2}

第六节　施肥模型的田间校验

一项施肥决策是根据多点田间试验归纳出的类效应方程制定出来的，不言而喻，这些类效应方程都含有程度不同的误差。而且，客观上，诸如农作物品种、气候、灌溉等条件无时不在发生变化。因此，在推荐施肥的同时，必须选出若干有代表性的点，设置田间校验试验，对施肥模型和预报农作物产量进行必要的修正。

一、田间校验的试验方案

一般田间校验试验设置不施肥区、当地习惯施肥区、推荐施肥区三个处理区。各处理区面积为 350～700 m^2，农作物品种和各种栽培管理措施均相同。试验方案中设置不施肥区主要是为了计算推荐施肥和习惯施肥的增产作用，设置习惯施肥区是为了检验推荐施肥方案的增产效果，有了这些处理区可从理论上和实践上全面评价推荐施肥方案的可用性。农作物成熟时，在各处理区内选点进行测产，并将各校验试验点的测产结果，按肥力等级进行归类，求其各处理的类平均产量，用这个测产后产量和推荐施肥的理论产量以 A 值作比较和校验。

二、校验系数 A 的计算

校验工作分两步进行：

第一步，计算校验系数 A。

$$A = y/y_0$$

式中：y 为推荐施肥区的实得产量，kg/hm^2；y_0 为推荐施肥的理论产量，kg/hm^2。

第二步，用校验系数修正理论产量或效应方程。

$$y_1 = A \cdot y_0 \tag{4.91}$$

校正后再预报产量，这样可更加接近实际。由于生产条件在不断变化，应用效应函数法进行推荐施肥，类似这种校验要年复一年地进行下去，以使推荐施肥方案更加优化、准确，更加切合实际。

三、田间校验实例

1989 年，北京农业大学在河北省曲周县高、中、低三种土壤肥力水平上，用动态聚类法分别配出三个类效应方程，并依此制定出三套推荐施肥方案推广应用。同时，在三种不同肥力水平区域里布置 15 个校验试验点，取其中 11 个可用的试验结果进行校验研究，其结果见表4-53。

由表 4-53 中的 A 值大小可以区分出两种情况：一种是在中、高土壤肥力上夏玉米的实际产量与按效应方程计算出的理论产量基本相符，其校验系数 A 值均在 0.943～1.171 之间，偏差较小，一般不必校正。第二种情况是在低肥力土壤上，实际产量显著高于理论产量，$\overline{A}$是 1.231。在这种情况下就需对原方程进行校正，校正式为：

$$y_1 = 1.231(3\,322.5 + 16.04x_1 + 16.08x_2 + 0.240x_1x_2 - 0.777x_1^2 - 1.263x_2^2)$$

校正后的效应方程中的各项系数都提高了，可利用校正了的效应方程作为施肥决策和产量预报的依据。

表 4-53 1989 年曲周县夏玉米示范校验结果

试验点	土壤肥力	推荐施肥产量(kg/hm²)		校验系数及标准差		
		实际	理论	A	$\overline{A}$	S_A
东陈庄	高	8 085.0	8 571.9	0.943	1.005	0.057
郭　甫	高	9 096.0	8 571.9	1.061		
郭　甫	高	8 946.0	8 571.9	1.044		
东南寨	高	8 314.5	8 571.9	0.970		
东陈庄	中	6 352.5	7 339.0	0.866	1.020	0.139
槐　桥	中	6 951.0	7 339.0	0.947		
马　兰	中	8 596.5	7 339.0	1.171		
东南寨	中	8 043.0	7 339.0	1.096		
麻　庄	低	7 449.0	5 535.0	1.346	1.231	0.139
油　贺	低	5 961.0	5 535.0	1.077		
艾　台	低	7 026.0	5 535.0	1.269		

思考题

1. 何谓植物营养施肥模型？构建施肥模型的目的意义是什么？
2. 常见的施肥模型有哪几种？各有什么特点？在推荐施肥工作中如何应用？
3. 根据什么选配施肥模型？检验施肥模型是否适宜有哪些方法？
4. 怎样判别二元二次肥料效应方程的典型性？
5. 现代回归设计有哪几种？各有哪些优缺点？
6. 配置肥料效应方程有哪几种方法？常用的是哪一种？
7. 推荐施肥方案之前，为什么要对已有的施肥参数进行田间校验？怎样根据校验系数来进行推荐施肥量的修正？
8. 建立肥料多点动态聚类方法的依据是什么？它有哪些优缺点？在实际工作中可进行哪些改进？
9. 举例说明怎样应用 SFFE 系统进行施肥决策和土壤肥力判别。

参考文献

[1] 陈伦寿，李仁岗. 农田施肥原理与实践. 北京：农业出版社，1984.
[2] G・W・库克. 高产施肥. 北京：科学出版社，1978.
[3] 李仁岗. 肥料效应函数. 北京：农业出版社，1987.
[4] 毛达如，张承东. 多点肥料效应函数的动态聚类方法. 北京农业大学学报，1991(17).
[5] 毛达如，张承东. 推荐施肥技术中施肥模型与试验设计的研究. 土壤通报，1991，22(5).

[6] 杨卓亚，毛达如．应用正交多项式趋势系数建立综合施肥模型的理论和技术．土壤通报，1993，24(4)．
[7] 杨卓亚，毛达如．运用正交多项式趋势系数建立冬小麦综合肥料效应函数．仲恺农业技术学院学报，1995，8(2)．
[8] 邱忠祥，等．应用计算机筛选玉米经济最佳施肥方案．沈阳农业大学学报，1990(21)．
[9] 杨建堂，郑喜俭，等．有重复条件下的二次饱和 D－最优设计在高产玉米施肥模型和施肥方案选择中的应用研究．(未刊稿)．1994．
[10] 肖俊璋，何莲英．回归饱和 D-最优设计的商榷．土壤通报，2000，31(3)．
[11] 茆诗松，丁元，贾纪芗，等．回归分析及其试验设计．上海：华东师范大学出版社，1981．
[12] 莫惠栋．农业试验统计．上海：上海科学技术出版社，1984．
[13] 刘小虎．SPSS 在农业试验设计与统计中的应用．沈阳：东北大学出版社，2007．
[14] 郭志刚．社会统计分析方法．北京：中国人民大学出版社，1999．

第五章　植物营养的机理模型研究方法

第一节　植物营养机理模型概述

植物营养机理模型是从植物营养过程的本质出发，按照物理、化学和生物学的机理，并结合植物营养理论建立起来的数学模型。模拟的对象是植物营养机理，如模拟土壤养分的供应过程、植物吸收养分的过程以及养分在植物体内的运输过程等。机理模型研究方法使植物营养机理研究从定性转向定量化，研究和应用的领域也越来越广泛。

一、机理模型的种类

植物营养机理模型研究有 3 种：第一类是在温室和培养箱中盆栽的“简单环境”中的单株或几株植物生长的模型。要求在相同的土壤中，充足的水分，稳定的温度等条件。第二类是单一耕作的农作物的模型。如果能限定一定单体，且只需考虑垂直空间，除了少量的截获和根周围的径向运输外，这些模型通常可应用于田间情况下。第三类是不同种类植物混种的生长模型。要区分开不同种类植物的养分吸收是极为困难的，但各种植物的几何学分布是有规律的，因此可以简化处理。

在每一种类型里，都包含有逐级复杂的过程，其复杂性的范围如下：

①单一根系的吸收模型。在土壤和根系吸收特征不变的条件下，对一定根长的根系吸收与耗竭进行计算。

②根系生长模型。在盆钵或田间通过土壤的剖面描述和预测根系的长度和分布。

③在“简化环境”下根系的吸收模型。在没有根系之间的竞争或特殊的根系表面作用的情况下，对长度不断增加的根系的吸收和耗竭进行计算。

④同③，但是存在根系之间的竞争。

⑤同④，但是存在根表面的作用。

⑥田间根系吸收模型。在根系有竞争或没有竞争的情况下，通过整个植物对养分的吸收、根长以及土壤性质来计算流入根的养分量，根周围养分耗竭和吸收特性。

⑦在“简化环境”下，单一种类的整个植株生长和吸收模型。由大气和土壤的性质以及生理关系计算植物的生长、养分的吸收与耗竭。

⑧田间农作物生长和吸收模型。由大气和土壤的性质以及它们的生理关系计算农作物的生长、养分的吸收和耗竭。

⑨混合植被的吸收模型。分别计算两种或更多品种植物根系生长互相贯穿时养分的吸收和耗竭。

上述模型用不同条件下养分向根系流动的连续方程描述，方程的主要解法如下：

①用解析法描述没有竞争的瞬态模型。

②用数解法描述没有竞争的瞬态模型。

③用解析法描述存在竞争的瞬态模型(这种方法较少应用)。

④用数解法描述存在竞争的瞬态模型(这是一种标准方法)。

⑤有竞争的稳定状态的模型(这是一种标准方法)。

对于存在竞争的根系扩散机理模型,瞬态的数解法(Nye and Marriott, 1969)可以应用于存在竞争的根系,但需要限定一个零运转的界限。

在存在根系竞争和限定土壤体积的情况下,利用稳定状态的近似值是可行的。这种方法和用数解法描述的存在竞争的瞬态模型是目前应用于不同土层的主要方法(Ibrikci et al,1994)。

二、植物营养机理模型的基本原理

(一)模型参数和定义

1. 参数

A——根表面积,m^2。

a——Langmuir 方程中与结合能有关的常数,L/mg。

αr_0——根系的需求系数,$\alpha r_0=\bar{I}/(2\pi C_{la})$,$cm^2/s$,其中 α 为根系吸收养分离子系数,r_0 为根半径。

a_i——活度,mmol/L。

b——C_s 对 C_l 的缓冲能力。

B——Langmuir 方程中的最大吸附量,mg/kg。

C_l——土壤溶液或营养液中的离子浓度,mmol/L。

C_{li}——种植作物以前土壤溶液中离子的初始浓度,mmol/L。

C_{lo}——在根系表面的溶液离子浓度,mmol/L。

C_{min}——养分的内流与外溢浓度相等时(即 $I_n=0$),介质的离子浓度,mmol/L。

C_s——土壤固相易转化态养分离子的浓度,mmol/L 或 $mmol/dm^3$。

C_{si}——土壤固相易转化态养分离子的初始浓度,mmol/L 或 $mmol/dm^3$。

d——离子间的平均距离,cm。

d_i——水合离子直径,cm。

d_p——离子直径,cm。

D_l——水中扩散系数,cm^2/s。

D——扩散系数,cm^2/s。

D_e——土壤中有效扩散系数,cm^2/s。

d——距离,cm。

E——离子从根系流入溶液的速率(外溢速率),$nmol/(m^2 \cdot s)$。

e^-——电子,带负电荷,mol。

E_p——电位能差,J/mol。

F——自由能变化,J/mol。

f_l——离子向土壤中扩散的阻抗因素,产生变弯、水密度、表面电荷;无量纲。

I——离子的吸收速率,$nmol/(m^2 \cdot s)$。

$\bar{I}$——离子的平均吸收速率,$nmol/(m^2 \cdot s)$。

I_n——进入植物根系的净离子流量(净吸收速率),$nmol/(m^2 \cdot s)$。

I_{max}——离子进入根系的最大吸收速率,$nmol/(m^2 \cdot s)$。

J——离子流入根系的量,nmol/(m^2 · s)。
k——根生长速度,单位取决于速率是线性的、指数的或S型的。
K_m——吸收速率常数,μmol/L。
K_{sp}——溶度积常数,无量纲。
K_1——溶液中和固相代表性离子之间的分配系数。
k_B——鲍氏(Boltzmann)常数,1.3805×10^{-16}尔格/(度 · 摩尔)(erg/deg · mol)。
L_A——单位土壤表面积根长,cm/cm^2 或 1/cm。
L_V——单位土壤容积根长,cm/cm^3 或 1/cm^2。
L_0——用数学模型预测养分吸收初始条件的植物根长,cm。
q——离子电荷。
Q/I——数量/强度关系,这里 Q 是潜在有效量,I 是溶液中到达根系的有效量,无量纲。
p^+——质子,带一个正电荷。
r——径向距离,cm。
r_0——根半径,cm。
r_1——根间半距离或阱的半径,cm。
R——克分子气体常数,1.987 cal/(deg · mol)。
R_W——相对生长速度。
T——绝对温度。
t——时间,s。
U_t——植物在 t 时间对离子的吸收,mol。
v_{max}——单位根面积的最大养分离子吸收速率,nmol/(m^2 · s)。
v——单位根面积的养分离子吸收速率,nmol/(m^2 · s)。
V——体积。
v_0——根表面的水流通量,cm^3/(cm^2 · s)。
w——重量,g。
x——扩散距离,cm。
x——养分离子吸附量,mmol/L。
x/m——单位土壤质量吸附的量,用于 Langmuir 方程的表示,mol/kg。
η——液体的黏度,厘泊。
θ——土壤容积含水量,无量纲。
γ_i——活度系数。
μ——离子强度。

2. 下标

l——根轴之间一半距离。
o——根表面。
l——土壤液相。
s——土壤固相。
i——初始状态。
i——离子种类。

F. W.——鲜重。

(二)数学模型的建立

这里以美国学者 Barber(1981)建立的根系吸收养分模型为例,介绍建立植物营养机理模型的基本思路和方法。

土壤养分向根系迁移主要靠质流和扩散,截获所占的比例很少。溶质通过根系截获而被吸收的数量可以认为是与根系体积相等的那部分土壤所含的溶质数量。由于根系的体积一般不会超过土壤体积的 1%,所以,通过截获而吸收的溶质往往可以忽略不计。养分可通过被动和主动吸收到达根系表面,使养分离子进入到根系内部和植物体内。

(1)扩散　扩散速率可以用扩散系数来表示,其单位是 cm^2/s。溶质在均匀体系的扩散可以用斐克(Fick)第一定律来描述:

$$J_d = -DA\frac{dC}{dx} \tag{5.1}$$

式中:D 为扩散系数;A 为扩散表面积;dC/dx为浓度梯度。

斐克第一定律仅是对稳态状况下扩散作用的描述,但对于根-土界面的扩散,瞬态的描述更为合适。瞬态扩散可以用斐克第二定律表示:

$$\frac{dC}{dt} = -D\frac{d^2C}{dx^2} \tag{5.2}$$

因此,扩散可以用dC/dx(物质浓度梯度,mol/cm^2),即在一定的直线距离上浓度随时间的变化速率来表示。

(2)质流　计算质流供应养分量基于水分流入量和浓度,即利用每平方厘米根表的水流入量乘以平衡时土壤溶液中某种养分的浓度。质流通常是由植物吸收水分引起的,因此,溶质的质流通量(J_m)直接与根表面的水流通量(v_0)和溶质在溶液中的浓度(C_l)有关,即

$$J_m = v_0 C_l \tag{5.3}$$

(3)主动吸收　假如主动吸收服从米氏(Michaelis-Menten)方程,则通过主动吸收进入根系的溶质通量(J_a)为

$$J_a = \frac{I_{max}C_l}{K_m + C_l} - E \tag{5.4}$$

式中:I_{max}为最大吸收速率;K_m 为吸收速率常数;C_l 为溶液中溶质浓度;E 为"流出"的量。

在进行数学模型的建立时,要涉及根系对营养元素的吸收,必须综合考虑上述诸因素。为了简便起见,可以先考虑溶质向根系迁移的情况(假设向根系迁移的数量与根系吸收的总量相等)。由于迁移主要是由扩散和质流引起的,所以迁移通量为:

$$J = D_e\frac{\partial C_s}{\partial r} + v_0 C_l \tag{5.5}$$

式中:J 为溶质(养分)迁移量;D_e 为有效扩散系数;r 为径向距离;C_s 为土壤固相易转化态养分离子的浓度;C_l 为土壤溶液的离子浓度;v_0 为根表面的水流通量。

根据质量作用定律,根表吸收的养分等于当时土壤提供的养分。随着径向距离 r 的减小,养分由一维单向运动逐渐变为多维径向运动,所以,

$$\frac{\partial 2\pi rJ}{\partial r} = \frac{2\pi r\partial C_s}{\partial t} \tag{5.6}$$

将方程(5.5)代入方程(5.6),得出如下方程:

$$\frac{\partial(rD_e\partial C_s/\partial r + rv_0C_l)}{\partial r} = \frac{r\partial C_s}{\partial t} \tag{5.7}$$

由关系式：$\partial C_s=\partial C_l b$(即 $b=\partial C_s/\partial C_l$)，把 C_s 转化为 C_l 且在 $r_0v_0=rv_0$ 时，推出：

$$\frac{1}{r}\times\frac{\partial}{\partial r}\left(\frac{rD_e\partial C_l b}{\partial r}+r_0v_0C_l\right)=\frac{\partial C_l b}{\partial t} \tag{5.8}$$

式中 C_s 改为 C_l，是因为假设扩散主要来自于土壤固相。式(5.8)仅考虑了一个方向上溶质迁移的稳态状况。但根是一圆柱体，且吸收是瞬间的，因此，应将上式进行数学变换(两边同时除以 b)，成为

$$\frac{\partial C_l}{\partial t}=\frac{1}{r}\times\frac{\partial}{\partial r}\left(rD_e\frac{\partial C_l}{\partial r}+\frac{r_0v_0C_l}{b}\right) \tag{5.9}$$

式中：$\frac{\partial C_l}{\partial t}$为迁移(吸收)速率；$r$ 为吸收体系半径；r_0 为根半径；b 为缓冲能力，等于$\frac{\partial C_s}{\partial C_l}$。

这就是根系吸收的基本数学模型，可用于土壤养分供应过程的数学模拟。

式(5.9)是一个连续性方程式，它需要一个初始条件和两个边界条件(即内边界条件和外边界条件)。当这些条件为一定值时，该方程式可以求得随时间变化根的径向浓度梯度，并以此计算随时间变化根表溶液浓度 C_{lo}。

根系吸收的基本数学模型的建立是以下面的假设为基础的。

①吸收体系是一均匀的圆柱体，称为“阱”(图5-1)。

②迁移到根表的数量与吸收的数量相等，且迁移的主要形式是扩散和质流。

如图5-1所示，r_0 为根的半径，r_1 为阱的半径，溶质吸收的方向是轴向的。这样，溶质在阱内的吸收可以用式(5.10)表示。

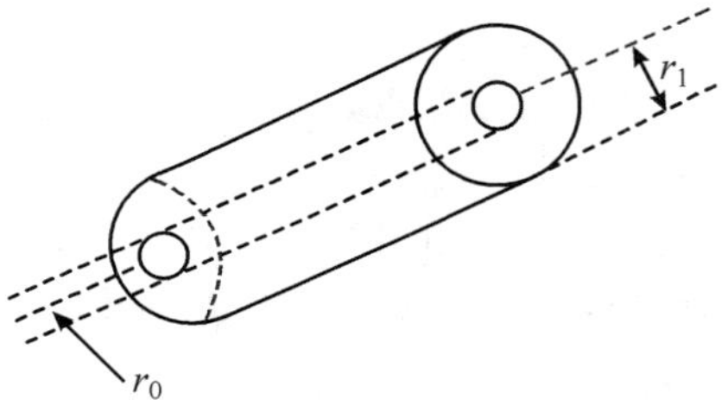

图5-1　吸收体系——阱

$$\frac{\partial 2\pi r_1 J}{\partial r_1}=2\pi r_1\frac{\partial C_s}{\partial t} \tag{5.10}$$

因为迁移是扩散和质流共同作用的结果，即

$$J=D_e\frac{\partial C_s}{\partial r_1}+v_1C_l \tag{5.11}$$

代入式(5.10)，得

$$\frac{\partial 2\pi r_1}{\partial r_1}\left(D_e\frac{\partial C_s}{\partial r_1}+v_1C_l\right)=2\pi r_1\frac{\partial C_s}{\partial t}$$

$$\frac{\partial}{\partial r_1}\left(D_e\frac{\partial C_s}{\partial r_1}+v_1C_l\right)=\frac{\partial C_s}{\partial t} \tag{5.12}$$

溶质的吸收过程中必然伴随水的吸收，同理，在阱和根中水的吸收是相等的，有

$$2\pi r_1v_1=2\pi r_0v_0 \qquad v_1=\frac{r_0v_0}{r_1} \tag{5.13}$$

式中：v_1 和 v_0 分别为流向阱和根表面的水流通量。将式(5.13)代入式(5.12)得

$$\frac{\partial}{\partial r_1}\left(D_e\frac{\partial C_s}{\partial r_1}+\frac{r_0v_0C_l}{r_1}\right)=\frac{\partial C_s}{\partial t} \tag{5.14}$$

两边乘上 r_1，有

$$\frac{\partial}{\partial r_1}\left(r_1 D_e \frac{\partial C_s}{\partial r_1}+r_0 v_0 C_l\right)=r_1 \frac{\partial C_s}{\partial t} \tag{5.15}$$

$$\frac{1}{r_1}\times\frac{\partial}{\partial r_1}\left(r_1 D_e \frac{\partial C_s}{\partial r_1}+r_0 v_0 C_l\right)=\frac{\partial C_s}{\partial t} \tag{5.16}$$

根据连锁规则，有

$$\frac{\partial C_s}{\partial r_1}=\left(\frac{\partial C_s}{\partial C_l}\right)\left(\frac{\partial C_l}{\partial r_1}\right) \tag{5.17}$$

$$\frac{\partial C_s}{\partial t}=\left(\frac{\partial C_s}{\partial C_l}\right)\left(\frac{\partial C_l}{\partial t}\right) \tag{5.18}$$

如果将$\frac{\partial C_s}{\partial C_l}$定义为缓冲能力 b，则有

$$\frac{\partial C_s}{\partial r_1}=b\frac{\partial C_l}{\partial r_1} \qquad \frac{\partial C_s}{\partial t}=b\frac{\partial C_l}{\partial t} \tag{5.19}$$

将式(5.19)代入式(5.16)得

$$\frac{1}{r_1}\times\frac{\partial}{\partial r_1}\left(r_1 D_e b \frac{\partial C_l}{\partial r_1}+r_0 v_0 C_l\right)=b\frac{\partial C_l}{\partial t} \tag{5.20}$$

两边除以 b，即为式(5.9)。

(三)数学模型的边界和理论解

1. 初始条件和边界条件

上述基本数学模型(5.9)是一个柱面坐标系的连续方程，可用来计算沿根轴向随时间变化的浓度梯度(即吸收速率)，即可用于植物吸收养分过程的数学模拟，但在计算之前须确定符合该方程的初始条件和边界条件。

方程(5.9)需要一个初始条件和两个边界条件，才能用来描述养分浓度的梯度关系与根系的线性垂直关系。

初始条件是假定在根的起始时间，根表溶液养分浓度与土壤溶液的起始浓度相等，即吸收开始前根表与阱表面溶液浓度相等，它表明在根附近养分是均匀分布的。初始条件是在 $t=0$ 时，$C_{li}=C_{lo}$，它描述了在根附近标准的养分分布。

方程(5.9)的解需要一个内边界条件和一个外边界条件。内边界条件是根吸收养分时对根表的假设条件。在根表，当径向距离 $r=r_0, t>0$ 时，可假定养分吸收符合 Michaelis-Menten 动力学方程式，于是，养分流量

$$J=\frac{I_{max}C_l}{K_m+C_l}-E \qquad (r=r_0, t>0) \tag{5.21}$$

因为 $K_m=I_{max}\big/K_1$　(K_1 为 Michaelis-Menten 动力学方程中养分离子与载体结合的速度常数)，所以式(5.21)又可写成

$$J=\frac{K_1 C_l}{1+K_1 C_l/I_{max}}-E \qquad (r=r_0, t>0) \tag{5.22}$$

如果将$\partial C_s=b\partial C_l$ 代入式(5.5)，再将式(5.5)的 J 代入式(5.22)得：

$$D_e b\frac{\partial C_l}{\partial r}+v_0 C_l=\frac{K_1 C_l}{1+K_1 C_l/I_{max}}-E \qquad (r=r_0, t>0) \tag{5.23}$$

由于 $C_l - C_{min}$ 可以被 C_l 所代替,以 $C_l = C_l - C_{min}$,$K_1 = I_{max}/K_m$ 代入式(5.23)并省略 E 得:

$$D_e b \frac{\partial C_l}{\partial r} + v_0 C_l = \frac{I_{max}(C_l - C_{min})}{K_m + C_l - C_{min}} \qquad (r = r_0, t > 0) \tag{5.24}$$

式(5.24)就是内边界条件的最终数学表达式,它表示根系吸收养分的基本数学方程式(5.9)的约束条件是主动吸收的速率,即养分离子向根表迁移受内部吸收速率所制约。

外边界条件是径向距离等于根间距离之半时的假设条件。外边界条件主要考虑根与根之间对吸收的竞争状况。它又区分为邻根养分梯度不交叠和交叠两种情形。

若假定根系吸收养分时邻根不发生竞争作用,阱内浓度不会发生变化,那么外边界条件 r_1 保持不变,其中 r_1 是根系之间距离的一半,则

$$C_l = C_{li}, \qquad r = r_1, \qquad t > 0 \tag{5.25}$$

若浓度由邻近的根系向外扩散并发生重叠,那么外边界条件变为

$$J = 0, \qquad r = r_1, \qquad t > 0 \tag{5.26}$$

1981年Barber和Cushman叙述了这个方程的技巧。这些方法包括了Crank-Nicholson方法来解决类似方程(5.9)之类的问题。

2. 基本方程的理论解

以上方程式只可求出1 cm^2 根表面积养分的吸收量,要计算根的养分吸收总量必须用积分方法。

在确立了初始条件和边界条件之后,就可以对式(5.9)求理论解(通常是数值解)。解方程的过程较为复杂,在此从略(Barber and Cushman,1981)。

方程解出后得到根表面溶质随时间变化的迁移量($\partial C/\partial t$)。由于根表溶质浓度随着吸收的进行而降低,反过来又会降低吸收的速率,因此,根系在一定时间内对溶质的总吸收量是各阶段的总和。当不考虑根系生长时,可用下式求出起始的根系养分吸收量:

$$T = 2\pi r_0 L_0 \int_C^{t_m} J(r_0, S)\mathrm{d}S \tag{5.27}$$

式中:T 为在时间 t_m 时的总吸收量;L_0 为初始根长;$J(r_0,S)$ 为在根表面积 S 上的养分吸收量。

如果将根系的生长也考虑进去,就有

$$T = 2\pi r_0 L_0 \int_0^{t_m} J(r_0, S)\mathrm{d}S + 2\pi r_0 \int_0^{t_m} \frac{\mathrm{d}f}{\mathrm{d}t} \int_0^{t_m^{-1}} J(r_0, S)\mathrm{d}S\mathrm{d}t \tag{5.28}$$

式中 $\mathrm{d}f/\mathrm{d}t$ 是根生长率。方程(5.28)用来计算在常规土壤系统中生长的植物根系对养分的吸收量(Barber and Cushman, 1981)。

3. 模型中的参数及其测定

模型涉及的参数很多,现将主要的参数及其测定方法列于表5-1。

参数测定的准确与否往往决定了数学模型的准确性,因而参数测定也被视为建立数学模型的一个重要内容。

4. 模型的验证

求出既满足方程又满足定解条件的理论解后,就可以进行预测研究。预测的准确性可以通过试验来验证,验证分为直接验证与间接验证两种方法。

直接验证法是通过直接测定土壤中浓度梯度随时间的变化来验证模型的准确度,这个做法比较困难。

表 5-1　Barber-Cushman 数学模型中的主要参数及其测定方法

参数名称	符号及单位	主要测定或计算方法
最大吸收速率	I_{max}，nmol/(m^2 · s)	吸收动力学方法测定计算
吸收速率常数	K_m，μmol/L	吸收动力学方法测定计算
临界浓度	C_{min}，μmol/L	吸收动力学方法测定计算
初始根长	L_0，cm	直接测定
根生长速度	k，cm/s	直接测定
根系半径	r_0，cm	直接测定
根表面的水流通量	v_0，cm^3/(cm^2 · s)	根据植物用水量计算
阱半径	r_1，cm	$r_1=1/\sqrt{\pi L_V}$（L_V 为根系密度）
有效扩散系数	D_e，cm^2/s	$D_e=D_l\theta f_l/b$
缓冲能力	b	$b=\frac{\partial C_s}{\partial C_l}$
溶液初始浓度	C_{li}，μmol/L	置换土壤溶液后测定

间接验证法是利用盆栽或田间试验的方法测定植物实际上对某种元素的吸收，然后据此与模型预测的计算值进行比较。如果经过反复试验证明预测值比较接近实测值，就说明该模型的建立是成功的。

(1)盆栽试验　通过对不同品种的作物，不同土壤类型的大量盆栽试验，许多模型均可得到验证。例如，通过盆栽试验验证了作物吸收钾和预测值之间的关系(图 5-2)。供试作物为玉米和 3 种不同的豆科作物。供试土壤为粉砂壤土，pH 值水平分别为 5.72、6.30、7.22 和 8.30。决定系数为 0.99，回归系数为 0.98，这表明预测结果与实测值一致。

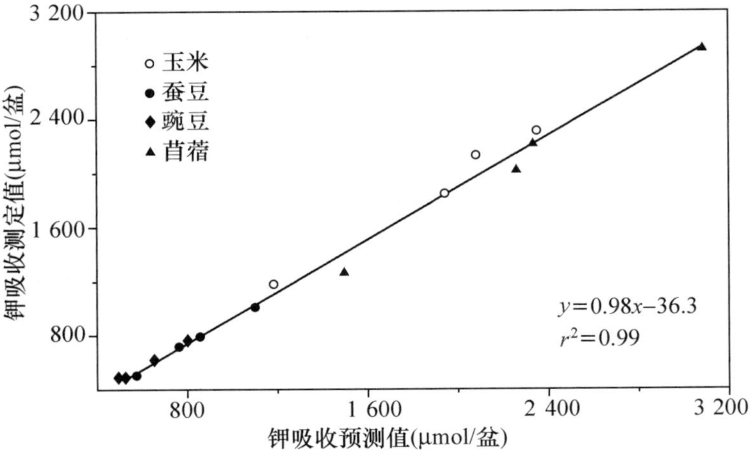

图 5-2　应用 Barber-Cushman 模型预测玉米、苜蓿、蚕豆、澳大利亚冬豌豆吸收钾量与实测值的关系

(Li and Barber，1991)

模型中养分吸收的预测值受养分种类、植物种类、土壤类型以及环境条件影响,因此需要在多种条件下做大量的证实试验。

(2)田间试验　通过田间试验来验证养分吸收预测值。由于土壤养分的供应参数随层次发生变化,要分别预测不同层次土壤养分吸收量。图5-3所示就是作物吸收钾的理论值与实测值的比较图形。此试验以后的2年试验都得出了相似的结论。同时对磷的吸收也进行了测定。在 $C_{li}=52\ \mu mol/L$ 的土壤上,作物吸收磷的理论值与实测值是一致的,但在 $C_{li}=7.8\ \mu mol/L$ 的土壤上,理论值小于实测值。这可能是由于根毛或微生物的作用影响磷的吸收,但对钾的吸收没有影响。

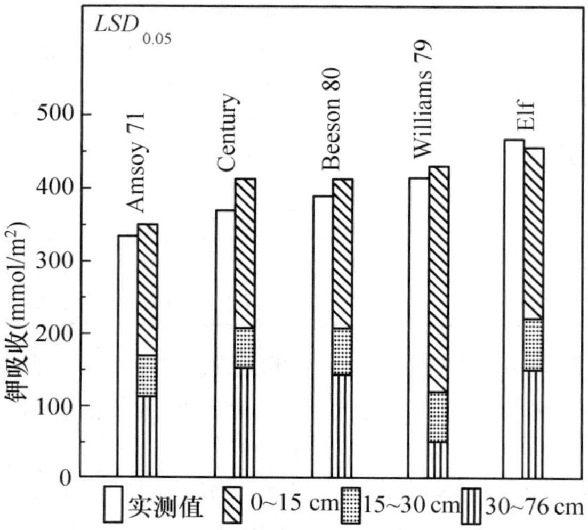

图5-3　应用Barber-Cushman模型预测田间大豆吸收钾量与测定值的关系
(Silberbush and Barber,1984)

养分吸收模型既适用于盆钵试验,也适用于田间试验。在大多数情况下,模型都能很好地描述养分的吸收。这意味着在植物-土壤体系中,养分吸收往往被认为是:假定植物根系吸收的养分全部是可溶性的,根系环境中的微生物对养分的吸收不起作用,单是根或根毛从土壤溶液中吸收养分就足以描述植物吸收养分的过程和计算养分吸收量。但实际上,并不是在任何情况下,根对养分的吸收都符合这种情况。根系分泌物对养分吸收也起作用,根瘤菌、根毛、土壤微生物对作物吸收养分的环境条件都有影响。

作物的养分吸收模型很好地描述了养分的吸收过程,因此研究模型中各个参数间的交互作用是很有意义的。分别改变模型中某一个参数的值,同时保持其他参数的值不变,这就是相关性分析。

(3)灵敏度分析　若一个数学模型准确地描述了养分的吸收,对其参数进行灵敏度分析十分有意义。这里以对大豆吸收钾的盆栽试验数据的灵敏度分析(Silberbush and Barber,1983)为例。先假定根的生长与时间呈线性关系,所选时间段为移栽后的第10～20天之间。在装有密度可高达1.25 g/cm^3 土壤的2.5 L盆钵中栽四株幼苗,每天浇水,使湿度保持在28%左右。这种方法是每次只改变一个参数的值,从原始值的1/2到原始值的2倍,同时其他值均保持表5-2所示的初始值。采用这种方式,可以预测长达10 d的时间段内钾的吸收状况。

表 5-2　Cushman 数学模型的土壤和植物参数

(Barber,1995)

参数符号	参　数　含　义	初始值
D_e	土壤中有效扩散系数	3.47×10^{-8} cm^2/s
b	土壤缓冲能力	24.0
C_{li}	土壤溶液初始浓度	250 μmol/L
v_0	根表面的水流通量	5.0×10^{-7} $cm^3/(cm^2\cdot s)$
r_0	根系半径	0.015 cm
r_1	根间距离的一半	0.2 cm
I_{max}	最大流速	70.5 $nmol/(m^2\cdot s)$
C_{min}	最低浓度($I_n=0$)	1.4 μmol/L
K_m	I_n 为 I_{max} 的一半时的最低浓度	10.3 μmol/L
L_0	初始根长	250 cm
k	根生长速率	0.03 cm/s

注:数值来自种植在 Raub 粉壤土大豆对钾的吸收数值;I_n 为进入植物根系的净离子流量。

灵敏度分析结果如图 5-4 所示。可以看出,作物对钾吸收的理论值与 k 值、根半径的相关性最大。与土壤有关的参数 C_{li}、b、D_e 也是相关性较大的参数。在根表面积一定的情况下,土壤供钾量对作物吸收钾的限制作用要大于作物吸收钾的作用。而 I_{max}、K_m、C_{min} 的变化对于计算作物吸收钾理论值的作用很小,v_0 的变化几乎就不起作用。这表明,大多数的钾以扩散方式到达根表,只有当 r_1 降到初始值以下时,根系的竞争作用才成为影响因素。

参数之间相关性的程度随着所用参数的相对大小而改变。因为有许多参数相互影响,分别考虑各个参数是很有意义的。因此,根据参数之间的相关性大小进行考虑具有更大的现实意义。

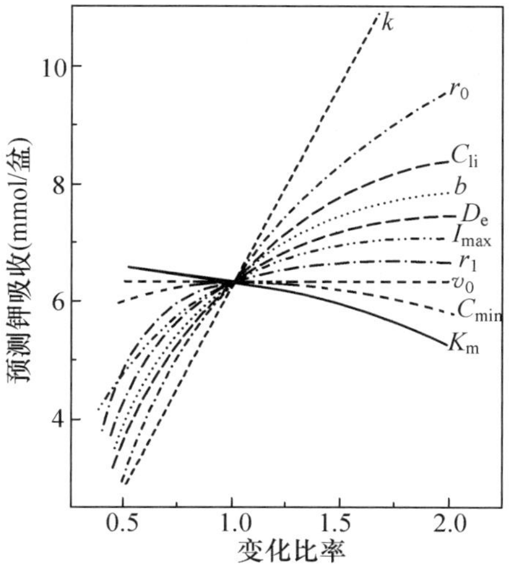

图 5-4　应用 Barber-Cushman 模型模拟大豆吸收钾的灵敏度分析(砂壤土)

(Silberbush and Barber,1983)

第二节 植物养分吸收模型

一、没有竞争的简化根系吸收模型

(一)没有竞争的解析法养分吸收模型

根系吸收模型可以用任何单独根系吸收来建立模型。在变化的环境中,使用分解法现在仍然是比较少的。使用简化的 Passioura 方程(Nye and Tinker,1977)来解释作物的生长数据:

$$F = bD\gamma \frac{C_{li} - C_{la}}{r_0 + vC_{li}} \tag{5.29}$$

这里 γ 是由 Jaeger 和 Clark(1942)根据 $Dt/r_0{}^2$ 表得来的数值;C_{la} 为根与土壤溶液界面处的溶质浓度。

这是建立作物养分吸收模型的最简单的方法,但是它不能验证模型。因为 αr_0 不能够独立地测定。然而,模型可以检验植物是否有可能缺乏养分。在田间作物上使用这种方法,用不同的单独根系吸收模型,将在后面讨论。

如果根系吸收特性已知,过程就能反推。这意味着吸收量能通过单独根系模型计算出来,然后将整个根系吸收的预测值与测量值相比较。

(二)没有竞争的数解法养分吸收模型

最初的一些数解法吸收模型是为无限土壤中的根系建立的。这些模型建立在 Nye-Marriott(1969)模型的基础上,使用 Crank-Nicholson 的数解方法和 Michaelis-Menten 根系吸收性质,将它们应用到整个根系。Claassen 和 Barber(1976)建立了一个简单的数学模型,后经 Nielsen 和 Barber(1978)改进,他们将 C_{min} 这一术语引入到根系吸收性质中。然而,就像所有的吸收模型,最重要的变量就是根系长度,而这是无法模拟的,但是数据设置时就提供了这一数据,因此很难弄清这种类型测试的精确度有多高。

二、有竞争的单根根系吸收模型

(一)有竞争的根系吸收模型概况

前面描述的模型忽视了根系之间的竞争,但大多数在田间生长的植物根系与相同或不同植物的根系存在着明显的竞争,目前应用的大多数模型包括根系之间的竞争,这种功能可以添加到其他较早的模型中。这里将对处理这些系统的模型的方法作一解释,下面是有关的一些观点:

①单个根的消耗区相互重叠,以至于在每个竞争根的附近没有养分浓度对称分布的形式,除非用数字模拟或者电学模拟的方法。因此不能把根附近的介质看作是无限的,因为在两个根系之间的一些点上存在零交换界面。

②由于土壤中根密度的变化或者在土壤中不同部分根系需求系数的变化,产生了大范围的浓度梯度,在养分的吸收上也有这种趋势,如果营养物质和水可以穿过根区移动,“土壤中的浓度”将成为一种不确定的数量。

③如果对土壤的探索是在有限的范围内,土壤中养分的平均浓度将随时间的变化而变化。

④根系持续的生长和发展改变了它的大小与几何形状,根系之间的相互交叉的平均距离

逐渐减小。

⑤如果同时研究养分和水分的吸收，那么竞争作用对质流和扩散的影响必须考虑在内。

⑥从数学角度来计算任意一块土地中不规则根系的吸收都是十分困难的。大多数的模型都建立了比较武断的假设：根都是直的，并且是平行的。

在这一阶段，田间所有复杂的情况，比如说由于肥料的施用，养分浓度随着时间和空间的变化而变化，或者降雨过后土壤水分不规则的运动，都被忽视了。

（二）平行根组之间的竞争

最简单的多根体系的竞争包含两条平行根。把它们标记为平行，所有的变化都被认为发生在两个范围，这就使处理大大地简化了。Marriott（1972）已经认为在一块土壤中任意选取的一点与最近根系的平均距离都是相同的，不考虑根系是否平行，因为这种假设应用到实际非平行根系中时没有造成重大的错误。浓度轮廓外表看起来像图 5－5，这幅图可以通过阻力网（resistance-capacity network）获得。

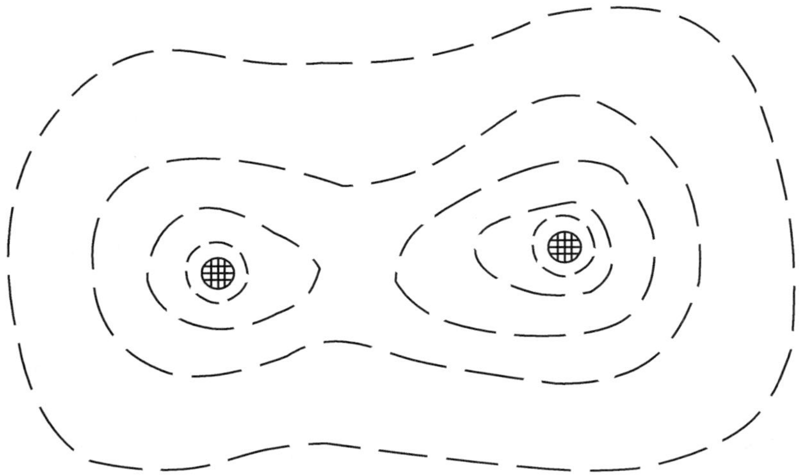

图 5－5　土壤中两个吸收和竞争根系浓度轮廓线示意图

（Nye and Tinker，1977）

不同根系消耗区的重叠可以用图 5－6 所示的浓度距离来说明。根系之间的距离对它们结合吸收养分的影响如图 5－7 所示。

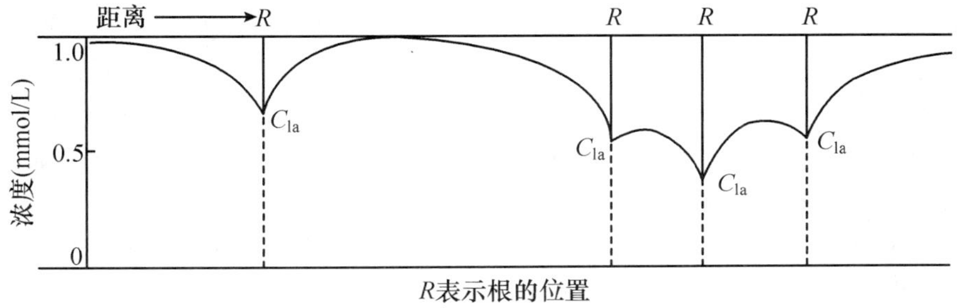

图 5－6　表示消耗区重叠对根表浓度影响的断面图

（Tinker and Nye，2000）

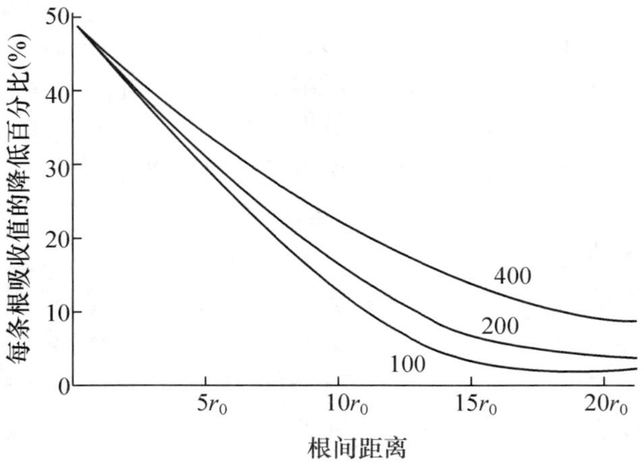

100、200、400 为单位土壤容积根长,单位为 cm/cm^3

图 5-7 两根之间距离对相似根总吸收的影响

(Tinker and Nye,2000)

在均一土壤中类似平行根系的养分吸收需要定义变量如下：

①根的吸收特性,假设 αr_0 或 I_{max} 和 K_m 在所有根系是相似的。

②根的半径 r_0。

③单位体积中的平均根长 L_V,它等于与根系生长方向一致的单位面积的根数量,即根长密度。

④平行根在空间上有确定的方向,但它经常被认为是垂直的,如果不这样假设,水分渗透对根系消耗区的影响必须考虑在内。

⑤根系在土壤的任何切面上都可能以不规则的形式存在,并且这种形式可能影响吸收。

平行根系断面的不规则形状不是随意的。例如,根系向养分消耗区的分枝相对少。根系在一些点的分布形式可能是规则的(在这些点根以均一不变的形式分布)、过分分散(在这些点上,平均的最大距离要大于随机分布的距离)、随机分布、浸染状或簇生状分布(平均的最近距离小于随机分布的距离)。

从理论上来说,这些形式是通过相邻根的分布的距离所界定的,但是最有用的参数是 V/M。这一原理可以应用到土壤中非平行根上,在这种情况下,V/M 是单位体积内根系的长度与单位体积内平均根系长度之比。随意排列的根系 V/M 是 1,比较规则排列的 V/M 小于 1,紧密排列的 V/M 大于 1。

每个根都被认为由圆柱形的土壤包围,以至于圆柱形的体积增加到整个土体的体积。对于一些规则的排列,比如说正方形或者三角形,相同的圆柱体半径 $r_1=1/\sqrt{\pi L_V}$,吸收过程被认为是以这个数值为半径的土壤圆柱体的全部根长的吸收。当根系的分布是不规则的,我们可以计算假设规则分布的情况下需要的结果,然而应用一个校正系数,也可以认为圆柱形土体内根群内半径分布是最适宜的测量参数(V/M)。

可把 Voronoi 多边形的观点应用到处理根系的分布形式上。每一个多边形包含的所有区域,它到多边形内部包含的点的距离比其他任一点的距离都近。土壤圆柱体与多边形具有相同的交叉部分面积。运用这种分析方法对圆柱体的半径进行分析,可确定根系终端不同形式的全部养分吸收量。后来的工作认为这项工作低估了不规则根系分布的作用。

根系的养分吸收量几乎不受根系随机分布或规则分布的影响。然而，在根系随机分布与紧密排列之间，养分吸收量之间的差异是很大的，特别是在黏重的土壤上。

（三）根系养分吸收的电学模拟

用电学模拟的手段模拟各种不同根系排布形态的养分吸收，这种电学方法包括一种二维的阻力网。电路中电荷流动的电阻和电容可以通过类似于扩散方程来描述。这种模拟有525个正方形网格，每个代表在一定土层厚度产生二维扩散。给电容器（代表养分）加相同的电压（代表溶液浓度）。根系用一个接地的电阻器模拟。根据欧姆第一定律，电阻代表 $I=2\pi\alpha r_0 C_{la}$ 根系的特性。这种模拟手段需要校正符合规格的电阻器与不合乎规格的电阻器的差别。如果根系之间紧紧地粘在一起，那么每条根吸收养分的能力大大降低。但如果$\sqrt{Dt}$小于根之间的距离，实际上养分吸收之间的竞争可以被忽略。如果根系之间向下伸展的力量比较小，那么养分吸收之间的竞争一般也会很少；如果根系吸收能力强，那么在土壤中养分消耗的地方，养分吸收之间的竞争也越激烈。

三、有竞争的简化根系吸收模型

（一）应用数解法的有竞争的数学模型

Barber 和他的同事（1995）已经使用数解法解决其他的像 Nye 和 Marriott（1969）在一系列的报告中提到的模型，同时考虑了 Michaelis-Menten 吸收特征。

Barber 等（1995）为校正大量不同形式的基础模型作了大量的盆栽试验，并且已经列出10种预测不同模型的盆栽系列，它们的预测对现实的吸收具有良好的相关性，用测量和模拟数据的相关（决定）系数表示，并且在绝对的条件下回归系数表现了相似性。

Itoh 和 Barber（1983）的模型包括须根系吸收的子模型已经被广泛应用。有大量须根的不同植物种磷吸收量的预测和观察吸收表现出很好的相关性。尽管如此，当玉米很容易被菌根感染时，由于缺少菌根子模型，吸收量将会被低估，因此建议大量的试验应该在那些高于缺磷临界值以上的植物中进行。

（二）应用稳态近似值的简化吸收模型

用瞬态解析（分解）法解决了有限圆柱体内单一根的问题，但是由于使用拉普拉斯（Laplace）变换而不能简单地应用。通过一个近似稳态的模型来尝试描述一种瞬态情形。Baldwin（1973）按照这种途径发展了一系列根系养分吸收模型。首先假设在每个根系周围附近剖面有同样的稳态方式。在与根系相当的土壤圆柱的外部边界上，当溶质被吸收时，根系以相同的比率吸收。因此，

$$I = 2\pi\alpha r_0 C_{la} = 2\pi r D b \frac{dC_l}{dr} \tag{5.30}$$

式中 r 为土壤中圆形表面的半径，根系处在圆形的中心。

对剖面积分（$r=r_0 \sim r$）得：

$$C_{lr} = C_{la}\left(1+\frac{\alpha r_0}{Db}\ln\frac{r}{r_0}\right) \tag{5.31}$$

式中：C_{lr} 为距离 r 处的溶液浓度。

由于根系有规则的平行排列，使每一个根在土壤中分布在一个圆形土柱中，其圆柱体半径 x 为：

$$x = 1/\sqrt{\pi L_V} \tag{5.32}$$

如果根只耗尽自己的圆柱内养分,在以 x 为半径的周长上是个零移动边界。在这样一个圆柱里面,溶液的平均浓度是

$$\overline{C_l} = \frac{1}{\pi(x^2 - r_0^2)}\int_{r_0}^{x} 2\pi r C_{lr}\,dr \tag{5.33}$$

将式(5.31)代入式(5.33)并积分得 C_{lr} 代替表达式为:

$$\overline{C_l} = C_{la}\left[1 - \frac{\alpha r_0}{2Db} + \frac{x^2(\alpha r_0/Db)}{x^2 - r_0^2}\ln\frac{x}{r_0}\right] \tag{5.34}$$

如果 $x \geqslant r_0$,$\overline{C_l}$ 值总是接近真实的,式(5.34)可简化为

$$\overline{C_l} = C_{la}\left(1 + \frac{\alpha r_0}{Db}\ln\frac{x}{1.65 r_0}\right) \tag{5.35}$$

稳态近似值的弱点在于假定当消耗扩充到相等的圆柱外部的界限时,一个消耗区域立即形成。Baldwin 和 Nye(1974)发现:如果考虑每个根的周围消耗区域的边界随时间向外扩展,直到它与在 $x=1/\sqrt{\pi L_V}$ 的相等圆柱的边界一致,这种方法的准确性在短时间内得到改善。通过设置 $x=2\sqrt{Dt}+r_0$ 并且 $2\sqrt{Dt}+r_0>1/\sqrt{\pi L_V}$,在式(5.34)和式(5.35)中,$x$ 随时间逐渐增加,就会不断地出现没有损耗的新鲜区域。就已知的参数而言,在根表面浓度和没有损耗的平均浓度之间,给出了一个简单的关系。由于在时间上来考虑平均浓度变化,可用来计算溶质的吸收。假定没有溶质的外部补给,但根系分布在剖面中稳态形状保持不变。随着根的吸收,土壤单位体积的损失为

$$-b\frac{d\overline{C_l}}{dt} = 2\pi\alpha r_0 C_{la} L_V \tag{5.36}$$

当 $\overline{C_l}=C_{la}$ 时,在式(5.35)和式(5.36)之间除去 C_{la} 并且从 $t=0$ 积分得到近似关系式

$$\frac{M_t}{M_\infty} \approx 1 - \exp\left[\frac{\dfrac{-2\pi\alpha r_0 L_V t}{b(1+\alpha r_0/Db)}}{\ln(x/1.65 r_0)}\right] \approx 1 - \exp\left[\frac{-2\pi\alpha r_0 L_V t\ln(x/1.65 r_0)}{b(1+\alpha r_0/Db)}\right] \tag{5.37}$$

式中:M_t 和 M_∞ 是在时间 t 和无穷大时吸收溶质的量。

积分假设 L_V 是常数,而且 x 由此而来,这样当 t 很小时就引入一个不精确量。但 Nye 和 Marriott(1969)研究证明,在 $\alpha r_0/Db<5$ 时,可提供一个简单的代数表达式,而且容易看出所有参数的效果。例如,αr_0 和 L_V 能被看到部分的可互换的效果。如果 $\alpha r_0/Db$ 是非常大的,表达式给出了该土壤和根密度的最大吸收量。

$$\text{Lim}\,\frac{\alpha r_0}{Db} \to \infty \qquad \frac{M_t}{M_\infty} \approx 1 - \exp\left[\frac{2\pi L_V t D}{\ln(1.65 r_0/x)}\right] \tag{5.38}$$

质流和蒸发也可包含在上述方法中。随着远离根的扩散,积累实际很少。与溶质吸收相比,高的积聚需要一种较高的质流量,这种情形最有可能发生在干旱地区的盐土上。

稳态浓度剖面的连续方程为:

$$\frac{C_{lr}}{C_{la}} = \frac{\alpha}{v_0} + \left(1 - \frac{\alpha}{v_0}\right)\left(\frac{r}{r_0}\right)^{-(r_0 v_0/bD)} \tag{5.39}$$

通常 $r_0 v_0/bD$ 很小,因此

$$\left(\frac{r}{r_0}\right)^{-(r_0 v_0/bD)} = \exp\left(-\frac{r_0 v_0}{bD}\ln\frac{r}{r_0}\right) \approx 1 - \frac{r_0 v_0}{bD}\ln\frac{r}{r_0} \tag{5.40}$$

$$\frac{C_{\mathrm{lr}}}{C_{\mathrm{la}}} \approx 1+\frac{\alpha r_0}{bD}\ln\frac{r}{r_0}-\frac{r_0 v_0}{bD}\ln\frac{r}{r_0} \tag{5.41}$$

按式(5.33)对剖面积分计算出$\overline{C_1}$,得

$$\frac{\overline{C_1}}{C_{\mathrm{la}}}=\frac{\alpha}{v_0}+\frac{(1-\alpha/v_0)[2/(2-r_0v_0/bD)][(x/r_0)^{(2-r_0v_0/bD)}-1]}{(x/r_0)^2-1} \tag{5.42}$$

如果 r_0v_0/bD 很小,$x^2\geqslant r_0^2$,式(5.42)可以简化为

$$\frac{C_{\mathrm{la}}}{\overline{C_1}} \approx \frac{1+\dfrac{r_0v_0}{bD}\ln\dfrac{x}{1.65r_0}}{1+\dfrac{\alpha r_0}{bD}\ln\dfrac{x}{1.65r_0}} \tag{5.43}$$

即随着水流(r_0v_a)增加,吸收(r_0C_{la})呈线性增加。

如果土壤含水量保持不变,式(5.43)可用于计算给定土壤体积的吸收量。式(5.43)最大的优点之一就是在任何可供选择的土壤体积或者土壤分隔空间内,把吸收与平均浓度联系起来了,这样可以把一系列独立的土壤吸收模型合并成更大范围的模型。

简单吸收模型的优点在于在模拟时间内,容许参数随时间-步长程序改变而变化。因为这些参数的变化主要依靠水分的含量。模型的另一个优点是参数 b 随着 C_1 的改变而变化很大,就磷酸盐而言则给出了决定某一浓度的扩散系数。进一步的例子是当根系生长或者根系衰老时,参数 L_V 也发生改变。

为了快速计算,应充分地寻求单位体积的平均根系密度$\overline{L_V}$并将这个数值应用在式(5.37)中。平均时间值也能用于说明参数 θ 和其他参数。任何平均时间方法的 L_V 能够引起对吸收量的低估,因为它假设一个根系的吸收量在一天中的任何时间和位置是相等的,这是不真实的。当根系吸收呈指数迅速增加的时候,该方法低估了 20%的吸收量(Baldwin,1973)。

由于包含假定和简单化,近似的模型需要广泛的植物测试和所有土壤的重要参数的数据组合测定。由于 L 的增加能够增加作物产量,仅测定最后的吸收和产量是不够的,必须对许多时间的变量进行测定,并通过模型的运行对试验值进行比较。

(三)稳态吸收模型的进一步发展

1. 与数解模型和实验数据组合进行比较

就所有的吸收模型而言,必须为模拟提供根长度。许多情况下,必须测定所有的参数,特别是当从实验或者是从主要实验的作物生长状况下对根系吸收特性进行估计时。但作为真正的确认,这样的实验是不能够信赖的。当应用于砍伤的松树苗木对钾吸收的实验数据时,Barber-Cushman 模型和 Baldwin 模型都给出了十分相似的结果(van Rees et al,1990)。然而,在模拟和植物测量之间的一致性是易变的,这种变化源于丛生根系分布或菌根吸收。如果土壤中可交换性钾含量很少,一个较高的 αr_0 假设是可以接受的。对吸收起敏感作用的植物因素是根长和根的半径。

Smethurst 和 Comerford(1993)发展了一个与 Baldwin(1973)模型相似的新模型(COMP8),但由于消耗区域半径的增加,模型得到发展并改变了 r_0 值。这个模型给出了与 Barber-Cushman(1981)模型相似的结果,但对于钾相差 23%;Barber-Cushman 模型假定给出了正确的模拟,并且符合标准。通过运行这个模型 Smethurst 和 Comerford 能够确定在原来的 Baldwin(1973)模型中哪一方面引起了这种明显的偏差,并能够知道偏差在什么情况下发生。

2. 消耗区的扩展修正

当在最初的模型中有新根出现时,需要对消耗区进行扩展修正。对于低 D 值和 L_V 值来说,这种误差在消耗区只缓慢向相似圆柱体的外限延伸的情况下最为严重。Yanai(1994)对稳态近似值也作了大量研究,并指出,新根系进入已经获得稳定状态浓度的剖面中,以这种方式吸收的溶质是可以忽略的。在她的模型中,瞬时消耗区的溶质被计算在内,并且被计算在进入系统的新根所吸收的总量中。

Smethurst 等(1993)也对无量纲的 $\alpha r_0/Db$ 值的重要性作了研究。发现改变条件中的不同参数,稳态模型和 Barber-Cushman 数解模型的吻合度会受到不同的影响,而且不可能对无量纲的 $\alpha r_0/Db$ 本身进行普遍化,因此,建议对各个参数进行测试。改变 b 值会造成特别的困难。

3. 模型输出的灵敏度分析

根系的长度和半径常常决定一些重要的变量,如 C_{li}、b(缓冲能力)、x(根系间的距离)。

养分吸收模型的不足之处在于,根系的长度是测量得到的,而不是作为模型方程的一部分计算出来的。这一外部数据对于输出的重要性可能被过高估计,以至于人们通过增加根系的长度来加大养分的吸收量。用钾建立模型比用其他大量元素要容易,因为它不像磷酸盐容易受到其他根系表面作用的影响,或者是氮容易受到微生物转化过程的影响。因此,养分吸收模型必须用钾做进一步验证。

显然,稳态模型,尤其是按 Smethurst 和 Comerford(1993)以及 Yanai(1994)所修订过的模型,可以给出与瞬态模型相似的结果。它们比数解模型更简单、快捷,并且在模拟的过程中允许同时对诸如水分含量、化学组成和植物特性等参数进行变动。这些模型的地下部分是它们的薄弱点。简单而有效的土壤-根系亚模型可以改进这一切,如稳态模型。为了支持这一工作,田间作物的大量研究已经使用了稳态模型。

第三节 养分吸收动力学模型

一、Michaelis-Menten 方程

任何一段根在溶液中对养分的吸收速率和该养分在根液界面上的浓度 C_{la} 之间存在某种关系。在利用"载体学说"解释主动吸收机理时,"载体分子"起着逆电化学势梯度而传输溶质的作用,Epstein 假设这种过程类似于底物(相当于离子)和酶(相当于载体)的结合,因此,离子吸收速率可用酶促反应动力学方程来表示,即

$$E + S \underset{k_2}{\overset{k_1}{\rightleftharpoons}} ES \xrightarrow{k_3} E + P \tag{5.44}$$

式中:E 为酶,相当于载体;S 为底物,相当于离子;P 为产物;k_1、k_2、k_3 为动力学参数。

在稳态时,$[ES]$不变,因此

$$k_1[E][S] = (k_2 + k_3)[ES] \tag{5.45}$$

设$[E_0]$为酶的总浓度,$[E_0]=[E]+[ES]$,并代替式(5.45)中的$[E]$,则式(5.45)可表示为

$$k_1[E_0][S] - k_1[ES][S] = (k_2 + k_3)[ES]$$

$$[ES] = \frac{k_1[E_0][S]}{k_2 + k_3 + k_1[S]} \tag{5.46}$$

设 $K_m=\frac{k_2+k_3}{k_1}$，则

$$[ES]=\frac{[E_0][S]}{K_m+[S]}$$

设 v 为稳态反应速率，$k_3[E_0]$为最大反应速率 v_{max}，则

$$v=k_3[ES]=\frac{k_3[E_0][S]}{K_m+[S]}=\frac{v_{max}[S]}{K_m+[S]} \tag{5.47}$$

此即根据酶促反应得出的米氏方程。用于根对溶质的吸收速率，如以单位根面积表示时，吸收速率

$$v=\frac{v_{max}}{K_m+C_{la}}C_{la} \tag{5.48}$$

式中：v 为单位根面积的养分离子吸收速率，nmol/(m^2 · s)；v_{max} 为单位根面积的最大养分离子吸收速率，nmol/(m^2 · s)；K_m 为吸收速率常数，为$\frac{1}{2}v_{max}$时的溶质浓度；C_{la} 为根与土壤溶液界面处的溶质浓度。

在吸收养分离子的同时，也有部分溶质向外分泌。设吸收速率为 0 时的溶液浓度为 C_{min}，净吸收速率为 v_n，溶质外溢速率为 v_E，则米氏方程可以改变为

$$v_n=\frac{v_{max}}{K_m+(C_{la}-C_{min})}(C_{la}-C_{min}) \tag{5.49}$$

$$v_n=\frac{v_{max}}{K_m+C_{la}}C_{la}-v_E \tag{5.50}$$

图 5-8 所示的 P 净吸收速率与浓度的关系，符合上述规律。当 C_{la}很低时，$K_m \geqslant C_{la}$，米氏方程可以简化为

$$v\approx\frac{v_{max}C_{la}}{K_m}=\alpha \cdot C_{la} \tag{5.51}$$

式中 $\alpha=\frac{v_{max}}{K_m}$，称为根系吸收养分离子(溶质)系数，反映了根系吸收能力。当根量以根长表示时，吸收速率以 I 表示：

$$I=2\pi\alpha r_0 C_{la} \tag{5.52}$$

当根量以根鲜重表示时，吸收速率以 S_c 表示：

$$S_c=\frac{2\alpha C_{la}}{r_0 \cdot \rho_b} \tag{5.53}$$

式中：r_0 为根半径；ρ_b 为容重。

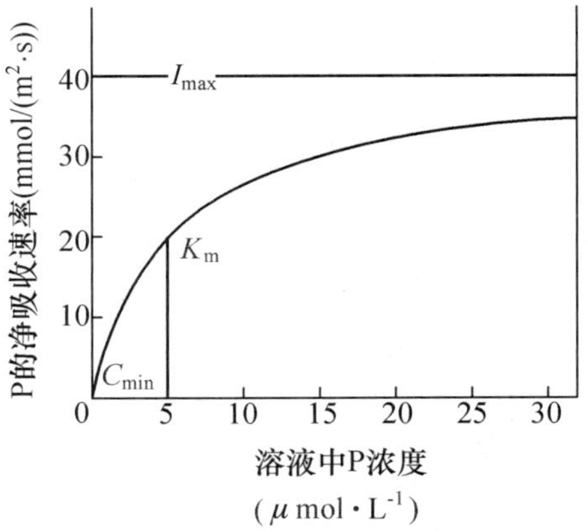

图 5-8　18 d 苗龄玉米根对 P 的净吸收速率与溶液中 P 浓度的关系
(Barber，1984)

米氏方程中常数 K_m，即$\frac{k_2+k_3}{k_1}$，表示离子与载体亲和力的倒数，所以 K_m 愈小，亲和力愈大。K_m 决定于载体的特性，v_{max}则反映了载体的数量。因此，目前在以养分吸收能力为目标的品种选择方面，常以这两种参数(或加上 C_{min})作为指标。

二、主要营养元素吸收动力学模型

(一)氮吸收动力学模型

1. 概述

为了充分模拟不同生长环境中氮的动力学,需要一个能够描述主要土壤氮素转化和作物成分的模型,CERES-N 模型是 CERES-WHEAT(Janes and Kiniry,1986)和 CERES-MAIZE(Godwin and Vlek,1985)模型中氮的部分。CERES 模型仅仅需要输入一套田间数据,即可模拟生长、物候现象、水平衡、氮平衡及产量,它们在不同环境下具有广泛适应性。

2. CERES-N 模型

CERES-N 模型由 4 个子程序组成(Godwin and Jones,1991),分别描述了氮的运移、土壤氮素的转化、氮的吸收和植物氮的胁迫因素。

(1)硝酸盐和尿素的移动　在 CERES 模型中,只考虑硝酸盐和尿素的移动。假设铵离子没有通过土层运输,模拟硝酸盐移动的方法同样也被用作模拟尿素的移动。

土壤剖面中硝酸盐的移动取决于水分运动。在模型的水分平衡部分里,水分从一个层次(L)淋洗到下一个层次[FLUX(L)]移动的体积是可以计算的。在排水前土层中存在的水的体积可根据容积含水量[SW(L)]和土层厚度[DLAYR(L)]计算出来。每层硝酸盐的损失(NOUT)可通过水分保持和移动函数计算出来:

$$\mathrm{NOUT} = \mathrm{SNO_3(L)} \times \mathrm{FLUX(L)}/[\mathrm{SW(L)} \times \mathrm{DLAYR(L)} + \mathrm{FLUX(L)}] \quad (5.54)$$

式中:SNO_3(L)为存在于土层(L)中硝酸盐的数量(N),kg/hm^2;FLUX(L)为土层(L)水分向下移动的距离,cm;SW(L)为土层(L)土壤实际含水量,cm^3/cm^3;DLAYR(L)为土层(L)的厚度,cm。

因此,每层存在的硝酸盐随着每一次排水移动。将一个层次损失的硝酸盐加到了下一个层次。当一个土层的硝酸盐(NO_3^-)含量下降到 1.0 μg/g 土时,在该层没有进一步的淋洗发生。这里假设土层中存在的所有硝酸盐都是均一的,并且全部溶解在该层的水溶液中。

硝酸盐在砂土中移动的更快,因为砂土中可移动的水的体积比保持的水的体积大,不同质地间模拟淋洗的速率不同。

相似的方法用以模拟硝酸盐和尿素随土层水分蒸发向上移动的速率。在这种情况下,应用水分平衡程序可以计算水分向上移动[FLOW(L)]的距离和向上运动的数量(NUP),其计算方法与 NOUT 相似。

$$\mathrm{NUP} = \mathrm{SNO_3(L)} \times \mathrm{FLOW(L)}/[\mathrm{SW(L)} \times \mathrm{DLAYR(L)} \times \mathrm{FLOW(L)}] \quad (5.55)$$

式中:FLOW(L)为由于非饱和运动水分在土层中移动的量,cm。

氮的这种移动限制在土壤剖面的上层,一般量很少,因为可移动水的体积小。

(2)土壤氮素转化　在子程序 NTRANS 中,CERES 模型模拟了有机质的分解以及之后氮的矿化或者固定,铵的硝化和反硝化作用。这个子程序中还可运行肥料的增加和尿素的水解。

①尿素的水解。根据土壤有机碳和 pH 值,能够估计尿素的最大水解速率。尿素的最大水解速率由于温度和水分条件按比例降低。所用的函数方程为:

$$\mathrm{AK} = -1.12 + 1.31 \times \mathrm{OC(L)} + 0.203 \times \mathrm{pH(L)} - 0.155 \times \mathrm{OC(L)} \times \mathrm{pH(L)} \quad (5.56)$$

式中：AK 为最大水解速率(一维速度常数，无量纲常数，尿素一天内水解的比例)；OC(L)为 L 土层中有机碳，%；pH(L)为 L 层的土壤 pH 值。

假设 AK 的最小值为 0.25，真实的水解速率

$$UHYOR = AK \times AMIN1(SWF, TF) \times UREA(L) \quad (5.57)$$

式中：SWF，TF 分别为土壤水分指数和温度指数；UREA(L)为土层存在的尿素数量，kg/hm^2；AMIN1 为一个 FORTRON 的方程，在方程中能选择理论的最小值。

②氮的矿化与固定。氮的矿化指的是伴随着有机质的分解矿质氮净释放的过程，而氮的固定指的是从无机成分到有机成分的转变过程。

CERES-WHEAT 模型试图保持微生物水平模型的一些功能。对模型的改进首先用作模拟硝化作用，其次，新鲜有机质库的模拟被进一步区分，以至一个反硝化程序的界面能被建立，对温度和水分指数进行了修改以便适于 CERES 水平衡和土壤温度程序，如果不说明，对于下面所描述的矿化和固定的系数，能够从 PAPRAN 模型中得到矿化和固定作用的程序，能模拟两种类型有机质的腐烂。新鲜的有机物质(FOM)包括作物残体或绿肥，和一类更稳定的有机质或人类产生的有机质(HUM)。FOM 库能进一步划分为三类库，即碳水化合物、纤维素和木质素。

起初，FOM 包含 20%的碳水化合物、70%的纤维素和 10%的木质素，模型需要输入的数据有施入秸秆的数量、碳氮比、施入的深度，同时也需要对前茬作物残留数量的估计。这些数据用作每层 FON(氮)和 FOM 的初始化，FON 通过每公顷含有氮的质量(kg)来衡量，矿化程序也需要输入每层土壤有机碳的量[OC(L)]，用于计算 HUM(L)，简单的假设土壤中碳氮比为 10，也用于估计氮的分级[NHUM(L)]。

3 种新鲜有机质库中的每一种的分解速率都不相同[RDECR(1～3)]。在非限制条件下，碳水化合物、纤维素和木质素的腐解常数分别是 0.80、0.05、0.009 5。对于碳水化合物来说，腐解常数指的是在非限制条件下，库中有 80%的碳水化合物在一天内腐解。非限制条件在土壤中很少存在，因为土壤温度、湿度或植物体残留物等都将限制分解过程，为了量化这些限制，这 3 个因素(0～1)都要考虑，通过土壤含水量[SW(L)]首先可以确定水分因素(MF)。它涉及到水分下限(LL)和排水上限(DUL)(图 5-9)。

在很湿的条件下(水分完全充满孔隙)，氨化过程只能进行到土壤所容纳的最大氨化作用的一半(Linn and Doron，1984)。温度因素(TF)即土壤温度也影响氨化作用(Stanford et al，1973；Myers，1975)。碳氮比 C/N(CNR)是腐解速率的第三个限制因素，通过新鲜有机质(FOM)中的 C 除以腐解过程得到的 N 可以计算出 C/N。腐解过程中得到的 N 是新鲜有机质的 N 和土壤中存在的能够利用的矿质氮的总和。通过碳氮比(CNR)计算碳氮比分解率因素(CNRF)，其临界碳氮比(CNR)为 25(图 5-10)。

在含有低 N 的残留物中(例如掺入新鲜的小麦茎秆)，残留物具有较高的碳氮比(CNR)，其腐解过程中得到的 N 的有效性在很大程度上限制腐解速率。对于每种新鲜有机质库(FOM)来说，对应某种有机质库(JP)的腐解速率都可通过乘以 3 个指标的速率常数来计算：

$$G1 = TF \times MF \times CNRF \times RDECR(JP) \quad (5.58)$$

式中：G1 为一天内有机质库分解的比例；TF 为与矿化有关的硝化作用温度因素；MF 为残留分解率的水分因素(0～1)；CNRF 为碳氮比分解率因素(0～1)；RDECR(JP)为残留物分解的最大速度常数(d^{-1})。

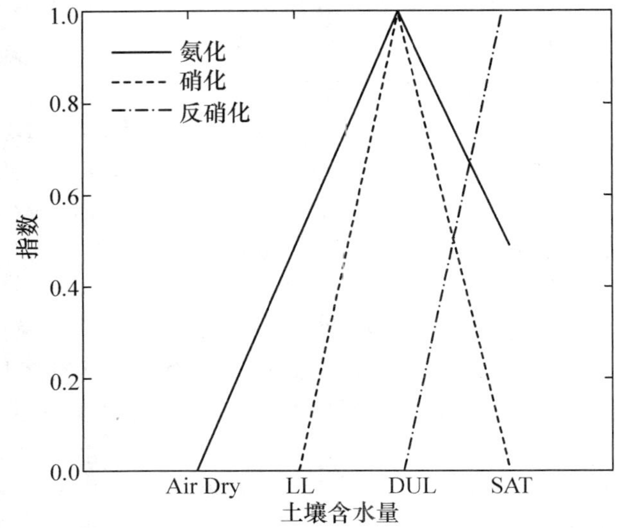

图 5-9 用于修改土壤氮转化率的土壤水分指标

(Godwin and Jones, 1991)

Air Dry,风干;LL,土壤含水量低限;DUL,土壤含水量上限;SAT,饱和含水量。

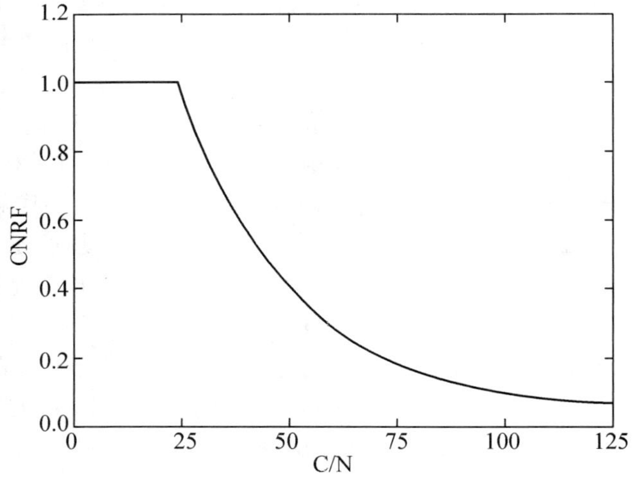

图 5-10 碳氮比(C/N)对碳氮比分解率因素(CNRF)的影响

(Godwin and Jones, 1991)

分解的物质数量是G1和库大小的结果,与分解有关的氮的总矿化量(GRNOM)根据库分解的比例计算:

$$GRNOM = G1 \times FPOOL(L,JP)/FOM(L) \times FON(L) \qquad (5.59)$$

式中:FPOOL(L,JP)为L层中新鲜有机质碳库,kg/hm^2,对应碳水化合物(JP=1)、纤维素(JP=2)、木质素(JP=3);FOM(L)为L层中新鲜有机质(残留),kg/hm^2;FON(L)为L层中新鲜有机质中的含氮量,kg/hm^2。

GRNOM是每层中三个库的总和,同样GRCOM(分解有机质的量),用温度因素(TF)和水分因素(MF)来计算腐殖质释放的氮,因此没有用到碳氮比分解率因素(CNRF),潜在的分解系数(DMINR)很小(8.3×10^{-3})。为了调整特定土壤的矿化速率,一个更进一步的指标被加到了腐殖质矿化氮(RHMIN)的计算中。在特定的火山灰土壤中,矿化过程很慢,比 DMOD 的单个值少,以至于矿化不能被过高估计。在种植新开垦的土壤上,发现了一个比值稍大的值,可以用来解释矿化行为的突然增长。在所有其他的环境条件下 1.0 值被用于 DMOD。为了评价 DMOD,目前正在寻找一个令人满意的替代物,计算 RHMIN 的程序是不同指数和腐殖质中含有 N 量的乘积。

$$\text{RHMIN} = \text{NHUM(L)} \times \text{DMINR} \times \text{TF} \times \text{MF} \times \text{DMOD} \tag{5.60}$$

式中:NHUM(L)为 L 层稳定腐殖质中结合的氮,kg/hm^2;DMINR 为腐殖质的分解率,d^{-1};DMOD 为土壤矿化率随有机质化学保护降低的无量纲因素(0～1)。

这些计算也考虑到了 FOM(L)矿化释放氮总量的 20%转移形成 NHOM(L),即一层中所有有机来源氮的净释放(kg/hm^2)。这可以解释氮形成微生物体内的氮。

当有机质分解时,分解过程需要的一些氮用于合成微生物体内的成分,以这种方式被固定的氮(RNAC)作为土壤能提取的矿质氮(TOTN)和分解 FOM(L)时需要的氮的最小量被计算。

$$\text{RNAC} = \text{AMIN1(TOTN,GRNOM)} \times [0.02 - \text{FON(L)/FOM(L)}] \tag{5.61}$$

这里 0.02 是微生物分解单位新鲜有机质 FOM(L)所需要的氮量,0.02 是新鲜有机质中的一部分碳(40%)、周转碳的效率(40%)与微生物氮/碳(0.125)的乘积。于是 FOM(L)和 FON(L)被修订为

$$\text{FOM(L)} = \text{FOM(L)} - \text{GRCOM} \tag{5.62}$$

$$\text{FON(L)} = \text{FON(L)} + \text{RNAC} - \text{GRNOM} \tag{5.63}$$

RNAC 和 GRNOM 之间的平衡决定了是否发生净矿化和净固定。来自所有有机质源的净释放氮(NNOM)的计算式为

$$\text{NNOM} = 0.8 \times \text{GRNOM} + \text{RHMIN} - \text{RNAC} \tag{5.64}$$

值得注意的是,只有 80%的 GRNOM 进入这个库,因为其余的 20%形成了 NHUM(L)。NHOM 被用于修正铵库[$SNH_4(L)$]。

$$\text{SNH}_4\text{(L)} = \text{SNH}_4\text{(L)} + \text{NHOM} \tag{5.65}$$

如果净固定发生(NHOM 是负值),铵首先被固定;如果库中剩余的铵的浓度不足 1 mg/kg,NH_4^+ 会从硝态氮中还原回来。

③硝化作用。硝化作用是指铵态氮氧化成硝态氮的过程,它是一个生物学过程,在好气的条件下发生。硝化作用的主要限制因素是作用于铵的酶、氧气、土壤 pH 值和温度。

在 CERES 模型里所用的方法可计算出潜在的硝化速率和降低硝化速率的一系列 0～1 的环境指标。潜在的硝化速率是一个取决于铵离子的浓度,但与土壤类型无关的 Michaelis-Menten 动力学函数。实际的硝化速率可以通过控制环境指标和容量指标降低潜在速率的方法计算。其关键函数方程为

$$A = \text{AMIN1(RP2,WFD,TF,PHN)} \tag{5.66}$$

式中:A 为受环境影响的硝化速率;RP2 为过去最短时间内潜在的硝化作用指数,取值 0～1;WFD 为在过去最短时间内土壤水分含量对硝化速率的影响指数,取值 0～1;TF 为土壤温度对硝化速率的影响指数,取值0～1;PHN 为土壤 pH 值对硝化速率的影响指数。

$$\mathrm{RNTRF} = [\mathrm{A} \times 40.0 \times \mathrm{NH_4(L)}/(\mathrm{NH_4(L)} + 90.0)] \times \mathrm{SNH_4(L)} \tag{5.67}$$

式中：RNTRF为硝化速率，kg/(hm^2·d)；$NH_4(L)$为L土层铵态氮的浓度，μg/g；$SNH_4(L)$为L土层铵态氮的数量，kg/hm^2。

④反硝化作用。反硝化主要是指硝酸盐(或者亚硝酸盐)还原产生NO、N_2O和N_2的过程。反硝化作用是在厌氧条件下进行的微生物过程，它的影响因素主要包括有机碳含量、土壤通气状况、温度和土壤pH值。

CERES模型所采用的计算方法适用于反硝化作用机理描述以及模型本身外观描述，并且与模型中来自水分平衡和矿化组分的投入量相对应。

仅仅当土壤含水量大于排水量最大值时，才可以利用模型计算反硝化作用强度。FW表示土壤含水量范围从土壤含水量上限(DUL)到饱和含水量(SAT)时的零点单位指数，通过式(5.68)计算：

$$\mathrm{FW} = 1.0 - \frac{\mathrm{SAT(L)} - \mathrm{SW(L)}}{\mathrm{SAT(L)} - \mathrm{DUL(L)}} \tag{5.68}$$

利用土壤充水空隙度百分数作为土壤氮素运输对水分有效性的指数。当土壤充水空隙度达到60%时，发生反硝化作用；当土壤充水空隙度达到100%时，反硝化作用线性增长。当土层中土壤实际含水量SW从DUL到SAT范围内，FW增长趋势近似于一条直线。

其中土壤温度(FT)通过下面公式计算：

$$\mathrm{FT} = 0.1 \times \exp[0.046 \times \mathrm{ST(L)}] \tag{5.69}$$

式中：ST(L)为L土层温度，℃。估算土壤有机物质中水溶性碳(CW)含量为：

$$\mathrm{CW} = 24.5 + 0.0031 \times \mathrm{SOILC} \tag{5.70}$$

CERES模型中，SOILC通常采用稳定腐殖质部分含量的58%来计算，其中包含了FOM库中碳水化合物部分的碳。通过硝酸盐的浓度可以计算出反硝化率(DNRATE)。根据质量平衡将其单位转化为kg/hm^2。

$$\mathrm{DNRATE} = 6.0 \times 1.0 \times 10^{-5} \times \mathrm{CW} \times \mathrm{NO_3(L)} \times \mathrm{FW} \times \mathrm{FT} \times \mathrm{DLAYR(R)} \tag{5.71}$$

式中：FT为反硝化温度影响因子；FW为水分因子；$NO_3(L)$为土层中硝酸盐浓度，μg/g；CW为土层中水溶性碳总量，μg/g；DNRATE为反硝化率，kg/(hm^2·d)；DLAYR(R)为土层厚度。

⑤植物体氮浓度。氮素供应对植物生长发育起着不可忽视的作用。在作物生长前期作物的供氮水平与作物生长具有较高的相关性，而从中期直到作物成熟，二者之间的相关性逐渐降低(Jones,1983)。随着作物不断生长发育，其自身组织内氮素含量也不断发生变化。在作物生长发育的整个时期内，当生长速率开始下降的时候测定作物体内氮素浓度，即为氮临界浓度。它由作物个体发育时期所决定，在模型中用于预测氮素利用效率。

最小浓度和临界浓度可以较好地阐述作物氮素供应情况(NFAC)，它的数值范围为0～1。NFAC值在模型中主要用于阐述作物生长发育过程中氮的利用效率。NFAC为一个效率指数，它起到把作物冠层部分中的实际氮素浓度(TANC)与临界浓度关联起来的作用。当TANC为最小值时，NFAC值为0；当TANC值逐渐增大，并约等于1时，TANC值趋近于临界浓度。NFAC值计算公式为

$$\mathrm{NFAC} = 1.0 - \frac{\mathrm{TCNP} - \mathrm{TANC}}{\mathrm{TCNP} - \mathrm{TMNC}} \tag{5.72}$$

式中:TCNP 为作物冠层氮的临界浓度,g/g(以干重计);TMNC 为植物地上部分的最低含氮量,g/g(以干重计)。由于所有的作物在缺氮条件下所受到的影响并不完全一样,所以不同作物应用 NFAC 值时需要考虑不同的校正系数,即当 NFAC 达到最大值 1 时,计算出不同的校正系数。图 5-11 为这些校正系数与 NFAC 之间的关系图。

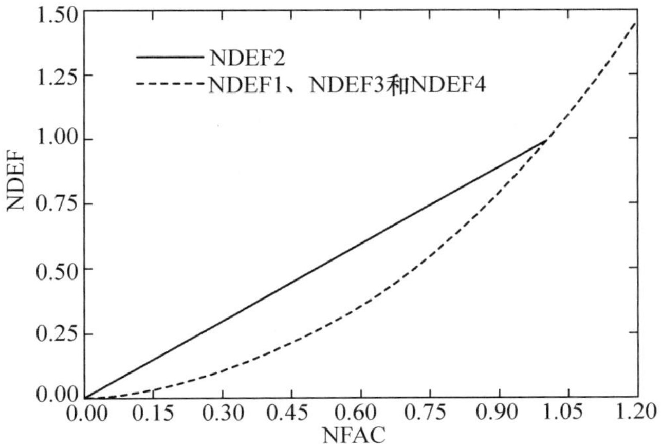

图 5-11　缺氮指数(NFAC)与用于修改植物生长过程的缺氮因素(NDEF)的关系(Godwin and Jones,1991)

图 5-11 中 NDEF1 用来描述氮素利用效率对单位叶面积光合作用的影响;NDEF2 用来描述氮素利用效率对叶面积扩张和衰老比率的影响;在小麦模型中,NDEF3 用来描述氮素利用效率对分蘖数的影响;NDEF4 用以校正谷物中氮素积累比率大小。在这个生长组分模型中,当土壤水分缺乏时,氮素利用效率指数范围为 0~1。土壤水分供应情况与氮素缺乏都会对作物体内氮浓度产生影响。

⑥氮的吸收。通过 CERES 模型可以分别计算出作物需氮量和土壤供氮情况,依据其中较小的数值来决定作物实际吸收氮量。通过模型计算必须满足两个条件:第一个条件是知道作物氮素浓度从实际氮素浓度(作物地上部的 TANC 值)到临界浓度(即为地上部的 TCNP 值)所需要的氮量。作物根和茎的临界浓度前面已经阐述了,因此仅仅需要知道作物生物量和氮浓度差便可计算出地上部的需氮量。

$$\mathrm{TNDEM} = \mathrm{TOPWT} \times (\mathrm{TCNP} - \mathrm{TANC}) \tag{5.73}$$

式中:TOPWT 为作物地上部的重量,kg/hm^2;TNDEM 为获得 TOPWT 生物产量所需要的氮量,kg/hm^2。

同样作物根部需氮量 RNDEM 也采用相似的计算公式:

$$\mathrm{RNDEM} = \mathrm{RTWT} \times (\mathrm{RCNP} - \mathrm{RANC}) \tag{5.74}$$

式中:RTWT 为根重,g/m^2;RCNP 为根系临界氮浓度,g/g(以干重计);RANC 为根实际氮浓度,g/g(以干重计)。

当作物供氮量较多,或者某些环境因素改变如光照强度减弱而引起的作物生长速率变慢都会引起氮素消耗过量。当作物氮素消耗过量时,TANC 值大于 TCNP 值,因此导致公式所计算的需氮量为负值,说明此时作物并没有吸收一定量的氮素。随着作物不断生长,生物量不断积累,植物体内氮素浓度降低。此时 TANC 值大于 TCNP 值,在其后的一段时间内作物生长便会引起 TANC 值逐渐降低,直到小于 TCNP 值。

第二个条件是知道随着作物不断生长而引起的氮素需求量变化的具体数量。假设作物会在其新鲜组织中将体内氮浓度维持在临界浓度水平。为了计算作物随着生长而需要的氮量,可以在 GROSUB 子程序中估算作物的生长潜能情况。作物的生长潜能情况可以通过估算潜在光合作用(PCARB)而得到,具体又可以分为作物的根部潜能生长(PGRORT)和冠部(地上部)潜在生长(PDWI)。通过生长潜能的增加可以得出作物的冠层部分实际氮素浓度(TANC)超过了 TCNP。这种情况多发生在作物缺乏某种养分或者实际生长速率大于生长潜能的时候。随着生长,作物地上部分氮素浓度(DNG)的数值可以通过式(5.75)计算。

$$DNG = PDWI \times TCNP \tag{5.75}$$

同样,PGRORT×RCNP 为新生长根部需要的氮浓度。

在作物生长前期,由于生长发育而需要的氮素在总需氮量中占有较大比例。随着生物量不断增加,作物需氮量也不断增多。到了雨季,作物所吸收的氮素从根部运输到地上,形成了植物氮库,从而导致了根库中氮浓度降低,作物吸收氮加速。作物需氮总量(ANDEM)便是以上所有这些的总和。

为了计算对作物的潜在供氮能力,需要分别计算土壤中硝酸根离子和铵离子浓度。

$$FNO_3 = 1.0 - \exp[-0.0275 \times NO_3(L)] \tag{5.76}$$

$$FNH_4 = 1.0 - \exp[-0.025 \times NH_4(L)] \tag{5.77}$$

式(5.76)和式(5.77)中的两个系数是从大量文献和数据中总结出来的,虽然存在着一定的误差,但对于绝大多数的情况还是比较适合的。

土壤水分对潜在供氮能力有一定的影响,当其值从 0～1 时,作物吸氮能力下降。具体计算土壤水分影响(SMDFR)的公式为

$$SMDFR = SW(L) - \frac{LL(L)}{ESW(L)} \tag{5.78}$$

式中:ESW(L)为 L 土层中的可提取水量(土壤含水量上限和下限体积之差);LL(L)为 L 土层中土壤含水量下限(体积);SW(L)为 L 土层中土壤实际含水量,cm^3/cm^3。

当作物生长环境趋向于厌氧条件,而根系活性由于土壤水分含量大于排水上限而下降时,SMDFR 值具有一定的说服力,此时它的值不断变小,在某一层次作物最大吸收氮素潜能就可以计算出来,利用此值便可以描述此层次单位长度根系每天吸收氮素的潜在能力和整个根系吸氮的潜在能力。首先要考虑到一个变量(RFAC)。

$$RFAC = RLV(L) \times SMDFR \times SMDFR \times DLAYR(L) \times 100.0 \tag{5.79}$$

式中:RLV(L)为根长密度,cm/cm^2。

其次要考虑的是硝酸根离子浓度(FNO_3)和单位根长每日最大吸氮量[0.006 kg/(hm^2·cm)]对 L 土层硝态氮潜在吸收量[$RNO_3U(L)$]的影响。

$$RNO_3U(L) = RFAC \times FNO_3 \times 0.006 \tag{5.80}$$

$RNO_3U(L)$为某个土层潜在的硝酸根吸收量,通过式(5.80)可以看出它受土壤水分有效性、根长密度以及硝酸根浓度等因素制约。这些参数对于作物潜在氮素吸收作用的影响如图 5-12 所示。

同样可以按式(5.81)计算出 L 土层铵离子的潜在吸收量[$RNH_4U(L)$]

$$RNH_4U(L) = RFAC \times FNH_4 \times 0.006 \quad (5.81)$$

整个剖面氮素吸收潜能(TRNU)是所有作物根系遍布的土层硝酸根离子和铵离子吸收之和。因此,TRNU代表一个作物吸收氮素的完整数值,它主要受3个因子影响:(a)根密度;(b)硝酸根和铵离子浓度;(c)不同层次土壤中可提取水(有效水)含量。这种测定潜在吸收的方法同样可以模拟作物在养分缺乏状态时氮素的吸收。当土壤剖面上层营养器官和根系过于集中,而供给作物生长发育所需的水分仅仅存在于剖面下层时,作物便表现出养分缺乏。

当整个剖面氮素潜在供应能力大于作物的需氮量(ANDEM)时,引入了氮素吸收因子(NUF)来调整每一个土层中氮吸收量降低到需求水平。

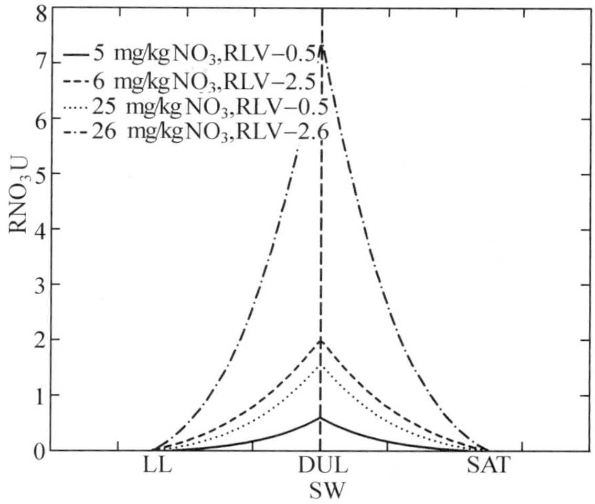

图 5-12　模拟土壤水分状况(SW)对土层硝态氮潜在吸收(RNO_3U)的影响

(Godwin and Jones A,1991)

LL,土壤含水量下限;DUL,土壤含水量上限;SAT,土壤饱和含水量。

$$NUF = \frac{ANDEM}{TRNU} \quad (5.82)$$

这种情况仅仅发生在作物生长前期和氮素供应充足的时期。如果氮素需求大于供应量,NUF值为1;当NUF值小于1.0时,作物从每一个土层中吸收的氮素量降低。

在作物过量吸收氮素条件下,分泌大量的有机物质。氮素缺乏能够减少分泌物的产生。在CERES-N模型中,氮的分泌物流入活性有机氮库中,在那里它们可以被矿化然后再次被作物吸收利用。通过计算每天以此方式而损失的氮素占5%。

随着作物吸收的进行,其茎部和根部中的氮素浓度不断变化。作物茎部和根部吸收氮的数量主要由来自植物的茎和根总需求的比例所决定。

⑦籽粒中氮浓度。在许多谷物种植地区,作物在灌浆期内的氮素供应都处于较低水平。在这种状况下,作物为了满足生长发育必须吸收大量的氮素,这部分氮素主要来源于作物活性组织中的蛋白质态氮的再移动。当增加外界的供氮水平,从活性组织中再次移动的蛋白质态氮所占比例减少,作物吸收氮素能力上升。研究表明(Benzian et al,1983),在作物产量和籽粒中蛋白质浓度之间存在负相关性。温度和土壤含水量也同样会影响籽粒中氮浓度。

玉米和小麦籽粒中氮浓度计算模拟模型各不相同。对于玉米,作物籽粒每天由于生长而需要的氮浓度模型中需要考虑3个参数,即温度、土壤水分和基于NFAC值的指数。

首先要考虑两个参数,即TFAC和SFAC。它们分别代表单位时间内(每天)基于GRO-GRN公式,由于平均温度(TEMPM)不同和干旱胁迫(SWDF2)所引起的氮素浓度(GNP)改变。AMAX1是由FORTRAN语言编写的子程序,它可以从两个或者更多数据中找到最大值。

$$TFAC = 0.69 + 0.125 \times TEMPM \quad (5.83)$$

$$SFAC = 1.125 - 0.125 \times SWDF2 \tag{5.84}$$

$$GNP = (0.007 \times 0.010 \times NDEF2) \times AMAX1(TFAC, SFAC) \tag{5.85}$$

可以看出较高的平均温度和干旱胁迫都会导致 AMAX1(TFAC,SFAC)值趋近于 1.0。当氮素缺乏时,NDEF2(由 NFAC 子程序计算所得的数值)小于 1.0,GNP 的值小于 0.010;而当氮素供应充足时,GNP 值大约为 0.018,两种情况所得的数值都是有效的。但是,较高的温度和干旱胁迫都会限制作物生长。

在小麦模型中,个体植株氮素积累率主要依赖于每天的最高和最低温度,它与作物生物量积累非常相似。温度对小麦籽粒中氮素积累的影响要比生物量积累影响更大,因此随着温度的升高,小麦籽粒中的氮素积累速率变大。籽粒生长需要一定量的水分,当水分缺乏时便会影响作物的光合作用。小麦籽粒通过吸收水分稀释其内的氮浓度,因此当水分缺乏时,也会影响籽粒中的氮浓度。

在这两个模型中,每天籽粒中氮库的大小由两个因素决定:一是新生成的籽粒中的氮浓度大小;二是新形成籽粒的数量。在小麦模型中,籽粒中氮库的大小会根据植株的氮素水平而自动调节,使二者相适应。这也会影响籽粒中的氮浓度。

植物体内有两个氮库可以进行有效迁移:茎库(NPOOL1)和根库(NPOOL2)。这两个库的大小由与临界浓度(VMNC 或者 RMNC)相关的氮浓度(VANC 或者 RANC)、库的生物量(RTWT 或者 TOPWT)决定。

$$NPOOL1 = TOPWT \times (VANC - VMNC) \tag{5.86}$$

$$NPOOL2 = RTWT \times (RANC - RMNC) \tag{5.87}$$

这两个数值(NPOOL1 和 NPOOL2)相加便得到作物可移动性的全氮含量(NPOOL)。当 NPOOL 数值较低,不能达到作物籽粒生长所需的氮含量(NSINK)时,NSINK 值降低,趋向于 NPOOL 值。如果 NSINK 值较高,能够满足 NPOOL1 时,NPOOL1 的值为 0,作物冠层氮浓度为最小值(VMNC)。NSINK 中残留的部分便会满足作物根部氮库的需求,因此式(5.87)变为

$$NPOOL2 = NPOOL2 - (NSINK - NPOOL1) \tag{5.88}$$

于是作物根部氮库(RPOOLN)和根系实际氮浓度(RANC)计算公式更新为

$$RPOOLN = RTWT \times RMNC \times NPOOL2 \tag{5.89}$$

$$RANC = \frac{ROOTN}{RTWT} \tag{5.90}$$

式中:RTWT 为根重,g/m^2;ROOTN 为植株根系含氮量,g/株。

当 NSINK 小于 NPOOL1 时,完全满足冠层(地上)部分氮浓度

$$NPOOL1 = NPOOL1 - NSINK \tag{5.91}$$

地上部氮浓度相应更新为

$$TOPSN = NPOOL1 + VMNC \times TOPWT \tag{5.92}$$

$$VANC = \frac{TOPSN}{TOPWT} \tag{5.93}$$

式中:TOPSN 为去掉籽粒后地上部植株含氮量,g/株;TOPWT 为去掉籽粒后地上部植株重,g/株;VMNC 为植株最低含氮量,g/株;VANC 为植株实际含氮量,g/株。

籽粒中氮浓度(GRAINN)计算公式变为

$$GRAINN = GRAINN + NSINK \tag{5.94}$$

通过这些公式可以看出，在作物灌浆期氮素缺乏会对籽粒的产量以及籽粒中蛋白质含量产生一定的影响。首先，当氮素从作物营养器官移出时，NFAC 值便会降低，随之而来的是 NDEF4 值降低和氮库容量变小，因此可以起到调节籽粒中氮浓度的作用。较低的 NFAC 值导致 NDEF1 值变小，这会引起作物光合作用强度变弱，导致作物在灌浆期吸收能力下降。同时 NFAC 值下降也会导致进行光合作用的叶片活性部分面积缩小，从而加速作物衰老。在作物灌浆期，土壤水分缺乏会降低光合作用，从而导致籽粒中氮浓度降低。

3. 模型输入

为了简化覆盖大范围模型的应用和模型的程序，需要输入的数据被最小化保存。除了 CERES 农作物生长模型需要的数据外，氮模型需要测定土壤每层中的硝态氮和氨态氮的浓度、有机碳、容重、pH 值。模型也需要对农作物残留物数量和 C/N 进行估计，同时也要了解施肥的信息，包括施肥日期、数量及施入的深度，以及所用肥料的类型。

4. 模型评价

CERES 模型中氮部分的测试和 CERES 模型中作物生长部分的测试可以同时进行。在这两个模型中，适合小麦和玉米这两种作物的试验数据从跨越世界庄稼带的不同地点得到。这些数据的建立也代表了不同的土壤类型、肥料的施用和气候条件，在每套数据中，除了氮素外，虫害、病害和其他的营养元素都不被认为是生长限制因素。模型模拟的结果表明(图 5-13 至图 5-15)：作物吸收的氮量和被分配到谷物中的氮量可以被合理的预测。

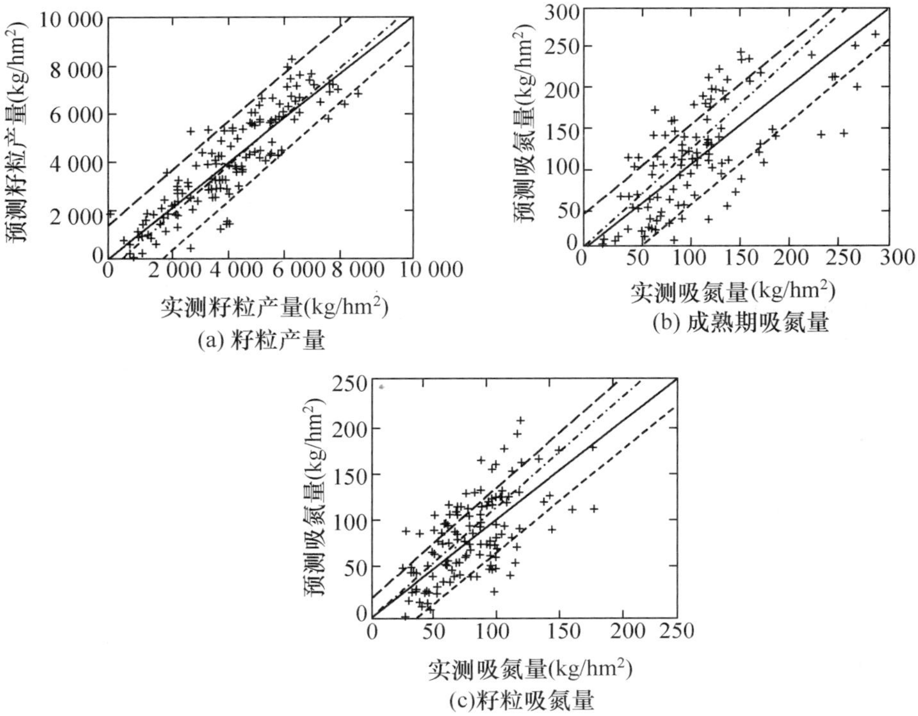

图 5-13　小麦 CERES-WHEAT 模型预测值与试验观测值的比较

(Godwin and Jones, 1991)

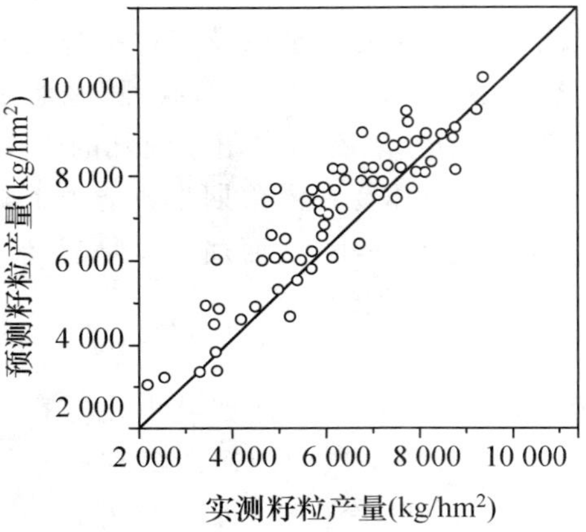

(a)籽粒产量

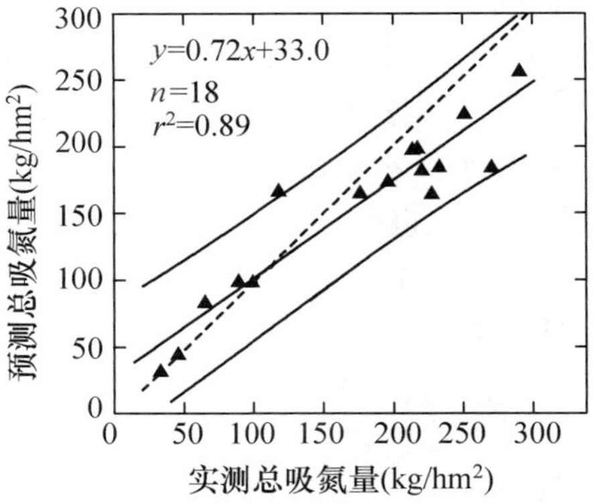

(b)4个定位试验成熟期作物吸氮量

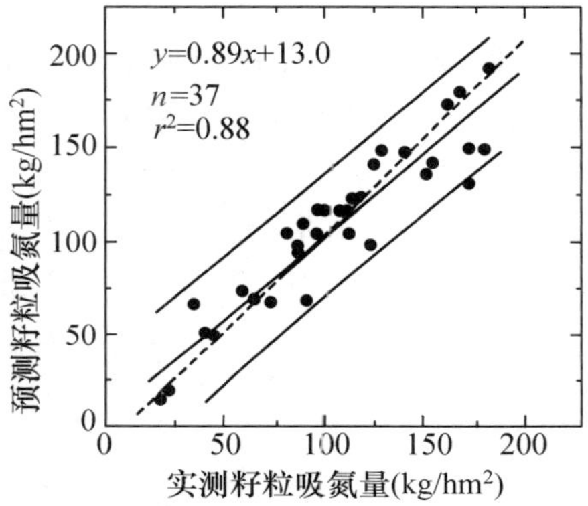

(c)7个试验田9个栽培点成熟期作物吸氮量

图 5-14 玉米 CERES-MAIZE 模型预测值与试验观测值的比较

(Godwin and Jones, 1991)

5. 模型的局限性和应用

需要强调的是,模型仅仅能够解释其中所描述的因素的变化,也就是假设其他潜在的重要因素,例如养分、虫害和病害都不受限制。模型不能解释氨从土壤表面的挥发损失、铵态氮的淋洗或者氮素通过植物到大气的直接损失。当存在这些损失的情况下,模型就不准确。因为模型中土壤水和氮的部分以一维空间的方式运行,如果合并成一层能模拟条带状和点状情况。在一定的条件下,这种模型可以导致错误的预测。这些问题将是进一步努力提高模型的多功能性的主题。从前面引用的校验研究中可以看出,显然模型能够解释所观察到的大部分产量变化和其他关键参数的变化,而这些缺乏的条件和设置并没有得到应用。

尤其在处理长期天气资料和气候资料时,模型对于观测作物体系各方面的行为是一种有价值的工具。用长期气候数据运行该模型能使作物产量和对肥料反应的变化定量化。可以应用模型对氮素在低肥料利用率系统中损失的频率进行鉴定并对其相关的意义进行评估。应用模型可以预测所做试验的不同肥料用量、施用时间、施肥深度、肥料来源、种植时间等结果。因此,在不确定的气候变化条件下,可以直接获得最大的肥料利用率(Godwin

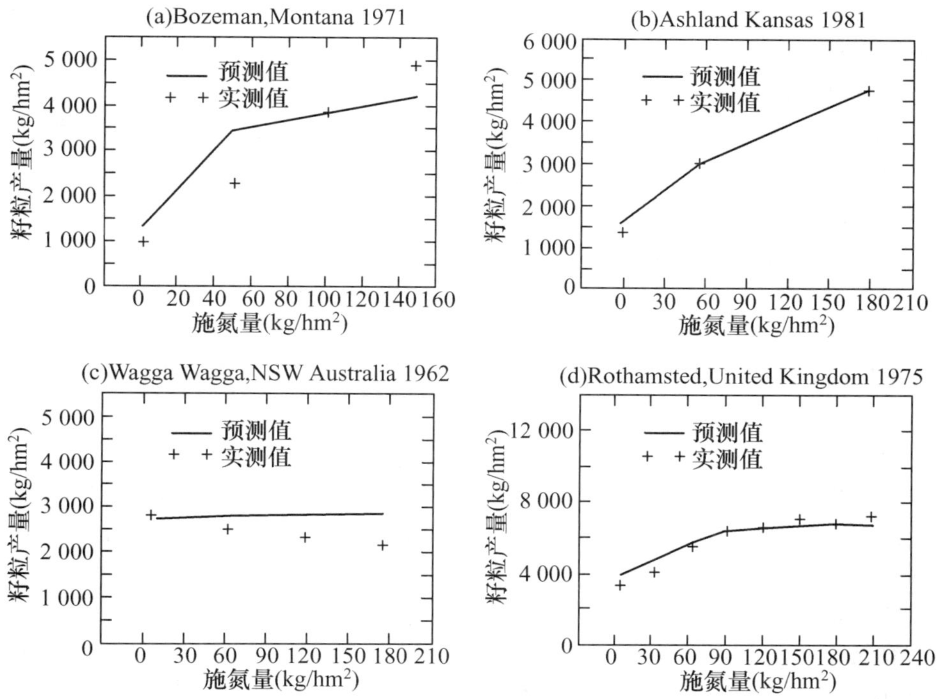

图 5-15　应用小麦 CERES-WHEAT 模型预测籽粒产量和不同地点施氮实测的籽粒产量比较 (Godwin and Jones, 1991)

and Vlek, 1985)。

(二)磷吸收动力学模型

1. 概述

磷是作物生长过程中的重要元素，磷经常通过矿质肥料或有机肥施入土壤-植物系统。尽管从土壤中磷的复杂化学和生理反应中可以获得大量的资料，但是，试图构建综合性的、以管理为目的的磷循环模型还是受到很多的限制。由于有关根的生长和活性的过程信息的缺乏，在时空上描述环境与磷素之间这种复杂的反应是很困难的。

对磷素随质流和扩散进入植物根系的运动的描述沿袭了 Michaelis-Menten 动力学方程。用来描述磷随溶液进入植物根系的方程同式(5.5)，即

$$J = D_e \frac{\partial C_s}{\partial r} + v_0 C_l$$

式中：J 为溶质养分迁移量；D_e 为有效扩散系数；r 为径向距离；C_s 为固相中容易与土壤溶液中磷(C_l)平衡的磷的浓度；v_0 为根表面的水流通量。植物根系对磷的吸收遵循 Michaelis-Menten 方程，其主动吸收的方程同式(5.4)，即

$$J_a = \frac{I_{max} C_l}{K_m + C_l} - E$$

式中：I_{max} 为限定浓度下的流入量；K_m 为 Michaelis-Menten 常数。模型中土壤的参数包括有效的平均扩散系数、溶液中原始磷的浓度和缓冲能力。植物参数包括最大流入量、Michaelis-Menten 常数、水的流入量、根半径、初始根的长度和根的生长量。磷吸收的数学模型之所以有

所发展,主要是因为:(a)非线性根际边界条件;(b)缓冲能力和扩散系数 d 的时空变化;(c)在根际和大量土壤养分的非线性源和库中;(d)任意的、非线性的初始条件。

磷循环模拟模型和其他的相似模型综合了土壤水分、温度、土壤性质、生物气候学和有机物分解对磷素移动过程的影响。这些模型模拟了许多土壤和植物的进程,如有机磷的矿化等,因此,这些模型为将来的研究提供了有价值的探索。

土壤磷缓冲能力对残余磷素有效性的影响可用 Bennett 和 Bowden(1972)描述的一个回归曲线预测,这一曲线提供了施肥的建议,这里选择的回归曲线是指数曲线或者 Mitscherlich 曲线:

$$Y = A[1 - B\exp(-CX)] \tag{5.95}$$

式中:Y 为单位面积的产量;A 为单位面积的最大产量;B 为对施用磷的相对反应;C 为效应系数;X 为施磷量(P),kg/hm^2。曲率或者缓冲能力给 X 赋值。这些系数由土壤类型、土壤的原始肥力和目标产量决定。

Decide 模型是基于高度风化的澳大利亚西部的淋溶土壤提出的,并且为澳大利亚西部农业建议服务部所使用。现在该模型正在修改以用于澳大利亚东部发育不充分的低风化土壤。因此,目前只是建立了限定范围的土壤类型的建议使用磷肥量。

EPIC 模型能够逐日定量描述土壤中磷养分的矿化与固定、流失与吸收、矿质磷循环(图 5-16)及作物吸收过程的变化速率和数量,揭示出土壤剖面磷运移、转化和作物营养的动态变化规律(李军等,2005)。

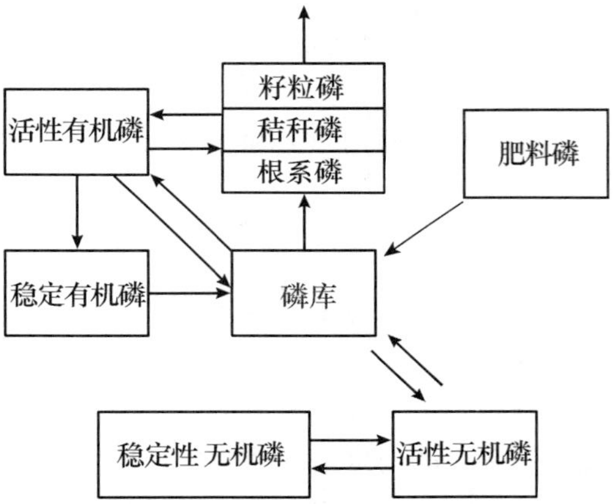

图 5-16 EPIC 模型中磷库与流向示意图

(Jones et al,1984)

2. 模型结构

EPIC 模型磷子模型 FORTRAN 编码详述了 EPIC 中磷子模型的主要组分,它代表来自一个超过5 000行代码的模型中的 162 行编码。磷子模型与 EPIC 的许多其他组分相互作用,包括作物生长和产量,磷损失和流失,自动施肥,以及残留落叶及其分解等(Jones et al,1991)。

3. 模型输入

EPIC 模型是设计用在美国土壤保护服务(SCS)或州农业实验站土壤调查研究报告中的土壤化学、物理以及分类的有效数据。这个磷的模型需要估计不稳定的速效磷、活性无机磷、稳定无机磷、残余磷和稳定的可矿化磷库的最初含量,需要估计土壤中磷的有效性指标。

残余磷的含量能够从植物残留物类型和数量估计,稳定的可矿化磷的量可从有机磷库及其可矿化有机磷量确定,在未开垦的草原土壤中,超过 50%的有机磷被认为是可矿化的。随着耕作年限的增加可矿化磷的百分率下降。

4. 模型应用

对美国大平原土壤有机碳、氮和磷含量的长期研究(30～70 年)结果被用于检验模型预测气候、土壤和作物轮作对表土和整个剖面有机磷浓度的影响。

一般来说,这个模型精确地估计了表层土壤由于耕作而引起的有机磷的下降。在耕作之后，底层土壤中的有机磷比表层土壤中的有机磷下降的缓慢（图 5-17）。

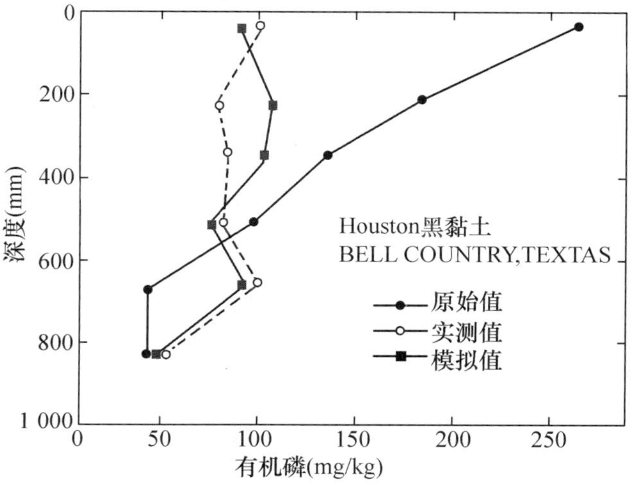

图 5-17　Houston 黑黏土栽培 60 年后土壤剖面有机磷的变化

(Jones et al,1991)

此模型能精确模拟施用磷肥对土壤测定磷水平的影响、保持充足土壤测定磷含量需要的施磷量以及磷肥用量过多或不足对土壤测定磷增加或减少量的影响。用几个磷肥试验中获得的数据（0～10 年）来检验这个模型模拟维持磷肥需求并改变土壤测定磷的效果。在这里把有效的、原始的土壤信息作为 Sharpley 等（1984）方程的最初的条件和决定系数来输入。模型所得出的磷肥维持的需求量估计和 Ibach 及 Adams（1968）在美国几个主要土壤类型上所种植的玉米和小麦生长状况类似（图 5-18）。该模型还对土壤测定磷对于施磷肥量不同而产生的变化做了精确的估计。

经过几年的时间，由于管理方面的原因，土壤特性如速效磷含量、pH 值、饱和度和有机碳含量都有明显的变化。这些变化会影响到土壤磷的吸附和磷在土壤中的存在形态。这归因于当连续几年磷肥维持在一个特定的量的时候土壤测定磷在增加或降低的比率上的突然变化。未来模型的改进要求能够精确地模拟土壤性质的变化及其对于磷的吸附和土壤中磷的形态的影响。

EPIC 模型也允许使用者为使土壤测定磷恢复到原来预定的水平每年施入磷肥来保持磷素肥力。磷素的固定在维持磷肥的供应上有很大的作用。磷肥有效性指数 F_1 数值低（0.12，高度固定磷素）的土壤比 F_1 数值高的（0.50，低固定磷素）土壤上需要施用更多的磷肥来维持供试土壤上磷素水平。

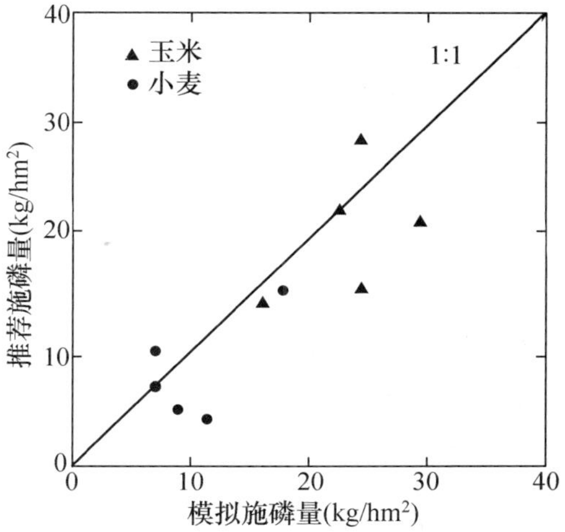

图 5-18　模拟年平均施磷量与推荐施磷量之间的关系

(Jones et al,1991)

5. 磷吸收动力学参数

由于根的纤细度不同,根长密度(单位质量植株的根长)变化范围为 18～46 m/g,根长密度越大植株吸收磷的机会就越多,当植株生长在土壤中时,I_{max}和根长密度呈正相关。因此,基因型长、纤细的根系每厘米吸收磷的速度较慢,也说明磷吸收动力学的可遗传性。

6. 磷吸收模型

由 Barber 和 Cushman(1981)描述的磷吸收模型,使用数学方法描述了土壤中磷向根的流入量和植株吸收的总养分量。温室植株盆栽试验得到磷预测值和观察值的相关性和回归系数,决定系数 r^2 在 0.85～0.99 之间,回归系数在 0.79～0.99 之间,平均值为 0.93。这表明二者有较好的拟合性,可用 7 个参数描述植株,5 个参数描述土壤情况。近些年由于改进了获得模型参数的方法,得到了磷吸收观察值和预测值更好的拟合性。

在 Itoh 和 Barber(1983)的吸收试验中发现,根毛区也吸收磷。根毛的影响与 D_e 和根毛长度有关。根毛对养分吸收的影响多见于磷,由于它相对低的 D_e 值,磷离子的平均线性扩散距离为$\sqrt{2D_e t}$。因此,若磷的 D_e 是 2×10^{-9} cm^2/s,则 3 d 的扩散距离为 0.32 mm,9 d 的为 0.56 mm。小麦根毛的平均长度为 0.29 mm,玉米为 0.33 mm。因此,若根毛没有超过根的吸收距离,则对吸收几乎没有影响。在低磷土壤上,D_e 非常低,所以根毛可以吸收。一些植株的根毛非常长,可达 0.6 mm,像俄国蓟,可以在高 D_e 值上影响吸收,根毛长度达到这种程度时,其吸收是很重要的。

Schenk 和 Barber(1979)对 5 个玉米基因型品种在两个土壤磷水平上试验得到了磷吸收预测值和观察值间关系。在低磷水平上($D_e=5.76\times10^{-9}$ cm^2/s),4 d 磷扩散的平均距离平均值为 0.63 mm,而在高磷水平上($D_e=11.2\times10^{-9}$ cm^2/s),4 d 磷扩散的平均距离平均值为 0.88 mm。因此,观察值和平均值在低磷水平上回归系数为 0.49,而在高磷水平上为 0.97。当植株缺磷时,根毛会生长。然而,由于磷的缺乏,植物在低磷土壤上的吸收值只有高磷土壤的 1/4。

菌根(mycorrhizae)也会增加磷的吸收。土壤在种植前由于翻动,菌根只有在植物长到 2 周时才会影响磷的吸收。因此,在盆栽试验中(由于一年生作物生长迅速直到根密度达到田间的观察值,此时间通常在 2 周之内),菌根不会影响磷的吸收。由于土壤中的低 D_e 值,邻近的根系竞争并不是影响磷吸收的重要因素。因为早期试验中使用 Claassen-Barber 模型与 Barber-Cushman 模型进行结果拟合时邻近的根系竞争不适合高 D_e 值。

在同一个试验中,磷吸收观察值大于预测值而钾的观察值等于预测值。菌根、根毛或二者共同增加了磷的吸收。由于钾的 D_e 值通常比磷的 D_e 值大 10～100 倍,所以菌根和根毛通常不增加钾的吸收。

7. 磷吸收的灵敏度分析

Barber-Cushman 模型使用的参数见表 5-3,预测磷吸收有一些参数变化为 0.5～2.0 倍,而其他参数还在原水平。表 5-3 的数值是在可控条件下大豆在盐碱土盆栽获得的值,预测磷吸收在根表易改变,k、r_0 有最大变化,预测磷吸收对土壤供给(由 C_{li}、b、D_e 可知)比根系吸收敏感(由 I_{max}、K_m、C_{min} 描述)。因此这种土壤磷供给是限制阶段,质流对 r_0 有微小影响,因为磷供给大部分来自扩散。r_1 也有微小影响,由于 D_e 值小,因此磷在根际的吸收竞争很小。

通常,对于陆生植物,改变一个参数也会影响其他参数。增加 C_{li} 会减少 b,增大 D_e。

图 5-19描述了磷吸收在以下条件下改变 C_{li}：(a)只改变 C_{li}，即曲线 A；(b)改变 b 以保持 C_{si} 平衡，D_e 保持不变，即曲线 B；(c)b、D_e 同时改变，即曲线 C。根据 $b=\partial C_{si}/\partial C_{li}$（$C_{si}$ 为土壤固相易转化态养分离子的初始浓度），$D_e=f_1\theta D_1/b$，可知曲线 C 更接近实际。尽管 b、D_e 改变了，它们在预测磷吸收上也有重要影响。

许多其他参数组合对预测磷吸收的影响可以通过吸收模型测得。例如：在根体积相同的情况下，较细的长根会增加磷的模拟吸收，因为土壤不必消耗额外的能量来产生更多的根，由于大量根表面积会增加磷的根部供给的几何半径而使吸收量增加。磷 C_{li} 水平变化的重要性需要测定根的 C_{li}、b、D_e 值和植株 k、r_0 值。

上面讨论根而没有涉及根毛。当根毛存在时，通常土壤会有根毛间的竞争。由于这些原因，C_{li}、b 成为决定磷吸收的重要因素，包括根毛作用的 Itoh 和 Barber 模型灵敏度分析表明，增加根毛生长由于根的几何半径增大对磷吸收有重要影响。在一些作物上，C_{li} 是决定磷吸收的重要因素（图 5-19），当根毛作为吸收的可利用因素时，b 也成为重要因素。根毛长度增长时，b 相对于 C_{li} 重要性增加。

表 5-3 Cushman 模型模拟磷吸收的土壤和植物参数初始值（Silberbush and Barber，1983）

参数	初始值
D_e	2.3×10^{-9} cm²/s
b	163
C_{li}	0.013 6 mmol/L
v_0	5.0×10^{-7} cm³/(cm²·s)
r_0	0.015 cm
r_1	0.2 cm
I_{max}	6.43 nmol/(m²·s)
C_{min}	0.2 μmol/L
K_m	5.45 μmol/L
L_0	250 cm
k	0.03 cm/s

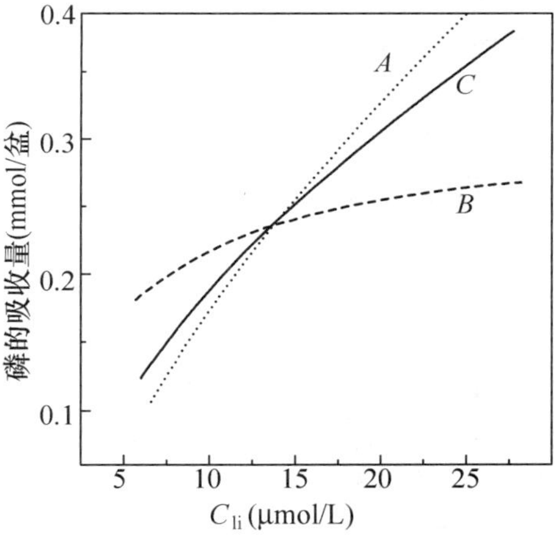

图 5-19 受初始磷浓度影响的磷吸收的预测值（Silberbush and Barber，1983）

植株能通过改变土壤的 pH 值改善磷供给，它们吸收更多的阳离子并释放 H^+ 到土壤。这在非豆科作物供 NH_4^+ 时会发生 NH_4^+ 和 NO_3^- 的平衡。

当大部分氮以 NH_4^+ 形式被吸收，有大量的阳离子被吸收时，释放 H^+ 以平衡阴阳离子；当大部分氮以 NO_3^- 的形式被吸收，有大量的阴离子被吸收时，释放 OH^- 使土壤 pH 增加。在豆科作物中 Ca、Mg、K 含量较高，经常会吸收过多的阳离子。因此 H^+ 释放，土壤 pH 值下降，土壤 pH 值的降低通常会增加磷的 C_{li} 值。

当土壤中有饱和的 $CaSO_4$ 时，钙的径流增加土壤中钙的含量，增加的钙会降低磷的 C_{li}。因为磷酸钙与土壤中大部分磷的 C_{si} 水平有关。

8. 土壤生物有效磷的测定

吸收模型是用来研究机理的一种模型，预测磷吸收对于发展生物有效磷的测定方法非常有效。提取的有效磷与预测磷的吸收之间有很好的拟合性。

可通过分析模型参数以预测磷吸收。图5-19表明C_{li}的改变比b、D_e更敏感,测C_{li}或C_{li}加上C_{si}可能对于简单的测定土壤有效磷有价值,通常使用的提取土壤磷的试验中可能会提取一些非有效磷,但如果土壤试验对预测土壤有效磷有用,总提取量可与有效磷量相拟合。在描述磷从土壤流入根的模型中,包括3个土壤参数,即C_{li}、b、D_e,$C_{li}\times D_e$接近土壤有效磷。若试验在相同的土壤中进行,C_{li}、b、D_e具有相关性,因此,只用三者之一即可预测综合作用因素。然而,若土壤不同,3个因素可能不相关,因此其中一个值不一定与磷吸收值有关,相似土壤测试不可靠。

土壤磷的测试值与植物从土壤中获得的磷值之间的相关性会随作物不同而变化,这可能与根毛的长度和密度有关。对于无根毛或有少量根毛的作物,当土壤磷根际竞争不存在时,C_{li}可能与观察到的磷吸收拟合;对于有许多长根毛的作物,土壤测试既会受测试植物的根自然状况影响,又会受被测土壤的状况影响。

(三)钾吸收动力学模型

1.钾吸收动力学参数

Barber-Cushman模型使用11个参数,其中C_{li}、b、D_e描述钾向根表的供给,L_0、k、r_0、r_1描述根系统状态和生长速率,v_0、I_{max}、K_m、C_{min}描述水和钾的吸收动力学。Shaw等(1983)将培养6 d的幼苗转移至3 L盆中(4种土壤)生长14 d。4种土壤的阳离子交换量(*CEC*)为119~247 mmol/kg,4次重复,收获时根密度在2.67~3.34 cm/cm^3。钾吸收的预测值与观察值之间呈直线相关,$y=1.11x+0.37$,决定系数$r^2=0.93$,表明两者之间有较高拟合性,当4种C_{si}值拟合时,*CEC*与钾吸收有关。

Li和Barber(1991)关于钾吸收的试验中,4种作物种植在同一土壤中,pH值分别为5.6、7.3、7.6、8.3,其预测值与观察值的决定系数为$r^2=0.99$,回归系数为0.99。

Silberbush和Barber(1984)通过田间试验研究大豆生长及钾的吸收。5种大豆品种,4次重复种植在盐碱土上,土壤钾随深度而变。模型的土壤参数在深度0~15、15~30、30~76 cm处获得,在76 cm处不渗透层,抑制根的更深生长。在大豆不同生长期取样,钾吸收的观察值和预测值拟合性较好(图5-3),表明模型可以用来描述大田大豆中钾的吸收。

2.钾吸收的灵敏度分析

Silberbush和Barber(1983)应用Barber-Cushman模拟模型的参数对预测钾吸收的灵敏度进行了分析。每一参数的变化范围都是初始值的0.5~2.0倍,结果见表5-4。由于影响根表面积,k、r_0对钾吸收预测很敏感(图5-4),因此当r_1保持恒定时,土壤总量随k增加而增加。另外3个土壤吸收的敏感参数是C_{li}、b、D_e。当这些参数都增加时,钾吸收达到最大值,因为它们增加了C_{lo},C_{lo}增加了I_{max}。

r_1的减少会迅速减少钾吸收,因为它会减少土壤钾的供给总量并增加根际竞争。增加的r_1增加了钾吸收渐进线的预测值,由于r_1增加,根际竞争减少,使钾在根部的吸收区域增加。由于大部分的钾是由扩散到达根部的,改变r_0没有什么影响。流入参数I_{max}、K_m、C_{min}有微小减少,由于土壤供钾比植物吸收钾更能限制钾的流入。

当一个参数改变时,通常会影响其他参数水平。分析相互关联的三个形态学参数k、r_0、r_1(图5-4),表明根系体系和土壤体积保持不变,钾吸收随钾增加而增加(由于根变长)。

土壤参数C_{li}、b和D_e是相互依赖的,尽管它们的范围要取决于土壤。如果我们选择一种土壤C_{si}(扩散钾的水平)保持增加,C_{li}、$b(\partial C_s/\partial C_l)$将减少,$D_e(D_e=D_l\theta f_l/b)$将增加(图5-4)。

一种情况，C_{li}变化时b、D_e保持不变；另一种情况，b、D_e变化而使C_{si}保持恒定。尽管土壤中可能有更多的根系竞争，这两种曲线并没有太大的区别。

表 5-4 增加土壤根系密度对预测受土壤缓冲能力影响的钾吸收的影响

(Barber, 1981)

项目	土壤		
	Ⅰ	Ⅱ	Ⅲ
土壤参数			
C_{si}(mmol/L)	2	2	2
C_{li}(mmol/L)	1	0.2	0.1
b	2	10	20
D_e($\times10^{-7}$ cm^2/s)	5	1	0.5
预测吸收(mmol/盆)			
$r_1=0.09$ cm	23	21	20
$r_1=0.45$ cm	269	121	71

注：C_{si}为土壤固相易转化态养分离子的初始浓度，mmol/L 或 mmol/dm^3，r_1 为根间距离的一半。

3. 生物有效钾的土壤测试

土壤中钾的生物有效性通常通过测试土壤中生长的植株获得，测它们的吸钾总量并使用这个值描述钾的有效性。用这种测试钾吸收方法得到的结果通常与试验测定的从土壤中提取的钾量一致。当植物参数保持不变时，土壤参数C_{li}、D_e、b相互影响，决定了钾在根部的吸收速率。这里讨论决定土壤钾向植物根供给速率的经验方法。

交换态钾是土壤总钾中运至土壤溶液中被植物吸收的钾，在常规的分析中，交换态钾包含在这种土壤溶液中，而溶液中的量通常比实际上的交换态钾量要低。在体系中C_{li}、D_e、b彼此密切相关，如果不同水平C_{si}存在于单一土壤中，C_{si}的值与植物吸钾的观察值相关，然而，若土壤有多种不同形式，用 *CEC* 估计钾吸收与C_{si}的相互关系，结果不是很好。在C_{si}改变的情况下，C_{li}、D_e、b并不很相关。

决定C_{si}是否与钾吸收有关的一个重要因素是根在土壤中的密度(反映在根际间钾的竞争)。竞争程度既取决于根密度，又取决于扩散系数(反映了钾从土壤向根部的扩散距离)。作物生长决定根系密度，对于玉米，表土中根密度(L_V)为 3～4 cm/cm^3，大豆只有 1.0 cm/cm^3，草类可达到 20 cm/cm^3。因此，草类的根系对于钾的竞争要快于大豆根系。根轴间距之一半(r_1)平均距离为$1/\sqrt{\pi L_V}$。

土壤中的D_e通常在10^{-7}～10^{-8} cm^2/s之间，使用表 5-2 中的模型参数值，保持r_1外的所有值不变，则吸收模型可以用来计算。当r_1值分别为 0.14、0.28、0.56 cm 时，相应L_V值为 16、4、1 cm/cm^3。当植物根密度增加时，C_1/C_{li}(根际竞争)值降低。因此，高根密度的植物和以扩散作为向根供钾重要因素的植物，会发生钾的根竞争。根竞争越严重，土壤中钾的C_{si}和钾的植物吸收相关性越好。由于钾存在的数量比根部转移的效率有效，在这种情况下，植物吸收大部分的交换态钾。

通常钾的土壤有效性通过温室或网室盆栽植物获得，植物生长达到一定长度时盆栽土壤中的根密度就很大了。在盆栽条件下根密度值(L_V)高达 45 cm/cm^3，因此，交换态钾和植物吸收钾有较高的相关性。另外,非交换态钾也可以被生长在相同土壤中的植物吸收。

在大田种植时,根密度会很小,在这种情况下,由于钾根际竞争的减少,结果可能会不同,而且供试的作物也可能造成不同。低根密度的作物与高根密度的作物结果不同(表5-4)。在表5-4中,应用数学模型预测根密度对钾吸收的影响。根长保持不变,在高根密度条件下有更多的土壤存在,改变 C_{li}、D_e、b,若 C_{si} 保持不变,对预测钾吸收没什么影响。

钾是形成作物产量的重要养分,因此,了解钾流入土壤-植物根系体系的动力学非常重要,扩散通常是钾向土壤供给的重要方式。Barber-Cushman 动力学营养吸收模型可用来解释不同作物种类和土壤中钾吸收的不同。许多模型参数对于决定钾吸收有重要作用(图5-4)。在高根密度下,低 r_1,低土壤供给 C_{li},增大 r_1 将对钾吸收产生很大影响。在高 C_{li} 值下,增加 I_{max} 也会有很大影响。因此,决定钾吸收有效性的因素随土壤钾水平、根密度、植物吸收动力、生长季的总吸收量而不同,不能在一个试验基础上得到很多结论。

(四)钙吸收动力学模型

Claassen 和 Barber(1976)根据土壤和植物参数描述养分吸收的机理模型同样适用于钙的吸收模型。

模型中有3个描述钙向根系表面供应的土壤参数:C_{li} 是土壤溶液中钙的浓度,b 是土壤有效钙对溶液中钙的缓冲能力,D_e 是钙在土壤中的有效扩散系数。由于土壤交换性钙含量范围很宽,b 值范围也很宽。除含有 $CaSO_4$ 或 $CaCO_3$ 沉淀的土壤外,土壤交换性钙是土壤溶液中钙的基本缓冲能力。例如,假定土壤阳离子交换量(*CEC*)为 20 cmol/kg,交换性钙+溶液中钙含量为 6 cmol/kg,与土壤平衡后溶液中钙的浓度为 0.5 mmol/L 或 20 mg/L。如果假设土壤容重为 1.3 g/cm^3,那么交换性钙和溶液中钙总和为 $0.06\times1.3=0.078$ mmol/cm^3。假定土壤溶液中钙的浓度(C_{li})为 0.000 5 mmol/cm^3,则 $b=0.078/0.000\,5=156$。D_e 可根据公式计算出来,如用 $b=156$,则 D_e 值为 2×10^{-9} cm^2/s。

土壤中由于阴离子浓度不同,C_{li} 和 D_e 变化很大。因为钙离子是二价阳离子,C_{li} 随溶液中阴离子的增加而增大。施用氮肥或有机质矿化释放的氮都会明显增加钙的 C_{li} 值。C_{li} 值增大会降低 b 值,结果使 D_e 增大。因此,在植物生长期间土壤中钙的供应参数值变化很大。

描述钙吸收的有效动力学参数很少。其中,K_m 值似乎在 40～300 μmol/L 之间,I_{max} 值可能随植物对钙的需求而变化,C_{min} 值由于土壤溶液中钙离子浓度相对高而没有意义,根表面水流通量 v_0 是重要的,因为通常质流是钙向根系供应的最重要的机理。很少因为缺钙而减少作物产量的,因此,钙吸收模型应用的很少。钙吸收模型通常用在特殊需钙高的作物上,如正在发育的番茄和花生果。

(五)镁吸收动力学模型

通过模型预测得出的镁吸收量要比实际观测值高,预测的修正值范围在 1.1～1.7 之间时,镁的吸收取决于土壤中镁的利用率。I_{max} 是造成差异的主要原因,利用 Barber-Cushman 模型来预测镁吸收的主要缺点是缺乏与植物吸收土壤中镁有关的动力学参数的相关信息。

Kelly 等(1992)采用火炬松的幼苗按照 Barber-Cushman 模型研究镁的吸收情况。在盆栽试验的幼苗长到 180 d 时,他们发现这一模型仅仅预测了生长过程吸收量的38%,这一模型 C_{lo} 示踪显示随着时间的增长运输到根部的镁多于根系吸收的镁。通过方程预测的 C_{lo} 的值大约比最初溶液的含量值大100倍,I_{max}、K_m、C_{min} 的最初值是用损耗方程得出的。植物总是以最大吸收速率吸收,此时预测值低于实测值。同样试验所预测的钾、磷的吸收量分别占总吸收量的94%和89%，由于在这一系统中磷和钾到达根系主要通过扩散作用，因此根表不会有这些养分的积累。Kelly等(1992)在I_{max}增加的区域做了灵敏表，显示出预测火炬松对镁的吸收很大程度上受I_{max}的影响。在许多情况下，人们认为C_{li}的水平已经足够高，以至于运送给根系的镁远远多于所吸收的。如果C_{lo}随着时间降低，土壤中镁的含量低并且C_{li}值也低，进而会影响流入。然而，由于镁的b值通常很小，扩散系数比磷、钾大，I_{max}的值就可能影响吸收作用。

在镁供应良好的土壤中通过质流作用供给的镁要比植物吸收的镁多；在镁含量较低的土壤中通过质流作用供给的镁要比植物吸收的镁少。

在自然条件下，养分主要是通过扩散供应，镁可能会在根表面积累，而钙的积累速度比镁更快，钾的水平会随时间延长而降低。由于镁的吸收依赖于溶液中Ca/K水平和镁的水平，因此我们需要这3种养分的信息，才能精确模拟养分向根系的运输。

Bouldin(1989)提出的吸收模型，假设土壤所提供的钙、镁、钾这3种养分的交互作用已知，就能同时预测钙、镁、钾的吸收，然后运用钙、镁、钾的吸收模型，通过将土壤的供镁信息与镁的吸收动力学相结合，来描述镁的吸收机理。

与钾不同，植物吸收的镁通常只是土壤中可交换镁的一小部分。因此，从吸收机制的角度说，植物从土壤中吸收的镁的估计值是次要因子，而质流通量($C_l v_0$)变成了一个主要因素，因为镁向根系的运输主要是通过质流作用。

土壤中镁的利用率与C_{li}、b和D_e有关。在砂质，低pH值，富钾和铵的土壤上通常会发生由于缺镁而导致的植物生长减缓。在这样的条件下，交换态镁的水平较低，因此C_{li}、b也较低；如果C_{li}对于植物的生长是适量的，b对于维持供养就很低。已经发现可以通过C_{si}来表征效率，C_{si}值在50 mg/kg以上通常是充足的。来自于交换态钙的竞争作用可能主要取决于钙的相对结合能力。

只要当前交换态钙多于交换态镁，过量的镁就不会影响到大多数植物，因此，Ca/Mg在1～20之间变化时，只要镁的总量是足够的，有效镁的能力可能仍旧是有效的。植物中的钙、镁含量会有变化，植物吸收的钙、镁数量是相似的，因为钙与土壤的交换位点结合得更紧密，然而，若镁、钙通过质流和扩散作用到达根系表面时，要获得相应的供应率，结合位点所需要的钙的数量大于镁的数量，理论上交换态Ca/Mg的比率应该在2～7之间。镁的缺乏已经被视为森林锐减的原因之一，比起牧草和粮食作物来说，保护地镁的缺乏现象更为常见。

(六)硫吸收动力学模型

硫主要通过植物根系的新陈代谢以SO_4^{2-}的形式吸收。吸收关系可以通过最大吸收速率I_{max}和K_m描述。$I_n-C_{min}=1/2I_{max}$，当$I_n=0$时，$C_{min}=0$。Cacco等(1977)测定了玉米根长为2～14 cm时硫的吸收动力学问题，吸收符合Michaelis-Menten方程；在根长最长为9～10 cm时，I_{max}是增加的，K_m值在10～20 μmol/L之间变化。根长为7～8 cm时I_{max}最低，而根长为3～4 cm时I_{max}最高。Nissen(1971)指出SO_4^{2-}的吸收是多相的，因为随着SO_4^{2-}浓度的增加，I_{max}和K_m也随之增加。因此，土壤溶液中硫酸盐含量高，植物吸收的SO_4^{2-}也多，然而，植物对硫的吸收通常只在根部或者在短期内多，否则植物体中的硫含量就会过量。

第四节 田间土壤溶质运输和作物生长模型

作物生长模型是建立在水和溶质的运移和田间土壤中根系分布概念和方法基础之上，在某些情况下,需要对以前使用过的方法进行改进和简化。

首先要讨论在田间范围内水分、营养物质运移和吸收的问题。建立模拟方法,包括吸收模型与更加复杂的模拟环境主要因子之间相互作用的作物生长与养分吸收模型。

一、大田作物对水分和养分的吸收和作物生长模型的发展

模拟模型可由简单到复杂,逐渐增多复杂的系统。首先,一律单作,包括"绿叶作物"模型、根实作物模型、谷类和树类作物模型。在这一水平上,可以忽略杂草与地表覆盖物的存在。种间竞争包括两种以上植被。这发生在许多农业系统中,比如说饲草作物与农业森林系统的混合体。在没有空间对称的地区,这种竞争过程甚至更加复杂,如作物/杂草混合模型、草类/豆类混合模型和种植林地。因为作物的结构越规则,作物的生长越迅速。

这些模型中大都有一个水分利用模型。因为对于所有的水分利用模型来说,一般物理基础都类似。对于一个模型来说,首选的顺序是:水分、生长(包括经济产量)、氮、钾、磷、其他营养元素,除非这些项目在逻辑上需要制定其他的顺序。选择元素顺序的理由如下:通常来说,氮是限制作物生长的主要元素,并且是最重要的肥料。钾排在其次,是因为它是在作物根系运移的元素中既重要,又相对来说比较容易模拟的元素。磷被放在最后讨论是因为它在根系的运移是极其重要的,但是有很多特殊的机制,以至于详细的模拟相当困难。

(一)田间植被结构

如果能够确定小的单位面积,那么田间作物的研究就很容易。Rabbinge 等(1990)讨论了在最小面积上,包括所有作物地上部分亚系统的面积问题。这里也可以认为,这种单位面积可定义为地下部分的最小重复单元。

在许多作物中,特别是联合收割的作物,如小粒谷物或者油菜,作物混合得非常紧密,如果作物是非常均一的,1 m^2 对于全部作物都是完全有代表性的。对于在行上种植的比较大的单个个体,比如玉米、甜菜或者高粱,重复单元面积需要几平方米;对于树类作物和树类与作物混合的情况,重复单元需要几百平方米。如果农民调整种植方式或者自然林地,那么就根本不可能精确划分出重复单元,并且在植被相似的地区,不得不进一步划分为不规则地块。人们习惯于把森林的树冠细分为不同的层次,每个层次包含不同比例的不同物种。在地面以下,在作物根系穿插的深度方面,具有类似的不同之处,但是除了农业森林系统外,这方面的详细工作做得很少。

(二)大田作物水分利用

预测在一个特定的时间,植物从根区吸收水分的速率是十分重要的,就像上面所简略描述的大致模型,但是作物在它整个生长期间的全部水分关系也必须掌握。特别是在生育期内,降雨量对于作物生长是不充分的,那么作物将一部分依赖于土壤剖面中的贮存水,一部分依赖于降水。

具有较深根系的植物可以比其他植物吸收更多的水分,因此它比具有较浅根系的作物有很大的优势。然而,这也是有例外的。如果降雨充足并且有规则,则在土壤的上层会有充足的水分。相反,如果降雨量在全年非常少,被一季作物使用的深层水在下一个生长季以前不能够被补充,在大多数的年份里,深层根系系统要比浅层根系系统多吸收少量的水(Ludlow and Muchow, 1990;Gregory,1994a)。因此具有较深根系的作物抽取水分的数值,在环境条件中等时,是最大的。在半干旱地区的农业森林试验中,McIntyre 等(1996)发现在 0.45 m 以下根系的重新分布几乎是不可能的,因此深层根系仅具有间歇的价值。然而,许多在干旱地区生长

的灌木具有非常深的根系，这些根系可能就是在降雨和水分渗透形式允许深层分配的深度来利用水。

依赖于土壤剖面中贮存水的一年生植物，向它们提供水分的速率限制因素在于在潮湿地区根系扩展的速率(Onget et al,1996)。扩展的速率非常快，例如 Squire 等(1984)引用在热带地区，“抽取前段”的速率可以达到 70 mm/d，正常在 10～40 mm/d。但是，在生长季的前期，在一定土层深度上，大量的迅速生长的根系能够从深层土壤吸收贮存的水分以满足土壤水分蒸发蒸腾损失总量的需求，这就使作物在成熟季节缺少水分。因此，最好有一个比较小的根系密度，或者根系的水压传导率比较小(Richards and Passioura,1989)，以便使作物在适度的水分胁迫条件下，能维持更长的时间，直到成熟期。

要设计一个使作物在所有时间水分的吸收速率都有利的作物根系系统是困难的。Ludlow 和 Muchow(1990)认为田间作物养分利用效率中最重要的问题就是使作物的生长时期与水分供应的时间相匹配，水分供应或者是雨水，或者是储存水。这就需要播种时间适宜，并且栽培品种有适宜的生长季。把改良的根系形态学特征(Gregory,1994b)和植物体内更好的渗透调节能力(Verma,1997)都看作是避免水分胁迫的重要植物学特性。

Weir 和 Barraclough(1986)研究了英国依赖于储存水生长的冬小麦习性。作物在避雨的条件下生长，一部分在 3 月末遇到旱情，其余的灌溉。测定生长在防雨条件下的有灌溉和无灌溉的冬小麦的单位地表面积总根长(km/m^2)，根系伸展到 160～180 cm 的土层，但是在干旱的条件下生长的作物 L_V 值从来没有大于 0.1 m/m^3。L_A 值在开花期达到最大值，在表层 0～20 cm单位地表面积总根长达到 12.2 km/m^2，在 0～180 cm 土层可以达到 26.8 km/m^2。因此，这个试验性作物可以代表大量的生产作物。

水分抽取的前端沿着剖面下移，以至于最大水分流量的深度随着时间延长而增加。无灌溉的作物总蒸发量达到 223 mm，而灌溉的作物可以达到 340 mm，受到水分胁迫时，如果表层土壤是潮湿的，那么就可以达到最大的蒸腾速率。在 140～160 cm 土层的平均水分流量比其他深度都要大，速率是 1 mm/(km・d)。在干旱土壤上平均水分流量通常小于 1 mm/(km・d)(Ong et al,1996)，因此，在一定深度较大的根系密度可以吸取更多的水。

(三)全球变化作用

在全球范围内最重要的作用就是大气中二氧化碳浓度的稳步增加。一般来说，在缺乏其他限制因素的情况下，这将会导致作物的快速增长，但是作用的范围随着物种的不同有很大的变化。它有可能造成根/茎比和二氧化碳在地下的固定方式的变化(Tinker et al,1996)。特别是氮素供应与水分之间的相互作用关系非常复杂，并且容易变化(Walker and Steffen,1996)。一般来说，对于形成一定数量的干物质，升高二氧化碳浓度后所需要的水分蒸腾量要少于低二氧化碳浓度的情况。二氧化碳浓度增加的程度可以精确的预测出。温室效应可能导致气候变化，包括温度、降雨和突发灾害发生的频率。应用作物模型可以探索提高二氧化碳浓度对植物生长的影响，在很大程度上改变作物生长的方式。

二、单一栽培作物模型(模拟单种作物模型)

在建立基本的作物生长与养分吸收模型中，Penning 和 Rabbing(1995)认为潜在产量的限定因素有很多，但水和养分却是最重要的限制因素。其他诸如光、温度以及二氧化碳在正常土壤状态下是不可控制的，而水和营养条件在发达农业中通常是可以改进的。然而，在热带农业中则不是这样。在森林中,水和营养实际上限制产量水平。

在土壤-根系系统中,使用的作物模型有至少14种小麦模型、5种水稻模型、14种氮的转移模型。发表的模型有蔬菜、禾谷类、薯类、低灌木林等主要单种类作物。

作物生长和养分吸收的基础模型包含地下部分养分吸收的最重要的过程。假定模型代表在生长率和物候上没有显著变化的绿色作物,所以可以假定养分浓度是唯一和直接对作物的生长有影响的因素。

作物生长和养分吸收的基本关系应该包括以下过程:

①光合作用速率。这决定接受辐射和冠层截获部分。需要把植物体养分的百分数和水势结合考虑。

②碳的分配和根冠比。这可以通过经验来设定,但需要随时间、养分和水的状况来修改。

③叶的生长和冠层结构。

④根的生长、半径和分布。这需要将光合作用速率和分配联合。

⑤伴随溶质运输的土壤水的流动。

⑥土层中溶质养分浓度。这需要将溶质的运输、可能的矿化过程和养分吸收结合起来。

⑦潜在的养分吸收。这需要把植物相对生长速率、根长/植物重比率以及养分在植物体内的百分含量结合起来。

⑧实际的养分吸收,包括土壤中根系吸收特性、扩散和质流过程。

⑨作物体内的养分百分含量——将植物生长和养分吸收速率结合起来。

⑩新的土壤养分以及水分含量计算。

这个基本的养分吸收模型原理上与Nye等(1975)所阐述的模型相似。

单一作物吸收模型忽略单位面积种植作物的种间竞争。尽管在处理中没有包括竞争,实际上内部的物种竞争是存在的。

如果作物密度明显变化,如改变播种率,种间竞争的程度和种类也在一定程度上发生改变,作物的形态和产量也会改变。然而,大田作物的单位面积干物质生产和产量并不能强烈取决于最适密度。

通常假定单个作物根系自由相互渗透,在许多物种中,存在着根系的排斥,以至于单个作物的根系不倾向于相互渗透,但这不影响单种作物的模拟。

最简单的田间养分吸收模型是扩大养分流量的分析,以检测根系的活动是否限制作物生长和产量。离子的平均吸收速率($\bar{I}$)是该工作中最重要的测定指标。在一年生作物的生育周期中$\bar{I}$值通常前期非常大,然后在迅速生长阶段趋于稳定的值,最后在衰老期减小。一些典型的$\bar{I}$值列于表5-5。

表5-5 作物苗期以后田间测定的不同养分和作物种类的$\bar{I}$值 10^{-14} mol/(cm·s)

养分	大麦[1]	冬小麦[2,3]	玉米[4]	大豆[a]	油菜[5]
N	4.6	32.0	32.0	2.6	20.0
P	0.16	1.3	0.9	0.1	1.0
K	1.2	12.0	12.0	0.6	5.0

注:参考文献来源:[1]Soon, 1988;[2] Gregory et al, 1979;[3]Barraclough, 1986b;[4]Mengel and Barber, 1974;[5]Barraclough, 1989b。[a]有些被固定氮。

Hunt(1973)提出了一些更精确的方法,如果小数量植物在频繁的间隔中被收割,而不是采用收获期的大量收获,则该模型是正确的。大田作物的分析都使用 Baldwin(1973)的模型来计算在根系表面的耗竭,包括根系间相互竞争的影响。这个稳态模型已经在其他的工作中得到了广泛的应用,特别是在因素和环境变化的情况下。在大田作物研究过程中由于环境条件总是在变化,所以该模型极有价值。许多人已经应用该模型推测土壤中包含根系吸收的溶质的行为。

Bawaclough(1989b)将该分析应用于冬油菜(*Brassica canola*)。由于是油菜,因此不受菌根影响,所以磷酸盐扩散的计算可能比其他植物更准确。然而,众所周知,当磷酸盐严重不足时,存在着特定的氢离子的释放机理。施肥作物的根长通常分 5 次取土壤测定,土壤溶液值测定 3 次,茎叶中的养分含量测定 14 次,结果略有不同。

用稳定状态近似值来计算扩散吸收值与同时间在土壤中扩散吸收到零水平相比较,测定的土壤溶液的浓度比实际的最低浓度稍微大些。当干旱时期土壤干燥导致扩散系数降低时,土壤中磷酸盐的浓度仅仅是临近充足。仅仅能够计算根毛的吸入量,而底土存在的大量的根,则不允许计算。

对于供测定吸收量的土壤溶液的计算值与土壤化学检验中预测值之间的比较由英国国家农业咨询服务机构来推荐。他们更有理由推测潮湿土壤中磷酸盐的需要量。但当土壤干旱时,对于扩散的计算,正常的土壤检测值对于磷酸盐吸收量的需求就显得不充分了。

这种吸收模型方法可以应用在任何单根吸收模型中,同样也适用于 Baldwin 等的(1973)稳态模型中。这类模型中应用最为频繁的是 Barber-Cushman 模型,而且已经应用到很多研究领域。通常,这些研究在由模拟推测的吸收量和实际检测量之间是一致的。因此,可以预测田间大豆对磷酸盐的吸收。但对小麦吸收钾的预测值偏高(Seward et al,1990)。在不同肥料处理中整个根的长度在花期并没有明显的不同,主要的原因是用 Claassen 和 Barber 的耗竭技术和溶液培养法测定吸收参数 I_{max} 和 K_m。在高肥料处理中有很大的不同。在低氮和低钾的处理中,吸收量的控制更取决于土壤,而不是根的参数。van Rees 等(1990)比较了用 Barber-Cushman 模型和 Baldwin 等(1973)稳态模型模拟松树苗的钾吸收量,尽管稳态模型的模拟结果总是大 5%,但两种模拟结果很接近(决定系数 $r^2=0.99$)。在温室和苗圃试验中树苗吸收量的观测值与预测值十分一致,但在田间模拟效果要差些。

模拟和实测的数据也不总是一致的,有时高营养水平比低营养水平好,钾比磷的模拟效果要好。这是不可预测的,因为许多根系表面的适应性可以增加根系对养分的吸收量,多数情况下根系在低浓度下贡献最大,在中高养分浓度下大部分模型模拟的吸收是真实的。

由于吸收量是从整个植物实测得到的,这些方法通常忽略了根在土壤中吸收和分配的问题。不同土壤容积的吸收量之间的差别会更加复杂。许多研究表明,模拟和实测的结果很一致,但必须提供田间根长,限定根吸收特性的数据,并保持有效的空白。下面将讨论预测生长和养分吸收的作物模型。

(一)蔬菜生长和吸收模型

第一个用于田间作物生长和养分吸收与地下部分组成的模型是由 Barnes 等(1976)建立的,该模型的流程图见图 5-20。

供试作物为甘蓝,这种作物正常可以吸收大量肥料。所以引入剖面盐分运输模型。在模型的前期模拟阶段,无论地上部分还是地下部分植株分布是日益增长的。模型包括比较重要

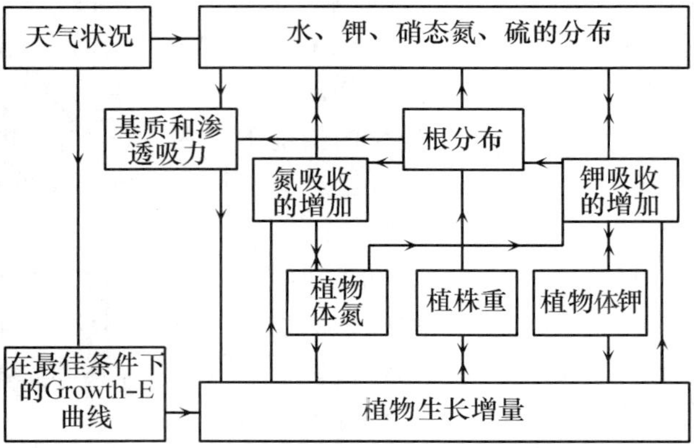

图 5-20 甘蓝生长以及氮、钾养分吸收流程图

Growth-E 是指由 Barnes 等于 1976 年根据蒸发蒸腾作用所做的逻辑生长曲线模型

的所有养分吸收过程和影响因素,因此模型被认为具有较好的代表性。

采用甘蓝作为供试作物的优点是生长方式非常简单,没有再生阶段,通过采用大量田间试验结果,用 Logistic 方程模拟甘蓝生长情况,其最高产量设为 10 t/hm^2。由于没有光合作用的子模型,所以严格上讲它并不是一个生长模型。模型中的生长情况主要根据开放的水表面所产生的蒸腾作用来计算,并主要考虑时间和辐射能的影响。对于水势和养分浓度,模型假定在任何时间仅仅有一个因素可以影响甘蓝生长速率。通过整株植物根和茎的异速生长关系来计算植物根系重量,根系沿着剖面向下分布是呈指数的(Gerwitz and Page,1974)。

由于蒸发蒸腾作用,水分沿着土壤不同层次依次运动,可以得出其运动方向是向下的。假定只要基质渗透吸力为正,水分胁迫对植物生长没有影响,整个剖面的渗透压平均大约为 1.4 MPa(此数值似乎很低)。当渗透压从 1.4 MPa 上升到 1.6 MPa 时,植物生长速率呈线性下降,趋向于 0。通过每层根系数量便可以计算出其平均重量。

模型中考虑了两个营养元素即氮和钾,它包括土壤有机质矿化作用和硝化作用的子模型。对于钾元素,模型中还包含一个计算交换性钾与非交换性钾相互转化的子模型,并且此子模型还可以计算土壤溶液中钾浓度。不同土层间硝酸根被均匀的吸收。对于钾素,稳态近似值(Baldwin et al,1973)用于计算钾从不同层次运输到根表的数量。

植物体内氮浓度对于氮素吸收的影响情况可以用式(5.96)表示。

$$\frac{\delta U_{\mathrm{N}}}{\delta t}=\frac{\delta Y}{\delta t\,\mathrm{N_m}}\left[1+12.0\exp\left(-\frac{9\mathrm{N}'}{\mathrm{N}'_{\mathrm{m}}}\right)\right] \tag{5.96}$$

式中:U_{N} 为植物体内氮的吸收量;t 为时间;Y 为产量;$\mathrm{N}'=\mathrm{N}-\mathrm{N_0}$,$\mathrm{N'_m}=\mathrm{N_m}-\mathrm{N_0}$,其中 N、$\mathrm{N_0}$、$\mathrm{N_m}$ 分别为植物体内实际氮浓度、生长需要最小氮浓度以及最大生长可能需求的氮浓度。

式(5.96)说明了随着时间的推移,氮素吸收并不由外界氮浓度所限制。

氮素吸收量随土壤氮浓度降低而降低,可用 Michaelis-Menten 方程来表示。

$$\frac{\delta U_{\mathrm{N}}}{\delta t}=\frac{\delta U_{\mathrm{Nm}}}{\delta t}\times\frac{C_{\mathrm{N}}}{C_{\mathrm{N}}+C_{1/2\mathrm{N}}} \tag{5.97}$$

式中:U_{Nm} 为植物体内氮素的最大吸收量;C_{N} 和 $C_{1/2\mathrm{N}}$ 分别为某一土层的硝酸盐浓度和最大氮素吸收量的半值。植物生长过程中钾浓度计算方程与氮方程类似。

第三个重要因素是植物生长速率与体内氮浓度之间关系，通过乘以 Logistic 方程来表达最大产量：

$$\frac{\delta Y}{\delta t}=\frac{\delta Y_{\mathrm{m}}}{\delta t}\times\frac{1+\mathrm{N}'_{1/2}/\mathrm{N}'_{\mathrm{m}}}{1+\mathrm{N}'_{1/2}/\mathrm{N}'} \tag{5.98}$$

通过许多甘蓝试验得到的结果与模型计算的结果大体上具有较好的一致性，但对于某些细节，如钾素的百分含量有一些差异。

该模型在 12 种其他不同生长季节蔬菜上的试验也得到了较好的结果（Greenwood and Draycott，1988）。模型包含大量通过正确假设所得到的经验性关系，这些关系主要根据土壤而不是根据植物生长过程。模型中包含大量的参数，从有限的基础信息中选择它们是比较困难的，但是经过对不同物种、单位面积的生物量、生长速率、根系生长以及氮临界浓度的大量工作已经找到了许多相似的关系（Greenwood and Stone，1998）。这些数据可以分别用于处理氮模型和钾模型（Greenwood et al，1996），并且结果在马铃薯、糖用甜菜、小麦以及许多蔬菜作物上都得到了验证（Greenwood and Draycott，1988）。对于模型最重要的影响因素是土壤、栽培条件和气候。其他因素相对于这 3 个因素并不是很重要，同一个值可以用在所有的作物上。

（二）小麦模型

世界各地应用的小麦模型比较多。下面主要介绍 AFRCWHEAT.2 模型，并且与应用较广的 CERES 模型相比较。这部分内容讨论的重点是模型对于氮素吸收和较小范围的水分供应是如何处理的。磷素吸收模型很少包括在这些模型中。

1. AFRCWHEAT.2 模型（Porter，1993）

AFRCWHEAT.2 模型可追溯到英国农业产量变化程序研究委员会（Tinker，1985），模型的主要部分是由 Porter（1984，1993）和 Weir 等（1984a）设计的。由于原理比较易懂，模型中关于辐射能截获过程是机理性的，因为对辐射截获的过程了解得非常清楚；而对于植物的生长发育过程及其与养分和水分缺乏之间的联系则大部分是经验性的。由有效光合作用辐射能、温度以及植物冠层特性所决定的光合作用强度影响着截获的辐射能多少。辐射能分配到植物根、茎以及整株作物的情况是复杂的，它主要受植物的生长阶段影响（Weir et al，1984）。AFRCWHEAT 在某种程度上能够通过分配光合产物预测主根和侧根生长，最终形成的植物根系在剖面呈指数分布。

AFRCWHEAT.2 模型包含一个土壤水分/氮素运输的模型，此模型来源于 Addiscott（1977），Addiscott 和 Whitmore（1987，1991）所描述的 SLIM 模型。模型主要通过色谱或层析方法获得，由于超出其持水能力某一层中的水分向下层土壤移动，并且将水溶液中的溶解物一起带走。在任何时间，只有一半的有效水能够移动并且向下层运输溶质，当水分沿着土壤剖面向下移动时，在每层都产生了大量的溶质混合物和水。

蒸腾作用是由截获的辐射能和 Penman 方程中的其他天气参数决定的，但是如果根际的田间持水量少于 65%，蒸腾作用会成比例下降。水分仅仅能在根际内从土壤中吸取出来，并且通常根据每一层次有效水的数量按比例进行吸收、分配，并不依赖于根长。当土壤水含量没有达到蒸发蒸腾作用所限制的最小要求数值时（-1.5 MPa），水分都会被植物根系吸收，然而流向植物根系的水分不会超过 0.3 $\mathrm{cm}^3/(\mathrm{m}\cdot\mathrm{d})$，这就抑制了水分吸收，导致了 L_V 值较低，出现严重的水分胁迫。在 AFRCWHEAT.2 模型中，根长密度是一个非常重要的参数，然而在一些小模型中（如 SUCROS2 模型）都被忽略了。

模型假定对于植物的根和茎都存在一个限制其氮素浓度的吸收最大值和最小值(X_{Nmax}和X_{Nmin}),这些值随着植物不同的生育时期而变化。在实际浓度与最大浓度之间作物对氮素的需求是不同的,它随着作物干物质的积累而呈指数增加。假定这个需求的数值能够满足作物一天的需要,如果没有达到这种需求,X_{Nact}值就会低于X_{Nmax}值。

氮素胁迫对作物生长的影响定义为FACN:

$$FACN = (X_{Nact} - X_{Nmin})/(X_{Nmax} - X_{Nmin}) \quad (5.99)$$

式(5.99)中对于作物的根和茎是分别进行计算的,X_{Nact}为每个组织中实际氮浓度。如果X_{Nact}值大于X_{Nmax}值,此时作物氮素吸收过量。当FACN值大于1时,通过模型可以临时预防对氮素的进一步吸收。FACN决定了4个生理学上的校正因子。这些因子的主要影响是:延长了分蘖期的时间,增加了无效分蘖比例,降低了分蘖数,减少了叶片扩展率,加速了叶片老化,增加了根系吸收。无论对于水分还是氮素,它们缺乏所产生的影响都在复杂的生理学上作出了解释,而对于它们之间的关系描述还是停留在经验性上的。

水分胁迫和氮素胁迫都会导致作物叶片老化和叶片扩张变慢,同时也就降低了单位面积上的绿叶数量。通过对4种不同作物的产量数据和许多其他参数验证,模型都有较好的代表性。然而对于作物氮素百分含量的模型预测数值都较低,尤其是在作物生长后期,模型预测值比实际测量值一半还要低。这主要是由于吸收过程引起的,如Barnes等(1976)所作的模型。

2. Daisy 模型(Hansen et al,1991)

此模型最显著的特点便是包含了大量的环境处理程序。它具有一个复杂的水文学成分,包含融雪水模型;应用Richards方程模拟了土壤剖面中水分流动以保持水分平衡;用稳态方程模拟了辐射态水分向根系运动情况;热量流动方程模拟了土壤温度,其中包含与水分运输有关的冰冻和溶解。

通常认为土壤有机质(OM)存在于3个库中,即外界增加的有机质库、生物量库和原有有机质库,这些库也可以进一步划分。这些子模型涉及土壤氮素循环中呼吸作用和所有的微生物反应。当然子模型中还包含了水分和氮的垂直运动。

作物生长模拟根据生物气候学模型模拟了作物生长过程,同时也具体地描述了冠层发展情况以及光合作用、呼吸作用的分配。

氮素吸收模型主要根据作物一般生长所需要的数量得出,氮素供应模型依据的是土层中可矿化氮含量。在此模型中还包含一个控制氮素向根表移动的稳态运输模型,它还包含在损耗面积内氮素的增加量(Smethurst and Comerford,1993)。氮素供应较少,扩散率降到0以下或者氮素供应充足、植物需求增加都会影响氮素吸收率。假设在任何时间根表面都会存在一个氮素浓度数值,此时氮吸收量取决于土壤中氮素供应水平,但是土层根表面中含有的可矿化氮对其并不产生作用,硝酸盐和铵是分别模拟的。

3. 小麦-休闲(Wheat-Fallow)模型

在半干旱地区,Wheat-Fallow模型(O'Leary and Connor,1996)可以更好地模拟半干旱地区水分和氮素之间的相互作用。模型对于主动吸收(为了满足当前生长需求)和被动吸收(蒸腾流)的处理是别具一格的,对于术语的理解和以往不一样。作物运输到茎部的氮素数量要远远高于根中最适宜的氮浓度,作物根中的氮素起到缓冲作用。换句话说,此模型与CERES模型体系有着较多相似之处。

4. 小麦模型的比较(Jamieson et al,1998)

Jamieson 等(1998)对 5 个不同小麦模型进行了一系列比较。试验的数据都是在新西兰机械灌溉的区域进行的,因此干旱因素的影响就成了模型研究的重点。

尽管所有这些模型的大部分框架都是建立在经验性上的,但是 5 个模型所得到的结果却是非常相似的(表 5-6)。在 5 个模型中有 4 个模型对于最终籽粒产量的预测要比计算生物总量所得到的数值要好。模型预测的作物扎根深度并不相同,因此导致了对土壤含水量预测也不尽相同,数值在 250～350 mm 之间,也许这就是造成模型预报的结果略有差异的原因所在。其中 AFRCWHEAT. 2 模型对于作物蒸发蒸腾作用估计略低,这主要是由于根系的水分通量 I_W 值是巨大的,其程度要比其他模型严重得多。这些模型对于养分的预测仅仅局限在氮素上。

表 5-6 5 种作物模型预测小麦籽粒产量和实测产量比较

(Jamieson et al,1998) t/hm^2

测定值	AFRCWHEAT. 2	CERES	Sirius	SUCROS2	SWHEAT
9.93	9.31	8.93	10.72	10.62	7.74
9.52	8.19	8.93	10.53	9.73	7.58
5.58	4.91	5.37	4.90	4.78	6.55
5.78	5.90	6.02	5.23	3.86	6.41
7.15	7.34	8.70	7.67	4.96	7.35
8.55	8.66	8.93	10.15	7.30	7.74
3.59	3.11	2.29	4.26	3.11	5.46
标准差	0.64	0.90	0.90	1.28	1.42
r^2	0.94	0.86	0.94	0.89	0.91
a	0.06	−0.34	−0.90	−2.2	4.44
b	0.94	1.03	1.19	1.19	0.35

三、种植后氮素运输与硝酸盐残留模型

氮素在土壤中的化学反应较为复杂,它的移动性较强,因此氮素在土壤中进行化学反应和矿化引起了广大科研工作者的重视。比较而言,在许多作物模型中离子运输显得不太重要(De Willigen,1991)。但是当作物完全成熟后,如果土壤剖面存在硝酸盐残留,模型中就应该考虑到硝酸盐的运动。这对于作物的营养水平测定是重要的,存留的硝酸盐也就成了土壤和地表水污染的污染源。

利用 Baldwin(1973)模型研究 L_V 值大小对于硝酸盐的影响(Robinson and Rorison,1983),结果表明,假设作物对于氮素需求是全部的,当 L_V 值为 1 cm/cm^3 时,较为湿润的土壤中所有硝酸盐都会在作物生长循环周期内被吸收。但实际上,所有作物生长的表土 L_V 值都较高,而底土的 L_V 值又远远低于这个数值,因此硝酸盐完全被吸收是不可能的。

残留的硝酸盐能否储存到底土中取决于土壤中水分状况,这是因为质流对硝酸盐运动起着主导作用,而由于扩散系数的存在导致了土壤水分逐渐降低,土壤变干。如果土壤自上而下水分逐渐

减少,作物根系从底部向上对水分的需求逐渐增大。然而,尽管较为干旱的根前部 I_W 值(对水分的吸收速率)高于 $\bar{I}_W$ 值(对水分的平均吸收速率),此时也许上部分根系的值更低,这种情况在作物根系和周围土壤联系非常紧密的时候更为突出(Tinker,1976;Passioura,1988;Gregory,1994b)。正因为如此,那些可以预测硝酸盐能存储的区域具有较低的 L_V 和 I_W 值(Robertson et al, 1993b;Robinson et al,1991;Kage,1997)。由于 L_V 值较低导致了土壤干旱面积随着深度增加逐渐降低。

Kage(1997)发现当蚕豆开始生长后,大量的硝酸盐被束缚在底土中。与小麦相比,这种现象可以解释为蚕豆的根系在较深的土壤中密度较低。利用稳态模型预测蚕豆将这些多余的硝酸盐运输出去时间上是不够的。与燕麦相比,蚕豆收获后土壤中大约多残留了 20～30 kg/hm^{2}的氮。在 80～100 cm 土层中,两种植物的差异更为明显。根据西欧土壤水分状况分析,这些残留的氮如果在冬季淋洗出来,排出的水中所含硝酸盐浓度要高于世界卫生组织规定的最高浓度——50 mg/L。

四、混作植被的养分吸收模型

(一)竞争性概念

关于单株根系之间的竞争机理在前面已经介绍过。这里主要讨论植物的群体,但是到现在为止还一直假设植物群落是密集的和均一的,忽略了植物之间竞争的单一种类作物。考虑到作物内部之间对于光的竞争是主要的,任何情况下对整个竞争研究都应该使用一个模型,这种模型把地上和地下过程合并起来。

竞争可能来自种内或者种间(Begon,1986)。农学上作物之间的种内竞争是重要的,因为竞争界定了最好的种植密度,在这一阶段,总生物量产量几乎与种植密度无关。当种植的数量增加时,它们彼此之间开始干扰并且生长缓慢,在适当的密度种植中,作物经济效益重要的部分通常能达到一个最大的产量,然后开始下降。对于经济作物而言种植密度比较大,弱小的植株开始相继死亡;如果大小分布不均,将被特别标记。这种不均源于发芽期不同或者发芽不一致(Grace and Tilman,1990)。

(二)种间竞争

种间竞争比种内竞争更为复杂,因为根和芽的结构可能改变,植化相克(allelopathy)或生理过程对竞争的反应在物种之间可能不同。

较早的讨论涉及了土壤发生资源的利用,以及比一个生长季节少几倍的时间。植物群体的发展超过了一个很长的时代,并且改变了生长的条件。许多改良的植物对非植物的生物产生了影响。例如虫害、病害或者草食动物,它们长期的成功或者失败主要依靠这些种间竞争。对于长期成功而言,它们的多产表现与它们的植物生长是同样重要的,在整个生命周期中这个主要依靠植物生长机理。然而,养分和水对作物生长是必需的,也是解释植物竞争机制和物种适应的一个基本的成分(Grime,1988)。

在种植管理和自然生长中形成了物种混作。管理的情形包括:农作物 - 植物/杂草竞争,一种竞争一旦占有优势,其他的竞争就会被抑制;种间竞争必须考虑植被覆盖率、农林资源和间套作制度,因为没有规则的排列、生育期和比较难定义的“最小单位面积”,在林地和草地上的自然物种混作甚至更复杂。

(三)养分和水分吸收竞争机制

地上和地下过程的区分通常是比较困难的(Donald,1963)。最明显的地下竞争机制是一种物种的根系耗尽了土壤中大量的养分和水分，而其他的物种吸收的很少。如果这种地下竞争机制引起生长缓慢，根和地上系统吸收能力降低，植物之间的不一致性变得比较强烈，竞争得不激烈，最后剔除没有竞争力的物种。另外，一个物种的根系可能剔除另一个物种的根系，所以根带有明显的定义(Nye and Tinker，1977)。对于个别植物，根带的范围是有限的，对水分和营养物质的吸收是明显的，但没有一种方法能描述从根到根的竞争。通过植物间的抑制作用或者不同的营养吸收能够引起这种排除，这种营养吸收改变了竞争区域内的根系分布。

通过对单一作物的概述，用相似的方法计算总的吸收量，然后使用一种规则在两个物种之间把总的吸收量分开。本节讨论的模型就是将两个物种之间的营养和水分区分开(Kropff，1993a；Kropff and van Laar，1993)。相反，一个应用已知根系分布和根系统性质的具体模型，能单独地计算两个或者更多个根系统的吸收量。这个最基本的研究方法的困难在于对不同根系性质与根系统相互渗透之间的吸收量的模拟。下面的一种模型方法以平行根系的近似稳定状态为基础(Nye and Tinker，1997)。

假定属于一个物种的根系具有相同的吸收性质，并且在两个物种之间根长相同。在混合区域内植物 P 和植物 Q 单位体积根系对可移动元素的吸收为(用 L 代替 L_V)：

$$\frac{\mathrm{d}U_{\mathrm{P}}}{\mathrm{d}t} = 2\pi(\alpha r_0)_{\mathrm{P}} L_{\mathrm{P}} C_{\mathrm{lP}} \quad \mathrm{d}U_{\mathrm{Q}} = 2\pi(\alpha r_0)_{\mathrm{Q}} L_{\mathrm{Q}} C_{\mathrm{lQ}} \tag{5.100}$$

如果这个元素是可移动的，C_{lP} 和 C_{lQ} 能够被 $\overline{C_{\mathrm{l}}}$ 代替，$\overline{C_{\mathrm{l}}}$ 为通过该区域的土壤溶液的平均浓度。相对吸收率为 $(\alpha r_0)_{\mathrm{P}} L_{\mathrm{P}}/(\alpha r_0)_{\mathrm{Q}} L_{\mathrm{Q}}$。如果 $\overline{C_{\mathrm{l}}}$ 值大，$2\pi\alpha r_0$ 可能被 $I_{\max}$ 取代，其相关吸收量为 $(L_V I_{\max})_{\mathrm{P}}/(L_V I_{\max})_{\mathrm{Q}}$。

对于不移动元素，情况变得更加困难。如果两个根系统的吸收特性相似，而且在相同的圆柱内吸收量与根长成正比，这个稳定阶段的近似值可被直接应用[式(5.33)]。然而，如果 αr_0 值不同，两种根系的消耗区域将有不同的范围和强度，并且在根系之间的零移动边界面距离它们也不是等距离的。假定根系是一个有规则的排列，并且两种类型的根系在不同的圆柱半径内有规则地相互交错：

$$1/\sqrt{\pi(L_{\mathrm{P}} + L_{\mathrm{Q}})} = x \tag{5.101}$$

式中：x 为平均半径。在零移动界面上这个浓度必须是一样的；如果后者是距根系 P 的距离 y，那么从式(5.31)有

$$C_{\mathrm{li}} = C_{\mathrm{lP}}\left[1 + \frac{(\alpha r_0)_{\mathrm{P}}}{Db}\ln\frac{y}{r_0}\right] = C_{\mathrm{lQ}}\left[1 + \frac{(\alpha r_0)_{\mathrm{Q}}}{Db}\ln\frac{x-y}{r_0}\right] \tag{5.102}$$

$$\frac{C_{\mathrm{lP}}}{C_{\mathrm{lQ}}} = \frac{Db + (\alpha r_0)_{\mathrm{Q}}\ln\dfrac{x-y}{r_0}}{Db + (\alpha r_0)_{\mathrm{P}}\ln\dfrac{y}{r_0}} \tag{5.103}$$

假设零移动边界保持恒定，根系 P 和根系 Q 随根系发育，距离根轴的平均半径 x 减小。在瞬时状态，如果根系吸收特征不同或吸收超过一定时期 x 将变小。如果根系 x 移动被忽略，x/y 趋于稳定，那么每一消耗区内浓度平均降低必须是同一时期内的，所以

$$I_{\mathrm{Q}} y^2 = I_{\mathrm{P}}(x-y)^2 \tag{5.104}$$

用 $2\pi\alpha r_0 C_{\mathrm{l}}$ 替换 I，得到

$$C_{lP}\frac{(\alpha r_0)_P}{y^2}=C_{lQ}\frac{(\alpha r_0)_Q}{(x-y)^2} \tag{5.105}$$

如果式(5.103)和式(5.105)用数字计算解，C_{lP}/C_{lQ}能被解出，虽然最终不能用明确的 y 来表达，但可以获得 I 值和每一种类型的根系吸收量。

仅仅当两种根类型大体上不相似时，αr_0 才能用近似值，因为如果它们相同，相关的零移动边界在吸收期将有显著的变化。一种更加精确的解决办法要求数值模型使用更好的二维空间网格，它能正确计算根平面浓度的真实值。电模拟系统可以用于解决这种类型的特殊问题。

(四)种间竞争盆栽试验

早期应用相关的盆栽试验模拟植物种间竞争。Baldwin(1976)提出了一种早期的植物生长和氮素养分吸收模型，这可能是第一个解决两种不同种类植物竞争的机理模型。它着重于两种植物在同一空间随机混合后所有根系的竞争类型。大多数参与竞争的物种的单株特征是不同的，用所有植物的任一种类与其他类型混合，或同一种作物混合，以3个营养水平和不同体积盆钵进行盆栽。在12个实验中，3个AB组合比其他单一种类组合产量高，这是植物竞争的结果。其中有一种作物超过其他作物的长势，这是由于在初期竞争阶段这种作物更充分地利用了深层的氮，显示出它有利于少数萌芽根迅速扩张。这是一个有价值的可观察到的竞争机理模型，但它需要与真正的植物比较才能保证所有的重要特征被模拟。

利用稳态方法发展了一种可以应用到有竞争的根系统的吸收模型COMP8 (Smethurst and Comerford, 1993a)。测定COMP8模型中的几个变量，以决定哪种被改进的特征是最重要的。Smethurst 和 Comerford(1993b)模拟了一种小松树(*Pinus elliotii*)和一种禾本科牧草(*Panicum aciculare*)的相当复杂的系统，在盆栽条件下设计了获得下层植物在森林中种植的竞争方式，在早期阶段，下层作物根系的 L_V 可能比森林中树木的 L_V 值要大得多。COMP8模型被应用于温室中各种植物组合的盆栽试验中，这里磷和钾有两个不同的水平。松树的 L_V 值大约是 0.1 cm/cm^3，而牧草的 L_V 为 2～7 cm/cm^3。松树和牧草混合生长时钾的吸收量和浓度要比其单独生长时小，这种情况也适用于磷酸盐。总的来说，在试验中牧草比松树吸收更多的养分。在单位表面的吸收上，松树根系总是没有牧草根系有效。在高养分的盆栽中，模拟和实测的松树吸收值相似，而牧草对钾的吸收模拟和实测值相似，但对磷酸盐的吸收模拟和实测值相差较大。

当低养分浓度时，对于所有的物种来说，观察到的养分吸收总是比预测的大很多。只有松树钾素吸收模拟和牧草磷酸盐吸收的结果与实测的相似。植物的吸收参数来自于参考文献，而不是来自于实验的结果。通过改变这些参数，一些模拟结果能够和实测值很相近，但是对于低养分的处理来说，预测值仍要比使用合理的吸收参数值得出的真实值小，松树在有和没有牧草竞争情况下的相对吸收均可以被合理的预测。

Smethurst 和 Comerford(1993a)对利用COMP8模型调查物种2的性质变化对物种1的影响进行了灵敏度分析。增加物种2的根系长度对物种1的吸收有很强的消极作用，但是含水量对两种物种都是一种直接的影响，而不是一种竞争的作用。

尽管 Smethurst 和 Comerford(1993a)修改的稳态模型有时预测和实测值的一致性很差，但是它可能给出可以接受的、与瞬态模型相近的结果，这种模型可以根据模拟过程中条件的改变而改变，因而富有灵活性，而且能够适应植物物种间的竞争以及大田植被的复杂性。根据

Nye 和 Tinker(1977)的方程,Smethurst 和 Comerford(1993a)模型被添加到常规程序中,用以计算不同根系系统中相异根的竞争作用。这是第一个试图用具体的机理方法解决地下部分竞争的模型。

(五)作物和杂草的竞争

杂草和作物的平衡作用具有相当高的经济学重要性。杂草的竞争作用主要取决于与作物有关的杂草的生长阶段(Radosevich and Rousch,1990)。试验结果通常根据杂草的生物量造成的产量损失进行表述,而这种损失是以无杂草的作物为对照。这种减产很大程度上取决于杂草横行的时期。Azmi 和 Mashor(1990)显示了水稻是如何受到杂草(*Echinochloa cruz-galli*)影响的。如果前 30 d 保证免受杂草影响,之后的杂草泛滥几乎不会有影响。类似的,15 d之后的泛滥所造成的影响相对较小。关键的时期是 15～30 d,在这几天必须保证无草。因此,杂草的竞争作用是一个动态的复杂过程。

田间实验作物以一个固定的密度存在是很正常的,而杂草夹杂其中,其密度具有很大的变动范围,这主要取决于播种、发芽情况和杂草内部的竞争。因此,可以对单一作物的重量建立一个矩阵,行和列分别代表物种的比例和全部作物的密度。由于杂草密度在固定不变的作物密度之间变化,因此,单一一种作物的重量也会随之变化,因此可以比较其对于杂草和作物的影响。Concannon 发现一种麦类植物可以同时与 7 种草和另一种麦类植物竞争(Radosevich and Rousch,1990)。然而,这种类型的实验数据没能给出根据资源消耗所导致的竞争机制的任何暗示。

所有作物模型最终都要包括一个杂草竞争(病虫害)的子模型。已经建立了一种混合后的杂草和作物对水分和氮吸收的机理/经验模型(Kropff and van Laar,1993)。第一步就是用混合的冠层将两种物种所受的辐射分离开,然后计算它们潜在的生长率。要将这一等式应用于多变的不可调和的横行的杂草,需要将这一模型分别应用于每块地。对于水分竞争的主要方式是通过 Penman 公式计算矮草覆盖条件下潜在的水分蒸腾蒸发总量,来反映阳光照射时间的不同。每种物种潜在的土壤水分蒸腾蒸发总量是通过到达土壤的光照受到两种作物所形成冠层遮挡而受到拦截。实际的土壤水分蒸腾蒸发总量随给定的土壤水分含量呈线性减少,而这一特定的值取决于植物的种类。两种植物的水分供应状况与实际的潜在土壤水分蒸腾蒸发总量相乘作为它们的潜在生长率。不同物种的水分区分主要取决于它们相应光照的拦截,尽管 Kropff(1993a)建议以根长密度作为附加的控制指标。

这一模型非常简单,它假设作物和杂草的根长和根的分布都是相同的,假设 2 cm 的土壤表层不包括根系,而其余的含根土层只是单一的一层。土壤蒸发只在表层,以毛管状进入,并分别计算。如果含根土层的区别很重要,就应该用多重土层模型。

对于氮的研究方法与其他作物模型相同,因为它是基于临界值的(Kropff,1993b)。每种作物潜在的氮的吸收量与氮最高含量有关,即

$$\frac{dU_{\mathrm{N}}}{dt}=\frac{WX_{\mathrm{Nmax}}-U_{\mathrm{Nact}}}{T} \tag{5.106}$$

式中:dU_{N}/dt 为物种的潜在吸氮率;U_{Nact} 为实际的吸氮量;W 为生物量;X_{Nmax} 为氮的最高浓度;T 为一定数量的氮被吸收的时间。随着水分、杂草横行的空间变异,使得这一方程的应用变得困难。

作物和杂草对于氮的实际吸收量比计算的潜在吸收量少,而土层中矿化氮的数量包含土

壤根系,如果土壤矿质氮素不能满足营养期的需要,那么由吸收获得的氮在这一阶段可分为与根系长度成比例的氮和与其需求成比例的氮,因此得到

$$\frac{\delta U_{Ni}}{\sum \delta U_{Ni}} = \frac{L_i}{\sum L_i} \tag{5.107}$$

式中:δU_{Ni}为物种吸收量(比其需求量少);L_i 为单位面积土地上物种 i 的根长;δU_{Ni}和L_i 都是所有物种单个求和来划分的,这一简单的关于通过根系长度分配吸收量的规律至今尚未得到充分的检验。

这种方法忽略了如阻止水分流动的根系和根际阻力、根系密度等地下部分因素的不同,或忽略了由于深度引起的根系长度分配的不同。这一模型应用在大田作物能获得成功的效果,但是这一模型更适合于测定简单可行的由于杂草导致的损失规律而不是直接运用到农田。

(六)豆科-牧草体系

这是一个在农业上非常普遍的竞争体系。Thornley 等(1995)的模型论述了这一体系的氮素营养。从根本上说,豆科作物可从大气中固定氮素,并且存在一个平衡,并非从土壤中吸收竞争氮素。豆科-牧草竞争不仅可以取得稳态平衡,而且也出现不稳定的情况,特别是涉及到凋落物的氮素进入土壤有机质,然后到矿质氮素的转移过程。吸收量可用土壤中的矿质氮素水平和吸收率,单位根系固氮量来定义,这一简单的模拟吸收系统的方法似乎可以通过一般的试验获得满意的结果,但这一模型没有与作物资料的比较。

(七)混作种植体系

混作体系是指同一土地上生长着一种以上的物种。这些系统包括间作和农林混作。间作的意思是两种一年生作物共同种植,或树和一年生作物共同种植。后者因为互相竞争的作物大小不同、生命周期不同,所以很难达到预期效果。混作体系有着一个长的并且有意义的历史。最大的争议是关于混作是否比单作单产高的问题(Sanchez,1995)。控制产量的机理是作物之间可能有营养物质的传递。如果一类物种是固氮型的,对方就会利用固定的氮素(Ofori and Stern,1987)。然而,过去对氮素转移数量估计过高(Ong,1995),并且同位素示踪试验证实在禾谷类和豆科作物的混作体系中,氮素的转移数量并不大(Giller and Wilson,1991)。深根类作物可以从深层土壤中吸收不同形态的氮素,并且以枯枝落叶沉积在土壤表面,有利于浅根作物吸收。

竞争作用必然减弱非主作作物的生长。事实上,种植单一作物的田间试验小区的树木根系系统抑制了作物产量,必须在试验小区周围数米范围内设置保护行来避免此效应。

混作存在多种物理效应。如果混作体系包括作物周围来自树木的枝叶,不仅土壤物理条件得到改善,土壤水分得以保持,而且还可以增加营养。大量物种通过屏障作用来改善小气候,通过枯枝落叶和植树来保护土壤。

由于存在许多可能影响,很难预测最终结果。用一个简单的方程可以区分试验设计中影响产量的不同机制(Ong and Black,1994;Ong,1995),即

$$I = F - C + M + P + L \tag{5.108}$$

式中:I 为相对于单作的间作单位面积产量的总效应,总效应可划分为不同效应;F 为土壤一般施肥;C 为间作竞争;M 为小气候;P 为土壤物理性质;L 为土壤流失作用。

方程假设各因素之间不存在相互作用,但这并非事实。通过在一系列地段上测定有无施肥和竞争作用所导致的产量变化,可以获得 F 值和 C 值。Ong(1995)的试验结果指出了谷子

与某种树种如何竞争营养元素而增加产量，然而施肥对玉米和树木生长起着同样作用，M、P 和 L 中物理变化的大小可以在农林或间作小区直接测定，但是由于这些变化引起的产量增减还需更深入的实验研究。实验结果在物种、土壤、气候和农事系统上都能具体表现出来。

地上地下竞争作用必须通过根系的物理障碍来划分，因而 Singh 等(1989)在树篱(*Lenc-acna*)之间种植了若干作物。因此地上部分的竞争是相同的，但由于根部阻碍，作物产量明显提高。关于竞争水资源的研究表明，补充水分十分重要，除非根系能利用单作和间作未利用的水分。大多数情况下，间作总用水量或单作用水量几乎相同，因此没有理由要求作物较高的水分利用率或较高的产量(Ong et al,1996)。

更为复杂的是两种作物常常有不同的生育期，有些作物是多年生的。因此，资源利用问题存在于时间之上，而非空间。谷子 - 花生间作实验表明间作比单作花生用水量多 10%，比单种谷子用水量多 34%。原因就是谷子 - 花生混作叶面积指数大于 2，是单独种谷子的 2 倍，大部分土壤水被吸收。虽然测定混作系统中的根系性状一直都是困难的，但是设计混作体系的高产方案是可行的。

思　考　题

1. 常见的植物营养机理模型有哪些？在实际工作中如何选择应用？
2. 什么是简化吸收模型？试比较有竞争和没有竞争的简化吸收模型。
3. 如何测定 Michaelis-Menten 方程中的有关动力学参数？
4. CERES 模型中有关氮的子模型主要考虑了哪些因素？
5. EPIC 模型磷子模型主要应用在哪些方面？
6. 作物生长和吸收的基本关系应该包括哪些方面？
7. 常见的作物生长与吸收模型有哪些？

参 考 文 献

[1] 毛达如. 植物营养研究方法. 2 版. 北京：中国农业大学出版社，2005.
[2] 廖红，严小龙. 高级植物营养学. 北京：科学出版社，2003.
[3] 李军，邵明安，张兴昌. EPIC 模型中土壤氮磷运转和作物营养的数学模拟. 植物营养与肥料学报，2005，11(2)：166 - 173.
[4] 李韵珠，李保国. 土壤溶质运动. 北京：科学出版社，1998.
[5] 阳园燕，郭安红，安顺清，等. 土壤 - 植物 - 大气连续体(SPAC)系统中植物根系吸水模型研究进展. 气象科技，2004，32(5)：316 - 321.
[6] Addiscott T M and Wagent R J. Concept of solute leaching in soils: a review of modeling approaches. J. Soil Sci., 1985，36：411 - 424.
[7] Baldwin J P and Nye P H, et al. Uptake of solutes by multiple root systems from soil. Ⅲ. A model for calculating the solute uptake by a randomly dispersed root system developing in a finite volume of soil. Plant Soil, 1973, 38：621 - 635.
[8] Baldwin J P and Nye P H. A model to calculate the uptake by a developing root system or root hair system of solutes with concentration variable diffusion coefficients. Plant Soil, 1974, 40：703 - 706.

[9] Barber S A. Soil nutrient bioavailability: a mechanistic approach. New York: Wiley Interscience, 1984.

[10] Barber S A. Soil nutrient bioavailability: a mechanistic approach. 2nd ed. John Wiley & Sons, Inc., 1995.

[11] Barber S A and Cushman J H. Nitrogen uptake model for agronomic crops. In: Iskandar I K ed. Modelling waste water renovation land treatment. New York: John Wiley &Sons, Inc., 1981:382 - 409.

[12] Benzian B, Derby R J, Lane P, et al. Relationship between N concentration of grain and grain yield in recent winter wheat experiments in England and Belgium, some with large yields. J. Sci. Food Agric., 1983, 34:685 - 695.

[13] Bouldin D R. A multiple ion uptake model. J. Soil Sci., 1989, 40:309 - 319.

[14] Brewster J L and Bhat K K S. The possibility of predicting solute uptake and plant growth response from independently measured soil and plant characteristics. Ⅲ. The growth and uptake of onions in a soil fertilized to different initial levels of phosphate and a comparision of the results with model predictions. Plant Soil, 1975, 42:197 - 226.

[15] Claassen N and Barber S A. Simulation model for nutrient uptake from soil by a growing plant root system. Agron. J., 1976, 68: 961 - 964.

[16] Campbell G S. Simulation of water uptake by plant roots. In: Hanks J and Ritichie J T ed. Modeling plant and soil systems. ASA, CSSA, SSSA. Number 31 in the Series Agronomy. Madison, Wisconsin, 1991:273 - 285.

[17] Fitter A H and Strickland T R. Architectural analysis of plant root systems. 2. Influence of nutrient supply on architecture in contrasting plant species. New Phytol., 1991, 118:383 - 389.

[18] Godwin D C and Velk P L. Simulation of nitrogen dynamics in wheat cropping systems//Day W and Atkin R K ed. Wheat growth and modeling. New York: Plenum Publ. Corp, 1985:311 - 332.

[19] Godwin D C and Jones C A. Nitrogen dynamics in soil-plant systems. In: Hanks J and Ritichie J T ed. Modeling plant and soil systems. ASA, CSSA, SSSA. Number 31 in the Series Agronomy. Madison, Wisconsin, 1991:287 - 322.

[20] Itoh S and Barber S A. A numerical solution of whole plant nutrient uptake for soil-root systems with root hairs. Plant Soil, 1983, 70:403 - 413.

[21] Hanks J and Ritchie J T. Modeling plant and soil systems. ASA, CSSA, SSSA, Number 31 in the Series Agronomy, 1991:323 - 340.

[22] Jones C A and Kiniry J R. CERES-Maize: a simulation model of maize growth and development. College Station: Taxas A & M Univ. Press, 1986.

[23] Jungk A and Barber S A. Plant age and the phosphorus uptake characteristics of trimmed and untrimmed corn root systems. Plant Soil, 1975, 42:227 - 239.

[24] Li Y and Barber S A. Calculating changes of legume rhizosphere soil pH and soil solution phosphorus from phosphorus uptake. Commun. Soil Sci. Plant Anal., 1991,

22:955 - 973.

[25] Matthews R B and Stephens W. Crop-soil-simulation models application in developing countries. Trowbridge, UK: Cromwell Press, 2002.

[26] Nielsen D C, Ma L W, et al. Simulating soybean water stress effects with RZWQM and CROPGRO models. Agron. J., 2002, 94: 1 234 - 1 243.

[27] Nielsen K L, Lynch J P and Jablokow A G. Carbon cost of root systems: an architectural approach. Plant Soil, 1994, 165: 161 - 169.

[28] Nissen P. Uptake mechanisms. In: Waisel Y, et al ed. Plant roots-the hidden half. Madison (New York): Marcel Dekker Inc., 1991.

[29] Nye P H and Marriott F H C. A theoretical study of the distribution of substances around roots resulting from simultaneous diffusion and mass flow. Plant Soil, 1969, 30: 459 - 472.

[30] Nye P H and Tinker P B. Solute movement in the soil-root system. Studies in Ecology, 1977(4): 342.

[31] Schenk M K and Barber S A. Phosphorus uptake by corn as affected by soil characteristics and root morphology. Soil Sci. Soc. Am. J., 1979, 43: 880 - 883.

[32] Silberbush M and Barber S A. Prediction of potassium uptake by soybean with a mechanistic mathematical model. Soil Sci. Soc. Am. J., 1983, 47: 262 - 265.

[33] Smethurst P J and Comerford N B. Simulating nutrient uptake by single or contrasting root systems. Soil Sci. Soc. Am. J., 1993, 57: 1 361 - 1 367.

[34] Tinker P B and Nye P H. Soluble movement in the rhizosphere. New york: Oxford University Press Inc., 2000.

[35] Frank U and Mirschel W. Integration of crop growth model with a model of soil dynamics. Agron. J., 2001, 93: 666 - 670.

[36] van Rees K C J, Comerford N B, et al. Defining soil buffer power: implications for ion diffusion and nutrient uptake modeling. Soil Sci. Soc. Am. J., 1990, 54: 1 505 - 1 507.

[37] Rengel Z. Mechanistic simulation models of nutrient uptake: a review. Plant Soil, 1993, 152: 161 - 173.

[38] Jones C A, Dyke P T, Williams J R, et al. EPIC and operational model for evaluation of agricultural sustainability. Agric. Syst., 1991, 37: 341 - 350.

[39] Inacio de Barros, I., Williams J R, Gaiser T. Modeling soil nutrient limitations to crop production in semiarid NE of Brazil with a modified EPIC version. I. Changes in the source code of the model. Ecol. Modell., 2004, 178: 441 - 456.

[40] Inacio de Barros I, Williams J R, Gaiser T. Modeling soil nutrient limitations to crop production in semiarid NE of Brazil with a modified EPIC version. II. Field test of the model. Ecol. Modell., 2005, 181: 567 - 580.

[41] Raynaud X, Leadley P W. Soil characteristics play a key role in modeling nutrient competition in plant communities. Ecology, 2004, 85 (8): 2 200 - 2 214.

[42] Raynaud X, Leadley P W. Symmetry of belowground competition in a spatially explicit

model of nutrient competition. Ecol. Modell., 2005, 189: 447 - 453.

[43] Mollier A, De Willigen P, Heinen M, et al. A two-dimensional simulation model of phosphorus uptake including crop growth and P-response. Ecol. Modell., 2008, 210: 453 - 464.

[44] De Willigen P, van Noordwijk M. Roots, plant production and nutrient use efficiency. Ph. D. Thesis. Wageningen, The Netherlands: Wageningen Agricultural University. 1987: 281.

[45] Monteith J L. Climate and the efficiency of crop production in Britain. Philos. Trans. R. Soc. Lond. B Biol. Sci. 1977, 281: 277 - 294.

[46] Kiniry J R, Jones C A, O'Toole J C, et al. Radiation-use efficiency in biomass accumulation prior to grain-filling for five grain-crop species. Field Crops Res., 1989, 20: 51 - 64.

[47] Plenet D, Mollier A, Pellerin S. Growth analysis of maize field crops under phosphorus deficiency. II. Radiation-use efficiency, biomass accumulation and yield components. Plant Soil, 2000, 224:259 - 272.

[48] Bonhomme R, Ruget F, Derieux M, et al. Relationship between aerial dry matter production and intercepted solar radiation for various maize genotypes. C. R. Acad. Sc. Paris 1982,294: 393 - 398.

[49] Varlet-Grancher C, Bonhomme R, Chartier M. Efficiency of solar energy conversion by a plant canopy. Acta Oecol. Oecol. Plant., 1982,3:3 - 26.

[50] Goudriaan J, Monteith J L. A mathematical function for crop growth based on light interception and leaf area expansion. Ann. Bot., 1990,66: 695 - 701.

[51] Williams J R,Jones C A,Dyke P T. A modeling approach to determining the relationship between erosion and soil productivity. Tram. ASAE, 1984, 27:129 - 144.

[52] Sharpley A N,Williams J R. EPIC-erosion/productivity impact calculator:1. Model documentation. U. S. Dept. Ac. Tech. Bull. No. 1768. 1990.

[53] Williams J R. The EPIC model. USDA-ARS, Grassland, Soil and Water Research Laboratory, 1995.

[54] DeJnger A. Localized stimulation of root grow and phosphate uptake in *Zeanmys* L. resulting from restricted phosphate supply. In:Harley J L,Russell R S. The soil-root interface. New York:Academic Press,1979:391 - 103.

[55] Sharpley A N,Jones C A,Gray C. A detailed phosphorus charactorization of seventy eight soils. U. S. Dept. Ac., A c, Res. Ser., ARS - 31, 1985.

[56] Jones C A. A survey of the variability in tissue nitrogen and phosphorus concentrations in maize and grain sorghum. Field Crops Res., 1983, 6:133 - 147.

[57] Jones C A, Cole C V, Sharpley A N, et al. A simplified soil and plant phosphorus model. I. Documentation[J]. Soil Sci. Soc. Am. J., 1984, 48(4):800 - 805.

[58] Sharpley A N ,Jones C A, Gray C. A simplified soil and plant phosphorus model. Ⅱ. Prediction of labile, organic, and sorbed phosphorus [J]. Soil Sci. Soc. Am. J.,

1984, 48(4):805-810.
[59] Jones C A, Sharpley A N, Williams J R. A simplified soil and plant phosphorus model. Ⅲ. Testing. Soil Sci. Soc. Am. J., 1984, 48(4):810-813.

第六章　植物营养的根和根际研究方法

第一节　根系的研究方法

植物根系在获取地下水分、养分等资源方面起着至关重要的作用，是植物获取地下资源的重要通道。然而由于研究方法的限制，人们对自然土壤条件下植物根系的生长特点、根系与土壤环境之间的相互作用过程以及根系功能的理解还相当肤浅。Böhm 博士在《根研究方法》(*Root Research Methods*，Böhm，1979)一书中指出："根的研究方法很不成熟，对科学而言，田间自然条件下根的研究还只是一个刚学步的孩子，根的研究方法繁琐、费时，测定结果的准确度不高"。由此可见，植物根的研究十分复杂，不仅需要制定详细的计划方案、选择合适的操作方法，还必须明确测定哪些根系参数才能完成预定的任务和目标。因此，根的研究需要传统方法与现代技术和实际经验的有机结合。

一、根系参数与根系生长的影响因素

根系作为固定植物体，摄取、运输和贮存营养物质以及合成一系列有机化合物(从主要的贮藏产物和可溶性代谢物到生长调节物质)的营养器官，是植物的地下部分。根系的研究具有重要意义，主要与以下问题密切相关：植物的生态适应性，水分和养分资源的获得，土壤微生物，资源的分配与菌根的作用，植物间的相互作用，土壤结构的形成，固定和铆固作用，根的产物(根分泌物、根际碳的积累)，根系生物学方面等。根系的主要参数、定义和功能列于表 6 - 1 和表 6 - 2，不同根系参数之间的转换列于表 6 - 3。根系的研究在近年来发展十分迅速，根系生态学和根系生理与分子生物学已成为根系研究的两个最重要的领域。

表 6 - 1　根系的主要参数、定义、功能及其测定方法

(Smit et al，2000)

参　　数	定　　义	功能解释	测定方法
根长(m)	根系的总长度	反映根系的大小，养分或水分的吸收潜力，具有较大时间变异	Monolithy 法：土钻法、针板法等；Rhizotron 根室法；剖面墙法
根重(g)	总根系的干重，因根上有附着物，需校正	反映根系的大小，同化产物向地下的转移量	Monolithy 法：土钻法，部分或全部挖掘法
根体积(mL)	根系占据的空间大小，常用长度和直径计算，或按鲜重计算		
根数	根的总条数	荷尔蒙生产潜力，分裂活性，占据的土壤体积	通过土钻法、剖面墙法、根室法或微根室法计数，根尖数等于全部交叉点的 50%
根冠比	根冠的干重比	干物质的相对分配	通过根冠干重估计

续表 6-1

参　数	定　义	功能解释	测定方法
根长密度 (cm/cm^3)	单位土壤体积的根系长度,用 L_V 表示	限制土壤养分和水分的利用潜力	通过根系长度和土壤体积计算得出
累积根密度 (mm/cm^2)	单位土壤面积的根系长度,用 L_A 表示		
比根长 (SRL,m/mg)	单位根重的根系长度,用 SRL 表示,可反映根的直径	反映根系内的物质分配,利用土壤资源的能力	通过根系长度和干重计算得出
根的鲜/干重比	根的鲜重与干重的比,估计根的体积		
根的密度(m/mL)	单位根体积的根系长度,反映根的直径		
根半径(mm)	常从根体积、鲜重和长度计算而得	菌根生长的潜力,水胁迫的调节,质外体-共质体交换潜力,生长势,对土壤机械阻力的反应	通过根系长度和体积计算得出
初生结构根(白色根)	有完整的皮层,外层是表皮,通常指一年生植物的根		
次生结构根(木质褐色根)	至少有一些木质化的组织,外层是表皮细胞,一些多年生植物的根就属于这一类型	多年生植物对根系结构的投入量	从重量或长度计算得出
根系分枝的规律		利用土壤资源的相对强度,平均根寿命,利用土壤资源的机制	对不同级别根的长度与数量分别计量
初生根(一级根)	指主根根轴或者指从茎下胚轴出现的根,包括幼苗根和不定根(直根、种子根)		
二级根	一级根上出现的侧根,有时描述为一级侧根		
三级根	二级根上出现的侧根(二级侧根),三级根上可能生长四级根,四级根上也可能生长五级根		
根的寿命(d)	一条根在土壤中物理存在或者实际存活的时间。在分解很慢的土壤条件下,确定寿命与根存在或存活是否有关是极其重要的。寿命通常是指一个平均值或者群体的寿命范围。根的寿命对于根的功能来说可能没有必然的联系	根长快速调整的能力,可塑性与根长减少的关系,碳向根际的流动,养分的释放,土壤养分利用的程度	用根系观察室或微型根系观察室进行同龄根的测量
同龄根	一组在短时间或者给定时间范围中出现的根		

续表 6-1

参　数	定　义	功能解释	测定方法
根的生产量[kg/(hm² · a)]	单位面积单位时间内(通常在一个生长季或一年)根生产的总量;或指新产生的根量;或指在测定开始与结束时活根与死根量的变化	在某一时间范围内利用土壤的总潜力,增加根系长度的能力,利用土壤资源的能力	根钻测定估计,将根系最低现存量估计与根系观察室或微型根系观察室相结合
根的生长率(mm/d 或 g/周)	一条根(长度)的生长速率或在短期内生物量的增加		
菌根侵染率(AMF,%)	通常指泡囊丛枝菌根真菌对根的侵染程度。侵染通常用 2 cm 长的根段内出现的真菌结构(包括菌丝、泡囊、丛枝)定殖数量而不是强度来计量	碳的分配机制,土壤健康,实际的营养吸收面积	菌根染色取样估计
垂直分布——根的深度(m)	植物根系下扎的深度	根的固着与支持作用,利用土壤养分的深度,资源利用的潜力,有效养分和水分的估计	用土钻取样估计,土壤剖面,剖面挖掘粗略估计
有效扎根深度(m)	半定量评价对植物有效的土壤深度。90%的根分布在这个深度范围内或者受根活性影响的深度,例如土壤水的消耗。在这里有显著的毛细上升现象发生,这比扎根深度的影响还要大。但该参数可能存在缺陷,因为不同季节根对土壤资源的利用差异很大。在干燥的情况下,根的生存至关重要,在根的临界深度,一小部分根即能发挥有效的功能		
水平分布——根系半径(m)	评价根系分布的土壤面积或者被根系及与其共生的微生物所影响的土壤面积	固定作用,与其他物种相互作用的潜力,评价土壤养分和水的有效性	剖面墙法、部分或总体挖掘法
根活性	土壤资源数量在单位时间内的变化或被运送到植物地上部分的能力,这也包括荷尔蒙的产生、贮藏与运输	根系统的功能,每单位根的吸收量(K_m 或 K_{min}),生理活性分子的分泌,以及营养的贮藏潜力	土壤水的消耗,土壤中同位素的吸收
根的吸收能力(K_m 或 K_{min},μmol/L)	Michaelis - Menten 常数,单位长度的根对某种养分的吸收速率达到最大速率一半时,所需的养分浓度。用来计算能被植物吸收的土壤溶液中的最小养分浓度(C_{min})		

续表 6-1

参数	定义	功能解释	测定方法
功能根长度(m)	田间条件下能获取资源或具有生理活性的根长度。由于很难测定,通常用总根长代替		
根的物候	一年中根生长或产生的时期	功能的可塑性,其他物种的补偿能力,利用临时有效资源的潜力	玻璃管观察方法(Rhizotron)
根体积(m^3)	半定量评价植物根系利用土壤的范围或体积		

表 6-2 根系的生理参数、意义及其测定方法

(Smit et al,2000)

参数	功能/意义	常用的测定方法
根的生长	根系的发育	根长变化的直接观察
根的活力	根发挥功能的能力,指从根际土中获取资源的能力	与根功能有关的生物化学测定
根毛密度	挖掘根周围土壤资源的能力	一定长度根的根毛数量的观察与估计
根呼吸	对土壤呼吸与植物碳分配的贡献率	在试管或生态系统中直接测定或通过土壤体积计算
根的分泌作用	根系次生代谢产物的释放	与根紧密接触的土壤或培养介质的分析测定
根的导水率	根内水分移动的能力	压力室法与热脉冲法
可利用的最小养分浓度	根的吸收能力,土壤或溶液的供应能力	采用浓度梯度的液培试验测定

表 6-3 根系有关参数之间的转换关系

(Smit et al,2000)

测定参数	要转换的参数	方法
干重(g)	长度(m)	回归方程
鲜重(g)	体积(mL)	计算
长度(m),体积(mL)	直径(mm)	计算
长度(m),直径(mm)	体积(mL),表面积(cm^2)	计算
长度(m)	数量	回归方程
长度(m),土壤容积(cm^3)	根长密度(cm^{-2})	计算
一定深度下的长度 a (m)	一定深度下的长度 b (m)	回归方程
一定时间内的长度 a (m)	一定时间内的长度 b (m)	回归方程
剖面中根的数量	长度(m)	计算
长度(m),重量(g)	比根长(m/g)	计算

根系生态学研究的核心是根系与环境之间的相互关系:一方面要揭示根系对土壤环境的响应机制,另一方面是研究环境因素对植物根系生长的影响。要达到这个目的,首先必须了解

在某一时期内、在土壤某一层次中,植物根系的生长情况,而且需要获得根系发育动态的数据。根系生态学最基本的工作是根系形态学,植物对土壤中养分和水分摄取能力的大小,很大程度上依赖根系的形态。

了解田间根系的有关数据,对根系生态学家来说,仅仅提供了基本的信息。为了解释这些数据,需要获得有关影响作物根系生长的环境因子信息,因而根系研究方法往往结合了其他生态学的研究方法。单独研究根系而不涉及其他有关因素(至少是同时对根系生长的土壤剖面进行调查)是没有什么实际意义的。

影响根系分布的主要因素是种与品种的遗传差异,土壤质地,土壤的理化性状等。根系所处的土壤环境是高度不均一的体系,根际土壤的物理和化学条件对根系生长的影响最为重要。这些因素的共同效应,控制了根系的生长模式,然而它们在特定的环境中各自具有不同的主导作用。一些研究表明,根系的早期生长对根未来的活力及分布会产生永久的影响。例如,播种时的肥料烧伤了小麦最初的三条种子根之一,就会推迟出苗,而且丧失了一条种子根;又如在某些情况下,各类作物点播在未耕土壤中与耕作过的土壤中相比,则会产生较浅的种子根系,永久地降低了种子根轴生根的深度。一般影响根系生长的土壤物理因素包括:

(1)土壤水分　土壤水分状况显著地影响根系的生长、发育和形态,在草本植物中尤其明显。许多研究指出,表层干旱对幼苗的生长会产生不利的影响,降雨或灌溉能促进植物在土壤表层产生新根,从而提高植物的抗旱力。通常,灌溉良好的作物具有较繁茂的根系及枝条,频繁的小阵雨或灌溉促进浅根的生长。在一年生植物中,根生长的最活跃时期出现于生殖器官灌浆之前,但对于多年生的植物和牧草,由于生长期较长,根系生长、下扎深度和根系分布受湿润年和干旱年影响比较明显。

(2)机械阻力　机械阻力在不同土壤类型、不同水分含量、不同作物品种间对根产生的影响是不同的。当植物根系在土壤中生长发育遇到具有很大机械阻力的土块时,可能遵循3种途径:(a)穿透该土壤层;(b)把土壤从其生长道路上移开;(c)弯曲生长而避免阻碍。这将取决于土块的大小和机械强度以及根系所具有的最大弯曲力(buckling stress)和生长压(growth pressure)。当根尖伸长区细胞内部的膨压足以克服细胞壁以及土壤基质等任何内外部制约时,根系就能生长。

(3)土壤温度　温度对植物地上和地下部的生长都有明显影响。在生长早期,植物的大小通常随着温度增加而增大直到最适温度,同时温度本身以及温度与土壤中矿质营养供应速率的相互作用都对根的生长产生作用。

(4)通气状况　土壤中的通气不良限制了植物的生长。由于不同作物根的解剖结构各具特点,所以其适应厌气的能力各异。但是,即使是在根部通气组织发育良好,很适应厌气生长条件的植物中,根的发育和生长也可能受到影响。比如在低氧浓度时,水稻可以形成不定根原基但却没有明显的生长,因此,稻田的适当通气是必需和重要的。

影响根形态和生长速率的化学和生物因素有:pH值,铝盐毒害,矿质营养物质的量和分布,种间和种内的区别,根与其他生物机体间的各种共生关系和病原生物等。根在土壤深处生长、根系较发达的特征往往是与可以吸收到较多的水分、养分以及最终获取较高的干物质产量相关联的。然而,不同的品种间根系的形态和大小也会因特殊的功能而异,根构型的遗传特性是今后的一个重要研究方向。许多报道指出,根是否为菌根所感染对于决定根的生长和发育也具有重要作用,特别是对于磷和微量元素(尤其是锌)的吸收十分重要。菌根的菌丝通过延伸到根周围的土壤中，有效地缩短了扩散缓慢的离子与作物之间的距离，因而在缺磷的土壤中，菌根共生体的发展对寄主特别有利，增加磷肥的施用量则会减少菌根感染。关于菌根的研究，将在本章的第四节做较为详细的介绍。

对根系大小和形态的研究，促进了对根生长发育速度、时期、定位和控制的研究；对根系显微结构的研究，促进了对控制细胞分化的因子及其生物活性以及单个细胞和组织与整个根系生命活动的生理关系的研究，这就是根系生理学——研究根系的生理活动的范畴。根系生理学是整个植物生理学的一部分。

根系生态学和根系生理学无法、也不应该截然分开。在任何情况下，根系的生长都是由内部和外部的因子同时起作用而相互制约的。一方面，根系生态学家需要用根系生理学的研究结果解释自己的数据；另一方面，根系生理学研究又要通过根系生态学的研究验证其实验室研究成果能否在田间条件下成立。这里集中介绍的是根系生态学而不是根系生理学，而且主要是其中的形态学部分。这是研究根系最基本、最直接的方法，与植物营养关系密切。

二、根系研究概况

根的研究是件难度很大的工作，因为根系和根参数的测定是相当复杂的。对植物根系的系统研究始于 18 世纪。Hales 是研究根系最早的人。他在 1727 年进行的实验中，用一种简单的挖掘技术把栽培植物的根系挖掘出来，观察根系的形态，确定其重量和长度。以后有人挖掘出树的根系进行研究。在相当长的一段时期内，根系研究没有重大进展。

19 世纪 50 年代后，化学肥料的施用日益增长，人们逐渐对根系的研究产生兴趣，在不同农作物上挖掘了许多根系进行研究。德国的一些科学家自 1870 年起进行了许多根系研究实践。Schubart 从一个以花园浇水管控制水势的剖面上清洗出各类作物的根系。在同一时期，还有许多科学家用特定的容器来研究根的生长，如在玻璃板后面观察根系的实地研究方法。到 20 世纪初，德国建立了两个小型根系研究室。

美国科学家在根系研究方法的发展上做了大量的工作。1892 年，有人在一个金属笼里装进了一个大土块，用水平和垂直的金属丝穿过笼子，用水洗去土壤，就能观察到接近自然生长的根系。在这种方法的基础上发展了经典的钉板法。20 世纪初，Cannon 在沙漠植物上进行了大量的根系研究，采用的仅仅是挖掘技术。美国植物生态学家 J. E. Weaver 发明的使用园艺工具的简单挖掘方法成为一种公认的科学方法。在他所撰写的《田间作物的根系发展》一书中，对该项技术作了详细的描述。Weaver 的这种方法到 20 世纪中期成为全世界根系研究的一种流行方法。他本人在美国中西部草原上进行了许多根系研究。除了挖掘方法以外，还用了许多其他方法。其研究成果对世界范围内该领域的发展具有很大影响，许多科学家后来把这些方法用于草原植物之外的许多其他植物上，如森林、果园植物等等。1932 年，Oskamp 和 Batjer 通过对光滑剖面上根系的展露和计数，简便易行地确定了剖面上根系的分布。这种剖面法最早是用于研究树根，但在 30 年后，该方法也被成功地应用在一年生植物根系的研究上。运用得越来越普遍的方法包括用土钻和其他工具采样取出土壤和根系的样本，然后洗出根系、称出根重。根系的研究在德国还常常和腐殖质的研究相结合。

20 世纪 50 年代以来，有人把放射性同位素标记法引入到根系生态的研究中，作为直接方法的补充，有利于研究的进展。为了研究作物的根系发育，有人将 ^{86}Rb 注射于植物茎基部，用装有 X 光胶片的特别探头，插入不同部位的土中，通过放射性自显影的测定方法，以测定根系深度及侧向分布。Baldwin 和 Tinker 在 20 世纪 70 年代提出了类似双标记自显影的测定方法，研究互相交错的根系间相互作用的机制。

近年来，随着计算机技术的发展，人们开始将计算机技术引入到根系研究之中。传统的常规方法与计算机技术相结合，拓展了传统技术的应用范围。另外，一些专门的软件也被设计出来，如根系分析软件 WinRHIZO 和根系模拟软件 SimRoot。计算机技术已成为根系研究的一个重要手段，它的应用使根系的研究方法向前迈了一大步。

三、几种常用的根系研究方法

对植物根系的研究比对植物地上部分的研究要困难得多。因为植物根系生长在土壤和其他介质之中，使得对根系的观察和取样难度大大高于植物地上部，往往是相当费时而且费力。但是，研究根系在不同土壤、不同生态条件下发育和分布的规律对许多生态学科至关重要，尤其是在应用生物学领域，如农业、园艺以及森林等学科的研究中。

在现有基础上，很难对根系研究进行分类，因为许多方法在原理上不同，但具有相似的特征。所以对其进行分类常常因人而异。最简单的分类法可以是旧或新，直接的或间接的，田间法或容器法等。也有按照具体方法进行分类的，如原状土法、玻璃管法等。对适宜方法的选择将取决于研究目的，因为没有任何一种方法能够回答所有的问题，而是常常需要明智地选择多种方法同时应用。人们在采用一种方法时，也经常对原有方法加以改进或创造出更好的方法来。通常是方法越精确，越费时费力。因此，试验者也必须根据自己的实际情况加以选择。

下面介绍几种具体的根系研究方法，有关根的一些参数，如根长、根密度、根重等的测定也将分别进行介绍。

(一)钉板法

钉板法被许多根系研究学者普遍采用，它把对根的图像描述和定量测量结合起来。这种方法利用一块特制的钉板，可以把原状土及其中代表性的根系样本采集上来。当用浸泡或冲洗的方法去除土壤后，板上装置的针或铁钉可以把根系保持在其自然位置上，然后就可以对清洗后的根系进行研究、摄影或绘图，整个或分部位进行测量。小型的整段标本可利用简单工具采集，大型的整段标本则必须借助于动力机械操作。

1. 钉板的制作

木板的规格和钉的长度一般视所取根系样本的大小而定，也取决于研究的目的、设备条件和人力。采集小型整段标本的木板可采用 50 cm×50 cm，钉长 5 cm，对于较大的样本，规格可以增大到木板 60 cm×100 cm，钉长 20 cm。选择好适当规格的木板后，将木板钻孔，孔径略小于所用钉的直径。钻孔的行距和列距对于成熟作物来说以 5 cm 较适宜，对于苗期根系研究的小型钉板(20 cm×30 cm)则为 2 cm。在每个钻孔钉入铁钉，即组成了钉板。另外，也可以用两块一样大小的木板，一块厚(如 2 cm)，用来钻孔，把 U 形弯钉或金属丝压进去，另一块薄(1 cm)，从后面与厚板合起来，以固定钉入的钉子(图 6-1)。

一般认为 5 cm 的孔距在许多情况下较为适宜。如孔距太接近，当遇到硬土层的情况时，清洗根系就比较麻烦；而孔距太大，会导致许多根离开了它们的原位，再摄影或所绘的图像不能十分逼真。当然，对于苗期植物或坚硬的树木根系，孔距可以适当相应地缩小或扩大。

钉板可以漆成黑色，这样可以为拍摄根系提供具有反差的背景，钉子也可以上漆以防止根

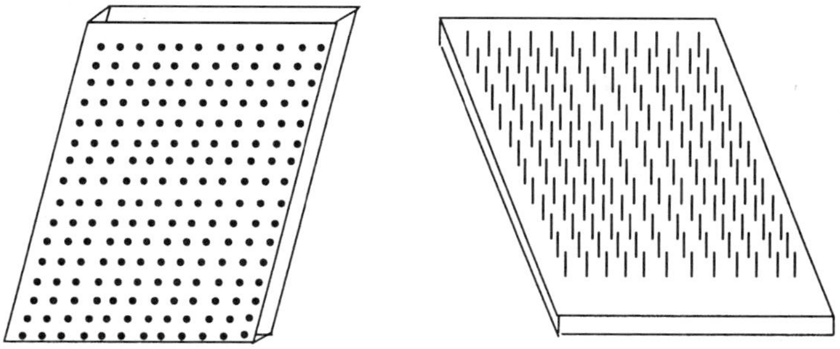

图 6-1　钉板示意图

系被锈污染。用黑色塑料压入钉板能够取代上漆，这种途径还有一个优越性，即清洗完根系后，可以连同塑料膜把整个根系从板上取下来。进一步的改进方法是在钉板上覆上一层尼龙网或金属布，那么在洗根的过程中可以把尼龙网或金属布适当提起来，使水或泥从网下漏掉，借此可以把泥土摩擦降低到最低限度。

2. 取样

在野外，首先按土壤整段标本取样方法操作，通常需要挖掘至少 1 m 见方的原状土，断面与植物茎的距离应该保证根轴位于土段的中部，断面光滑，垂直于地面。断面准备就绪后，把钉板对着断面，钉板的上方齐地面，然后用锤子或其他工具把钉板钉入土中；用布或木板支撑所包括的土段，钉板的两侧及底部则借助于铲、刀或钢板等切断。钢板也能起到支持土段的作用，尤其是对于沙土或结构较松的土壤来说至关重要。

3. 清洗

对于野外采集的大样本，如果土段的质地为砂土或壤土，可以把它直接浸入水池中直到土壤水分饱和，大约需要 12 h。浸泡过程中不要取下支撑土段的框架，以免造成土段的断裂。用尼龙网也可以包住整个土段代替框架，还可以防止土段边缘的根系在冲洗过程中损伤。然后提起钉板，使土段面高于水面 2～3 cm，稍微倾斜，使泥和水流失，并持压力低的水流自下而上冲洗使根土分离，即可在钉板上留下整个根系原始分布情况。

当土壤中黏粒的含量较高时，根的冲洗十分困难而且会造成大量根的损失。为了加速清洗过程及减少根的损失，可采用如下两种途径：(a)把整个土段置于 100℃的温度下干燥后，浸入焦磷酸钠溶液，然后依前法冲洗；(b)土壤以水饱和，在－25℃的低温下冷冻，然后冲洗。这种冷冻—冲洗过程可能需要反复多次。对于易受冻害的植物，这种冷冻方法需要谨慎采用。

4. 根系摄影及测定

冲洗好的根系略为晾干后，不必取下钉板就可以在黑色背景上直接拍照。最好是把钉板置于有薄水层的盘中，则大小根系可在水中自然伸展，摄影效果更佳。也可以先制成干根标本后再行拍摄。虽然这没有在水中的情况那么真实，但用于示范、展览等目的是可行的。干根标本可以测定根的长度和分布形态，也可用于干物质重测定和分部位测定其重量和体积。

(二)容器法

容器种植通常可以用来研究根系的生理或生态特性，它能够控制在田间条件下影响根系生长的许多环境因子的交互影响。在试验处理中，采用不同组合的环境因子，可以获得根系生长中单因子的主效应以及多因子间的互作效应等大量信息。容器法的主要优点是比田间情况易于掌握和研究，而且其生长条件可以相对一致、多次重复。其不足之处是，该法在非自然条件下进行，采用经过处理的土壤或其他介质，没有其他作物根系的竞争，存在或缺少某些特殊的土壤生物体，不能完全模拟田间的真实情况。

1. 根的生长体积和容器大小

容器的大小和形状为根系生长提供了有限的空间，对于具有庞大根系的作物来说是一个严重的问题，所以容器种植常常仅用于苗期或根系较小的作物。当研究较大的根系时，根系的自然状况及研究目的决定容器应该有怎样的大小以满足作物根系的生长。许多研究者建议，容器应该有足够的深度，这是因为根系一旦在水平方向上发展受阻，就有转而垂直向下的特征。此即为许多种植容器直径较小，而高度却很可观的原因。

2. 根箱(rhizobox)的制作

用于进行植物根系研究的种植容器有不同的种类。普通花盆、米切里希盆及各种圆的或方的塑料盆为最简单的容器，小型的透明容器也可以放在大一些的不透明容器中，待需要观察根系生长时则把它取出。这种研究与一般温室培养试验一样，相对来说比较简便，能够很快得到信息。但是，盆钵越小，种植时间越长，其结果的实用性就越受到限制。

对于比较大的根系生态研究来说，需要不同设计尺寸的根箱。一些早期根箱(长×宽×高)的尺寸达到 30 cm×30 cm×100 cm。圆筒容器的应用也比较普遍，有铁制的、铝制的、陶瓷的、陶土的等等。近年来，塑料圆筒的应用较为成功。在填土之前，这些圆筒的底土被封上尼龙或金属网，它们常常被置于有稳定水位的浅水槽中。

利用根箱培养植物，常常存在着控温的问题。根系生长对温度很敏感，而温室温度常常与大田差别很大，因此许多研究者把容器埋入地下，使其接近自然。一些土壤中永久性的水泥种植圆筒或根箱也被采用以克服温度的问题。

许多根箱为了能够对根系的生长发育进行连续地原位观察而采用了玻璃面，其余部分用木头或金属制成，玻璃面是可以移动的，外面可以覆盖一块不透明层，如铝箔等，防止根系被阳光照射。按常规进行播种及管理，也可以将容器埋入砂中或土壤中，使种植盒高出地面 1～2 cm。玻璃面的种植盒具有许许多多不同的类型，有三角棱柱形的、三面都有玻璃；有特制的安装在手推车上的根系研究盒，两面均有玻璃；还有温室内永久性的、立地的种植盒，前面有垂直的玻璃板，用于一些特殊的根系研究。玻璃面根箱法不仅有利于根系生长过程中的观察，而且也可以方便地与钉板法结合起来，达到根系样本的采集、拍摄、定量研究等目的，一举数得。这里介绍一种简单的用于苗期根系研究的玻璃面根箱。

准备规格为 30 cm×20 cm×0.2 mm 的玻璃板两块和体积为 30 cm×2 cm×2 cm 的木条两条。将木条依相应长度方向夹在玻璃板的两边，以尼龙布封底，各处用塑料胶布固定(图 6-2)。

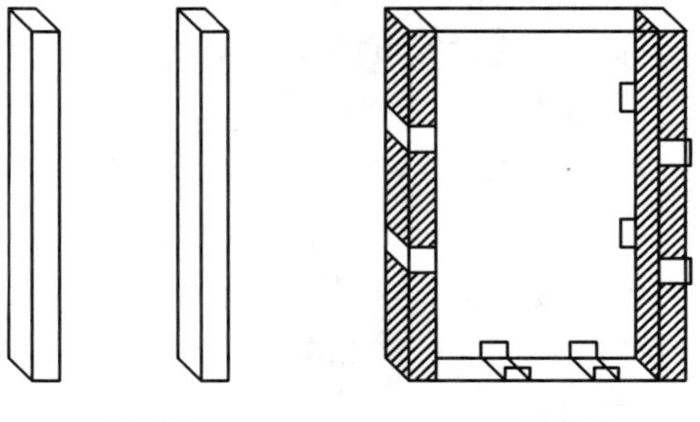

(a)长木条　　(b)种植盒

图 6-2　根箱(种植盒)示意图

由于玻璃面是可以取下的，当完成了观察任务后需要对整个根系进行其他研究，就可以结合钉板法进行，即把一边的玻璃板取下，而代之以相应大小的一块钉板，将此钉板压入土中，翻转种植盒,取下另一边的玻璃板或盒子后,就可以放置于水龙头下小心冲洗,使根土分离,在钉板上留下整个根系原来的分布情况。

(三)玻璃壁和玻璃管法

除玻璃面根箱外,从玻璃后直接观察根系生长的还有玻璃壁和玻璃管法。在玻璃壁法中,作物的根系生长是通过安置在土壤剖面上的玻璃窗口来进行观察的,这样可以在自然状态的环境中进行根系研究。这种原位连续观察和记录的方法导致了简单的根系观察室以及现代化的地下根系实验室的建立,通过这些设施得到的结果加速了田间根系研究的进展。

在玻璃壁法中,玻璃必须与土壤紧密接触,中间不留空隙,否则,根系生长的环境条件可能会有很大的改变,而且泥土和水会充斥空间,影响观察的清晰度。

玻璃管法也是用来对根系生长进行连续观察的,比起玻璃壁法,其成本低,简单方便,对土壤的损害小,而且可以用许多支玻璃管进行观察,从统计的角度来说也大有裨益。管的长度和直径依试验观察要求而定,选用 50～120 cm 长,直径 6～7 cm 的透明玻璃,外壁用防水记号笔或钻石笔画出 5 cm×5 cm 的方格,底部用木塞或橡皮塞塞紧。玻璃管可以埋入田间、温室的生长箱或其他种植容器中,与平面垂直或成一定的角度(如 45°角)。在田间要先用直径稍大于玻璃管外径的钻筒在所需观察地点钻孔,然后把玻璃管插入,在空隙处填以采自原地的、筛过的干燥土壤。玻璃管高于地面 10～15 cm,露出部分可用不透明纸包裹或漆成深色,管口用铝箔封口或罩以金属罐。

用直径小于玻璃管内径的圆形小镜固定在一条金属杆的一端,使其能在管内自由移动,或停在某处,在小镜上方有两个连接 2 节 6 V 电池的 6 V 灯泡安在金属杆上作为观察光源。当要观察根系生长情况时,把观察镜和光源引入埋好的玻璃管内,外边套以内径稍大于玻璃管外径的长 30～50 cm 的不透明套管,套管的上端装有 4 倍放大镜,这样就组成了观察系统。在不搅动生长基质的条件下可以定期地观察根系沿玻璃管外壁的生长状况(图 6-3)。

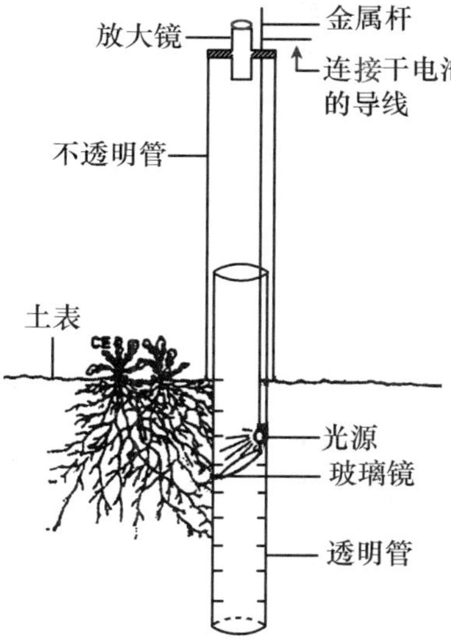

图 6-3　玻璃管法观察根系生长示意图

如果需要在很深的土层中观察根系,则光源强度和放大镜倍数要相应增大,观察套管高度也同样加大。不断改进的较先进的观察仪器已经应用内窥镜(医用胃镜)与电视显像管连接,更便于对根系的生长发育动态进行观察。玻璃管法和玻璃壁法存在一个共同问题,紧贴管壁很近的距离内产生密集的根系。有报道说,玻璃管后 2 mm的土层内根密度是周围土壤的 3 倍。但从自然土壤剖面观察根系的角度看,仍不失为一种好的方法。

(四)同位素测定法

同位素法在根系研究上的应用日渐引起重视,对推动根系研究起了一定的促进作用。采用同位素示踪以前,研究植物根系的方法主要是目测培养箱中根系的生长和分布,或把根系从土壤中分离出来进行研究,往往过于繁琐、费时,而且产生的结果是总量的概念,其中包括活性根、休眠根及死根,不能反映根系的吸收能力。用同位素示踪法在自然土壤剖面测定植物根系的生长和活力是从20世纪50年代由Lott及其合作者开始的,目前已被广泛应用。同位素示踪技术提供了全新的根系原位直接测定方法,而且不需要进行根系与土壤的分离,对研究根系吸收养分的活力、吸收部位及转移速率等,有着独特的优点。

1. 土壤注入法

即在土壤的不同位置、深度注入放射性物质^{32}P或^{86}Rb,经过一段时间后,测定地上部分的放射性强度,其结果直接反映出植物根系的吸收能力大小,也即根系的活力。根系活力是一个相对的概念,因为不同作物种类、根系的不同部位、根系的分布密度、生理年龄、土壤水分、理化性状等都会对根系活力产生影响。一般采用的方法是测定单位根重在单位时间内吸收的示踪物质剂量。

磷是最常用的示踪元素,而且最适合该项技术的基本假设,即根系接触不同位置注入的示踪剂机会均等,示踪物在土壤中保持位置不变并始终对作物吸收有效以及注入示踪物的比活度在土壤中接近均衡。具体方法是在植株周围选择距根茎不同距离或不同深度处钻孔,注入示踪物后,填上孔穴。操作时,要注意不要使示踪物污染植株,造成误差。一般经过1周左右的时间,收获地上部分,制成样品,就可以测定。

2. 植物注入法

这种方法是在植物地上部茎的基部注入^{32}P或其他示踪物,经过一定时间后,从根系分布区的一定部位取原状土样品,样品中的放射性强度可以反映该部分土壤活性根的数量,从而判断根系的含量及根系的分布状况。

一般的操作步骤是:选择禾谷类作物,用校准的两支微量注射器之一注入植物的第一和第二节间部位,创造吸力,保证示踪物质进入植物,另一支注射器则注入一定量的^{32}P。用火棉胶封住针孔。需要经过5 h到5 d,^{32}P示踪物在植物体内平衡分布以后,采集原状土样本。平衡的速度快慢取决于作物的生长期,受放射性强度的影响很大,不同的作物间差异也很大。土壤样本用圆筒取样器在植株周围不同距离、不同深度处取出。将样本风干、磨细,在500℃温度下灰化,以使根系中的^{32}P与土壤充分混匀。取其中部分样品用G-M计数管测定放射性强度。通过计算该部分土壤体积所含放射性强度与全层土壤的百分比,可以直接测定相对根量,以此可对根系的生长情况进行推断。

但是,这种方法并不是在任何时间都能显示根系从土壤中吸收养分的能力。如在土壤水分亏缺的情况下,示踪物仍然能被向下输送到活的、然而休眠的根系中去,而这部分根系由于水分缺少而无法吸收养分。

3. 宏观放射自显影法

利用放射性自显影法可以测定根系的分布,获得直观的根系分布信息。首先必须制备根箱,大小可按试验要求而定,如内部容积可为40 cm×25 cm×90 mm。除一面装有透明的有机玻璃板外,其余各面用胶木板制成。有机玻璃板一面供观察用,在其外再覆以可移动的胶木板,使根系不致长时间暴露于光照之下。根箱向装有机玻璃面倾斜45°,以促进根系沿玻璃板面伸长,便于进行观察。通过植株地上部分注入^{32}P,经3~5 d后,可用X光胶片对根箱有机玻璃板一面按接触法进行曝光、显影、定影等制备宏观的根系分布图。

(五)多孔膜-根栽培技术(porous membrane-root culture technique)

高产作物需要生长在适宜的、无生理胁迫的环境条件之下。整个植物的生命活动是与根系活动紧密联系在一起的。在人工控制的根系研究室里,植物对控制下的特定环境条件作出反应，已经取得了一些有价值的资料，但这些结果并不能完全符合田间环境的真实情况，具有一定的局限性。

为了了解根系发育动态及形态分布，需要从土壤中分离出根系，这是一件相当繁琐的工作，并容易造成根的损失，特别是具有吸收活力的细根部分的损失。运用多孔膜把植物根系从自然土壤中隔离开来，只容许其中的水分、养分通过的方法最早是1951年由Brown和Albrecht建立的，但以往大多是用于短期试验。1984年，Brown和他的合作者介绍了一种用于田间土壤条件栽培植物的多孔膜-根栽培技术。该法使植物全部根系限于田间一个横埋于土壤表层中的多孔膜套内生长。膜套口开在地面上，幼苗从开口处移栽到膜套中，养分、水和氧气通过多孔膜进入到膜套中。在不同的生长阶段可分别收获包括无土根系在内的全部植株，然后按照试验目的进行必要的分析测定。

具体做法(图6-4)是：以丙烯酸包被的尼龙纤维多孔膜(孔径0.3 μm)做成长约2 m，宽0.35 m的多孔膜套，其边、底以胶合剂粘接，再用胶带加固。将膜套水平埋于20 cm深的表层土中，口开在地面上，以便将植物幼苗移栽到膜套中。幼苗在塑料盆钵中生长一定时间(如4周)后，将盆底去除，连同幼苗一起移栽到膜套的开口内，套口用胶带粘贴到盆边上，高出地面7 cm左右。根系被限于膜套内生长，通过多孔膜获得养分、水分和氧气。为了保证根系移栽后的正常生长，在移栽后10 d左右，可向膜套内提供特定的营养液(如Hoagland营养液)。

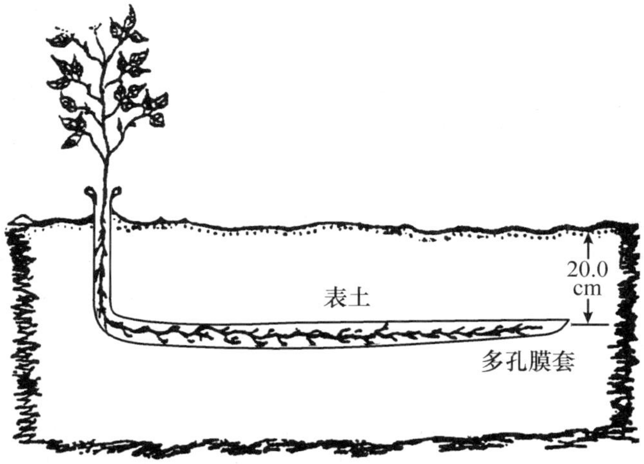

图6-4　多孔膜-根栽培技术示意图

多孔膜套的上下土壤中按试验要求进行施肥，周围有灌溉系统，维持土壤中一定的水分状况(如基质势大于或等于-0.3 MPa)。膜套周围土壤按常规进行栽种，作为对照，以便与膜套内植物的产量和化学分析结果进行对照。在预先设定的不同生长阶段进行收获。取出膜套，用去离子水清洗后，取出根系，移去根茎外塑料盆，用去离子水冲洗根茎，这样，整株植株便可用来进行各种测定。在膜套上方和下方0.5 cm处取土样，按需要进行各种理化分析。多孔膜-根栽培技术的应用，能够在一定的生长期内提供完整的植物根系及其地上部，为正确评价土壤中物理、化学和生物环境的影响，如土壤酸度、紧实度、土壤水分和养分、植株密度以及生物固氮等，提供了一个良好的研究手段。

(六)有关根的参数及其测定

描述根系生长和分布的参数通常有根重、根数、根表面积、根体积、根直径、根长、根毛数量等等。在试验布置以前就要考虑以哪种方式来对根系生长进行描述,从而选用相应的试验方法。

在决定选用某种根系参数时,不仅仅要考虑研究目的的需要,同样要考虑到时间和物力。比如,在许多试验中,根系生态学家希望了解根系的表面积,但是没有迅速、可靠的常规方法,只能用其他参数取代。由于在进行根参数的测定时,同一试验结果往往相差很大,为了更好地解释根系数据,最好能测定多个不同参数进行比较。下面介绍几种根系参数的测定方法。

1. 根数

根计数在许多根系研究方法中(如玻璃壁法)都是常用的手段。测定不同层次的根数能够对一个剖面中根的密度有很好的了解。

在研究一株植物完整无损的根系时,从主根和侧根数能够估计出根的总长。尽管根数并非是一个理想的参数,因为长根和短根都只能用同一个单位来衡量,但还是有可能与其他根系参数取得很好的相关性。

2. 根重

根重对于表征根的总量是一个很好的参数。当需要了解植物地下部分的生产力时,根系的干重就可以作为估计的标准。根重也同样被认为是光合产物在植物体内贮藏的基本特征。所谓根冠关系也主要基于地上部和根的重量。

但是根重并不能显示出根系吸收能力的大小,因为在根重中,有些根系的比例只占很小部分,然而它们的吸收能力最强,因此,根重最高的土壤层不一定是对水及养分吸收能力最大的层次。这种情况多发生在具有很粗壮主根的植物品种中,如多年生的木本植物。

根重测定有鲜重和干重两种。鲜重测定十分简单,洗过的根系用吸水纸吸干,即可测重。其准确程度与根外的水分含量有关,因此,受操作的影响很大。干重测定较之鲜重测定准确得多,因而也更实用,被广泛应用在根系的生态研究上,根系生长及其作用的许多信息都基于干重。测定过程是:将洗净的根置于105℃的烘箱中10～20 h(视根量而定)。烘箱的温度也可以降低到60～70℃,但烘干时间需相应延长,然后称重。

3. 根半径

了解根半径的大小(表6-4),可获得土壤孔隙大小与根系穿透潜力之间关系的信息。在研究一年生植物时,测定根半径在大多数情况下用来计算根表面积或根体积。

测定前,需先将根系浸泡于水中数小时,因为许多根呈没有规律的干燥程度。根半径的昼夜变化很大。在干燥、晴朗的天气,根半径能够收缩至本身最大值的60%,在测定时需对这些因素加以考虑。

根半径的测定是用带有测微计的显微镜直接对鲜根进行测定。对大根来说,可用小的手镜、千分卡尺。如果一条根的直径上下有差别,则可以按一定间距分别测定。

4. 根长

近年来,越来越多的根系研究工作者对根长的测定很感兴趣。原因之一就是方法的改进使得测定速度加快。更重要的是,研究者们认为单位体积土壤内根长(根长密度)是计算根系吸水量的最好参数。根长密度对土壤水分、养分的亏缺范围有很大的影响,意味着相邻根系对有效养分的竞争,而且在研究养分吸收过程中,高密度根系通常导致养分更完全的吸收,有助于养分利用率的提高。当然,根长密度和养分吸收的关系受根系环境中多种因素的影响,但一般认为,根长的测定比根重及其他根系参数更为重要。根长测定在不同的研究中被广泛应用。根长测定的几种方法简介如下:

表 6-4 不同根半径根系划分及推荐的制图标志

根半径(mm)	根的分类	制图标志
<0.5	很细	·
0.5~2	细	•
2~5	小	○
5~10	中	⊙
10~20	粗	◎
>20	很粗	⊙

(1)直接法 把湿根置于有浅水层的平底玻璃盘中,盘上铺有带毫米(mm)刻度的方格纸。用镊子把根拉直,尽量使它们不相互重叠,并用一块玻璃板压着防止移动。根或根段的长度随后就能以肉眼或手镜在最近的刻度处估计。

另一种方法是整齐地把根的两端用胶水固定在毫米方格纸上,有分枝的根则截成单独的根段再同样处理。

用这种直接法进行根长测定是繁杂、费时的,一般不作为常规方法。

(2)直线截获法 即以根系与一定规格的方格纸上纵横线条的截点数来计算根长的方法,比起直接法可以节省许多时间。用这种方法测定的数据与根系的实际长度具有很好的线性关系,如用直接法和直线截获法测定的实际和估计棉线长度之间的关系达到极显著水平($r=0.99$)。

直线截获法的测定只需准备一个用透明塑料或玻璃制成的浅盘,盘子的大小以 30 cm×40 cm 为好。将一张方格纸置于盘底,湿根和少量水一起倒入盘内。用镊子或针把根在方格纸上分散开,使之不相重叠。计数根与方格上纵横线条的交叉点数,计数点数时可以使用计数器。

方格的大小视所要测定的根的数量而定。对于总长不足 1 m 的根样本一般用 1 cm 间距的方格,总长达 5 m 的较大根样本用 2 cm 间距,对于总长 15 m 的根系则建议用 5 cm 间距的方格。为保证一定的准确度,又防止工作者过于疲劳,交叉点数最好大于 50,小于 400。根长可以下式计算:

$$\text{根长} = 11/14 \times \text{交叉点数} \times \text{方格间距(cm)}$$

把 11/14 和方格间距结合起来,就能得到转换因子,对于 1、2、5 cm 间距方格来说,转换因子分别为 0.786、1.571 和 3.929,转换因子也可以用交叉点数与实际根长的线性方程得到。

虽然测定根长用直线截获法比直接法能在较短时间内测定出根的长度,测量精度也较高,但还是相当麻烦和费时。往往由于人为因素,误差也较高,而且有的植物根系无法进行人工测量。因此,基于直线截获法原理的根长测定仪器在测试方便、迅速、精度高的测根需求下,20 世纪 70 年代在国外被研制出来。目前测定根系的软件系统有多种,其中加拿大科学家开发的 WinRHIZO 根系分析系统已在国际根系研究领域被广泛采用。我国近年来研制出了 ZG-1

植物根系长度测试仪(以下简称测长仪,东南大学制造)。该测长仪应用电子测量技术进行数字显示,自动测试,主要特点为测量时间短、测量精度高、操作简单、工作稳定、显示直观。下面对 ZG - 1 测长仪做简单介绍:

基本结构与工作原理:ZG - 1 测长仪的结构如图 6 - 5 所示,主要由主机活动部件、光电转换装置和光电信号处理器三部分组成。

环形透光物盘固定在一微电机轴上,该微电机支座通过丝杆传动与另一微电机轴连接,使物盘既做圆周运动,又做直线平移运动。

物盘下方有一点光源,上方为光电转换装置。光电转换装置由点光源、笔式显微镜和光敏管组成,可以在三维方向上任意调节,以保证显微镜与点光源小孔的中心同心。物盘运动时,光路在物盘上的轨迹(阿基米德螺线)相当于直线截获法的标尺线。物盘上放有根系时,根系与光路相交,类似于根系与标尺线相交。通过光电转换装置和电子测量电路可以精确测定根系与标尺线的交点数 N,并通过面板的计算器直接显示待测根系长度。

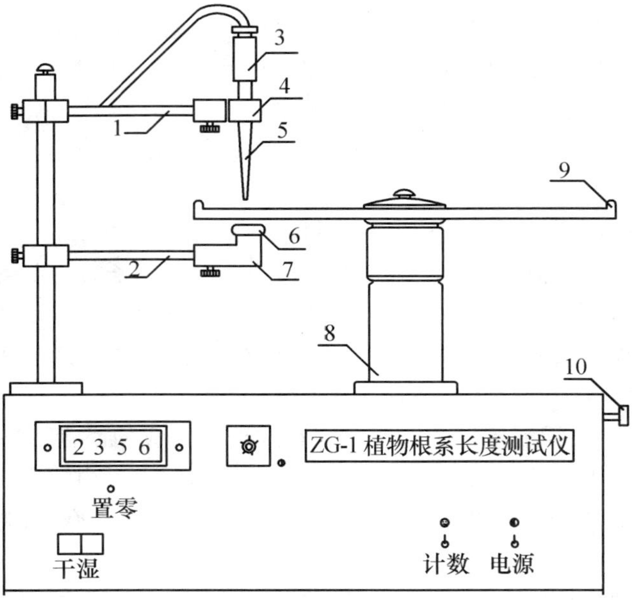

图 6 - 5　ZG - 1 植物根系长度测试仪结构图

1. 显微镜支架　2. 光源座支架　3. 光敏管套筒　4. 显微镜固定套　5. 笔式显微镜　6. 光源座顶盖　7. 光源座　8. 物盘微电机　9. 物盘　10. 复位拖拉杆

光电信号处理器主要完成微弱电流放大、形成脉冲信号与计数的作用。

测试:把清洗过的干根或湿根剪成 2 cm 左右的根段。如果待测根系直径较粗,不太密集可选择"干"测,按下电源开关,直接把根段均匀分布到物盘上,按下计数开关,物盘开始转动和平移,当物盘运动至最左或最右端时,限位开关切断微电机电源,计数器显示的读数即为待测根系总长度。

如选择"湿"测,在物盘中要加入少量水布满物盘,均匀撒入根段,用滴管吸走多余的水,其余同"干"测法。

经过大量的实测表明,与标准长度测量误差一般不超过 5%,性能可靠。每次测量仅需

6.5 min，能够显著降低测试时间。

5. 根表面积

根表面积是表征根系对水分和养分吸收最好的参数之一，可以用以下两种方法进行测定：

(1)直接法　通过测量出很多根的平均直径，以及每个样本的总长度，然后根据它们计算出根表面积；同样也可以从直径与体积两项数据计算出来。

直接法的缺点是，这种途径只能让人们获得对根表总面积大小的印象，不能反映根系的活力。

(2)吸附法　通过根系的吸附进行间接的根表面积估计。

有一些研究工作者用的是染料法，即把清洗过的鲜根浸入染色溶液中，测定根系所吸附的溶液，用得较多的染料是亚甲蓝($C_{16}H_{18}N_3SCl \cdot 3H_2O$，methylene blue)。

其基本步骤是，把洗过的根系样本浸入配制好的亚甲蓝溶液中(0.02～5 mg/L)，轻微搅动，一定时间后取出。每个根样本所吸附的亚甲蓝量可以从最初和最终染色溶液浓度之差计算出，从而进行根表面积的估计。

为了区分出有活力的和失活的根系，可以在把根样本浸入亚甲蓝溶液以后转到氯化钙溶液中去。在氯化钙溶液中失活根面上吸附的亚甲蓝溶液被钙离子所取代。用这种方式可以对根系的养分和水分吸收活力做大致的估计。

在根系生态学中，区分根系整个表面积和它的活力部分是十分重要的。但是，染色法本身还有不少问题，因为不同品种作物对染色的反应可能大相径庭，根系对染料的吸附与根系的物理性状及阳离子吸附能力有关。此法所得到的根表面积数据有必要与其他根系参数进行比较。

另一种是滴定法。把洗过、风干的植物根系浸入 3 mol/L HCl 中 5 s，排去多余的酸后，转到含有 250 mL 蒸馏水的烧杯中，放置 10 min。然后吸取 10 mL 烧杯中的溶液，用 0.3 mol/L NaOH 滴定。滴定值即 NaOH 的毫升数，作为总的根表面容量(total capacity of the root surface)，这种方法与染料法一样，只能得到相对根表面积数据，不可能十分精确。

6. 根体积

根体积可以由平均根半径及根长来计算，但这种方法并不常用。

一般采用排水法测定根体积。用一种特殊带喷口的容器，把容器注入水，直到多余的水从喷口里流出为止。将清洗过吸干水的作物根浸入到容器中。用量筒测定法测出水的体积，水的体积则代表所需测定的鲜根样品体积。

根体积的测定在根系测定中不很普遍。主要原因是有些作物品种只有少量大的根系却与有大量小纤维根的品种具有相同的体积。通常，根体积只能作为研究根系的一些其他参数的补充。

7. 侧根原基及根毛的染色

(1)侧根原基的染色　切取约 1.5 cm 根尖部分，在无水甲醇：冰乙酸(3：1)中固定 24 h，流水冲洗 5 min，浸没于次氯酸钠溶液(含 12.5%的活性氯)，真空(0.03～0.05 MPa)透明处理 5～10 min，然后取出，在常压下放置 10 min，用去离子水反复冲洗至无次氯酸钠，用 0.01%亚甲蓝染色 15 min，在体视显微镜下观察侧根原基的生长情况(图 6-6)。

(2)根毛的染色　切取约 1.5 cm 的根尖部分，去离子水冲洗 3 次后，浸没于 0.075%结晶紫溶液中(70%乙醇配制),染色3 min,去离子水冲洗3次,体视显微镜下观察拍照(图6-7)。

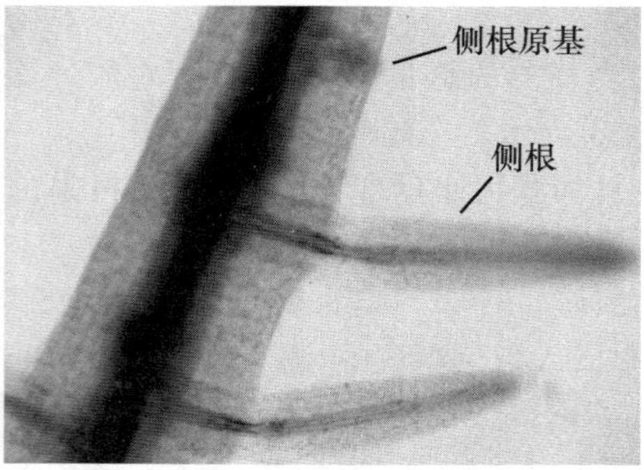

图6-6 白羽扇豆(*Lupinus albus* L.)侧根原基的亚甲蓝染色(申建波,未发表)

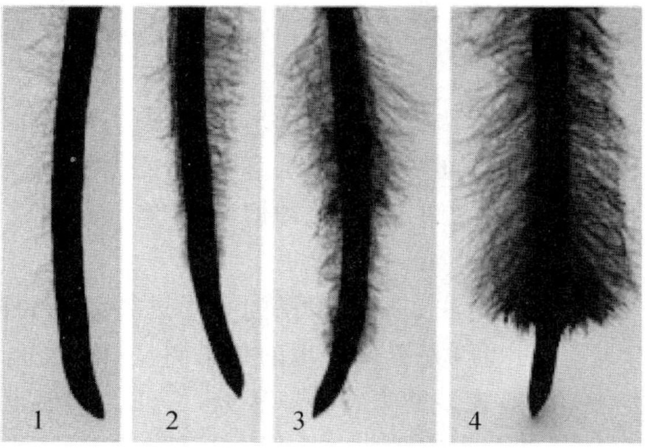

图6-7 接种 *Azospirillum brasilense* Sp245 对小麦根毛形成的影响(Spaepen et al,2008)

1. 未接种 2. 接种10^5 CFU(菌簇形成单位) 3. 接种10^7 CFU 4. 接种10^9 CFU

8. WinRHIZO根系分析系统

WinRHIZO是一套用于洗根后对根系进行综合测定的专业根系分析系统(图6-8),可以同时分析根系总长度、直径、表面积、体积、根尖数量等指标。WinRHIZO根系分析系统功能强大、操作简单,广泛运用于根系形态和根构型的研究。

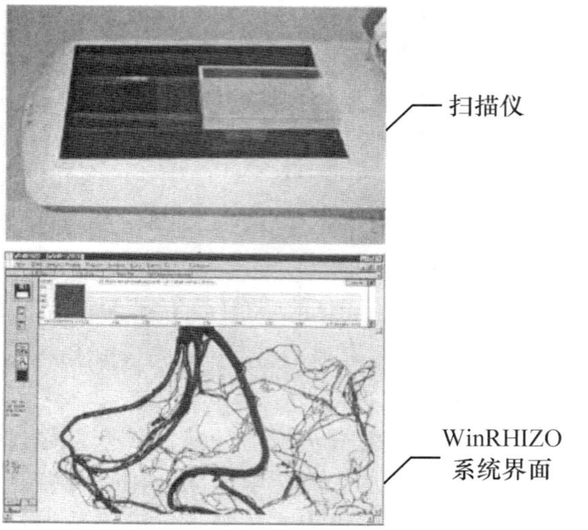

图6-8 WinRHIZO根系分析系统示意图

WinRHIZO包括扫描系统和软件处理系统两个组成部分。WinRHIZO利用高质量图形扫描系统提供高分辨率的彩色图像或黑白图像。该扫描系统匹配专门的双光源照明系统,去除了阴影和不均匀现象的影响,有效地保证了图像的质量。WinRHIZO能够采用非统计学方法测量计算出交叉重叠部分根系长度等参量,可以读取TIF、JPEG标准格式的扫描或数码图像。WinRHIZO配备的标准根系扫描设备,匹配专门的光源以及根系固定装置,其扫描面积为22 cm×30 cm,精度达1 600dpi。WinRHIZO根系分析系统配有基本版、标准版、专业版三种WinRHIZO分析软件,可满足不同精度测定的需求,有关信息可浏览其网站(Http://www.regent.qc.ca)。

9. 根的可塑性

根的可塑性是表征植物根系对某一个特定的环境因子响应的重要指标,在一定程度上反映了根系对环境变化的适应能力和敏感程度。计算根的可塑性的公式为:

$$根的可塑性 = \frac{某一因子处理下根的干重 - 对照处理下根的干重}{对照处理下根的干重}$$

例如：在低磷土壤条件下生长的植物，当其根系在土壤中遇到一个富磷的区域（patch）后，这个富磷的土壤区域会诱导大量的丛生侧根产生，根的可塑性值显著提高，更多的光合产物被分配到这个区域，从而形成大量的侧根。

10. 冠-根关系

作物根及其地上部的相互作用是多方面的，研究两者之间的关系是根系生态学家的一个重要课题。冠/根比是描述这种关系的参数之一，用以说明作物地下部与地上部干重的分布。

$$冠/根比 = \frac{地上部重}{根重}$$

但也有不少研究工作者使用其倒数，即根/冠比。一般地说，地上部的干重大于地下部，因而冠/根比通常大于 1。但这种比例并不是很稳定的，生态条件的改变能使田间作物的冠/根比发生很大的变化，如盐度、干旱和淹水等胁迫条件降低了根中细胞分裂素的合成及其向茎部的转移，对茎生长和蛋白质合成产生影响，故调节了地上部生长。又如在缺磷条件下，冠/根比减小等等。

仅仅从冠/根比的数据还不能很有效地说明根系对于作物的效率，还应从分析或模拟整体的生长模式和估计生态系统的初始生产力中得到更多的信息。根系在生长早期阶段一般活跃地积累与地上部相关的干物质，随着季节的推移，积累干物质的速率减慢。

更重要的是，当考虑根系对作物生长的效率时，根在土层中的分布是比根重更为关键的因子。如旱地作物的抗旱性取决于是否有一个分枝很多的深根系统。有试验研究指出，作物地上部的生长与位于 30 cm 以下的根系生长有显著的相关性。因而，研究作物地上部与根系的关系时绝不应仅仅局限于干物重的比例，比如可以找出根系长度与地上部发育阶段的关系等。

此外，对于所有能够控制作物冠-根关系的生态因子方面的研究来说，必须与控制作物生长发育的激素机制的生理学研究密切结合。20 世纪 70 年代以来，根系生理学家已经发现作物地上部和根系生长之间存在显著的激素反馈机制。

（七）根系研究室

根系研究室是在玻璃壁法的基础上发展起来的。单独介绍是因为它集中了许多研究手段，已经或将是现代化的进行根系观察和研究的场所。

1. 设计特征

根系研究室一般有地下通道，每边都有透明的窗口，植物的地上部分则暴露在田间生长环境下。最早的根系研究室是 1900—1905 年在德国建成的。早期研究室规模较小，大部分是经人工处理的土壤，有 4～6 个观察室。分别于 1961 年和 1966 年在英国东茂林（East Malling）试验站建成的两座成像型（phototype）现代根系研究室，对现代根系研究产生了很大的影响。尽管继之而起在不同国家建立了相似的研究室，但按照研究目的的需要，有的玻璃窗口后是自然原状土，有些则是人工处理的土壤。对自然的、未经扰动土壤的玻璃壁根系的观察仍以英国东茂林试验站的为最好。这两座根系研究室结构相似，地下通道长 30 m，宽 2.1 m，高2.1 m。地道两旁有 48 个窗口，每边 24 个。窗口的高和宽为 122 cm 和 102 cm。

下边是低水泥墙，上面为可以调节的钢架。在窗框安装以前，首先记录地道两边剖面情况，随后把壁上的土壤从安窗处取下 2～3 cm 厚。将土样按层次分装在盒子里，风干后依同样的次序再填于安好的窗口后，这样就可以得到没有孔隙，清晰平滑的观察表面。窗户几乎是与地面垂直的，仅有 2.5 cm 向前的倾斜(图 6-9)。

图 6-9　根系观察室内部(东茂林试验站)

(Böhm, Methods of Studying Root System, 1979)

屋顶的边缘距地面只有 25 cm 高，以减少微环境改变对所研究植物的影响。里边装有电光源及 6 个小型遮光排气风扇。玻璃面 6.4 mm 厚，刻有 1.3 cm×1.3 cm 的方格以便于对根系位置的确定和绘图。1966 年后建立的实验室里也有些窗面不是整块玻璃板而是由许多小的可移动玻璃板组成的，小的玻璃板较不易破碎，所有这些窗口都用遮光的百叶窗覆盖着。为了获得玻璃后环境条件的变化信息，在玻璃后面土壤的不同层次、距离处安装了一些测定仪器，如测温计、水分负压计、中子探测器等。

后来不断涌现出来的根系研究室，常常按实际情况作改进。如改高进口为低平进口，如 1975 年美国爱荷华爱玛的根系研究室就安装在露天地下。为了对土壤中水分、养分、农药等的移动有更多的了解，许多根系观察室与渗滤计结合起来的研究设施也逐渐建立起来。在这些根系观察室的底部装有过滤板和真空水取样设备，以进行土壤中离子运动的评价。

2. 记录方法

对根系的观察包括对根的分枝、根色、根的生长方向等类似的定性方法。基于频率的直接观察，可以获得半定量的根密度数据。

可以把根系绘制在方格纸上进行定量测定；在玻璃上还可覆盖透明金属箔片用防水笔把根系描下来。描制完后，用计图器(opisometer)在箔片上测定根长。

最迅速的方法还是以直线截获法为好，玻璃上已经现成地具有方格系统，只需在原位计数根系与方格系统的交点数，就可依前述公式计算出根系长度。

在玻璃壁上通常方格间距是 5 cm×5 cm，但也可根据根长密度的大小增大或减小。根长密度很高的根系甚至达到 15 cm×15 cm 的间距，而根长密度低的最好用小些的间距。使用这种直线截获法，不仅可以得到根长的信息，对作物生长过程中根系的发育及其在土壤剖面中的分布都能有很好的了解。

根长密度是指单位体积的根长，表示为根长 cm/cm^3 土壤。根长密度的测定可以从玻璃后取一定体积的土样，按一定的方法测出其中的根长，然后计算其密度。如果观察窗用有机玻璃制成，且土壤为黏土，根长密度可能会显著增大。黏土干燥时，在观察表面会出现许多裂缝，根就会密集生长在这些裂缝中。如果在观察窗后，白根和深色土反差分明，就可以用相机拍摄下来，并可用图像分析仪作记录，但这种情况并不普遍，由有经验的工作者原位观察并进行记录往往是最常用和有效的方法。

用双目显微镜能够对根系和土壤原生动物进行详细观察，显微镜可以放在木架上或安在一个手推车上，这种推车要能在固定观察角度时上下左右自由移动。

用时差(time - lapse)电影摄影机可以获得很有价值的有关根系发育、腐烂的数据。一架普通的电影摄影机经改装后可以在电马达的操作下，以一定的时间间距用16 mm的电影胶片进行拍摄，曝光时可用与快门同步的闪光灯。

3. 根的光敏性

在玻璃后观察、记录、测量根系需要光源。然而记录过程中，光照对于根系生长的影响是值得引起重视的。不同作物对光照的敏感性不一致，比如 Pearson 的试验(1974)表明，短时间玻璃壁前的光照对玉米、棉花、大豆和西红柿等根系的生长几乎不产生影响，而对于花生的影响却是显著的，大大地降低了其根系的伸长速率。连续暴露于光照之下会妨碍果树根系生长，加速其木质化，影响侧根发育，但若每天只暴露 20 min 到 2 h 之间，则能大大地减轻这种不良影响，而每周 30 min 的曝光仅在初夏光照强度高时才产生影响。

总的来说，采用这种方法得到的数据也是相对数据，在大多数情况下，短时间光照影响是可以忽略的。除了观察时间外，关闭所有窗口，也是防止藻类生长的必要手段，否则它们会大大影响观察的清晰度。

4. 根系研究室研究情况

根系研究室早期对多年生的木本植物根系研究较多，研究其根量的季节性变化、根的木栓化和腐烂过程、冠 - 根关系、根生长速率的昼夜变化、温度和水分对根系生长的影响等等。近年来，逐渐进入了农作物的研究，重点在根系的分布，水分吸收，观察昼夜变化对根半径的影响，以及不同土类中根系的伸展分布等等，主要指示作物为玉米和棉花。

(八)土壤溶液渗滤研究系统

为了在可控条件下研究植物与环境之间的相互关系，实时监测水和溶质在土壤中向下运移的规律，以及研究根系对水分和溶质的吸收利用机制，科学家在传统根系研究方法的基础上，结合先进的计算机自动控制技术和高精度实时检测技术，建立了多功能的现代土壤溶液渗滤研究系统(lysimeter)，这里只列举德国的例子加以说明。为了准确定量植物与环境之间物质和能量的交换，揭示水和溶质在土壤中向下运移的规律及其与根系生长的相互作用，德国环境与健康国家研究中心(GSF)于 1996 年在慕尼黑的 Neuherberg 建立了一个大型的土壤溶液渗滤与根系研究试验站(图 6 - 10)，这个大型的土壤溶液渗滤与根系研究系统配有自动化的数据采集设备，每天能连续采集和自动记录水分蒸发、蒸腾、植物吸水和土壤溶液的渗滤量。建造土壤溶液渗滤研究系统的第一步是把一个巨大的空心钢桶通过高压机械装置压入土壤中，形成一个巨大的原状土柱(图 6 - 10b)，这个原状土柱直接坐落在一个预安装于地下实验室的精密的天平上，并与压力传感器相连，土柱上面种植的植物与大气相连，土柱的背面暴露在一个巨大的地下实验室内(图 6 - 10c、d)，水分测量(TDR/张力计)和溶液自动收集设备都装在地下实验室内，并通过信号线与埋在土柱内的各种探头或传感器相连。利用这些设备可以准确记录灌水量、大气干湿沉降量、植物的生长量和土壤溶液的渗滤量等多项指标，这些现代化的土壤溶液渗滤与根系研究设备代表了今后根系和植物生理生态研究的一个重要发展方向，并将极大地推动植物与环境特别是根系与土壤环境方面的研究进展。

图 6-10 大型土壤溶液渗滤(lysimeter)与根系研究装置
(德国 GSF-Neuherberg 试验站)

a. 土壤溶液渗滤研究系统(lysimeter)的地上部景观 b. 原状土柱——lysimeter 的安装过程
c. lysimeter 的地下部景观 d. 单个 lysimeter 单元，含有自动土柱称重传感器、
水分测量(TDR/张力计)和溶液自动收集设备

(九)根系生长与构型的模拟

根系是一个复杂的系统，与地上部和环境彼此联系又相互影响。我们可以用模型综合已有的知识推理出更多的整体现象，或者验证来自于试验的相互作用机理的假说。根系模拟主要分为两类，即根系深度与长度密度模拟和根构型模拟。

根系深度与长度密度模拟的目的在于描述根系与土壤体积的相对关系，即单位土壤体积内根系的存在与否及其密度(单位土壤体积的根长或者根量)。在模型中，根系抽象为一个具有局部分布特性的物体，所有根是平等的且没有明确联系的。这些模型常作为水分动力学模型、植物或生态模型的一部分。根构型模拟把根系作为一系列有联系的轴，这些轴按照一定的规则(包括形态发育规则及与环境局部作用的规则)进行生长和分枝。因而，采用模型模拟根系的整个构型，不仅包括根系的形状，而且包括根系的结构和拓扑学。因此，这些模型更多的用于根系结构与形态发育研究，有时作为植物整个生长模型的一部分。有关研究方法请参考专业书籍，这里不再详述。

第二节　根分泌物的研究方法

一、根分泌物的概念、组成和作用

根释放的各种有机物质构成了根分泌物的主要组成部分。研究证明，光合作用固定碳的25%～40%可以通过根系分泌作用进入根际。生长在土壤中的植物，整个生育期释放到根际中的有机碳总量甚至比收获时根储存的有机碳总量高1倍。

根分泌物是植物根系释放到周围环境中的各种物质的总称。这些物质主要包括低分子量有机可溶物、高分子量黏液物质以及细胞和组织脱落物。根释放的各种有机物质在微生物的作用下均可分解为小分子有机物（图6-11）。

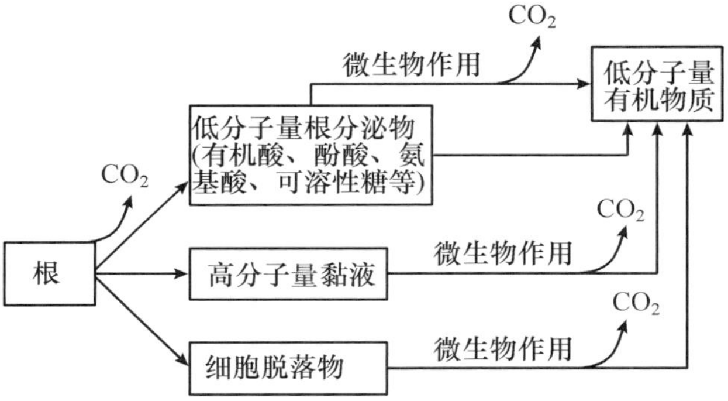

图6-11　植物根分泌物的组成

根分泌物是根际微生物的主要碳源和能源，同时也是植物与根际微生物、植物与土壤和环境因素相互作用的信息物质和决定因素。根分泌物的种类和数量决定了根际生物的种类和数量，某些特定的根分泌物能够刺激真菌孢子的萌发，而且还决定着根际有益或有害生物的种群分布。根系释放的有机物质不仅为根际微生物提供了丰富的碳源，而且极大地改变了根际微区的物理和化学环境，进而对根系的养分状况产生重大的影响。此外，根系释放有机物质进入根际也是化感物质进入环境的一个重要通道。因而，研究根分泌物有助于深入理解根与土壤环境之间物质和能量交换以及信息传递的真实过程。

根分泌的有机酸、酚酸类物质和植物铁载体等低分子量有机物对于矿质养分的活化、缓解或消除重金属毒害以及在植物间的化感互作中起着非常重要的作用。研究证明，缺磷可诱导白羽扇豆形成排根，光合产物的25%以柠檬酸阴离子的形式从排根区分泌进入根际，这些柠檬酸阴离子一方面可降低根际pH，溶解难溶性磷化合物，另一方面与Al、Fe和Ca等金属元素形成螯合物，使根际土壤中难溶性磷释放出来，从而大大提高了根际有效磷的浓度，增加了磷的吸收量，达到自身调节和改善磷营养状况的目的。20世纪80年代后期，人们发现，当禾本科植物缺铁时，可分泌一种专一性根分泌物——植物铁载体。植物铁载体是一类非蛋白质组分的氨基酸，对微量元素如Fe、Mn、Cu和Zn的螯合效率特别高，目前已发现和鉴定的麦根酸类植物铁载体有5种，植物铁载体的释放是禾本科植物适应缺铁反应的一种机制。

低分子量的有机分泌物还可活化重金属元素（如铅和镉），这种活化作用可导致植物重金属的毒害,但人们可以利用这种作用去净化环境中的重金属污染,不同种类的植物释放低分子量有机根分泌物的种类和数量不同,从而使其吸收重金属元素的能力产生差异。在酸性土壤上,植物根分泌的有机酸特别是苹果酸和柠檬酸可以高效络合自由态的 Al^{3+},使其不能直接作用在根的质膜上,缓解或克服了 Al 对植物的毒害。生长在酸性土壤上的植物,根释放有机酸的种类和数量的差异在一定程度上反映了植物抗 Al 毒能力的差异。根释放的低分子量有机物也可以被根系再吸收,因而根释放低分子量有机物的总量可能要比实际测定的高得多。此外,根分泌物中的酚酸是重要的化感物质,研究发现水稻连作减产的原因主要是水稻秸秆腐解以及根系的分泌作用释放出大量的酚酸类物质,如对羟苯甲酸、香豆酸、丁香酸、香草酸、杏仁酸和阿魏酸。酚酸类物质可严重抑制植物的生长。由此可见,根分泌物中的低分子量有机物特别是有机酸和酚酸在植物营养生态和植物间的化感互作中起着重要的作用。

二、根分泌物的研究概况

根分泌物的研究最早可以追溯到18世纪(Curl and Truelove,1786)。Micheli 于1723年首先观察到列当(Orobanche)的种子只有在寄主根存在时才能萌发,他认为这是寄主根分泌物的效应所致。随后,许多学者相继观察到根分泌物对邻近植株的促生和抑制作用,即所谓的化感作用(allelopathy)。1904年 Hiltner 提出了"根际"的概念,标志着人们对根分泌物及其效应的认识逐步深入。此后,人们对根分泌物的研究从观察和感性认识阶段开始向控制条件下的科学试验阶段迈进。Lyon 和 Willson (1920)发现,生长于无菌营养液中的植物能释放含氮化合物和其他有机物,为进一步深入研究奠定了基础。此后的相当长一段时间,根分泌物作用与根际效应间的相互关系研究并未取得实质性进展。直到20世纪50年代,当人们认识到根分泌物与促进植物生长的固氮菌等存在相互关系时(Krasilnikov,1958),这一领域才引起广泛关注。对根分泌物研究做出重要贡献的科学家是澳大利亚的 A. D. Rovira 和他的合作者及捷克科学院的 V. Vancura,他们于20世纪50～70年代相继研究了不同植物根分泌物的特性和组成,根分泌物的分析测定方法,影响根分泌物释放的因素,根分泌物与土壤微生物间的相互作用,根际微生物的分析方法,根分泌物与根际效应之间的关系,以及根分泌物的动力学和植物幼苗释放的挥发性气体物质。他们的工作使根分泌物同根际关系的理论和实践研究逐步成熟。20世纪80年代以后,分析测试手段和实验条件的不断改进,迅速推动了根分泌物研究的发展,使有关根际和根分泌物的研究领域迅速扩大,尽管当初根分泌物和根际的研究主要集中在根际微生物上,但根分泌物在根际营养中的作用(Marschner,1995)、根分泌物的化感作用(Rice,1984)、根分泌物的生态作用,以及根分泌物的研究方法已成为根分泌物研究的重点。

根分泌物释放的部位主要集中在根的顶端区域,包括根冠区、分生区、伸长区和根毛区。根冠区的细胞寿命短、易脱落,细胞内的高尔基体分泌大量黏液——主要是多糖,在根冠表面形成黏胶层。分生区表面光滑,细胞排列规则,黏液分泌较少。伸长区的细胞壁微纤丝重排,土壤矿物颗粒侵入黏液层部分,角质层破裂使黏液释放出来,根毛区也是根分泌物释放的主要位点,如根毛的断裂、根生长进入土壤时的损伤均可产生大量根分泌物。此外,侧根发生区也是根分泌物释放的一个重要部位,由于侧根的生长,主根受到了损伤,从而导致大量的有机物质进入根际。

影响根分泌物释放的因素主要包括:

(1)养分胁迫　专一性根分泌物的释放与植物的营养状况有着密切的联系。山龙眼科植物和白羽扇豆在缺磷条件下可形成浓密的排根，这些排根向生长介质中分泌大量的柠檬酸（柠檬酸阴离子）。在低磷的石灰性土壤上，白羽扇豆排根周围有大量白色沉淀产生，柠檬酸钙含量达 95%以上（图 6-12）。大量质子的分泌使排根根际土壤 pH 急剧下降。根际的酸化和柠檬酸阴离子的还原与螯合作用使根际微区中难溶性养分如：P、Fe、Zn、Mn 的生物有效性大大提高，从而达到改善植物营养状况的目的，这是植物对环境胁迫的一种适应性反应。禾本科植物（如大麦、小麦和水稻等）缺铁时可在体内诱导合成植物铁载体，并通过主动分泌作用释放到根际。植物矿质养分的胁迫均可使植物体内某些代谢过程受阻，细胞内低分子量有机化合物累积，胁迫严重时可使酶活性丧失，细胞膜透性增强，从而引起了根分泌物的大量释放。

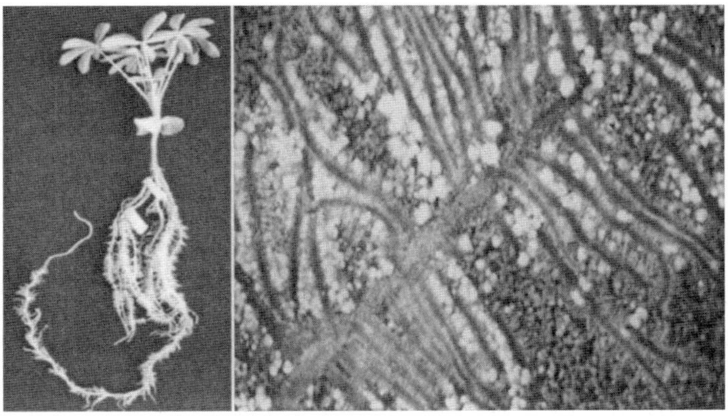

图 6-12　白羽扇豆排根周围形成的大量柠檬酸钙白色沉淀

（2）植物损伤因子和机械阻力　植物在生长期间，培养介质对根面可产生足够的损伤，从而增加根的分泌量。

（3）微生物　根分泌物为根际微生物提供了能源和碳源，反之，根际微生物的存在也促进了植物根分泌物的释放，其原因包括：（a）根际微生物影响根细胞膜的透性；（b）微生物可能使根的代谢活动受到影响；（c）微生物对根分泌物的吸收；（d）微生物改变了根际养分的生物有效性。快速生长的植物，沿根面形成了根分泌物和微生物的分布梯度，根释放分泌物梯度的高峰集中在根尖部分，而微生物分布梯度的高峰集中在离开根尖的基部，研究发现微生物在根尖区的覆盖面积仅占 4%，在根毛区占 7%，在根基部上升到 20%。这种分布状况的差异大大提高了根分泌物的作用效率，具有重要的生态学意义。

（4）植物的种类和生长阶段　植物的种类不同，根分泌物的组分和数量也不同。苜蓿植株根分泌物中的碳水化合物随株龄的增加而减少。在研究机械阻力对不同生育时期玉米幼苗根分泌物的影响时发现，株龄为 3～4 叶期的玉米幼苗根的分泌率明显高于 5～6 叶期的幼苗，而且株龄小的幼苗对机械阻力的反应较敏感。总之，根分泌物的释放随生育期的变化而不断发生改变，分泌高峰一般出现在生长旺盛的幼苗和开花期，随着植株的成熟和衰老，分泌量迅速下降，由于试验条件的限制，根分泌物的研究往往集中在幼苗期。

除此之外，环境条件如温度、光照、通气状况和土壤水分状况均可直接影响植物的生长和代谢过程，从而造成根分泌物在成分和数量上的变化。

根分泌物的研究通常包括以下内容：植物的培养，根分泌物的收集、提取、分离，根分泌物成分的鉴定和根分泌物生物或化学功能的评价（图 6-13）。研究的目的不同，所采用的方法也有差异。例如:当研究白羽扇豆根分泌的有机酸时,由于白羽扇豆在缺磷的条件下分泌柠檬酸的速率很高,可以在溶液培养条件下直接收集根分泌物,然后用高效液相色谱(HPLC)直接测定根分泌物中的组分,进而评价根分泌物中各组分对养分的活化效应。在研究根分泌的酚酸和黄酮类等化感物质时,通常采用从溶液培养中直接收集或从土壤中用树脂收集的方法,如果根分泌物含有较多的杂质,需用阴阳离子树脂进一步纯化样品,然后用 HPLC 或质谱进行分析和鉴定,并对根分泌物的组分进行生物效应评价。

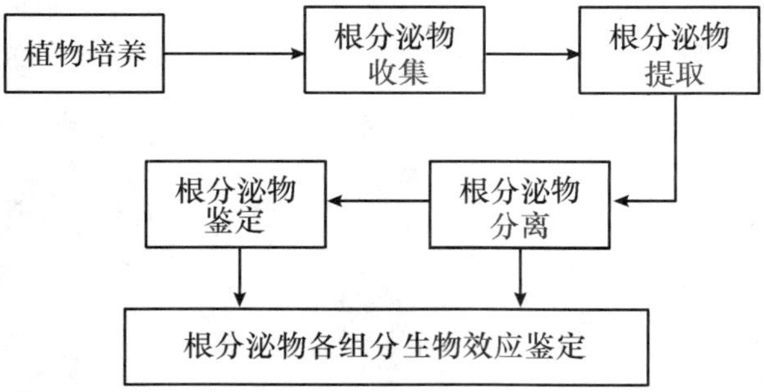

图 6-13　根分泌物的研究程序

三、根分泌物的收集和提取

植物根的分泌作用受多种因素的影响,这就使得准确测定根分泌物的种类和数量变得相当复杂。根分泌物的测定具有特殊性,研究根分泌物的最大障碍是不能直接从狭小的真实根际环境中获取足够量的根分泌物,而且根分泌物多组分、易分解和污染的特性使得根分泌物的有效分离与测定变得十分困难,这也是限制该领域发展的一个重要因素。尽管如此,许多学者在根分泌物研究方面进行了不懈探索,逐渐形成了一些较为成熟的根分泌物研究方法,Curl 和 Truelove(1986)总结了 1939—1982 年近半个世纪用来提取和分析根分泌物的各种方法,他们认为收集和分析根分泌物的基本程序涉及三个方面:(a)将植物种植在无菌水或营养液中,对培养液进行分析,检测根释放到培养液中的物质;(b)将植物种植在固体基质上(如石英砂、土壤等),收集培养介质的冲洗物和滤出物,用色谱技术和生化程序进行分析;(c)将植物的地上部分暴露在放射性同位素中,收集培养介质的冲洗物或滤出物,测定各种物质的放射性强度。

从 20 世纪初直到 60 年代末,由于分离测试手段和试验条件的限制,根分泌物的研究一直停留在传统试验方法的基础上,即通过灭菌或不灭菌的溶液培养(Rovira and Harris,1961;Bowen,1969)、砂培(Rovira,1956;Vancura,1964;Boulter et al,1966)、琼脂或其他介质培养(Vancura,1967;Smith,1970),直接收集根洗液,浓缩,然后通过分光光度计、纸层析、薄层层析等常规方法进行测定。在收集根分泌物的过程中,人们发现灭菌条件下的营养液培养仅适用于体积较小的植物或植物生长的幼苗阶段(Rovira,1959;Rovira and Harris,1961),对于体积较大的植物,这种试验装置无能为力。Stotzky 等(1962)提出收集单株植物根分泌物的装置,但对于较大植物或同时收集多株植物的根分泌物存在很大困难。在这一发展阶段中,最有代表性的是鼠笼技术的应用 (Clayton and Lamberton,1964),植物种植在可移去前盖的根箱中,根箱中装有两个雾化喷头,营养液通过喷头喷出在根箱中形成雾状,为植物根提供养分,当液滴沿根尖滴落时，根分泌物收集在根箱底部的小盘中。这种装置可培养较大的植株，而且植物根的生长状况良好，但不能保证严格的灭菌条件。

20 世纪 70～80 年代中期，人们开始采用新的方法来研究根分泌物。Chang - Ho (1970)首先用阴阳离子树脂对收集到的根分泌物进行了初步的分离和纯化。同位素技术也被应用到根分泌物的研究中(McDougall，1970)。蛋白质、糖和氨基酸标准方法的建立促进了根分泌物研究领域的迅速发展(Barber and Gunn，1974)。仪器分析技术特别是气相色谱、液相色谱和质谱技术的应用，不仅使根分泌物的研究从定性走向定量阶段，而且也极大地推动了有关根分泌物中未知成分的分子结构和基团组成研究的发展。在根分泌物收集方面，人们在前人研究的基础上根据试验目的不同，设计出适用于特定试验目的的收集装置。Prikyl 和 Vancura (1980)提出了无菌条件下提取微量根分泌物的通用装置。为了研究植物在模拟自然条件下，根系释放有机物的组分和数量，Tang 和 Young(1982)提出了一种连续收集根分泌物的装置，采用这种装置，他们研究了一种热带杂草牛鞭草[*Hemarthria altissima* (Poir.) Stapf & C. E. Hubb.]根分泌物中的化感组分，分离出具有化感作用的酚类化合物，这种装置的最大优点是不干扰植物的正常生长，可模拟自然条件。Stevens 和 Tang(1985)也采用类似的装置研究了杂草根分泌物对农作物生长的抑制反应，试验证明这种装置非常适合于植物间化感作用的研究。

20 世纪 80 年代后期，根分泌物的研究方法进一步得到发展。Lipton 等(1987)采用自制的根分泌物收集装置研究了磷营养对植物根分泌有机酸种类和数量的影响，他们将收集到的根分泌物浓缩、过滤，然后用阴离子树脂柱吸附有机酸，洗脱后的样品进行衍生化，用气相色谱仪进行分离和测定。Boeuf-Tremblay 等(1995)研究了在玉米发育的两个阶段机械阻力对根分泌物的影响，玉米种植在含有玻璃珠的容器中，水不溶性根分泌物(主要是黏液)采用真空吸出的方式(Morel et al，1986)，其中的细胞脱落物在 4 000 g 下离心 15 min 去除，水溶性的根分泌物来自生长介质与根的洗出物，应用气相色谱仪测定根分泌物中组分的含量。Fritz 等(1994)认为根际狭小的空间使得从这一空间得到足够的根际溶液相当困难，一般来说，人们主要通过三种方法研究根际中的物质变化：(a)在尼龙网隔开的两室或多室根盒的一室中种植植物，根系沿尼龙网形成根垫，在另一室紧靠尼龙网的土壤称为根际土壤，远离根面的土壤称为非根际土壤，由于根的密度较高，这种方法营造的根际是对实际根际的放大；(b)采集附着在根上的土壤作为根际土壤；(c)采用自显影技术测定放射性元素的分布。由于这些方法之间测定结果存在较大差异，很难将根释放的物质和土壤中的物质区别开。为此，Fritz 等(1994)提出了根际溶液的 X 射线微量分析技术，他采用这种技术研究了养分元素沿根面的分布状况。数学的方法也被应用到根分泌物的研究中，Hoffland(1989a，1989b，1992)在研究油菜对磷矿粉的利用机制时，对油菜根分泌的有机酸进行了提取、分离和定量化模拟。Grierson(1992)从一种灌木(*Banksia integrifolia* L.)的排根上收集到根分泌物并用气相和液相色谱技术分离鉴定出 7 种低分子量的有机酸。试验结果表明排根区有机酸的释放量比非排根区高 10 倍，其中柠檬酸含量占有机酸总量的 50%，苹果酸大约占 18%。Shepherd 和 Davies(1994)采用自制的根分泌物收集装置研究了砂培条件下油菜施用外源柠檬酸、氨基酸和葡萄糖对根际中氨基酸累积和损失情况的影响，这种收集装置能在植物生长情况下，随时取样，避免了植物的破坏。Neumann(1997)应用层析纸膜提取法定位收集了白羽扇豆的根分泌物。综上所述，人们研究根分泌物的目的不同，所采用的试验装置和研究方法也存在差异。但归根结底，根分泌物的收集有灭菌条件和非灭菌条件两种情况，两者在数量上可相差几倍。在灭菌条件下测得的根分泌物数量能比较准确地反映植物根系溢泌的有机物质累积量,而在非灭菌条件下测得的根分泌物数量,则更直接地反映了在植物根际的实际水平(刘芷宇等,1996),因而灭菌还是不灭菌往往取决于研究的目的。

四、根分泌物的分离与测定

随着物质提取分离技术和研究手段的不断发展,高分子树脂提取与分离技术被广泛应用于微量有机物质的提取和分离纯化研究中。在测定根分泌物的组分时,人们往往用阴阳离子交换树脂对根分泌物的不同组分进行初步分离和纯化,然后再用气相或液相色谱仪进行精确测定(Stumpf and Burris,1979;Lipton et al,1987)。Tang 和 Young (1982)用专性的吸附树脂提取和收集了牛鞭草(*Hemarthria altissima* (Poir.) Stapf & C. E. Hubb.)的根分泌物。Shen 等(1996)通过阴阳离子交换树脂,采用液膜富集技术对根际中低分子量有机酸组分和数量进行了测定。由此可见,树脂分离和纯化技术已成为根分泌物研究的一个重要手段。

(一)高分子树脂的基本特性

树脂是一种由苯乙烯和二乙烯苯聚合而成的、具有三向立体空间网架结构的多孔海绵状高分子化合物。高分子树脂不溶于酸、碱及有机溶剂,物理及化学稳定性高,对一般的氧化剂和还原剂也较稳定,具有一定的耐磨性和耐热性,不仅工作交换容量高,而且树脂通过再生可循环利用。

在高分子树脂网架的主链上带有许多具有活性的化学功能团,按功能团的离子交换性能将树脂分为阳离子交换树脂和阴离子交换树脂。根据树脂上化学功能团酸、碱性的强弱程度不同,又可把阳离子交换树脂分为强酸性(带有磺酸基团,$R\text{-}SO_3H$)和弱酸性(带有羧基,R-COOH)树脂,阴离子交换树脂也分为强碱性和弱碱性树脂,其中带季氨基的树脂为强碱性树脂,带伯、仲、叔氨基的树脂为弱碱性树脂。一般在微量物质分离提纯时,应用较多的是强酸性阳离子树脂和强碱性阴离子树脂,两种树脂的分子结构如图 6-14 所示。阳离子树脂常以 Na^+ 型出厂,阴离子树脂常以 Cl^- 型出厂。在实际应用时,根据离子间交换性能和用途不同将 Na^+ 型或 Cl^- 型转化为所需的离子形态(钱庭宝等,1990)。

树脂的活性尖端在于它的功能基团,因此凡是能破坏活性尖端的因素都影响树脂的活性。树脂在使用和贮藏过程中,一定要保持水分,防止风干。树脂应以出厂的离子形态保存,一旦转化为所需形态,应立即使用,树脂贮存的适宜温度是 0～40℃。

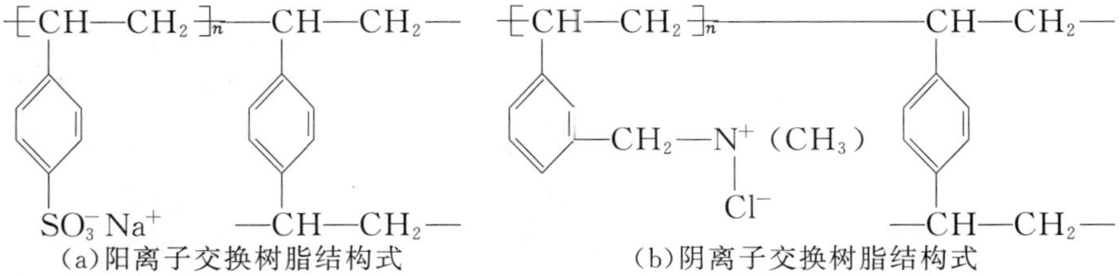

图 6-14 阳离子和阴离子交换树脂结构式

树脂上的化学功能团除进行离子交换外还具有一定的吸附作用,特别是大孔型树脂所表现的吸附能力尤为显著。根据物理结构,树脂可以分为大孔型、凝胶型、载体型及螯合型树脂。

其中大孔型树脂是常用的吸附树脂，它常被应用于微量物质的提取和富集研究中。树脂在制备过程中残留的致孔剂必须用丙酮、甲醇洗干净，在使用前必须经丙酮充分溶胀，否则孔结构收缩失效，尤其对低交联树脂缩孔更为严重。吸附树脂的表面特性和孔径大小决定了所吸附物质的分子质量大小，因而树脂对微量物质的吸附具有极强的选择性，在实际应用中，应根据所吸附物质的基本特性来选择吸附树脂的种类。

(二)根分泌物树脂提取分离的方法

在自然状态下，收集提取根分泌物一直是众多科学家设法攻克的难关。树脂技术的应用为根分泌物的研究提供了高效的方法。专性的吸附树脂可用来连续提取和收集根释放的有机物质。Tang 和 Young(1982)提取根分泌物时，采用了大孔吸附树脂 XAD-4(Sigma)型。这种树脂有很高的吸附性能，但对无机离子并不吸附。用甲醇洗脱剂把吸附于树脂的根分泌物洗脱，再用气相或液相色谱仪测定根分泌物中的成分。专性吸附树脂的类型选择和有关应用技术将成为根分泌物研究的一个重要方向。

(三)根分泌物的测定

根分泌物组分的定性和定量通常采用气相色谱和高效液相色谱技术来实现。样品的载体为气体的色谱为气相色谱，以液体作为载体的属于液相色谱。用气相色谱测定时，由于汽化温度较高，样品中低分子量的易挥发性物质可能会分解，特别是在进行有机酸测定时往往需进行衍生化处理，而且步骤繁琐。因此，气相色谱在根分泌物中低分子量有机酸和酚酸测定中的使用频率在下降，而高效液相色谱因其稳定性高、测定准确、分析条件温和、可选分析柱类型广泛而得到普遍应用。

高效液相色谱对物质的分离是样品与流动相和固定相共同作用的结果，描述物质分离情况的一个重要参数是分离度，分离度对判断色谱分离程度及选择最佳色谱条件具有重要意义。当固定相与流动相确定后，高效液相色谱对物质的分离效果主要与柱长、柱压和分离时间有关。当柱压不变时，增加柱长可大大提高分离效果，但保留时间增大，分离的速度降低。当柱长不变时，降低流动相的流速，柱压降低，样品的分离时间增大。为了不使分离的效率降低，可通过增加柱长和柱压的方式，在样品保留时间不变的条件下，提高样品的分离度，但柱压的提高对仪器提出了更高要求，因此这种情况仅适用于初始分离压力不高的情况。高效液相色谱分离条件的选择主要包括：(a)改变流动相的组分和极性；(b)改变流动相 pH；(c)改变固定相，选择合适的分析柱；(d)改变柱温。这些因素均可影响样品的分离度(北京大学化学系，1997；师治贤和王俊德，1996)。

五、几种典型的根分泌物研究方法

根分泌物存在多组分、易分解和污染的特征，而且根分泌物的研究方法多种多样，采用什么方法依赖于研究的目的。因此，根分泌物的有效分离与测定必须考虑以下原则：(a)根据试验目的确定收集方法(整体收集、局部收集或定位收集)；(b)收集过程不能破坏根的生长；(c)尽量维持根的自然生理状态；(d)抑制微生物的分解作用；(e)避免高温下长时间浸提(有机溶剂)；(f)采用温和的提取剂；(g)样品应冰冻保存(－20℃)。

以下介绍几种常用的根分泌物研究方法。

(一)溶液培养直接收集法

植物根系的生长介质不同，收集根分泌物的方法也存在差异。在溶液培养条件下，直接从营养液中收集根分泌物是获取根分泌物最简单的方法。由于溶液培养的试验条件容易控制，收集根分泌物的方法比较简单，因而这种收集方法在根分泌物的研究中得到广泛应用。然而根的分泌作用受多种环境因素的影响，在灭菌条件下收集的根分泌物代表了根分泌有机物质的累积量，在非灭菌条件下，根分泌的有机物质反映了根的自然分泌状况。由于在非灭菌条件下，根释放的有机物质可为微生物所分解，因而收集时间的长短将对根分泌物的测定结果产生影响。此外，在收集根分泌物的过程中许多干扰因子会同时进入根分泌物中，从而干扰根分泌物中低分子量有机酸的测定，这些杂质主要来源于根表吸附的养分离子以及根分泌释放的非有机酸成分。

营养液培养条件下可以采用严格的无菌培养系统收集根分泌物，常用的无菌培养试验装置由三角瓶和试管构成，三角瓶中盛有少量的溶液，将消毒的植物种子放在一个支架上，并将种子支架浸在灭菌的营养液中，种子的一半露在营养液的外面(图6-15)，将开口的试管扣在发芽的种子上，使幼苗在试管中生长，试管的上面用棉花封住，整个系统采用无菌操作，培养一段时间后，取出幼苗，测定营养液中根分泌物的含量。

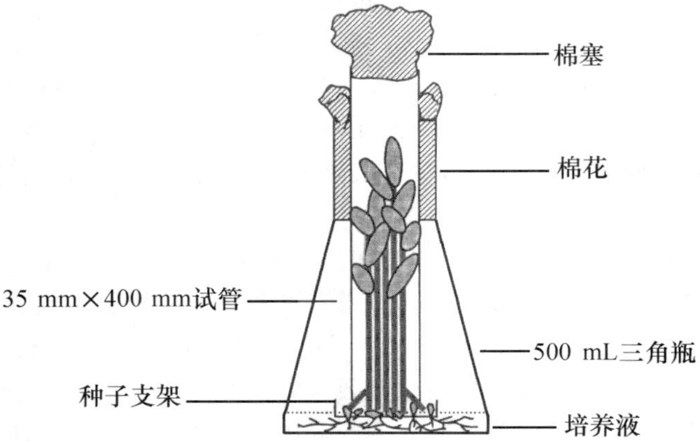

图6-15　营养液培养条件下收集根分泌物的无菌培养系统

在非灭菌营养液培养条件下，收集和测定根分泌物，由于方法简单易行，因而也得到广泛应用。植物在营养液中经过一段时间的培养，开始收集根分泌物。早上光照2 h后，将植株从营养液中取出，小心用清水清洗根系上附着的养分离子，再用去离子水洗根，然后将植株根放入盛有一定体积去离子水的塑料盆中，去离子水的体积以刚刚能浸过根系为准，体积过大使根分泌物的浓度降低，难以检测。然后，连续通气培养一定时间(2～4 h)，再小心从收集液中取出根系放回营养液中。从收集液中取10 mL溶液放入试管中，为了抑制微生物对根分泌物的分解作用，应该向根分泌物中加入一滴浓磷酸或微生物抑制剂(Micropur Sicheres Trinkwasser，Germany，用量为0.01 g/L)，保存在－20℃下的低温冰柜中备用。然而，如果根分泌物的浓度过低，需用真空旋转蒸发仪在40℃下浓缩至干，再用10～20 mL流动相缓冲液(有机酸测定时，采用KH_2PO_4缓冲液，pH 2.25)或纯水溶解，转移到20 mL储存瓶中，保存在－20℃下的低温冰柜中备用(图6-16)。

(二)固体培养收集法

在研究根分泌物时，为了反映根系生长的真实环境，通常采用固体培养的方式，因为溶液

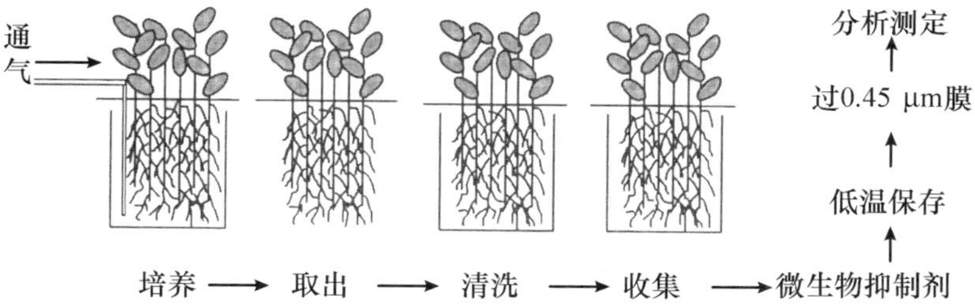

图 6-16　营养液培养条件下根分泌物的收集方法

培养试验对根系没有产生任何机械阻力，溶液培养也不能反映离子沿根表浓度梯度的变化以及根分泌物对根际养分的活化情况，因此，对于溶液培养而言，实际意义的根际效应是不存在的，或者说不能正确反映根际动态的真实情况。

植物生长的固体培养方式一般包括人工固体基质培养（如玻璃珠、石英砂、蛭石等）和土培两种方式，以下介绍几种常见的收集方法。

1. 人工基质培养收集法

（1）玻璃珠培养收集法　植物种植在盛有玻璃珠和营养液的粗玻璃管中（图 6-17），在粗玻璃管上部用棉花或滤纸固定植株，并与外界隔开形成一个无菌的系统，用热石蜡/凡士林处理棉花或滤纸层封闭整个系统，底部连接通气管和营养液输入和输出管。整个装置在 120℃下灭菌 20 min。当植株地上部顶端生长至灭菌棉时，应将石蜡/凡士林层进行热处理，使植物根系仍生长在灭菌环境中，同时又不阻碍地上部的生长。根据植物生长情况需要收集根分泌物时，首先将营养液放掉，再将根和玻璃珠用无菌水冲洗两次，向玻璃管中注入无菌水，培养一定时间，然后收集根分泌物。分泌物由可溶性和不可溶性物质两部分组成。不可溶性物质用真空抽吸的方式收集，再以 4 000 g 的离心力离心 15 min；将离心后的溶液通过孔度为 0.45 μm 的滤膜，得到可溶性组分。

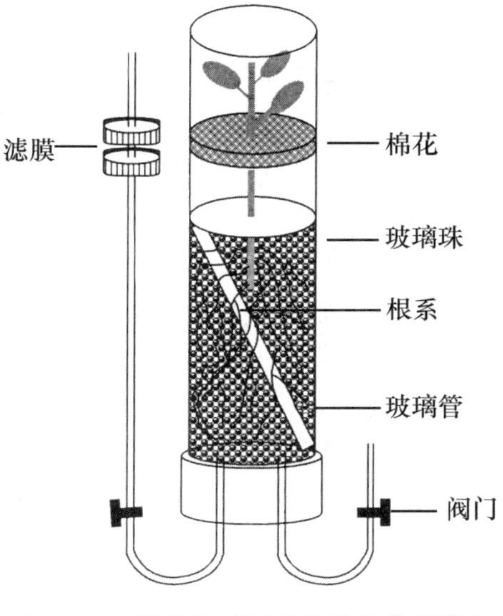

图 6-17　营养液-玻璃珠培养条件下研究机械阻力对根分泌物影响的试验装置（Boeuf-Tremblay，1993，1995）

（2）砂培收集法　整个装置主要由两个注射筒（60 mL）组成（图 6-18）。左边的培养筒上方有注入口，下面有流出口。培养筒上方的小注射筒（5 mL）用于通气和防止液体溅出。右边的注射筒用来供应营养液和收集根分泌物，它们之间用硅氧橡胶管连接。当需要向种有植物的注射筒供应营养液时，用右边的注射筒把营养液从两个方向注入左边的培养筒中，营养液一部分由培养筒底部进入柱体，一部分经硅氧橡胶管引流由培养筒注入口进入。当营养液筒中剩余有 1 mL 营养液时关闭所有的阀门。收集分泌物时，首先洗脱残留的根分泌物，收集液（50 mL）从培养筒的注入口加入，从下面的流出口自由流出，冲洗三次，待没有自由溶液流出时，开始收集根分泌物。先抽取 10 mL 溶液至营养液筒,再从注入口加到培养筒中与原溶液混合,每 4 h 采一次样,重复三次,取出 100 μL 收集液保存在 −20℃的冰箱中,用来分析根分泌物中的组分。

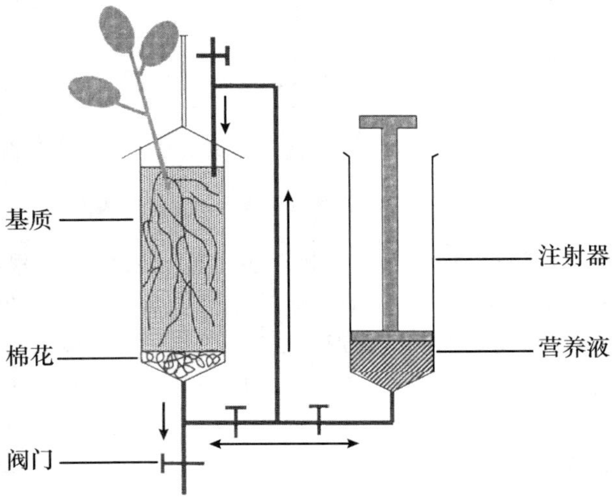

图 6-18 在不干扰植物生长的条件下砂培植物根分泌物的收集装置
(Shepherd and Davies,1994)

2. 土壤培养收集法

从土壤中收集根分泌物比较困难,然而只有研究生长在土壤中的植物,才能反映根的自然分泌状况。从土壤中提取根分泌物包括以下几种方法:

(1)根际土壤直接提取法 采用抖土法把与根系松散结合的土壤抖掉,剩余的与根系紧密结合的土壤为根际土,把根与根际土一同浸入一定体积的 $CaCl_2$ 溶液(0.2 μmol/L)中,轻轻洗掉附在根表的根际土,取出根系,充分混匀土壤悬浮液,过滤后备用。根分泌物可按单位土壤干重中根分泌物的总量计算。这种方法简单、实用,不需要特殊的仪器,适用于土壤和大田试验。

(2)土柱淋洗法 把植物种植在盛有沙性土壤的塑料管中(如直径 8.6 cm,高 38 cm),植物生长到一定的时期,用去离子水淋洗土柱,洗出根分泌的残留物,将多余的水溶液从管子的下部出口排出。然后培养 2~4 h,加入 400 mL 去离子水,淋出根分泌物,测定根分泌物中的组分。由于不同土壤对有机酸的吸附能力存在较大差异,需要测定土壤对有机酸的吸附能力,以便准确估计有机酸的释放量(Shen et al,2003)。

(3)土壤-溶液联合培养法 把植物种植在土柱中,根系在土壤中生长,穿过土柱底部的聚四氟乙烯膜(生塑料)进入营养液中,营养液中可以设不同的处理,并可以测定在模拟土培条件下根分泌物的种类和数量(图 6-19)。

(三)雾培植物根分泌物的收集法

植物种植在雾培箱中(图 6-20),雾培箱内的上下装有两套喷雾嘴,营养液雾化后弥漫在整个雾培箱中,当收集根分泌物时,把一个托盘放入雾培箱的底部,收集从根上滴落的溶液。这种方法的特点是不干扰植物的正常生长,人为的扰动比较小。

(四)植物根分泌物的原位收集法

1. XAD-4 型树脂连续流动提取法

新购的 XAD-4 型树脂首先用去离子水冲洗多次,然后将 XAD-4 型树脂置于索氏提取

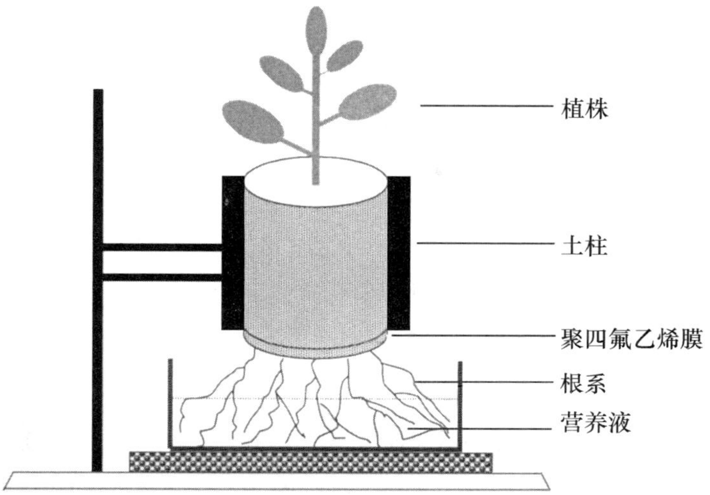

图 6-19　在不干扰植物生长的条件下模拟土培提取根分泌物的装置
(基于 Clayton,1964)

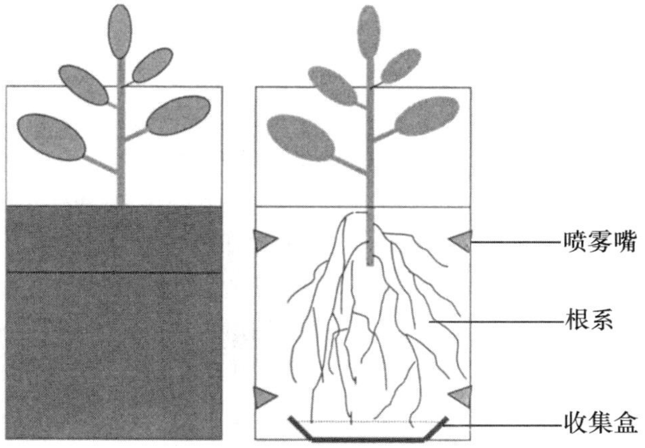

图 6-20　在不干扰植物生长的条件下模拟雾培提取根分泌物的装置
(基于 Clayton,1964)

器中,分别用丙酮、乙腈和乙醚抽提 24 h,用甲醇将残留的抽提剂洗净,将洗净的树脂保存在甲醇中,避光低温保存。

将洗净的 XAD-4 型树脂用湿法装入层析柱,层析柱的大小为 25 mm×300 mm(装柱高度为 230 mm,树脂用量为 112 mL),装柱后用去离子水将残存的甲醇洗去,用水量大约为柱床体积的 10～15 倍。植物种植在盛有石英砂、蛭石或砂质土壤的无底广口瓶中(图 6-21),当植物幼苗生长一段时间后(如 20 d),收集根分泌物时,用 3 L 去离子水清洗植物生长的介质,然后将树脂柱连接到循环系统中(图 6-21),通过树脂的营养液不被树脂吸附,而其中的酚酸和有机酸类物质可被 XAD-4 型树脂吸附,树脂柱的下端与一个循环系统连接在一起,用气泵为溶液的循环提供动力。当把 XAD-4 型树脂柱连接在循环系统中后,继续用 0.5 倍 Hoagland

营养液培养,流过树脂柱的溶液被循环输入到广口瓶中,装置中营养液的循环速度大约为 1 L/h,每天补充两次蒸馏水以补偿呼吸和蒸发损失的水分。如此连续收集一定的时间(2～3 d),取下树脂柱,立即用 10～15 倍柱床体积的去离子水清洗层析柱中的营养液成分,然后用 15 倍柱床体积的甲醇将吸附的根分泌物洗脱下来。洗脱液在真空旋转蒸发仪上于 40℃浓缩至干,用 50 mL 去离子水(pH 5.5～6.0)溶解浓缩物,在萃取器中用 100 mL二氯甲烷提取三次,混合提取液,浓缩至干,用 10 mL 甲醇溶解残留物作为中性组分冷藏待测。调节萃取中性组分后的水溶液 pH 为 2.0 (1 mol/L HCl),提取酸性组分,用 1 mol/L NaOH 调节其 pH 为 11.0,提取碱性组分,分别浓缩,用 10 mL 甲醇溶解,萃取后的水溶液浓缩至 10 mL,分离出的 3 种组分保存在－20℃的冰箱中待测。这种收集方法对植物的生长干扰较小,在研究根分泌物中的酚酸类化感物质时经常采用。

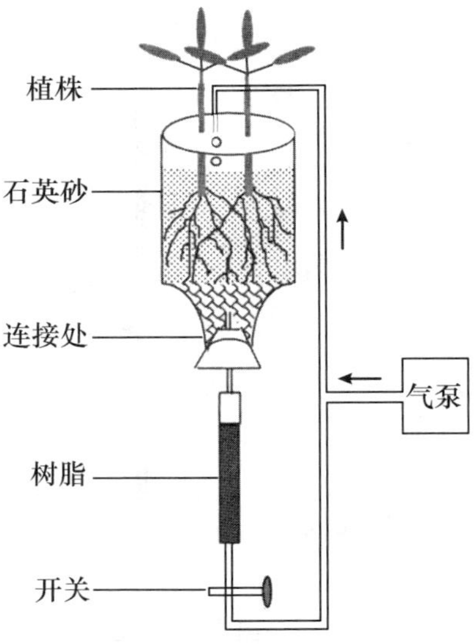

图 6-21 在不干扰植物生长的条件下根分泌物的连续树脂提取系统
(基于 Tang and Young,1982)

2. 树脂膜或层析纸片原位收集法

在研究根分泌物功能时,经常要确定根分泌物的释放部位和数量,这就要采用根分泌物的原位收集法。

(1)阴离子树脂膜法 采用阴离子树脂膜或层析纸片法提取根分泌物的试验装置见图 6-22和图 6-23。根箱用 300 目的尼龙网分为三室,两边装土,中间种植物。新买的树脂膜需要进行预处理:用打孔器将其加工成直径为 0.5 cm 的圆片,用甲醇和去离子水分别清洗三次以除去干扰杂质,根据试验需要(如液相色谱测定)可进一步处理。当植株生长至一定时期,打开根箱,小心清理根表土粒,将树脂膜贴在欲提取根分泌物的部位,用塑料膜将树脂膜覆盖以防水分损失,迅速将根箱关闭。提取 3 h 后,取出树脂膜,用 3 mL 0.5 mol/L HCl 洗脱根分泌物并测定其含量。

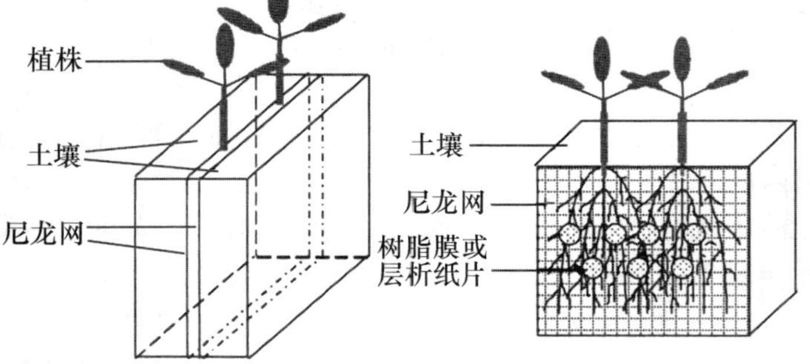

图 6-22 阴离子树脂膜或层析纸片提取根分泌物的方法
(申建波,1998)

(2)层析纸片法 取新购的层析纸(Whatman No. 3 mm)一张,用打孔器将其加工成直径为 0.5 cm 的圆片(或根据试验目的将层析纸剪成其他形状,但需准确计算面积),用甲醇和去离子水分别清洗三次,以除去干扰液相色谱测定的杂质,层析纸片干燥后保存在棕色瓶中。

用层析纸片提取根分泌物的方法与树脂膜法相似。植物生长一段时间后,打开根箱,小心清理根表土粒,分别用浸湿的层析纸片(直径 0.5 cm 圆片)提取根不同部位释放的分泌物,在提取的根段下面垫一塑料膜,以防根分泌物的扩散,每个部位用 10 片层析纸提取 3 h,根的上下均放置层析纸片,其余的根系用湿滤纸覆盖,并用营养液保持湿润,上面用黑色的塑料布轻轻覆盖防止水分损失。然后把吸附有根分泌物的层析纸片置于盛有 0.3～0.5 mL 去离子水的 1.5 mL 离心管中,振荡离心,用建立的高效液相色谱条件测定滤液中提取的有机酸含量(图 6-22)。此外,用琼脂板也可以定位提取根分泌物(图 6-23)。

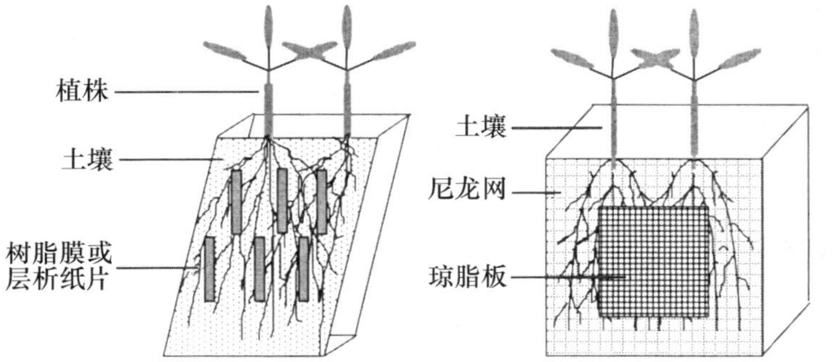

图 6-23　土培条件下阴离子树脂膜、层析纸片或琼脂板提取根分泌物的方法
(申建波,1998)

3. 微量提取杯原位收集法

采用微量提取杯(microsuction cup)收集根分泌物的方法是德国科学家 Axel Göttlein 首先建立的(Göttlein and Blasek,1996; Göttlein et al,1996)。在此基础上,申建波等比较了不同材料制成的提取杯对有机酸和锌提取的效果,并对微量提取杯结构进行了改进(Shen and Ellis,2007)。一般而言,Axel Göttlein 建立的微量提取杯装置由两大部分组成(图 6-24):一部分是提取杯(a)和根箱(b),提取杯由陶瓷毛细管和 PEEK 毛细管相连构成,陶瓷毛细管的前端用熔化的玻璃封堵。另一部分是收集真空室和抽气泵(d),二者用 Teflon 管相连。培养植物时,根箱呈 30°放置,利于根沿着玻璃板面生长,以便于观察根的生长位置。将微量提取杯从根箱背面插至特定的位置,微量提取杯与收集真空室和抽气泵相连,利用两者之间的压力差,收集根分泌物。

4. 微量提取环原位收集法

除了用吸附介质(如滤纸或层析纸片、阴离子树脂膜、琼脂膜等)原位提取局部释放的根分泌物外,还可以采用微型收集环来直接收集根分泌物(Watt and Evans,1999)。先将根系在水浸湿的滤纸或羊毛毯上展开(图 6-25),或直接在一个平板上展开(图 6-26),把微型收集环的凹槽卡在根系上,用密封胶(high-vacuum silicon grease,Asia Pacific Specialty Chemicals Ltd,Australia)把微型收集环的底部与根系和平板全部密封,微型收集环中加入收集液,收集 2～4 h,取出收集溶液,用高效液相色谱(HPLC)分析根分泌物的组分。

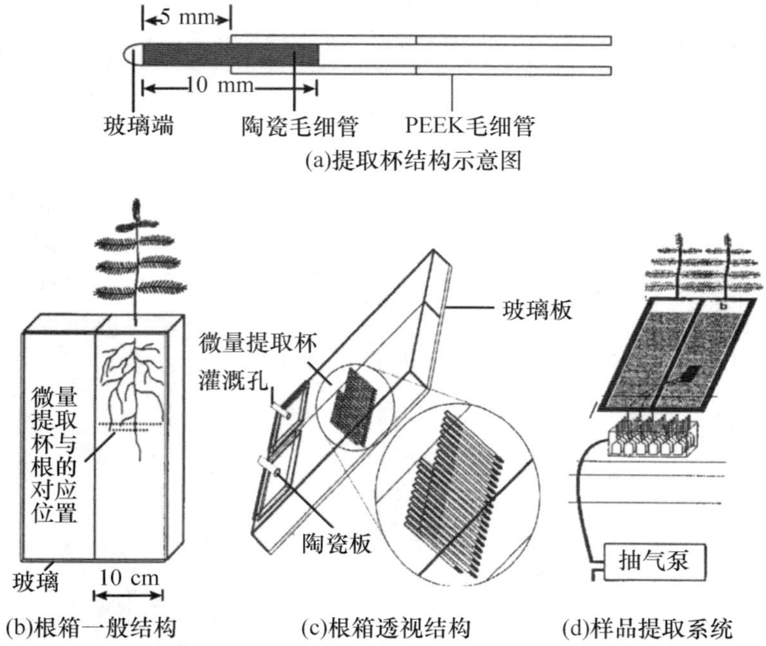

图 6-24　微量提取杯法收集根分泌物的方法

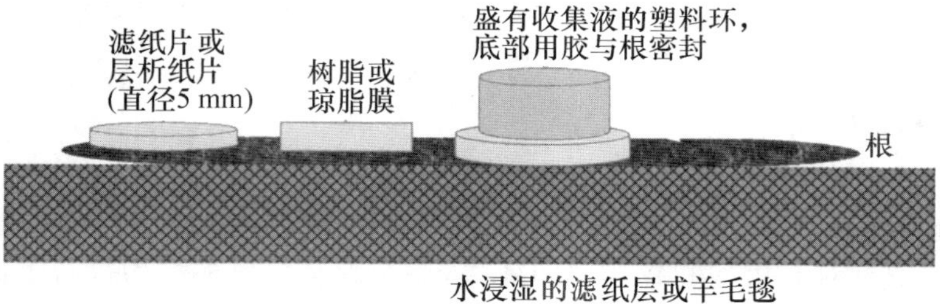

图 6-25　根分泌物的局部原位收集技术示意图

(Johnson et al, 1996; Neumann and Römheld, 1999; Neumann et al, 1999, 2000)

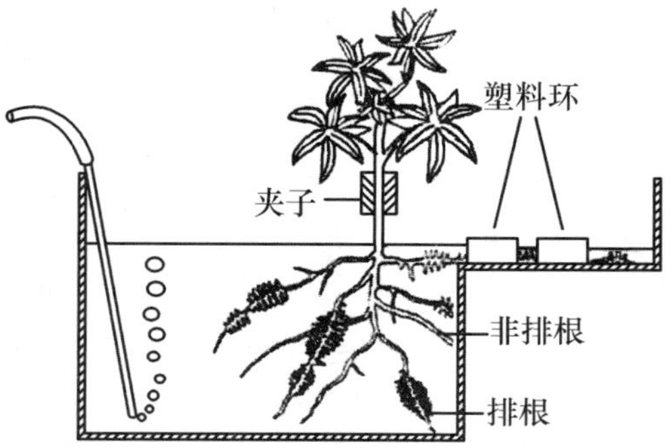

图 6-26　采用塑料环局部收集植物根分泌物的试验装置

(Keerthisinghe et al, 1998)

(五)植物根分泌物的^{14}C标记示踪研究方法

将植物种植在营养液中,用带有调节阀的玻璃罩把植物密封起来(图 6-27),玻璃罩内充入^{14}C标记的 CO_2 气体,植物经过一段时间的培养,光合作用固定的碳水化合物被输送到根部,一部分以根分泌物的形式释放到溶液中,从收集液中测定^{14}C的强度,可以计算根分泌物的释放量。

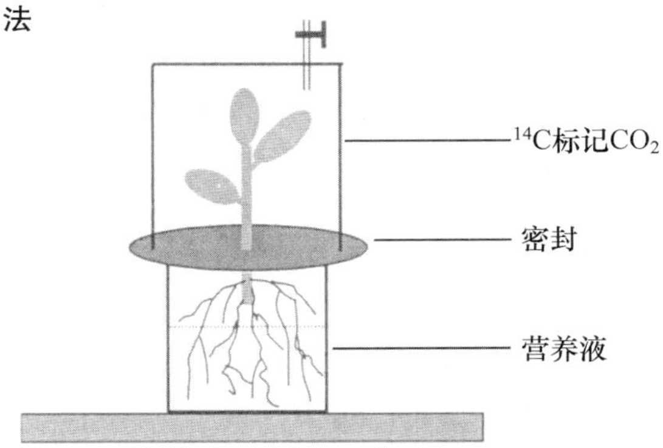

图 6-27　放射性检测法研究根分泌物的装置

(六)植物根分泌物的分离鉴定

植物根分泌物的分离和鉴定依研究的目的不同,所采用的研究方法也有变化。一般而言,根分泌物包括细胞脱落物、高分子黏胶和低分子量有机酸、氨基酸和糖类等物质。

首先可以用真空抽吸的方式提取黏胶和细胞脱落物(图 6-28),在离心力为 1 000*g* 的条件下离心 15 min 将细胞脱落物和黏胶分离(Morel,1986)。另外一种方法是把根分泌物通过 0.45 μm 的滤膜,不能通过的为细胞脱落物,滤液可以用来直接测定低分子量有机酸、氨基酸和糖类等物质的总量。根据研究目的,滤液也可以分别通过阳离子和阴离子交换树脂柱,进一步分离和纯化其中的有机酸、氨基酸和糖类等组分,阴阳离子交换树脂的前处理和分离过程如下:

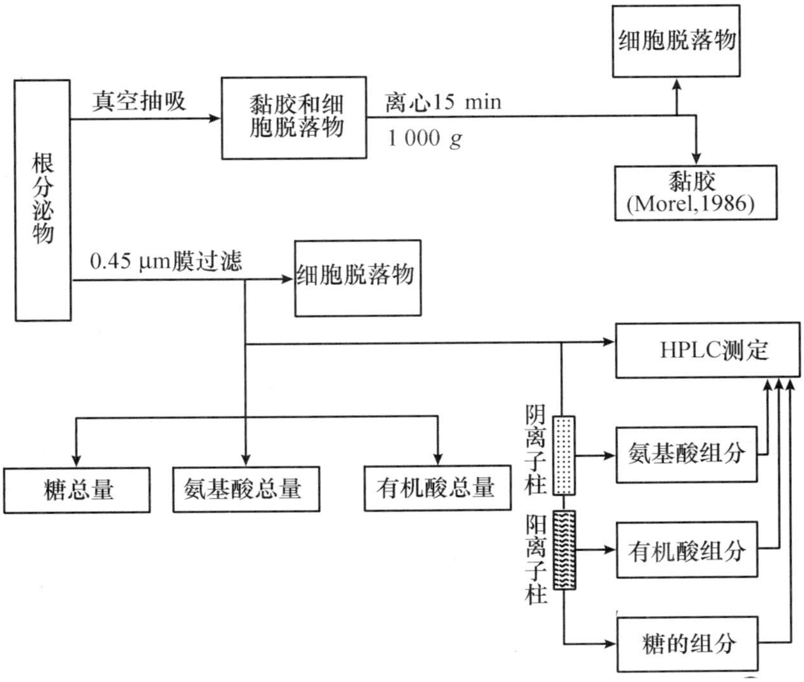

图 6-28　根分泌物分离鉴定流程图

1. 树脂的准备与处理

分析级的阴、阳离子交换树脂(Dowex 1×8,Dowex 50×8)先用甲醇多次清洗,再用重蒸水将甲醇和其他溶于水的杂质洗净、备用。

阳离子树脂的离子形态为 H^+ 型,不需要转换可直接使用。

阴离子树脂的离子形态为 Cl^- 型,由于 Cl^- 交换其他离子的能力较强,不易被有机酸离子交换下来,因此必须将 Cl^- 转化为交换能力弱的 $HCOO^-$。

离子的交换是一个动态过程,应尽量结合酸碱反应和沉淀反应进行树脂离子形态间的转换。按照这种原则,阴离子树脂的转换过程如下:首先将 Cl^- 转化为 OH^-,用 20 倍柱床体积的 1 mol/L NaOH 溶液以 2 mL/(min · cm^2)的流速冲洗装有阴离子树脂的层析柱(15 mm×100 mm,柱床高 70 mm),然后用 4～5 倍柱床体积的去离子水冲洗,直到洗出液的 pH 小于 9。然后再将 OH^- 型转化为 $HCOO^-$ 型,用 2 倍柱床体积的 1 mol/L HCOOH 溶液以 2 mL/(min · cm^2)的流速冲洗阴离子柱,产生酸碱中和反应,然后用 4～5 倍去离子水冲洗至 pH 不低于 4.5,至此阴阳离子树脂离子形态转化完成。

2. 样品的树脂分离

将浓缩的 10 mL 样品以 0.5 mL/min 的流速依次通过阳离子树脂柱、阴离子树脂柱,样品中的氨基酸及其他阳离子被吸附到阳离子交换柱上,有机酸组分被吸附到阴离子交换柱上。通过两种树脂柱的组分为中性组分,主要是一些糖类物质。有机酸组分用 5 mol/L HCOOH 以 0.5 mL/min 流速洗脱,氨基酸组分可用 2 mol/L NH_4OH 洗脱,洗脱液分别浓缩至干,再溶于 10 mL 去离子水中,保存在－20℃下待测。

洗脱后的树脂通过再生可重复利用,阴离子树脂可先用 1 mol/L NaOH 转化为 OH^-,再用 1 mol/L HCOOH 转化为 $HCOO^-$ 形态,阳离子树脂可用 1 mol/L HCOOH 通过中和反应,将离子形态转化为 H^+ 形态,从而循环利用。

第三节 根际的研究方法

一、根际的定义

根际(rhizosphere)是受植物根系生长的影响,在物理、化学和生物学特性上不同于原土体的特殊土壤微区,是植物、土壤、微生物及其环境条件相互作用的场所,也是各种养分、水分、有益和有害物质及生物作用于根系或进入根系参与食物链物质循环的门户,是一个特殊的生态系统。根际的范围通常是指距离根表 1～4 mm 的土壤微区,但因植物种类和土壤性质的不同,根际范围变异很大。根际的变化是一个动态过程,它不仅存在于垂直根面指向土体的横向方向上,而且也存在于沿根轴的纵向方向上,并且根际动态过程在这两个方向上存在着时空变异。

自 1904 年德国微生物学家 Hiltner 提出"根际"的概念以来,随着研究手段的不断改进和人们认识的逐步深入,其内涵和外延已经得到了极大的丰富和发展。根际是植物、土壤和微生物及其环境相互作用的中心,是植物和土壤环境之间物质和能量交换最剧烈的区域,是各种养分和有害物质从无机环境进入生命系统参与食物链物质循环的必经通道和瓶颈。环境胁迫下的根际动态是植物对环境刺激响应的集中表现,植物根系释放的分泌物强烈地改变了根际的生物学和化学过程,不仅可以活化土壤养分、提高土壤养分资源的利用效率,而且还可以钝化根际中的有毒物质,使植物免遭毒害,减少对食物链的污染。由此可见,研究根际动态过程具有重要的理论和实践意义。正因为如此,有关根际动态的研究一直是国内外环境生物学、植物

学、植物生理学、土壤学、微生物学、生态学、遗传学和分子生物学等学科联合研究的重要内容，也是国际研究的前沿领域。

为了纪念 Hiltner 提出“根际”概念 100 周年以及对根际研究的巨大贡献，2004 年 9 月在德国慕尼黑召开了“Rhizosphere-2004”根际研究国际学术研讨会。大会认为，经过近一个世纪的研究与实践，根际的研究已经深入到植物、土壤、微生物相互作用研究的各个领域，特别是在根际生态调控、根际管理、根际对话、根分泌物的作用机制、根系分子生物学、微生物与病原菌的相互作用、根际研究方法等方面取得了重要进展。尽管如此，人类对根际相互作用过程的认识和理解仍然相当有限和不完整，未来根际研究的一个重要挑战是应当充分采用现代研究技术包括模拟模型和分子生物学技术，深入揭示根际过程及其相互作用的实质，利用根际动态过程的理论和知识定向管理、操纵和调控根际相互作用的过程，从而提高植物的营养状况、改善农产品品质、提高植物系统的健康水平和保护生态系统的生物多样性，通过根际生物的修复控制和减少环境污染，恢复脆弱生态系统的健康，实现农业和自然生态系统的可持续发展。因此，有关根际的研究正在受到国际多学科领域科学家越来越多的关注。

二、根际环境的研究概况

植物的根际环境主要涉及根际的物理、化学和生物环境，实际上三者并没有严格的区分，而是相互叠加、共同作用，从而主宰着根际动态过程的强度和方向。根际的物理环境指根际的微观结构和根际养分分布；根际的化学环境包括根际土壤的酸碱状况（pH）、氧化还原状况（Eh）和根际养分的有效性；根际的生物环境主要指根际微生物特点及根分泌物的作用等。

（一）根际的物理环境

人们通过电子显微镜观察证实，作物根与土壤之间有一黏液层，它是由根冠表皮细胞分泌的黏液、根际微生物分泌物、脱落细胞的降解产物等组成的。此黏液层的厚度可达 10～50 μm，黏液层的外沿最先吸附土壤中的黏粒，以后再伸展到土壤孔隙中与土壤相混合。黏液与土壤混合层可以扩展到离根表 1～4 mm。黏液层具有亲水性，土壤中的可溶性养分可以溶解于其内而被根系吸收。黏液层中含有大量有机物质，是微生物繁殖生存的天然培养介质。

根冠分泌的黏胶与根表的土壤或砂粒黏结在一起形成了特殊的根壳结构，由于根壳的存在，使根际结构产生了较大差异，根毛在很小程度上对根壳的形成起作用，这些根壳通常被细菌和真菌定殖，对于玉米而言，根在生长过程中皮层和表皮的脱落细胞会保持较高的活性。根冠分泌的黏液、根壳结构和脱落的具有活性的根边缘细胞对于植物的根系生长和植物生存具有重要的生态意义。

根际土壤中的养分分布是不均一的。由于植物的吸收速率和土壤中各种养分移动性的大小不同，养分在根际出现亏缺或累积。以质流方式向根运输的养分，如 Ca^{2+}、Mg^{2+}、SO_4^{2-}、NO_3^- 等易在根际出现累积；而 NH_4^+、$H_2PO_4^-$ 和金属微量元素等易在根际出现亏缺，它们的亏缺范围因离子种类不同大小也不等。调节土壤的水分状况和养分浓度可以改变根际养分的亏缺或累积状况。对根际养分变化的研究表明，植物根系的吸水性能与土壤养分、水分和温度等环境条件有着密切的关系，同时又影响近根微区土壤中养分的迁移性和有效性。根际微区内养分的变化可以认为同时受到吸收和供应两方面的制约。因此，对根系的生长发育和养分吸收产生影响的各种因素，如根系的生理年龄、根密度、土壤水分、质地、缓冲能力和温度条件等都会明显地影响根际土壤中养分的亏缺范围，养分供应的强度和容量、迁移机理、植物的蒸腾强度等,又对养分的补给产生影响。当土壤溶液中离子浓度和蒸腾强度较大时,养分的供应以质流为主,根际微区内有可能出现养分累积;反之,养分的迁移机制可能以扩散为主,容易在根际微区出现养分亏缺。

(二)根际的化学环境

土壤中植物所需的许多养分的有效性都受土壤的酸碱度(pH)和氧化还原状况(Eh)的影响。而根际土壤的pH和Eh与非根际土有很大区别。植物根系分泌质子是根际土壤酸化的直接原因。1983年马斯纳(H. Marschner),1984年和1986年刘芷宇等的研究表明,根际的酸碱来源主要是因为根系吸收阴阳离子不平衡所致。例如,当植物以NH_4^+-N为主要氮源时,由于阳离子的吸收占优势,为维持植物体内电荷平衡,根系溢泌出的H^+多于HCO_3^-或OH^-,致使根际土壤呈酸性。反之,当植物以NO_3^--N为主要氮源时,根际土壤呈碱性。另外,根系呼吸以及根和根际微生物分泌物、植物种类、施肥等对根际土壤酸碱性也有重要影响。根际的Eh状况与非根际土也不同,对旱作来说,由于根际微生物活动的结果,根际土的Eh低于非根际土,这也能提高某些养分的有效性。由于水稻存在叶片向根的输氧组织,因而水田根际土Eh状况与旱田相反。另外,当植物N、P、K供应不足时,根际Eh也有下降的趋势。人们还发现,凡是耐瘠薄的作物品种,都有酸化根际的现象,这对作物在养分逆境条件下吸收P、Fe、Mn、Zn等难溶态养分是大有益处的。

1. 根际pH值

根际土壤pH值与非根际土壤pH值差异很大。根际pH值的改变主要是因为与植物根系养分吸收相偶联的质子和有机酸的分泌作用引起。不同的氮素形态(NH_4^+-N、NO_3^--N)影响根系阴阳离子吸收的比值,因此,对植物根际微区pH影响很大。但是,这种变化的情况因不同植物种类、根不同部位的根系微区差异而异,这是因为不同根系或根部位酸或碱的释放速率不同。如大多数禾谷类作物,吸收阴离子大于阳离子,则根际为碱性环境;藜科植物吸收阴、阳离子的比值几乎相等,根际呈中性;而荞麦类和豆科植物,吸收阳离子大于阴离子,形成酸性的根际环境。因此,安排作物的耕作和混播时也需要考虑与根际pH变化的关系。除N源可对根际微区pH产生影响外,缺P和缺Fe也会诱发某些双子叶植物根系分泌质子。阴阳离子平衡的科学依据是无净电荷越过根土边界。根际pH变化产生许多后果,如影响对酸碱敏感元素的可溶性及植物的养分吸收,影响植物根系的生长,还可能通过对根际生物的影响间接影响植物营养状况,如可利用根际酸化作用抑制小麦全蚀病病原菌,防止根病,促进根系的健康生长。

阴阳离子吸收不平衡是造成根际pH值改变的主要原因(Hedley et al,1982),而引起阴阳离子吸收不平衡的因素很多,包括氮肥的不同形态、豆科植物的共生固氮作用(Marschner and Römheld,1983; Römheld,1986)、植物的营养状况(Brown,1978;Marschner et al,1986)以及植物种类和品种的差异(Marschner et al,1986;Raij and Diest,1979)等。在施用铵态氮肥或根系吸收的氮素以铵态氮为主时,植物为了维持细胞正常生长的pH值和电荷平衡,根系分泌出质子,使根际pH值下降;相反,在施用硝态氮肥或根系吸收硝态氮时植物体内硝态氮还原过程中需要消耗质子,为了维持电荷平衡,根必须分泌出OH^-或HCO_3^-,因而使根际pH值升高。一些豆科植物通过根瘤进行固氮作用,将空气中的N_2还原为NH_4^+供植物吸收,从而导致根系分泌出质子,降低根际pH值。缺磷引起油菜(Grinsted et al,1982)和荞麦(Römheld,1986)对阳离子的吸收量大于阴离子,于是,根际pH降低。缺锌抑制硝态氮的吸收，从而造成阳离子的吸收量大于阴离子，根际 pH 值也降低(张福锁，1991)。

影响根际 pH 值变化的另一主要因素是植物基因型间的差异。生长在有效养分较低土壤上的某些植物，由于长期的生态适应过程使其逐步进化形成一些主动机制来改变根际环境，例如白羽扇豆在缺磷的石灰性土壤上，能形成大量的排根(cluster root)，并主动向根外分泌柠檬酸使根际环境酸化，同时柠檬酸又能螯合土壤中的 Ca、Fe、Al 等(Dinkelaker et al，1989)，从而提高磷的有效性。这种植物自身引起的根际环境的改变对农业生产有极其重要的意义。例如在缺磷的麦田，混种白羽扇豆可以减轻甚至消除小麦的缺磷症状(Horst and Waschkies，1987)。缺铁也能诱导根系分泌质子，一些耐低铁的非禾本科单子叶植物和双子叶植物，在铁胁迫条件下，根系主动分泌某些还原性物质，在释放电子的同时也分泌质子以酸化根际环境。

根际 pH 值的改变，对环境中养分的有效性影响很大。这些影响既有有利的一面，也有不利的一面。在石灰性土壤上施用铵态氮肥由于降低了根际 pH 值，提高了 P、K、Cu、Zn、Fe、Mn、B 和 Si 等元素的生物有效性，不仅使植物对这些元素的吸收量增加，而且提高了植物对病虫害的抵御能力；而在酸性土壤上施用硝态氮肥，使根际 pH 值上升，也可以提高磷的有效性，减轻土壤酸度对根系的毒害作用。豆科植物在固氮过程中酸化了根际，进而提高了难溶性磷的利用效率，而缺磷的羽扇豆、油菜和荞麦根际的酸化作用不仅提高了磷的有效性，而且明显增加了 Cu、Zn、Fe、Mn 的溶解度。施用铵态氮可以明显抑制全蚀病的蔓延，但同时也抑制了菌根真菌的活性，降低了侵染率。根际酸度的增加可能导致 H^+ 代换根细胞中的部分 Ca^{2+}，引起原生质膜透性的增加，导致生物膜的完整性受到损伤，造成养分离子外渗或有害元素进入根细胞。在酸性土壤中施用铵态氮肥造成根际 H^+ 浓度增加，可能会抑制植物对某些阳离子(如 Mg^{2+})的吸收，而石灰性土壤中施用硝态氮肥造成植物根际 OH^- 的增加则会抑制某些阴离子的吸收。在酸性土壤上，根际 pH 值降低导致大量质子被动渗入细胞内，改变了细胞内 pH 值的稳定性，这些 H^+ 只有和羧基结合才能使 pH 趋于稳定，这就需要大量的羧酸。当植物代谢受阻使羧酸的供应不足时，根细胞就会丧失对 pH 值的调节能力。

根际 pH 值也会影响根系的形态建成和生长速率，例如在酸性土壤上，根际酸化作用可能会引起根尖和次生根变黑的受损症状，使根的伸长速率和根毛生长受到抑制，甚至造成整个根细胞死亡。但是，如果在生长介质中加入钙盐，症状就可消除。所以，有的研究者认为这是由于 H^+ 代换了根细胞膜上的 Ca^{2+} 所致。根引起的根际 pH 值变化从根基部到根尖的根际中呈不均匀分布。缺磷羽扇豆的根际酸化作用主要分布在根尖和排根区；缺铁引起的质子分泌作用主要发生在根尖；而阴阳离子吸收不平衡则会引起整个根系表面的酸化作用。Römheld 和 Marschner(1984)研究发现，缺铁诱导每克新鲜根尖分泌的质子量为28 μmol H^+，而施用 NH_4^+-N 却只能分泌 3.6 μmol H^+。这一分泌量足以引起根际 pH 值较大幅度的改变，提高根际土壤铁的溶解度，从而增加了植物的吸铁量。在温度和湿度比较适宜、通气状况良好的酸性森林土壤中，土壤的硝化作用占主导地位，从而表现出当土体 pH 值下降时，植物根尖部位根际 pH 值反而上升的现象，从而减轻了质子和铝对根系的毒害作用，同时也提高了土壤养分的生物有效性。

2. 根际氧化还原电位

由于土壤是一个高度不均一体系，因此，即使在通气良好的土壤中，也可能有一些嫌气的微区，其中的氧化还原电位明显低于其他土壤区域。在根际，这种微区出现的几率最大。虽然有关这些微区在植物营养方面的作用还不清楚，但根际微生物和根系呼吸作用消耗较多的氧气,可能会造成根际氧化还原电位下降,其结果使一些变价营养元素(如Fe和Mn)得以活化,甚至造成毒害(如Mn)现象,同时反硝化作用也有所增加。在双子叶和非禾本科单子叶植物的根际,由于缺铁导致根系的还原能力增加,位于皮层细胞原生质膜上的还原酶受到低pH值的强烈诱导,使铁的还原能力显著增加,这些植物对缺铁的适应性反应,如质子的分泌和还原酶活性的增加主要表现在根尖部位。

根际酸化作用不仅增加了Fe^{3+}的溶解度和移动性,同时也有利于它的还原和被吸收。另外这种适应性反应也增加了根际铜和锰的还原,提高了缺铁植物体内这两种元素的含量。在铁和锰有效性较低的石灰性土壤上,上述植物缺铁的适应性反应对防止植物缺锰和提高锰的生物有效性具有重要的意义。在有效铁含量较低,而易还原锰含量较高的石灰性土壤上由于缺铁植物适应机理的效应,也可能会发生锰中毒的现象。

适应于嫌气环境中生长的植物种类(如水稻),由于能经过通气组织从地上部向根输送O_2,并由根释放到根际,使根际氧化还原电位升高,一方面可降低根际Fe^{2+}、Mn^{2+}的有害浓度,另一方面在氧化层会形成铁、锰氧化物沉淀。这些沉淀物能吸持养分离子(如Zn^{2+}),也有可能根据沉淀作用的强弱促进或抑制离子的吸收和运输。水稻根的氧化能力与根表铁氧化物的沉淀量成正比。在养分缺乏时,特别是在缺镁、缺钾和缺磷时,根系分泌低分子量有机物的数量和根际微生物的活性都显著增加,并因此对O_2的消耗量剧增,从而可能引起水稻根际铁的毒害作用。

(三)根际的生物环境

根际的生物环境主要指根系生长状况和根际的微生物。根释放分泌物是根系最重要的特性之一,根分泌物为微生物提供了能源和碳源,使根际效应得以维持,此外根分泌物可通过改善根际养分环境提高养分的生物有效性。根际微生物是根际环境研究的一个重要方面,根际是土壤微生物活动特别旺盛的区域。根际微生物的数量大约是非根际土的10～100倍。根际微生物与根系和土壤组成一个特殊的根际生态系统。许多根际微生物能分泌特定的物质改变根的形态和结构。有些细菌还能分泌胞外酶,如酸性磷酸酶等能促进根际难溶磷的溶解,提高其有效性。植物根系与真菌共生形成的菌根联合体,可以使根系吸收土壤养分能力显著提高。此外,根系与微生物之间还存在某种程度的专一性,可利用这种关系来防治有害生物对根的影响。

根际生物环境的两个重要内容是根分泌物和根际微生物,关于根分泌物的作用和研究方法见本章第二节,根际微生物部分主要介绍菌根的作用和研究方法,见本章第四节。

三、根际的研究方法

根际研究的进展依赖于研究方法和研究技术的不断进步与创新。根际研究汲取了植物学、土壤学、微生物学、植物生物化学、分析化学、仪器分析以及分子生物学研究方法的精华,并在实践中不断改进和完善,形成了一整套研究方法。近年来随着技术条件的改进,如电子显微镜、同位素示踪、电子探针、有机物分离鉴定技术、微电极和冰冻切片法、放射性自显影法、原位显色技术在根际微区研究上的应用,以及根际养分动态的数学模拟等,使这一领域的研究内容逐步深入,范围也逐步扩大。本节就根际研究方法和技术的主要进展作以介绍。

(一)根际结构的显微研究方法

1. 徒手切片法

(1)取样　将根系从土壤中仔细挖出,把根与附着在上面的土壤一起放在塑料袋中带回实验室，地上部可以剪掉或者保留。在取样的过程中要防止根的过分干燥，如果天气太热，塑料袋要放在装有冰块的容器里。

(2)切片　较粗的根系可以直接在手中切片；小的根系要放在石蜡的沟槽里，或放在用胡萝卜根制成的垫片上。切片的过程中要保持样品的湿润。为保持刀片的锋利，需要经常更换刀片。

(3)染色　在染色以前，首先要认真观察材料，通常会发现材料的一些重要细节，如果不用染色即可获得很好的观察效果，可以省去染色步骤，这样可以看到材料组分本身的颜色。如果效果不好，就需要进行染色。常用的颜料是 0.05% 甲苯胺蓝水溶液，一般用去离子水配制即可，对于精确的组织化学实验，需要用安息香酸盐缓冲液(pH 4.4)，染色时间为几秒钟到几分钟。样品取出后，在自来水中洗一下即可用普通显微镜观察，用作组织化学试验的样品，需在缓冲液中冲洗。

2. 超微切片法

用电子显微镜可以观察根土界面上更细微的变化，具体方法请参阅其他有关电子显微镜使用和切片准备的专业书籍，这里不再详述。

(二)根际模拟研究方法与根际土壤样品的采集

1. 抖土法

根土界面的区分和根际土壤样品的采集难度是相当大的。研究者通常在根际研究上采取剥落与根系黏着程度不同的根面土、根际土和非根际土进行化学分析的方法。根面土为约距根面 0～2 mm，紧密黏附于根面的土壤；根际土是距根面 1～4 mm，松散黏附于根面的土壤；距根 4 mm 以上，手工很容易抖落下来的土壤，即为非根际土，可作为原土体的土壤。事实上，植物生长影响的根际范围依赖于植物和土壤的种类，因此，上述根际范围的划分也因植物和土壤种类的不同而异。

抖土法的操作要点：植物根系生长到一定时期后，从土壤中小心取出，置于一块干净的塑料布上，用手轻轻抖动，除去容易抖落下来的土壤，即土体土壤。然后将带土的根移至另一块干净的塑料布上抖动多次，分离出松散附着于根表面的土壤，这部分可作为距根 1～4 mm 的根际土(图 6-29)。仍然黏附于根表的即为紧密附着的根际土，约距根 0～2 mm，一般不易从根表面分离出来，可采用一定体积的去离子水浸泡的方法把附于根表的土壤洗脱下来，测定溶液中特定组分的含量，然后换算为单位质量根际土所含组分的浓度，所采集的距根表不同距离的土壤样品可用于不同的研究目的。

采用抖土法能够研究根际微域内存在的有效养分富集或亏缺状况。抖土法简单易行，不需要特殊的工具，适用于田间或盆栽试验根际土的取样，能够反映自然条件下根际的真实情况。这种方法最早由 Starkey(1931)提出，用来测定根际土的 pH(Riley and Barber，1971)和矿质元素的浓度(Sihna and Singh，1976)，该方法的主要缺点是取样的精度较低、试验方法较为粗放，并且因为距离根轴最近、黏着最紧的根面土剥离十分困难，在浸提中一般是连同根系一起浸提，有可能造成根系中的离子在浸提中外溢，使所得结果产生误差。而且，这种试验方法在黏质土壤中很难应用，因为手工抖落不同程度黏附于根表的黏性土壤在技术上很难达到要求。因此，这种方法只能是定性和半定量地测定根际的动态变化。然而，对于根际效应影响范围较大的、生长在沙性土壤上的植物，抖土法的应用效果比较好。

图 6-29 植物根表附着的根际土壤

2. 根际环境的模拟培育和根际土壤的切片技术

植物根的呼吸、吸收和分泌等活动引起根际 pH、Eh、O_2、水分与土壤养分等环境条件的变化，这些根际过程又影响着根际土壤中养分的迁移和有效性。根际微区养分的富集或亏缺是客观存在的，反映了根-土养分供求间的关系和环境条件的影响。因此研究根际动态必须采用高精度的根际取样方法。

根际土壤精确取样的难度在于根际微域范围狭窄、细根和根毛与土壤很难分离，为了解决这些问题，科学家采用特殊装置培养植物，将根与土壤完全分开，创造模拟根际，从而很方便地切取距根表不同距离的根际土壤。根际土壤的切片可以采取常规鲜样切片或冰冻切片方法，主要取决于研究的目的。

根际环境的模拟培育方法主要有集束根-土块接触法、根垫法、根箱模拟方法等，现分述如下：

(1)集束根-土块接触法　集束根-土块接触法由 Farr 及其合作者于 20 世纪 60 年代末建立。这是一种根际微环境的模拟研究手段，其基本原理是利用一种允许养分和水分自由通过而植物根系不能穿过的隔膜使根系和土壤之间分离开来，分别逐层切取土壤薄片进行分析，借此了解距根表面不同距离处土壤的物理化学性状。该法首先要进行集束平面根的培育，一般可采用有机玻璃的漏斗形框架(4 cm×13 cm×0.3 cm)，在漏斗口处放置尼龙网，密集地播种 30 颗露白的种子(禾谷类植物，如水稻)，连同漏斗框架放入溶液中培育(图 6-30)。根系通过漏斗颈向下生长，1 个月后形成定形的集束平面根。

其次，要进行土块的制备。将供试土样磨碎后过 100 目筛。称取一定量土样装入规格为 2 cm×4 cm×4 cm 的长方形有机玻璃盒内。盒的两头开口，以便连接根系和外界。将制备好的两块土块在某一根段处对称地贴紧于平面根两侧(根土界面为 2 cm×4 cm)，中间隔一层能让养分和水分自由通过，而根系无法穿透的隔膜(可用尼龙网或孔径为 1.2 μm 的混合纤维素酯)。然后放入盆钵中，装进石英砂或土壤，在温室内培育。

当植株在盆钵中生长一段时间后(一般低于 20 d)，取出有机玻璃盒和土块，随即置于液氮中速冻。将土块在切片机上切成 1 mm 厚的薄片供化学测试。如需结合同位素方法进行研究，如^{15}N示踪法，则需按试验要求先准备好标记土，制备土块再按前述步骤操作，最后测定^{15}N的丰度(图6-31)。

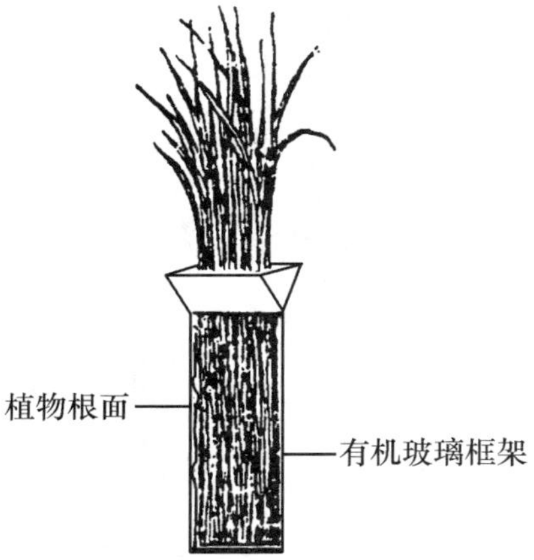

图6-30　集束平面根培育示意图

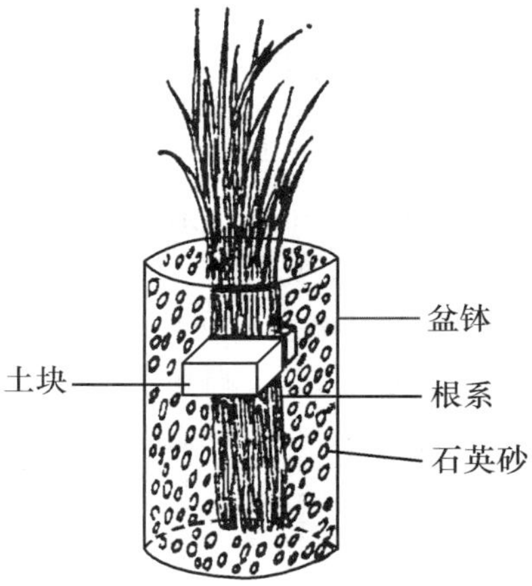

图6-31　集束平面根与标记土块接触培育示意图

(2)三室根箱系统(改进的集束平面根法)　根箱系统分为三室，中室种植物，将萌芽的种子直接种入土壤中。两个侧室装测试土壤，室与室之间用300目的尼龙网隔开，用纤维绳给中室植株供水，通过调节水面高度来调节供水强度(图6-32)，使纤维绳的吸水速度和植物蒸腾和土壤蒸发速率相一致。该装置用纤维绳连续供水减轻了水流对土壤结构的破坏和养分迁移的干扰，同时直接播种又避免了对植物根系的损伤。取样时将三室小心分开，揭去尼龙网，从外室切取距根面不同距离的薄层土样。

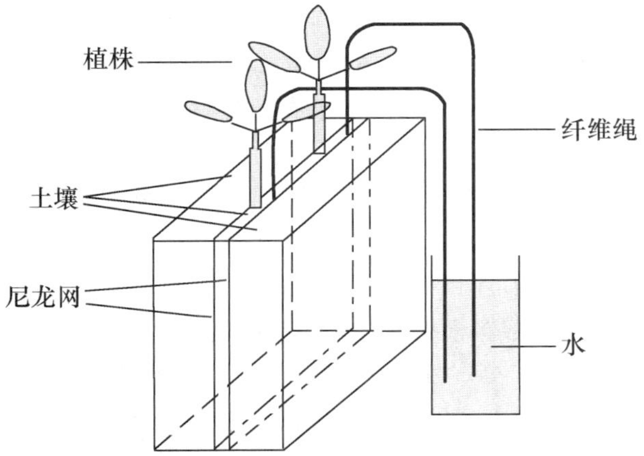

图6-32　三室根箱培养系统装置示意图

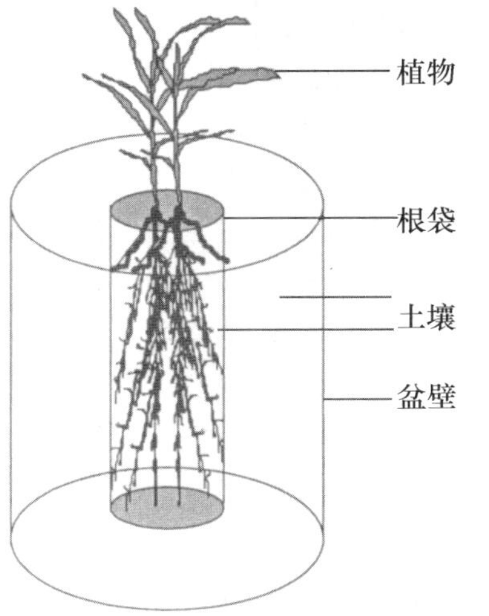

图6-33　根袋培养系统装置示意图

(3)根袋法　用25 μm孔径的尼龙网缝制成根袋，内装过筛并混有肥料的土壤，将萌芽的种子播入根袋土中，再将根袋放入一个中号盆钵中，盆钵中的土壤与根袋中的土壤完全相同(图6-33)。当植物生长到一定阶段后，取根袋中的土为根际上，距根袋25 mm以外的土壤为非根际土,将土壤样品晾干,供分析之用。分析前应将土壤中的根捡出,可将有机玻璃棒先用绸子摩擦,使之带电后,从干土上轻轻扫过,吸去细根。该方法人为因素影响较大,易受根污染。

(4)根垫法　为了解决根对根际土样的污染问题,可以利用隔膜将根与根际土上下隔开,这就是根垫法。根垫法最初由 Kuchenbuch 和 Jungk 创立,试验装置由上下两层塑料筒组成,上层种植物,中间是尼龙网(孔径小于 30 μm),下层为根际土,为了使土壤容易取出,将塑料筒沿纵轴切开一条切口(图 6 - 34)。将塑料筒放置在陶瓷多孔板上,陶瓷板经一条塑料管与营养液或去离子水相连,用来为系统补充水分。苗子密度应足够大,完全覆盖尼龙网底面。收获后,将带有尼龙网的下部容器放于液氮中冰冻,再用切片机切成薄片,以供测定。该装置存在一定的缺陷,由于土壤体积较小,缺乏缓冲性,当蒸腾作用强烈时,植物易萎蔫。

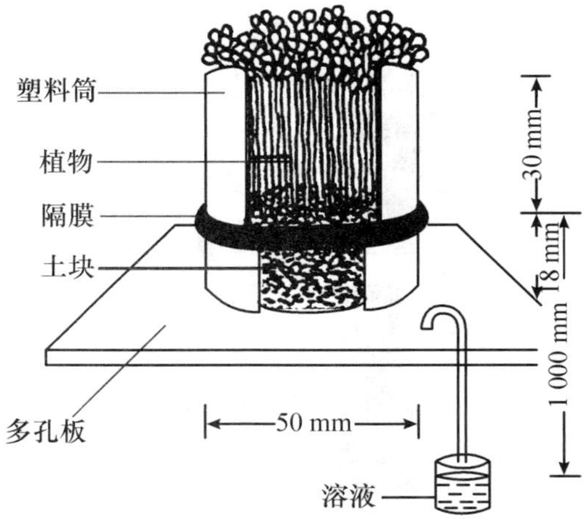

图 6 - 34　根垫法培养系统装置示意图

Gahoonia 和 Nielsen(1992)采用改进的根垫法培养装置(图 6 - 35)研究了控制条件下植物的根际动态。利用该装置可准确获取距根表不同距离的根际土。首先植物在装置(a)的 PVC 管中预培养 10 d。管子的底部用细尼龙筛网封住,防止土壤污染根系。通过两个黑色 PVC 膜包裹的吸水纤维绳供应营养液,当根垫形成时(大约生长 9 d),移去细尼龙筛网,将预培养形成的根垫转移到测试土柱上(装置(b)),新的土柱上面用 53 μm 的尼龙筛网封住,以防止根系进入土柱,根垫在 1 cm 的土层中快速生长,在 53 μm 的尼龙筛网上形成新的根垫,为了保证一定的土壤含水量,土柱被放置在含水的沙层上,沙层通过吸水纤维绳与供水装置相连。采集根际土壤时,将土柱从根垫下取出,液氮中冷冻,用切片机切取距根表不同距离的根际土样品。

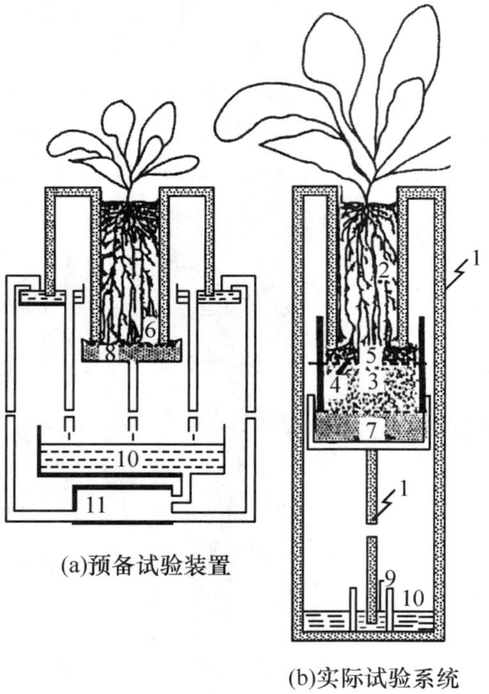

图 6 - 35　采集根际土的植物培养系统示意图

1. 黑色 PVC 膜包裹的吸水纤维绳　2. 盛有蛭石的 PVC 管(长 10 cm,直径 4.4 cm)　3. 装有土壤的 PVC 管(长 3 cm,直径 5.6 cm)　4,6. 细尼龙筛网(53 μm)　5. 在 1 cm 土层中的根垫　7. 杯形的沙嘴出水口　8. 含水沙层　9. 水　10. 营养液　11. 泵

(5)根箱模拟根际方法　利用根箱模拟方法不仅可以直接观察和记录根系的生长参数,而且还可以通过直观的显色反应研究根际生物学和化学过程的变化(如根分泌物的释放、pH 和 Eh 的变化等)。根箱模拟方法可以严格控制试验的处理,模拟自然土壤中根系的生长情况,因而能比较真实地反映根际的动态过程。根箱模拟装置的种类较多,前面介绍了采集根际土的三室根箱装置(图

6-32)，这里重点介绍用来观察根系生长、进行根际测定或显色过程的根际根箱模拟方法。

植物种植在装有土壤的根箱中(图 6-36)，根箱的大小依植物的大小来确定，为了使根系沿透明有机玻璃板生长，根箱的厚度应控制在 1～2 cm 的范围，并且使根箱的有机玻璃板面朝下，根箱与水平方向成 45°夹角，根系由于重力的作用将沿着透明有机玻璃板的板面生长。在植物生长过程中，应用不透明的黑纸遮住透明有机玻璃板，保证根系在黑暗中生长。当观察根系时，取下黑纸，用透明胶片和彩色记录笔描绘出根系的生长轨迹，通过扫描软件计算根系的生长速率和总长度。如果需要对根际的 pH、Eh 或其他反应进行显色，首先制备琼脂板，打开根箱前面的透明有机玻璃板，根系暴露在外，为了保证根系不失水，用微型喷雾器在根表喷洒少量的雾滴，把预先准备好的含有指示剂或其他染料的琼脂板轻轻地平铺在根系的表面，用塑料布覆盖整个装置以保持水分，减少水分蒸发对显色反应的影响，培养一定时间后，琼脂板在根系生理反应的作用下就会显色(图 6-37)，可以直观观察根际动态的变化(如根际的 pH、Eh 变化)，也可以对颜色进行数字化处理和分析，定量描述根际过程或根分泌物释放的速率。

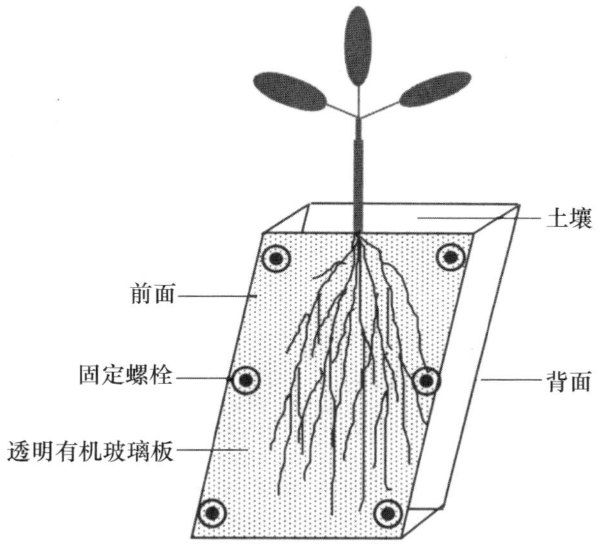

图 6-36　直接观察根系生长的根箱模拟试验装置

(申建波，1998)

(三)菌根际研究方法

1. 根箱培养系统

(1)三室根箱培养系统　中国农业大学的李晓林等(Li et al，1991)在研究菌根际的作用范围时，设计了三室根箱培养系统(图 6-38)。植物种植在中室中，受菌根侵染的根系在中室中大量生长，根系不能穿过中室两侧的尼龙网膜(孔径 30 μm)，而菌丝可以穿过尼龙网膜进入外室生长。李晓林等采用这种方法证明丛枝菌根真菌菌丝可穿过根际区，生长到根外 12 cm 远的区域，将根系自身吸收土壤磷的范围增大了 60 倍，这是菌根促进植物吸收和利用土壤磷的重要机理。

(2)五室根箱培养系统　为了准确研究菌丝际养分的动态，在三室根箱培养系统的基础上，建立了五室根箱培养系统(Li et al，1991)，如同集束平面根法一样，通过五室根箱培养系统创造出集束菌丝平面，测定距菌丝平面不同距离的养分消长情况，以探讨菌丝际养分的动

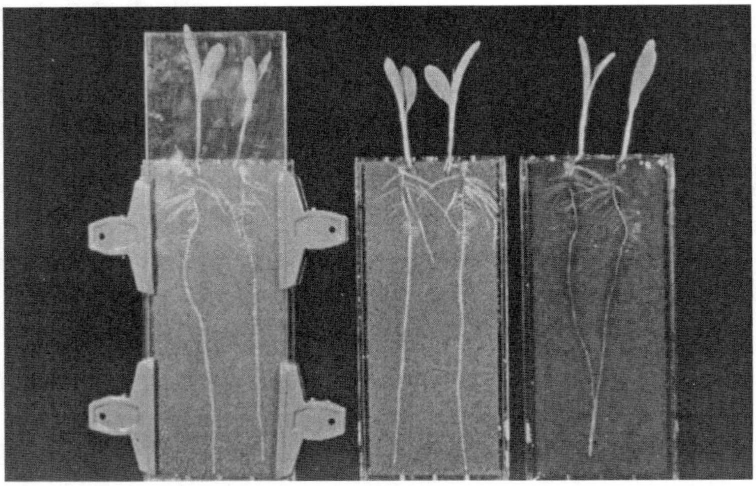

图 6-37　根箱根际显色研究技术示意图
(德国 V. Römheld 提供)

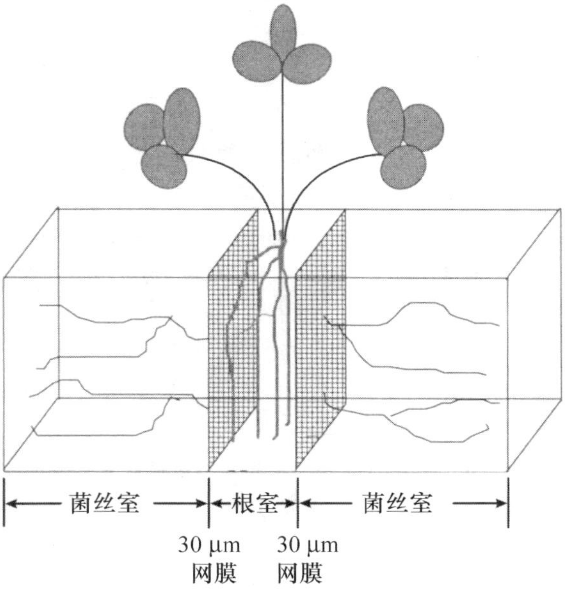

图 6-38　简单易行的三室隔网菌根际研究装置
(Li et al, 1991)

态。与三室培养系统类似,受菌根侵染的根系在中室中大量生长(图 6-39),菌丝可以穿过尼龙网膜进入外室生长,形成菌丝室,而根系不能穿过中室两侧的尼龙网膜(孔径 30 μm)。在菌丝室与最外层的土壤室之间隔有一层更细的隔膜(0.45 μm),菌丝不能通过,这样在 0.45 μm 膜的表面形成了菌丝集束面,可以用这样的方法精细研究菌根际养分的动态。

2. 玻璃珠培养方法

研究菌丝最大的困难是难以获得大量的纯净菌丝,中国农业大学李晓林等的菌根研究小组建立了以玻璃珠为介质的丛枝菌根(AM)真菌培养方法,克服了以往难以获得足量纯净菌根真菌

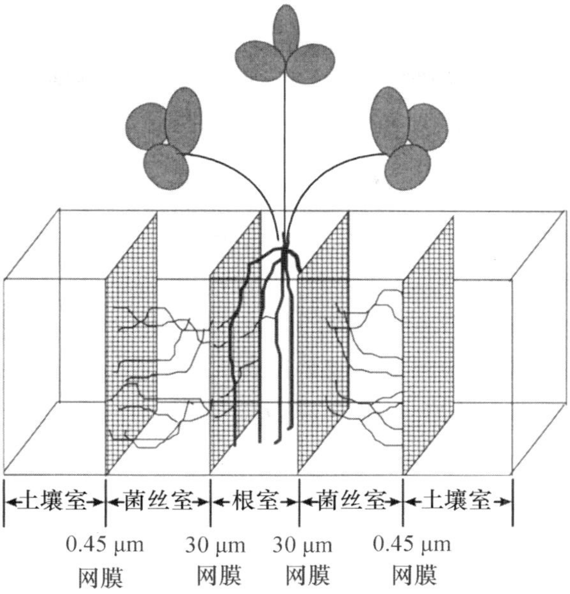

图 6-39 五室隔网菌根际研究装置

(Li et al,1991)

材料的技术障碍,使菌丝的化学成分定量研究成为可能(Chen et al,2001)。试验装置如图 6-40 所示,受菌根侵染的植物根系生长在盛有土壤的外室中,根系不能穿过两侧的尼龙网(孔径 30 μm),而菌丝可以穿过尼龙网进入缓冲室——沙培室,随着菌丝的继续生长,菌丝进入盛有玻璃珠的中室并大量生长,植物培养一定时间之后,收获玻璃珠室中的纯净菌丝(图 6-41),记录菌丝的重量并分析菌丝的化学成分。玻璃珠培养方法为菌丝的生物学研究特别是菌丝解

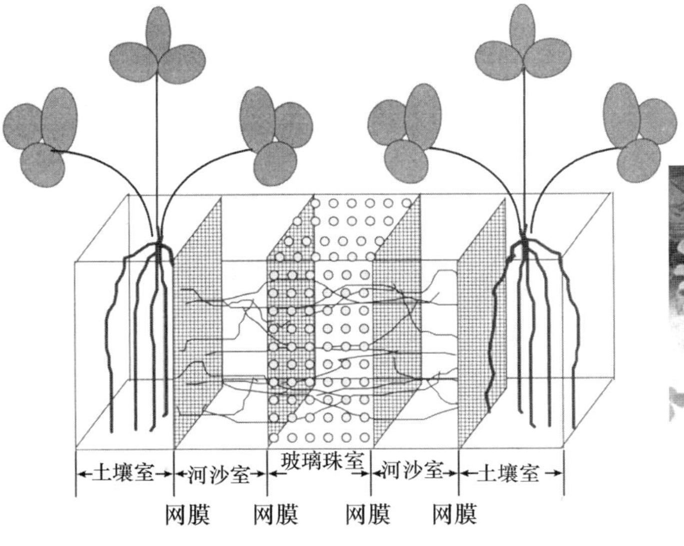

图 6-40 玻璃珠培养纯净菌丝的方法装置示意图

(Chen et al,2001)

剖、分子生物学和吸收养分的生理机制等基础研究提供了重要的菌丝采样技术,这种方法已被国际上广泛采用。

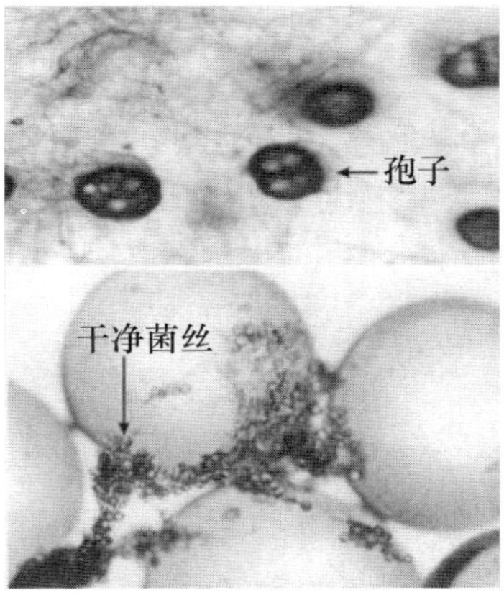

图 6-41　玻璃珠培养方法获得的纯净菌丝(Chen et al,2001)

(四)根际原位研究-显色方法

根际非破坏性原位研究技术正在得到广泛应用,最典型的例子是根际的原位显色技术。利用这种技术能够准确并直观地确定根分泌物释放的部位或根际反应的部位。目前,多种显色技术已经在根际化学变化的检测中得到了应用。显色技术一般包括显色剂及其载体两大部分,显色剂是指 pH、Eh 指示剂或酶反应底物,载体通常为琼脂板、聚丙烯酰胺膜、滤纸或层析纸。把含有显色剂的载体平板或膜放在液培或土培植物的根系表面,这种方法是定性或半定量的测定技术,在某些情况下,也可以完全定量评价根际化学过程的变化。

1. 根际 pH 的原位显色及定量

在 100 mL 蒸馏水(1 mmol/L $CaSO_4$ 溶液或完全营养液)中加入 0.75 g 琼脂粉,加热溶解,配成 7.5 g/L 琼脂溶液。然后加入 2 mL pH 指示剂——溴甲酚紫储备液(可预先配成 3 g/L 溶液,事先加少许酒精溶解),使溴甲酚紫的最终浓度为 0.06 g/L,搅拌均匀。稍等片刻,用稀 NaOH 或稀 HCl 精确调 pH 至 6.0,使琼脂呈暗红色,将此琼脂液放置在 40℃热水浴或 40℃恒温箱中待用。取自制的清洗干净的有机玻璃盒平放在实验台上,再将不同处理的幼苗(如供给不同形态氮素)从营养液取出,用蒸馏水冲洗根系并用清洁的吸水纸轻轻吸干根系上的水分后,将幼苗的根系仔细铺展在(30 cm×20 cm)有机玻璃盒中,植株地上部置于盒外,并用胶带纸固定好植株。将调好 pH 的指示剂-琼脂混合液缓缓倒入铺有根系的有机玻璃盒中。随着温度的降低,琼脂溶液慢慢凝固为琼脂板。显色时间为 15 min 至 2 h,显色后观察根系附近琼脂颜色的变化,黄色区域显示出根际的酸化和根分泌质子的部位(图 6-42)。此外,也可以预先做成琼脂板,平铺在根系上,显色观察。

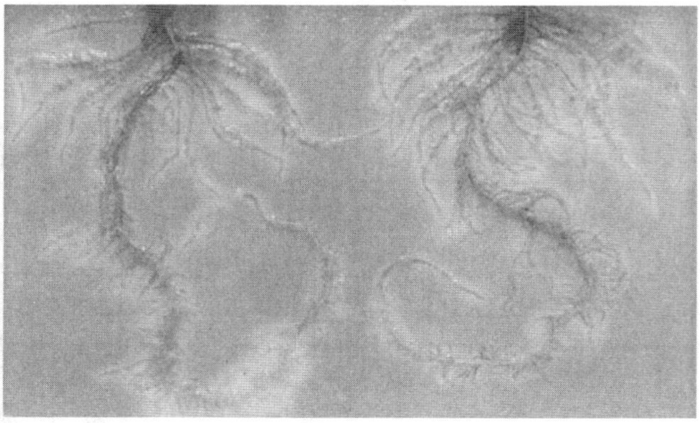

图 6-42　缺磷白羽扇豆根际酸化示意图(琼脂-溴甲酚紫显色)
(申建波,未发表)

质子释放量采用 Rao 等(2000)建立的方法。用去离子水配制琼脂(7.5 g/L 琼脂和 0.06 g/L溴甲酚紫指示剂),加热煮沸,充分搅拌,使其充分混匀溶解,冷却至 40℃左右,调整

pH 值，使其在 4.0～8.0 之间形成 pH 梯度。将调好 pH 的琼脂冷却，倒入透明有机玻璃板，制成 3 mm厚的琼脂板。将琼脂板用 Artix ScanTM 2500 型扫描仪在分辨率 90dpi 和亮度为 4 的条件下扫描。扫描后的图像进一步用 Adobe Photoshop 7.0 和 Scion image 软件进行处理，得到不同 pH 相对应的灰度值(0～250)。由此，得到一个 pH 对应于灰度值的标准曲线。采用上述 pH 原位显色方法获得的照片用与标准曲线制作同样的方法扫描处理，每个像素对应的 pH 值根据标准曲线计算出。然后利用公式 $H^+ = [(10_{-pHf}) - (10_{-pHi})] \times 10^9 \times Pv/1\,000$ (Rao et al，2000)计算得出。H^+ 为最终的质子释放数量；pHf 和 pHi 表示最终的各像素 pH 值和最初的各像素 pH 值，在这里分别指根际 pH 变化后的各像素对应的 pH 值和没有变化的 pH 值即没有根系存在的空白处的 pH 值；Pv 指各个像素的体积，即 0.018 75 cm^3。计算得出的负值代表根际碱化，正值代表酸化(Rao et al，2000)。整个根的质子释放量用每株植物每小时释放的质子量(nmol)表示，质子释放速率用单位根长(cm)每小时释放的质子量(nmol)表示。

2. 根际 Eh 的原位显色

(1)根际三价铁的还原　基本原理是 BPDS(邻菲罗啉)可以与 Fe^{2+} 形成红色复合物，将 Fe(Ⅲ)EDTA(100 μmol/L)和 BPDS(300 μmol/L)溶于 7.5 g/L琼脂溶液中(Marschner et al，1982)，将含有 Fe^{3+} 和 BPDS 的琼脂板平放在根系的表面，或者把植物的根系浸入此溶液中，培养一段时间后，Fe^{3+} 的还原会导致红色复合物 Fe^{2+}-BPDS 的形成，显色过程为 30 min 至数小时(图 6-43)。此外，也可用含有 Fe(Ⅲ)EDTA(100 μmol/L)，pH 4～4.6 Mes 缓冲液(10 mmol/L)和 200 μmol/L Ferrozine 的 7.5 g/L 琼脂溶液制作琼脂板，Fe^{3+} 的还原会导致红色复合物 Fe^{2+}-Ferrozine 的形成。

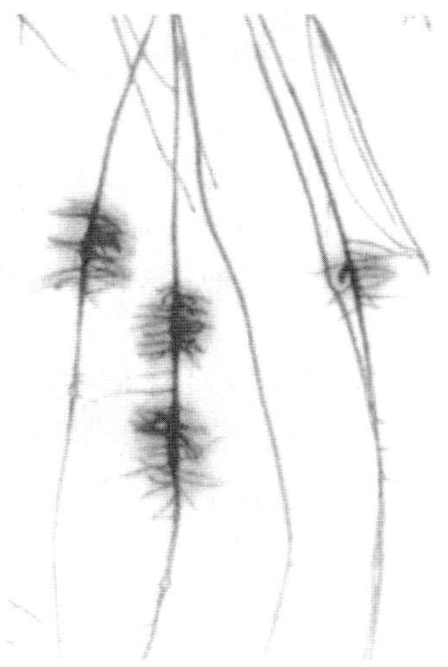

图 6-43　白羽扇豆排根对根际三价铁的还原反应(琼脂 BPDS 显色)(德国 G. Neumann 提供图片)

(2)根际锰的还原　基本原理是把 $KMnO_4$ 加入 7.5 g/L 琼脂溶液中，形成 1 mmol/L $KMnO_4$ 溶液，在 50℃下培养 2 h，诱导 MnO_2 的形成，然后将琼脂片放在根系表面，MnO_2 的还原会导致棕色的琼脂片褪色，显色时间一般为一天至数天。此外，也可以用滤纸作为显色剂的载体，滤纸在 10 mmol/L $KMnO_4$ 溶液中浸泡 7 h，$KMnO_4$ 通过氧化滤纸的纤维素形成棕色的 MnO_2，然后用去离子水冲洗滤纸并干燥。滤纸呈现棕色并可以保存几个月。根据试验需要，将滤纸贴在合适的根表面上，并用大头针固定。培养 30 min 至数小时后，便可以发现 MnO_2 的还原导致滤纸由棕色变为白色(图 6-44)。

3. 根分泌物络合铝的原位显色

基本原理是 Aluminon 与 Al^{3+} 形成红色复合物，将含有 Al-Aluminon 的琼脂片放在根表面上，根分泌物中的有机络合物与 Al-Aluminon 竞争 Al^{3+} 导致琼脂的褪色。聚丙烯酰胺凝胶(polyacrylamide)(1 mm，10%T)，琼脂(3 mm，7.5 g/L)或者琼脂糖(3 mm，1 g/L)都可作为红色 Al-Aluminon 复合物的载体。将含有 $Al(NO_3)_3$(250 μmol/L)、Aluminon(88 μmol/L)和抗坏血酸(1.4 μmol/L)的溶液(pH 4.2)加入到 10%T 聚丙烯酰胺凝胶中培养 2 h，或当琼脂或琼脂糖溶液的温度冷却到大约 50℃时，加入上述溶液并使各组分最终的浓度为括号中的浓度,然后将凝胶板直接铺放在根表面,在凝胶板上面盖一块塑料薄片,防止水分的蒸发。数小时后,由于根分泌物对 Al^{3+} 的络合反应,引起凝胶的褪色(图 6-45)。

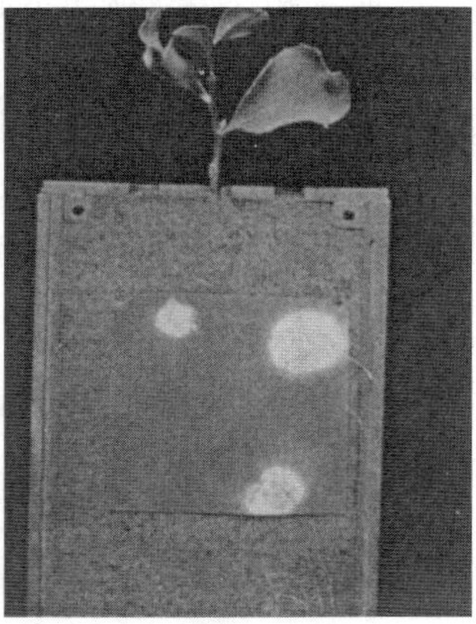

图 6-44 *Hakea undulata* R. Br. 排根对根际四价锰的还原(MnO_2 滤纸显色)(Dinkelaker et al,1995;德国 G. Neumann 提供照片)

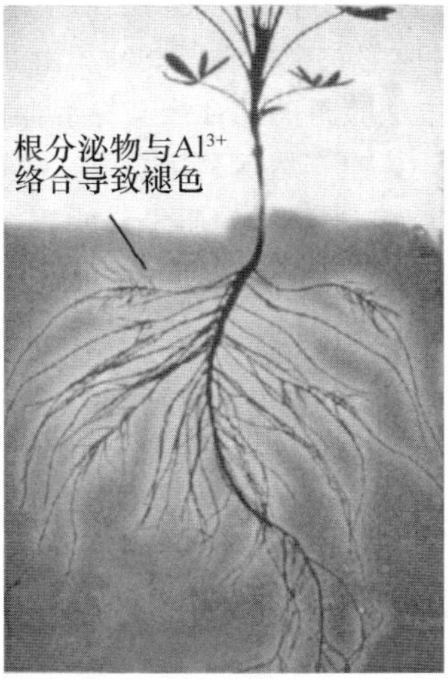

图 6-45 羽扇豆(*Lupinus luteus* L.)植株的根系对根际铝的络合引起褪色反应(琼脂 Al-Aluminon 显色)(Dinkelaker,未发表;德国 G. Neumann 提供照片)

4. 根际酸性磷酸酶的显色

(1)Fast Red TR 法 基本原理是酸性磷酸酶可以水解底物 1-naphtyl phosphate,形成的产物 1-naphtol 与染色试剂 Fast Red TR(diazotized 2-amino-5-chloro-toluene 1,5-naphtalene disufonate)反应生成红色的复合物。将底物 1-naphtyl phosphate(最终浓度为 37.5 mmol/L)溶解于 50 mmol/L pH 5.6 的柠檬酸三钠缓冲液中(柠檬酸三钠缓冲液在 0～4℃可保存数周),用柠檬酸三钠的缓冲液配制 2.7 mmol/L Fast Red TR 显色溶液(需使用前新配制),将底物溶液与 Fast Red TR 显色溶液按 1∶10 的体积比例混合,形成酶染色溶液。把用水浸湿的硝酸纤维素膜(吸附膜,孔径 0.45 μm)或层析纸铺在展开的根系表面,培养 2 h,取下硝酸纤维素膜或层析纸并置于上述配制的酶染色溶液中,在震荡机上培养显色。也可以将酶染色溶液与琼脂溶液混合,将含有反应底物的琼脂板平铺在根表面,培养大约 2 h 后,由于酸性磷酸酶的作用,就会有红色出现,颜色的深浅及其出现的位置显示根分泌酸性磷酸酶的数量和部位(图 6-46)。

(2)磷酸酶的荧光标记检测 酶标记荧光(enzyme-labeled fluorescence,ELF-97)检测法是一种能原位检测磷酸酶的荧光方法。该方法采用具有蓝色荧光的底物 ELF-97 探针(E6601-Molecular Probes,Leiden,The Netherlands),该底物在磷酸酶的作用下,发生水解反应,形成附着于磷酸酶上的绿色荧光沉淀,从而原位检测磷酸酶。磷酸酶活性有三种最适的 pH,即 4.0～5.0、6.0～7.0 和 8.0～10,分别用以测定酸性、中性和碱性磷酸酶,要采用合适的 pH 缓冲液才能检测出相应磷酸酶的最大活性。测定磷酸酶常采用的 pH 缓冲体系有醋酸盐缓冲液(pH 5.0～5.4)、柠檬酸盐缓冲液(pH 7.0)、三羟甲基氨基甲烷缓冲液(pH

7.0～8.5)、硼酸缓冲液(pH 9.0～10)。测定磷酸酶活性时，先用相应 pH 的缓冲液(过 0.22 μm 滤膜)稀释 ELF-97 底物溶液 20 倍(依赖于所用材料，确定最佳的稀释倍数)，漩涡混合几秒后，通过 0.22 μm 水系滤膜(注意：太高的浓度会导致标记过量，太低的浓度由于延长反应时间，导致过量的背景染液标记)。具体操作方法如下：切取 0.5～1.0 cm 长的根段，去离子水冲洗 3 次，放入已稀释好的底物溶液中标记 1 min，取出，用清洗缓冲液(pH 8.0 30 mmol/L Tris，1.5 mol/L NaCl，0.5 g/L Triton X-100)冲洗 3 次，取载玻片，滴 2～3 滴装载介质(ELF-97 Endogenous Phosphatase 试剂盒中提供)于载玻片上，将根段放于载玻片上，盖上盖玻片、压片。压片后的根段在荧光显微镜下观察拍照(最大激发波长设在 345 nm，最大发射波长设在 530 nm)。

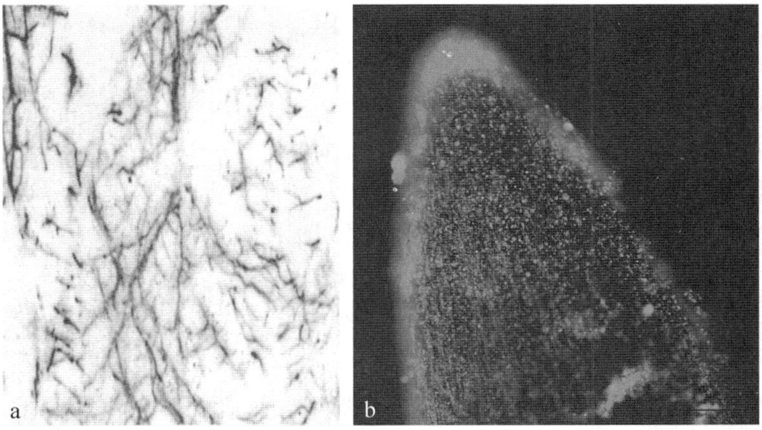

图 6-46 根际酸性磷酸酶的显色

(申建波，未发表)

a. 缺磷 18 d 的玉米根系分泌酸性磷酸酶的活性(琼脂 NAP 显色)

b. 缺磷 14 d 的白羽扇豆根尖酸性磷酸酶原位荧光

5. 根际磷活化的显色

基本原理是用含有磷酸钙的琼脂溶液作为植物生长的介质，植物活化和吸收磷酸钙以后，磷酸钙吸收区变为透明的区域，指示出植物根系活化和吸收磷的部位(图 6-47)。将 10 g 琼脂放入 900 mL 去离子水中，加热溶解，当温度冷却到 50℃，再加入营养液[NH_4^+-N 营养液(mmol/L)：$CaCl_2$ 8，K_2HPO_4 2，$NH_4H_2PO_4$ 4，$MgSO_4 \cdot H_2O$ 0.5，Fe (络合铁：Fetrilon 或 EDTA-Fe)0.2 和 1 mL 的微量元素储存液；NO_3^--N 营养液(mmol/L)：$Ca(NO_3)_2 \cdot 4H_2O$ 2，$CaCl_2$ 6，NaH_2PO_4 4，K_2HPO_4 2，$MgSO_4 \cdot H_2O$ 0.5，Fe (络合铁：Fetrilon 或 EDTA-Fe) 0.2 和 1 mL 的微量元素储存液]。由于 $CaCl_2$ 与磷酸盐的沉淀反应，形成了磷酸钙的白色悬浊液，用 1 mol/L 的 NaOH 调节 pH 至 6.1。琼脂保存在 50℃的水浴中防止凝固。将 300 mL 溶液倾倒在 0.5 cm 深的有机玻璃盒，发芽 1～2 d 的种子放在位于盒缘的琼脂中，幼苗生长后，根周围会变为透明区(Trolldenier，1992)；或者直接把含有磷酸钙的琼脂板平铺在预培养植物根的表面，培养一定时间后，观察透明区的变化。

6. 根中黄酮类物质积累的荧光染色

2-氨基乙基联苯基硼酸酯(diphenylboric acid 2-aminoethyl ester，DPBA)能与黄酮类化

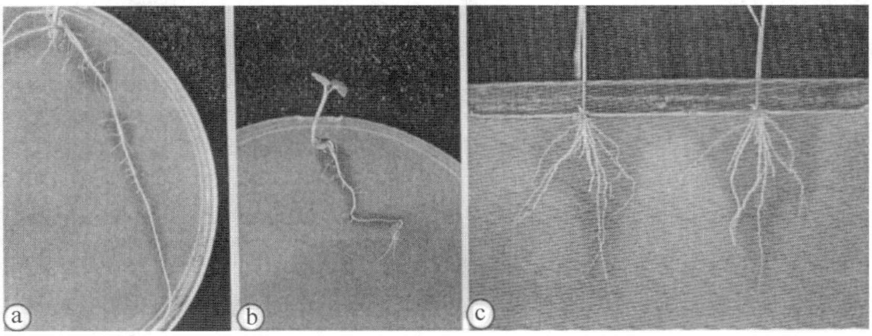

图6-47 不同植物根系对难溶性磷的活化显色(Trolldenier,1992)

a. 生长9 d的小麦根系对磷酸钙的活化 b. 生长9 d的油菜根系对磷酸钙的活化
c. 生长12 d的水稻根系对磷酸钙的活化

合物结合形成DPBA-黄酮共轭复合体,该复合体在一定波长光(488 nm)激发下形成荧光。前期的研究已证实其具有良好的特异性(Buer and Muday,2004),能用于检测活体和离体植物组织内黄酮的积累、定位和运移(Wasson et al,2006)。染色前,切取约1.5 cm长的根尖,在0.5 %的DPBA溶液(用10 mmol/L pH 6.0的磷酸缓冲液配制,包括0.005% (*V*/*V*) Triton X-100)中于室温下培养5 min,取出后用10 mmol/L pH 6.0的磷酸缓冲液反复冲洗,甘油装片,于488 nm激发波长下观察拍照。图6-48显示野生型拟南芥根中黄酮类物质有明显的积累(Santelia et al,2008)。

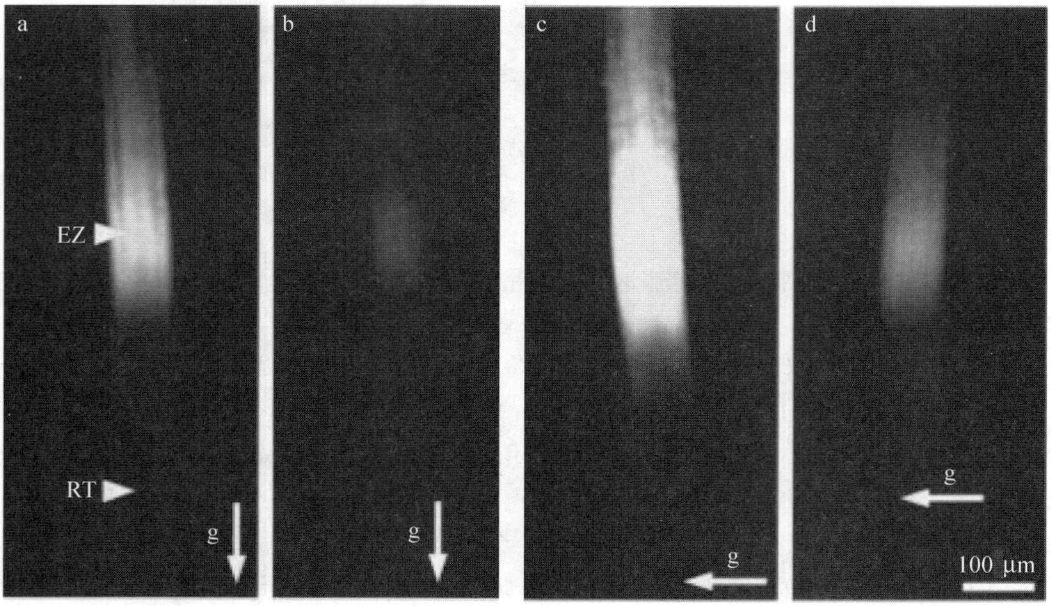

图6-48 拟南芥根黄酮类物质积累的DPBA荧光显色(Santelia et al,2008)

a,c. 野生型拟南芥(*Col Wt*)的根段 b,d. 拟南芥生长素转运突变体(*pin2*)的根 EZ. 根尖伸长区
RT. 根尖 g. 为根的向重性方向(↓向重性与根平行;←向重性与根垂直)

(五)示踪技术在根际研究中的应用

放射性自显影法是一种光化学过程。用作示踪剂的放射性核素所产生的射线使乳胶感光形成潜影，经显影、定影处理，就可将已形成潜影的银离子迅速还原为黑色的银颗粒，而溶去未形成潜影的银离子，现出图像。图像显示的即为放射性示踪剂在试验样品中的分布（位置数量），数量是依据颜色的深浅判断的。这种方法利用乳胶记录、检查和测量样本（整体的和组织的）或样品（细胞和亚细胞、微观水平）中放射性物质的分布、定位和定量。

放射性自显影法在生物学上的应用始于 1940 年伦登（E. S. London）的研究，他获得了吸入镭气曝射过的青蛙皮的放射自显影。20 世纪 20 年代以来，放射性自显影法在生物科学研究领域中逐渐应用广泛，成为放射性同位素示踪法的一项常用实验技术。把这种方法应用于土壤根际微区的研究是从 20 世纪 60 年代的 Walker 等人开始的，国外开展了大量这方面的工作，成为根际研究方面的一种重要手段。当时主要使用能量较大的 β、γ 射线的示踪元素，如 ^{86}Rb、^{32}P、^{90}Sr、^{45}Ca 等，研究营养元素在根系周围及其邻近土壤中的分布。用此法可以直接从 X 射线胶片上观察到微区养分的分布状况，所反映的结果基本上是保持原位的，测试快速并且直观性强。应用放射性自显影技术研究不同植物根际微区的养分分布有不少报道，但是由于自显影图像的分辨率与清晰度不高，又只能依靠目测，在结果的判断上存在着很大的误差。因而，这一时期放射性自显影技术的研究充其量只能达到定性检测的水平。

20 世纪 70 年代后，低能量的放射性同位素的应用以及精密定标器的制成，提高了其分辨率。例如，以 ^{33}P 代替 ^{32}P 进行的自显影，^{32}P 的最大发射能量为 1.71 MeV，土壤显现深度为 5 mm，而用低能量的 ^{33}P（0.25 MeV），显现深度为 0.3 mm，大大地提高了分辨率。进而结合微量密度计的扫描手段和一定的数学处理，使该项技术初步达到定量测量的要求。20 世纪 80 年代初以来，放射性自显影技术得到进一步完善，即根据 Passioura 提出的计算方程式，研究放射性分布曲线与扫描所得的密度曲线之间的关系，校正自显影图像。

我国 20 世纪 50 年代末开始在医学、生物学应用放射性自显影，20 世纪 60 年代以来在农业生物学方面的应用逐步得到发展。其中大多数是宏观自显影，即对整体物质标本进行自显影，观察范围大，但分辨率低。在根 - 土界面微区研究上，需要进行微观自显影的研究，国内（主要是中国科学院南京土壤研究所）近年来应用 ^{32}P、^{86}Rb 和 ^{45}Ca 等，主要采用薄层涂片自显影技术研究不同植物和不同介质中养分的根际微域分布。如在砂壤土、高岭土和蒙脱土的混合介质上用 ^{86}Rb 和 ^{32}P 对玉米和箭筈豌豆根系的养分吸收进行研究，以探求根系特性对根际养分分布的影响，以及养分离子在根际的亏缺趋势与介质的吸附性能之间存在的联系等。

放射性自显影法具有的最大特点是能定位放射性示踪剂在样品中的准确分布，生动、直观，比起基于电离和闪烁作用的放射性探测器只能测定整个样品进入探测器灵敏区的总放射性有很大的优越性。随着核乳胶、组织制片及观察技术的发展，该项技术逐渐从宏观自显影发展到能精确定位微观区域中放射性物质的存在与分布。而且，它的探测效率较高，可累积记录入射的放射性，在植物生长过程中可以反复形成放射性影像，借此观察养分随时间的变化过程。此外，这种方法操作方便，设备简单，研究资料便于长久保存。它的局限是定量上误差较大，只能作相对定量，只能得到一个总量的概念，对养分的状况无法区分，测定速度低，在微弱的放射性条件下需要很长的曝光时间等，使应用受到一定的限制。

1. 微观放射性自显影方法

根际微区属于微观研究范畴,这里简单介绍微观放射性自显影方法。

微观自显影方法的特点是需要把试验材料制成切片,感光材料是专用的核乳胶,获得的放射性自显影在光学显微镜或电镜下进行显微观察,即能显示出放射性示踪剂在微域范围内的分布。此法具有较高的分辨力,其操作程序一般是:用放射性示踪剂标记试验材料,制备切片,施行乳胶,干燥,曝光,化学加工(显影、定影、水洗),显微观察等。

这种微观自显影一般用于生物体,对试验样品制成的组织切片、细胞涂片或薄切片要求较高,而且乳胶层也要很薄,所以一般多用液体核乳胶、较薄的乳胶干板或脱底乳胶,在根际研究中可以借助平面根培养法进行微观自显影。平面根培养法是研究根际养分耗竭、根系吸收特性的手段。这种方法需要特制的、形似竖立的扁平的培养盒(箱)培养植株。这种培养盒一般用有机玻璃板制成,其大小根据试验的需要确定,如有效内径可为20 cm×20 cm×1 cm,可装土600 g左右。在内培养室外再加上外室,分为内外两层,外室作为防护层。外室除一面是有机玻璃板(3 mm)制成的观察面外,其他各面均采用聚氯乙烯硬质塑料板,用塑料黏胶贴合在一起。内室的直径比外室的直径略小,两个片的顶端带有提环,便于内室与外室密合而又能方便地插入和抽出。把用放射性示踪物标记的土壤充填到内室中,栽种上作物,即可在一定生育期做纵向或宏观的放射性自显影,还可以对根际区的根系和土壤进行联合冰冻切片,对根际标记养分的耗竭状况进行微观自显影观察。

微观自显影的几个基本方法是接触法、湿贴法、湿贴-接触法、液体乳胶法等。其中以接触法最为简便,即将乳胶干板或X光胶片的乳胶面面对切片,紧密接触,曝光后,进行化学处理,获得自显影片。它的缺点是分辨率低,不能作高倍镜观察。液体乳胶法是目前应用较为广泛,效果较好的方法,即用滴加涂布法或浸膜法将液体乳胶直接加在载玻片的组织切片上,使之均匀铺开,晾干后连同标本一起进行曝光、显影、定影等,即可获得自显影片。

2. 薄层标记的自显影法

在国内目前还没有生产低能放射性核素的情况下,改善自显影技术的一个途径是采用“薄层法”制备标本,以提高自显影的分辨率和清晰度。“薄层法”的具体做法是:根据作物根系的大小,试验时间的长短,制作与前述平面根培养法类似的培养箱,扁平直立。用于苗期生长,规格可为20 cm×5.5 cm×1 cm或34 cm×9 cm×1 cm。没有外室,盒的正面为能移动的有机玻璃板,其余各面可用不透明塑料板制作,狭窄底面每隔4 cm设一进水孔。

标记土的制备方法:分别称取过80目筛的土壤42 g或12 g(大、小生长盒),按1∶1的土水比调成泥浆。按照试验目的和要求加入示踪物质。浸泡24 h,充分搅拌平衡,烘干,磨细,过100目筛,作薄层涂片用。

育苗时在大、小生长盒底层垫上滤纸,分别加入过40目筛的含有与标记土相同肥料的干土120 g或40 g,压实,使容重在1.3 g/mL左右。加入20%干土重的水分,平衡后用玻璃板压平土面。

作薄层涂片时,在底土平面上均匀加入5%干土量的水分(可用注射器加入,或用滤纸浸润),稍平衡后,用软性底纹笔将标记土均匀涂布于其上(厚度1~1.2 mm)。

做放射性自显影时,在暗室条件下用X光片放置于标本的有机玻璃板尼龙薄膜上,曝光,并经过化学处理,取得放射性影像。

(六)根际的微电极研究方法

根际的微电极研究方法是把特制的微电极插入土壤的各个部位,以测定这些部位的 pH、Eh、电导和养分等的方法。土壤本身具有不均一性,生长在土壤中的植物,在受土壤影响的同时,其生长也引起土壤性质的一系列变化,尤其是近根土壤与土体间化学性质的差异。由于微区的研究要求测定范围小,分辨率高,也要求有一定的精确性,尤其是养分状况要求保持原位,因此,根际测定的精度在很大程度上取决于测定技术。早在 1938 年,就有人利用微电极研究土壤微区的 pH 状况。接着有许多报道涉及根际微区氧化还原状况方面的微电极应用。近年来,微电极在土壤性质、植物营养及土壤-植物相互关系的研究中得到越来越广泛的应用。如于天仁等研究土壤的氧化还原电位、pH、铵态氮等在根际微域的变化规律,许曼丽等用锥形微钾玻璃电极测定根区微域钾素状况等,也有对植物细胞膜电位的测定报道。

微电极一般指敏感尖端直径以微米计的微型电化学传感器。直径<0.5 μm 者为超微电极,最小的微电极尖端直径仅为 0.04 μm。微电极法在原理上与通常的大电极法并没有差异,只是由于电极很小,所以在电极制造和测定技术方面存在着一些特殊问题,如有些操作应在放大镜下进行等。这种方法的优点是:它可以原位地连续测定根际微区的养分环境状况,减少由取样、提取等分析步骤带来的误差;微电极法分析仪器结构简单,操作方便,易实现自动化;测定的是离子活度的函数而不是浓度,能代表扩散层中的离子数量,以及对植物直接有效的离子数量,更能说明问题;由于微电极的敏感尖端可以做得很细微,可以直接插入活体甚至细胞内检测。因此,在根土界面这样的微域研究中,微电极应用是很有发展前途的。当然,微电极在原位测定上还存在不少问题,特别是应用到土壤这样一个复杂的体系,干扰因素较多,更容易在测定时出现这样或那样的问题,因而在测定结果的解释上需要极为慎重。

由于篇幅有限,这里仅就常用的微铂电极、微甘汞电极、微钾玻璃电极和微锑玻璃电极作以简单介绍。

1. 微铂电极

微铂电极属于金属基电极中的零类电极,即惰性金属电极。这类电极包括金、铂惰性金属或碳电极,它们浸在含有能发生氧化还原反应的氧化态和还原态物质的均匀溶液中,即构成氧化还原电极。它可用通式 $Pt/M^{a+}, M^{(a-n)+}$ 表示,电极反应是:

$$M^{a+} + ne \rightleftharpoons M^{(a-n)+}$$

式中 M^{a+} 和 $M^{(a-n)+}$ 分别为氧化态和还原态物质。零类电极的电位能斯特(Nernst)方程为

$$E = E^{\ominus} + \frac{0.059\,2}{n}\lg\frac{M^{(a-n)+}}{M^{a+}}(25℃)$$

惰性金属电极和碳电极本身不参与电极反应,只是作为氧化反应交换电子的场所。

$E^{\ominus}$ 称作标准电极电位,即在电活性物质活度为 1 时的标准状况下的电位,是表征一个体系电化学特征的重要参数。许多无机体系的标准电位已精确测定,见表 6-5。

微铂电极在制作技术上的关键问题,是获得微小的尖端和优良的绝缘。绝缘方法有两种:

(1)绝缘物覆盖法　将一根内径为 0.5～1 mm,长约 10 mm 的铂丝与一段直径相同,长约 45 mm 的杜美丝用电弧法焊接,然后封入内径约 0.5 mm,热膨胀系数接近铂的玻璃毛细管,使外端露出铂丝 0.2～0.5 mm。铂丝与玻璃毛细管间的空隙部分用环氧树脂粘牢。用杂锦锉将露出的铂丝锉尖,然后用 300 号的金刚砂磨光。杜美丝的另一端接出导线,安装有机玻璃套管,两端用环氧树脂黏合(图6-49)。

表 6-5　氧化还原体系的标准电极电位

体　系	氧化还原反应	$E^{\ominus}$(V)	
		pH=0	pH=7
O_2-H_2O	$O_2+4H^++4e \rightleftharpoons 2H_2O$	1.23	0.82
Pt^{2+}-Pt	$Pt^{2+}+2e \rightleftharpoons Pt$	1.2	
MnO_2-Mn^{2+}	$MnO_2+4H^++2e \rightleftharpoons Mn^{2+}+2H_2O$	1.23	0.43
NO_3^--NO_2^-	$NO_3^-+2H^++2e \rightleftharpoons NO_2^-+H_2O$	0.83	0.42
$Fe(OH)_3$-Fe^{2+}	$Fe(OH)_3+3H^++e \rightleftharpoons Fe^{2+}+3H_2O$	1.06	−0.18
Fe^{3+}-Fe^{2+}	$Fe^{3+}+e \rightleftharpoons Fe^{2+}$	0.77	
SO_4^{2-}-H_2S	$SO_4^{2-}+10H^++8e \rightleftharpoons H_2S+4H_2O$	0.30	−0.22
CO_2-CH_4	$CO_2+8H^++8e \rightleftharpoons CH_4+2H_2O$	0.17	−0.24
H^+-H_2	$2H^++2e \rightleftharpoons H_2$	0.00	−0.41

(2)玻璃封合法　将直径 0.1 mm 的铂丝套在内径比铂丝略大的玻璃毛细管内,然后插在一个石墨制的手柄中心处,送入一个炽热的铂丝环中间,使玻璃熔合将铂丝紧密封合。

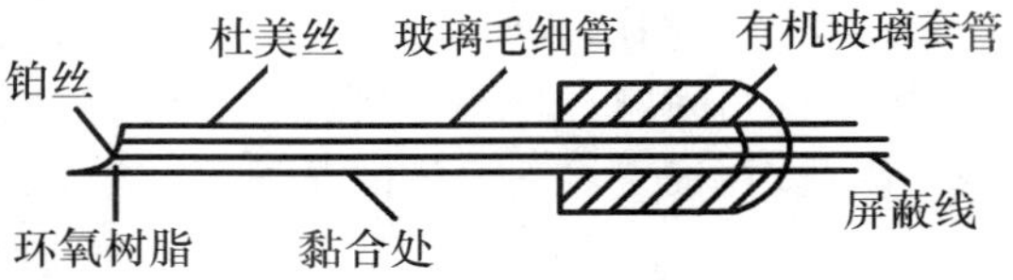

图 6-49　微铂电极的外形

在测定氧化还原电位时,将微铂电极和微甘汞电极插入土中,经适当时间,从毫伏计读出电位差。微铂电极可直接插到土壤中所要测量的各个微细部位,进行原位测定。应用微电极测定土壤的氧化还原电位时,应考虑电极极化的可能性。因为电极的面积很小,测量时线路中的微小电流就会使电极表面的电流密度很大,加之大多数土壤体系的平衡作用较弱,因此会产生由电极极化引起的测量误差。在这种情况下,应使用输入电流小的测试仪器。此外,使用微电极测定时,所需要的平衡时间较大电极长,而且由于电极面小,与甘汞电极之间的电阻较大,因此,外界的感应较大,测定时需加以注意。

2. 微甘汞电极

微甘汞电极是配合微铂电极或微银-氯化银电极作为参比电极用的。微甘汞电极是电化学测量中最常用的参比电极,是一种对氯离子响应的第二类电极,由汞、氯化亚汞(甘汞)和 KCl 溶液组成,可表示为 $Hg|Hg_2Cl_2|Cl^-$。

甘汞电极的电极反应可表示为:

$$1/2Hg_2Cl_2+e \rightleftharpoons Hg+Cl^-$$

当甘汞过量时,甘汞的活度在一给定的温度下是常数。根据定义,汞的活度为 1,因此,Cl^- 是决定电位的离子,即:

$$E=E^{\ominus}-\frac{0.0592}{n}\lg[Cl^-]$$

当 Cl^- 的浓度固定时,电极电位在一定的温度下为常数。通常使用的氯化钾有 4.16 mol/L、3.5 mol/L、1 mol/L 和 0.1 mol/L 等几种饱和(25℃)浓度。以饱和甘汞电极最为常用，因其使用方便，而且液接电位最小。

微甘汞电极的上部是专门定制的一支小甘汞电极芯，即将由少量汞、甘汞和 KCl 溶液共同研磨成的灰色糊状物置于纯汞表面，其上再加入饱和 KCl 溶液而成。下端是有机玻璃制成的针管盐桥，管身部分的内径约 0.4 mm，外径约 0.7 cm，顶端尖细，内充以含饱和氯化钾 3%的琼脂（图 6 - 50）。针管加工和装配要求精细，是制作的关键。

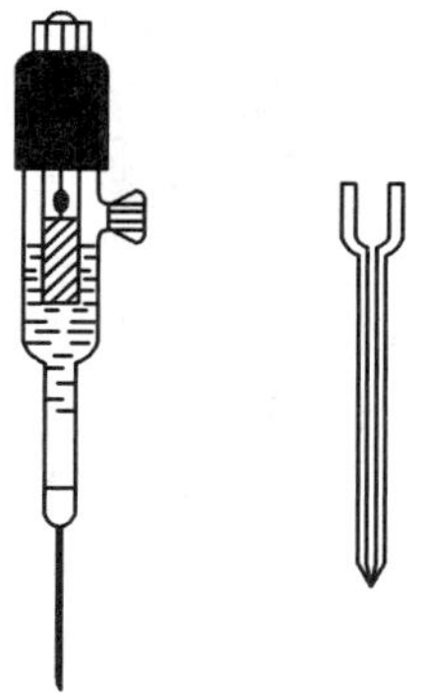

图 6 - 50　微甘汞电极和针管

3. 微钾玻璃电极

土壤中离子活度的研究进展与其测定技术的改进有密切联系。近年来，离子选择性电极迅速发展并广泛应用于土壤研究中。离子选择性电极是一种可以用电位法有选择地测定溶液中某一特定离子活度的指示电极，其中具有特殊地位的是玻璃电极。玻璃电极的功能及许多其他重要性能，包括电阻、化学稳定性、软点、热膨胀系数、加工性能以及是否易于反玻璃化等，取决于制造玻璃电极敏感膜的玻璃组成。

对阳离子敏感的玻璃电极，目前已发展了 Li^+、Na^+、K^+、Ca^{2+}、Ag^+ 玻璃电极等数种，其中 Na^+、K^+ 玻璃电极有较好的选择性，应用也较广泛。就电极的敏感部形状而言，有锥形、球形和平板等形状，可以根据不同的用途进行选择。为了研究土壤中的离子扩散或根区的化学性质，满足微域测定的需要，要求使用微锥形玻璃电极，下面就微钾锥形玻璃电极作简要介绍。

制作微钾玻璃电极，首先要选择某种钾敏感玻璃的组成和配方，按比例称取一定数量的分析纯试剂，研细混匀，然后置铂坩埚中加热熔融成玻璃。在制作直径小于 1 mm 的微钾锥形电极时，可在直径为 2 mm 的玻璃管一端粘接一小块烧熔的钾敏感玻璃，然后，在火焰上拉成锥形薄膜。制作中需要避免敏感料与支杆料的混熔，造成电极的功能不良或完全丧失。

在玻璃电极腔内装入内参比溶液 0.1 mol/L KCl（AgCl 饱和），然后插入一根预先制备的 Ag-AgCl 丝，电极支杆上端套一电极帽，再用黏合剂密封（图 6 - 51）。黏合剂的要求是绝缘和机械强度均好，可由 100 份环氧树脂、10 份邻苯二甲酸二丁酯和 8 份三乙烯四胺配制而成。由于玻璃电极内阻较高，要用屏蔽同轴电缆线使内参比电极与测量仪器相连。装配好的微钾玻璃电极需检测其性能，有关的主要性能为线性、选择性、pH 影响、内阻和绝缘电阻等项。微钾玻璃电极使用时的注意事项如浸泡活化、平衡时间、液接电位、绝缘屏蔽等均与大电极相同，可参阅有关资料。与大电极相比，微钾玻璃电极机械强度差，原位测定时，要求样品比较松软，并注意仔细操作。微钾玻璃电极在焊封时难免会有两料的混合，电极系数一般达不到理论值，寿命也比大电极短，不用时干放为宜。

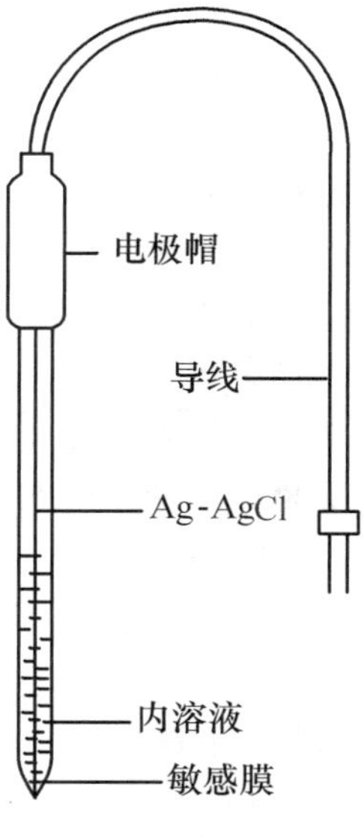

图 6 - 51　微钾玻璃电极构造

4. 微锑玻璃电极

在研究中，微锑电极可以沿根系原位测定 pH 变化以及氮素和钾营养对根际 pH 变化的影响。

制作微锑电极:加热锑粉到熔点(650℃)。这个过程会受到氧的干扰,因此,应在氮气保护的条件下进行或者加热两次。锑粉熔化后,让探针冷却(这个过程受氧的影响不大)。用真空泵将锑粉吸入到玻璃毛细管(内径为0.8 mm)中。然后,把毛细管切成2 cm的小段。把锑的小段从毛细管中取出。在320℃时,用电焊锡将一根金属丝与锑段焊接起来。最后,用巴斯德吸液管固定金属丝与锑段的焊接。

(七)电子探针法

20世纪60年代发展起来的电子探针显微分析技术,是利用电子束和物质作用产生特征X射线来进行分析的,是一种新型的电子显微分析技术。20世纪70年代以来,其应用范围逐步扩展到土壤-植物研究领域。在土壤-根系界面研究方面,它不仅能提供微区表面形貌的显微特征,并且能同步显现出养分分布状况。该法测定的灵敏度很高,其分辨率以纳米计算,元素的绝对检出限为$10^{-15}\sim10^{-18}$ g,不破坏样品,用于准确的定位测定极为理想。而且可以同时测定从硼到铀的所有元素,分析面较广,有利于研究元素的相互关系。因此,较之放射性自显影和微电极技术,应用上局限于少数养分元素、区分的界限较粗以及受环境的影响较大等因素,电子探针法具有特殊的优越性。电子探针除了可以分析某一点的成分,还可以分析某元素的线分布和面分布,是研究养分吸收和转运机制的有效技术手段。早在20世纪70年代初就有人报道,应用^{33}P示踪和电子探针技术相结合的方法研究NH_4^+对根表面磷淀积的影响,提出了NH_4^+对根表面磷溶解的促进作用。用此方法可研究水稻根-土界面上的元素分布,鉴别出根毛上黏附着的大量颗粒分泌物;观察到不同年龄根表面存在磷形态的不同、植物组织和细胞内部的元素超微分布情况;根据硅在成熟根的内皮层聚集的现象,证实了"内根际"存在,提出区分根-黏液-土壤界面的参考指标。

但是,电子探针法也并非完全符合理想,其本身还处在不断的发展和完善之中。在土壤和植物研究的应用中还存在一些有待解决的问题。如植物根系含水量较高,以及根与土壤性质上的差异造成样品制备上的特殊困难,导致误差的产生;在土壤定量的标准样品问题上,单纯的标准晶体只能作为参比,所测得的结果在换算成具体含量时仅仅是相对值;对轻元素C、N和O等的分析,目前检出极限尚不够低,得到的结果只能用于定性或半定量等。因此,需要进一步改进样品制备技术和测试技术,使其应用范围更为广泛。

1. 电子和物质的相互作用

当高速电子束轰击试样表面的微小区域时,其入射电子在试样内部穿透和散射,和物质发生相互作用,作用的结果能够产生二次电子、特征X射线(图6-52)。二次电子是电子束逐出核外电子产生的,能量比较低,一般在50 eV以下,激发区域来自样品表面10 nm范围内。在电子束能量一定的情况下,二次电子的激发效率和样品元素的电离电位有关,同时,也与电子束和样品表面的夹角有关:

$$\delta\alpha = \frac{1}{\sin\theta}$$

式中:δ为二次电子激发效率;θ为电子束与样品表面的

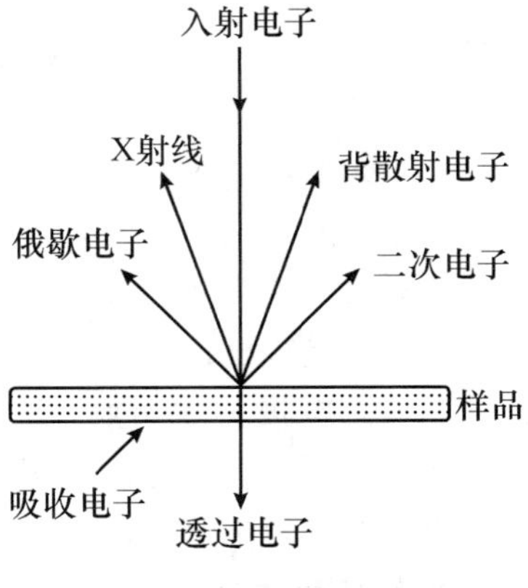

图6-52 样品与电子之间的相互作用

夹角。

试样内原子的内层电子被轰击出原子系统后，外层电子跃迁到内层空位，同时释放出特征X射线。这种X射线的能量等于两个能级能量之差，因而具有元素特征。不同元素所产生的特征X射线能量(或波长)不同，根据产生的特征X射线的能量(或波长)和强度，可以进行元素成分分析。

高能电子束轰击试样后，还产生背散射电子、俄歇电子、阴极荧光和样品吸收电流等许多信号，可以分别反映出试样的某些物理化学性质。

2. 电子探针分析仪

电子探针通常和扫描电镜合为一个仪器。这种仪器的主要组成部分包括电子枪、电子透镜、样品室、信号检测和显示系统以及真空系统。

电子枪的作用是提供具有一定能量的电子束，电子束交叉斑直径为15～30 μm，它的主要作用是将打到样品表面的电子束缩小，并且可以使之在50～1.0 μm范围内变化。电子透镜包括会聚镜和物镜，近电子枪的是会聚镜，其主要用途是调节打到样品上的入射电子束的强度；近样品的是物镜，主要用来调节打在样品上的束斑的大小。电子束的强度变化可以影响图像的亮度和反差，束斑的大小则影响图像的分辨率。样品室内有样品台放置样品，样品可以沿不同方向运动。X射线光谱仪装在样品室内。信号检测系统对电子束在样品上激发出来的信号(主要是对二次电子和X射线)进行检测。通过显示系统，最终得到表征样品形貌和化学成分的电子图像以及X射线能谱。仪器的真空系统保证电子枪、电子透镜和样品都处于真空中。

3. 二次电子的检测

被激发后向各个方向发射的二次电子，由于受收集极正电场的作用被拉向收集极。经加速极加速后使闪烁体发光，变电信号为光信号，再经光导管和光电倍增管变成电信号输出(图6-53)。

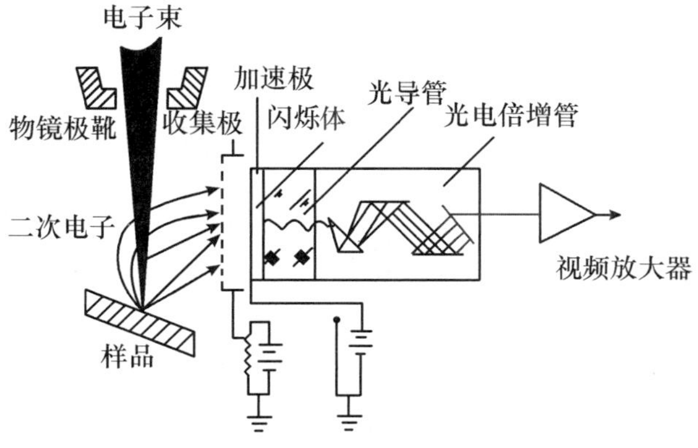

图 6-53　二次电子检测原理图

二次电子的发射量主要取决于样品表面的起伏状况。当电子束在样品表面扫描时，由于样品表面起伏状况不同，电子束与样品夹角不同，因此所产生的二次电子信号不同，从而引起显示屏幕电子图像的反差，据此可以了解试样表面凹凸不平的状况，进行样品表面形貌的观察。

4. 特征X射线检测

电子探针分析中,样品中的不同元素受具有一定能量的电子束激发发射出特征X射线,通过检测特征X射线波长或能量即可确定样品中所含元素,检测特征X射线强度即可确定元素含量。通常测定特征X射线波谱的方法叫波长色散法(WDX),测定特征X射线能谱的方法叫能量色散法(EDX)。波长色散法是利用分光晶体对不同波长的X射线的衍射作用,将不同波长的X射线分开并检测的一种分析特征X射线的方法。该法的优点是波长分辨率高,缺点是X射线利用率低,不适于在低束流和弱X射线的情况下使用,因而不能在观察二次电子图像时同时进行元素分析。能量色散法是利用X射线能量不同进行分析,检测特征X射线的方法。这种检测法可以得到X射线能谱,即X射线能量和强度关系分布图。通过X射线能谱,可以进行定性和定量分析。与波长色散法比较,能量色散法分析速度快,检测效率高,在几秒或几十秒内就可显示出某点全部元素的存在状况,并可以在观察电子图像的同时进行成分分析。

定量分析方法有标准试样法、比较标准试样法和非标准试样法,其中标准试样法即利用标准样品绘制标准曲线,是最精确的方法。但该法要求标准样品与待测样品主成分相同,对于每种试样都要配制一套相应的标准样品,工作量很大。非标准试样法就是利用计算机对影响特征X射线强度的各种因素进行校正,以求得元素含量的定量分析方法。

由于入射电子束可以在样品上扫描,因此,根据不同目的可采用不同的分析方法,包括点分析、线分析和面分析。此外,利用电子探针对样品成分做定量分析时,电子束的加速电压必须大于激发特征X射线的临界激发电压,但不宜过高,因为电子束流的增加会在提高特征X射线激发量的同时,增加样品损伤以及导致样品的分辨率下降,一般的电子束流调节至$10^{-10}\sim10^{-6}$范围内。

5. 分析要点

电子探针分析用的土壤和植物样品,除要求得到的样品形貌保持自然状况外,还要求样品中的元素也保持原位,没有淋失和再分布现象。对于土壤样品而言,其制备步骤较简单。要求测试样品一般不含可挥发性物质,经自然风干即可。由于植物样品柔软且含水量高,一般须经过固定、干燥和喷镀导电膜等前处理才能进行分析。

固定是为了维持植物组织细胞原来的形态结构和物质组成,主要有化学固定法(如戊二醛、锇酸等)和物理固定法(如直接和间接液氮冰冻法),前者易于造成溶于细胞液体部分的电解质,如K^+和Ca^{2+}的流失,一般以选用后法为好。干燥是在高真空(5×10^{-4} Torr)条件下对样品内存在的水分进行干燥处理,以免样品变形,图像模糊以及仪器受污染。样品的干燥过程被认为是整个植物样品制备过程中的关键,必须选择合适的方法。根据研究报道,用空气自然干燥法,样品收缩显著,细胞破碎和皱缩,得到的组织形貌极差,无法精确地确定组织部位与元素分布的对应关系。用临界点干燥和戊二醛预固定-冰冻干燥法,能较好地保持样品的天然形貌,但会导致样品中养分的移位和淋失。直接冰冻干燥法,即利用冰升华时无表面张力的原理,用液氮等骤冷植物样品,使细胞内水分变成无定形冰,并保持在低温下(−80℃以下)抽真空,使冰不经过液态阶段直接升华成气体而干燥样品。因此,这种方法一般能很好地保持样品的天然形貌。又因为避免使用化学固定剂和脱水剂,可以较好地使细胞内物质保持原位。

样品表面上的凹凸不平对X射线的探测影响很大,尤其是在用波谱仪进行探测时更为明显。然而,冷冻断裂常会造成断裂面上起伏较大。可以采取在电子探针内配备一个特定冷冻台让样品直接在冷冻条件下进行观察的方法，或者采取在冰冻之前用刀片迅速切一横断面的方法。这两种途径的试验结果较为一致，但前法中冷冻台的配置增加了仪器结构的复杂程度，价格昂贵，给实际应用带来一定的限制。观察前还要求在样品表面喷镀一层导电薄膜（如碳层），以改善样品的导电性能，以及增加样品抵抗热辐射破坏的能力和增强机械稳定性，但需要掌握适宜的镀膜厚度。如镀膜太薄，样品表面仍会有放电现象，而膜层过厚则会模糊和掩盖样品表面的显微结构。

第四节　丛枝菌根真菌的研究方法

一、菌根真菌及其作用

菌根是真菌与植物根形成的共生体。形成菌根的真菌种类很多，分属于接合菌亚门、子囊菌亚门、担子菌亚门、半知菌亚门和球囊菌门等。能与菌根真菌共生的植物种类很多，包括草本和木本植物，森林、牧草或农田中的大多数植物均可形成菌根。菌根主要可分为外生菌根和内生菌根两类。外生菌根的菌丝只进入高等植物（主要是林木）根系的外皮层细胞间隙，露在根外的真菌菌丝形成鞘包。被其侵染的根分枝增加，形成较多的短侧根。内生菌根穿透进植物根组织皮层细胞内，形成内部的菌丝网络，也有一些菌丝伸展到土壤中，皮层中的菌丝与土壤中的外部菌丝体相连接。有些内生菌根的菌丝穿透皮层，形成丛枝状的分枝，某些菌根菌由于菌丝膨胀还会形成泡囊，这些能形成丛枝状分枝的菌根真菌统称为丛枝菌根真菌，简称AMF。丛枝菌根真菌是土壤共生真菌中宿主种类最多和分布最广的一类真菌，而且对植物种类无严格的选择性，是许多植物包括大多数农作物最主要的侵染真菌。

菌根是由 Frank 于 1885 年首先发现的。自真菌定殖于植物根部并建立共生关系的现象受到广泛认可以来，人们逐步认识到菌根，尤其是丛枝菌根真菌在农业、林业生产中起着重要的作用，并开展了大量的研究工作。自 20 世纪 60 年代以来，由于方法上的突破，促进了研究工作的快速发展。对丛枝菌根真菌在分类、生理、生态、功能及其机理、离体培养、扩大增殖培养方法等方面的研究有了长足的进展，现已成为国际上一个相当活跃的研究领域。

对养分吸收的机理是丛枝菌根真菌研究的一个重要内容。菌根的根外菌丝具有与植物根毛类似的吸收作用。一方面菌丝的生长扩大了根系伸入土壤的范围，大大地缩短了根与离子间的距离，因而明显增加了植物对养分的吸收，特别是扩大了植物对在土壤中移动性差、迁移缓慢的磷素的吸收范围，提高了吸收速率；另一方面，由于菌丝可以伸入到根系不能进入的土壤微孔中，大大提高了对土壤养分资源的利用效率。试验结果表明，菌根真菌的菌丝可以吸收低浓度的磷酸盐；接种丛枝菌根真菌可以在施磷量大大降低的情况下，达到与非菌根植物足量施磷相当的生长量，而土壤中有效磷含量高则影响菌根真菌的生长。除了磷素以外，丛枝菌根真菌对迁移速率较慢的硫、钙、锌、铜、铁等元素也有增强吸收的功能。菌根植物对某些重金属（如过量的锌、镁等）的吸收有抑制作用，从而降低了这些重金属对植物生长的负效应。此外，接种菌根真菌的植物对根部病菌的侵染以及干旱、高温、盐胁迫等有较大的抗性。丛枝菌根真菌对豆科作物的生长有十分重要的意义，因为它们能以三者（植物、菌根真菌、固氮菌）共生的关系促进氮的固定。研究发现，三叶草在缺磷土壤上没有菌根共生体的形成就不能结瘤。同时，菌根真菌还能促进与氮固定有关的钴、钼、铜和铁的吸收。

丛枝菌根真菌的种类、数量不同,对各种作物的侵染程度不一。选择侵染力强的高效菌种,可能产生明显的增产效果,尤其是对缺磷或磷固定严重的土壤。土壤 pH 也是影响丛枝菌根真菌分布的一个限制因素,在选择应用菌剂时,必须考虑菌种对 pH 的敏感性。丛枝菌根真菌在脱离宿主植物的条件下目前还不能单独进行培养,只能通过植物活体根富集扩大,通过人工培养基扩大繁殖已成为该研究领域的一个前沿课题。

我国幅员辽阔,生态环境复杂,土壤类型众多,菌根真菌的资源十分丰富,近年来还陆续出现菌根真菌新种和新记录种。丛枝菌根真菌的研究对我国大面积的缺磷土壤来说具有重要的实践意义。通过形成菌根共生体增加植物对磷素的吸收是提高磷肥利用率的一条不可忽视的途径,在利用有限磷肥的情况下能够较大幅度地提高产量。此外,在干旱、半干旱地区土壤或其他表层养分亏缺、生物量低的贫瘠土壤以及工业污染严重的土壤上,丛枝菌根真菌具有良好的应用前景,对促进植物生长、加速植被恢复等将起积极作用。

二、丛枝菌根真菌的定性和定量研究方法

由于丛枝菌根真菌在自然界的广泛分布,以及它们的种种积极作用,不同学科的学者对丛枝菌根真菌的研究兴趣日益增长,从最初的从事真菌学、植物病理学、生物学和林学的学者扩展到农学、园艺学、植物生理学、植物营养学、土壤科学、生态学以及许多其他学科领域的科学家。面对日益增长的人口对粮食、纤维需求的挑战,菌根真菌应用研究受到广泛关注。研究的主要目标是:(a)在有限的土地上提高生产量;(b)减少日益昂贵和短缺的化肥的施用量;(c)建立可持续农业生产体系,减少对目前农业上高能耗生产技术的依赖。影响丛枝菌根有效性的因素有菌根真菌本身的有效性、宿主的专一性和植物根系对菌根真菌的依赖性、环境条件对菌根真菌侵染的影响、与其他微生物的协同或拮抗作用等,对上述内容的深入研究都依赖于菌根研究方法的不断创新。

人们虽然很久以前就发现了菌根真菌的存在,但直到 20 世纪 60 年代,由于许多技术上的困难,其研究发展仍十分缓慢,到 60 年代后,Gerdemann 和 Nicolson (1963)使用湿筛倾析法从土壤中分离出丛枝菌根真菌的小孢子果及自生孢子, Gerdemann (1961)和 Gilmore (1968)等使用盆栽培养法进行丛枝菌根真菌的接种与繁殖,从而解决了森林土壤中由于有机质过高而导致孢子及孢子果分离困难的技术问题,从此人们从土壤中获得丛枝菌根真菌孢子的技术得到进一步发展,丛枝菌根真菌的研究也开始了新的阶段。虽然到目前为止菌根研究技术仍不很成熟,但经过几十年的工作积累,人们逐渐摸索和总结出了一套较为有效的研究方法,下面作以简单介绍(菌根际和菌丝取样的研究技术见本章第三节“根际的研究方法”)。

(一)丛枝菌根真菌样品的采集

采集野外样品一般是为了调查和搜集自然土壤中的丛枝菌根真菌资源或调查自然条件下丛枝菌根真菌的生态分布,其基本要求是所采样品能真实地反映自然条件下丛枝菌根真菌的分布、发育等各种状况。

(1)采样时间　一般在北方的秋季 9 月底至 10 月初进行。此时宿主植物已基本停止生长,丛枝菌根发育完全,大部分丛枝菌根真菌的孢子都已经成熟,易于进行种类鉴定。

(2)采样工具准备　铁锹、土袋(封口袋或干净大信封)、小刀、标签纸、笔、乙醇(75%)、吸水纸。

(3)采样方法及步骤　根据采样目的选择有代表性的地点,用手持 GPS(global position

system)确定采样地点的海拔和地理位置。选取当地长势良好的植物,去掉地上部(一年生植物),用干净铁锹挖出植物根系及黏附在根上的土壤,取 0～30 cm 土层的根际土壤 2 kg,装入土袋中,并在土袋内、外分别附上标签。标签要详细记录采样人、采样时间、地点、地形、海拔、气候、植被、土壤类型、寄主植物及周围伴生植物的种类、生长状况及发育阶段等信息。将土样带回室内,于阴凉且温度相对稳定处晾干,置于 4℃冰箱内储存,等待进一步处理。采样时需要注意以下问题:(a)一些菌根真菌的较大孢子果分布于含枯枝落叶层的表土中,收集土壤样品时注意切勿与枯枝落叶一起去掉;(b)不同地点采样时,一定要防止样品之间的菌根真菌孢子交叉污染,使用的挖土工具要注意清洁、灭菌;(c)调查记录要尽量详细,可根据采样及试验的要求设计一个特定的标签,将需要记录的内容列出,并事先打印好,便于填写。

(二)孢子的提取和定量估计

1. 诱导与富集培养

野外采集的样品中丛枝菌根真菌孢子数较少、活性差、结构特征不稳定。某些丛枝菌根真菌的孢子有休眠特征和季节性产孢的特性,直接用野外采集的土壤样品观察会给鉴定工作带来误差,同时也不可避免地遗漏某些资源。因此,当样品采集以后,要在温室内利用原始土壤作为培养基质对大种群进行富集培养,对小种群进行诱导培养,以获得健康的孢子进行鉴定或作为接种剂进行纯化培养。一般而言,进行 2～3 轮诱导培养以后,丛枝菌根真菌的孢子数量才能够有效定量。

将野外采集的根际土样中的根系剪成小段,与土壤充分混匀,然后与灭菌的粗沙以 1∶1 的体积比混匀,置于 1.5～2 L 的底层铺有 2 cm 厚灭菌河沙(121℃下蒸汽灭菌 2 h 后,晾干备用)的塑料盆中,播种已萌发的苏丹草＋三叶草＋洋葱(最好选用与采样地点植物相同或亲缘相近的植物。一般选择菌根依赖性较高的 C_4 植物,如苏丹草、玉米、高粱等;豆科植物,如苜蓿、三叶草、紫云英或洋葱等模式植物作为宿主植物)。植物种子用 10%的 H_2O_2 消毒10 min,用去离子水冲净,以防止真菌的交叉污染。覆土 1 cm,河沙 1 cm,最后移入温室或生长室中培养 4～5 个月。培养期间,除非植物表现出缺磷或缺氮症状,肥料养分的供应保持最小量。也可以定期浇浓度为 10%的 Hoagland 营养液。为了获得较多的真菌孢子,在培养期间给植物有规律地(每隔 10 d)施加干旱和营养胁迫,尤其是在收获前 1 个月逐渐减少供水,使植物遭受轻微干旱。收获时,先将盆置于温度相对稳定的房间内干燥(1～2 周),然后将其分成小块保存,保存至少 30 d 以后进行下一步培养试验。

若在诱导培养后的培养物中没有或很少有孢子,但是在宿主植物根系中有菌根真菌的定殖,可以接着进行连续培养试验,将地上部齐根剪掉,用小刀除去表层培养基质(2 cm 厚),重新播入新种子 40～60 粒(深 0.5 cm),最后表层覆盖灭菌河沙 0.5 cm,继续培养 4 个月。一般经过2～3 轮连续培养以后,即可得到绝大多数菌根真菌的孢子,利用单孢培养进行菌种的纯化。

诱导富集培养中也要防止不同土壤所含菌种之间的交叉污染,污染最易出现在两种或多种干燥的菌种培养物共同处理期间。因此,在每一菌种培养物处理前都要用喷雾器清除空气中的微尘,并对工作台进行酒精消毒。

在第一次或者第二次诱导培养之前,如果能够将接种剂在 0～4℃条件下保存 2 周以上,可以打破丛枝菌根真菌孢子等繁殖体的休眠,增加不同菌种的侵染几率,提高菌根真菌的诱导效果。

诱导培养后,可以获得大量的菌根真菌孢子。由于不同的属种混合在一起,必须将形态上不同的孢子分别挑出来接种到宿主植物上进行纯化培养。培养物收获后,即可作为接种剂进行加富培养(扩繁),以繁殖出足够的菌种。

2. 湿筛倾析法(wet sieving and decanting)

①将一定体积的含有孢子的根际土壤或待测接种剂(约 250 mL)浸泡在 1 L 水中,搅拌后使大颗粒在几秒钟内沉降。

②将上面的悬浮液通过粗土筛(孔径 500～800 μm),去除大的有机物颗粒。收集液体,并冲洗筛子以确保小颗粒通过。

③重新搅拌液体,使成悬浮液,使其中相对较大颗粒在几秒钟内沉淀。

④使悬浮液通过足以保留孢子在筛面上的细筛(孔径 38～250 μm),冲洗筛面,确保所有胶体物质通过筛子。

⑤将留在筛面上的物质的一部分转移至培养皿中,在体视显微镜(25×和 50×)下检验。

3. 充气浮选法(flotation bubbling)

①将一个玻璃制的圆盘(孔径 4～5.5 μm)安在一根玻璃管(内径 6 cm,长 55 cm)内,距下部端点 5 cm,端点处管口变窄,连接压缩空气进口,在进气管上装一个夹子,以防止从玻璃盘处漏气。

②压缩空气(12 psi,0.8 kg/cm^2)通过玻璃盘从底部进入玻璃管中,加入 50%甘油 1 L,将空气压力调节到 16 psi(1.05 kg/cm^2)。

③将过筛土壤加入甘油中,继续充气 1～2 min。

④关闭空气进气管,使土壤悬浮液沉降。

⑤30 min 后,将上清液用真空吸力抽入容量瓶,通过细筛过滤。注意要用甘油把玻璃管内壁黏附的土壤颗粒冲洗下来。

⑥用自来水冲洗留在筛子上的孢子,置于无菌水(Ringer 溶液:0.6 g NaCl,0.01 g KCl,0.01 g $CaCl_2$,100 g 蒸馏水,用 NaOH 调节 pH 到 7.4)中,可以贮存一段时间。

4. 蔗糖离心法

①将 100～500 mL 土壤过 20 目筛,用水冲洗,去除大颗粒,用容器收集过筛的土壤和水。

②充分搅拌过筛土壤,使悬浮液沉降 30 s。将上面的悬浮液通过 270 或 325 目筛,将残留物收集在一个烧杯中。再往土中加水,重复倾注几次,最后弃去剩余的土壤。

③把烧杯中的悬浮液倒入 50 mL 的离心管,离心 4～5 min(1 800 r/min)。

④小心倒出上清液,往离心后的沉淀物内加入蔗糖溶液(45 g/L),重新离心 0.5～1 min。

⑤将含有孢子的上清液过 325 目筛,用水冲洗,去除蔗糖成分。

上述 3 种方法是提取孢子的方法,提取出的孢子可用于镜检,即用细的毛细吸管或解剖针将孢子转移到载玻片上,滴上一滴乳酚或水,在解剖显微镜和光学显微镜下观察。不但可以计数作定量观察,也可以观察孢子的特征,如形状、大小、颜色、细胞壁的构造、细胞质的结构以及附着物的形状和构造等,然后按照丛枝菌根真菌检索表进行鉴定,也可以将孢子用于对土壤盆栽专性宿主的菌根接种。

测定土壤丛枝菌根繁殖体的方法有几种,对于繁殖体较多,如接种的盆栽试验,用平板法进行直接计数是适宜的。如果比较不同的丛枝菌根真菌种类或检验孢子的繁殖能力,可以应用大数法。这种方法可以更真实地反映孢子的接种潜力,测定的指标是宿主植物的侵染是否发生,而不是侵染的程度。

5. 平板法计数

①将 1 g 土壤加入 9 mL 蒸馏水中，充分振荡。

②吸取悬浮液 1 mL，平行转移到培养皿中直径 9 cm 的滤纸上。

③在解剖镜下观察孢子的数量。

6. 应用大数法测定土壤中丛枝菌根真菌繁殖体的总量

①用供试土壤制备 10 倍系列的土壤稀释样品（到 10^{-3}、10^{-4} 或 10^{-5}），采用蒸馏水或无菌水作为稀释剂。

②将土壤稀释样品置于小瓶中（20～100 mL），每样重复 5 次。

③每个小瓶中栽种一种供试植物。

④在人工条件下培养 6 周后，清洗根系，染色，在显微镜下检验侵染是否发生。

⑤用相应的统计表计算丛枝菌根真菌繁殖体的数量。

（三）植物根系丛枝菌根真菌侵染的定量分析

任何一项生物试验中只要有丛枝菌根真菌作为一个变量存在，就需要了解菌根真菌发育和侵染的程度。因为即使是在经过灭菌的，通气良好的土壤上接种菌根真菌，也不能保证植物根系一定能受到侵染。如果以田间土壤代替部分培养介质，通过进行根系菌根真菌侵染的测定，也可以了解不同处理或小区间的差异是否在一定程度上与菌根真菌侵染有关。影响菌根真菌侵染的因素很多，菌根真菌侵染与繁殖体数量密切关联，但孢子的数量与侵染没有直接的相关性，而根外活菌丝量与侵染率之间有明显的正相关。丛枝菌根真菌对植物有高度侵染性，但其侵染速率、形态结构及对植物生长的影响都因真菌和植物的不同搭配而异，具有一定的专一性。宿主植物代谢活性的改变直接影响根部真菌的发育和侵染。土壤的环境条件，如光照、湿度、水分、pH，其他微生物的协同和拮抗作用等，都会对侵染产生明显的影响。按照研究目的，可对根系丛枝菌根的不同形态结构，如泡囊、丛枝、菌丝束等进行定量测定，以了解菌根侵染程度。

1. 根系样本的采集

根系侵染的测定需要选择适宜的植物根系。丛枝菌根真菌最易侵染宿主植物的根尖皮层处，那里是养分吸收最活跃的部分。成熟根系的皮层破裂脱落，很少能观察到有菌根结构的存在，因此，以初生根为宜。在采集时，要注意不要把尖端细根遗留在土壤中，导致明显低估菌根侵染率。

一年中的任何时间都可以采集根系进行菌根真菌侵染的测定。整个根系的代表样本可以由根系上 4、5 个不同部分根段混合组成，这比仅仅取自某一部位的较大样本为好。

根系采集后，不一定需要立即拿到实验室测定。可以将材料用清水洗净，剪成 1～1.5 cm 的根段，用 FAA 或卡尔诺固定待用。这些样本可用于测定根系丛枝菌根的侵染率和进行真菌的形态观察。

由于不同植物种或品系间丛枝菌根真菌的侵染存在时间间隔的差异，为了对此有所了解，可以按一定的时间间隔（如隔周）采集次级样本。

2. 侵染根的染色和制片

对侵染根进行染色和制片观察，可以迅速了解丛枝菌根对植物根的侵染状况，并能很快地计算出侵染率。该法比石蜡包埋、切片省时省工，适用于许多植物，应用广泛，对菌根普查很有意义。这种方法最早是由 Phillips 和 Haymay 提出的，其具体做法是：

①把新鲜的或经 FAA 固定的根段（长 1～1.5 cm）置于试管中，注入 10%KOH，在 90℃

的水浴上加热约 1 h(视根段的老嫩调整加热时间)。KOH 溶液的作用是清除细胞质和细胞核,使易于染色。冷却后弃去 KOH 溶液,用清水洗根 3～5 次。

②将根段放入碱性 H_2O_2 溶液(3 mL NH_4OH 加入到 30 mL 10% H_2O_2 和 567 mL 自来水)中浸泡 10～20 min,然后用清水充分冲洗,除去所有的 H_2O_2。

③用 1% HCl 浸泡根段 3～4 min,弃去溶液。

④注入 0.01%酸性品红染色液(875 mL 乳酸,63 mL 甘油,63 mL 自来水,0.1%酸性品红),在 90℃水浴上加热 10～60 min,直到根段被染成红色。

⑤冷却后,从试管中取出根段,置培养皿内,用甘油或新鲜乳酚液(按照④中配方减去酸性品红成分)清除浮色。

⑥用镊子夹取根段,整齐地排列在载玻片上,在显微镜下观察皮层内的泡囊、丛枝和菌丝的形态和定殖情况。

⑦如果要保存制片(数月或 1 年)可以用甘油胶封片。甘油胶的制备方法是:将明胶 5 g 投入 30 mL 蒸馏水中浸软,1 h 后置水浴上加热 20 min 左右,待明胶完全溶化后加进甘油20 g 和苯酚 0.5 g,用玻棒搅拌均匀,趁热用数层纱布过滤,冷却即成。

染过色的根也可以转移到乳酸∶甘油∶水(比例为 1∶2∶1)溶液中保存。

染色溶液除去酸性品红液外,还可用其他溶液如 0.1%曲利苯蓝乳酚液、0.1%的棉蓝乳酚液等,均能获得好的效果。菌根在染色前,用蒸馏水(或清水)漂洗后直接染色,同样能获得满意效果。此外,用 H_2O_2 对根段进行的漂白过程,许多情况下是视根段含色素情况而定,不含色素则可省去该步骤。

3. 根系侵染的定量分析

测定根侵染有多种不同方法,包括目测法、载玻片法(排列于载片上标准长度的根段中受侵染部分长度估计)、直线截获法等。对各种方法间的比较进行得不多,许多研究人员建立和改进了一些方法以适应各自的需要。总的来说,直线截获法可能误差最小,而目测法由于快速、方便,对于大样本来说较为适合。

(1)直线截获法　这种方法可以同时估计根侵染部分和样本的总根长。将样本均匀地铺在底部标有 1.27 cm×1.27 cm 方格的培养皿上。方格的间距对测定总根长十分重要。如果仅需确定根侵染率,则只需系统选择部分观察点,观察根系与方格交叉点处侵染发生的有无。假如交叉点数不少于 100 个,采用这种方法是相当准确的。当必须要测定总根长时,则所有的交叉点都必须计数。受侵染根段的长度和根的总长度可按本章第一节根长测定部分有关公式计算,然后可以计算出侵染长度所占的比例。

(2)载玻片法　从每个根系样本中,随机抽取 30～100 条根段(约 1 cm 长),在 100～250 倍的显微镜下检验每条根段中受侵染部分的长度,以每组 10 条根段求出平均数。根据这些平均数最后计算出受侵染根段长度占观察根的总长度的比例。由于使用了高倍镜,真菌结构可以观察得很清楚,因此,这种定量方法还是相当准确的,缺点则是耗时费工。采用较为简便的方法是对每条根段的侵染情况仅仅观察有无侵染发生,侵染率的计算是基于受感染的根段数与观察根的总段数之比,但这种简易法的误差相对较大。

(3)目测法　目测法估计菌根真菌的发育和侵染可以依研究目的的不同而采取不同的表示和定量方式。最主要的两个目的是丛枝菌根真菌的侵染率和植物根内的侵染强度。具体做法是用解剖针或镊子将根段均匀地分布在培养皿中,不要重叠,然后,在解剖镜下进行镜检。

镜检时，不断小心转动整个根系样本，然后做出估计。由于精确估计往往并不可靠，所以目测法常常采用区间估计，如按照侵染程度的百分比划分类别：1 类，1%～5%；2 类，6%～25%；3 类，26%～50%；4 类，51%～75%；5 类，76%～100%。一般这样的目测镜检需 3 min 左右。对于有经验的研究人员来说，目测法还是相当准确和快捷的。

4. 土壤中菌丝的提取和菌丝长度(密度)的测定

①随机地从盆中打孔取土(1 cm×6 cm)；

②将土壤样品充分混合，取 2 g 样品放入 500 mL 烧杯中；

③加入 250 mL 的蒸馏水，使土壤形成悬浊液；

④将土壤悬液通过 300 μm 的筛子；

⑤收集冲洗物，并在搅拌机中高速搅拌 30 s；

⑥将悬液转移到一个三角瓶中，用手剧烈摇动，然后在试验台上放置 1 min；

⑦分 2 次吸取 10 mL(每次 5 mL)溶液到微孔滤膜(0.45 μm)上，真空抽滤，在滤器上直接加入 0.05%酸性品红或曲利苯蓝，染色 5 min 后，将染料抽干，或将滤膜放在显微镜的载玻片上，使之干燥，滴加 0.05%酸性品红或曲利苯蓝染色 5 min，盖上盖玻片，在 200 倍显微镜下，随机观察 30 个视野，用网格交叉法估计菌丝长度(密度)。

5. 根内和根外菌丝活性的研究方法

利用琥珀酸脱氢酶(SDH)活性测定区分真菌结构的死活；碱性磷酸酶(ALP)活性测定反映真菌的生物学活性。

(1)SDH 活性测定原理　在生物代谢过程中，氧化反应主要是由氧化还原酶或脱氢酶催化的。这种氧化反应主要是由氢的供体把氢原子转移到氢的受体的酶促反应，即所谓的脱氢酶反应。由于四唑盐为水溶性物质，具淡黄色或褐色，当其被酶作用而还原时，即变成难溶于水的蓝色或紫蓝色的甲臜。染色反应中，将四唑盐作为受氢体，由脱氢酶将底物的氢原子转移至四唑而形成有色的甲臜(formazan)，并产生局部沉淀，由此在显微镜下可判明该酶的位置(NBT 形成双甲臜沉淀)。

(2)ALP 活性测定原理　采用偶氮色素改良的方法。用重氮盐(重氮化的 α-萘胺)捕捉由 β-磷酸萘酯钙水解生成的 β-萘酚，生成红色的重氮色素沉淀。由于 β-磷酸萘酯钙的溶解度低，后来又采用了 α-磷酸萘酯钠，α-萘酚的偶氮色素比 β 型更具不溶性，反应产物扩散少，并且根据重氮盐种类的不同，呈现红、蓝、蓝紫等特有的颜色。因此建议采用 α-萘酸磷酸钠(sodium α-naphthyl acid phosphate)水解产生 α-萘酚，用固蓝 RR 捕捉，生成棕色或黑色沉淀的方法，在显微镜下确定该酶的位置。

以下介绍根内和根外菌丝琥珀酸脱氢酶(SDH)和碱性磷酸酶(ALP)活性的测定方法。

(1)根内菌丝琥珀酸脱氢酶(SDH)和碱性磷酸酶(ALP)活性的测定

①用冰水将根从土壤中洗出，保存于冰中；

②将根切成 1 cm 长的根段，在水中(或 10%KOH 溶液)冲洗；

③混匀后，称取 0.5～1.0 g 根样两份，放入两个分别标记有 SDH 和 ALP 的瓶中；

④加入 20 mL 酶解液[0.05 mol/L Tris/citric acid buffer (pH 9.2)、0.05%山梨醇(sorbitol)、15 U/mL 纤维素酶(cellulase)和 15 U/mL 果胶酶(pectinase)]，室温下培养 2 h；

⑤倾出消化液，用水稍作冲洗；

⑥向标有 SDH 的瓶中加入 20 mL 培养液 A (表 6-6)，向标有 ALP 的瓶中加入 20 mL

培养液B(表6-7),室温下培养过夜;

⑦倾去瓶中的染色液,分别用3%和1%的次氯酸钠溶液浸泡5～10 min,再用水冲洗;

⑧分别取30条根段制片;

⑨在100～400倍显微镜下观察,镜检颗粒状沉淀(SDH活性的菌丝呈现蓝紫色沉淀颗粒,ALP活性的菌丝呈现棕黑色或褐色沉淀颗粒)。

表6-6　溶液A的配制

试剂名称	浓　　度	体积(mL)
Tris/HCl (pH 7.4)	0.2 mol/L	5
$MgCl_2$	5 mmol/L	2
NBT	4 mg/mL	5
H_2O	—	6
Na - succinate	2.5 mol/L	2

注:NBT即nitro - blue tetrazonium。

表6-7　溶液B的配制

试剂名称	浓　　度
Tris/citric acid (pH 9.2)	0.05 mol/L
α - naphthyl acid phosphate	1 mg/mL
Fast Blue RR salt	1 mg/mL
$MgCl_2$	0.5 mg/mL
$MnCl_2 \cdot 4H_2O$ (pH 8.5)	0.8 mg/mL

(2)根外菌丝琥珀酸脱氢酶(SDH)和碱性磷酸酶(ALP)活性的测定

①打孔取土,放入置于冰浴的烧杯中;

②将样品充分混合,称取2 g样品两份;

③将两份土壤样品分别装入两个分别标记有SDH和ALP的瓶中,立刻用20 mL冰水或10%山梨醇溶液覆盖;

④向标有SDH的瓶中加入20 mL培养液A (表6-6),向标有ALP的瓶中加入20 mL培养液C (表6-8);

⑤室温(25℃)下培养土壤悬液3 h;

⑥用210 mL蒸馏水冲洗,将土壤悬液通过300 μm筛子;

⑦收集土壤悬液滤液,在搅拌机中高速搅拌25 s;

⑧将土壤悬液转移到一个三角瓶中,静置1 min;

⑨吸取10 mL(5 mL×2)溶液,在微孔滤膜上真空抽滤;

⑩将滤膜转移到载玻片上;

⑪将丛枝菌根真菌的菌丝用0.05%酸性品红复染5 min;

⑫盖上盖玻片,在200倍显微镜下观察;

⑬用网格交叉法估计染色的菌丝长度(SDH活性的菌丝呈现蓝紫色沉淀颗粒,ALP活性的菌丝呈现棕黑色或褐色沉淀颗粒)。

表 6-8　溶液 C 的配制

试剂名称	浓　度	体　积
Tris/citric acid (pH 9.2)	0.05 mol/L	18 mL
α-naphthyl acid phosphate	1 mg/mL	20 mL
Fast Blue RR salt	1 mg/mL	20 mL
10% $MgCl_2$	0.5%	1 mL
10% $MnCl_2$	0.5%	1 mL

(四)丛枝菌根真菌的繁殖

由于丛枝菌根真菌在脱离宿主植物条件下的纯培养尚未成功,主要接种体的匮乏成为广泛应用丛枝菌根的主要限制因子。

孢子,根内外的菌丝、泡囊都可以产生菌根侵染,选用何种繁殖体主要是根据繁殖目的。对于田间和温室研究,选用混合繁殖体一般都很成功,取材也方便。混合繁殖体比单独的孢子和侵染根段接种的潜力要大。由于前者难以定量和进行试验比较,对于要求严格的工作仍以后者作为接种物为好。

菌根繁殖的方法有温室培养,实验室培养和田间培养几类。目前,主要依靠温室盆栽方法,使菌种得以延续和保存。接种体为丛枝菌根真菌的孢子或被侵染的根段,接种前的准备工作是土壤灭菌和接种体消毒。土壤灭菌需要连盆一起进行高温高压灭菌处理,冷却后使土壤保持田间持水量。孢子和侵染根段的消毒用 2%氯胺 T 和 200 mg/L 链霉素溶液处理 10～15 min,然后用无菌水冲洗,或用 0.5%次氯酸钠处理 20 s,用无菌水冲洗多次。用孢子接种时,每个盆内打 5 个眼,在每个眼离表土 1 cm 处用毛细吸管滴进 30～50 个同类消毒的孢子,覆盖少量土壤,每个眼内播种两粒事先经消毒并在无菌水中催好芽的种子。如用侵染根段进行繁殖,在每盆离表土 2 cm 深处打 3 个洞,把经消毒的侵染根段剪成 2～3 mm 长,置洞内并覆盖少量土壤,于其上播种消毒种子(每洞 2～3 粒)。播种后使盆内土壤经常保持湿润状态,30～45 d 后,检查根的侵染状况和根际土壤中孢子的数量,并与原种进行比较。

思　考　题

1. 根系测定有哪些参数?各参数的意义是什么?了解其一般的测定方法。
2. 何为根分泌物?根分泌物包括哪些组分?研究根分泌物的意义是什么?
3. 根分泌物的生态作用是什么?如何收集根分泌物?
4. 何为根际?根际研究的意义是什么?
5. 根际的原位研究方法包括哪些内容?
6. 根际微区亏缺区的研究有哪些方法?各有何特点?
7. 为什么要进行丛枝菌根真菌的研究?简述其基本研究方法。

参考文献

[1] 北京大学化学系.仪器分析教程.北京:北京大学出版社,1997.

[2] 北京农业大学植保系植物生态病理教研室.植物根际生态学与根病生物防治进展.北京:中国人民大学出版社,1990.

[3] 张福锁.土壤与植物营养研究新动态:第一卷.北京:北京农业大学出版社,1992.

[4] 陈子元,温贤芳,胡国辉.核技术及其在农业科学中的应用.北京:科学出版社,1983.

[5] 邓勃,宁永成,刘密新.仪器分析.北京:清华大学出版社,1991.

[6] 刘芷宇,李良谟,施卫明.根际研究方法.南京:江苏科学技术出版社,1996.

[7] 刘芷宇.土壤-根系微区养分环境的研究概况.土壤学进展,1980(3):1-11.

[8] 钱庭宝,刘维琳,李金和.吸附树脂及其应用.北京:化学工业出版社,1990.

[9] 申建波.根分泌物中低分子量有机酸和酚酸的分离与测定:博士学位论文.中国农业大学,1998.

[10] 师治贤,王俊德.生物大分子的液相色谱分离和制备.2版.北京:科学出版社,1996.

[11] 吴松荫.土壤酶及其研究法.北京:农业出版社,1986.

[12] 严昶升.土壤肥力研究方法.北京:农业出版社,1988.

[13] 于天仁,季国亮.土壤和水研究中的电化学方法.北京:科学出版社,1991.

[14] Abbott L K and Robson A D. The role of vesicular arbuscular mycorrhizal fungi in agriculture and the selection of fungi for inoculation. Austral. J. Agri. Res. ,1982,23:389-408.

[15] Barber D A and Gunn K B. The effect of mechanical forces on the exudation of organic substances by the roots of cereal plants grown under sterile conditions. New Phytol. ,1974,73:39-45.

[16] Boeuf-Tremblay V,Plantureux S and Guckert A. Influence of mechanical impedance on root exudation of maize seedling at two development stages. Plant Soil,1995,172:279-287.

[17] Bohm W. Methods of studying root systems. Berlin,Heidelberg,New York:Springer-Verlag,1979.

[18] Boulter D,Jeremy J J and Wilding M. Amino acids liberated into the culture medium by pea seedling roots. Plant Soil,1966,24:121-127.

[19] Bowen G D. Nutrient status effects on loss of amides and amino acids from pine roots. Plant Soil,1969,30:139-142.

[20] Brundrett M C,Piche Y and Peter R L. A new method for observing the morphology of vesicular-arbuscular mycorrhizae. Can. J. Bot. ,1982,62:2 128-2 134.

[21] Chen B D,Christie P and Li X L. A modified glass bead compartment cultivation system for studies on nutrient and trace metal uptake by arbuscular mycorrhiza. Chemosphere,2001,42:185-192.

[22] Clayton M F and Lamberton J A. A study of root exudates by the fog-box technique.

Aust. J. Biol. Sci. ,1964,17:855 - 866.
[23] Curl E A and Truelove B. The rhizosphere. Berlin, Heidelberg: Springer-Verlag, 1986.
[24] Dinkelaker B, Hahn G, Römheld V, et al. Non-destructive methods for demonstrating chemical changes in the rhizosphere. Ⅰ. Description of methods. Plant Soil, 1993a, 155/156:67 - 70.
[25] Dinkelaker B, Hahn G and Marschner H. Non-destructive methods for demonstrating chemical changes in the rhizosphere. Ⅱ. Application of methods. Plant Soil, 1993b, 155/156:71 - 74.
[26] Dinkelaker B, Hengeler C and Marschner H. Distribution and function of proteoid roots and other root clusters. Bot. Acta. ,1995,108:183 - 200.
[27] Dinkelaker B, Hengeler C, Neumann G, et al. 1997. Root exudates and mobilization of nutrients. In: Rennenberg H, Eschrich W and Ziegler H. Trees-contributions to modern tree physiology. Leiden, The Netherlands: Backhuys Publishers, 441 - 452.
[28] Dinkelaker B and Marschner H. In vivo demonstration of acid phosphatase activity in the rhizosphere of soil-grown plants. Plant Soil, 1992, 144:199 - 205.
[29] Dinkelaker B, Röemheld V and Marschner H. Citric acid excretion and precipitation of calcium citrate in the rhizosphere of white lupin (*Lupinus albus* L.). Plant Cell Env. , 1989, 12:285 - 292.
[30] Engels C H, Neumann G, Gahoonia T S, et al. Assessing the ability of roots for nutrient acquisition. In: Smit A L, Bengough A G, Engels C, et al. Root methods-a handbook. Berlin, Germany: Springer-Verlag, 2000:403 - 459.
[31] Fritz E, Knoche D and Meyer D. A new approach for rhizosphere research by X-ray microanalysis of microliter soil solutions. Plant Soil, 1994, 161:219 - 223.
[32] Gahoonia T S and Nielsen N E. Control of pH at soil-root interface. Plant Soil, 1992, 140:49 - 54.
[33] Gardner W K, Barber D A and Parbery D G. The aquisition of phosphorus by *Lupinus albus* L. Ⅲ. The probable mechanism by which phosphorus movement in the soil/root interface is enhanced. Plant Soil, 1983, 70:107 - 124.
[34] Gerdmann J W. A species of *Endogone* from corn causing VA mycorrhiza. Mycologia, 1961, 53:252 - 261.
[35] Gerdmann J W and Nicolson T H. Spores of mycorrhizal *Endogone* species extracted from soil by wet sieving and decating. Trans. Brith. Mycol. Soc. ,1963, 46:235 - 244.
[36] Glmore A E. Phycomycetous mycorrhizal organisms collected by openpot culture methods. Hilgardia, 1968, 39:87 - 105.
[37] Göttlein A and Blasek R. Analysis of small volumes of soil solution by capillary electrophoresis. Soil Sci. ,1996, 161:705 - 715.
[38] Göttlein A, Hell U and Blasek R. A system for microscale tensiometry and lysimetry. Geoderma, 1996, 69:147 - 156.
[39] Grace C and Stribley D L. A safer procedure for root staining of vesicular arbuscular

mycorrhizal fungi. Mycol. Res. ,1991,95:1 160 - 1 162.

[40] Grierson P F. Organic acids in the rhizosphere of *Banksia integrifdia* L. f. Plant Soil, 1992,144:259 - 265.

[41] Häussling M,Jorns C A,Lehmbecker G,et al. Ion and water uptake in relation to root development in Norway spruce [*Picea abies* (L.)Karst.]. J. Plant Physiol. ,1988,133:486 - 491.

[42] Häussling M, Leisen E, Marschner H, et al. An improved method for non-destructive measurements of the pH at the root-soil interface (rhizosphere). J. Plant Physiol. , 1985,117:371 - 375.

[43] Hoffland E. Quantitative evaluation of the role of organic acid exudation in the mobliza-tion of rock phosphate by rape. Plant Soil,1992,140:279 - 289.

[44] Hoffland E, Findenegg G R and Nelemans J A. Solubilization of rock phosphate by rape. Ⅰ. Evaluation of the role of the nutrient uptake pattern. Plant Soil, 1989a, 113: 155 -160.

[45] Hoffland E, Findenegg G R and Nelemans J A. Solubilization of rock phosphate by rape. Ⅱ. Local root exudation of organic acids as a response to P starvation. Plant Soil, 1989b,113:161 - 165.

[46] Johnson J F,Allan D L,Vance C P,et al. Root carbon dioxide fixation by phosphorus-deficient *Lupinus albus* L: contribution to organic acid exudation by proteoid roots. Plant Physiol. ,1996,112:19 - 30.

[47] Keerthisinghe G,Hocking P J,Ryan P R,et al. Effect of phosphorus supply on the formation and function of proteoid roots of white lupin (*Lupinus albus* L.). Plant Cell Environ. ,1998,21:467 - 478.

[48] Li X L,George E and Marschner H. Phosphorus depletion and pH decrease at the root-soil and hyphae-soil interfaces of VA-mycorrhizal white clover fertilized with ammonium. New Phytol. ,1991,119:397 - 404.

[49] Li X L,George E and Marschner H. Extension of the phosphorus depletion zone in VA-mycorrhizal white clover in a calcareous soil. Plant Soil,1991,136:41 - 48.

[50] Lipton D S,Blanchar R W and Blevins D G. Citrate,malate,and succinate concentration in exudates from P-sufficient and P-stressed *Medicago sativa* L. seedlings. Plant Physiol. ,1987,85:315 - 317.

[51] Marschner H,Römheld V,Cakmak I. Root-induced changes of nutrient availability in the rhizosphere. J. Plant Nutr. ,1987,10:1 175 - 1 184.

[52] Marschner H. Mineral nutrition of higher plants. 2nd ed. London: Academic Press,1995.

[53] Martin J K et al. The measurement of ^{14}C transfer within the rhizosphere of wheat grown in field plots. Soil Biol. Biochem. ,1986,18:103 - 108.

[54] McDougall B M. Movement of ^{14}C-photosynthese into the roots of wheat seedling and exudation of ^{14}C from the intact roots. New Phytol. ,1969,69:37 - 46.

[55] McDougall B M and Rovira A D. Sites of exudation of ^{14}C-labelled compounds from wheat roots. New Phytol. ,1970,69:999 - 1 003.

[56] Merryweather J M and Fitter A H. A modified method for elucidating the structure of the fungal partner in a vesicular-arbuscular mycorrhiza. Mycol. Res. ,1991,95:1 435 - 1 437.

[57] Morel J L,Mench M and Guckert A. Measurement of Pb^{2+},Cu^{2+} and Cd^{2+} binding with mucilage exudates from maize (*Zea mays* L.)roots. Biol. Fertil. Soils,1986,2:29 - 34.

[58] Mretz S M, et al. Mass production of axenic spores of the endo-mycorrhizal fungus *Gigaspora margarita*. Trans. Br. Mycol. Soc. ,1979,72:167 - 169.

[59] Schenck N C. Methods and principles of mycorrhisal research. AM. Phytopathol. Soc. ,1982.

[60] Neumann G,George E and Römheld V. Root exudation and metabolism of organic acids in P-deficient white lupin: Poster Beitrug Zahrestagung d. Dt. besellschaft f. Pflanzenernahrung, Kiel,1997.

[61] Neumann G and Römheld V. Root excretion of carboxylic acids and protons in phosphorus-deficient plants. Plant Soil,1999,211:121 - 130.

[62] Neumann G,Massonneau A,Martinoia E, et al. Physiological adaptations to phosphorus deficiency during proteoid root development in white lupin. Planta, 1999,208:373 - 382.

[63] Neumann G,Massonneau A,Langlade N,et al. Physiological aspects of cluster root function and development in phosphorus-deficient white lupin (*Lupinus albus* L.). Ann. Bot. ,2000, 85:909 - 919.

[64] Phillips J M and Hayman D S. Improved procedures for clearing roots and staining parasitic and vesicular arbuscular fungi for rapid assessment of infection. Trans. Brith. Mycol. Soc. ,1970,55:158 - 161.

[65] Prikryl Z and Vancura V. Root exudates of plants. VI. Wheat root exudation as dependent on growth,concentration gradient of exudates and the presence of bacteria. Plant Soil,1980,57:69 - 83.

[66] Rao T P,Yano K,Yamauchi A,et al. Rhizosphere pH changes induced by exposure of shoot to light. Plant Prod. Sci. ,2000,3:101 - 107.

[67] Rice E L. Allelopathy. Orlando,FL:Academic Press,1984.

[68] Rovira A D. Plant root excretions in relation to the rhizosphere effect. I. The nature of root exudate from oats and peas. Plant Soil,1956,7:178 - 194.

[69] Rovira A D. Plant root excretions in relation to the rhizosphere effect. IV. Influence of plant species,age of plant,light,temperature,and calcium nutrition on exudation. Plant Soil,1959,11:53 - 64.

[70] Rovira A D and Harris J R. Plant root excretions in relation to the rhizosphere effect. V. The exudation of B - group vitamins. Plant Soil,1961,14:199 - 214.

[71] Santelia D, Henrichs S, Vincenzetti V, et al. Flavonoids redirect PIN-mediated polar auxin fluxes during root gravitropic responses. J. Biol. Chem. , 2008, 283: 31 218 -

31 226.

[72] Shen J, Rengel Z, Tang C, et al. Role of phosphorus nutrition in development of cluster roots and release of carboxylates in soil-grown *Lupinus albus*. Plant Soil, 2003, 248: 199 -206.

[73] Shen J and Hoffland E. In situ sampling of small volumes of soil solution using modified micro-suction cups. Plant Soil, 2007, 292: 161 - 169.

[74] Shen Y, Strom L, Jonsson J, et al. Low-molecular organic acids in the rhizosphere soil solution of beech forest (*Fagus sylvatica* L.) cambisols determined by ion chromatography using supported liquid membrane enrichment technique. Soil Biol. Biochem., 1996, 28: 1 163 - 1 169.

[75] Shepherd T and Davies H V. 1994. Effect of exogenous amino acids, glucose and citric acid on the patterns of short-term accumulation and loss of amino acids in the root-zone of sand-cultured forage rape (*Brassica napus* L.). Plant Soil, 1994, 158: 111 - 118.

[76] Smit A L, Bengough A G, Engels C, et al. Root methods - a handbook. Berlin, Germany: Springer-Verlag, 2000: 587.

[77] Smith W H. Root exudates of seedlings and mature sugar maple. Phytopathology, 1970, 60: 701 - 703.

[78] Smith G W and Skipper H D. Comparision of methods to extract spores of Vesicular-arbuscular mycorrhizal fungi. Soil Sci. Soc. Amer. J., 1979, 43: 722 - 725.

[79] Spaepen S, Dobbelaere S, Croonenborghs A, et al. Effects of *Azospirillum brasilense* indole-3-aceticacid production on inoculated wheat plants. Plant Soil, 2008, 312: 15 - 23.

[80] Stevens J R and Tang C S. 1985. Inhibition of seedling growth of crop species by recirculation root exudates of *Bidens Pilosa* L. J. Chem. Ecol., 1985, 11: 1 411 - 1 425.

[81] Stotzky G, Culbreth G W and Mish L B. Apparatus for growing plants with aseptic roots for collection of root exudates and CO_2. Plant Physiol., 1962, 37: 332 - 341.

[82] Stumpf D K and Burris R H. A micromethod for the purification and quantification of organic acids of the tricarboxylic acid cycle in plant tissuses. Anal. Biochem., 1979, 95: 311 - 315.

[83] Tang C S and Young C C. Collection and identification of allelopathic compounds from the undisturbed root system of bigalta limpograss (*Hemarthria altissima*). Plant Physiol., 1982, 69: 155 - 160.

[84] Trolldenier G. Techniques for observing phosphorus mobilization in the rhizosphere. Biol. Fert. Soils, 1992, 14: 121 - 125.

[85] Vancura V. Root exudates of plants. I. Analysis of root exudates of barley and wheat in their initial phases of growth. Plant Soil, 1964, 21: 231 - 248.

[86] Vancura V. Root exudates of plants. III. Effect of temperature and "cold shock" on the exudation of various compounds from seeds and seedling of maize and cucumber. Plant Soil, 1967, 27: 319 - 328.

[87] Watt M and Evans J R. Linking development and determinacy with organic acid efflux

from proteoid roots of white lupin grown with low phosphorus and ambient or elevated atmospheric CO_2 concentration. Plant Physiol. ,1999,120:705 - 716.

[88] Wolfsang B. Methods of studying root systems. Berlin,Iteidelberg:Springer-Verlag,1979.

[89] Zhao B, Trouvelot A, et al. Influence of two legume species on hyphal production and activity of two arbuscular mycorrhizal fungi. Mycorrhiza,1997,7:179 - 185.

附　　录

附录1　一些常用的曲线方程及其图形

下面是可以通过变量转换化成直线形式计算的曲线及其变换公式。

1. 双曲线$\frac{1}{y}=a+\frac{b}{x}$　如附图1所示。

令 $y'=\frac{1}{y}$,$x'=\frac{1}{x}$,则有 $y'=a+bx'$。

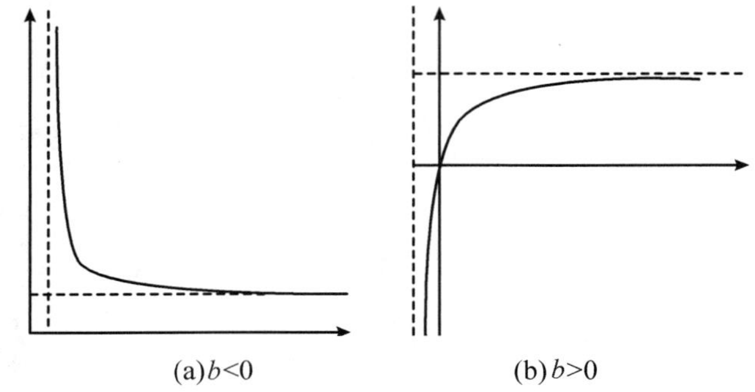

附图1　双曲线$\frac{1}{y}=a+\frac{b}{x}$的图形

2. 幂函数 $y=dx^b$　如附图2所示。

令 $y'=\lg y$,$x'=\lg x$,$a=\lg d$,则有 $y'=a+bx'$。

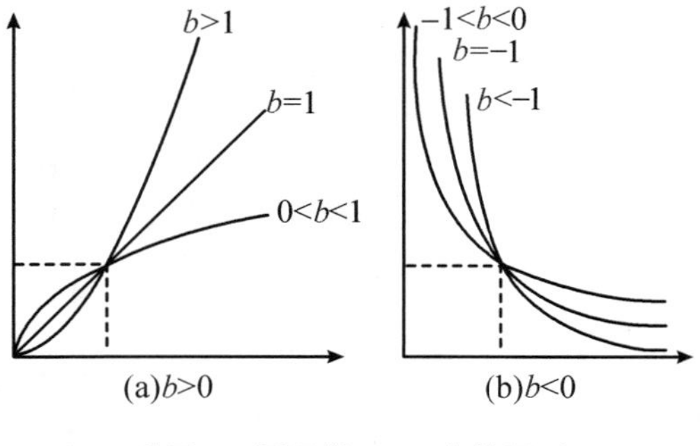

附图2　幂函数 $y=dx^b$ 的图形

3. 指数曲线 $y=ae^{bx}$　如附图 3 所示。

令 $y'=\ln y, a'=\ln a$，则有 $y'=a'+bx$。

4. 指数曲线 $y=ae^{\frac{b}{x}}$　如附图 4 所示。

令 $y'=\ln y, x'=\frac{1}{x}, a'=\ln a$，则有 $y'=a'+bx'$。

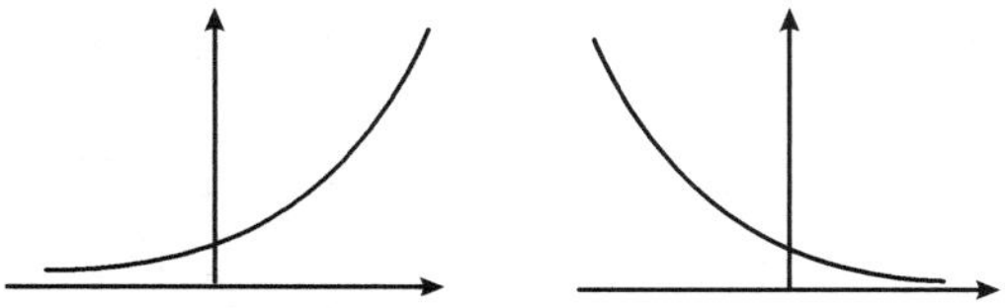

(a)$b>0$　(b)$b<0$

附图 3　指数曲线 $y=ae^{bx}$ 的图形

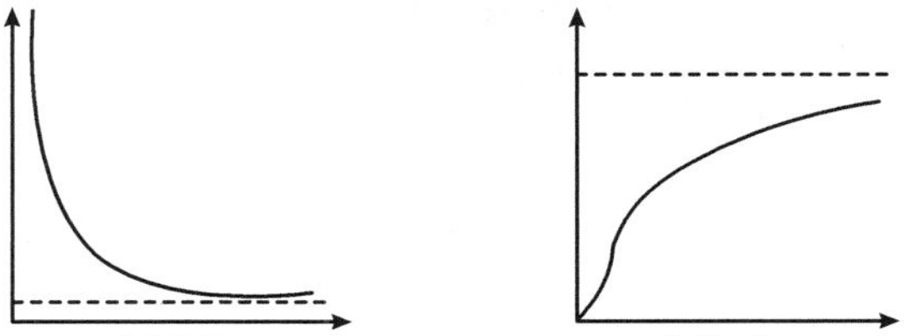

(a)$b>0$　(b)$b<0$

附图 4　指数曲线 $y=ae^{\frac{b}{x}}$ 的图形

5. 对数曲线 $y=a+b\lg x$　如附图 5 所示。

令 $x'=\lg x$，则有 $y=a+bx'$。

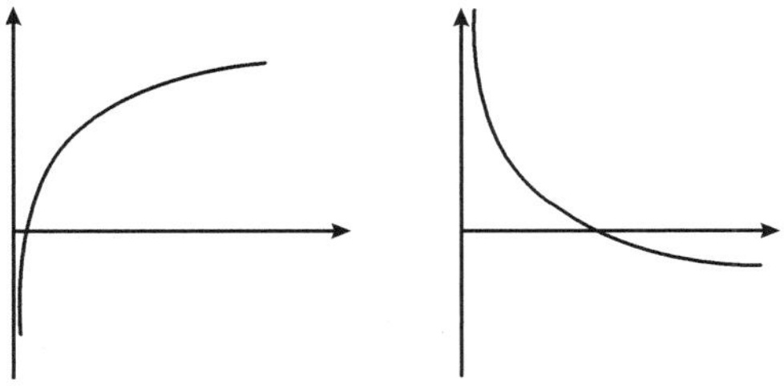

(a)$b>0$　(b)$b<0$

附图 5　对数曲线 $y=a+b\lg x$ 的图形

6. S 型曲线 $y=\frac{1}{a+be^{-x}}$　如附图 6 所示。

令 $y'=\frac{1}{y}, x'=e^{-x}$，则有 $y'=a+bx'$。

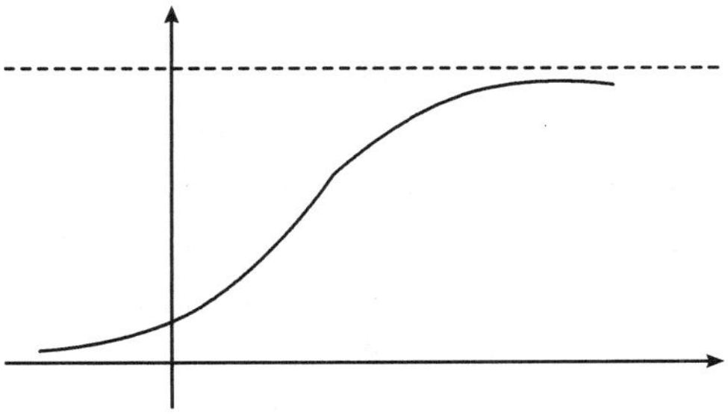

附图 6　S 型曲线 $y=\frac{1}{a+be^{-x}}$ 的图形

附录 2　一些常用的数据表

附表 1　正态分布概率表

概率度 $\left(\frac{x}{\sigma}\right)$	0.00	0.01	0.02	0.03	0.04	0.05	0.06	0.07	0.08	0.09
0.0	0.000 0	0.004 0	0.008 0	0.012 0	0.016 0	0.019 9	0.023 9	0.027 9	0.031 9	0.035 9
0.1	0.039 8	0.043 8	0.047 8	0.051 7	0.055 7	0.0 596	0.063 6	0.067 5	0.071 4	0.075 3
0.2	0.079 3	0.083 2	0.087 1	0.091 0	0.094 8	0.098 7	0.102 6	0.106 4	0.110 3	0.114 1
0.3	0.117 9	0.121 7	0.125 5	0.129 3	0.133 1	0.136 8	0.140 6	0.144 3	0.148 0	0.151 7
0.4	0.155 4	0.159 1	0.162 8	0.166 4	0.170 0	0.173 6	0.177 2	0.180 8	0.184 4	0.187 9
0.5	0.191 5	0.195 0	0.198 5	0.201 9	0.205 4	0.208 8	0.212 3	0.215 7	0.219 0	0.222 4
0.6	0.225 7	0.229 1	0.232 4	0.235 7	0.238 9	0.242 2	0.245 4	0.248 6	0.251 7	0.254 9
0.7	0.258 0	0.261 1	0.264 2	0.267 3	0.270 4	0.273 4	0.276 4	0.279 4	0.282 3	0.285 2
0.8	0.288 1	0.291 0	0.293 9	0.296 7	0.299 5	0.302 3	0.305 1	0.307 8	0.310 6	0.313 3
0.9	0.315 9	0.318 6	0.321 2	0.323 8	0.326 4	0.328 9	0.331 5	0.334 0	0.336 5	0.338 3
1.0	0.341 3	0.343 8	0.346 1	0.348 5	0.350 8	0.353 1	0.355 4	0.357 7	0.359 9	0.362 1
1.1	0.364 3	0.366 5	0.368 6	0.370 8	0.372 9	0.374 9	0.377 0	0.379 0	0.381 0	0.383 0
1.2	0.384 9	0.386 9	0.388 8	0.390 7	0.392 5	0.394 4	0.396 2	0.398 0	0.399 7	0.401 5
1.3	0.403 2	0.404 9	0.406 6	0.408 2	0.409 9	0.411 5	0.413 1	0.414 7	0.416 2	0.417 7
1.4	0.419 2	0.420 7	0.422 2	0.423 6	0.425 1	0.426 5	0.427 9	0.429 2	0.430 6	0.431 9
1.5	0.433 2	0.434 5	0.435 7	0.437 0	0.438 2	0.439 4	0.440 6	0.441 8	0.442 9	0.444 1
1.6	0.445 2	0.446 3	0.447 4	0.448 4	0.449 5	0.450 5	0.451 5	0.452 5	0.453 5	0.454 5
1.7	0.455 4	0.456 4	0.457 3	0.458 2	0.459 1	0.459 9	0.460 8	0.461 6	0.462 5	0.463 3
1.8	0.464 1	0.464 9	0.465 6	0.466 4	0.467 1	0.467 8	0.468 6	0.469 3	0.469 9	0.470 6
1.9	0.471 3	0.471 9	0.472 6	0.473 2	0.473 8	0.474 4	0.475 0	0.475 6	0.476 1	0.476 7
2.0	0.477 2	0.477 8	0.478 3	0.478 8	0.479 3	0.479 8	0.480 3	0.480 8	0.481 2	0.481 7
2.1	0.482 1	0.482 6	0.483 0	0.483 4	0.483 8	0.484 2	0.484 6	0.485 0	0.485 4	0.485 7
2.2	0.486 1	0.486 4	0.486 8	0.487 1	0.487 5	0.487 8	0.488 1	0.488 4	0.488 7	0.489 0
2.3	0.489 3	0.489 6	0.489 8	0.490 1	0.490 4	0.490 6	0.490 9	0.491 1	0.491 3	0.491 6
2.4	0.491 8	0.492 0	0.492 2	0.492 5	0.492 7	0.492 9	0.493 1	0.493 2	0.493 4	0.493 6
2.5	0.493 8	0.494 0	0.494 1	0.494 3	0.494 5	0.494 6	0.494 8	0.494 9	0.495 1	0.495 2
2.6	0.495 3	0.495 5	0.495 6	0.495 7	0.495 9	0.496 0	0.496 1	0.496 2	0.496 3	0.496 4
2.7	0.496 5	0.496 6	0.496 7	0.496 8	0.496 9	0.497 0	0.497 1	0.497 2	0.497 3	0.497 4
2.8	0.497 4	0.497 5	0.497 6	0.497 7	0.497 7	0.497 8	0.497 9	0.497 9	0.498 0	0.498 1
2.9	0.498 1	0.498 2	0.498 2	0.498 3	0.498 4	0.498 4	0.498 5	0.498 5	0.498 6	0.498 6
3.0	0.498 6	0.498 7	0.498 7	0.498 8	0.498 8	0.498 9	0.498 9	0.498 9	0.499 0	0.499 0
3.1	0.499 0	0.499 1	0.499 1	0.499 1	0.499 2	0.499 2	0.499 2	0.499 2	0.499 3	0.499 3

附表 2　*t* 值表

自由度	概率				
	0.50	0.10	0.05	0.02	0.01
1	1.000	6.31	12.71	31.82	63.66
2	0.816	2.92	4.30	6.96	9.92
3	0.765	2.35	3.18	4.54	5.84
4	0.741	2.13	2.78	3.75	4.60
5	0.727	2.02	2.57	3.36	4.03
6	0.718	1.94	2.45	3.14	3.71
7	0.711	1.90	2.36	3.00	3.50
8	0.706	1.86	2.31	2.90	3.36
9	0.703	1.83	2.26	2.82	3.25
10	0.700	1.81	2.23	2.76	3.17
11	0.697	1.80	2.20	2.72	3.11
12	0.695	1.78	2.18	2.68	3.06
13	0.694	1.77	2.16	2.65	3.01
14	0.692	1.76	2.14	2.62	2.98
15	0.691	1.75	2.13	2.60	2.95
16	0.690	1.75	2.12	2.58	2.92
17	0.689	1.74	2.11	2.57	2.90
18	0.688	1.73	2.10	2.55	2.88
19	0.688	1.73	2.09	2.54	2.86
20	0.687	1.73	2.09	2.53	2.84
21	0.686	1.72	2.08	2.52	2.83
22	0.686	1.72	2.07	2.51	2.82
23	0.685	1.71	2.07	2.50	2.81
24	0.685	1.71	2.06	2.49	2.80
25	0.684	1.71	2.06	2.48	2.79
26	0.684	1.71	2.06	2.48	2.78
27	0.684	1.70	2.05	2.47	2.77
28	0.683	1.70	2.05	2.47	2.76
29	0.683	1.70	2.04	2.46	2.76
30	0.683	1.70	2.04	2.46	2.75
35	0.682	1.69	2.03	2.44	2.72
40	0.681	1.68	2.02	2.42	2.70
45	0.680	1.68	2.02	2.41	2.69
50	0.679	1.68	2.01	2.40	2.68
60	0.678	1.67	2.00	2.39	2.66
70	0.678	1.67	2.00	2.38	2.65
80	0.677	1.66	1.99	2.38	2.64
90	0.677	1.66	1.99	2.37	2.63
100	0.677	1.66	1.98	2.36	2.63
125	0.676	1.66	1.98	2.36	2.62
150	0.676	1.66	1.98	2.35	2.61
200	0.675	1.65	1.97	2.35	2.60
300	0.675	1.65	1.97	2.34	2.59
400	0.675	1.65	1.97	2.34	2.59
500	0.674	1.65	1.96	2.33	2.59
1 000	0.674	1.65	1.96	2.33	2.58
∞	0.674	1.64	1.96	2.33	2.58

附表 3　5%及 1%显著标准的 *F* 值表

ν_2	ν_1(大变量的自由度,即位于分子位置的变量的自由度)																							
	1	2	3	4	5	6	7	8	9	10	11	12	14	16	20	24	30	40	50	75	100	200	500	∞
1	161	200	216	225	230	234	237	239	241	242	243	244	245	246	248	249	250	251	252	253	253	254	254	254
	4 052	4 999	5 403	5 625	5 764	5 859	5 928	5 981	6 022	6 056	6 082	6 106	6 142	6 169	6 208	6 234	6 258	6 286	6 302	6 323	6 334	6 352	6 361	6 366
2	18.51	19.00	19.16	19.25	19.30	19.33	19.36	19.37	19.38	19.39	19.40	19.41	19.42	19.43	19.44	19.45	19.46	19.47	19.47	19.48	19.49	19.49	19.50	19.50
	98.49	99.00	99.17	99.25	99.30	99.33	99.34	99.36	99.38	99.40	99.41	99.42	99.43	99.44	99.45	99.46	99.47	99.48	99.48	99.49	99.49	99.49	99.50	99.40
3	10.13	9.55	9.28	9.12	9.01	8.94	8.88	8.84	8.81	8.78	8.76	8.74	8.71	8.69	8.66	8.64	8.62	8.60	8.58	8.57	8.56	8.54	8.54	8.53
	34.12	30.82	29.46	28.71	28.24	27.91	27.67	27.49	27.34	27.23	27.13	27.05	26.92	26.83	26.69	26.60	26.50	26.41	26.35	26.27	26.23	26.18	26.14	26.12
4	7.71	6.94	6.59	6.39	6.26	6.16	6.09	6.04	6.00	5.96	5.93	5.91	5.87	5.84	5.80	5.77	5.74	5.71	5.70	5.68	5.66	5.65	5.64	5.63
	21.20	18.00	16.69	15.98	15.52	15.21	14.98	14.80	14.66	14.54	14.45	14.37	14.24	14.15	14.02	13.93	13.83	13.74	13.69	13.61	13.57	13.52	13.48	13.46
5	6.61	5.79	5.41	5.19	5.05	4.95	4.88	4.82	4.78	4.74	4.70	4.68	4.64	4.60	4.56	4.53	4.50	4.46	4.44	4.42	4.40	4.38	4.37	4.36
	16.26	13.27	12.06	11.39	10.97	10.67	10.45	10.27	10.15	10.05	9.96	9.89	9.77	9.68	9.55	9.47	9.38	9.29	9.24	9.17	9.13	9.07	9.04	9.02
6	5.99	5.14	4.76	4.53	4.39	4.28	4.21	4.15	4.10	4.06	4.03	4.00	3.96	3.92	3.87	3.84	3.81	3.77	3.75	3.72	3.71	3.69	3.68	3.67
	13.74	10.92	9.78	9.15	8.75	8.47	8.26	8.10	7.98	7.87	7.79	7.72	7.60	7.52	7.39	7.31	7.23	7.14	7.09	7.02	6.99	6.94	6.90	6.88
7	5.59	4.74	4.35	4.12	3.97	3.87	3.79	3.73	3.68	3.63	3.60	3.57	3.52	3.49	3.44	3.41	3.38	3.34	3.32	3.29	3.28	3.25	3.24	3.23
	12.25	9.55	8.45	7.85	7.46	7.19	7.00	6.84	6.71	6.62	6.54	6.47	6.35	6.27	6.15	6.07	5.98	5.90	5.85	5.78	5.75	5.70	5.67	5.65
8	5.32	4.46	4.07	3.84	3.69	3.58	3.50	3.44	3.39	3.34	3.31	3.28	3.23	3.20	3.15	3.12	3.08	3.05	3.03	3.00	2.98	2.96	2.94	2.93
	11.26	8.65	7.59	7.01	6.63	6.37	6.19	6.03	5.91	5.82	5.74	5.67	5.56	5.48	5.36	5.28	5.20	5.11	5.06	5.00	4.96	4.91	4.88	4.86
9	5.12	4.26	3.86	3.63	3.48	3.37	3.29	3.23	3.18	3.13	3.10	3.07	3.02	2.98	2.93	2.90	2.86	2.82	2.80	2.77	2.76	2.73	2.72	2.71
	10.56	8.02	6.99	6.42	6.06	5.80	5.62	5.47	5.35	5.26	5.18	5.11	5.00	4.92	4.80	4.73	4.64	4.56	4.51	4.45	4.41	4.36	4.33	4.31
10	4.96	4.10	3.71	3.48	3.33	3.22	3.14	3.07	3.02	2.97	2.94	2.91	2.86	2.82	2.77	2.74	2.70	2.67	2.64	2.61	2.59	2.56	2.55	2.54
	10.04	7.56	6.55	5.99	5.64	5.39	5.21	5.06	4.95	4.85	4.78	4.71	4.60	4.52	4.41	4.33	4.25	4.17	4.12	4.05	4.01	3.96	3.93	3.91
11	4.84	3.98	3.59	3.36	3.20	3.09	3.01	2.95	2.90	2.86	2.82	2.79	2.74	2.70	2.65	2.61	2.57	2.53	2.50	2.47	2.45	2.42	2.41	2.40
	9.65	7.20	6.22	5.67	5.32	5.07	4.88	4.74	4.63	4.54	4.46	4.40	4.29	4.21	4.10	4.02	3.94	3.86	3.80	3.74	3.70	3.66	3.62	3.60

续附表 3

ν_2	ν_1（大变量的自由度，即位于分子位置的变量的自由度）																						
	1	2	3	4	5	6	7	8	9	10	11	12	14	16	20	24	30	40	50	75	100	200	500	∞
12	4.75	3.88	3.49	3.26	3.11	3.00	2.92	2.85	2.80	2.76	2.72	2.69	2.64	2.60	2.54	2.50	2.46	2.42	2.40	2.36	2.35	2.32	2.31	2.30
	9.33	6.93	5.95	5.41	5.06	4.82	4.65	4.50	4.39	4.30	4.22	4.16	4.05	3.98	3.86	3.78	3.70	3.61	3.56	3.49	3.46	3.41	3.38	3.36
13	4.67	3.80	3.41	3.18	3.02	2.92	2.84	2.77	2.72	2.67	2.63	2.60	2.55	2.51	2.46	2.42	2.38	2.34	2.32	2.28	2.26	2.24	2.22	2.21
	9.07	6.70	5.74	5.20	4.86	4.62	4.44	4.30	4.19	4.10	4.02	3.96	3.85	3.78	3.67	3.56	3.51	3.42	3.37	3.30	3.27	3.21	3.18	3.16
14	4.60	3.74	3.34	3.11	2.96	2.85	2.77	2.70	2.65	2.60	2.56	2.53	2.48	2.44	2.39	2.35	2.31	2.27	2.24	2.21	2.19	2.16	2.14	2.13
	8.86	6.51	5.56	5.03	4.69	4.46	4.28	4.14	4.03	3.94	3.86	3.80	3.70	3.62	3.51	3.43	3.34	3.26	3.21	3.14	3.11	3.06	3.02	3.00
15	4.54	3.68	3.29	3.06	2.90	2.79	2.70	2.64	2.59	2.55	2.51	2.48	2.43	2.39	2.33	2.29	2.25	2.21	2.18	2.15	2.12	2.10	2.08	2.07
	8.68	6.36	5.42	4.89	4.56	4.32	4.14	4.00	3.89	3.80	3.73	3.07	3.56	3.48	3.36	3.29	3.20	3.12	3.07	3.00	2.97	2.92	2.89	2.87
16	4.49	3.63	3.24	3.01	2.85	2.74	2.66	2.59	2.54	2.49	2.45	2.42	2.37	2.33	2.28	2.24	2.20	2.16	2.13	2.09	2.07	2.04	2.02	2.01
	8.58	6.23	5.29	4.77	4.44	4.20	4.03	3.89	3.78	3.69	3.61	3.55	3.45	3.37	3.25	3.18	3.10	3.01	2.96	2.89	2.86	2.80	2.77	2.75
17	4.45	3.59	3.20	2.96	2.81	2.70	2.62	2.55	2.50	2.45	2.41	2.38	2.33	2.29	2.23	2.19	2.15	2.11	2.08	2.04	2.02	1.99	1.97	1.96
	8.40	6.11	5.18	4.67	4.34	4.10	3.93	3.79	3.68	3.59	3.52	3.45	3.35	3.27	3.16	3.08	3.00	2.92	2.86	2.79	2.76	2.70	2.67	2.65
18	4.41	3.55	3.16	2.93	2.77	2.66	2.58	2.51	2.46	2.41	2.37	2.34	2.29	2.25	2.19	2.15	2.11	2.07	2.04	2.00	1.98	1.95	1.93	1.92
	8.28	6.01	5.09	4.58	4.25	4.01	3.85	3.71	3.60	3.51	3.44	3.37	3.27	3.19	3.07	3.00	2.91	2.83	2.78	2.71	2.68	2.62	2.59	2.57
19	4.38	3.52	3.13	2.90	2.74	2.63	2.55	2.48	2.43	2.38	2.34	2.31	2.26	2.21	2.15	2.11	2.07	2.02	2.00	1.96	1.94	1.91	1.90	1.88
	8.18	5.93	5.01	4.50	4.17	3.94	3.77	3.63	3.52	3.43	3.36	3.30	3.19	3.12	3.00	2.92	2.84	2.76	2.70	2.63	2.60	2.54	2.51	2.49
20	4.35	3.49	3.10	2.87	2.71	2.60	2.52	2.45	2.40	2.35	2.31	2.28	2.23	2.18	2.12	2.08	2.04	1.99	1.96	1.92	1.90	1.87	1.85	1.84
	8.10	5.85	4.94	4.43	4.10	3.87	3.71	3.56	3.45	3.37	3.30	3.23	3.13	3.05	2.94	2.86	2.77	2.69	2.63	2.56	2.53	2.47	2.44	2.42
21	4.32	3.47	3.07	2.84	2.68	2.57	2.49	2.42	2.37	2.32	2.28	2.25	2.20	2.15	2.09	2.05	2.00	1.96	1.93	1.89	1.87	1.84	1.82	1.81
	8.02	5.78	4.87	4.37	4.04	3.81	3.65	3.51	3.40	3.31	3.24	3.17	3.07	2.99	2.88	2.80	2.72	2.63	2.58	2.51	2.47	2.42	2.38	2.36
22	4.30	3.44	3.05	2.82	2.66	2.55	2.47	2.40	2.35	2.30	2.26	2.23	2.18	2.13	2.07	2.03	1.98	1.93	1.91	1.87	1.84	1.81	1.80	1.78
	7.94	5.72	4.82	4.31	3.99	3.76	3.59	3.45	3.35	3.26	3.18	3.12	3.02	2.94	2.83	2.75	2.67	2.58	2.53	2.46	2.42	2.37	2.33	2.31

续附表3

ν_2	ν_1(大变量的自由度,即位于分子位置的变量的自由度)																							
	1	2	3	4	5	6	7	8	9	10	11	12	14	16	20	24	30	40	50	75	100	200	500	∞
23	4.28	3.42	3.03	2.80	2.64	2.53	2.45	2.38	2.32	2.28	2.24	2.20	2.14	2.10	2.04	2.00	1.96	1.91	1.88	1.84	1.82	1.79	1.77	1.76
	7.88	5.66	4.76	4.26	3.94	3.71	3.54	3.41	3.30	3.21	3.14	3.07	2.97	2.89	2.78	2.70	2.62	2.53	2.48	2.41	2.37	2.32	2.28	2.26
24	4.26	3.40	3.01	2.78	2.62	2.51	2.43	2.36	2.30	2.26	2.22	2.18	2.13	2.09	2.02	1.98	1.94	1.89	1.86	1.82	1.80	1.76	1.74	1.73
	7.82	5.61	4.72	4.22	3.90	3.67	3.50	3.36	3.25	3.17	3.09	3.03	2.93	2.85	2.74	2.66	2.58	2.49	2.44	2.36	2.33	2.27	2.23	2.21
25	4.24	3.38	2.99	2.76	2.66	2.49	2.41	2.34	2.28	2.24	2.02	2.16	2.11	2.06	2.00	1.96	1.92	1.87	1.84	1.80	1.77	1.74	1.72	1.71
	7.77	5.57	4.68	4.18	3.86	3.63	3.46	3.32	3.21	3.13	3.05	2.99	2.89	2.81	2.70	2.62	2.54	2.45	2.40	2.32	2.29	2.23	2.19	2.17
26	4.22	3.37	2.98	2.74	2.59	2.47	2.39	2.32	2.27	2.22	2.18	2.15	2.10	2.05	1.99	1.95	1.90	1.85	1.82	1.78	1.76	1.72	1.70	1.69
	7.72	5.58	4.64	4.14	3.82	3.59	3.42	3.29	3.17	3.09	3.02	2.96	2.86	2.77	2.66	2.58	2.50	2.41	2.36	2.28	2.25	2.19	2.15	2.13
27	4.21	3.35	2.96	2.73	2.57	2.46	2.37	2.30	2.25	2.20	2.16	2.13	2.08	2.03	1.97	1.93	1.88	1.84	1.80	1.76	1.74	1.71	1.68	1.67
	7.68	5.49	4.60	4.11	3.79	3.56	3.39	3.26	3.14	3.06	2.98	2.93	2.83	2.74	2.63	2.55	2.47	2.38	2.33	2.25	2.21	2.16	2.12	2.10
28	4.20	3.34	2.95	2.71	2.56	2.44	2.36	2.29	2.24	2.19	2.15	2.12	2.06	2.02	1.96	1.91	1.87	1.81	1.78	1.75	1.72	1.69	1.67	1.65
	7.64	5.45	4.57	4.07	3.76	3.53	3.36	3.23	3.11	3.03	2.95	2.90	2.80	2.71	2.60	2.52	2.44	2.35	2.30	2.22	2.18	2.13	2.09	2.06
29	4.18	3.33	2.93	2.70	2.54	2.43	2.35	2.28	2.22	2.18	2.14	2.10	2.05	2.00	1.94	1.90	1.85	1.80	1.77	1.73	1.71	1.68	1.65	1.64
	7.60	5.42	4.54	4.04	3.73	3.50	3.33	3.20	3.08	3.00	2.92	2.87	2.77	2.68	2.57	2.49	2.41	2.32	2.27	2.19	2.15	2.10	2.06	2.03
30	4.17	3.32	2.92	2.69	2.53	2.42	2.34	2.27	2.21	2.16	2.12	2.09	2.04	1.99	1.93	1.89	1.84	1.79	1.76	1.72	1.69	1.66	1.64	1.62
	7.56	5.39	4.51	4.02	3.70	3.47	3.30	3.17	3.06	2.98	2.90	2.84	2.74	2.66	2.55	2.47	2.38	2.29	2.24	2.16	2.13	2.07	2.03	2.01
50	4.30	3.18	3.79	2.56	2.40	2.29	2.20	2.13	2.07	2.02	1.98	1.95	1.90	1.85	1.78	1.74	1.69	1.63	1.60	1.55	1.52	1.48	1.46	1.41
	7.17	5.06	4.20	3.72	3.41	3.18	3.02	2.88	2.78	2.70	2.62	2.56	2.46	2.39	2.26	2.18	2.10	2.00	1.94	1.86	1.82	1.76	1.71	1.68
100	3.94	3.09	2.70	2.46	2.30	2.19	2.10	2.03	1.97	1.92	1.88	1.85	1.79	1.75	1.68	1.63	1.57	1.51	1.48	1.42	1.39	1.34	1.30	1.28
	9.90	4.82	3.98	3.51	3.20	2.99	2.82	2.69	2.59	2.51	2.43	2.36	2.26	2.19	2.06	1.98	1.89	1.79	1.73	1.64	1.59	1.51	1.46	1.43
∞	3.84	2.99	2.60	2.37	2.21	2.09	2.01	1.94	1.88	1.83	1.79	1.75	1.69	1.64	1.57	1.52	1.46	1.40	1.35	1.28	1.24	1.17	1.11	1.00
	6.64	4.60	3.78	3.32	3.02	2.80	2.64	2.51	2.41	2.32	2.24	2.18	2.07	1.99	1.87	1.79	1.69	1.59	1.52	1.41	1.36	1.25	1.15	1.00

注:ν_2 对应的两行数字的上面一行为5%显著标准的 F 值,下面一行为1%显著标准的 F 值。

附表 4　Duncan's 新复极差测验 5%和 1%*SSR* 值表

自由度 (ν)	显著水平 (α)	测验极差的平均数个数(*P*)													
		2	3	4	5	6	7	8	9	10	12	14	16	18	20
1	0.05	18.0	18.0	18.0	18.0	18.0	18.0	18.0	18.0	18.0	18.0	18.0	18.0	18.0	18.0
	0.01	90.0	90.0	90.0	90.0	90.0	90.0	90.0	90.0	90.0	90.0	90.0	90.0	90.0	90.0
2	0.05	6.09	6.09	6.09	6.09	6.09	6.09	6.09	6.09	6.09	6.09	6.09	6.09	6.09	6.09
	0.01	14.0	14.0	14.0	14.0	14.0	14.0	14.0	14.0	14.0	14.0	14.0	14.0	14.0	14.0
3	0.05	4.50	4.50	4.50	4.50	4.50	4.50	4.50	4.50	4.50	4.50	4.50	4.50	4.50	4.50
	0.01	8.26	8.5	8.6	8.7	8.8	8.9	8.9	9.0	9.0	9.0	9.1	9.2	9.3	9.3
4	0.05	3.93	4.01	4.02	4.02	4.02	4.02	4.02	4.02	4.02	4.02	4.02	4.02	4.02	4.02
	0.01	6.51	6.8	6.9	7.0	7.1	7.1	7.2	7.2	7.3	7.3	7.4	7.4	7.5	7.5
5	0.05	3.64	3.74	3.79	3.83	3.83	3.83	3.83	3.83	3.83	3.83	3.83	3.83	3.83	3.83
	0.01	5.70	5.96	6.11	6.18	6.26	6.33	6.40	6.44	6.5	6.6	6.6	6.7	6.7	6.8
6	0.05	3.46	3.58	3.64	3.68	3.68	3.68	3.68	3.68	3.68	3.68	3.68	3.68	3.68	3.68
	0.01	5.24	5.51	5.65	5.73	5.81	5.88	5.95	6.00	6.0	6.1	6.2	6.2	6.3	6.3
7	0.05	3.35	3.47	3.54	3.58	3.60	3.61	3.61	3.61	3.61	3.61	3.61	3.61	3.61	3.61
	0.01	4.95	5.22	5.37	5.45	5.53	5.61	5.69	5.73	5.8	5.8	5.9	5.9	6.0	6.0
8	0.05	3.26	3.39	3.47	3.52	3.55	3.56	3.56	3.56	3.56	3.56	3.56	3.56	3.56	3.56
	0.01	4.74	5.00	5.14	5.23	5.32	5.40	5.47	5.51	5.5	5.6	5.7	5.7	5.8	5.8
9	0.05	3.20	3.34	3.41	3.47	3.50	3.52	3.52	3.52	3.52	3.52	3.52	3.52	3.52	3.52
	0.01	4.60	4.86	4.99	5.08	5.17	5.25	5.32	5.36	5.4	5.5	5.5	5.6	5.7	5.7
10	0.05	3.15	3.30	3.37	3.43	3.46	3.47	3.47	3.47	3.47	3.47	3.47	3.47	3.47	3.48
	0.01	4.48	4.73	4.88	4.96	5.06	5.13	5.20	5.24	5.28	5.36	5.42	5.48	5.54	5.55
11	0.05	3.11	3.27	3.35	3.39	3.43	3.44	3.45	3.46	3.46	3.46	3.46	3.46	3.47	3.48
	0.01	4.39	4.63	4.77	4.86	4.94	5.01	5.06	5.12	5.15	5.24	5.28	5.34	5.38	5.39
12	0.05	3.08	3.23	3.33	3.36	3.40	3.42	3.44	3.44	3.46	3.46	3.46	3.46	3.47	3.48
	0.01	4.32	4.55	4.68	4.76	4.84	4.92	4.96	5.02	5.07	5.13	5.17	5.22	5.24	5.26
13	0.05	3.06	3.21	3.30	3.35	3.38	3.41	3.42	3.44	3.45	3.45	3.46	3.46	3.47	3.47
	0.01	4.26	4.48	4.62	4.69	4.74	4.84	4.88	4.94	4.98	5.04	5.08	5.13	5.14	5.15
14	0.05	3.03	3.18	3.27	3.33	3.37	3.39	3.41	3.42	3.44	3.45	3.46	3.46	3.47	3.47
	0.01	4.21	4.42	4.55	4.63	4.70	4.78	4.83	4.87	4.91	4.96	5.00	5.04	5.06	5.07
15	0.05	3.01	3.16	3.25	3.31	3.36	3.38	3.40	3.42	3.43	3.44	3.45	3.46	3.47	3.47
	0.01	4.17	4.37	4.50	4.58	4.64	4.72	4.77	4.81	4.84	4.90	4.94	4.97	4.99	5.00

续附表 4

自由度(ν)	显著水平(α)	测验极差的平均数个数(P) 2	3	4	5	6	7	8	9	10	12	14	16	18	20
16	0.05	3.00	3.15	3.23	3.30	3.34	3.37	3.39	3.41	3.43	3.44	3.45	3.46	3.47	3.47
	0.01	4.13	4.34	4.45	4.54	4.60	4.67	4.72	4.76	4.79	4.84	4.88	4.91	4.93	4.94
17	0.05	2.98	3.13	3.22	3.28	3.33	3.36	3.38	3.40	3.42	3.44	3.45	3.46	3.47	3.47
	0.01	4.10	4.30	4.41	4.50	4.56	4.63	4.68	4.72	4.75	4.80	4.83	4.86	4.88	4.89
18	0.05	2.97	3.12	3.21	3.27	3.32	3.35	3.37	3.39	3.41	3.43	3.45	3.46	3.47	3.47
	0.01	4.07	4.27	4.38	4.46	4.53	4.59	4.64	4.68	4.71	4.76	4.79	4.82	4.84	4.85
19	0.05	2.96	3.11	3.19	3.26	3.31	3.35	3.37	3.39	3.41	3.43	3.44	3.46	3.47	3.47
	0.01	4.05	4.24	4.35	4.43	4.50	4.56	4.61	4.64	4.67	4.72	4.76	4.79	4.81	4.82
20	0.05	2.95	3.10	3.18	3.25	3.30	3.34	3.36	3.38	3.40	3.43	3.44	3.46	3.46	3.47
	0.01	4.02	4.22	4.33	4.40	4.47	4.53	4.58	4.61	4.65	4.69	4.73	4.76	4.78	4.79
22	0.05	2.93	3.08	3.17	3.24	3.29	3.32	3.35	3.37	3.39	3.42	3.44	3.45	3.46	3.47
	0.01	3.99	4.17	4.28	4.36	4.42	4.48	4.53	4.57	4.60	4.65	4.68	4.71	4.74	4.75
24	0.05	2.92	3.07	3.15	3.22	3.28	3.31	3.34	3.37	3.38	3.41	3.44	3.45	3.46	3.47
	0.01	3.96	4.14	4.24	4.33	4.39	4.44	4.49	4.53	4.57	4.62	4.64	4.67	4.70	4.72
26	0.05	2.91	3.06	3.14	3.21	3.27	3.30	3.34	3.36	3.38	3.41	3.43	3.45	3.46	3.47
	0.01	3.93	4.11	4.21	4.30	4.36	4.41	4.46	4.50	4.53	4.58	4.62	4.65	4.67	4.69
28	0.05	2.90	3.04	3.13	3.20	3.26	3.30	3.33	3.35	3.37	3.40	3.43	3.45	3.46	3.47
	0.01	3.91	4.08	4.18	4.28	4.34	4.39	4.43	4.47	4.51	4.56	4.60	4.62	4.65	4.67
30	0.05	2.89	3.04	3.12	3.20	3.25	3.29	3.32	3.35	3.37	3.40	3.43	3.44	3.46	3.47
	0.01	3.89	4.06	4.16	4.22	4.32	4.36	4.41	4.45	4.48	4.54	4.58	4.61	4.63	4.65
40	0.05	2.86	3.01	3.10	3.17	3.22	3.27	3.30	3.33	3.35	3.39	3.42	3.44	3.46	3.47
	0.01	3.82	3.99	4.10	4.17	4.24	4.30	4.34	4.37	4.44	4.46	4.51	4.54	4.57	4.59
60	0.05	2.83	2.98	3.08	3.14	3.20	3.24	3.28	3.31	3.33	3.37	3.40	3.43	3.45	3.47
	0.01	3.76	3.92	4.03	4.12	4.17	4.23	4.27	4.31	4.34	4.39	4.44	4.47	4.50	4.53
100	0.05	2.80	2.95	3.05	3.12	3.18	3.22	3.26	3.29	3.32	3.36	3.40	3.42	3.45	3.47
	0.01	3.71	3.86	3.98	4.06	4.11	4.17	4.21	4.25	4.29	4.35	4.38	4.42	4.45	4.48
∞	0.05	2.77	2.92	3.02	3.09	3.15	3.19	3.23	3.26	3.29	3.34	3.38	3.41	3.44	3.47
	0.01	3.64	3.80	3.90	3.98	4.04	4.09	4.14	4.17	4.20	4.26	4.31	4.34	4.38	4.41

附表 5　百分数反正弦($\arcsin\sqrt{p}$)转换表

%	0	1	2	3	4	5	6	7	8	9
0.0	0	0.57	0.81	0.99	1.15	1.23	1.40	1.52	1.62	1.72
0.1	1.81	1.90	1.99	2.07	2.14	2.22	2.29	2.36	2.43	2.50
0.2	2.56	2.63	2.69	2.75	2.81	2.87	2.92	2.98	3.03	3.09
0.3	3.14	3.19	3.24	3.29	3.34	3.39	3.44	3.49	3.53	3.58
0.4	3.63	3.67	3.72	3.76	3.80	3.85	3.89	3.93	3.97	4.01
0.5	4.05	4.09	4.13	4.17	4.21	4.25	4.29	4.33	4.37	4.40
0.6	4.44	4.48	4.52	4.55	4.59	4.62	4.66	4.69	4.73	4.76
0.7	4.80	4.83	4.87	4.90	4.93	4.97	5.00	5.03	5.07	5.10
0.8	5.13	5.16	5.20	5.23	5.26	5.29	5.32	5.35	5.38	5.41
0.9	5.44	5.47	5.50	5.53	5.56	5.59	5.62	5.65	5.68	5.71
1	5.74	6.02	6.29	6.55	6.80	7.04	7.27	7.49	7.71	7.92
2	8.13	8.33	8.53	8.72	8.91	9.10	9.28	9.46	9.63	9.81
3	9.98	10.14	10.31	10.47	10.63	10.78	10.94	11.09	11.24	11.39
4	11.54	11.68	11.83	11.97	12.11	12.25	12.39	12.52	12.66	12.79
5	12.92	13.05	13.18	13.31	13.44	13.56	13.69	13.81	13.94	14.06
6	14.18	14.30	14.42	14.54	14.65	14.77	14.89	15.00	15.12	15.23
7	15.34	15.45	15.56	15.68	15.79	15.89	16.00	16.11	16.22	16.32
8	16.43	16.54	16.64	16.74	16.85	16.95	17.05	17.16	17.26	17.36
9	17.46	17.56	17.66	17.76	17.85	17.95	18.05	18.15	18.24	18.34
10	18.44	18.53	18.63	18.72	18.81	18.91	19.00	19.09	19.19	19.28
11	19.37	19.46	19.55	19.64	19.73	19.82	19.91	20.00	20.09	20.18
12	20.27	20.36	20.44	20.53	20.62	20.70	20.79	20.88	20.96	21.05
13	21.13	21.22	21.30	21.39	21.47	21.56	21.64	21.72	21.81	21.89
14	21.97	22.06	22.14	22.22	22.30	22.38	22.46	22.55	22.63	22.71
15	22.79	22.87	22.95	23.03	23.11	23.19	23.26	23.34	23.42	23.50
16	23.58	23.66	23.73	23.81	23.89	23.97	24.04	24.12	24.20	24.27
17	24.35	24.43	24.50	24.58	24.65	24.73	24.80	24.88	24.95	25.03
18	25.10	25.18	25.25	25.33	25.40	25.48	25.55	25.62	25.70	25.77
19	25.84	25.92	25.99	26.06	26.13	26.21	26.28	26.35	26.42	26.49
20	26.56	26.64	26.71	26.78	26.85	26.92	26.99	27.06	27.13	27.20
21	27.28	27.35	27.42	27.49	27.56	27.63	27.69	27.76	27.83	27.90
22	27.97	28.04	28.11	28.18	28.25	28.32	28.38	28.45	28.52	28.59
23	28.66	28.73	28.79	28.80	28.93	29.00	29.06	29.13	29.20	29.27
24	29.33	29.40	29.47	29.53	29.60	29.67	29.73	29.80	29.87	29.93
25	30.00	30.07	30.13	30.20	30.26	30.33	30.40	30.46	30.53	30.59
26	30.66	30.72	30.79	30.85	30.92	30.98	31.05	31.11	31.18	31.24
27	31.31	31.37	31.44	31.50	31.56	31.63	31.69	31.78	31.82	31.88
28	31.95	32.01	32.08	32.14	32.20	32.27	32.33	32.39	32.46	32.52
29	32.58	32.65	32.71	32.77	32.83	32.90	32.96	33.02	33.09	33.15
30	33.21	33.27	33.34	33.40	33.46	33.52	33.58	33.65	33.71	33.77

续附表 5

%	0	1	2	3	4	5	6	7	8	9
31	33.83	33.89	33.96	34.02	34.08	34.14	34.20	34.27	34.33	34.39
32	34.45	34.51	34.57	34.63	34.70	34.76	34.82	34.88	34.94	35.00
33	35.06	35.12	35.18	35.24	35.30	35.37	35.43	35.49	35.55	35.61
34	35.67	35.73	35.79	35.85	35.91	35.97	36.03	36.09	36.15	36.21
35	36.27	36.33	36.39	36.45	36.51	36.57	36.63	36.69	36.75	36.81
36	36.87	36.93	36.99	37.05	37.11	37.17	37.23	37.29	37.35	37.41
37	37.47	37.52	37.58	37.64	37.70	37.76	37.82	37.88	37.94	38.00
38	38.06	38.12	38.17	38.23	38.29	38.35	38.41	38.47	38.53	38.59
39	38.65	38.70	38.76	38.82	38.88	38.94	39.00	39.06	39.11	39.17
40	39.23	39.27	39.35	39.41	39.47	39.52	39.58	39.64	39.70	39.76
41	39.82	39.87	39.93	39.99	40.05	40.11	40.16	40.22	40.28	40.34
42	40.40	40.46	40.51	40.57	40.63	40.69	40.74	40.80	40.86	40.92
43	40.98	41.03	41.09	41.15	41.21	41.27	41.32	41.38	41.44	41.50
44	41.55	41.61	41.67	41.73	41.78	41.84	41.90	41.96	42.02	42.07
45	42.13	42.19	42.25	42.30	42.36	42.42	42.43	42.53	42.59	42.65
46	42.71	42.76	42.82	42.88	42.94	42.99	43.05	43.11	43.17	43.22
47	43.28	43.34	43.39	43.45	43.51	43.57	43.62	43.68	43.74	43.80
48	43.85	43.91	43.97	44.03	44.08	44.14	44.20	44.25	44.31	44.37
49	44.43	44.48	44.54	44.60	44.66	44.71	44.77	44.83	44.89	44.94
50	45.00	45.06	45.11	45.17	45.23	45.29	45.34	45.40	45.46	45.52
51	45.57	45.63	45.69	45.75	45.80	45.86	45.92	45.97	46.03	46.09
52	46.15	46.20	46.26	46.32	46.38	46.43	46.49	46.55	46.61	46.66
53	46.72	46.78	46.83	46.89	46.95	47.01	47.06	47.12	47.18	47.24
54	47.29	47.35	47.41	47.47	47.52	47.58	47.64	47.70	47.75	47.81
55	47.84	47.93	47.98	48.04	48.10	48.16	48.22	48.27	48.33	48.39
56	48.45	48.50	48.56	48.62	48.68	48.73	48.79	48.85	48.91	48.97
57	49.02	49.08	49.14	49.20	49.26	49.31	49.37	49.43	49.49	49.54
58	49.60	49.66	49.72	49.78	49.84	49.89	49.95	50.01	50.07	50.13
59	50.18	50.24	50.30	50.36	50.42	50.48	50.53	50.59	50.65	50.71
60	50.77	50.83	50.89	50.94	51.00	51.06	51.12	51.18	51.24	51.30
61	51.35	51.41	51.47	51.53	51.59	51.65	51.71	51.77	51.83	51.88
62	51.94	52.00	52.06	52.12	52.18	52.24	52.30	52.36	52.42	52.48
63	52.53	52.59	52.65	52.71	52.77	52.83	52.89	52.95	53.01	53.07
64	53.13	53.19	53.25	53.31	53.37	53.43	53.49	53.55	53.61	53.67
65	53.73	53.79	53.85	53.91	53.97	54.03	54.09	54.15	54.21	54.27
66	54.33	54.39	54.45	54.51	54.57	54.63	54.70	54.76	54.82	54.88
67	54.94	55.00	55.06	55.12	55.18	55.24	55.30	55.37	55.43	55.49
68	55.55	55.61	55.67	55.73	55.80	55.86	55.92	55.98	56.04	56.11
69	56.17	56.23	56.29	56.35	56.42	56.48	56.54	53.60	56.66	56.73
70	56.79	56.85	56.91	56.98	57.04	57.10	57.17	57.23	57.29	57.35
71	57.42	57.48	57.54	57.61	57.67	57.73	57.80	57.86	57.92	57.99

续附表 5

%	0	1	2	3	4	5	6	7	8	9
72	58.05	58.12	58.18	58.24	58.31	58.37	58.44	58.50	58.56	58.63
73	58.69	58.76	58.82	58.89	58.95	59.02	59.08	59.15	59.21	59.28
74	59.34	59.41	59.47	59.54	59.60	59.67	59.74	59.80	59.87	59.93
75	60.00	60.07	60.13	60.20	60.27	60.33	60.40	60.47	60.53	60.60
76	60.67	60.73	60.80	60.87	60.94	61.00	61.07	61.14	61.21	61.27
77	61.34	61.41	61.48	61.55	61.62	61.68	61.75	61.82	61.89	61.96
78	62.03	62.10	62.17	62.24	62.31	62.37	62.44	62.51	62.58	62.65
79	62.72	62.80	62.87	62.94	63.01	63.08	63.15	63.22	63.29	63.36
80	63.44	63.51	63.58	63.65	63.72	63.79	63.87	63.94	64.01	64.08
81	64.16	64.23	64.30	64.38	64.45	64.52	64.60	64.67	64.75	64.82
82	64.90	64.97	65.05	65.12	65.20	65.27	65.35	65.42	65.50	65.57
83	65.65	65.73	65.80	65.88	65.96	66.03	66.11	66.19	66.27	66.34
84	66.42	66.50	66.53	66.66	66.74	66.81	66.89	66.97	67.05	67.13
85	67.21	67.29	67.37	67.45	67.54	67.62	67.70	67.78	67.86	67.94
86	68.03	68.11	68.19	68.28	68.36	68.44	68.53	68.61	68.70	68.78
87	68.87	68.95	69.04	69.12	69.21	69.30	69.38	69.47	69.56	69.64
88	69.73	69.82	69.91	70.00	70.09	70.18	70.27	70.36	70.45	70.54
89	70.63	70.72	70.81	70.91	71.00	71.09	71.19	71.28	71.37	71.47
90	71.56	71.66	71.76	71.85	71.95	72.05	72.15	72.24	72.34	72.44
91	72.54	72.64	72.74	72.84	72.95	73.05	73.15	73.26	73.36	73.46
92	73.57	73.68	73.78	73.89	74.00	74.11	74.21	74.32	74.44	74.55
93	74.66	74.77	74.88	75.00	75.11	75.23	75.35	75.46	75.58	75.70
94	75.82	75.94	76.06	76.19	76.31	76.44	76.56	76.69	76.82	76.95
95	77.08	77.21	77.34	77.48	77.61	77.75	77.89	78.03	78.17	78.32
96	78.46	78.61	78.76	78.91	79.06	79.22	79.37	79.53	79.69	79.86
97	80.02	80.19	80.37	80.54	80.72	80.90	81.09	81.28	81.47	81.67
98	81.87	82.08	82.29	82.51	82.73	82.96	83.20	83.45	83.71	83.98
99	84.26	84.29	84.32	84.35	84.38	84.41	84.44	84.47	84.50	84.53
99.1	84.56	84.59	84.62	84.65	84.68	84.71	84.74	84.77	84.80	84.84
99.2	84.87	84.90	84.93	84.97	85.00	85.03	85.07	85.10	85.13	85.17
99.3	85.20	85.24	85.27	85.31	85.34	85.38	85.41	85.45	85.48	85.52
99.4	85.56	85.60	85.63	85.67	85.71	85.75	85.79	85.83	85.87	85.91
99.5	85.95	85.99	86.03	86.07	86.11	86.15	86.20	86.24	86.28	86.33
99.6	86.37	86.42	86.47	86.51	86.56	86.61	86.66	86.71	86.76	86.81
99.7	86.86	86.91	86.97	87.02	87.08	87.13	87.19	87.25	87.31	87.37
99.8	87.44	87.50	87.57	87.64	87.71	87.78	87.86	87.93	88.01	88.10
99.9	88.19	88.28	88.38	88.48	88.69	88.72	88.85	89.01	89.19	89.43
100.0	90.00	—	—	—	—	—	—	—	—	—

附表 6　正交多项式表($n=2\sim13$)

序号	$n=2$	$n=3$		$n=4$			$n=5$			
	$2\Phi_1$	Φ_1	$3\Phi_2$	$2\Phi_1$	Φ_2	$\frac{10}{3}\Phi_3$	Φ_1	Φ_2	$\frac{6}{5}\Phi_3$	$\frac{35}{12}\Phi_4$
1	−1	−1	1	−3	1	−1	−2	2	−1	1
2	1	0	−2	−1	−1	3	−1	−1	2	−4
3		1	1	1	−1	−3	0	−2	0	6
4				3	1	1	1	−1	−2	−4
5							2	2	1	1
6										
A_j	2	2	6	20	4	20	10	14	10	70

序号	$n=6$					$n=7$				
	$2\Phi_1$	$\frac{3}{2}\Phi_2$	$\frac{5}{3}\Phi_3$	$\frac{7}{12}\Phi_4$	$\frac{21}{10}\Phi_5$	Φ_1	Φ_2	$\frac{1}{6}\Phi_3$	$\frac{7}{12}\Phi_4$	$\frac{7}{20}\Phi_5$
1	−5	5	−5	1	−1	−3	5	−1	3	−1
2	−3	−1	7	−3	5	−2	0	1	−7	4
3	−1	−4	4	2	−10	−1	−3	1	1	−5
4	1	−4	−4	2	10	0	−4	0	6	0
5	3	−1	−7	−3	−5	1	−3	−1	1	5
6	5	5	5	1	1	2	0	−1	−7	−4
7						3	5	1	3	1
8										
9										
A_j	70	84	180	28	252	28	84	6	154	84

序号	$n=8$					$n=9$				
	$2\Phi_1$	Φ_2	$\frac{2}{3}\Phi_3$	$\frac{7}{12}\Phi_4$	$\frac{7}{10}\Phi_5$	Φ_1	$3\Phi_2$	$\frac{5}{6}\Phi_3$	$\frac{7}{12}\Phi_4$	$\frac{3}{20}\Phi_5$
1	−7	7	−7	7	−7	−4	28	−14	14	−4
2	−5	1	5	−13	23	−3	7	7	−21	11
3	−3	−3	7	−3	−17	−2	−8	13	−11	−4
4	−1	−5	3	9	−15	−1	−17	9	9	−9
5	1	−5	−3	9	15	0	−20	0	18	0
6	3	−3	−7	−3	17	1	−17	−9	9	9
7	5	1	−5	−13	−23	2	−8	−12	−11	4
8	7	7	7	7	7	3	7	−7	−21	−11
9						4	28	14	14	4
A_j	168	168	264	616	2 184	60	2 772	990	2 002	468

续附表 6

序号	$n=10$							$n=11$		
	$2\Phi_1$	$\frac{1}{2}\Phi_2$	$\frac{5}{3}\Phi_3$	$\frac{5}{12}\Phi_4$	$\frac{1}{10}\Phi_5$	Φ_1	Φ_2	$\frac{5}{6}\Phi_3$	$\frac{1}{12}\Phi_4$	$\frac{1}{40}\Phi_5$
1	−9	6	−42	18	−6	−5	15	−30	6	−3
2	−7	2	14	−22	14	−4	6	6	−6	6
3	−5	−1	35	−17	−1	−3	−1	22	−6	1
4	−3	−3	31	3	−11	−2	−6	23	−1	−4
5	−1	−4	12	18	−6	−1	−9	14	4	−4
6	1	−4	−12	18	6	0	−10	0	6	0
7	3	−3	−31	3	11	1	−9	−14	4	4
8	5	−1	−35	−17	1	2	−6	−23	−1	4
9	7	2	−14	−22	−14	3	−1	−22	−6	−1
10	9	6	42	18	6	4	6	−6	−6	−6
11						5	15	30	5	3
12										
A_j	330	132	8 580	2 860	780	110	858	4 290	286	156

序号	$n=12$							$n=13$		
	$2\Phi_1$	$3\Phi_2$	$\frac{2}{3}\Phi_3$	$\frac{7}{24}\Phi_4$	$\frac{3}{20}\Phi_5$	Φ_1	Φ_2	$\frac{1}{6}\Phi_3$	$\frac{7}{12}\Phi_4$	$\frac{7}{120}\Phi_5$
1	−11	55	−33	33	−33	−6	22	−11	99	−22
2	−9	25	3	−27	57	−5	11	0	−66	33
3	−7	1	21	−33	21	−4	2	6	−96	18
4	−5	−17	25	−13	−29	−3	−5	8	−54	−11
5	−3	−29	19	12	−44	−2	−10	7	11	−26
6	−1	−35	7	28	−20	−1	−13	4	64	−20
7	1	−35	−7	28	20	0	−14	0	84	0
8	3	−29	−19	12	44	1	−13	−4	64	20
9	5	−17	−25	−13	29	2	−10	−7	11	26
10	7	1	−21	−33	−21	3	−5	−8	−54	11
11	9	25	−3	−27	−7	4	2	−6	−96	−18
12	11	55	33	33	33	5	11	0	−66	−33
13						6	22	11	99	22
14										
15										
A_j	572	12 012	5 148	8 008	15 912	182	2 002	572	68 068	6 188

附表 7 相关系数(*r*)显著临界值表

自由度	5%	1%	自由度	5%	1%
1	0.997	1.000	24	0.388	0.496
2	0.950	0.990	25	0.381	0.487
3	0.878	0.959	26	0.374	0.478
4	0.811	0.917	27	0.367	0.470
5	0.754	0.874	28	0.361	0.463
6	0.707	0.834	29	0.355	0.456
7	0.666	0.798	30	0.349	0.449
8	0.632	0.765	35	0.325	0.418
9	0.602	0.735	40	0.304	0.393
10	0.576	0.708	45	0.288	0.372
11	0.553	0.684	50	0.273	0.354
12	0.532	0.661	60	0.250	0.325
13	0.514	0.641	70	0.232	0.302
14	0.497	0.623	80	0.217	0.283
15	0.482	0.606	90	0.205	0.267
16	0.468	0.590	100	0.195	0.254
17	0.456	0.575	125	0.174	0.228
18	0.444	0.561	150	0.159	0.208
19	0.433	0.549	200	0.138	0.181
20	0.423	0.537	300	0.113	0.148
21	0.413	0.526	400	0.098	0.128
22	0.404	0.515	500	0.088	0.115
23	0.396	0.505	1 000	0.062	0.081

附表 8　χ^2 值表(单尾)

自由度 (*df*)	概率值(*P*)												
	0.995	0.990	0.975	0.950	0.900	0.750	0.500	0.250	0.100	0.050	0.025	0.010	0.005
1					0.02	0.10	0.45	1.32	2.71	3.84	5.02	6.63	7.88
2	0.01	0.02	0.05	0.10	0.21	0.58	1.39	2.77	4.61	5.99	7.38	9.21	10.60
3	0.07	0.11	0.22	0.35	0.58	1.21	2.37	4.11	6.25	7.81	9.35	11.34	12.84
4	0.21	0.30	0.48	0.71	1.06	1.92	3.36	5.39	7.78	9.49	11.14	13.28	14.86
5	0.41	0.55	0.85	1.15	1.61	2.67	4.35	6.63	9.24	11.07	12.83	15.09	16.75
6	0.68	0.87	1.24	1.64	2.20	3.45	5.35	7.84	10.64	12.59	14.45	16.81	18.55
7	0.90	1.24	1.69	2.17	2.83	4.25	6.35	9.04	12.02	14.07	16.01	18.48	20.28
8	1.34	1.65	2.18	2.73	3.49	5.07	7.34	10.22	13.36	15.51	17.53	20.09	21.96
9	1.73	2.09	2.70	3.33	4.17	5.90	8.34	11.39	14.68	16.92	19.02	21.69	23.59
10	2.16	2.55	3.25	3.94	4.87	6.74	9.34	12.55	15.99	18.31	20.48	23.21	25.19
11	2.60	3.05	3.82	4.57	5.58	7.58	10.34	13.70	17.28	19.68	21.92	24.72	26.76
12	3.07	3.57	4.40	5.23	6.30	8.44	11.34	14.85	18.55	21.03	23.34	26.22	28.30
13	3.57	4.11	5.01	5.89	7.04	9.30	12.34	15.98	19.81	22.36	24.74	27.69	29.82
14	4.07	4.66	5.63	6.57	7.79	10.17	13.34	17.12	21.06	23.68	26.12	29.11	31.32
15	4.60	5.23	6.27	7.26	8.55	11.04	14.34	18.25	22.31	25.00	27.49	30.57	32.80
16	5.14	5.81	6.91	7.96	9.31	11.91	15.34	19.37	23.54	26.30	28.85	32.01	34.27
17	5.70	6.41	7.56	8.07	10.09	12.79	16.34	20.49	24.77	27.59	30.19	33.41	35.72
18	6.26	7.01	8.23	9.39	10.86	13.68	17.34	21.60	23.89	28.87	31.53	34.81	37.16
19	6.84	7.63	8.91	10.12	11.65	14.56	18.34	22.72	27.20	30.14	32.85	36.19	38.58
20	7.43	8.26	9.59	10.85	12.44	15.45	19.34	23.83	28.41	31.41	34.17	37.57	40.00
21	8.03	8.90	10.28	11.59	13.24	16.34	20.34	24.93	29.62	32.67	35.48	38.93	41.40
22	8.64	9.54	10.98	12.34	14.04	17.24	21.34	26.04	30.81	33.92	36.78	40.29	42.80
23	9.26	10.20	11.69	13.09	14.85	18.14	22.34	27.14	32.01	35.17	38.08	41.64	44.18
24	9.89	10.86	12.40	13.85	15.66	19.04	23.34	28.24	33.20	36.42	39.36	42.98	45.56
25	10.52	11.52	13.12	14.61	16.47	19.94	24.34	29.34	34.38	37.69	40.65	44.31	46.93
26	11.16	12.20	13.84	15.38	17.29	20.84	25.34	30.43	35.56	38.89	41.92	45.61	48.29
27	11.81	12.88	14.57	16.15	18.11	21.75	26.34	31.35	36.74	40.11	43.19	46.96	49.64
28	12.46	13.56	15.31	16.93	18.94	22.66	27.34	32.62	37.92	41.34	44.46	48.28	50.99
29	13.12	14.26	16.05	17.71	19.77	23.57	28.34	33.71	39.09	42.56	45.72	49.59	52.34
30	13.79	14.95	16.79	18.49	20.60	24.48	29.34	34.80	40.26	43.77	46.98	50.89	53.67
40	20.71	22.16	24.43	26.51	29.05	33.66	39.34	45.62	51.80	55.76	59.34	63.69	66.77
50	27.99	29.71	32.36	34.76	37.69	42.94	49.33	56.33	63.17	67.50	71.42	76.16	79.49
60	35.53	37.48	40.48	43.19	46.46	52.29	59.33	66.98	74.40	79.08	83.30	88.38	91.05
70	43.28	45.44	48.76	51.74	55.33	61.70	69.33	77.58	85.53	90.53	95.02	100.42	104.42
80	51.17	53.54	57.15	60.39	64.28	71.16	79.33	88.13	96.58	101.88	106.63	112.33	116.32
90	59.20	61.75	65.65	69.13	73.29	80.62	89.33	98.64	107.56	113.14	118.14	124.12	128.30
100	67.33	70.06	74.22	77.93	82.36	90.13	99.33	109.14	118.50	124.34	129.56	135.81	140.17

附表 9a 1%q值表(双尾)

自由度	测验极差的平均数(k)																		
(df)	2	3	4	5	6	7	8	9	10	11	12	13	14	15	16	17	18	19	20
1	90.0	135	164	186	202	216	227	237	246	253	260	266	272	277	282	286	290	294	298
2	14.0	19.0	22.3	24.7	26.6	28.2	29.5	30.7	31.7	32.6	33.4	34.1	34.8	35.4	36.0	36.5	37.0	37.5	37.9
3	8.26	10.6	12.2	13.3	14.2	15.0	15.6	16.2	16.7	17.1	17.5	17.9	18.2	18.5	18.8	19.1	19.3	19.5	19.8
4	6.51	8.12	9.17	9.96	10.6	11.1	11.5	11.9	12.3	12.6	12.8	13.1	13.3	13.5	13.7	13.9	14.1	14.2	14.4
5	5.70	6.97	7.80	8.42	8.91	9.32	9.67	9.97	10.2	10.5	10.7	10.9	11.1	11.2	11.4	11.6	11.7	11.8	11.9
6	5.24	6.33	7.03	7.56	7.97	8.32	8.61	8.87	9.10	9.30	9.49	9.65	9.81	9.95	10.1	10.2	10.3	10.4	10.5
7	4.95	5.92	6.54	7.01	7.37	7.68	7.94	8.17	8.37	8.55	8.71	8.86	9.00	9.12	9.24	9.35	9.46	9.55	9.65
8	4.74	5.63	6.20	6.63	6.96	7.24	7.47	7.68	7.87	8.03	8.18	8.31	8.44	8.55	8.66	8.76	8.85	8.94	9.03
9	4.60	5.43	5.96	6.35	6.66	6.91	7.13	7.32	7.49	7.65	7.78	7.91	8.03	8.13	8.23	8.32	8.41	8.49	8.57
10	4.48	5.27	5.77	6.14	6.43	6.67	6.87	7.05	7.21	7.36	7.48	7.60	7.71	7.81	7.91	7.99	8.07	8.15	8.22
11	4.39	5.14	5.62	5.97	6.25	6.48	6.67	6.84	6.99	7.13	7.25	7.36	7.46	7.56	7.65	7.73	7.81	7.88	7.95
12	4.32	5.04	5.50	5.84	6.10	6.32	6.51	6.67	6.81	6.94	7.06	7.17	7.26	7.36	7.44	7.52	7.59	7.66	7.73
13	4.26	4.96	5.40	5.73	5.98	6.19	6.37	6.53	6.67	6.79	6.90	7.01	7.10	7.19	7.27	7.34	7.42	7.48	7.55
14	4.21	4.89	5.32	5.63	5.88	6.08	6.26	6.41	6.54	6.66	6.77	6.87	6.96	7.05	7.12	7.20	7.27	7.33	7.39
15	4.17	4.83	5.25	5.56	5.80	5.99	6.16	6.21	6.44	6.55	6.66	6.76	6.84	6.93	7.00	7.07	7.14	7.20	7.26
16	4.13	4.78	5.19	5.49	5.72	5.92	6.08	6.22	6.35	6.46	6.56	6.66	6.74	6.82	6.90	6.97	7.03	7.09	7.15
17	4.10	4.74	5.14	5.43	5.66	5.85	6.01	6.15	6.27	6.38	6.48	6.57	6.66	6.73	6.80	6.87	6.94	7.00	7.05
18	4.07	4.70	5.09	5.38	5.60	5.79	5.94	6.08	6.20	6.31	6.41	6.50	6.58	6.65	6.72	6.79	6.85	6.91	6.96
19	4.05	4.67	5.05	5.33	5.55	5.73	5.89	6.02	6.14	6.25	6.34	6.43	6.51	6.58	6.65	6.72	6.78	6.84	6.89
20	4.02	4.64	5.02	5.29	5.51	5.69	5.84	5.97	6.09	6.19	6.29	6.37	6.45	6.52	6.59	6.65	6.71	6.76	6.82
24	3.96	4.54	4.91	5.17	5.37	5.54	5.69	5.81	5.92	6.02	6.11	6.19	6.26	6.33	6.39	6.45	6.51	6.56	6.61
30	3.89	4.45	4.80	5.05	5.24	5.40	5.54	5.65	5.76	5.85	5.93	6.01	6.03	6.14	6.20	6.26	6.31	6.36	6.41
40	3.82	4.37	4.70	4.93	5.11	5.27	5.39	5.50	5.60	5.69	5.77	5.84	5.90	5.96	6.02	6.07	6.12	6.17	6.21
60	3.76	4.28	4.60	4.82	4.99	5.13	5.25	5.36	5.45	5.53	5.60	5.67	5.73	5.79	5.84	5.89	5.93	5.98	6.02
120	3.70	4.20	4.50	4.71	4.87	5.01	5.12	5.21	5.30	5.38	5.44	5.51	5.56	5.61	5.66	5.71	5.75	5.79	5.83
∞	3.64	4.12	4.40	4.60	4.76	4.88	4.99	5.08	5.16	5.23	5.29	5.35	5.40	5.45	5.49	5.54	5.57	5.61	5.65

附表 9b 5%q 值表(双尾)

自由度	测验极差的平均数(k)																	
(df)	2	3	4	5	6	7	8	9	10	11	12	13	14	15	16	17	18	19	20
1	18.0	26.7	32.8	37.2	40.5	43.1	45.4	47.3	49.1	50.6	51.9	53.2	54.3	55.4	56.3	57.2	58.0	58.8	59.6
2	6.09	8.28	9.80	10.89	11.73	12.43	13.03	13.54	13.99	14.39	14.75	15.08	15.38	15.65	15.91	16.14	16.36	16.57	16.77
3	4.50	5.88	6.83	7.51	8.04	8.47	8.85	9.18	9.46	9.72	9.95	10.16	10.35	10.72	10.69	10.84	10.98	11.12	11.24
4	3.93	5.00	5.76	6.31	6.73	7.06	7.35	7.60	7.83	8.03	8.21	8.37	8.52	8.67	8.80	8.92	9.03	9.14	9.24
5	3.61	4.54	5.18	5.64	5.99	6.28	6.52	6.74	6.93	7.10	7.25	7.39	7.52	7.64	7.75	7.86	7.95	8.04	8.13
6	3.46	4.34	4.90	5.31	5.63	5.89	6.12	6.32	6.49	6.65	6.79	6.92	7.04	7.14	7.24	7.34	7.43	7.51	7.59
7	3.34	4.16	4.68	5.06	5.35	5.59	5.80	5.99	6.15	6.29	6.42	6.54	6.65	6.75	6.84	6.93	7.01	7.08	7.16
8	3.26	4.04	4.53	4.89	5.17	5.40	5.60	5.77	5.92	6.05	6.18	6.29	6.39	6.48	6.57	6.65	6.73	6.80	6.87
9	3.20	3.95	4.42	4.76	5.02	5.24	5.43	5.60	5.74	5.87	5.98	6.09	6.19	6.28	6.36	6.44	6.51	6.58	6.65
10	3.15	3.88	4.33	4.66	4.91	5.12	5.30	5.46	5.60	5.72	5.83	5.93	6.03	6.12	6.20	6.27	6.34	6.41	6.47
11	3.11	3.82	4.26	4.58	4.82	5.03	5.20	5.35	5.49	5.61	5.71	5.81	5.90	5.98	6.06	6.14	6.20	6.27	6.33
12	3.08	3.77	4.20	4.51	4.75	4.95	5.12	5.27	5.40	5.51	5.61	5.71	5.80	5.88	5.95	6.02	6.09	6.15	6.21
13	3.06	3.73	4.15	4.46	4.69	4.88	5.05	5.19	5.32	5.43	5.53	5.63	5.71	5.79	5.86	5.93	6.00	6.06	6.11
14	3.03	3.70	4.11	4.41	4.64	4.83	4.99	5.13	5.25	5.36	5.46	5.56	5.64	5.72	5.79	5.86	5.92	5.98	6.03
15	3.01	3.67	4.08	4.37	4.59	4.78	4.94	5.08	5.20	5.31	5.40	5.49	5.57	5.65	5.72	5.79	5.85	5.91	5.96
16	3.00	3.65	4.05	4.34	4.56	4.74	4.90	5.03	5.15	5.26	5.35	5.44	5.52	5.59	5.66	5.73	5.79	5.84	5.90
17	2.98	3.62	4.02	4.31	4.52	4.70	4.86	4.99	5.11	5.21	5.31	5.39	5.47	5.55	5.61	5.68	5.74	5.79	5.84
18	2.97	3.61	4.00	4.28	4.49	4.67	4.83	4.96	5.07	5.17	5.27	5.35	5.43	5.50	5.57	5.63	5.69	5.74	5.79
19	2.96	3.59	3.98	4.26	4.47	4.64	4.79	4.92	5.04	5.14	5.23	5.32	5.39	5.46	5.53	5.59	5.65	5.70	5.75
20	2.95	3.58	3.96	4.24	4.45	4.62	4.77	4.90	5.01	5.11	5.20	5.28	5.36	5.43	5.50	5.56	5.62	5.66	5.71
24	2.92	3.53	3.90	4.17	4.37	4.54	4.68	4.81	4.92	5.01	5.10	5.18	5.25	5.32	5.38	5.44	5.50	5.55	5.59
30	2.89	3.48	3.84	4.11	4.30	4.46	4.60	4.72	4.83	4.92	5.00	5.08	5.15	5.21	5.27	5.33	5.38	5.43	5.48
40	2.86	3.44	3.79	4.04	4.23	4.39	4.52	4.63	4.74	4.82	4.90	4.98	5.05	5.11	5.17	5.22	5.27	5.32	5.36
60	2.83	3.40	3.74	3.98	4.16	4.31	4.44	4.55	4.65	4.73	4.81	4.88	4.94	5.00	5.06	5.11	5.15	5.20	5.24
120	2.80	3.36	3.60	3.92	4.10	4.24	4.36	4.47	4.56	4.64	4.71	4.78	4.84	4.90	4.95	5.00	5.04	5.09	5.13
∞	2.77	3.32	3.63	3.86	4.03	4.17	4.29	4.39	4.47	4.55	4.62	4.68	4.74	4.80	4.84	4.89	4.93	4.97	5.01

附表 10 "310"设计之 X 表

x_0	x_1	x_2	x_3	x_1^2	x_2^2	x_3^2	x_1x_2	x_1x_3	x_2x_3
1	0	0	1.291	0	0	1.666	0	0	0
1	0	0	−0.136	0	0	0.018	0	0	0
1	−1	−1	0.639	1	1	0.408	1	−0.639	−0.639
1	1	−1	0.639	1	1	0.408	−1	0.639	−0.639
1	−1	1	0.639	1	1	0.408	−1	−0.639	0.639
1	1	1	0.639	1	1	0.408	1	0.639	0.639
1	1.174	0	−0.927	1.377	0	0.860	0	−1.088	0
1	−1.174	0	−0.927	1.377	0	0.860	0	1.088	0
1	0	1.174	−0.927	0	1.377	0.860	0	0	−1.088
1	0	−1.174	−0.927	0	1.377	0.860	0	0	1.088

附表 11 "310"设计之 C 表

1.019	0	0	0	−0.380	−0.380	−0.601	0	0	0
0	0.148	0	0	0	0	0	0	0	0
0	0	0.148	0	0	0	0	0	0	0
0	0	0	0.148	0	0	0	0	0	0
−0.380	0	0	0	0.347	0.083	0.132	0	0	0
−0.380	0	0	0	0.083	0.347	0.132	0	0	0
−0.601	0	0	0	0.132	0.132	0.626	0	0	0
0	0	0	0	0	0	0	0.250	0	0
0	0	0	0	0	0	0	0	0.250	0
0	0	0	0	0	0	0	0	0	0.250

附表 12 "311-A"设计之 X 表

x_0	x_1	x_2	x_3	x_1^2	x_2^2	x_3^2	x_1x_2	x_1x_3	x_2x_3
1	0	0	2	0	0	4	0	0	0
1	0	0	−2	0	0	4	0	0	0
1	−1.141	−1.141	1	2	2	1	2	−1.141	−1.141
1	1.141	−1.141	1	2	2	1	−2	1.141	−1.141
1	−1.141	1.141	1	2	2	1	−2	−1.141	1.141
1	1.141	1.141	1	2	2	1	2	1.141	1.141
1	2	0	−1	4	0	1	0	−2	0
1	−2	0	−1	4	0	1	0	2	0
1	0	2	−1	0	4	1	0	0	−2
1	0	−2	−1	0	4	1	0	0	2
1	0	0	0	0	0	0	0	0	0

附表 13　"311 - A"设计之 C 表

1	0	0	0	−0.188	−0.188	−0.250	0	0	0
0	0.0625	0	0	0	0	0	0	0	0
0	0	0.0625	0	0	0	0	0	0	0
0	0	0	0.0625	0	0	0	0	0	0
−0.188	0	0	0	0.060	0.029	0.039	0	0	0
−0.188	0	0	0	0.029	0.060	0.039	0	0	0
−0.250	0	0	0	0.039	0.039	0.094	0	0	0
0	0	0	0	0	0	0	0.0625	0	0
0	0	0	0	0	0	0	0	0.0625	0
0	0	0	0	0	0	0	0	0	0.0625

附表 14　"311 - B"设计之 X 表

x_0	x_1	x_2	x_3	x_1^2	x_2^2	x_3^2	x_1x_2	x_1x_3	x_2x_3
1	0	0	2.450	0	0	6	0	0	0
1	0	0	−2.450	0	0	6	0	0	0
1	−0.751	2.106	1	0.564	4.436	1	−1.581	−0.751	2.106
1	2.106	0.751	1	4.436	0.564	1	1.581	2.106	0.751
1	0.751	−2.106	1	0.564	4.436	1	−1.581	0.751	−2.106
1	−2.106	−0.751	1	4.436	0.564	1	1.581	−2.106	−0.751
1	0.751	2.106	−1	0.564	4.436	1	1.581	−0.751	−2.106
1	2.106	−0.751	−1	4.436	0.564	1	−1.581	−2.106	0.751
1	−0.751	−2.106	−1	0.564	4.436	1	1.581	0.751	2.106
1	−2.106	0.751	−1	4.436	0.564	1	−1.581	2.106	−0.751
1	0	0	0	0	0	0	0	0	0

附表 15　"311 - B"设计之 C 表

1	0	0	0	−0.167	−0.167	−0.167	0	0	0
0	0.05	0	0	0	0	0	0	0	0
0	0	0.05	0	0	0	0	0	0	0
0	0	0	0.05	0	0	0	0	0	0
−0.167	0	0	0	0.042	0.025	0.025	0	0	0
−0.167	0	0	0	0.025	0.042	0.025	0	0	0
−0.167	0	0	0	0.025	0.025	0.042	0	0	0
0	0	0	0	0	0	0	0.05	0	0
0	0	0	0	0	0	0	0	0.05	0
0	0	0	0	0	0	0	0	0	0.05

附表 16 "416-A"设计之 X 表

x_0	x_1	x_2	x_3	x_4	x_1^2	x_2^2	x_3^2	x_4^2	x_1x_2	x_1x_3	x_1x_4	x_2x_3	x_2x_4	x_3x_4
1	0	0	0	1.784	0	0	0	3.184	0	0	0	0	0	0
1	0	0	0	−1.494	0	0	0	2.234	0	0	0	0	0	0
1	−1	−1	−1	0.644	1	1	1	0.415	1	1	−0.644	1	−0.644	−0.644
1	1	−1	−1	0.644	1	1	1	0.415	−1	−1	0.644	1	−0.644	−0.644
1	−1	1	−1	0.644	1	1	1	0.415	−1	1	−0.644	−1	0.644	−0.644
1	1	1	−1	0.644	1	1	1	0.415	1	−1	0.644	−1	0.644	−0.644
1	−1	−1	1	0.644	1	1	1	0.415	1	−1	−0.644	−1	−0.644	0.644
1	1	−1	1	0.644	1	1	1	0.415	−1	1	0.644	−1	−0.644	0.644
1	−1	1	1	0.644	1	1	1	0.415	−1	−1	−0.644	1	0.644	0.644
1	1	1	1	0.644	1	1	1	0.415	1	1	0.644	1	0.644	0.644
1	1.685	0	0	−0.908	2.840	0	0	0.824	0	0	−1.529	0	0	0
1	−1.685	0	0	−0.908	2.840	0	0	0.824	0	0	1.529	0	0	0
1	0	1.685	0	−0.908	0	2.840	0	0.824	0	0	0	0	−1.529	0
1	0	−1.685	0	−0.908	0	2.840	0	0.824	0	0	0	0	1.529	0
1	0	0	1.685	−0.908	0	0	2.840	0.824	0	0	0	0	0	−1.529
1	0	0	−1.685	−0.908	0	0	2.840	0.824	0	0	0	0	0	1.529

附表 17　“416 - A”设计之 C 表

10.553	0	0	0	0	−2.864	−2.864	−2.864	−3.675	0	0	0	0	0	0
0	0.073	0	0	0	0	0	0	0	0	0	0	0	0	0
0	0	0.073	0	0	0	0	0	0	0	0	0	0	0	0
0	0	0	0.073	0	0	0	0	0	0	0	0	0	0	0
0	0	0	0	0.073	0	0	0	0	0	0	0	0	0	0
−2.864	0	0	0	0	0.830	0.768	0.768	0.985	0	0	0	0	0	0
−2.864	0	0	0	0	0.768	0.830	0.768	0.985	0	0	0	0	0	0
−2.864	0	0	0	0	0.768	0.768	0.830	0.985	0	0	0	0	0	0
−3.675	0	0	0	0	0.985	0.985	0.985	1.343	0	0	0	0	0	0
0	0	0	0	0	0	0	0	0	0.125	0	0	0	0	0
0	0	0	0	0	0	0	0	0	0	0.125	0	0	0	0
0	0	0	0	0	0	0	0	0	0	0	0.125	0	0	0
0	0	0	0	0	0	0	0	0	0	0	0	0.125	0	0
0	0	0	0	0	0	0	0	0	0	0	0	0	0.125	0
0	0	0	0	0	0	0	0	0	0	0	0	0	0	0.125

附表 18 “416 - B”设计之 X 表

x_0	x_1	x_2	x_3	x_4	x_1^2	x_2^2	x_3^2	x_4^2	x_1x_2	x_1x_3	x_1x_4	x_2x_3	x_2x_4	x_3x_4
1	0	0	0	1.732	0	0	0	2.999	0	0	0	0	0	0
1	0	0	0	−0.269	0	0	0	0.072	0	0	0	0	0	0
1	−1	−1	−1	0.604	1	1	1	0.365	1	1	−0.604	1	−0.604	−0.604
1	1	−1	−1	0.604	1	1	1	0.365	−1	−1	0.604	1	−0.604	−0.604
1	−1	1	−1	0.604	1	1	1	0.365	−1	1	−0.604	−1	0.604	−0.604
1	1	1	−1	0.604	1	1	1	0.365	1	−1	0.604	−1	0.604	−0.604
1	−1	−1	1	0.604	1	1	1	0.365	1	−1	−0.604	−1	−0.604	0.604
1	1	−1	1	0.604	1	1	1	0.365	−1	1	0.604	−1	−0.604	0.604
1	−1	1	1	0.604	1	1	1	0.365	−1	−1	−0.604	1	0.604	0.604
1	1	1	1	0.604	1	1	1	0.365	1	1	0.604	1	0.604	0.604
1	1.518	0	0	−1.050	2.303	0	0	1.102	0	0	−1.593	0	0	0
1	−1.518	0	0	−1.050	2.303	0	0	1.102	0	0	1.593	0	0	0
1	0	1.518	0	−1.050	0	2.303	0	1.102	0	0	0	0	−1.593	0
1	0	−1.518	0	−1.050	0	2.303	0	1.102	0	0	0	0	1.593	0
1	0	0	1.518	−1.050	0	0	2.303	1.102	0	0	0	0	0	−1.593
1	0	0	−1.518	−1.050	0	0	2.303	1.102	0	0	0	0	0	−1.593

附表 19 “416-B”设计之 C 表

1.043	0	0	0	0	−0.301	−0.301	−0.301	−0.341	0	0	0	0	0	0
0	0.079	0	0	0	0	0	0	0	0	0	0	0	0	0
0	0	0.079	0	0	0	0	0	0	0	0	0	0	0	0
0	0	0	0.079	0	0	0	0	0	0	0	0	0	0	0
0	0	0	0	0.079	0	0	0	0	0	0	0	0	0	0
−0.301	0	0	0	0	0.164	0.070	0.070	0.079	0	0	0	0	0	0
−0.301	0	0	0	0	0.070	0.164	0.070	0.079	0	0	0	0	0	0
−0.301	0	0	0	0	0.070	0.070	0.164	0.079	0	0	0	0	0	0
−0.341	0	0	0	0	0.079	0.079	0.079	0.196	0	0	0	0	0	0
0	0	0	0	0	0	0	0	0	0.125	0	0	0	0	0
0	0	0	0	0	0	0	0	0	0	0.125	0	0	0	0
0	0	0	0	0	0	0	0	0	0	0	0.125	0	0	0
0	0	0	0	0	0	0	0	0	0	0	0	0.125	0	0
0	0	0	0	0	0	0	0	0	0	0	0	0	0.125	0
0	0	0	0	0	0	0	0	0	0	0	0	0	0	0.125

附表 20 "416-C"设计之 X 表

x_0	x_1	x_2	x_3	x_4	x_1^2	x_2^2	x_3^2	x_4^2	x_1x_2	x_1x_3	x_1x_4	x_2x_3	x_2x_4	x_3x_4
1	0	0	0	1.765	0	0	0	3.1166	0	0	0	0	0	0
1	0	0	0	0	0	0	0	0	0	0	0	0	0	0
1	−1	−1	−1	0.568	1	1	1	0.332	1	1	−0.568	1	−0.568	−0.568
1	1	−1	−1	0.568	1	1	1	0.322	−1	−1	0.568	1	−0.568	−0.568
1	−1	1	−1	0.568	1	1	1	0.322	−1	1	−0.568	−1	0.568	−0.568
1	1	1	−1	0.568	1	1	1	0.322	1	−1	0.568	−1	0.568	−0.568
1	−1	−1	1	0.568	1	1	1	0.322	1	−1	−0.568	−1	−0.568	0.568
1	1	−1	1	0.568	1	1	1	0.322	−1	1	0.568	−1	−0.568	0.568
1	−1	1	1	0.568	1	1	1	0.322	−1	−1	−0.568	1	0.568	0.568
1	1	1	1	0.568	1	1	1	0.322	1	1	0.568	1	0.568	0.568
1	1.470	0	0	−1.051	2.160	0	0	1.104	0	0	−1.544	0	0	0
1	−1.470	0	0	−1.051	2.160	0	0	1.104	0	0	1.544	0	0	0
1	0	1.470	0	−1.051	0	2.160	0	1.104	0	0	0	0	−1.544	0
1	0	−1.470	0	−1.051	0	2.160	0	1.104	0	0	0	0	1.544	0
1	0	0	1.470	−1.051	0	0	2.160	1.104	0	0	0	0	0	−1.544
1	0	0	−1.470	−1.051	0	0	2.160	1.104	0	0	0	0	0	1.544

附表 21　"416 - C"设计之 C 表

1	0	0	0	0	−0.30	−0.30	−0.30	−0.321	0	0	0	0	0	0
0	0.081	0	0	0	0	0	0	0	0	0	0	0	0	0
0	0	0.081	0	0	0	0	0	0	0	0	0	0	0	0
0	0	0	0.081	0	0	0	0	0	0	0	0	0	0	0
0	0	0	0	0.081	0	0	0	0	0	0	0	0	0	0
−0.30	0	0	0	0	0.174	0.067	0.067	0.079	0	0	0	0	0	0
−0.30	0	0	0	0	0.067	0.174	0.067	0.079	0	0	0	0	0	0
−0.30	0	0	0	0	0.067	0.067	0.174	0.079	0	0	0	0	0	0
−0.321	0	0	0	0	0.079	0.079	0.079	0.180	0	0	0	0	0	0
0	0	0	0	0	0	0	0	0	0.125	0	0	0	0	0
0	0	0	0	0	0	0	0	0	0	0.125	0	0	0	0
0	0	0	0	0	0	0	0	0	0	0	0.125	0	0	0
0	0	0	0	0	0	0	0	0	0	0	0	0.125	0	0
0	0	0	0	0	0	0	0	0	0	0	0	0	0.125	0
0	0	0	0	0	0	0	0	0	0	0	0	0	0	0.125